백점 맞는
핵심노하우가
들어 있는

백점의 신

백신 과학

중등 3-1

초판 4쇄	2024년 11월 20일
초판 1쇄	2023년 10월 26일
펴낸곳	메가스터디(주)
펴낸이	손은진
개발 책임	배경윤
개발	이지애, 김윤희
디자인	이정숙, 윤인아
마케팅	엄재욱, 김세정
제작	이성재, 장병미
주소	서울시 서초구 효령로 304(서초동) 국제전자센터 24층
대표전화	1661.5431 (내용 문의 02-6984-6915 / 구입 문의 02-6984-6868,9)
홈페이지	http://www.megastudybooks.com
출판사 신고 번호	제 2015-000159호
출간제안/원고투고	메가스터디북스 홈페이지 <투고 문의>에 등록

메가스터디BOOKS

'메가스터디북스'는 메가스터디㈜의 교육, 학습 전문 출판 브랜드입니다.

초중고 참고서는 물론, 어린이/청소년 교양서, 성인 학습서까지 다양한 도서를 출간하고 있습니다.

·**제품명** 백점 맞는 핵심 노하우가 들어 있는 백신 과학 중등 3-1
·**제조자명** 메가스터디㈜ ·**제조년월** 판권에 별도 표기 ·**제조국명** 대한민국 ·**사용연령** 11세 이상
·**주소 및 전화번호** 서울시 서초구 효령로 304(서초동) 국제전자센터 24층 / 1661-5431

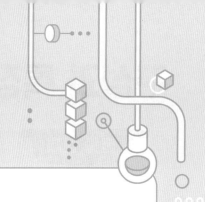

머리말

과학을 준비하는 중학생 여러분, 반갑습니다!
언제나 즐거운 과학 장풍입니다!

개정 교육과정에 따라 바뀐 새로운 교과서에 우리 학생들과 학부모님은 무엇을, 어떻게, 어디서부터 공부해야 할지 파악하기가 매우 어려워졌을 것입니다. 이러한 혼란한 시기에 중등 과학만큼은 제가 기준이 되어야겠다고 다짐하며 **"백신과학"** 교재 작업을 시작하였습니다.

15년 이상 강의를 하면서 많은 학생들이 과학을 단순 암기 과목이라 생각하고 넘어가는 것을 봐왔습니다. 과학은 <u>암기는 기본!!! 이해를 바탕!!!</u> 으로 해야 하는 과목입니다. 암기와 이해를 같이 한다는 것은 정말 어려운 일입니다. 그래서 저희 ZP COMPANY(장풍과학연구소)에서는 과학을 흥미롭게 접근해야 한다는 것에 초점을 맞추어 교재를 만들었습니다.

이번 **"백신과학"** 교재는 새 교육과정에 기초하여 체계적인 내용으로 구성되어 있습니다. 교과서에 나오는 핵심 내용들이 모두 녹아 있으며, 강의를 하면서 학생들이 궁금해 했던 내용을 바탕으로 저의 비법을 모두 넣었습니다.

중등 과학과 고등 과학은 매우 밀접하게 연계되어 있습니다. **중등 과학의 내용을 잘 정리해 두어야 고등 과학을 쉽게 공부할 수 있다는 점을 꼭 강조하고 싶습니다.** 고등 과학의 밑거름이 될 수 있는 중등 과학을 체계적으로 공부할 수 있도록 정말 열심히 만들었습니다. 교재를 잘 활용하여 과학이라는 과목이 내 인생 최고의 과목이 될 수 있기를 희망합니다.

감사합니다.

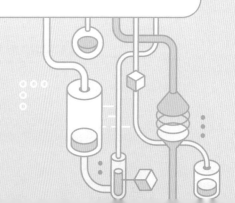

구성과 특징

진도 교재

1 이해 쏙쏙 개념 학습

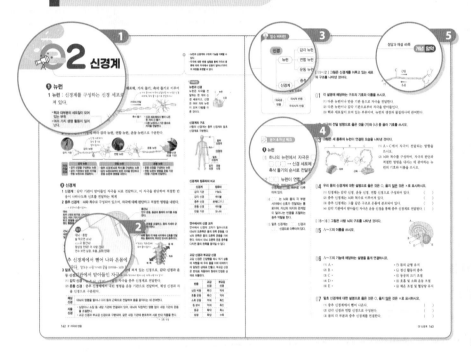

❶ **교과서 개념 학습**
5종 교과서를 철저히 분석하여 중요한 개념을 꼭꼭 챙겨서 이해하기 쉽게 정리하였습니다.

❷ **강의를 듣는 듯 친절한 첨삭 설명**
어려운 용어와 보충 설명 : 자주색 첨삭
꼭 암기해야 할 내용 : 빨간색 첨삭

❸ **필수 비타민**
핵심 개념을 한눈에 볼 수 있도록 정리하였습니다.

❹ **용어&개념 체크**
핵심 용어와 개념을 정리하고 갈 수 있도록 하였습니다.

❺ **개념 알약**
학습한 개념을 문제로 바로 확인할 수 있도록 하였습니다.

2 탐구·자료 정복!

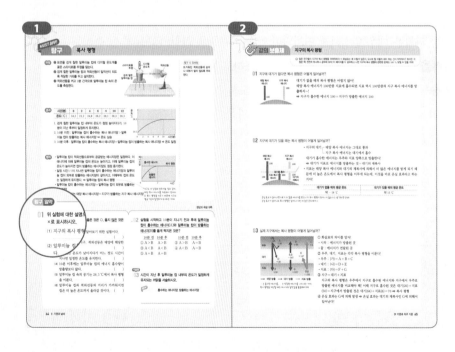

❶ **MUST 해부 탐구 & 탐구 알약**
교과서에서 중요하게 다루는 탐구를 자세히 설명해 주고, 관련된 탐구 문제를 제시하여 어떤 형태의 탐구 문제가 출제되어도 자신 있게 해결할 수 있도록 하였습니다.

❷ **강의 보충제**
이해하기 어려운 개념이나 본문에서 설명이 부족했던 부분을 추가적으로 더 설명해 주었습니다.

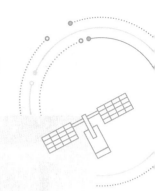
3 유형 잡고, 실전 문제로 실력 UP!

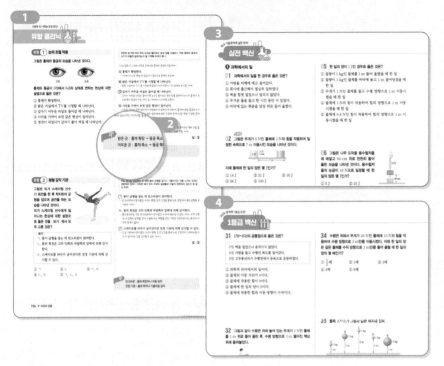

❶ 유형 클리닉
학교 시험 문제를 분석하여 자주 출제되는 대표 유형 문제를 선별하였으며, 문제 접근 방식과 문제와 개념을 연결시키는 방법 등을 자세히 설명해 주었습니다.

❷ 장풍쌤의 비법 전수
문제 풀 때 필요한 비법을 정리해 주었습니다.

❸ 실전 백신
학교 시험 실전 문제로 실력을 다질 수 있도록 하였습니다. 중요는 시험에 꼭 나오는 문제이므로 꼼꼼히 체크하도록 합니다.

❹ 1등급 백신
고난도 문제를 통해 실력을 한 단계 더 높일 수 있습니다.

4 1등급 도전 단원 마무~리

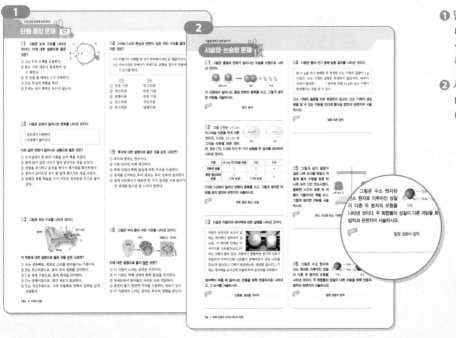

❶ 단원 종합 문제
다양한 실전 문제로 지금까지 쌓아온 실력을 점검하고 부족한 부분을 채우도록 합니다.

❷ 서술형·논술형 문제
다양한 서술형 문제를 완벽하게 소화하여 과학 100점에 도전해 봅시다.

구성과 특징

1 수행평가 대비

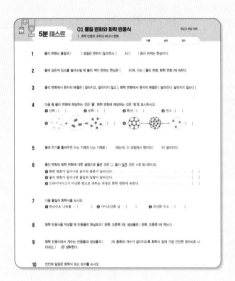

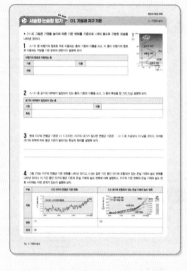

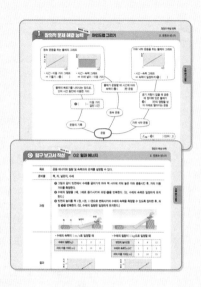

5분 테스트
다음 단원을 학습하기 전, 지난 시간에 배운 기본 개념을 간단히 복습해 볼 수 있도록 하였습니다.

서술형·논술형 평가, 창의적 문제 해결 능력, 탐구 보고서 작성
학교에서 실시되는 수행평가 중 가장 많이 실시되는 형태로 문제를 구성하였습니다. 진도 교재와 함께 학습해 나가면 어떤 형태의 수행평가도 모두 대비할 수 있습니다.

2 중간·기말고사 대비

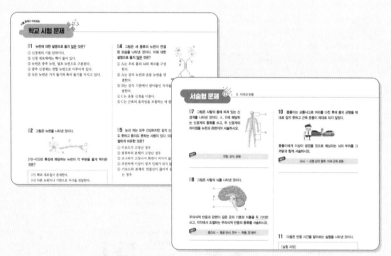

중단원 개념 정리
시험 직전 중단원 핵심 개념을 정리해 볼 수 있도록 하였습니다.

학교 시험 문제
학교 시험에 출제되었던 문제로 구성하여 실제 시험에 대비할 수 있도록 하였습니다.

서술형 문제
대단원별 주요 서술형 문제를 집중 연습할 수 있도록 KEY와 함께 수록해 주었습니다.

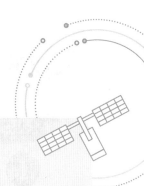

백점 맞는 핵심노하우가 들어 있는 백신 과학

3 시험 직전 최종 점검

시험 직전 최종 점검
시험 직전에 대단원별 핵심 개념을 ○× 문제
나 빈칸 채우기 문제로 빠르게 확인해 볼 수
있도록 하였습니다.

정답과 해설

정답과 해설
모든 문제의 각 보기에 대한 해설과 바로 알기
를 통해 틀린 내용을 콕콕 짚어주었습니다.

차례

백신 과학과
내 교과서 연결하기

교과서 출판사 이름과 시험 범위를 확인한 후 백신 페이지를 확인하세요.

I

화학 반응의 규칙과
에너지 변화

Q. 물리 변화와 화학 변화는 어떤 차이가 있을까?

1 물질 변화와 화학 반응식

• 물리 변화와 화학 변화의 차이를 알고, 물리 변화와 화학 변화의 예를 찾을 수 있다.
• 간단한 화학 반응을 화학 반응식으로 표현하고, 화학 반응식에서 계수의 비를 입자 수의 비로 해석할 수 있다.

❶ 물리 변화와 화학 변화

1 물리 변화와 화학 변화의 특징

화학 변화가 일어날 때에는 열이나 기체가 발생하기도 하고, 앙금이 만들어지기도 하며, 색이 변하기도 해~ 이런 변화들은 반응이 끝났는지를 알려주는 기준이 되기도 하지만, 이런 변화들이 나타났다고 해서 모두 화학 변화인 것은 아니야! 꼭 기억하자!

구분	물리 변화	화학 변화
정의	물질의 고유한 성질은 변하지 않으면서 상태나 모양 등이 바뀌는 현상	어떤 물질이 처음과 성질이 전혀 다른 새로운 물질로 변하는 현상
모형	분자의 모양, 개수, 종류는 불변! → (물질의) 성질은 그대로! 수소 원자 물 → 가열 → 산소 원자 수증기 물이 상태 변화를 거치더라도 수소와 산소 사이의 결합이 끊어지지 않고 그대로 유지되는 것을 알 수 있지? 상태 변화를 거치면서 달라지는 것은 단지 분자의 배열뿐이야!	분자가 변했지! → 원자의 재배열은 곧 새로운 성질! 산소 분자 물 분자 → 전기 분해 → 수소 분자 물을 전기 분해하면 산소와 수소 사이의 결합이 끊어지면서 원자의 재배열이 일어나 새로운 결합을 생성해! 그 결과 새로운 성질을 갖는 수소 분자와 산소 분자가 되는 거지!
변하는 것	분자의 배열	원자의 배열, 분자의 종류와 개수, 물질의 성질
변하지 않는 것	원자의 종류와 개수 및 배열, 분자의 종류와 개수, 물질의 성질 및 총질량	원자의 종류와 개수, 물질의 총질량

2 물리 변화와 화학 변화의 예

(1) 물리 변화의 예

모양 변화	• 철사가 휜다. • 유리병이 깨진다. • 고무공이 찌그러진다.
상태 변화	• 얼음이 녹아 물이 된다. • 물이 끓어 수증기가 된다. • 얼음물 컵 표면에 물방울이 맺힌다. • 드라이아이스가 승화된다.
확산	• 향수 냄새가 방 안 전체에 퍼진다. • 잉크가 물속에서 퍼져 나간다.
용해	• 설탕이 물에 녹는다.

▲ 젖은 빨래가 마른다.
↳ 상태 변화

▲ 아이스크림이 녹는다.
↳ 상태 변화

▲ 향수 냄새가 퍼진다.
↳ 확산

▲ 각설탕이 물에 녹는다.
↳ 용해

(2) 화학 변화의 예

산화	• 철이 녹슨다. ➡ 부식 • 음식물이 썩는다. ➡ 부패 • 사과를 깎아 두면 색이 변한다. ➡ 갈변	• 김치가 시어진다. ➡ 발효 • 양초가 탄다. ➡ 연소
분해	• 상처에 과산화 수소수를 바르면 거품이 생긴다. • 베이킹파우더를 넣어 빵을 구우면 빵이 부풀어 오른다.	
기타	• 석회수에 이산화 탄소 기체를 넣으면 뿌옇게 흐려진다. ➡ 앙금 생성 • 과일이 익는다.	

물질이 산소와 빠르게 반응하면서 빛과 열을 내는 현상을 말해!

용매에 대한 용해도가 작아 용매에 녹지 않고 바닥에 가라앉는 물질을 말해~!

▲ 철이 녹슨다.
↳ 산화

▲ 깎아 둔 사과의 색깔이 변한다.
↳ 산화

▲ 상처에 과산화 수소수를 바르면 거품이 생긴다.
↳ 분해

▲ 앙금이 생성된다.
↳ 앙금 생성

설탕을 가열할 때의 물리 변화와 화학 변화

고체인 흰색 설탕이 녹아서 액체가 되어도 단맛은 변하지 않는다(물리 변화). 하지만 설탕을 계속 가열하면 설탕이 타면서 색깔과 맛이 달라지는 등 성질이 변한다(화학 변화).

물의 전기 분해

수소 원자와 산소 원자로 이루어진 물은 자발적으로 분해되지 못하고 전기 에너지를 가하여 분해할 수 있다.

화학 변화가 일어났다는 증거가 되는 현상
• 기체의 발생
예 상처에 과산화 수소수를 바르면 거품이 발생한다.
• 빛과 열의 발생
예 양초, 나무 등을 태우면 빛과 열이 발생한다.
• 앙금 생성
예 석회수에 이산화 탄소 기체를 넣으면 뿌옇게 흐려진다.
• 색깔의 변화
예 사과를 깎아 두면 색이 변한다.
• 냄새의 변화
예 음식이 썩으면 냄새가 변한다.

상처에 과산화 수소수를 바르면 거품이 생기는 까닭
상처에 과산화 수소수를 바르면 과산화 수소수 속의 과산화 수소가 혈액 안의 적혈구나 세균과 만나 이들이 가진 촉매에 의해 물과 산소로 빠르게 분해된다. 이때 발생하는 많은 산소에 의해 거품이 생긴다.

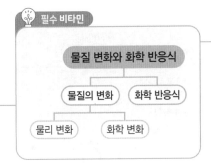

필수 비타민

물질 변화와 화학 반응식

물질의 변화 | 화학 반응식

물리 변화 | 화학 변화

용어 &개념 체크

❶ 물리 변화와 화학 변화

01 물질의 고유한 성질은 변하지 않으면서 상태나 모양 등이 바뀌는 현상을 ☐☐ 변화라 고 한다.

02 물질이 화학 변화를 거치면 ☐☐의 배열이 달라져 처음 의 성질을 잃고 새로운 성질 을 갖는다.

03 향수 냄새가 방 안에 퍼지는 현상은 ☐☐ 변화에 해당 한다.

04 사과를 깎아 두면 색이 변하 는 현상은 ☐☐ 변화에 해 당한다.

[01~02] 그림은 물에서 일어나는 물질 변화를 모형으로 나타낸 것이다.

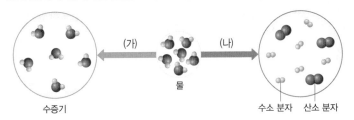

수증기 (가) 물 (나) 수소 분자 산소 분자

01 (가)와 (나)에 해당하는 물질 변화의 종류를 쓰시오.

02 다음은 네 명의 학생이 물질 변화 (가)와 (나)에 대해 나눈 대화 내용을 나타낸 것이다.

> 풍식 : (가)가 일어나면 분자의 종류와 개수가 달라져.
> 풍돌 : (나)가 일어나면 원자의 배열이 달라져서 분자의 종류가 변할 거야.
> 풍순 : (가)와 (나)를 거쳐도 원자의 종류와 개수는 변하지 않아.
> 풍민 : 기체가 발생하는 변화는 모두 (나)에 해당해.

옳은 내용을 말한 학생을 모두 쓰시오.

03 다음은 물질의 여러 가지 변화를 나타낸 것이다. 물리 변화에는 '물', 화학 변화에는 '화' 라고 쓰시오.

(1) 물에 떨어뜨린 잉크가 퍼진다. ──────────────── ( )
(2) 가을에 단풍잎의 색이 변한다. ──────────────── ( )
(3) 오래된 우유에서 시큼한 냄새가 난다. ──────────── ( )
(4) 석회수에 입김을 불어 넣으면 뿌옇게 흐려진다. ────── ( )
(5) 탄산음료의 뚜껑을 열어 놓으면 기포가 생긴다. ────── ( )

04 초콜릿이 녹는 것은 물리 변화와 화학 변화 중 어느 것에 해당 하는지 쓰고, 초콜릿은 녹아도 맛이 달라지지 않는 까닭을 서 술하시오.

05 다음은 설탕을 가열하여 설탕 과자를 만드는 과정을 나타낸 것이다.

> (가) 고체 설탕을 서서히 가열하면 무색 투명한 액체로 변한다.
> (나) 녹인 설탕에 베이킹파우더를 조금 넣고 가열하면 이산화 탄소가 발생하여 부피가 증가한다.

(가)와 (나) 중 화학 변화가 일어나는 과정을 고르시오.

1 물질 변화와 화학 반응식

2 화학 반응과 화학 반응식

1 화학 반응 : 물질이 화학 변화를 하여 새로운 물질이 생성되는 과정

(1) 반응물 : 화학 반응이 일어나기 전의 물질

(2) 생성물 : 화학 반응이 일어난 후 생성된 물질

> 수소와 산소가 반응해서 물이 만들어지는 경우! 수소와 산소는 반응물, 물은 생성물로 볼 수 있어!

수소   산소   물

반응물   생성물

> 화학 반응식에서 화학식 앞에 있는 숫자를 말해~!

2 화학 반응식 : 화학 반응을 원소 기호를 이용한 화학식과 기호, 계수 등으로 나타낸 것

➡ 글이나 모형으로 나타내기 복잡한 화학 반응을 간단하게 나타낼 수 있다.

(1) 화학 반응식 작성 순서

	작성 순서	예 메테인의 연소
1단계	반응물과 생성물의 이름으로 화학 반응을 표현한다.	반응물 생성물 메테인+산소 ⟶ 이산화 탄소+물 반응물을 화살표의 왼쪽에, 생성물을 화살표의 오른쪽에 작성하고, 반응물이나 생성물이 두 종류 이상일 경우 +로 연결하면 돼~
2단계	반응물과 생성물을 화학식으로 나타낸다.	반응물 : 메테인(CH_4), 산소(O_2) 생성물 : 이산화 탄소(CO_2), 물(H_2O) $$CH_4 + O_2 \longrightarrow CO_2 + H_2O$$
3단계	반응 전후에 원자의 종류와 개수가 같도록 계수를 맞춘다. 이때 계수는 가장 간단한 정수비로 나타내며 1은 생략한다.	반응물의 수소 원자가 4개니까 생성물의 H_2O 앞에 2를 쓰면 돼~ $$CH_4 + O_2 \longrightarrow CO_2 + 2H_2O$$ 그 다음 생성물의 CO_2와 $2H_2O$에서 산소 원자가 4개니까 산소 원자의 수가 같게 반응물인 O_2 앞에 2를 쓰면 끝! $$CH_4 + 2O_2 \longrightarrow CO_2 + 2H_2O$$
4단계	반응 전후에 원자의 종류와 개수가 같은지 확인한다.	결과적으로 화살표 양쪽 모두 C 1개, H 4개, O 4개가 되지! $$CH_4 + 2O_2 \longrightarrow CO_2 + 2H_2O$$

(2) 화학 반응식으로 알 수 있는 것 : 반응물과 생성물의 종류, 반응물과 생성물을 이루는 원자(분자)의 종류와 개수, 반응물과 생성물의 계수비(=분자 수의 비)

화학 반응식과 모형 예 암모니아 생성 반응	N_2 + 3H_2 ⟶ 2NH_3		
물질의 종류	반응물		생성물
	질소	수소	암모니아
분자의 종류와 개수	질소 분자 1개	수소 분자 3개	암모니아 분자 2개
원자의 종류와 개수	질소 원자 2개	수소 원자 6개	질소 원자 2개 수소 원자 6개
계수비	1 :	3 :	2
분자 수의 비	1 :	3 :	2

✚ 비타민

화학식

원소 기호

$$2H_2O$$

계수   원자 수(1은 생략)

물질을 구성하는 원자의 종류와 개수를 원소 기호와 숫자로 나타낸 식

여러 가지 물질의 화학식

물질	화학식
수소	H_2
산소	O_2
질소	N_2
염화 수소	HCl
염화 나트륨	$NaCl$
암모니아	NH_3
이산화 탄소	CO_2
과산화 수소	H_2O_2
메테인	CH_4
황산	H_2SO_4
탄산 칼슘	$CaCO_3$

여러 가지 화학 반응식

· 황화 철의 생성 반응
$$Fe + S \longrightarrow FeS$$

· 마그네슘의 연소 반응
$$2Mg + O_2 \longrightarrow 2MgO$$

· 과산화 수소의 분해 반응
$$2H_2O_2 \longrightarrow 2H_2O + O_2$$

· 탄산수소 나트륨의 분해 반응
$$2NaHCO_3$$
$$\longrightarrow Na_2CO_3 + H_2O + CO_2$$

화학 반응 전후 원자의 종류와 개수를 맞출 때 화학식을 바꾸지 않고 계수를 변화시키는 까닭

메테인의 연소 반응에서 반응 전후 수소 원자와 산소 원자의 개수가 같아지도록 H_2O, O_2 앞에 계수를 붙이지 않고 화학식을 바꾼다면, 전혀 다른 물질의 화학식이 되기 때문이다.

화학 반응식에서 분자 수의 비

반응물이나 생성물이 분자로 이루어진 물질인 경우 화학 반응식에서 계수비가 분자 수의 비와 같다.

06 화학 반응식에 대한 설명으로 옳은 것은 ○, 옳지 <u>않은</u> 것은 ×로 표시하시오.

(1) 반응물과 생성물을 화학식으로 나타낸다. ┈┈┈┈┈┈┈┈┈┈ (   )
(2) 반응 전후의 분자의 개수가 같도록 계수를 맞춘다. ┈┈┈┈ (   )
(3) 반응물은 화살표의 왼쪽에, 생성물은 오른쪽에 쓴다. ┈┈┈ (   )
(4) 계수가 1일 때에는 생략한다. ┈┈┈┈┈┈┈┈┈┈┈┈┈┈ (   )
(5) 탄산수소 나트륨의 분해 반응은 $2NaHCO_3 \longrightarrow Na_2CO_3 + 2H_2O + CO_2$ 이다.
┈┈┈┈┈┈┈┈┈┈┈┈┈┈┈┈┈┈┈┈┈┈┈┈┈┈ (   )

07 다음은 여러 가지 화학 반응식을 나타낸 것이다. 각 화학 반응식에 알맞은 계수를 쓰시오. (단, 계수가 1인 경우도 생략하지 않고 1로 쓴다.)

(1) (   )N_2 + (   )$O_2 \longrightarrow$ (   )NO_2
(2) (   )H_2 + (   )$Cl_2 \longrightarrow$ (   )HCl
(3) (   )$H_2O_2 \longrightarrow$ (   )H_2O + (   )O_2
(4) (   )Fe + (   )$S \longrightarrow$ (   )FeS

[**08~09**] 다음은 암모니아(NH_3)가 생성되는 것을 나타낸 것이다.

질소(N_2)와 수소(H_2)가 반응하여 암모니아(NH_3)를 생성

08 이 반응의 화학 반응식을 나타내시오.

09 위와 같은 화학 반응에서 반응물이 남지 않고 모두 반응하여 암모니아(NH_3)를 생성했다고 가정할 때 반응 전 물질을 입자 모형으로 그리시오.

반응 전

반응 후

10 다음은 철이 공기 중의 산소와 반응하여 산화 철(Ⅲ)이 생성되는 것을 나타낸 화학 반응식이다.

$$4Fe + 3O_2 \longrightarrow 2Fe_2O_3$$

(1) 반응물의 분자 수의 비(Fe : O_2)를 쓰시오.
(2) 생성물을 이루는 원소의 종류는 몇 가지인지 쓰시오.

과정
❶ 10 cm 길이의 마그네슘 리본을 3개 준비한다.
❷ 마그네슘 리본 3개를 각각 다음과 같이 처리한다.

(가) 긴 마그네슘 리본을 페트리 접시에 놓는다.	(나) 마그네슘 리본을 작게 잘라 페트리 접시에 놓는다.	(다) 마그네슘 리본을 태우고 남은 재를 페트리 접시에 놓는다.

❸ (가)~(다)에 들어 있는 마그네슘 리본에 각각 간이 전기 전도계를 대고 전류가 흐르는지 관찰한다.
용액이나 고체의 전기 전도도를 알아보는 장치야~!

❹ (가)~(다)에 각각 묽은 염산을 몇 방울 떨어뜨리고 생기는 변화를 관찰한다.

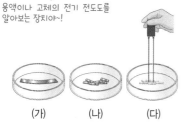

(가)　　(나)　　(다)

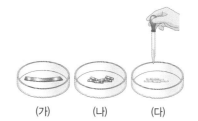

(가)　　(나)　　(다)

탐구 시 유의점
• 마그네슘 리본을 태울 때 나오는 강한 빛을 직접 보지 않도록 주의한다.
• 화상을 입지 않도록 주의한다.
• 마그네슘 리본을 환기가 잘 되는 곳에서 태우며, 필요 시 마스크를 착용한다.

결과

페트리 접시	(가)	(나)	(다)
전류의 흐름	○	○	×
묽은 염산과의 반응	○(기체 발생)	○(기체 발생)	×

1. 페트리 접시 (가)와 (나)의 비교 ➡ 마그네슘 리본을 자르기 전과 후 모두 전류가 흐르고, 묽은 염산과 반응하여 수소 기체가 발생한다.
2. 페트리 접시 (가)와 (다)의 비교 ➡ 마그네슘 리본을 태워 재가 되면 태우기 전과 달리 전류가 흐르지 않고, 묽은 염산과도 반응하지 않는다.

정리
• 마그네슘 리본을 작게 잘라도 원래의 성질이 유지되므로 물리 변화에 해당한다.
• 마그네슘 리본을 태워 재가 되면 태우기 전과 다른 성질이 되므로 화학 변화에 해당한다.

탐구 알약

정답과 해설 2쪽

01 위 실험에 대한 설명으로 옳은 것은 ○, 옳지 <u>않은</u> 것은 ×로 표시하시오.

(1) 마그네슘 리본을 작게 자르는 과정은 물리 변화이다. ·· (　　)

(2) 마그네슘 리본을 태우는 과정은 화학 변화이다. ··· (　　)

(3) 마그네슘 리본을 태우면 원자의 배열이 변한다. ··· (　　)

(4) 마그네슘 리본을 태우면 원자의 종류와 개수가 변한다. ·· (　　)

(5) 마그네슘 리본을 구부리는 것은 화학 변화이다. ··· (　　)

02 마그네슘 리본과 묽은 염산이 반응하여 염화 마그네슘($MgCl_2$)과 수소 기체(H_2)가 생성되는 반응을 화학 반응식으로 나타내시오.

서술형
03 고기가 익는 현상은 물리 변화와 화학 변화 중 어떤 것에 해당하는지 쓰고, 그렇게 생각한 까닭을 서술하시오.

KEY
색깔, 냄새

탐구 　화학 반응식으로 나타내는 화학 반응(과산화 수소 분해 실험)

과정　과산화 수소(H_2O_2)가 분해되어 물(H_2O)과 산소(O_2)가 생성되는 반응을 화학 반응식으로 나타내 보자.

과산화 수소수
물

[1단계] 반응물과 생성물의 이름과 기호로 화학 반응을 표현한다.

> 과산화 수소 ⟶ 물+산소

[2단계] 반응물과 생성물을 화학식으로 표현한다.

> $H_2O_2 \longrightarrow H_2O+O_2$

[3단계] 반응 전후에 원자의 종류와 개수가 같도록 계수를 맞춘다.

> $2H_2O_2 \longrightarrow 2H_2O+O_2$

[4단계] 반응 전후에 원자의 종류와 개수가 같은지 확인한다.

구분	수소 원자 수(개)	산소 원자 수(개)
반응 전	4	4
반응 후	4	4

결과　완성된 화학 반응식 : $2H_2O_2 \longrightarrow 2H_2O+O_2$

정리　화학 반응이 일어날 때 원자의 배열이 달라지므로 새로운 물질이 생성된다. 따라서 물질의 종류, 즉 분자의 종류, 원자의 배열 등은 변하지만 원자의 종류와 개수는 변하지 않는다.

탐구 시 유의점
• 여러 종류의 원자가 포함된 반응에서는 여러 가지 물질에 포함된 원소의 계수를 나중에 맞추는 것이 편리하다.

정답과 해설 2쪽

탐구 알약

04 위 탐구에 대한 설명으로 옳은 것은 ○, 옳지 <u>않은</u> 것은 ×로 표시하시오.

(1) 화학 반응식에서 각 물질의 계수를 맞출 때는 화살표 양쪽의 분자의 종류와 개수가 서로 같도록 한다. ··········(　)
(2) 화학 반응식은 반응물과 생성물의 이름과 기호(+, −, ⟶)로 표현한다. ··········(　)
(3) 화학 반응식에서 계수비는 반응물과 생성물의 분자 수의 비와 같다. ··········(　)

05 다음 여러 가지 반응을 화학 반응식으로 나타내시오.

(1) 마그네슘(Mg)과 염산(HCl)이 반응하여 수소(H_2) 기체가 발생하고, 염화 마그네슘($MgCl_2$)이 생성되는 반응
(2) 질소(N_2)와 수소(H_2)로부터 암모니아(NH_3)를 합성하는 반응
(3) 구리(Cu)와 산소(O_2)가 반응하여 검은색의 산화 구리(Ⅱ)(CuO)가 생성되는 반응

❗ 물질이 화학 변화를 하여 다른 물질로 변하는 과정이 화학 반응이야! 이번 강의 보충제에서는 더 다양한 화학 반응에 대해 알아보려고 해!

01 중화 반응과 산화 환원 반응

중화 반응 : 산과 염기가 반응하여 물과 염이 생성되는 반응		산화 환원 반응 : 전자의 이동이 있는 반응	

레몬즙(산)으로 생선 비린내(염기)를 제거한다.	벌의 침(산)에 쏘였을 때 암모니아수(염기)를 바른다.	철의 전자가 산소로 이동하면서 (철과) 결합한다.	금속 구리의 전자가 은 이온으로 이동하여 은이 석출된다.

02 연소 반응과 앙금 생성 반응

연소 반응 : 물질이 산소와 반응하여 빛과 열이 발생하는 반응		앙금 생성 반응 : 전해질 수용액이 서로 섞였을 때, 수용액 속의 이온들이 서로 반응하여 물에 녹지 않는 앙금이 생성되는 반응	

셀룰로스가 주성분인 종이가 산소와 만나 연소하면 이산화 탄소가 만들어진다.	성냥의 황 등의 연소성 물질이 산소와 만나 반응하여 이산화 황 등이 만들어진다. $(S+O_2 \longrightarrow SO_2)$	독의 주성분인 황 이온과 은수저의 은 이온이 앙금을 생성하므로 은수저로 독을 확인할 수 있다. $(2Ag^+ + S^{2-} \longrightarrow Ag_2S)$	물감 속 성분이 서로 어두운 색 앙금을 생성하여 세월이 흐르면서 그림이 점점 어두워진다.

03 기체 발생 반응

기체 발생 반응 : 화학 반응 시 기체가 발생하는 반응		
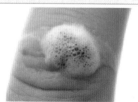		
과산화 수소가 혈액 성분에 의해 분해되어 산소 기체가 발생하므로 상처의 소독에 이용된다. $(2H_2O_2 \longrightarrow 2H_2O + O_2 \uparrow)$	마그네슘이 염산(염화 수소 수용액)과 반응하면 수소 기체와 염화 마그네슘이 만들어진다. $(Mg + 2HCl \longrightarrow MgCl_2 + H_2 \uparrow)$	베이킹파우더의 주성분인 탄산수소 나트륨이 열분해하면 이산화 탄소 기체가 발생하여 빵이 부풀어 오른다. $(2NaHCO_3 \longrightarrow Na_2CO_3 + H_2O + CO_2 \uparrow)$

강의 보충제 　화학 반응식을 직접 써 보자!

❗ 이번에는 화학 반응들을 직접 화학 반응식으로 나타내 보는 공부를 할 거야! 각 단계에 맞춰서 차근차근 써 보면 우리도 화학 반응식 마스터!

화학 반응식 써 보기	예 암모니아 생성 반응
① 반응물과 생성물의 화학식을 조사	반응물 : 질소(N_2), 수소(H_2) 생성물 : 암모니아(NH_3)
② 반응물을 왼쪽에, 생성물을 오른쪽에 작성 　(반응물이나 생성물이 두 종류 이상일 경우에는 +로 연결)	N_2+H_2, NH_3
③ 반응물과 생성물을 화살표로 연결	$N_2+H_2 \longrightarrow NH_3$
④ 화살표 양쪽의 원자의 종류와 개수가 같아지도록 화학식 앞에 계수를 　작성 (단, 계수는 간단한 정수비로 쓰고, 1은 생략)	$N_2+3H_2 \longrightarrow 2NH_3$

01 산화 은(Ag_2O)을 가열하여 은(Ag)과 산소(O_2) 기체로 분해하는 반응

　① 반응물 : 　　　　　　, 생성물 :
　②
　③
　④

02 염화 수소(HCl)와 아연(Zn)이 반응하여 염화 아연($ZnCl_2$)과 수소(H_2) 기체가 발생하는 반응

　① 반응물 : 　　　　　　, 생성물 :
　②
　③
　④

03 질산 은($AgNO_3$)과 구리(Cu)가 반응하여 질산 구리($Cu(NO_3)_2$)와 은(Ag)을 생성하는 반응

　① 반응물 : 　　　　　　, 생성물 :
　②
　③
　④

04 황산 구리($CuSO_4$)와 황화 나트륨(Na_2S)이 반응하여 황화 구리(CuS)와 황산 나트륨(Na_2SO_4)을 생성하는 반응

　① 반응물 : 　　　　　　, 생성물 :
　②
　③
　④

05 에탄올(C_2H_5OH)과 산소(O_2) 기체가 반응하여 이산화 탄소(CO_2) 기체와 물(H_2O)을 생성하는 반응

　① 반응물 : 　　　　　　, 생성물 :
　②
　③
　④

유형 클리닉

유형 ① 물리 변화

물리 변화에 대한 설명으로 옳은 것을 ┃보기┃에서 모두 고른 것은?

┌─ 보기 ─────────────────────────┐
ㄱ. 물이 수증기가 되면 다시 물이 될 수 없다.
ㄴ. 물질이 물리 변화를 거치면 화학적인 성질이 그대로 유지된다.
ㄷ. 물질이 물리 변화를 거치면 물질을 이루는 원자의 배열이 바뀐다.
ㄹ. 투명한 물속에 푸른색 잉크를 떨어뜨릴 때 물의 색이 바뀌는 현상은 물리 변화이다.
└──────────────────────────────┘

① ㄱ, ㄴ 　　② ㄱ, ㄷ 　　③ ㄴ, ㄷ
④ ㄴ, ㄹ 　　⑤ ㄷ, ㄹ

물질의 변화에는 물리 변화와 화학 변화가 있지! 먼저 물리 변화의 특징에 대해 잘 기억해 두자!

✗ 물이 수증기가 되면 다시 물이 될 수 없다.
→ 물이 수증기가 되더라도 수증기가 다시 액화되면 물로 바뀔 수 있어!

ㄴ 물질이 물리 변화를 거치면 화학적인 성질이 그대로 유지된다.
→ 물리 변화를 거치면 화학적인 성질은 그대로 유지되지!

✗ 물질이 물리 변화를 거치면 물질을 이루는 원자의 배열이 바뀐다.
→ 물질이 물리 변화를 거치면 물질을 이루는 원자의 배열이 달라지는 것이 아니라 분자의 배열이 달라지는 거야! 원자의 배열이 달라지는 건 화학적 변화지~ 잘 구별해야 해!

ㄹ 투명한 물속에 푸른색 잉크를 떨어뜨릴 때 물의 색이 바뀌는 현상은 물리 변화이다.
→ 투명한 물속에 잉크를 떨어뜨릴 때 물의 색이 바뀌는 것은 잉크의 확산 현상이야! 그러니까 물리 변화지~!

답 : ④

 겉모습만 변하면 물리 변화!

유형 ② 화학 변화

그림은 익은 김치와 곰팡이가 생긴 채소의 모습을 나타낸 것이다.

이러한 현상이 나타나는 물질의 변화에 대한 설명으로 옳은 것을 모두 고르면?

① 물질이 성질이 전혀 다른 새로운 물질로 변하는 현상이다.
② 화학 변화의 예로는 연소, 발효, 용해 등이 있다.
③ 화학 변화가 일어나면 물질은 원래의 성질을 잃는다.
④ 화학 변화가 일어나도 물질의 물리적인 성질은 달라지지 않는다.
⑤ 화학 변화가 일어나면 물질을 이루는 원자의 종류가 달라진다.

화학 변화에는 어떠한 특징들이 있을까? 화학 변화가 일어날 때 나타나는 현상들을 잘 기억해 두고, 물질의 성질은 어떻게 변화하는지 알아두자!

① 물질이 성질이 전혀 다른 새로운 물질로 변하는 현상이다.
→ 화학 변화는 어떤 물질이 처음과 성질이 전혀 다른 새로운 물질로 변하는 현상을 말해!

✗ 화학 변화의 예로는 연소, 발효, 용해 등이 있다.
→ 연소와 발효는 화학 변화에 속하지만, 설탕이 물에 녹는 것과 같은 용해는 물리 변화에 속하지!

③ 화학 변화가 일어나면 물질은 원래의 성질을 잃는다.
→ 화학 변화가 일어나면 물질이 처음과 성질이 전혀 다른 새로운 물질이 된다고 했지? 그러니까 원래의 성질은 당연히 잃어버리고 새롭게 만들어진 물질의 성질을 갖게 돼~!

✗ 화학 변화가 일어나도 물질의 물리적인 성질은 달라지지 않는다.
→ 화학 변화가 일어나면 새로운 물질이 되니까 화학적인 성질뿐만 아니라 물리적인 성질도 같이 바뀌게 돼! 색, 냄새, 부피 등등!! Change~!!

✗ 화학 변화가 일어나면 물질을 이루는 원자의 종류가 달라진다.
→ 화학 변화가 일어나더라도 물질을 이루는 원자의 종류는 달라지지 않아! 물질을 이루는 원자의 배열이 달라지는 거지! 잘 기억해야 해!

답 : ①, ③

 성질까지 모~두 변하면 화학 변화!

유형 클리닉

유형 ③ 화학 반응식 작성

다음 화학 반응식에 대한 설명으로 옳지 <u>않은</u> 것은?

$$2H_2 + O_2 \longrightarrow 2H_2O$$

① 수소와 산소가 반응하여 수증기가 생성되는 반응이다.
② 수소와 산소의 계수비는 2 : 1이다.
③ 반응 전과 후의 원자의 종류와 개수가 변한다.
④ 산소 분자 1개와 반응하는 수소 분자는 2개이다.
⑤ 물 분자를 이루는 수소와 산소의 원자 수의 비는 2 : 1이다.

화학 반응식을 작성하는 방법을 단계적으로 잘 이해하고 있어야 해~ 마지막 단계에서 계수를 맞춰주는 것과 반응 전후에 원자의 종류와 개수가 같은지 확인하는 것도 잊지 말자!

① 수소와 산소가 반응하여 수증기가 생성되는 반응이다.
→ 수소(H_2)와 산소(O_2)가 반응하여 H_2O가 생성되므로 수증기가 생성되는 게 맞아~!

② 수소와 산소의 계수비는 2 : 1이다.
→ 계수는 화학 반응식에서 화학식 앞에 있는 숫자를 말해! 따라서 수소 앞에는 2가, 산소 앞에는 1이 생략되어 있으므로 수소와 산소의 계수비는 2 : 1이야~!

❸ 반응 전과 후의 원자의 종류와 개수가 변한다.
→ 반응 전과 후의 원자의 종류와 개수는 변하지 않아~ 원자의 배열만 바뀌면서 새로운 분자가 생성되지!

④ 산소 분자 1개와 반응하는 수소 분자는 2개이다.
→ 화학 반응식에서 계수비는 반응물과 생성물의 분자 수의 비와 같아! 수소 분자와 산소 분자의 계수비는 2 : 1이지! 따라서 산소 분자 1개와 반응하는 수소 분자는 2개야~!

⑤ 물 분자를 이루는 수소와 산소의 원자 수의 비는 2 : 1이다.
→ 물 분자의 화학식은 H_2O지? 따라서 물 분자 1개는 수소 원자 2개와 산소 원자 1개로 구성되어 있다는 것을 알 수 있어~!

답 : ③

 반응물과 생성물의 계수비=분자 수의 비!!

유형 ④ 여러 가지 화학 반응식

다음은 여러 가지 반응의 화학 반응식을 나타낸 것이다. 옳게 표현되지 <u>않은</u> 화학 반응식은?

① 황산 나트륨+염화 칼슘 ⟶ 염화 나트륨+황산 칼슘
: $Na_2SO_4 + CaCl_2 \longrightarrow 2NaCl + CaSO_4$
② 수산화 칼슘+이산화 탄소 ⟶ 물+탄산 칼슘
: $Ca(OH)_2 + CO_2 \longrightarrow H_2O + CaCO_3$
③ 질산 은+구리 ⟶ 질산 구리+은
: $AgNO_3 + Cu \longrightarrow CuNO_3 + Ag$
④ 탄산수소 나트륨 ⟶ 탄산 나트륨+이산화 탄소+물
: $2NaHCO_3 \longrightarrow Na_2CO_3 + CO_2 + H_2O$
⑤ 메탄올+산소 ⟶ 이산화 탄소+물
: $2CH_4O + 3O_2 \longrightarrow 2CO_2 + 4H_2O$

화학 반응식을 작성하는 방법을 배웠다면, 그것을 잘 응용하는 연습을 해봐야겠지! 여러 가지 다양한 화학 반응식을 접해 보면서 화학 반응식에 대한 감을 익혀 보자~!

① 황산 나트륨+염화 칼슘 ⟶ 염화 나트륨+황산 칼슘
: $Na_2SO_4 + CaCl_2 \longrightarrow 2NaCl + CaSO_4$

② 수산화 칼슘+이산화 탄소 ⟶ 물+탄산 칼슘
: $Ca(OH)_2 + CO_2 \longrightarrow H_2O + CaCO_3$

❸ 질산 은+구리 ⟶ 질산 구리+은
: $AgNO_3 + Cu \longrightarrow CuNO_3 + Ag$
→ 구리 이온은 Cu^{2+}, 질산 이온은 NO_3^- 이므로 생성물인 질산 구리의 전하량이 "0"이 아니지? 생성물의 화학식을 잘못 썼기 때문에 화학 반응식 전체가 틀리게 된 거야! 질산 구리의 화학식을 고쳐 쓰고, 화학 반응식의 계수를 맞춰보면
$2AgNO_3 + Cu \longrightarrow Cu(NO_3)_2 + 2Ag$!

④ 탄산수소 나트륨 ⟶ 탄산 나트륨+이산화 탄소+물
: $2NaHCO_3 \longrightarrow Na_2CO_3 + CO_2 + H_2O$

⑤ 메탄올+산소 ⟶ 이산화 탄소+물
: $2CH_4O + 3O_2 \longrightarrow 2CO_2 + 4H_2O$

답 : ③

 정확한 화학식이 모여 정확한 화학 반응식이!

실전 백신

① 물리 변화와 화학 변화

01 ★중요
다음은 우리 주위에서 일어나는 여러 가지 물질의 변화 현상을 나타낸 것이다.

(가) 물이 언다.

(나) 비가 내린다.

(다) 김치가 발효된다.

(라) 설탕이 녹는다.

(마) 종이가 찢어진다.

(바) 앙금이 생성된다.

각 현상을 물리 변화와 화학 변화로 옳게 짝지은 것은?

	물리 변화	화학 변화
①	(가), (나), (마)	(다), (라), (바)
②	(가), (나), (라), (마)	(다), (바)
③	(가), (다), (라), (바)	(나), (마)
④	(나), (라), (마)	(가), (다), (바)
⑤	(라), (바)	(가), (나), (다), (마)

02 설탕이 물에 녹을 때 변하는 것은?
① 원자의 배열
② 물 분자의 개수
③ 물 분자의 성질
④ 설탕 분자의 배열
⑤ 설탕 분자의 성질

03 물질의 변화가 일어날 때 원자의 배열은 변하지 않고, 분자의 배열만 변하는 현상으로 옳은 것은?
① 자물쇠에 녹이 슨다.
② 김치가 점점 시어진다.
③ 깎아 놓은 사과의 색이 갈색으로 변한다.
④ 물을 분해하면 수소와 산소로 분해된다.
⑤ 드라이아이스를 공기 중에 놓아두고 일정 시간이 지나면 사라진다.

04 물질의 성질이 변하는 현상에 해당하는 것은?
① 늦가을 새벽에 서리가 내렸다.
② 냄비에 물을 넣고 끓이면 김이 생긴다.
③ 유리병에 물을 가득 넣고 얼리면 유리병이 깨진다.
④ 베이킹파우더를 넣어 빵을 구우면 빵이 부풀어 오른다.
⑤ 푸른색 잉크를 물에 떨어뜨리면 잉크가 물속에 퍼진다.

05 ★중요
물리 변화와 화학 변화가 일어날 때 공통적으로 변하지 않는 것은?
① 분자의 배열
② 분자의 종류
③ 물질의 성질
④ 원자의 배열
⑤ 원자의 종류

06 그림은 어떤 물질의 변화를 나타낸 것이다.

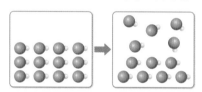

이와 같은 변화가 일어나는 경우로 옳은 것은?
① 용광로에서 철이 녹아 쇳물이 된다.
② 따뜻한 곳에 두었던 김치가 시어진다.
③ 생물이 호흡을 하여 에너지를 얻는다.
④ 가을에 나뭇잎들의 색이 붉게 변한다.
⑤ 석회수에 이산화 탄소를 통과시키면 뿌옇게 흐려진다.

[07~08] 그림은 어떤 물질의 변화를 모형으로 나타낸 것이다.

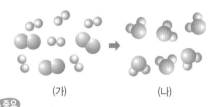

(가)　　　　　(나)

07 ★중요
이와 같은 변화에 대한 설명으로 옳은 것을 |보기|에서 모두 고른 것은?

| 보기 |
ㄱ. (가)와 (나)에서 물질의 성질은 같다.
ㄴ. (가)에서 (나)로 변하면 원자의 배열이 달라진다.
ㄷ. (가)에서 (나)로 변하는 과정은 상태 변화이다.

① ㄱ
② ㄴ
③ ㄱ, ㄴ
④ ㄴ, ㄷ
⑤ ㄱ, ㄴ, ㄷ

08 이와 같은 물질의 변화가 일어나는 현상으로 옳은 것은?

① 풀잎에 이슬이 맺힌다.
② 고체 설탕을 가열하면 액체 설탕이 된다.
③ 식물이 광합성을 하여 포도당을 얻는다.
④ 방에 놓아둔 향수 냄새가 방 안 가득 퍼진다.
⑤ 유리병을 망치로 두드리면 깨져서 유리 조각이 된다.

09 물리 변화와 화학 변화가 모두 일어나는 현상으로 옳은 것은?

① 드라이아이스의 크기가 작아진다.
② 고체 설탕을 가열하여 검게 태운다.
③ 물에 소금을 녹이면 소금물이 된다.
④ 굴뚝에서 연기가 나와 공기 중으로 퍼진다.
⑤ 마그네슘을 가열하면 산화 마그네슘이 생성된다.

❷ 화학 반응과 화학 반응식

★중요

10 다음은 질소와 수소가 반응하여 암모니아가 생성되는 과정을 화학 반응식으로 나타낸 것이다.

$$(\ ㉠ \ )N_2 + (\ ㉡ \ )H_2 \longrightarrow (\ ㉢ \ )NH_3$$

㉠~㉢에 알맞은 계수를 옳게 짝지은 것은? (단, 계수가 1인 경우도 생략하지 않고, 1로 쓴다.)

	㉠	㉡	㉢		㉠	㉡	㉢
①	1	2	3	②	1	3	2
③	2	1	2	④	2	3	1
⑤	3	1	3				

11 다음은 마그네슘을 공기 중에서 가열하여 산화 마그네슘이 생성되는 과정을 화학 반응식으로 나타낸 것이다.

$$(\ ㉠ \ )Mg + (\ ㉡ \ )O_2 \longrightarrow (\ ㉢ \ )MgO$$

㉠~㉢에 알맞은 계수를 옳게 짝지은 것은? (단, 계수가 1인 경우도 생략하지 않고, 1로 쓴다.)

	㉠	㉡	㉢		㉠	㉡	㉢
①	1	1	1	②	1	1	2
③	1	2	1	④	2	1	2
⑤	2	2	1				

12 그림은 구리와 산소 기체가 반응하여 산화 구리(Ⅱ)를 생성하는 반응을 모형으로 나타낸 것이다.

구리   산소   산화 구리(Ⅱ)

이를 화학 반응식으로 나타낸 것으로 옳은 것은?

① $Cu_2 + O \longrightarrow CuO$
② $Cu_2 + O_2 \longrightarrow 2CuO$
③ $2Cu + O_2 \longrightarrow CuO_2$
④ $2Cu + O_2 \longrightarrow 2CuO$
⑤ $2Cu + 2O \longrightarrow CuO_2$

13 그림은 세 학생이 화학 반응식에 대해 토론한 내용을 나타낸 것이다.

$$CH_4 + 2O_2 \longrightarrow 2H_2O + CO_2$$

화학 반응식을 통해 반응물과 생성물이 각각 무엇인지 알 수 있어. (풍식)

반응 전후에 원자의 종류와 개수는 탄소 1개, 수소 4개, 산소 2개로 같다는 것도 알 수 있지. (풍순)

메테인 분자, 산소 분자, 물 분자, 이산화 탄소 분자의 계수비와 분자 수의 비가 1:2:2:1로 같다는 것도 알 수 있겠네. (풍돌)

옳은 내용을 말한 학생만을 모두 고른 것은?

① 풍식   ② 풍순   ③ 풍돌
④ 풍식, 풍순   ⑤ 풍식, 풍돌

14 다음은 수소와 산소가 반응하여 물을 생성하는 반응을 화학 반응식으로 나타낸 것이다.

$$2H_2 + O_2 \longrightarrow 2H_2O$$

이에 대한 설명으로 옳은 것을 │보기│에서 모두 고른 것은?

┌ 보기 ┐
ㄱ. 물질을 이루는 분자의 종류는 달라지지 않는다.
ㄴ. 수소와 산소의 원자 배열이 달라진다.
ㄷ. 반응 전과 반응 후의 총 원자의 개수는 같다.
ㄹ. 수소 분자 20개와 산소 분자 10개를 반응시키면 물 분자 20개가 생성된다.

① ㄱ, ㄴ　　　② ㄴ, ㄷ　　　③ ㄷ, ㄹ
④ ㄱ, ㄴ, ㄷ　　　⑤ ㄴ, ㄷ, ㄹ

15 ★중요 화학 반응식을 옳게 나타낸 것은?

① $Fe + S \longrightarrow FeS_2$
② $H_2 + O \longrightarrow H_2O$
③ $Mg + O_2 \longrightarrow 2MgO$
④ $NaHCO_3 \longrightarrow NaCO_3 + CO_2 + H_2O$
⑤ $2AgNO_3 + CaCl_2 \longrightarrow 2AgCl + Ca(NO_3)_2$

16 다음은 에테인(C_2H_6)이 연소할 때의 반응을 화학 반응식으로 나타낸 것이다.

$$2C_2H_6 + (\ \bigcirc\ )O_2 \longrightarrow 4CO_2 + 6H_2O$$

이에 대한 설명으로 옳은 것은?

① ㉠에 들어갈 산소의 계수는 5이다.
② 이산화 탄소는 반응물에 해당한다.
③ 반응에 참여하는 원소의 종류는 총 4가지이다.
④ 에테인 분자 4개가 연소하면 물 분자 12개가 생성된다.
⑤ 에테인 분자 1개는 탄소 원자 4개와 수소 원자 12개로 구성된다.

서술형 문제

17 그림은 양초가 타는 모습을 나타낸 것이고, (가)와 (나)는 양초의 두 부분에서 일어나는 변화를 설명한 것이다.

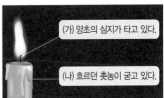

(가) 양초의 심지가 타고 있다.
(나) 흐르던 촛농이 굳고 있다.

(1) (가)에서 일어나는 물질의 변화를 쓰고, 그렇게 생각한 까닭을 서술하시오.

 성질이 전혀 다른 새로운 물질로 변함

(2) (나)에서 일어나는 물질의 변화를 쓰고, 그렇게 생각한 까닭을 서술하시오.

 고유한 성질 변하지 않음, 상태나 모양이 바뀜

18 그림과 같이 페트리 접시에 (가) 긴 마그네슘 리본, (나) 작게 자른 마그네슘 리본, (다) 마그네슘 리본을 태운 재를 놓은 후, 각각 묽

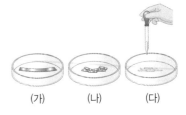

(가)　　(나)　　(다)

은 염산을 몇 방울 떨어뜨렸더니 (다)에서만 기포가 발생하지 않았다. 기포가 발생하지 않는 까닭을 화학 변화의 특징과 관련지어 서술하시오.

 성질이 전혀 다른 물질로 변화

19 그림은 메테인의 연소 반응을 모형으로 나타낸 것이다.

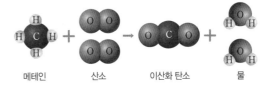

메테인　　산소　　이산화 탄소　　물

이 반응을 화학 반응식으로 나타내고, 그 과정을 서술하시오.

 화학 반응식, 원자의 종류, 원자의 개수

[20~21] 다음은 사람의 소화와 호흡 작용에 관한 글이다.

사람은 ㉠콩, 우유, 달걀, 과일 등의 음식물을 통해 영양소를 섭취한다. 그런데 음식물은 사람이 흡수하기에 크기가 너무 크므로 소화 작용을 통해 흡수할 수 있을 만한 작은 크기로 변화시킨다. 처음으로 소화 작용이 일어나는 곳은 입이다. 입에서는 음식물을 잘게 씹는 (가) 저작 운동이 일어나고 이 과정을 통해 음식물이 잘게 나눠진다. 이때 입의 침샘에서 침이 분비되는데 침 속의 아밀레이스라는 소화 효소가 (나) 녹말을 엿당으로 분해한다. 위에서는 (다) 위의 강한 근육 운동을 통해 음식물이 잘게 부서지고, 위액에 포함된 펩신이라는 소화 효소가 (라) 단백질을 분해한다. 이렇게 입, 위, 소장 등에서 소화 작용을 통해 탄수화물, ㉡단백질, ㉢지방의 3대 영양소가 작은 크기로 분해되고 소장의 융털로 흡수된다. 사람은 이렇게 흡수된 영양소를 산소를 이용한 (마) 세포 호흡을 통해 분해시켜 ㉣이산화 탄소와 ㉤물, 생활에 필요한 에너지를 얻는다.

20 (가)~(마)를 물리 변화와 화학 변화로 옳게 분류한 것은?

	물리 변화	화학 변화
①	(가), (나)	(다), (라), (마)
②	(가), (다)	(나), (라), (마)
③	(나), (다), (마)	(가), (라)
④	(나), (라)	(가), (다), (마)
⑤	(나), (라), (마)	(가), (다)

21 이 글의 ㉠~㉤에 대한 설명으로 옳은 것을 |보기|에서 모두 고른 것은?

┌─ 보기 ┌
ㄱ. ㉠ 속에 있는 ㉢을 에테르로 분리하는 것은 화학 변화에 해당한다.
ㄴ. ㉡을 확인하기 위해 뷰렛 반응을 하는 것은 물리 변화에 해당한다.
ㄷ. 식물이 ㉣과 ㉤을 이용하여 유기 양분을 만드는 것은 화학 변화에 해당한다.

① ㄱ   ② ㄷ   ③ ㄱ, ㄴ
④ ㄱ, ㄷ   ⑤ ㄴ, ㄷ

22 다음 화학 반응식에 대한 설명으로 옳지 않은 것은?

$$2Al + 3Cl_2 \longrightarrow 2AlCl_3$$

① 반응물은 알루미늄과 염소이다.
② 생성물은 염화 알루미늄이다.
③ 염소는 분자로 존재한다.
④ 염소 분자 6개가 완전히 반응할 때 염화 알루미늄 5개가 생성된다.
⑤ 염화 알루미늄을 이루는 알루미늄과 염소의 원자 수의 비는 1 : 3이다.

23 다음 (가)~(다)는 여러 가지 화학 반응을 화학 반응식으로 나타낸 것이다.

(가) (㉠)HgO ⟶ (㉡)Hg+(㉢)O_2
(나) (㉠)Fe_2O_3+(㉡)C
　　　　　⟶ (㉢)Fe+(㉣)CO_2
(다) (㉠)C_2H_5OH+(㉡)O_2
　　　　　⟶ (㉢)CO_2+(㉣)H_2O

화학 반응식에서 각 계수의 합을 옳게 비교한 것은? (단, ㉠~㉣은 계수이며, 계수가 1인 경우도 생략하지 않고 1로 쓴다.)

① (가) < (나) < (다)
② (가) < (다) < (나)
③ (가) = (나) = (다)
④ (나) < (가) < (다)
⑤ (나) < (다) < (가)

24 그림과 같이 설탕을 가열하였더니 투명한 액체로 변하였고, 계속 가열하였더니 점점 검은색으로 변하면서 굳었다.

설탕　　(가)　　(나)　　설탕 태운 것

이에 대한 설명으로 옳은 것을 |보기|에서 모두 고른 것은?

┌─ 보기 ┌
ㄱ. (가) 과정을 통해 분자의 배열이 불규칙해진다.
ㄴ. (나) 과정을 통해 원래의 설탕과 성질이 다른 새로운 물질이 생성된다.
ㄷ. (가)와 (나)의 과정을 거쳐도 원자의 종류와 개수는 변하지 않는다.

① ㄱ   ② ㄴ   ③ ㄱ, ㄴ
④ ㄴ, ㄷ   ⑤ ㄱ, ㄴ, ㄷ

2 화학 반응의 규칙

- 질량 보존 법칙을 모형으로 설명할 수 있다.
- 화합물을 구성하는 성분 원소의 질량에 관한 자료를 해석하여 일정 성분비 법칙을 설명할 수 있다.
- 기체 반응 법칙을 실험을 통해 확인할 수 있다.

❶ 질량 보존 법칙

1 질량 보존 법칙 : 화학 반응이 일어날 때 반응물의 총질량과 생성물의 총질량은 같다.

(1) **발견** : 1772년, 프랑스 과학자인 라부아지에가 여러 가지 실험을 통해 발견하였다.

(2) **특징** : 질량 보존 법칙은 물리 변화와 화학 변화에서 모두 성립한다. ➡ 물질은 (핵반응을 제외한) 어떤 화학 반응을 거치더라도 원자의 종류와 개수가 일정하게 유지되므로 질량이 달라지지 않는다.

2 반응의 종류에 따른 질량 보존 법칙

(1) **앙금 생성 반응에서의 질량 보존 법칙** ➔ 앙금 생성 반응은 양이온과 음이온이 만나서 (주로 물에) 잘 녹지 않는 앙금이 생성되는 반응이야!

모형	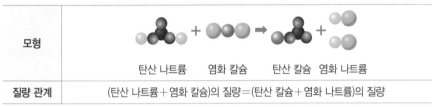 탄산 나트륨　염화 칼슘　탄산 칼슘　염화 나트륨
질량 관계	(탄산 나트륨＋염화 칼슘)의 질량＝(탄산 칼슘＋염화 나트륨)의 질량

(2) **연소 반응에서의 질량 보존 법칙** ➔ 연소 반응은 물질이 산소와 결합하는 반응이야! 주로 물질이 '탄다'라고 표현하는 반응이지!

예		나무의 연소	강철 솜의 연소
실험	열린 공간	연소될 때 생성된 기체가 공기 중으로 날아가므로 반응 전보다 질량이 감소한다.　산소　이산화 탄소　나무　수증기　재　연소	철이 공기 중의 산소와 결합하므로 반응 전보다 질량이 증가한다.　산소　철　산화 철(Ⅱ)　연소
실험	닫힌 공간	날아가는 기체의 질량까지 합하면 전체 질량은 변화 없다.　산소　나무　이산화 탄소　수증기　재	철의 질량에 결합한 산소의 질량을 합하면 전체 질량은 변화 없다.　산소　철　산화 철(Ⅱ)
질량 관계		(나무＋산소)의 질량＝(이산화 탄소＋수증기＋재)의 질량	(강철 솜＋산소)의 질량＝산화 철(Ⅱ)의 질량

(3) **기체 발생 반응에서의 질량 보존 법칙** ➔ 기체 발생 반응은 화학 반응 중에서 기체가 생성되는 반응을 말해!

예	달걀 껍데기(탄산 칼슘)와 묽은 염산의 반응	
	열린 공간	**닫힌 공간**
실험	발생한 이산화 탄소 기체가 공기 중으로 빠져나가므로 반응 전보다 질량이 감소한다.　묽은 염산　달걀 껍데기	발생한 이산화 탄소 기체가 공기 중으로 빠져나가지 못해 반응 전후 질량은 변화 없다.　묽은 염산　달걀 껍데기
모형	탄산 칼슘　염화 수소　염화 칼슘　물　이산화 탄소	
질량 관계	(탄산 칼슘＋묽은 염산)의 질량＝(염화 칼슘＋물＋이산화 탄소)의 질량	

➕ 비타민

물리 변화에서의 질량 보존

물　얼음

물리 변화가 일어날 때 물질의 상태나 모양이 변할 뿐 분자 자체는 변하지 않고 분자의 배열만 변하므로 물질의 성질과 질량은 변하지 않는다.

다양한 앙금 생성 반응
- 염화 나트륨＋질산 은 ──→ 염화 은(흰색)＋질산 나트륨
- 질산 납＋아이오딘화 칼륨 ──→ 아이오딘화 납(노란색)＋질산 칼륨

라부아지에 금속 연소 실험
라부아지에는 밀폐된 유리 용기에서 금속을 태워 질량을 정량적으로 측정하였다.

열린 공간과 닫힌 공간
물질이 이동할 수 있는 공간을 '열린 공간'이라고 하며, 물질이 이동할 수 없는 밀폐된 공간을 '닫힌 공간'이라고 한다.

염화 수소
수소와 염소가 결합하여 생성된 물질로, 염화 수소를 물에 녹인 용액을 염산이라고 한다.

여러 가지 기체 발생 반응의 예
- 과산화 수소 ──→ 물＋산소 기체
- 탄산수소 나트륨 ──→ 탄산 나트륨＋물＋이산화 탄소 기체
- 아연＋염산 ──→ 염화 아연＋수소 기체
- 마그네슘＋묽은 염산 ──→ 염화 마그네슘＋수소 기체

필수 비타민

화학 반응의 규칙	질량 보존 법칙
	일정 성분비 법칙
	기체 반응 법칙

용어&개념 체크

❶ **질량 보존 법칙**

01 화학 반응이 일어날 때 반응물의 총질량과 생성물의 총질량은 □□.

02 물질은 어떤 화학 반응을 거치더라도 원자의 □□와 □□가 일정하게 유지된다.

03 공기 중에서 나무를 연소시키면 질량이 □□한다.

04 밀폐된 공간에서 기체가 발생하는 화학 반응을 진행시키면 질량이 □□ □□.

01 질량 보존 법칙에 대한 설명으로 옳은 것은 ○, 옳지 않은 것은 ×로 표시하시오.

(1) 반응물의 총질량과 생성물의 총질량은 같다. ⸻⸻ (   )

(2) 질량 보존 법칙은 화학 변화에서만 성립한다. ⸻⸻ (   )

(3) 기체가 발생하는 반응은 질량 보존 법칙이 성립하지 않는다. ⸻⸻ (   )

(4) 앙금 생성 반응은 반응 전후 질량이 변하지 않는다. ⸻⸻ (   )

02 그림은 탄산 나트륨과 염화 칼슘의 반응을 모형으로 나타낸 것이다.

탄산 나트륨   염화 칼슘   탄산 칼슘   염화 나트륨

이 모형에 대해 옳게 설명한 학생을 |보기|에서 모두 고르시오.

┌ 보기 ┐
풍식 : 화학 반응식으로 나타내면 $Na_2CO_3 + CaCl_2 \longrightarrow CaCO_3 + 2NaCl$이야.
풍돌 : 반응 전후에 질량은 변하지 않았을 거야.
풍순 : 반응 전후에 원자의 종류와 개수가 같기 때문에 질량 보존 법칙이 성립하는 거야.

03 그림은 밀폐 용기 안에서 철이 산소와 반응하여 산화 철을 생성하는 반응을 모형으로 나타낸 것이다.

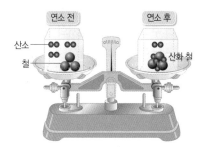

(1) 연소 전후 산소 분자의 개수를 비교하여 부등호로 나타내시오.

(2) 열린 공간에서 실험했을 때 연소 전후 질량을 비교하여 부등호로 나타내시오.

04 그림과 같이 막대 저울의 양쪽에 같은 질량의 강철 솜을 매달아 수평을 이루게 한 후 강철 솜의 한쪽을 충분히 가열하였다. 가열이 끝난 후 저울은 어떻게 변화하는지 쓰시오.

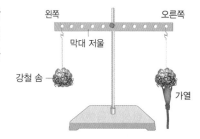

05 그림과 같이 탄산 칼슘과 묽은 염산을 반응시키면서 반응 전후의 질량을 측정하였다.

(가)   (나)   (다)

(1) 탄산 칼슘과 묽은 염산이 반응하여 발생하는 기체의 종류를 쓰시오.

(2) (가)~(다)에서 측정되는 질량을 비교하여 부등호로 나타내시오.

e2 화학 반응의 규칙

❷ 일정 성분비 법칙

1 일정 성분비 법칙 : 화학 반응을 거쳐 만들어진 화합물의 성분 원소들의 질량 사이에는 항상 일정한 비가 성립한다. ➡ 같은 화합물이라면 성분 원소들의 질량비는 항상 같다.

(1) **발견** : 1779년, 프랑스의 과학자인 프루스트가 여러 가지 화합물의 실험 자료를 분석하여 발견하였다.

(2) 일정 성분비 법칙은 모든 화합물에서는 성립하지만, 혼합물에서는 성립하지 않는다.

2 화합물을 구성하는 성분 원소의 질량비
> 혼합물은 일정한 비율을 가진 물질이 아니기 때문이야!
> 혼합물의 성분 비율은 얼마든지 조절할 수 있으니까!

(1) **마그네슘 연소 반응에서의 질량비** : 마그네슘과 산소가 반응하여 산화 마그네슘이 생성될 때 마그네슘과 산소는 3 : 2의 질량비로 반응한다.

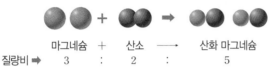

	마그네슘	+	산소	⟶	산화 마그네슘
질량비 ➡	3	:	2	:	5

구분	반응물 사이의 질량 관계	반응물과 생성물의 질량 관계
질량 관계 그래프	산소의 질량(g) / 마그네슘의 질량(g), 마그네슘 : 산소 = 3 : 2	산화 마그네슘의 질량(g) / 마그네슘의 질량(g), 마그네슘 : 산화 마그네슘 = 3 : 5

(2) **구리 연소 반응에서의 질량비** : 구리와 산소가 반응하여 산화 구리(Ⅱ)가 생성될 때 구리와 산소는 4 : 1의 질량비로 반응한다.
> 산화 구리 뒤에 표시하는 로마자는 화합물을 이루는 구리 이온의 전하를 나타내!

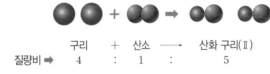

	구리	+	산소	⟶	산화 구리(Ⅱ)
질량비 ➡	4	:	1	:	5

구분	반응물 사이의 질량 관계	반응물과 생성물의 질량 관계
질량 관계 그래프	산소의 질량(g) / 구리의 질량(g), 구리 : 산소 = 4 : 1	산화 구리(Ⅱ)의 질량(g) / 구리의 질량(g), 구리 : 산화 구리(Ⅱ) = 4 : 5

(3) **물 합성 반응에서의 질량비** : 수소와 산소 기체 혼합물에 전기 불꽃을 튀겨 주면 물이 생성된다.

> 두 종류 이상의 물질이 화합물을 형성할 때, 일정한 비율로 결합하므로 여분의 물질은 반응하지 않아! 물이 만들어질 때 수소와 산소가 각각 1 : 8의 질량비로 반응하지? 수소 분자가 4개(총질량 8), 산소 분자가 4개(총질량 128) 있다면 수소 분자 4개는 모두 산소와 반응하고, 산소 분자 2개는 수소와 반응, 나머지 산소 분자 2개는 기체 상태로 존재해~!

	수소	+	산소	⟶	물
질량비 ➡	1	:	8	:	9

물 분자의 개수(개)	원자의 총 개수(개)		원자 수의 비	질량비
	수소	산소	수소 : 산소	수소 : 산소
1	2	1	2 : 1	1 : 8
3	6	3	2 : 1	1 : 8
5	10	5	2 : 1	1 : 8

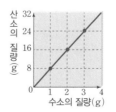

산소의 질량(g) / 수소의 질량(g)

🔵 비타민

혼합물과 화합물
혼합물은 두 종류 이상의 물질이 섞여 있는 물질이고, 화합물은 두 종류 이상의 원소가 결합하여 생성된 물질이다.

혼합물에서의 일정 성분비 법칙
혼합물은 두 종류 이상의 물질이 섞여 있는 것으로, 성분 물질이 섞이는 비율이 일정하지 않으므로 일정 성분비 법칙이 성립하지 않는다. 따라서 일정 성분비 법칙이 성립하는가의 여부는 혼합물과 화합물을 구분하는 기준이 된다.

원자의 개수비와 질량비의 관계
원자는 종류에 따라 질량이 일정하므로, 원자의 개수비가 일정하면 질량비도 일정하다.

마그네슘의 연소

마그네슘 조각

$$2Mg + O_2 \longrightarrow 2MgO$$

마그네슘을 가열하면 마그네슘이 산소와 반응하여 산화 마그네슘이 된다.

구리의 연소

구리 가루

$$2Cu + O_2 \longrightarrow 2CuO$$

구리 가루를 공기 중에서 가열하면 산소와 반응하여 산화 구리(Ⅱ)가 생성된다.

물과 과산화 수소

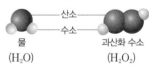

	물 (H_2O)	과산화 수소 (H_2O_2)
	산소 — 수소	산소 — 수소

물질	물	과산화 수소
성분 원소	수소, 산소	수소, 산소
원자 수의 비 (수소 : 산소)	2 : 1	1 : 1
질량비 (수소 : 산소)	1 : 8	1 : 16

용어 &개념 체크

② 일정 성분비 법칙

05 ☐☐ ☐☐☐ 법칙은 화합물의 성분 원소들의 질량 사이에 항상 일정한 비가 성립한다는 것이다.

06 화합물을 이루는 원자의 ☐ ☐☐가 일정하기 때문에 화합물을 이루는 원소 사이에는 일정한 ☐☐☐가 성립한다.

07 일정 성분비 법칙은 ☐☐☐에서는 성립하지 않고, ☐☐ ☐에서만 성립한다.

06 일정 성분비 법칙에 대한 설명으로 옳은 것은 ○, 옳지 않은 것은 ×로 표시하시오.

(1) 물 분자에서 수소와 산소는 1 : 8의 질량비를 갖는다. ────────── ( )
(2) 일정 성분비 법칙은 혼합물에서는 성립하지 않는다. ────────── ( )
(3) 기체가 발생하는 반응에서는 일정 성분비 법칙이 성립하지 않는다. ───── ( )
(4) 같은 종류의 순물질이라도 물질의 상태에 따라 성분 원소들의 질량비가 달라질 수 있다. ( )
(5) 화학 반응을 거쳐 생성된 생성물의 성분 원소 사이에 항상 일정한 비가 성립한다는 내용이다. ( )

07 일정 성분비 법칙이 성립하는 경우에 해당하는 것을 | 보기 |에서 모두 고르시오.

┌─ 보기 ┌
ㄱ. 철＋황 ──→ 황화 철
ㄴ. 산소＋은 ──→ 산화 은
ㄷ. 탄소＋산소 ──→ 이산화 탄소
ㄹ. 암모니아＋물 ──→ 암모니아수

08 그림은 마그네슘을 공기 중에서 연소시켜 산화 마그네슘을 생성할 때 반응한 마그네슘과 생성된 산화 마그네슘의 질량을 나타낸 것이다.

(1) 산화 마그네슘을 이루는 원소의 질량비를 쓰시오.
(2) 마그네슘 30 g을 공기 중에서 완전 연소시킬 때 필요한 산소의 질량을 구하시오.

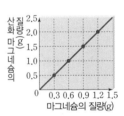

09 그림은 구리의 질량과 구리를 공기 중에서 연소시켜 생성된 산화 구리(Ⅱ)의 질량을 나타낸 것이다.

(1) 36 g의 구리를 모두 반응시키고자 할 때 필요한 산소의 질량을 구하시오.
(2) 36 g의 구리를 모두 반응시킬 때 만들어지는 산화 구리(Ⅱ)의 질량을 구하시오.

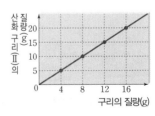

10 물(H_2O)을 구성하는 수소와 산소의 질량비는 1 : 8로 일정하다. 과산화 수소(H_2O_2)를 구성하는 수소와 산소의 질량비를 간단한 정수비로 쓰시오.

2 화학 반응의 규칙

(4) **아이오딘화 납 생성 반응에서의 질량비** : 아이오딘화 칼륨 수용액과 질산 납 수용액을 섞으면 아이오딘화 납 앙금이 생성된다.

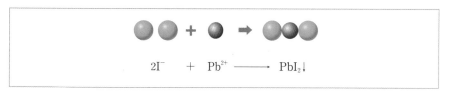

$$2I^- \quad + \quad Pb^{2+} \longrightarrow PbI_2\downarrow$$

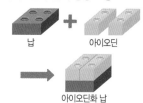

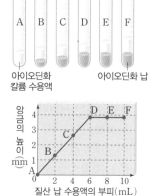

10 % 아이오딘화 칼륨 수용액 6 mL에 10 % 질산 납 수용액의 양을 다르게 하여 가할 때 6 mL 이상을 가해도 앙금이 더 이상 증가하지 않는 것으로 보아 일정한 양만이 앙금 생성 반응에 관여한다는 것을 알 수 있다.

- **B, C** : 아이오딘화 이온이 충분하므로 넣어준 납 이온은 모두 아이오딘화 이온과 반응하여 아이오딘화 납을 생성하고, 반응하지 못한 아이오딘화 이온이 남아 있다.
- **D** : 아이오딘화 이온과 납 이온이 모두 반응하여 아이오딘화 납이 생성된다. 남는 아이오딘화 이온이나 납 이온은 존재하지 않는다.
- **E, F** : 납 이온과 반응할 아이오딘화 이온이 더 이상 없으므로 앙금의 높이는 더 이상 증가하지 않고, 반응하지 못한 납 이온이 남아 있다.

→ 아이오딘화 납이 생성될 때 납 이온과 아이오딘화 이온은 항상 1 : 2의 개수비로 결합하기 때문에 납과 아이오딘 사이에 일정한 질량비가 성립해~ 즉, 결합하는 원자(이온)의 개수비가 일정하기 때문에 질량비도 일정한 거야!

3 화학 반응 모형을 통한 질량 보존 법칙과 일정 성분비 법칙의 이해

예 볼트(B)와 너트(N)를 이용한 화합물 모형의 이해 : 화합물을 구성하는 볼트(B)와 너트(N)는 일정한 개수비로 결합하므로 여분의 모형은 결합하지 못하고 남는다.

모형	B + $3N$ → BN_3 (⬛:4 g, ⬛:2 g)		
반응 전후의 질량 비교	$(B+3N)$의 질량$=BN_3$의 질량 $1\times4\,g+3\times2\,g=1\times4\,g+3\times2\,g$ $10\,g=10\,g$ ➡ 질량 보존 법칙 성립		

모형의 개수 구하기	준비한 모형(개)		최대로 만들 수 있는 BN_3 모형(개)	남은 모형의 종류와 개수
	B	N		
	1	3	1	없음
	3	6	2	B, 1
	5	20	5	N, 5
질량비 구하기	$B:N=1\times4\,g:3\times2\,g=2:3$ ➡ 일정 성분비 법칙 성립			

4 다양한 화합물에서의 일정 성분비 법칙

물질	산화 구리(Ⅱ)	이산화 탄소	암모니아	이산화 황
분자 모형	⬤⬤	⬤⬤⬤	⬤	⬤⬤⬤
원자 수의 비	구리 : 산소=1 : 1	탄소 : 산소=1 : 2	수소 : 질소=3 : 1	황 : 산소=1 : 2
질량비	구리 : 산소=4 : 1	탄소 : 산소=3 : 8	수소 : 질소=3 : 14	황 : 산소=1 : 1

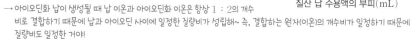

🟡 비타민

아이오딘화 납의 생성 모형

납 + 아이오딘

아이오딘화 납

화합물을 이루는 원소의 질량비

수소 1 / 산소 8 물
질소 14 / 수소 3 암모니아
마그네슘 3 / 산소 2 산화 마그네슘
구리 4 / 산소 1 산화 구리(Ⅱ)

화학 반응 모형의 예

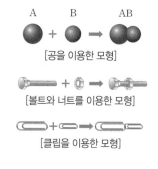

A + B → AB
[공을 이용한 모형]

[볼트와 너트를 이용한 모형]

[클립을 이용한 모형]

원자의 상대적 질량

원자는 매우 작지만 각 원자마다 고유한 질량을 갖는다. 원자 1개의 질량은 매우 작아서 실제 질량을 그대로 사용하기가 불편하기 때문에 원자의 상대적인 질량인 원자량을 실제 질량 대신 사용한다.

여러 가지 원자의 상대적 질량(원자량)

원자	원자량	원자	원자량
H	1	Mg	24
C	12	S	32
N	14	Cl	35.5
O	16	Fe	56
Na	23	Cu	64

용어 &개념 체크

08 아이오딘화 납을 구성하는 납과 아이오딘 사이에는 일정한 ☐☐☐가 성립한다.

09 볼트(B) 4개와 너트(N) 4개로 만들 수 있는 BN_2 모형은 최대 ☐개이다.

10 물을 이루는 수소와 산소의 질량비는 1 : 8이므로 수소 10 g과 산소 100 g을 반응시킬 때 생성되는 물의 질량은 ☐☐ g이다.

11 그림은 10 % 아이오딘화 칼륨 수용액 6 mL에 10 % 질산 납 수용액의 양을 다르게 하여 넣었을 때 생성된 앙금의 높이를 나타낸 것이다. 질산 납 수용액이 일정량 이상이 되면 앙금이 더 이상 증가하지 않고 일정해지는 까닭을 서술하시오.

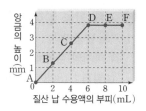

12 그림은 두 가지 원소 A와 B가 반응하여 AB_2를 생성하는 반응을 모형으로 나타낸 것이다. (단, B 원자의 상대적 질량은 12이다.)

(1) AB_2의 화학식량이 84라고 할 때, 원소 A와 원소 B의 질량비(A : B)를 가장 간단한 정수비로 쓰시오.

(2) 총 126 g의 AB_2를 만들기 위해 필요한 원소 A의 질량을 쓰시오.

13 그림과 같이 볼트(B)와 너트(N)를 이용하여 화합물 BN_3을 만들었다.

(1) 볼트(B) 2개와 너트(N) 7개를 이용하여 최대로 만들 수 있는 BN_3의 개수를 구하시오.

(2) 이 모형으로 설명할 수 있는 화학 반응의 규칙을 두 가지만 쓰시오.

14 그림은 암모니아를 구성하는 성분 원소의 질량을 나타낸 것이다. 암모니아 5.1 g을 얻기 위해 필요한 질소의 최소 질량을 구하시오.

15 그림 (가)와 (나)는 일산화 탄소 분자와 이산화 탄소 분자를 모형으로 나타낸 것이다.

(가) 일산화 탄소

(나) 이산화 탄소

(가)와 (나)를 이루는 탄소와 산소의 질량비(탄소 : 산소)를 각각 구하시오. (단, 원자의 상대적 질량은 탄소가 12, 산소가 16이다.)

e2 화학 반응의 규칙

❸ 기체 반응 법칙

1 기체 반응 법칙 : 일정한 온도와 압력에서 기체들이 반응하여 새로운 기체가 생성될 때 각 기체의 부피에는 간단한 정수비가 성립한다.
- (1) **발견** : 1808년, 프랑스의 과학자인 게이뤼삭이 몇 가지 기체 반응을 통해 알아내었다.
- (2) **특징** : 기체와 기체가 반응하여 기체가 만들어지는 반응에만 적용이 가능하며, 기체 사이의 반응비는 화학 반응식의 계수의 비와 같다.

2 수증기 생성 반응에서의 부피 관계 : 온도와 압력이 일정할 때 반응한 수소 기체와 산소 기체, 생성된 수증기의 부피 사이에는 항상 일정한 비(2 : 1 : 2)가 성립한다.

수소 2 부피   산소 1 부피   수증기 2 부피

수소 2 부피와 산소 1 부피가 반응하여 2 부피의 수증기가 만들어져! 같은 반응을 화학 반응식으로 나타내면 $2H_2 + (1)O_2 \longrightarrow 2H_2O$ 로 나타낼 수 있지! 화학 반응식의 계수비가 기체 사이의 부피비와 같다는 것! 확인할 수 있지?

실험	반응 전 기체의 부피(mL)		남은 기체의 종류와 부피(mL)	반응한 기체의 부피(mL)		생성된 수증기의 부피(mL)
	수소	산소		수소	산소	
(가)	5	2	수소, 1	4	2	4
(나)	16	8	0	16	8	16
(다)	20	20	산소, 10	20	10	20

3 염화 수소와 암모니아 생성 반응에서 부피 관계
- (1) **염화 수소 기체 생성 반응** : 온도와 압력이 일정할 때 반응한 수소 기체와 염소 기체, 생성된 염화 수소 기체의 부피 사이에는 항상 일정한 비(1 : 1 : 2)가 성립한다.

수소 1 부피   염소 1 부피   염화 수소 2 부피

수소 1 부피와 염소 1 부피가 반응하여 2 부피의 염화 수소가 만들어져! 같은 반응을 화학 반응식으로 나타내면 $(1)H_2 + (1)Cl_2 \longrightarrow 2HCl$로 나타낼 수 있지!

- (2) **암모니아 기체 생성 반응** : 온도와 압력이 일정할 때 반응한 질소 기체와 수소 기체, 생성된 암모니아 기체의 부피 사이에는 항상 일정한 비(1 : 3 : 2)가 성립한다.

질소 1 부피   수소 3 부피   암모니아 2 부피

질소 1 부피와 수소 3 부피가 반응하여 2 부피의 암모니아가 만들어져! 같은 반응을 화학 반응식으로 나타내면 $(1)N_2 + 3H_2 \longrightarrow 2NH_3$로 나타낼 수 있지!

4 화학 반응식의 계수와 기체 반응 법칙의 관계 : 화학 반응식의 계수는 분자 수를 의미하므로 반응에 관여하는 물질의 분자 수의 비를 알 수 있다. 반응물과 생성물이 모두 기체인 경우 화학 반응식의 계수비는 분자 수의 비, 부피비와 같다.

반응 모형				
화학 반응식	$2H_2$	+	O_2	$\longrightarrow$ $2H_2O$
계수비	2	:	1	: 2
분자 수의 비	2	:	1	: 2
부피비	2	:	1	: 2

⊖ 비타민

게이뤼삭
프랑스의 과학자 게이뤼삭은 수소 기체와 산소 기체를 반응시켜 수증기를 생성하는 실험으로 어느 한 기체의 양이 많더라도 수소 2 부피와 산소 1 부피가 반응한다는 것을 알아냈다.

탄소와 산소의 반응
탄소와 산소가 반응하여 이산화 탄소가 생성되는 경우, 산소와 이산화 탄소는 기체이지만 탄소는 고체이므로 기체 반응 법칙이 성립하지 않는다.

기체의 부피와 분자 수
일정한 온도와 압력에서 모든 기체는 같은 부피 속에 같은 수의 분자가 들어 있다. 따라서 기체의 부피비와 분자 수의 비는 같다.

화학 반응식의 계수비와 부피비
일정한 온도와 압력에서 화학 반응식의 계수비는 항상 부피비와 같다고 생각할 수 있지만, 이는 반응물과 생성물이 모두 기체인 경우에만 해당된다.

수증기 분자와 수소 분자의 비교
수증기 분자는 수소 분자보다 크기가 크므로 같은 부피 속에 더 적은 수의 분자가 들어 있다고 생각할 수 있지만, 공통적으로 분자의 크기는 매우 작고 분자 사이의 거리가 매우 멀기 때문에 분자 자체의 크기는 고려하지 않아도 된다.

❸ 기체 반응 법칙

11 기체 반응 법칙은 일정한 온도와 압력에서 기체들이 반응하여 새로운 기체가 만들어질 때 각 기체의 부피에는 항상 간단한 ☐☐☐가 성립한다는 법칙이다.

12 반응물과 생성물이 기체인 반응에서 기체 사이의 부피비는 화학 반응식의 ☐☐의 비와 같다.

13 모든 기체는 온도와 압력이 같을 때 같은 부피 속에 들어 있는 ☐☐☐ ☐☐가 같다.

16 수소 기체와 산소 기체가 반응하여 수증기를 생성하는 반응에 대한 설명으로 옳은 것을 | 보기 |에서 <u>모두</u> 고르시오.

> | 보기 |
> ㄱ. 수소 기체와 염소 기체가 반응하여 염화 수소 기체를 생성하는 반응과 같은 부피비를 갖는다.
> ㄴ. 수소 기체와 산소 기체가 반응하면 원자의 종류가 달라져 부피를 계산할 수 없다.
> ㄷ. 수소 기체와 산소 기체가 반응하여 수증기가 아닌 물을 생성한다면 기체 반응 법칙을 적용할 수 없다.
> ㄹ. 수소 기체와 산소 기체가 각각 10 mL씩 존재한다면 5 mL의 수증기가 생성되고 남은 기체는 없을 것이다.

17 표는 일정한 온도와 압력에서 수소 기체와 산소 기체를 반응시켜 수증기가 생성된 결과를 나타낸 것이다.

실험	반응 전 기체의 부피(mL)		남은 기체의 종류와 부피(mL)	반응한 기체의 부피(mL)		부피비
	수소	산소		수소	산소	수소 : 산소
(가)	5	2	수소, 1	(㉠)	2	(㉡)
(나)	20	20	산소, 10	20	(㉢)	(㉣)

㉠~㉣에 들어갈 알맞은 숫자를 쓰시오.

[18~19] 그림은 질소 기체와 수소 기체가 반응하여 암모니아 기체를 생성하는 화학 반응을 모형으로 나타낸 것이다.

18 이 반응을 화학 반응식으로 나타내고, 온도와 압력이 일정할 때 반응한 기체와 생성된 기체의 부피비를 쓰시오.

19 질소 기체와 수소 기체를 각각 600 mL씩 혼합하여 반응시킬 때 생성되는 암모니아 기체의 부피는 몇 mL인지 구하시오. (단, 반응 전후 온도와 압력은 일정하다.)

20 수소 기체, 염소 기체, 염화 수소 기체가 온도와 압력이 같은 1 L의 용기 3개에 각각 들어 있다. 용기 속에 들어 있는 기체 분자의 개수를 부등호로 비교하시오. (단, 분자의 크기는 수소< 염화 수소< 염소 순이다.)

[탐구 1] 앙금 생성 반응에서의 질량 변화

과정

(가) (나)

❶ 유리병 (가)와 (나)에 같은 농도의 탄산 나트륨 수용액과 염화 칼슘 수용액을 각각 20 mL씩 넣고 마개를 닫는다.

❷ 유리병 (가)와 (나)를 전자저울에 모두 올려 놓고 질량을 측정한다.

❸ 유리병 (나)의 수용액을 유리병 (가)에 부은 후 일어나는 변화를 관찰한다.

❹ 섞인 수용액에서 반응이 더 이상 진행되지 않으면 유리병 (가)와 (나)의 전체 질량을 다시 측정한다.

탐구 시 유의점
• 탄산 나트륨 수용액이나 염화 칼슘 수용액이 피부에 직접 닿지 않도록 한다.
• 사용한 시약은 폐수통에 모아 처리한다.

결과
1. 탄산 나트륨 수용액과 염화 칼슘 수용액을 섞으면 수용액에 흰색 앙금이 생기면서 뿌옇게 흐려진다.
2. 두 수용액을 섞기 전과 섞은 후의 질량은 같다.

정리 수용액 속의 이온이 반응하여 앙금이 생성되더라도 원자의 종류가 바뀌거나 원자의 개수가 달라지지 않고, 생성된 앙금이 외부로 빠져나가지 못하기 때문에 질량이 일정하게 유지된다.

[탐구 2] 기체 발생 반응에서의 질량 변화

과정
❶ 집기병에 넣어 마개로 막은 묽은 염산과 달걀 껍데기의 질량을 함께 측정한다.
❷ 묽은 염산이 들어 있는 집기병에 달걀 껍데기를 넣자마자 마개로 닫고 저울 위에서 반응시키면서 다시 질량을 측정한다.
❸ 반응이 모두 끝나면 집기병의 마개를 열고 질량을 측정한다.

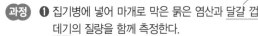
주성분이 탄산 칼슘이야~

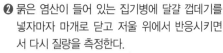

묽은 염산
달걀 껍데기

결과
1. 질량 비교 : 과정 ❶＝과정 ❷＞과정 ❸
2. 과정 ❸에서 질량이 감소한 것은 반응에서 생성된 이산화 탄소 기체가 공기 중으로 빠져나가기 때문이다.

정리 (탄산 칼슘＋묽은 염산)의 질량＝(염화 칼슘＋물＋이산화 탄소)의 질량 ➡ 질량 보존 법칙 성립

정답과 해설 6쪽

탐구 알약

01 위 [탐구 1]에 대한 설명으로 옳은 것은 ○, 옳지 않은 것은 ×로 표시하시오.

(1) 실험에서 생성된 흰색 앙금은 탄산 칼슘이다. ┈┈┈┈┈┈┈┈┈┈┈┈┈┈┈┈┈┈┈┈ ( )

(2) 밀폐되지 않은 용기에서 실험하면 반응 전보다 질량이 감소한다. ┈┈┈┈┈┈ ( )

(3) (탄산 나트륨＋염화 칼슘)의 질량은 (탄산 칼슘＋염화 나트륨)의 질량과 같다. ┈┈┈┈┈ ( )

(4) 수용액이 뿌옇게 흐려지는 것은 기체가 발생하기 때문이다. ┈┈┈┈┈┈┈┈ ( )

서술형

02 그림과 같이 묽은 염산이 들어 있는 삼각 플라스크의 입구에 탄산 칼슘이 들어 있는 고무풍선을 끼우고, 묽은 염산과 탄산 칼슘을 반응시켰다.

묽은 염산
탄산 칼슘

반응 전후의 질량 변화를 그 까닭과 함께 서술하시오.

이산화 탄소, 고무풍선

산화 구리(Ⅱ)를 구성하는 구리와 산소의 질량 관계

과정
❶ 도가니의 질량을 측정한 후 도가니에 구리 가루를 각각 0.5 g, 1.0 g, 1.5 g, 2.0 g씩 넣는다.
❷ 구리 가루가 산소와 결합하여 모두 산화 구리(Ⅱ)로 변할 때까지 가열한다.
❸ 도가니를 완전히 식힌 후 질량을 측정하여 산화 구리(Ⅱ)만의 질량을 구한다.
❹ 실험 결과를 표와 그래프로 정리한다.

탐구 시 유의점
• 도가니의 질량을 미리 측정하여 반응 후 전체 질량에서 도가니의 질량을 빼서 도가니 속 물질의 질량을 구한다.
• 가열 후 도가니는 뜨거우므로 화상을 입지 않도록 주의한다.

구리 가루   산화 구리(Ⅱ)   도가니

결과

구리 가루의 질량(g)	0.5	1.0	1.5	2.0
산화 구리(Ⅱ)의 질량(g)	0.625	1.25	1.875	2.5
반응한 산소의 질량(g)	0.125	0.25	0.375	0.5

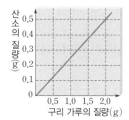

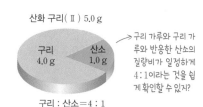

산화 구리(Ⅱ) 5.0 g

구리 4.0 g   산소 1.0 g

구리 가루와 구리 가루와 반응한 산소의 질량비가 일정하게 4 : 1이라는 것을 쉽게 확인할 수 있지?

구리 : 산소 = 4 : 1

정리 두 종류 이상의 물질이 화합물을 형성할 때, 일정한 (질량) 비율로 결합하므로 여분의 물질은 반응하지 않는다. 반응물 중 하나의 반응물의 양이 많더라도 다른 반응물 없이는 생성물을 만들지 못한다는 내용이야! 김밥을 만들려고 하는데 김이 떨어지면 아무리 다른 재료가 많이 남아 있더라도 김밥을 더 이상 만들 수 없겠지?

정답과 해설 6쪽

탐구 알약

03 위 실험에 대한 설명으로 옳은 것은 ○, 옳지 <u>않은</u> 것은 ×로 표시하시오.

(1) 이 반응에서 반응하는 구리와 생성되는 산화 구리(Ⅱ)의 질량비는 4 : 5이다. ················ ( )
(2) 반응한 구리가 6.0 g일 때 반응한 산소의 질량은 3.0 g이다. ································· ( )
(3) 반응하는 산소의 질량은 구리의 질량에 관계없이 일정하다. ···························· ( )
(4) 산화 구리(Ⅱ) 15 g을 생성하기 위해 필요한 구리의 최소 질량은 12 g이다. ·············· ( )

04 그림은 황화 철을 구성하는 성분 원소의 질량을 나타낸 것이다. 황화 철 7.7 g을 얻기 위해 필요한 철의 최소 질량을 쓰시오.

철 7.0 g 황 4.0 g

[05~06] 그림은 도가니에 구리 가루를 넣고 공기 중에서 가열하여 산화 구리(Ⅱ)가 생성되는 실험과 그 반응을 모형으로 나타낸 것이다.

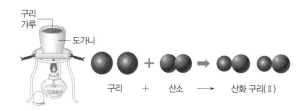

구리 가루   도가니

구리 + 산소 ⟶ 산화 구리(Ⅱ)

05 구리, 산소, 산화 구리(Ⅱ)의 질량비를 쓰시오. (단, 원자의 상대적 질량은 구리가 64, 산소가 16이다.)

06 구리 가루 10 g을 가열하다가 중단하고 구리 가루를 식힌 다음 질량을 측정하였더니 11.5 g이었다. 11.5 g 중 반응하지 못한 구리의 질량은 몇 g인지 쓰시오.

수증기 생성 반응에서 기체 부피 사이의 관계

과정

수소 기체

❶ 기체 발생 장치에서 포집한 수소 기체 4 mL를 주사기로 뽑아낸다.

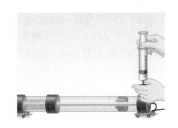

❷ 수증기 합성 장치의 기체 주입구를 열고 과정 ❶의 주사기를 이용하여 수소 기체를 넣는다.

산소 기체

❸ 같은 방법으로 산소 기체 4 mL를 뽑아내어 수증기 합성 장치에 넣고 기체 주입구를 닫는다.

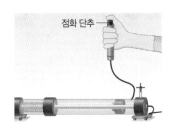
점화 단추

❹ 수증기 합성 장치의 점화 단추를 눌러 수소와 산소를 완전히 반응시킨 후 남은 기체의 부피를 측정한다.

❺ 같은 방법으로 수소 기체와 산소 기체의 부피를 각각 6 mL, 8 mL로 하여 실험하고, 표에 정리한다.

결과

수소의 부피(mL)	4	6	8
산소의 부피(mL)	4	6	8
반응 후 남은 기체의 부피(mL)	산소, 2	산소, 3	산소, 4

정리
- 수소 기체와 산소 기체를 4 mL씩 넣고 반응시키면 수소 기체 4 mL는 모두 반응하고 산소 기체는 2 mL가 남는다. → 생성된 수증기는 물로 변하기 때문에 생성된 수증기의 부피는 무시할 수 있어~!
- 수소와 산소가 완전히 반응하여 수증기를 생성할 때 부피비는 수소 : 산소=2 : 1이다.

정답과 해설 6쪽

탐구 알약

07 위 실험에 대한 설명으로 옳은 것은 ○, 옳지 않은 것은 ×로 표시하시오.

(1) 수소 기체와 산소 기체는 일정한 부피비로 반응한다. ………………………………… (　　)

(2) 수소 기체와 산소 기체가 완전히 반응하여 수증기를 생성할 때 부피비는 수소 : 산소=2 : 1이다. ……………………………………… (　　)

(3) 수소 기체 70 mL와 산소 기체 60 mL를 반응시키면 수증기 60 mL가 생성된다. ……… (　　)

(4) 수소 기체와 산소 기체가 반응하여 수증기가 만들어질 때의 부피비는 화학 반응식의 계수비와 같다. ……………………………… (　　)

08 그림은 일정한 온도와 압력에서 질소 기체와 수소 기체가 반응하여 암모니아 기체가 생성되는 반응을 나타낸 것이다.

질소 1 부피　　수소 3 부피　　암모니아 2 부피

질소 기체와 수소 기체를 각각 90 mL씩 반응시킬 때 (가) 남은 기체의 종류, (나) 남은 기체의 부피, (다) 생성된 암모니아 기체의 부피를 옳게 짝지은 것은?

	(가)	(나)	(다)
①	질소 기체	10 mL	30 mL
②	질소 기체	30 mL	60 mL
③	질소 기체	60 mL	60 mL
④	수소 기체	30 mL	30 mL
⑤	수소 기체	60 mL	90 mL

 **강의 보충제** | **화학 반응식으로 총정리하기!**

❶ 이번 중단원에서는 질량 보존 법칙, 일정 성분비 법칙, 기체 반응 법칙 등 화학 반응과 관련된 여러 법칙들에 대해서 공부했어! 또한, 이러한 내용을 화학 반응식으로 모두 확인할 수 있다는 것도 알게 되었지! 자, 그럼 지금부터 함께 정리해 볼까?

01 물(수증기)의 생성 (단, 원자의 상대적 질량은 수소가 1, 산소가 16이다.)

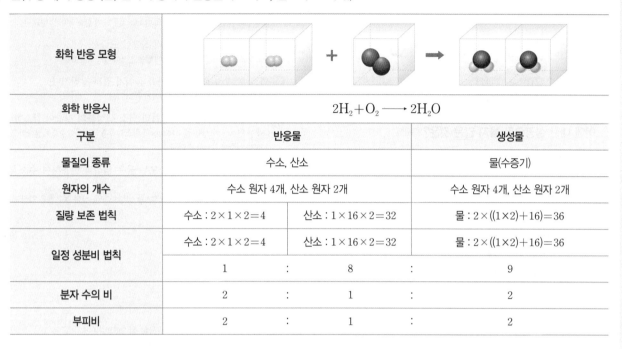

화학 반응 모형			
화학 반응식	$2H_2 + O_2 \longrightarrow 2H_2O$		
구분	반응물		생성물
물질의 종류	수소, 산소		물(수증기)
원자의 개수	수소 원자 4개, 산소 원자 2개		수소 원자 4개, 산소 원자 2개
질량 보존 법칙	수소 : $2 \times 1 \times 2 = 4$	산소 : $1 \times 16 \times 2 = 32$	물 : $2 \times ((1 \times 2) + 16) = 36$
일정 성분비 법칙	수소 : $2 \times 1 \times 2 = 4$	산소 : $1 \times 16 \times 2 = 32$	물 : $2 \times ((1 \times 2) + 16) = 36$
	1 :	8 :	9
분자 수의 비	2 :	1 :	2
부피비	2 :	1 :	2

02 암모니아의 합성 (단, 원자의 상대적 질량은 수소가 1, 질소가 14이다.)

※ 빈칸에 알맞은 말을 쓰시오.

화학 반응 모형		
화학 반응식		
구분	반응물	생성물
물질의 종류		
원자의 개수		
질량 보존 법칙		
일정 성분비 법칙		
분자 수의 비		
부피비		

유형 ① 연소 반응에서의 질량 변화

그림과 같이 강철 솜의 질량을 측정한 후 강철 솜을 완전 연소시켰다.

강철 솜

이에 대한 설명으로 옳지 <u>않은</u> 것은?

① 강철 솜은 연소 후 산화 철이 된다.
② 강철 솜보다 연소 생성물의 질량이 크다.
③ 연소 후 강철 솜의 색은 불을 붙이기 전과 달라진다.
④ 강철 솜 대신 나무를 가열하면 연소 생성물의 질량이 감소한다.
⑤ 강철 솜과 연소 생성물은 모두 묽은 염산과 반응하여 수소 기체를 생성한다.

강철 솜이 연소하면 질량이 어떻게 변하게 되는지 질량 보존 법칙과 관련지어 잘 이해해 두어야 해~!

① 강철 솜은 연소 후 산화 철이 된다.
→ 강철 솜이 완전 연소하면 공기 중의 산소와 결합하여 산화 철이 생성돼~!

② 강철 솜보다 연소 생성물의 질량이 크다.
→ 공기 중의 산소와 결합하기 때문에 반응 전보다 질량이 증가해~!

③ 연소 후 강철 솜의 색은 불을 붙이기 전과 달라진다.
→ 화학 변화가 일어나서 색이 달라지게 된 거야~!

④ 강철 솜 대신 나무를 가열하면 연소 생성물의 질량이 감소한다.
→ 나무가 연소될 때 생성된 기체(이산화 탄소와 수증기)는 공기 중으로 날아가므로 연소 전보다 질량이 감소하게 돼~!

⑤ 강철 솜과 연소 생성물은 모두 묽은 염산과 반응하여 수소 기체를 생성한다.
→ 강철 솜은 묽은 염산과 반응하여 수소를 생성하지만, 산화 철은 묽은 염산과 반응해도 수소 기체를 생성하지 않지!

답 : ⑤

 (강철 솜＋산소)의 질량＝(산화 철)의 질량!!

유형 ② 기체 발생 반응에서의 질량 변화

그림은 달걀 껍데기와 묽은 염산의 반응을 관찰하기 위한 실험 과정을 나타낸 것이다.

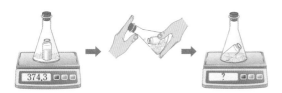

374.3 → ?

이에 대한 설명으로 옳은 것을 | 보기 |에서 모두 고른 것은?

┌ 보기 ┐
ㄱ. 삼각 플라스크의 뚜껑을 열어주어야 정확한 실험 결과를 알 수 있다.
ㄴ. 뚜껑 여부에 상관없이 반응 후의 질량은 반응 전보다 작게 나타날 것이다.
ㄷ. 달걀 껍데기가 묽은 염산과 반응하면 염화 칼슘과 물, 이산화 탄소 기체가 생성된다.

① ㄱ   ② ㄷ   ③ ㄱ, ㄴ
④ ㄴ, ㄷ   ⑤ ㄱ, ㄴ, ㄷ

달걀 껍데기와 묽은 염산이 반응하면 기체가 발생하게 되는데, 이런 기체 발생 반응에서 질량은 어떻게 변하는지 질량 보존 법칙과 관련지어 잘 이해해 두어야 해~!

✗ ㄱ. 삼각 플라스크의 뚜껑을 열어주어야 정확한 실험 결과를 알 수 있다.
→ 삼각 플라스크의 뚜껑을 열면 생성된 기체가 밖으로 빠져나가기 때문에 정확한 질량 변화를 측정하기가 더 어려워져! 기체의 특성상 공기 중으로 잘 퍼지기 때문에 그 기체의 질량을 측정하기가 어려운 거지!

✗ ㄴ. 뚜껑 여부에 상관없이 반응 후의 질량은 반응 전보다 작게 나타날 것이다.
→ 뚜껑이 없다면 생성된 기체가 밖으로 날아가니까 질량이 반응 전보다 작게 나타나겠지만, 뚜껑이 있다면 생성된 기체가 밖으로 날아가지 못하기 때문에 질량이 일정하게 유지되겠지? 바로 이 부분이 우리가 이 실험을 통해 알고자 한 점이야!

ㄷ. 달걀 껍데기가 묽은 염산과 반응하면 염화 칼슘과 물, 이산화 탄소 기체가 생성된다.
→ 달걀 껍데기가 묽은 염산과 반응하면 염화 칼슘과 물, 이산화 탄소 기체가 만들어져!

답 : ②

 밀폐된 곳 ⇨ 질량이 보존!

유형 클리닉

유형 ③ 일정 성분비 법칙

표는 10 % 아이오딘화 칼륨 수용액을 6 mL씩 넣은 6개의 시험관에 10 % 질산 납 수용액의 양을 달리하여 넣었을 때 생성된 앙금의 높이를 측정한 결과이다.

시험관	A	B	C	D	E	F
아이오딘화 칼륨 수용액 (mL)	6	6	6	6	6	6
질산 납 수용액(mL)	0	2	4	6	8	10
앙금의 높이(mm)	0	1.2	2.4	3.6	3.6	3.6

이 실험에 대한 설명으로 옳은 것을 <u>모두</u> 고르면?

① 질량 보존 법칙을 확인하기 위한 실험이다.
② 이 실험으로 생성된 앙금은 아이오딘화 납이다.
③ 시험관 B, C에는 반응 후 질산 납 수용액이 남아 있다.
④ 시험관 D에는 아이오딘화 칼륨 수용액과 질산 납 수용액이 모두 반응하여 더 이상 반응할 물질이 없다.
⑤ 시험관 E, F에는 반응 후 아이오딘화 칼륨 수용액이 남아 있다.

일정 성분비 법칙에 대해 공부했지~? 이제 일정 성분비 법칙을 알아보는 다양한 실험을 통해 일정 성분비 법칙에 대한 개념을 응용해 보자~!

✖ 질량 보존 법칙을 확인하기 위한 실험이다.
→ 일정한 부피 속에 들어 있는 아이오딘화 칼륨과 질산 납의 질량은 일정하기 때문에 반응하는 물질 사이의 질량비도 일정해~ 따라서 이 실험은 일정 성분비 법칙을 확인하기 위한 실험이지!

②이 실험으로 생성된 앙금은 아이오딘화 납이다.
→ 이 실험에서 노란색 앙금인 아이오딘화 납이 생성돼~!

✖ 시험관 B, C에는 반응 후 질산 납 수용액이 남아 있다.
→ 시험관 B, C에는 아이오딘화 이온이 충분하기 때문에 넣어준 납 이온은 모두 아이오딘화 이온과 반응해서 아이오딘화 납을 생성하고, 반응하지 못한 아이오딘화 칼륨 수용액과 반응에 참여하지 않는 질산 이온이 남아 있자~!

④시험관 D에는 아이오딘화 칼륨 수용액과 질산 납 수용액이 모두 반응하여 더 이상 반응할 물질이 없다.
→ 시험관 D에는 아이오딘화 이온과 납 이온이 모두 반응해서 더 이상 반응에 참여하는 이온이 존재하지 않아~!

✖ 시험관 E, F에는 반응 후 아이오딘화 칼륨 수용액이 남아 있다.
→ 시험관 E, F에는 더 이상 납 이온과 반응할 아이오딘화 이온이 없기 때문에 앙금의 높이는 더 이상 증가하지 않고, 반응하지 못한 질산 납 수용액과 반응에 참여하지 않는 칼륨 이온이 남아 있어~!

답 : ②, ④

 일정 성분비 법칙 : 화합물 ○, 혼합물 ✕

유형 ④ 기체 반응 법칙

표는 일정한 온도와 압력에서 일산화 탄소 기체와 산소 기체가 반응하여 이산화 탄소 기체를 생성한 실험 결과이다.

실험	반응 전 기체의 부피(L)		생성된 이산화 탄소의 부피(L)	남은 기체의 종류와 부피(L)
	일산화 탄소	산소		
(가)	20	30	㉠	산소, 20
(나)	50	20	40	일산화 탄소, 10
(다)	60	60	60	㉡

이에 대한 설명으로 옳은 것을 | 보기 |에서 모두 고른 것은?

| 보기 |
ㄱ. ㉠은 20이다.
ㄴ. ㉡은 산소, 30이다.
ㄷ. 이 반응에서 각 기체의 부피비(일산화 탄소 : 산소 : 이산화 탄소)는 2 : 1 : 2이다.
ㄹ. 일산화 탄소 기체 40 L와 산소 기체 30 L를 반응시키면 산소 기체 20 L가 남는다.

① ㄱ, ㄴ ② ㄱ, ㄷ ③ ㄴ, ㄷ ④ ㄱ, ㄴ, ㄷ ⑤ ㄴ, ㄷ, ㄹ

화학 반응에서 기체들은 일정한 부피비로 반응한다는 것을 설명할 수 있어야 해~ 여기에서는 반응 전 기체의 부피와 남은 기체의 종류와 부피를 표에서 비교하는 문제가 많이 출제돼~!

㉠ ㉠은 20이다.
→ 실험 (가)에서 산소 기체 20 L가 남았으므로 일산화 탄소 기체 20 L와 산소 기체 10 L가 반응하여 이산화 탄소 기체 20 L가 생성되었다는 것을 알 수 있지~?

㉡ ㉡은 산소, 30이다.
→ 일산화 탄소, 산소, 이산화 탄소의 부피비는 2 : 1 : 2이기 때문에 실험 (나)에서 일산화 탄소 60 L와 산소 기체 60 L가 반응하면 산소 기체는 30 L가 남게 돼~!

㉢ 이 반응에서 각 기체의 부피비(일산화 탄소 : 산소 : 이산화 탄소)는 2 : 1 : 2이다.
→ 실험 (나)에서 일산화 탄소 기체 50 L와 산소 기체 20 L가 반응하여 이산화 탄소 기체 40 L가 발생하고, 일산화 탄소 기체가 10 L가 남은 것으로 보아 이 반응에서 각 기체의 부피비(일산화 탄소 : 산소 : 이산화 탄소)는 2 : 1 : 2인 것을 알 수 있지!

✖ 일산화 탄소 기체 40 L와 산소 기체 30 L를 반응시키면 산소 기체 20 L가 남는다.
→ 일산화 탄소 기체 40 L와 산소 기체 30 L를 반응시키면 산소 기체는 10 L가 남게 되지~!

답 : ④

 부피비 ⇨ 일산화 탄소 : 산소 : 이산화 탄소＝2 : 1 : 2 !!

❶ 질량 보존 법칙

01 그림은 황산 나트륨 수용액과 염화 바륨 수용액을 반응시키기 전과 후에 질량을 측정하는 실험을 나타낸 것이다.

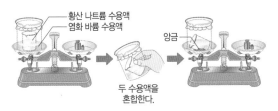

이 실험에서 확인하려는 것으로 옳은 것은?

① 화학 반응의 종류
② 생성물의 종류와 색깔
③ 화학 반응에서의 질량 보존
④ 생성물을 이루는 성분 물질의 종류
⑤ 생성물을 이루는 성분 물질의 질량비

02 염화 나트륨 수용액이 들어 있는 비커에 질산 은 수용액이 들어 있는 작은 비커를 넣고 비커를 기울여 두 용액을 섞었다. 이 반응에 대한 설명으로 옳지 않은 것은?

① 화학 변화가 일어나는 반응이다.
② 앙금이 생성되어 질량이 증가한다.
③ 흰색 앙금과 질산 나트륨이 생성된다.
④ 반응 전후에 원자의 배열이 달라진다.
⑤ 반응 전후에 원자의 종류와 개수는 변하지 않는다.

03 ⭐중요 그림은 탄산 칼슘과 묽은 염산을 반응시키면서 질량을 측정하는 모습을 나타낸 것이다.

(가) 반응 전   (나) 반응 후   (다) 뚜껑 열어줌

반응이 충분히 일어난 후에 (가)~(다)에서 측정된 질량을 옳게 비교한 것은?

① (가)>(나)>(다)   ② (가)>(나)=(다)
③ (가)=(나)>(다)   ④ (가)=(나)=(다)
⑤ (다)>(나)>(가)

04 과산화 수소 34 g에 이산화 망가니즈 3 g을 넣어 분해시켰더니 16 g의 산소가 발생하였다. 이때 생성된 물의 질량은? (단, 과산화 수소는 분해되어 물과 산소만을 생성한다.)

① 12 g   ② 15 g   ③ 18 g   ④ 21 g   ⑤ 24 g

05 가루 상태의 (가) 구리와 (나) 탄산 칼슘을 각각 공기 중에서 가열했을 때 가열 후 용기에 남아 있는 물질의 질량 변화를 옳게 짝지은 것은?

	(가)	(나)		(가)	(나)
①	증가	증가	②	증가	감소
③	증가	일정	④	감소	증가
⑤	감소	감소			

06 다음 반응식에서 질량 관계를 나타내는 식으로 옳은 것은? (단, A~D는 각 물질의 질량이다.)

석회수 + 이산화 탄소 ⟶ 탄산 칼슘 + 물
A   B   C   D

① A+B=C+D   ② A+B+C=D
③ A=C, B=D   ④ B−A=D−C
⑤ C−B=D−A

07 ⭐중요 | 보기 |는 여러 가지 화학 반응을 나타낸 것이다.

┌ 보기 ┐
ㄱ. 마그네슘 리본을 연소시켰다.
ㄴ. 시험관 속의 산화 은을 가열하였다.
ㄷ. 액체 양초를 비커에 넣고 가열하였다.
ㄹ. 염화 나트륨 수용액과 질산 은 수용액을 혼합하였다.
ㅁ. 질산 납 수용액과 아이오딘화 칼륨 수용액을 혼합하였다.

열린 공간에서 화학 반응을 진행했을 때 질량이 감소하는 반응을 | 보기 |에서 모두 고른 것은?

① ㄱ, ㄴ   ② ㄴ, ㄷ   ③ ㄹ, ㅁ
④ ㄱ, ㄷ, ㄹ   ⑤ ㄴ, ㄷ, ㅁ

08 충분한 시간 동안 탄산 칼슘 100 g을 가열하는 실험을 진행하였더니 산화 칼슘 56 g을 얻을 수 있었다. 이때 발생하는 기체의 종류와 질량을 옳게 짝지은 것은?

	기체	질량		기체	질량
①	O_2	44 g	②	O_2	56 g
③	CO_2	44 g	④	CO_2	56 g
⑤	CO_2	100 g

09 탄산수소 나트륨 42 g을 가열하였더니 물 4.5 g과 탄산 나트륨 26.5 g이 생성되었다. 이때 발생하는 기체의 종류와 기체의 질량을 옳게 짝지은 것은? (단, 이 실험은 밀폐된 공간에서 진행되었다.)

① 수소, 11 g   ② 수소, 17 g
③ 산소, 11 g   ④ 이산화 탄소, 11 g
⑤ 이산화 탄소, 17 g

❷ 일정 성분비 법칙

[10~11] 표는 구리를 가열하는 실험을 진행했을 때 구리의 질량과 생성물인 산화 구리(Ⅱ)의 질량을 나타낸 것이다.

구리의 질량(g)	0.2	0.4	0.6	0.8	1.0
산화 구리(Ⅱ)의 질량(g)	0.25	0.5	0.75	1.0	1.25

10 ⭐중요 산화 구리(Ⅱ)가 생성될 때 반응을 거치는 구리와 산소의 질량비를 옳게 짝지은 것은?

	구리 : 산소		구리 : 산소
①	1 : 2	②	2 : 3
③	3 : 1	④	4 : 1
⑤	4 : 5

11 산소 30 g을 완전히 반응시키고자 할 때 필요한 구리와 만들어지는 산화 구리(Ⅱ)의 질량을 옳게 짝지은 것은?

	구리	산화 구리(Ⅱ)		구리	산화 구리(Ⅱ)
①	15 g	45 g	②	20 g	50 g
③	24 g	54 g	④	90 g	120 g
⑤	120 g	150 g

12 공기 중에서 마그네슘 리본을 연소시킬 때 마그네슘의 질량을 증가시켜도 일정하게 유지되는 값으로 옳은 것은? (단, 산소는 충분히 많다고 가정한다.)

① 생성되는 산화 마그네슘의 질량
② 마그네슘과 반응하는 산소의 질량
③ 반응하는 마그네슘과 산소의 질량비
④ 마그네슘이 모두 연소하는 데 걸리는 시간
⑤ 생성된 산화 마그네슘에 포함된 마그네슘의 질량

[13~15] 그림과 같이 철 7 g을 황 x g과 혼합한 후 가열하였더니 황화 철 11 g이 생성되었다.

철 7g+황 x g   황화 철 11g

13 황화 철을 이루는 철과 황의 질량비는?

① 4 : 7   ② 4 : 11   ③ 7 : 4
④ 7 : 11   ⑤ 7 : 18

14 황화 철 44 g을 얻기 위해 필요한 철과 황의 질량은 각각 몇 g인가?

	철	황		철	황
①	27 g	17 g	②	28 g	16 g
③	29 g	15 g	④	30 g	14 g
⑤	31 g	13 g

15 ⭐중요 철 35 g과 황 24 g을 혼합한 후 반응시킬 때 생성되는 황화 철의 질량과 남은 물질의 종류와 질량은 몇 g인가?

	황화 철	남은 물질		황화 철	남은 물질
①	48 g	철, 11 g	②	48 g	황, 11 g
③	55 g	철, 4 g	④	55 g	황, 4 g
⑤	59 g	없음

16 그림은 마그네슘을 공기 중에서 연소시켜 산화 마그네슘을 생성하는 반응에서 마그네슘과 산소의 질량 관계를 나타낸 것이다. 이에 대한 설명으로 옳지 <u>않은</u> 것은?

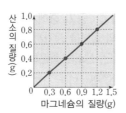

① 반응하는 마그네슘과 산소의 질량비는 3 : 2이다.
② 마그네슘과 산소의 화학 반응으로 산화 마그네슘이 생성된다.
③ 반응한 마그네슘과 생성된 산화 마그네슘의 질량비는 3 : 5이다.
④ 마그네슘 12 g을 모두 연소시키면 산화 마그네슘 20 g이 생성된다.
⑤ 산화 마그네슘 45 g을 얻으려면 마그네슘 30 g을 모두 연소시켜야 한다.

17 ★중요
그림은 어떤 화학 반응을 볼트(B)와 너트(N) 모형으로 나타낸 것이다.

화학 반응식과 생성된 화합물의 총질량을 옳게 짝지은 것은? (단, 볼트(B)의 질량은 4 g, 너트(N)의 질량은 2 g이다.)

	화학 반응식	총질량
①	$B_2 + 2N_2 \longrightarrow 2BN$	12 g
②	$B_2 + 2N_2 \longrightarrow 2BN_2$	16 g
③	$2B + 4N \longrightarrow 2BN_2$	16 g
④	$2B + 4N \longrightarrow B_2N_4$	12 g
⑤	$2B + N_4 \longrightarrow 2BN$	16 g

18 일정 성분비 법칙과 관련이 <u>없는</u> 것은?
① 황화 철은 철과 황이 7 : 4의 질량비로 구성된다.
② 수소 8 g과 산소 8 g을 섞어 전기 불꽃에 튀기면 물이 생성되고 수소 7 g이 남는다.
③ 아이오딘화 칼륨 수용액 35 g과 질산 납 수용액 25 g을 섞으면 생성물의 총질량은 60 g이다.
④ 일정량의 구리를 가열하면 처음에는 질량이 증가하다가 더 이상 증가하지 않고 질량이 일정하게 유지된다.
⑤ 마그네슘을 가열할 때 마그네슘의 질량을 2배 증가시키면 생성되는 산화 마그네슘의 질량도 2배 증가한다.

19 표는 수소와 산소의 혼합 기체에 전기 불꽃을 튀겨주어 물이 생성되는 반응의 실험 결과를 나타낸 것이다.

실험	반응 전 기체의 질량(g)		반응 후 남은 기체의 종류와 질량(g)
	수소	산소	
1	(가)	4.0	수소, 0.5
2	0.5	6.0	산소, 2.0
3	0.6	8.0	(나)

이에 대한 설명으로 옳지 <u>않은</u> 것은?
① (가)에 들어갈 질량은 1.0이다.
② (나)에 들어갈 기체의 종류와 질량은 산소, 3.2이다.
③ 수소와 산소가 일정한 질량비로 반응한다.
④ 실험 1에서 생성되는 물의 질량은 5.0 g이다.
⑤ 물을 이루는 수소와 산소의 질량비는 1 : 8이다.

❸ 기체 반응 법칙

20 기체 반응 법칙에 대한 설명으로 옳지 <u>않은</u> 것은?
① 게이뤼삭이 발견한 법칙이다.
② 화학 반응식의 계수비와 부피비는 일치한다.
③ 기체의 화학 반응에서도 질량 보존 법칙이 성립한다.
④ 온도와 압력이 일정할 때 항상 일정한 부피비로 반응한다.
⑤ 반응하는 기체의 총부피와 생성되는 기체의 총부피는 항상 같다.

[21~22] 표는 질소 기체와 산소 기체가 반응하여 이산화 질소 기체가 생성되는 실험 결과를 나타낸 것이다.

실험	반응 전 기체의 부피(mL)		반응 후 남은 기체의 종류	반응 후 남은 기체의 부피(mL)
	질소	산소		
1	5	40	산소	30
2	8	34	㉠	㉡
3	15	㉢	질소	5
4	㉣	26	질소	15

21 ㉠~㉣에 들어갈 알맞은 것을 옳게 짝지은 것은?

	㉠	㉡	㉢	㉣
①	질소	18	10	11
②	질소	26	20	28
③	산소	18	10	11
④	산소	18	20	28
⑤	산소	26	10	41

22 질소 원자 1개와 산소 원자 1개의 질량비가 14 : 16일 때 질소 기체와 산소 기체가 만나 이산화 질소 기체를 생성하는 반응에서 질량비(질소 : 산소 : 이산화 질소)는?

① 7 : 8 : 15
② 7 : 16 : 23
③ 14 : 8 : 15
④ 14 : 16 : 23
⑤ 28 : 8 : 23

23 다음은 수소 기체와 산소 기체를 이용하여 물을 합성하는 실험을 나타낸 것이다.

[실험 과정]

(가) 기체 반응 실험 장치에 주사기를 이용하여 수소 기체 10 mL를 넣는다.

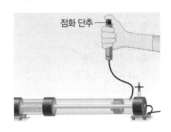

(나) (가)의 장치에 산소 기체 2 mL를 넣고 점화 단추를 눌러 기체가 반응하게 한다.

(다) 반응이 더 이상 일어나지 않을 때까지 (나)를 반복한다.

(라) (나)와 (다)에서 측정한 결과를 기록한다.

(마) 산소 기체의 부피를 달리하면서 과정 (가)~(라)를 반복한다.

[실험 결과]

실험	I	II	III	IV	V
산소의 부피(mL)	2	4	6	8	10
반응 후 남은 기체의 부피(mL)	6	2	1	3	5

이 실험에 대한 설명으로 옳은 것을 |보기|에서 모두 고른 것은?

| 보기 |
ㄱ. 부피비(수소 : 산소)는 2 : 1이다.
ㄴ. I~III에서 반응 후 남은 기체의 부피는 수소 기체의 부피이다.
ㄷ. V에서 생성된 물을 전기 분해하면 산소 기체는 10 mL가 생성된다.

① ㄱ   ② ㄴ   ③ ㄷ   ④ ㄱ, ㄴ   ⑤ ㄴ, ㄷ

서술형 문제

24 화학 반응에서 반응 전후에 질량이 보존되는 까닭을 서술하시오.

 KEY

원자의 종류와 개수 변화 ×

25 그림과 같이 질량이 같은 강철 솜을 윗접시저울 양쪽에 각각 올려놓았더니 수평이 되었다. 강철 솜 B를 밀폐된 용기에서 연소시킨 후 오른쪽 접시에 다시 올려놓았을 때 저울은 어떻게 되는지 쓰고, 그렇게 생각한 까닭을 서술하시오.

강철 솜 A   강철 솜 B

 KEY

산소와 결합

26 그림은 황화 칼륨 수용액 6 mL에 같은 농도의 질산 납 수용액의 부피를 달리하여 넣었을 때 생성된 앙금의 높이를 나타낸 것이다. 이 실험에서 앙금의 높이가 일정량 이상이 되면 더 이상 높아지지 않는 까닭을 서술하시오.

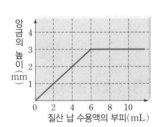

 KEY

일정한 비율로 결합

27 질소 기체 10 L를 모두 사용하여 암모니아를 합성하려고 한다. 이때 필요한 수소 기체의 부피와 생성되는 암모니아 기체의 부피를 구하고, 그렇게 생각한 까닭을 화학 반응식과 관련지어 서술하시오.

 KEY

일정한 비율로 반응

28 그림과 같이 묽은 염산과 달걀 껍데기를 밀폐된 용기에서 반응시킨 후 반응 전후의 질량을 측정하고, 뚜껑을 열어 다시 질량을 측정하는 실험을 하였다.

(가)   (나)   (다)

이 실험에 대한 설명으로 옳지 **않은** 것은?

① (가)의 질량과 (나)의 질량은 같다.
② (나)에서 원자의 종류와 배열이 달라진다.
③ (나)에서 발생하는 기체는 이산화 탄소이다.
④ (다)에서 기체가 빠져나간다.
⑤ (다)의 질량은 (나)의 질량보다 작다.

[29~30] 그림은 밀폐된 유리병 안에서 양초가 연소하는 동안의 질량 변화를 측정하는 실험 장치를 나타낸 것이다.

29 양초가 연소하는 동안 저울의 변화로 옳은 것은?

① 변화없이 수평이 유지된다.
② 왼쪽으로 서서히 기울어진다.
③ 오른쪽으로 서서히 기울어진다.
④ 왼쪽으로 기울어졌다 불이 꺼지면 다시 수평이 유지된다.
⑤ 오른쪽으로 기울어졌다 불이 꺼지면 다시 수평이 유지된다.

30 이 실험 결과가 나타나는 까닭으로 옳은 것은?

① 양초가 물리 변화만 하기 때문이다.
② 유리병 속 공기 중의 수소가 촛불에 타기 때문이다.
③ 양초가 상태 변화하면서 주위에 열에너지를 공급하기 때문이다.
④ 양초가 연소하면서 병 밖에 있는 공기 중의 수증기가 유리병 표면에 응결되기 때문이다.
⑤ 양초가 유리병 속 공기 중의 산소와 결합하고, 생성된 이산화 탄소와 물도 유리병 속에 남아 있기 때문이다.

31 질량 보존 법칙에 대한 설명으로 옳지 **않은** 것은?

① 혼합물과 화합물을 만들 때 모두 성립한다.
② 반응물의 총질량과 생성물의 총질량은 같다.
③ 기체가 생성되는 반응에서는 성립하지 않는다.
④ 화학 반응이 일어날 때 원자의 종류와 개수가 변하지 않기 때문에 성립한다.
⑤ 반응 후 분자의 종류가 변하거나 분자의 배열이 변하는 경우 모두 성립한다.

[32~33] 그림은 마그네슘을 공기 중에서 연소시켜 산화 마그네슘을 생성하는 반응에서 가열 시간에 따른 물질의 질량 변화를 나타낸 것이다.

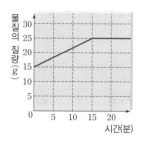

32 마그네슘이 완전 연소할 때 반응하는 마그네슘과 산소의 질량비(마그네슘 : 산소)는?

① 2 : 3   ② 3 : 2   ③ 3 : 5
④ 5 : 2   ⑤ 5 : 3

33 이 실험에 대한 설명으로 옳지 **않은** 것은?

① 마그네슘과 산소의 화학 반응이 일어난다.
② 산화 마그네슘 30 g을 얻으려면 마그네슘 3 g을 더 넣어주면 된다.
③ 10분 동안 가열했을 때 반응할 수 있는 마그네슘과 산소가 모두 충분한 상태이다.
④ 15분 이후에 그래프가 수평한 것은 더 이상 반응할 수 있는 산소가 없기 때문이다.
⑤ 10분 동안 가열했을 때와 15분 동안 가열했을 때 산화 마그네슘을 이루는 마그네슘과 산소의 질량비는 같다.

34 그림은 탄산 칼슘을 이루는 성분 원소들의 질량 조성비를 나타낸 것이다. 탄산 칼슘 80 g을 얻기 위해 필요한 칼슘의 질량은 몇 g인가?

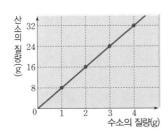

① 18 g
② 24 g
③ 32 g
④ 40 g
⑤ 48 g

35 그림은 수소와 산소를 반응시켜 물을 생성할 때 수소와 산소의 질량 관계를 나타낸 것이다. 이에 대한 설명으로 옳지 않은 것은?

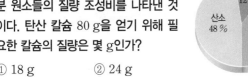

① 물을 구성하는 수소와 산소의 질량비는 1 : 8이다.
② 수소 5 g과 산소 48 g이 반응하면 산소 8 g이 남는다.
③ 수소 7 g을 충분한 양의 산소와 반응시키면 물 63 g이 생성된다.
④ 산소 72 g을 충분한 양의 수소와 반응시키면 물 81 g이 생성된다.
⑤ 물이 생성될 때 반응하는 수소 기체와 산소 기체의 부피비는 1 : 8이다.

36 표는 일정한 온도와 압력에서 일산화 탄소(CO) 기체와 산소(O_2) 기체가 완전히 반응하여 이산화 탄소(CO_2) 기체가 생성될 때의 부피를 나타낸 것이다.

실험	일산화 탄소 기체(mL)	산소 기체(mL)	이산화 탄소 기체(mL)
1	12.0	6.0	12.0
2	22.0	11.0	22.1
3	34.0	17.0	33.9

이에 대한 설명으로 옳은 것은? (단, 원자의 상대적 질량은 탄소가 12, 산소가 16이다.)

① 이 반응의 화학 반응식은 $CO + O_2 \longrightarrow CO_2$이다.
② 일산화 탄소 기체와 산소 기체가 반응할 때 질량비는 2 : 1이다.
③ 일산화 탄소 기체 15 mL와 산소 기체 10 mL가 반응할 때 남는 기체는 일산화 탄소 기체이다.
④ 산소 기체가 충분할 때 일산화 탄소 기체 30 mL를 반응시키면 이산화 탄소 기체 15 mL가 생성된다.
⑤ 이 반응에서는 질량 보존 법칙, 일정 성분비 법칙, 기체 반응 법칙이 모두 성립한다.

37 그림은 어떤 화학 반응을 볼트(B)와 너트(N)로 나타낸 것이다.

이에 대한 설명으로 옳지 않은 것은? (단, 볼트(B)의 질량은 2 g이고, 너트(N)의 질량은 1 g이다.)

① 화학 반응식으로 나타내면 $B + 3N \longrightarrow BN_3$이다.
② 반응하는 B와 N의 개수비는 1 : 3이다.
③ 화합물을 이루는 B와 N의 질량비는 2 : 3이다.
④ 반응 전후 원자의 종류와 개수, 배열은 변하지 않는다.
⑤ 질량 보존 법칙과 일정 성분비 법칙을 모두 설명할 수 있다.

[38~39] 표는 일정한 온도와 압력에서 기체 A와 B가 반응하여 기체 C가 생성될 때 기체 A~C의 부피와 반응하지 않고 남은 기체의 부피를 나타낸 것이다.

실험	A(mL)	B(mL)	C(mL)	반응하지 않고 남은 기체 A(mL)	반응하지 않고 남은 기체 B(mL)
1	100	450	200	—	㉠
2	200	300	㉡	100	—

38 기체 A와 B가 반응하여 기체 C가 생성될 때 기체 A~C의 부피비(A : B : C)는?

① 1 : 2 : 2
② 1 : 3 : 2
③ 1 : 4 : 2
④ 2 : 1 : 3
⑤ 2 : 3 : 1

39 이 실험에 대한 설명으로 옳은 것을 │보기│에서 모두 고른 것은?

│ 보기 │
ㄱ. ㉠ + ㉡ = 350이다.
ㄴ. 기체 A 150 mL와 기체 B 400 mL를 반응시킬 때 남는 기체는 B이다.
ㄷ. 기체 A 300 mL와 기체 B 150 mL를 반응시킬 때 전체 부피는 반응 전보다 반응 후가 작다.

① ㄱ
② ㄴ
③ ㄱ, ㄷ
④ ㄴ, ㄷ
⑤ ㄱ, ㄴ, ㄷ

e3 화학 반응에서의 에너지 출입

❶ 에너지를 방출하는 반응

1 발열 반응 : 화학 반응이 일어날 때 주변으로 에너지를 방출하는 반응
➡ 주변의 온도가 높아진다.

에너지 방출

반응물 → 생성물

2 발열 반응의 예

(1) **연료의 연소 반응** : 연료가 연소할 때 방출하는 에너지를 이용하여 자동차를 움직이거나 난방을 한다.

(2) **호흡** : 포도당과 산소가 반응할 때 방출하는 에너지를 이용하여 체온을 유지하거나 생명 활동을 한다.

(3) **즉석 발열 도시락** : 산화 칼슘과 물이 반응할 때 방출하는 에너지를 이용하여 도시락을 데운다.

(4) **산과 염기의 반응** : 산과 염기가 반응할 때 방출하는 에너지에 의해 온도가 높아진다. ⓔ 염산과 수산화 나트륨 수용액의 반응

(5) **금속과 산의 반응** : 금속과 산이 반응할 때 방출하는 에너지에 의해 온도가 높아진다.
↳ 금속과 산이 반응할 때 수소 기체가 발생해~!

(6) **금속이 녹스는 반응** : 금속이 산소와 반응할 때 에너지를 방출하고 산화되어 녹이 슨다. ⓔ 철과 산소의 반응

▲ 연소 반응　　▲ 즉석 발열 도시락　　▲ 산과 염기의 반응　　▲ 금속이 녹스는 반응

❷ 에너지를 흡수하는 반응

1 흡열 반응 : 화학 반응이 일어날 때 주변에서 에너지를 흡수하는 반응
➡ 주변의 온도가 낮아진다.

에너지 흡수

반응물 → 생성물

2 흡열 반응의 예

(1) **열분해** : 탄산수소 나트륨이 열에너지를 흡수하면 분해되어 이산화 탄소 기체를 생성한다.
↳ 베이킹파우더의 주성분이야~!
이때 발생한 이산화 탄소 때문에 빵이 부풀어 오르게 되지!

(2) **식물의 광합성** : 식물은 빛에너지를 흡수하여 물과 이산화 탄소를 합성하고 양분을 얻는다.

(3) **염화 암모늄과 수산화 바륨의 반응** : 염화 암모늄과 수산화 바륨이 반응할 때는 주변으로부터 에너지를 흡수한다.
↳ 염화 암모늄 대신 질산 암모늄을 사용해도 같은 반응이 일어나~!

(4) **질산 암모늄과 물의 반응** : 질산 암모늄이 물에 녹을 때는 주변으로부터 에너지를 흡수한다.

(5) **소금과 얼음물의 반응** : 소금이 얼음물에 녹을 때는 주변으로부터 에너지를 흡수한다.

▲ 열분해　　▲ 식물의 광합성　　▲ 염화 암모늄과 수산화 바륨의 반응　　▲ 질산 암모늄과 물의 반응

반응열

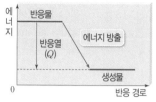

에너지 ｜ 반응물
반응열 (Q) ｜ 에너지 방출
생성물
0 ｜ 반응 경로

[발열 반응에서의 반응열]

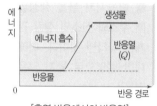

에너지 ｜ 생성물
에너지 흡수 ｜ 반응열 (Q)
반응물
0 ｜ 반응 경로

[흡열 반응에서의 반응열]

반응물과 생성물이 가지고 있는 에너지의 차이로 인해 화학 반응이 일어날 때 방출하거나 흡수하는 열을 반응열(Q)이라고 한다.

석고 붕대

석고 붕대는 석고를 묻힌 붕대를 물에 적시고 다친 부위를 감은 뒤에 굳혀 다친 부위를 보호한다. 이때 석고와 물이 만나 굳는 과정은 주변으로 열을 방출하는 발열 반응이다.

염화 암모늄과 수산화 바륨의 반응

물을 묻힌 나무판 위에 비커를 올려놓고 염화 암모늄과 수산화 바륨을 넣어 섞는다. 두 물질이 반응하며 주위로부터 열을 흡수할 때 나무판 위의 물이 얼게 된다. 따라서 비커와 나무판을 함께 들어 올릴 수 있다.

필수 비타민

화학 반응

발열 반응   흡열 반응

에너지 방출   에너지 흡수

용어 & 개념 체크

❶ 에너지를 방출하는 반응

01 화학 반응이 일어날 때 주변으로 에너지를 방출하는 반응을 ☐☐ 반응이라고 한다.

02 금속이 산이나 산소와 반응할 때 주변의 온도가 ☐☐☐☐.

❷ 에너지를 흡수하는 반응

03 화학 반응이 일어날 때 주변으로부터 에너지를 흡수하는 반응을 ☐☐ 반응이라고 한다.

04 염화 암모늄과 수산화 바륨이 반응할 때 주변의 온도가 ☐☐☐☐.

05 탄산수소 나트륨에 열을 가해 주면 ☐☐☐ ☐☐ 기체가 생성된다.

01 화학 반응이 일어날 때 에너지의 출입에 대한 설명으로 옳은 것은 ○, 옳지 <u>않은</u> 것은 × 로 표시하시오.

(1) 발열 반응은 주변으로 에너지를 방출하는 반응이다. ──────────── (　　)

(2) 흡열 반응이 일어날 때는 반응물 주변의 온도가 높아진다. ──────── (　　)

(3) 즉석 발열 도시락은 주변으로부터 에너지를 흡수하는 반응을 이용한 예이다.
──────────────────────────────────── (　　)

(4) 염화 암모늄과 수산화 바륨이 반응할 때 주변에 물이 있으면 얼 수 있다. ────
──────────────────────────────────── (　　)

02 발열 반응과 흡열 반응에 해당하는 것을 옳게 연결하시오.

　　　　　　　　　　　　　　　　　　• ㉠ 생물의 호흡

(1) 발열 반응 •　　　　　　　　　　• ㉡ 식물의 광합성

(2) 흡열 반응 •　　　　　　　　　　• ㉢ 금속과 산의 반응

　　　　　　　　　　　　　　　　　　• ㉣ 질산 암모늄과 물의 반응

03 그림 (가)와 (나)는 일상생활에서 화학 반응을 할 때 에너지가 출입하는 반응을 나타낸 것이다.

(가) 연소 반응 　　　　　　　　 (나) 금속이 녹스는 반응

두 반응에서 반응물과 생성물의 에너지 크기를 부등호를 이용하여 비교하시오.

04 다음은 풍식이가 빵을 만드는 동안 일어난 변화에 대한 설명을 나타낸 것이다.

풍식이는 맛있는 빵을 만들기 위해 베이킹파우더를 빵 반죽에 넣은 후 오븐에 넣고 구웠다. 이때 빵이 만들어지는 과정을 관찰하던 풍식이는 작게 만들었던 빵이 점점 부풀어 오르는 모습을 발견하였다.

오븐에 넣어 구울 때 빵 반죽이 부풀어 오르는 까닭을 에너지의 출입과 관련지어 쓰시오.

탐구 | 손난로 만들기

과정

❶ 비커에 철 가루, 숯, 소금, 질석을 한 숟가락씩 넣고 잘 섞는다.
→ 소금은 반응이 빨리 일어날 수 있도록, 질석은 너무 많은 열이 발생하지 않도록 넣어주는 거야~!

❷ 부직포 봉투에 철 가루 혼합물을 넣고 물을 조금 넣어준 뒤 열 봉합기를 이용하여 봉투를 봉합한다.
→ 부직포 봉투는 미세한 구멍이 있기 때문에 철 가루가 공기 중의 산소와 반응할 수 있어!

❸ 부직포 봉투에 고온용 열 변색 붙임딱지를 붙이고 봉투를 흔들어 변화를 관찰한다.
→ 열 변색 붙임딱지는 온도에 따라서 색이 변하기 때문에 눈으로 직접 온도 변화를 관찰할 수 있지!!

❹ 시간이 충분히 흐른 뒤 부직포 봉투를 뜯어 철 가루의 변화를 관찰한다.

탐구 시 유의점
• 열 봉합기에 화상을 입지 않도록 주의한다.

결과
1. 진분홍색이었던 고온용 열 변색 붙임딱지의 색이 흰색으로 변했다. ➡ 부직포 봉투 속의 온도가 높아졌다.
→ 고온용 열 변색 붙임딱지는 저온에서는 진분홍색이지만 40 ℃ 이상에서는 흰색으로 변해~!
2. 검은색이었던 철 가루가 붉은색으로 변하였다 ➡ 철 가루가 화학 반응을 통해 새로운 물질이 되었다.

정리 철 가루가 공기 중의 산소, 물과 만나는 반응은 주변으로 열에너지를 방출하는 발열 반응이다.

정답과 해설 11쪽

탐구 알약

01 위 실험에 대한 설명으로 옳은 것은 ○, 옳지 않은 것은 ×로 표시하시오.

(1) 철 가루와 산소의 반응은 물리적 반응이다. ⋯⋯⋯⋯⋯⋯⋯⋯⋯⋯⋯⋯⋯⋯⋯⋯⋯⋯ ( )

(2) 철 가루가 산소와 반응할 때 주변으로 열에너지를 방출한다. ⋯⋯⋯⋯⋯⋯⋯⋯⋯⋯ ( )

(3) 부직포 봉투 대신 비닐 봉투를 사용할 수 있다. ⋯⋯⋯⋯⋯⋯⋯⋯⋯⋯⋯⋯⋯⋯⋯⋯ ( )

(4) 과정 ❶과 과정 ❹에서 철 가루의 화학적 성질은 동일하다. ⋯⋯⋯⋯⋯⋯⋯⋯⋯⋯ ( )

(5) 과정 ❸에서는 산화 칼슘이 물에 녹을 때와 같은 에너지의 이동이 나타난다. ⋯⋯⋯⋯ ( )

02 다음은 일상 생활에서 화학 반응을 통해 에너지의 출입이 일어나는 예를 나타낸 것이다.

> (가) 세포 호흡을 통해 생명 활동을 한다.
> (나) 탄산수소 나트륨이 분해되어 이산화 탄소가 생성된다.
> (다) 마그네슘을 염산에 담갔더니 기포가 발생한다.
> (라) 염화 암모늄과 수산화 바륨을 비커에 넣어 섞는다.

(가)~(라) 중 위 실험과 에너지의 출입 과정이 같은 것을 모두 고르시오.

손 냉장고 만들기

과정

❶ 작은 비닐 지퍼 백에 물을 $\frac{1}{2}$ 정도 넣고 온도를 측정한다.

❷ 큰 비닐 지퍼 백에 질산 암모늄을 $\frac{1}{5}$ 정도 넣고, 그 안에 과정 ❶의 지퍼 백을 넣는다.
→ 질산 암모늄 대신 염화 암모늄을 이용할 수도 있어~!

❸ 열 봉합기로 과정 ❷의 지퍼 백을 완전히 밀봉한다.

❹ 물이 든 작은 비닐 지퍼 백을 눌러 터트려 물이 질산 암모늄과 섞이도록 흔들고 온도를 측정한다.

탐구 시 유의점
· 작은 지퍼 백을 터트릴 때 큰 지퍼 백은 터지지 않도록 주의한다.

결과 과정 ❶보다 과정 ❹에서 온도가 더 낮게 측정되었다. ➡ 질산 암모늄과 물이 반응할 때 주변으로부터 열에너지를 흡수한다.

정리 질산 암모늄과 물의 반응은 주변으로부터 열에너지를 흡수하는 흡열 반응이다.

정답과 해설 11쪽

탐구 알약

03 위 실험에 대한 설명으로 옳은 것은 ○, 옳지 <u>않은</u> 것은 ×로 표시하시오.

(1) 질산 암모늄과 물의 반응은 화학적 반응이다. .... ( )

(2) 질산 암모늄은 물과 반응할 때 주변으로부터 에너지를 흡수한다. .... ( )

(3) 과정 ❷의 지퍼 백 전체의 에너지는 과정 ❹의 지퍼 백 전체의 에너지보다 크다. .... ( )

서술형

04 위 실험과 같은 에너지의 출입이 일어나는 화학 반응의 예를 한 가지 서술하시오.

KEY 　　　흡열 반응

서술형

05 그림은 위 실험의 과정 ❶과 과정 ❹에서 온도를 측정한 온도계의 모습을 순서없이 나타낸 것이다. (가)와 (나)는 각각 어느 과정에서 측정한 온도계인지 쓰고, 그렇게 생각한 까닭을 서술하시오.

90 80 70 60 50 40 30 20 10 0 -10 -20 -30
90 80 70 60 50 40 30 20 10 0 -10 -20 -30
(가) 　 (나)

KEY 　 흡열 반응, 주변 온도↓

유형 클리닉

유형 ① 발열 반응

그림은 화학 반응이 일어날 때 에너지가 출입하는 모습을 나타낸 것이다.

에너지

이와 같은 에너지의 출입이 일어나는 반응으로 옳지 <u>않은</u> 것은?

① 추위를 피하기 위해 모닥불을 피운다.
② 묽은 염산과 수산화 나트륨 수용액을 섞는다.
③ 질산 암모늄과 물을 반응시켜 냉찜질 주머니를 만든다.
④ 산화 칼슘을 물과 반응시켜 즉석 발열 도시락을 만든다.
⑤ 철 가루가 든 발열 깔창을 공기 중에서 흔들어 반응시킨다.

화학 반응이 일어날 때 에너지의 출입 방향을 묻는 문제가 출제돼~! 어떤 반응에서 에너지의 방출이 일어나는지 잘 기억해 두자~!

① 추위를 피하기 위해 모닥불을 피운다.
→ 모닥불을 피우는 것과 같이 연료를 연소시킬 때는 주위로 열을 방출해~!

② 묽은 염산과 수산화 나트륨 수용액을 섞는다.
→ 묽은 염산은 산! 수산화 나트륨 수용액은 염기! 산과 염기가 만날 때는 열이 발생하지~!

③ 질산 암모늄과 물을 반응시켜 냉찜질 주머니를 만든다.
→ 질산 암모늄과 물이 반응하면 주변으로부터 열을 흡수해~! 따라서 차가워진 팩을 냉찜질 주머니로 이용할 수 있지!

④ 산화 칼슘을 물과 반응시켜 즉석 발열 도시락을 만든다.
→ 산화 칼슘을 물과 반응시킬 때 발생하는 열을 이용해서 도시락을 따뜻하게 데워 먹을 수 있어~!

⑤ 철 가루가 든 발열 깔창을 공기 중에서 흔들어 반응시킨다.
→ 철 가루는 공기 중의 산소와 반응해서 열에너지를 방출하지! 발열 깔창은 이때 발생하는 열로 발을 따뜻하게 할 수 있어~!

답 : ③

 발열 반응 ⇨ 에너지 방출

유형 ② 흡열 반응

그림은 염화 암모늄과 수산화 바륨을 반응시키는 모습을 나타낸 것이다.

수산화 바륨
+
염화 암모늄

나무판 물

이에 대한 설명으로 옳은 것을 <u>모두</u> 고르면?

① 염화 암모늄 대신 질산 암모늄을 이용할 수 있다.
② 염화 암모늄과 수산화 바륨의 반응은 발열 반응이다.
③ 두 물질의 반응 전과 후에 화학적 성질의 차이는 없다.
④ 산화 칼슘이 물과 반응할 때도 같은 방향으로 에너지의 출입이 일어난다.
⑤ 나무판과 삼각 플라스크 사이의 물이 얼어 나무판을 함께 들어 올릴 수 있다.

흡열 반응에서 에너지의 출입 방향과 관련된 문제가 출제돼! 이때 주변의 온도 변화에 미치는 영향을 잘 기억해 두자~!

① 염화 암모늄 대신 질산 암모늄을 이용할 수 있다.
→ 염화 암모늄과 질산 암모늄 모두 수산화 바륨과 반응할 때는 흡열 반응이 일어나기 때문에 대신 이용할 수 있어~!

② 염화 암모늄과 수산화 바륨의 반응은 발열 반응이다.
→ 염화 암모늄과 수산화 바륨이 반응할 때는 주변으로부터 에너지를 흡수하지? 흡열 반응이야!

③ 두 물질의 반응 전과 후에 화학적 성질의 차이는 없다.
→ 두 물질의 반응은 화학적 반응이기 때문에 반응 전과 후에 화학적 성질에 변화가 생겨~!

④ 산화 칼슘이 물과 반응할 때도 같은 방향으로 에너지의 출입이 일어난다.
→ 산화 칼슘이 물과 반응할 때의 반응은 발열 반응이지! 에너지의 출입 방향이 이 실험과 반대야~!!

⑤ 나무판과 삼각 플라스크 사이의 물이 얼어 나무판을 함께 들어 올릴 수 있다.
→ 삼각 플라스크를 들어 올릴 때 나무판도 함께 들어 올릴 수 있는 까닭은 염화 암모늄과 수산화 바륨이 반응할 때 흡수한 에너지 때문에 물이 얼어붙었기 때문이야~!

답 : ①, ⑤

 흡열 반응 ⇨ 에너지 흡수

① 발열 반응

01 ★중요

다음은 화학 반응에 의한 에너지의 출입에 대한 설명을 나타낸 것이다.

화학 반응이 일어날 때 주변으로 에너지를 방출하는 반응을 (A) 반응, 주변에서 에너지를 흡수하는 반응을 (B) 반응이라고 한다. (A) 반응은 주변의 온도가 (C)지고, (B) 반응은 주변의 온도가 (D)진다.

A~D에 알맞은 말을 옳게 짝지은 것은?

	A	B	C	D
①	발열	흡열	낮아	높아
②	발열	흡열	높아	낮아
③	발열	흡열	높아	높아
④	흡열	발열	낮아	높아
⑤	흡열	발열	높아	낮아

[02~03] 다음은 실온에서 손난로를 만드는 실험을 나타낸 것이다.

[실험 과정]
(가) 부직포 봉투에 철 가루, 숯, 소금, 질석과 물을 조금 넣어준다.
(나) 부직포 봉투 입구를 열 봉합기로 봉합한다.
(다) 봉합이 잘 되었는지 확인하고, 부직포 봉투를 흔들어 준다.
(라) 충분한 시간이 흐른 뒤 부직포 봉투를 뜯어 철 가루의 변화를 관찰한다.

02
이 실험에서 철 가루의 변화에 대한 설명으로 옳은 것을 │보기│에서 모두 고른 것은?

│보기│
ㄱ. (가)와 (라)에서 철 가루의 화학적 성질은 동일하다.
ㄴ. (다)에서 에너지가 방출된다.
ㄷ. 이 반응은 금속이 녹스는 과정과 같은 종류의 반응이다.

① ㄱ   ② ㄴ   ③ ㄱ, ㄷ
④ ㄴ, ㄷ   ⑤ ㄱ, ㄴ, ㄷ

03
실험을 하는 동안 부직포 봉투의 온도 변화 그래프로 가장 옳은 것은? (단, 실험 시작 10분 뒤에 철 가루는 모두 산소와 반응하였다.)

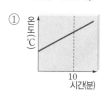 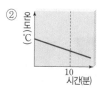

 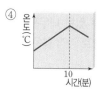

04 ★중요

화학 반응에서 에너지가 방출되는 예로 옳지 않은 것은?

① 물이 얼어 얼음이 된다.
② 철 조각을 묽은 염산에 넣는다.
③ 생물이 호흡을 하여 체온을 유지한다.
④ 염산과 수산화 나트륨 수용액이 반응한다.
⑤ 산화 칼슘과 물을 이용해 즉석 발열 도시락을 만든다.

② 흡열 반응

05
반응물보다 생성물의 에너지가 더 큰 반응을 │보기│에서 모두 고른 것은?

│보기│
ㄱ. 화석 연료의 연소
ㄴ. 소금과 얼음물의 반응
ㄷ. 염화 칼슘과 물의 반응
ㄹ. 염화 암모늄과 물의 반응

① ㄱ, ㄷ   ② ㄴ, ㄷ   ③ ㄴ, ㄹ
④ ㄱ, ㄴ, ㄹ   ⑤ ㄴ, ㄷ, ㄹ

06 그림은 염화 암모늄과 수산화 바륨을 반응시키는 모습을 나타낸 것이다.

따로 떨어져 있던 나무판이 삼각 플라스크와 함께 들어 올려지는 까닭으로 가장 옳은 것은?

① 나무판이 녹아 눌러 붙었기 때문이다.
② 삼각 플라스크 내부에서 열이 방출되었기 때문이다.
③ 삼각 플라스크 내부의 질량이 증가하였기 때문이다.
④ 삼각 플라스크와 나무판 사이의 물이 얼었기 때문이다.
⑤ 삼각 플라스크 내부의 압력이 증가하여 나무판을 누르기 때문이다.

07 다음은 풍식이가 빵을 만들기 위해 참고한 레시피를 나타낸 것이다.

[준비물] 달걀 1개, 우유 350 mL, 밀가루 500 g, 설탕 160 g, 소금 2 g, 베이킹파우더 12 g
[과정]
1. 밀가루, 설탕, 소금, 베이킹파우더를 체에 걸러 우유, 달걀과 섞어 반죽을 만든다.
2. 종이컵이나 작은 반죽 틀에 반죽을 $\frac{1}{4}$만큼 채운 뒤 달걀 1개를 깨서 넣는다.
3. 틀에 넣은 반죽을 오븐에서 15분 정도 구워 준다.

빵을 만드는 과정에서 베이킹파우더의 역할과 관련된 설명으로 옳은 것을 |보기|에서 모두 고른 것은?

┌ 보기 ┌
ㄱ. 반응이 일어날 때 주변으로부터 에너지를 흡수한다.
ㄴ. 반응이 일어날 때 이산화 탄소 기체가 방출된다.
ㄷ. 산화 칼슘과 물의 반응을 이용하여 구제역 바이러스를 없애는 것과 같은 원리이다.

① ㄱ   ② ㄷ   ③ ㄱ, ㄴ
④ ㄴ, ㄷ   ⑤ ㄱ, ㄴ, ㄷ

서술형 문제

08 다음은 다리를 다친 풍식이의 하루를 나타낸 것이다.

풍식이가 다리를 다쳐 병원에 갔더니 다리에 석고 붕대를 감아주셨다. 석고 붕대는 석고 가루가 묻은 붕대이고, 물에 적셔 다친 부위에 감아두고 시간이 지나면 딱딱하게 굳는다. 그런데 석고 붕대를 감고 굳히는 동안 붕대가 점점 따뜻해졌다.

물에 적신 석고 붕대가 굳는 동안 따뜻해진 까닭을 화학 반응의 에너지 출입과 관련지어 서술하시오.

 석고＋물 ⇨ 발열 반응

---

09 겨울철 기온이 영하로 내려가 눈이 녹지 않을 때 염화 칼슘을 뿌리면 눈이 빨리 녹는다. 이러한 현상이 나타나는 까닭을 화학 반응의 에너지 출입과 관련지어 서술하시오.

 염화 칼슘＋물 ⇨ 발열 반응

---

10 그림은 실온의 물을 같은 양만큼 담은 두 컵 중 (가)에는 질산 암모늄, (나)에는 산화 칼슘을 넣어 열화상 카메라로 촬영한 모습을 나타낸 것이다.

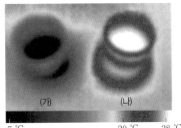

(가)와 (나)의 색이 다르게 나타난 까닭을 두 컵에서 일어나는 화학 반응의 에너지 출입과 관련지어 서술하시오.

 질산 암모늄＋물 ⇨ 흡열 반응,
산화 칼슘＋물 ⇨ 발열 반응

11 그림과 같이 스타이로폼으로 싼 컵에
온도계를 꽂아 10 %의 염산 20 mL를 넣고
온도를 측정한 뒤, 10 % 수산화 나트륨 수
용액 20 mL를 넣고 다시 온도를 측정했다.
이에 대한 설명으로 옳은 것을 | 보기 |에서
모두 고른 것은?

온도계

┌─ **보기** ┐

ㄱ. 염산과 수산화 나트륨 수용액이 섞일 때 열을 흡수
한다.

ㄴ. 염산과 수산화 나트륨 수용액의 반응이 끝나면 전체
질량이 증가한다.

ㄷ. 메테인이 연소될 때와 같은 방향으로 에너지의 이동이
나타난다.

① ㄱ   ② ㄴ   ③ ㄷ
④ ㄱ, ㄴ   ⑤ ㄴ, ㄷ

12 그림 (가)와 (나)는 물이 담긴 작은 팩을 터트렸을 때 서
로 다른 역할을 하는 찜질팩을 나타낸 것이다.

염화
칼슘

물

(가)

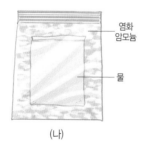

염화
암모늄

물

(나)

이에 대한 설명으로 옳은 것을 | 보기 |에서 모두 고른 것은?

┌─ **보기** ┐

ㄱ. 흡열 반응을 이용한 예는 (가)이다.

ㄴ. 물이 담긴 팩을 터트리기 전보다 터트린 후의 에너지
가 더 큰 것은 (나)이다.

ㄷ. 물이 담긴 팩을 터트린 후에 질량이 증가하는 것은
(나)이다.

① ㄱ   ② ㄴ   ③ ㄷ
④ ㄱ, ㄴ   ⑤ ㄴ, ㄷ

13 다음은 자동차의 엔진에서 나타나는 기체의 반응에 대
한 설명을 나타낸 것이다.

공기 중에서 많은
양을 차지하는 질소
와 산소는 안정하여
잘 반응하지 않는
다. 하지만 온도와

압력이 높은 자동차
의 엔진 내부에서는 질소와 산소가 반응하여 일산화 질소
라는 오염 물질을 만들어 낸다.

**질소와 산소의 반응 종류와 에너지 출입 방향을 옳게 짝지은
것은?**

	반응 종류	에너지 출입 방향
①	물리적 반응	방출
②	물리적 반응	흡수
③	화학적 반응	방출
④	화학적 반응	흡수
⑤	화학적 반응	이동 없음

14 다음은 간이 냉장고를 만드는 실험 과정을 나타낸 것이다.

[실험 과정]

(가) 스타이로폼
상자를 만들
어 한쪽 칸에
는 ㉠온도계
를 넣어 온도
를 측정한다.

스타이로폼 상자

비닐 팩

염화 암모늄+
수산화 바륨

온도계

(나) 비닐 팩에 염화 암모늄 10 g과 수산화 바륨 30 g을
넣는다.

(다) 잘 섞이게 흔들어준 뒤 스타이로폼 상자의 다른 쪽 칸
에 부착시키고 상자를 닫아준다.

(라) 충분한 시간이 흐른 뒤 상자를 열어 ㉡온도계의 온도
를 측정한다.

이 실험에 대한 설명으로 옳은 것을 | 보기 |에서 모두 고른
것은?

┌─ **보기** ┐

ㄱ. 온도계의 온도는 ㉠보다 ㉡이 높다.

ㄴ. 시간이 흐를수록 ㉡의 온도는 계속 낮아진다.

ㄷ. 염화 암모늄 대신 질산 암모늄을 이용해도 같은 방향
으로 에너지의 이동이 일어난다.

① ㄴ   ② ㄷ   ③ ㄱ, ㄴ
④ ㄴ, ㄷ   ⑤ ㄱ, ㄴ, ㄷ

01 화학 변화에 대한 설명으로 옳지 <u>않은</u> 것은?

① 분자의 종류가 변한다.
② 원자의 배열 상태는 변하지 않는다.
③ 원자의 종류와 개수는 변하지 않는다.
④ 화학 반응이 일어날 때 나타나는 변화이다.
⑤ 반응 전의 물질과 전혀 다른 새로운 물질이 생성된다.

02 |보기|의 모형을 물리 변화와 화학 변화로 옳게 짝지은 것은?

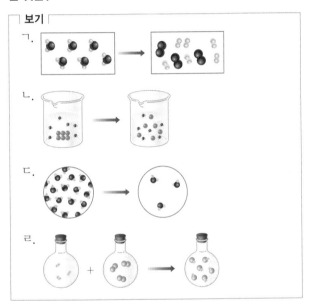

	물리 변화	화학 변화
①	ㄱ, ㄴ	ㄷ, ㄹ
②	ㄱ, ㄹ	ㄴ, ㄷ
③	ㄴ, ㄷ	ㄱ, ㄹ
④	ㄴ, ㄹ	ㄱ, ㄷ
⑤	ㄷ, ㄹ	ㄱ, ㄴ

03 우리 주위에서 일어나는 여러 가지 변화 중에서 종류가 다른 것은?

① 알코올을 발효시켜 술을 만들었다.
② 사이다 뚜껑을 열었더니 기포가 올라왔다.
③ 벽에 박혀 있던 오래된 못이 붉게 녹슬었다.
④ 사과를 깎아 두었더니 갈색으로 색이 변했다.
⑤ 아이오딘화 칼륨 수용액에 질산 납 수용액을 넣었더니 노란색 앙금이 생성되었다.

04 화학 변화에 해당하는 반응이 <u>아닌</u> 것은?

① 물 ⟶ 산소＋수소
② 철＋황 ⟶ 황화 철
③ 설탕＋물 ⟶ 설탕물
④ 탄소＋산소 ⟶ 이산화 탄소
⑤ 양초＋산소 ⟶ 물＋이산화 탄소

05 다음 화학 반응식에서 계수의 합이 가장 큰 것은? (단, 계수가 1인 경우도 생략하지 않고 1로 쓴다.)

① ($\bigcirc$)N$_2$＋($\bigcirc$)H$_2$ ⟶ ($\bigcirc$)NH$_3$
② ($\bigcirc$)KClO$_3$ ⟶ ($\bigcirc$)KCl＋($\bigcirc$)O$_2$
③ ($\bigcirc$)CH$_4$＋($\bigcirc$)O$_2$ ⟶ ($\bigcirc$)CO$_2$＋($\bigcirc$)H$_2$O
④ ($\bigcirc$)AgNO$_3$＋($\bigcirc$)Cu ⟶ ($\bigcirc$)Cu(NO$_3$)$_2$＋($\bigcirc$)Ag
⑤ ($\bigcirc$)NaCl＋($\bigcirc$)AgNO$_3$ ⟶ ($\bigcirc$)NaNO$_3$＋($\bigcirc$)AgCl

06 다음은 에탄올(C_2H_5OH)이 연소할 때의 화학 반응식을 나타낸 것이다.

> ($\bigcirc$)C$_2$H$_5$OH＋($\bigcirc$)O$_2$ ⟶ ($\bigcirc$)CO$_2$＋($\bigcirc$)H$_2$O

이에 대한 설명으로 옳은 것을 |보기|에서 모두 고른 것은? (단, 계수가 1인 경우도 생략하지 않고 1로 쓴다.)

| 보기 |
ㄱ. $\bigcirc$＋$\bigcirc$보다 $\bigcirc$＋$\bigcirc$이 크다.
ㄴ. 에탄올이 연소할 때는 산소가 필요하다.
ㄷ. 반응에 참여하는 원자의 종류는 4가지이다.

① ㄱ   ② ㄷ   ③ ㄱ, ㄴ
④ ㄴ, ㄷ   ⑤ ㄱ, ㄴ, ㄷ

07 반응 전후에 질량이 달라지는 반응은?

① 뚜껑이 열린 용기 속에서 강철 솜을 모두 연소시켰다.
② 탄산수소 나트륨이 든 용기의 입구를 막고 가열하였다.
③ 염화 나트륨 수용액과 질산 은 수용액을 반응시켰더니 흰색 앙금이 생겼다.
④ 질산 납 수용액과 아이오딘화 칼륨 수용액을 반응시켰더니 노란색 앙금이 생겼다.
⑤ 입구에 고무풍선을 끼운 삼각 플라스크 속에서 묽은 염산과 아연 조각을 반응시켰다.

08 열린 공간에서 반응이 일어날 때 반응 전후 물질의 질량이 일정하지 <u>않은</u> 것은?

① 철과 황의 반응
② 나무의 연소 반응
③ 질산 은 수용액과 구리의 반응
④ 염화 나트륨 수용액과 질산 은 수용액의 반응
⑤ 탄산 나트륨 수용액과 염화 칼슘 수용액의 반응

09 그림과 같이 막대 저울의 양쪽에 같은 질량의 강철 솜을 매달아 수평을 맞추었다.

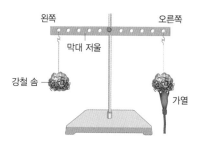

오른쪽 강철 솜을 가열했을 때 저울이 아래로 기우는 쪽과 그렇게 생각한 까닭을 옳게 짝지은 것은?

	기우는 쪽	까닭
①	위쪽	연소로 발생된 기체 생성물이 빠져나감
②	왼쪽	강철 솜이 공기 중의 산소와 결합
③	오른쪽	연소로 발생된 기체 생성물이 빠져나감
④	오른쪽	강철 솜이 공기 중의 산소와 결합
⑤	수평 유지	가열해도 아무런 반응이 일어나지 않음

[10 ~ 11] 그림은 탄산 칼슘과 묽은 염산을 열린 공간과 닫힌 공간 두 가지 경우에서 반응시킨 실험을 나타낸 것이다.

(가) 열린 공간   (나) 닫힌 공간

10 (가)와 (나)에서 ㉠반응 전 측정한 질량과 ㉡반응 후 측정한 질량 사이의 관계를 옳게 비교한 것은?

	(가)	(나)		(가)	(나)
①	㉠=㉡	㉠=㉡	②	㉠=㉡	㉠>㉡
③	㉠<㉡	㉠=㉡	④	㉠>㉡	㉠=㉡
⑤	㉠>㉡	㉠<㉡			

11 이 실험에서 (가)와 (나)의 실험 결과가 <u>다른</u> 까닭은?

① 닫힌 공간에서는 생성된 염화 칼슘이 생성된 물에 녹기 때문이다.
② 닫힌 공간에서는 발생한 이산화 탄소가 다시 물에 녹기 때문이다.
③ 열린 공간에서는 발생한 이산화 탄소가 빠져나가기 때문이다.
④ 열린 공간에서는 공기 중의 산소와 염화 칼슘이 결합하기 때문이다.
⑤ 열린 공간에서는 앙금이 생성되면서 다시 묽은 염산에 녹기 때문이다.

12 표는 묽은 염산에 아연을 넣어 염화 아연을 생성하는 실험 결과를 나타낸 것이다.

실험	1	2	3
반응으로 소모된 아연의 질량(g)	2.0	3.0	4.0
생성된 염화 아연의 질량(g)	4.2	6.3	8.4

아연 1 g과 반응한 염소의 질량은 몇 g인가?

① 0.55 g   ② 1.1 g   ③ 2.2 g
④ 2.75 g   ⑤ 3.3 g

[13 ~ 14] 그림은 마그네슘을 가열하면서 생성된 산화 마그네슘의 질량을 측정하여 나타낸 것이다.

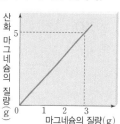

13 산화 마그네슘이 생성될 때 반응하는 물질의 질량비(마그네슘 : 산소)는?

① 2 : 3   ② 2 : 5   ③ 3 : 2
④ 5 : 2   ⑤ 5 : 3

14 산화 마그네슘이 15 g 생성되었다면 반응한 마그네슘의 질량은 몇 g인가?

① 5 g   ② 6 g   ③ 9 g   ④ 10 g   ⑤ 12 g

15 탄소와 산소는 일정한 질량비로 반응하여 이산화 탄소를 생성한다. 탄소 9 g을 산소 25 g 속에서 반응시킬 때 생성된 이산화 탄소의 질량은 몇 g인가? (단, 원자의 상대적 질량은 탄소가 12, 산소가 16이다.)

① 31 g   ② 32 g   ③ 33 g
④ 34 g   ⑤ 35 g

16 일정 성분비 법칙이 성립하지 <u>않는</u> 경우는?

① 철+황 ⟶ 황화 철
② 황화 수소+물 ⟶ 황산
③ 수소+질소 ⟶ 암모니아
④ 수소+염소 ⟶ 염화 수소
⑤ 염화 수소+암모니아 ⟶ 염화 암모늄

17 그림은 원소 X와 산소가 반응하여 생성된 두 종류의 화합물 A와 B에서 원소 X와 결합하고 있는 산소의 질량을 나타낸 것이다.

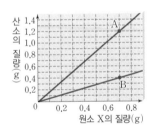

화합물 B의 화학식이 X_2O일 때, 화합물 A의 화학식은?

① XO   ② XO_2 ③ XO_3
④ X_2O_3 ⑤ X_3O

18 표는 원소 A와 B가 반응하여 화합물 AB가 생성될 때의 질량 관계를 나타낸 것이다.

A의 질량(g)	B의 질량(g)	AB의 질량(g)	반응 후 남은 물질
12	18	28	B
20	20	35	A
30	49	70	B

AB를 이루는 질량비(A : B)는?

① 1 : 4   ② 2 : 3   ③ 2 : 5
④ 3 : 4   ⑤ 3 : 5

19 볼트 60개와 너트 100개로 그림과 같은 모형을 만들었더니 완성된 모형의 전체 질량이 300 g이었다.
볼트 10개와 너트 10개를 이용하여 최대로 만들 수 있는 화합물 모형의 전체 질량은?

① 10 g   ② 15 g   ③ 20 g
④ 25 g   ⑤ 30 g

20 다음 중 일정한 온도와 압력에서 반응할 때 반응물과 생성물의 부피 사이에 간단한 정수비가 성립하는 반응으로 옳은 것을 <u>모두</u> 고르면?

① 수소+산소 ⟶ 수증기
② 수소+염소 ⟶ 염화 수소
③ 마그네슘+산소 ⟶ 산화 마그네슘
④ 메테인+산소 ⟶ 이산화 탄소+물
⑤ 탄산 칼슘+염산 ⟶ 염화 칼슘+물+이산화 탄소

21 다음은 질소 기체와 수소 기체가 반응하여 암모니아 기체를 생성하는 반응의 화학 반응식을 나타낸 것이다.

$$N_2 + 3H_2 \longrightarrow 2NH_3$$

일정한 온도와 압력에서 질소 기체 40 mL와 수소 기체 60 mL가 반응할 때 생성되는 암모니아 기체의 부피와 남은 기체의 양을 옳게 짝지은 것은?

	암모니아 기체의 부피	남은 기체의 양
①	20 mL	수소 기체, 20 mL
②	40 mL	질소 기체, 20 mL
③	40 mL	수소 기체, 20 mL
④	80 mL	질소 기체, 20 mL
⑤	80 mL	수소 기체, 20 mL

22 수소 기체 20 mL와 산소 기체 10 mL를 반응시켰더니 수증기 20 mL가 생성되었다. 이에 대한 설명으로 옳은 것을 | 보기 |에서 모두 고른 것은?

> **보기**
> ㄱ. 이 반응의 화학 반응식은 $H_2 + O_2 \longrightarrow H_2O$이다.
> ㄴ. 수소 기체와 산소 기체가 반응할 때 질량비는 2 : 1이다.
> ㄷ. 산소 기체 20 mL를 반응시켜도 발생하는 수증기의 양은 같다.

① ㄱ   ② ㄴ   ③ ㄷ
④ ㄱ, ㄷ   ⑤ ㄴ, ㄷ

23 일정한 온도와 압력에서 수소 기체 30 mL, 염소 기체 30 mL, 염화 수소 기체 30 mL가 각각 다른 용기에 들어 있을 때, 세 기체에서 같은 값을 가지는 것은?

① 밀도   ② 질량   ③ 원자량
④ 분자 수   ⑤ 분자의 크기

[24~25] 표는 일정한 온도와 압력에서 기체 A와 B가 반응하여 기체 C가 생성될 때, 기체 A~C의 부피와 반응하지 않고 남은 기체의 종류와 부피를 나타낸 것이다.

실험	반응 기체의 부피(mL)		생성 기체의 부피(mL)	남은 기체의 종류와 부피(mL)
	A	B	C	
I	28	44	22	A, 17
II	44	76	⊙	⊙

24 이 반응의 부피비(A : B : C)는?

① 1 : 2 : 1   ② 1 : 4 : 2
③ 2 : 1 : 2   ④ 2 : 1 : 4
⑤ 4 : 3 : 2

25 ⊙과 ⊙에 들어갈 값을 옳게 짝지은 것은?

	⊙	⊙		⊙	⊙
①	22	B, 43	②	38	A, 6
③	38	A, 25	④	44	B, 54
⑤	88	B, 54			

26 | 보기 |는 우리 주변에서 일어나는 여러 가지 반응의 예이다.

┌─ 보기 ┌─────────────────────────
ㄱ. 체온을 높이기 위해 모닥불을 피운다.
ㄴ. 질산 암모늄을 물에 녹여 찜질팩을 만든다.
ㄷ. 빵을 만들 때 베이킹파우더에 의해 빵이 부푼다.
ㄹ. 염산과 수산화 나트륨 수용액을 섞으면 용액의 온도가 높아진다.
└──────────────────────────────

발열 반응과 흡열 반응의 예를 | 보기 |에서 골라 옳게 짝지은 것은?

	발열 반응	흡열 반응
①	ㄱ, ㄴ	ㄷ, ㄹ
②	ㄱ, ㄹ	ㄴ, ㄷ
③	ㄴ, ㄷ	ㄱ, ㄹ
④	ㄴ, ㄹ	ㄱ, ㄷ
⑤	ㄷ, ㄹ	ㄱ, ㄴ

[27~28] 다음은 화학 반응이 일어날 때 열의 이동을 알아보기 위한 실험을 나타낸 것이다.

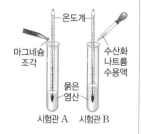

┌─ [실험 과정] ──────────────────────
(가) 2개의 시험관에 묽은 염산 10 mL를 각각 넣고 온도계를 넣어 온도를 측정한다.
(나) 시험관 A에는 마그네슘 조각 0.1 g을, 시험관 B에는 수산화 나트륨 수용액 10 mL를 넣어 준다.
(다) 충분한 시간 동안 온도계의 변화를 관찰한다.
└──────────────────────────────

27 이 실험에 대한 설명으로 옳은 것을 | 보기 |에서 모두 고른 것은?

┌─ 보기 ┌─────────────────────────
ㄱ. 시험관 A의 온도는 낮아진다.
ㄴ. 시험관 B의 온도는 높아진다.
ㄷ. 시험관 A에서는 수소 기체가 발생한다.
ㄹ. 시험관 B에 수산화 나트륨 수용액을 많이 넣어줄수록 온도는 계속 높아진다.
└──────────────────────────────

① ㄱ, ㄴ   ② ㄴ, ㄴ   ③ ㄴ, ㄹ
④ ㄱ, ㄴ, ㄷ   ⑤ ㄴ, ㄷ, ㄹ

28 시험관 A와 시험관 B에서 열이 이동하는 방향과 같은 화학 반응을 옳게 짝지은 것은?

	시험관 A	시험관 B
①	광합성	호흡
②	열분해	광합성
③	호흡	연소
④	열분해	발열 도시락
⑤	연소	열분해

29 염화 암모늄을 물에 넣었을 때와 같은 방향으로 에너지가 이동하는 화학 반응의 예로 옳은 것을 모두 고르면?

① 메테인의 연소 반응
② 금속이 녹스는 반응
③ 염화 칼슘과 물의 반응
④ 탄산수소 나트륨의 분해
⑤ 질산 암모늄과 수산화 바륨의 반응

서술형·논술형 문제

01 그림은 물질의 변화가 일어나는 모습을 모형으로 나타낸 것이다.

암모니아   질소   수소

이 과정에서 일어나는 물질 변화의 종류를 쓰고, 그렇게 생각한 까닭을 서술하시오.

KEY   원자, 분자

---

02 그림 (가)는 10 cm 마그네슘 리본을 작게 자른 것이고, (나)는 10 cm 마그네슘 리본을 태운 재이

(가)   (나)

며, 표는 (가), (나)에 각각 두 가지 실험을 한 결과를 정리하여 나타낸 것이다.

구분	10 cm 마그네슘 리본	(가)	(나)
전류의 흐름	○	○	×
묽은 염산과의 반응	○ (기체 발생)	○ (기체 발생)	×

(가)와 (나)에서 일어난 변화의 종류를 쓰고, 그렇게 생각한 까닭을 표의 결과와 관련지어 서술하시오.

KEY   전류, 묽은 염산, 성질

---

03 다음은 자동차의 에어백에 대한 설명을 나타낸 것이다.

자동차 운전석과 보조석 앞에는 에어백이 장착되어 있는데, 이 에어백 안에는 아자이드화 나트륨(NaN_3)이라는 고체가 들어 있다. 자동차가 충돌하면 전기적 신호가 전달되어 아자이드화 나트륨이 분해되면서 금속 나트륨(Na)과 질소(N_2) 기체가 생성되는데, 생성된 질소(N_2) 기체는 에어백을 순식간에 부풀게 하여 운전자를 보호한다.

에어백이 부풀 때 일어나는 반응을 화학 반응식으로 나타내고, 그 순서를 서술하시오.

KEY   반응물, 생성물, 계수비

---

04 다음은 물의 전기 분해 실험 결과를 나타낸 것이다.

물 27 g을 전기 분해한 후 측정한 수소 기체의 질량이 3 g이었다. 산소 기체의 질량은 측정하지 않았지만, 라부아지에가 발견한 (　　　) 법칙에 의해 24 g의 산소 기체가 발생했다는 것을 알 수 있다.

산소 기체의 질량을 따로 측정하지 않고도 산소 기체의 생성량을 알 수 있는 까닭을 빈칸에 들어갈 법칙과 관련지어 서술하시오.

KEY   질량 보존 법칙

---

05 그림과 같이 질량이 같은 나무 조각을 윗접시 저울에 올려 수평을 맞춘 뒤 나무 조각 B만 연소시켰다. 충분한 시간이 흐른 뒤 저울이 기울어지는 쪽을 쓰고, 그렇게 생각한 까닭을 서술하시오.

나무 조각 A   나무 조각 B

KEY   연소, 이산화 탄소 기체와 수증기 발생

---

06 그림은 수소 원자와 산소 원자로 이루어진 성질이 다른 두 분자의 모형을 나타낸 것이다. 두 화합물의 성질이 다른 까닭을 화학 반응의 법칙과 관련지어 서술하시오.

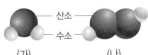

산소

수소

(가)   (나)

KEY   일정 성분비 법칙

07 다음은 식물의 잎에서 광합성이 일어날 때의 화학 반응식을 나타낸 것이다.

$$6CO_2 + 6H_2O \longrightarrow \underset{\text{유기물}}{C_6H_{12}O_6} + 6O_2$$

이산화 탄소 264 g을 이용해 유기물 180 g을 만들 때 최소한으로 필요한 물의 양과 발생하는 산소의 양을 구하고, 그 과정을 서술하시오. (단, 44 g의 이산화 탄소와 반응하는 물의 양은 18 g이다.)

 질량 보존 법칙, 일정 성분비 법칙

08 다음은 두 가지 반응의 화학 반응식을 나타낸 것이다.

(가) $N_2 + 3H_2 \longrightarrow 2NH_3$
(나) $CaCO_3 + 2HCl \longrightarrow CaCl_2 + CO_2 + H_2O$

(가)와 (나)에서 모두 만족하는 화학 반응 법칙과 (가)와 (나) 중 하나만 만족하는 법칙이 있다면 그 까닭과 함께 서술하시오.

 질량 보존 법칙, 일정 성분비 법칙, 기체 반응 법칙

09 다음은 일산화 탄소 기체와 산소 기체가 만나 이산화 탄소 기체가 생성되는 반응의 화학 반응식을 나타낸 것이다.

$$2CO + O_2 \longrightarrow (\;\text{㉠}\;)CO_2$$

㉠에 알맞은 수와 부피비(일산화 탄소 기체 : 산소 기체 : 이산화 탄소 기체)를 쓰고, 그렇게 생각한 까닭을 서술하시오.

 기체 반응 법칙, 계수비＝부피비

10 일정한 온도와 압력에서 질소 기체 30 mL와 수소 기체 30 mL를 완전히 반응시켰을 때 남은 기체의 종류와 양을 쓰고, 그 과정을 서술하시오.

 기체 반응 법칙, 질소 기체 : 수소 기체 부피비

11 다음은 두 가지 방식으로 만든 손난로에 대한 설명을 나타낸 것이다.

(가) 철 가루를 넣은 부직포 주머니를 흔들면 점점 따뜻해진다.
(나) 액상 상태의 비닐 팩 안에 들어 있는 금속 단추를 누르면 과포화 상태로 녹아 있는 아세트산 나트륨이 석출되면서 따뜻해진다.

두 손난로의 차이점을 물질의 변화 형태와 관련지어 서술하시오.

 화학 변화, 물리 변화, 에너지 방출

12 그림과 같이 묽은 염산을 비커에 담아 실온(25 ℃)에 두었다.

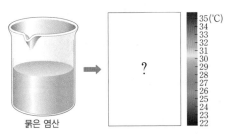
묽은 염산

이 비커에 마그네슘 조각을 넣었을 때 열화상 카메라로 본 비커의 색 변화를 그렇게 생각한 까닭과 함께 서술하시오.

 발열 반응

II

기권과 날씨

Q. 고기압과 저기압에서는 어떤 특징이 나타날까?

1 기권과 지구 기온

• 기권의 층상 구조를 이해한다.
• 온실 효과와 지구 온난화를 복사 평형의 관점으로 설명할 수 있다.

❶ 기권

↗ 1000 km까지 대기가 분포한다고는 하지만, 높이 32 km까지 전체 대기의 약 99 %가 있어! 높이 올라갈수록 기체 분자를 끌어당기는 중력이 약해지거든~!

1 기권 : 지구 표면에서 약 1000 km까지의 대기로 둘러싸여 있는 영역

2 기권의 층상 구조 : 기권은 높이에 따른 기온 변화를 기준으로 4개의 층으로 구분

아래부터 대류권, 성층권, 중간권, 열권이야~

열권 (약 80 km ~1000 km)	• 높이 올라갈수록 태양 에너지에 의해 직접 가열되므로 기온이 높아진다. • 공기가 매우 희박하고, 낮과 밤의 기온 차가 매우 크다. • 고위도 지방에서 오로라가 나타난다. • 인공위성의 궤도로 이용된다.
중간권 (약 50 km ~80 km)	• 높이 올라갈수록 지표에서 방출되는 에너지가 적게 도달하므로 기온이 낮아진다. • 대류는 일어나지만 공기 중 수증기가 거의 없어 기상 현상은 나타나지 않는다. • 상층 부분에서 유성이 나타난다.
성층권 (약 11 km ~50 km)	• 높이 올라갈수록 오존층에서 자외선을 흡수하므로 기온이 높아진다. • 대기가 안정하여 대류가 일어나지 않으며 비행기의 항로로 이용된다. • 성층권 하부에 오존층(20 km~30 km)이 존재하여 자외선을 흡수한다.
대류권 (지표~ 약 11 km)	• 높이 올라갈수록 지표에서 방출되는 에너지가 적게 도달하므로 기온이 낮아진다. • 대기가 불안정하여 대류가 일어난다. • 공기 중 수증기가 많아 기상 현상이 나타난다.

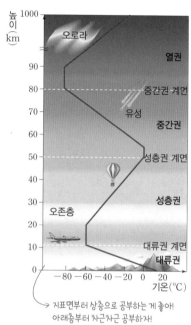

↗ 지표면부터 상층으로 공부하는 게 좋아! 아래층부터 차근차근 공부하자!

❷ 복사 평형

1 복사 에너지 : 물체의 표면에서 빛의 형태로 방출되는 에너지

(1) **태양 복사 에너지** : 태양이 방출하는 복사 에너지 자외선, 가시광선, 적외선의 형태로 에너지를 방출~!

(2) **지구 복사 에너지** : 지구가 방출하는 복사 에너지 대부분 적외선의 형태로 에너지를 방출~!

2 복사 평형 : 흡수하는 복사 에너지양과 방출하는 복사 에너지양이 같아 온도가 일정하게 유지되는 상태

(1) **복사 평형이 일어나는 까닭** : 물체에 복사 에너지가 공급되면 물체는 그 에너지를 흡수하여 온도가 높아지고, 온도가 높아짐에 따라 물체가 방출하는 에너지양도 증가한다. 시간이 지나 방출하는 에너지양이 흡수하는 에너지양과 같아지면 물체의 온도는 더 이상 변하지 않고, 일정하게 유지된다.

(2) **지구의 복사 평형** : 지구가 흡수하는 태양 복사 에너지양(70 %)=지구가 방출하는 지구 복사 에너지양(70 %)

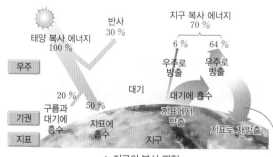

▲ 지구의 복사 평형

↗ 대기가 지표로 재방출하는 에너지를 나타내는 이 화살표가 온실 효과의 원인이 되는 거야!

➖ 비타민

대기의 조성

이산화 탄소 0.03 %
아르곤 0.93 %
기타 0.04 %
산소 21 %
질소 78 %

대기는 지구의 중력에 의해 지표를 둘러싸고 있는 공기로, 수증기를 제외한 나머지 성분들은 시간과 장소에 관계없이 조성비가 거의 일정하다.

오로라
우주로부터 지구의 대기로 들어온 전기를 띤 입자가 열권에 있는 공기와 충돌하여 빛을 내는 현상으로, 주로 고위도 지방에서 발생한다.

오존층
오존(O_3)이 밀집하여 분포하는 층으로, 태양으로부터 오는 자외선을 흡수하여 지구의 생명체를 보호하는 역할을 한다.

오존층이 존재하지 않을 때 기권의 구조

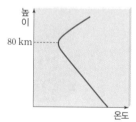

오존층은 태양 복사 에너지(자외선)를 흡수하기 때문에 오존층이 있는 곳 주변에서는 높이 올라갈수록 기온이 상승하는 구간이 생긴다. 이러한 오존층이 없다면 태양 복사 에너지를 흡수하는 곳이 없기 때문에 지구 복사 에너지의 영향을 받는 대류권과 태양 복사 에너지의 영향을 받는 열권만 존재한다.

지구 복사 에너지
지구는 지표와 대기를 통해 지구 복사 에너지를 방출한다. 지구의 평균 온도는 약 300 K으로, 태양의 표면 온도인 약 6000 K에 비해 매우 낮다. 따라서 태양은 주로 파장이 짧은 가시광선 영역, 지구는 주로 파장이 긴 적외선 영역에서 에너지를 방출하고, 이 때문에 태양 복사를 단파 복사, 지구 복사를 장파 복사라고 부른다.

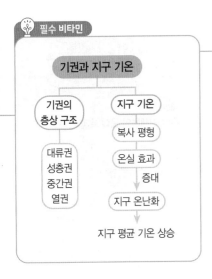

기권과 지구 기온

기권의 층상 구조 / 지구 기온

복사 평형

온실 효과

증대

지구 온난화

지구 평균 기온 상승

대류권
성층권
중간권
열권

용어 & 개념 체크

❶ 기권

01 기권은 높이에 따른 ☐☐ 변화를 기준으로 ☐개의 층으로 구분할 수 있다.

02 기권에서 높이 올라갈수록 기온이 낮아지는 층은 ☐☐☐, ☐☐☐이다.

03 성층권에는 태양으로부터 오는 자외선을 흡수하는 ☐☐☐이 존재한다.

04 기권의 층상 구조에서 오로라가 나타나는 층은 ☐☐이다.

❷ 복사 평형

05 태양에서 복사의 형태로 방출되는 에너지를 ☐☐ ☐☐☐라고 한다.

06 흡수하는 복사 에너지양과 방출하는 복사 에너지양이 같은 상태를 ☐☐ ☐☐이라고 한다.

[01~02] 그림은 기권의 층상 구조를 나타낸 것이다.

01 (가)~(라)에 해당하는 층상 구조를 각각 쓰시오.

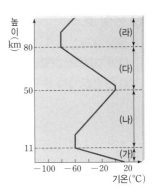

02 기권의 층상 구조에 대한 설명으로 옳은 것은 ○, 옳지 않은 것은 ×로 표시하시오.

(1) (가)는 낮과 밤의 기온 차가 매우 크다. ┄┄┄┄┄┄┄┄┄┄ (   )

(2) (가)와 (다)에서는 기상 현상이 나타난다. ┄┄┄┄┄┄┄┄┄ (   )

(3) (나)는 대류가 일어나지 않는 안정한 층이다. ┄┄┄┄┄┄┄┄ (   )

(4) (라)는 높이 올라갈수록 태양과 가까워지기 때문에 기온이 높아진다. ┄ (   )

03 다음 글에서 설명하는 것은 무엇인지 쓰시오.

• 성층권 하부에 존재한다.
• 태양으로부터 오는 자외선을 흡수하여 지구의 생명체를 보호한다.

[04~05] 그림은 지구의 복사 평형을 나타낸 것이다.

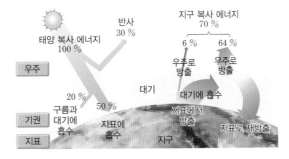

04 이에 대한 설명으로 옳은 것은 ○, 옳지 않은 것은 ×로 표시하시오.

(1) 지구로 들어오는 태양 복사 에너지는 지구의 대기와 지표에 모두 흡수된다. ┄┄┄┄┄┄┄┄┄┄┄┄┄┄┄┄┄┄┄┄┄┄┄┄┄┄┄┄┄┄ (   )

(2) 지구가 흡수하는 태양 복사 에너지양과 지구가 방출하는 지구 복사 에너지양은 같다. ┄┄┄┄┄┄┄┄┄┄┄┄┄┄┄┄┄┄┄┄┄┄┄┄┄┄ (   )

(3) 지구는 복사 평형을 이루어 일정한 온도를 유지한다. ┄┄┄┄┄ (   )

05 다음은 복사 평형에 대한 설명을 나타낸 것이다. 빈칸에 알맞은 말을 쓰시오.

지구에 도달하는 태양 복사 에너지양을 100 %라고 할 때, 지구가 흡수하는 에너지양은 (㉠   ) %이고, 대기와 지표에서 반사되어 우주 공간으로 되돌아가는 에너지양은 (㉡   ) %이다.

1 기권과 지구 기온

❸ 온실 효과

1 온실 효과 : 대기 중의 <u>수증기, 이산화 탄소, 메테인</u> 등이 지구 복사 에너지를 흡수했다가 지표로 재방출하여 지구의 평균 기온을 높이는 현상 ➡ <u>대기가 없을 때보다 더 높은 온도에서 복사 평형에 도달한다.</u>

> 이 기체들을 온실 기체라고 해!

> 지구에 대기가 없으면 온실 효과가 일어나지 않아. 그러면 지구의 평균 기온은 −18 ℃ 정도로 낮아지고 낮과 밤의 기온 차가 매우 크게 나서 생물이 살기 어려웠을 거야. 이렇게 온실 효과는 우리 생활에 꼭 필요한 거야. 지구 온난화와 헷갈리지 말자~

• 지구의 대기는 파장이 짧은 태양 복사 에너지를 통과시키지만, 파장이 긴 지구 복사 에너지는 대부분 흡수한다.

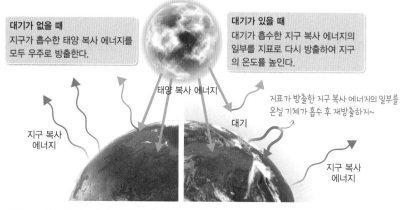

대기가 없을 때 지구가 흡수한 태양 복사 에너지를 모두 우주로 방출한다.

대기가 있을 때 대기가 흡수한 지구 복사 에너지의 일부를 지표로 다시 방출하여 지구의 온도를 높인다.

> 지표가 방출한 지구 복사 에너지의 일부를 온실 기체가 흡수 후 재방출하지~

2 온실 기체 : 지구 복사 에너지를 흡수하여 온실 효과를 일으키는 기체
예 수증기, 이산화 탄소, 메테인 등

❹ 지구 온난화

1 지구 온난화 : 온실 효과의 증가로 지구의 평균 기온이 높아지는 현상

2 지구 온난화의 발생 원인 : 대기 중 온실 기체의 증가 ➡ 특히 이산화 탄소의 양 증가

• 산업 혁명 이후 화석 연료 사용량의 증가, 무분별한 산림 개발로 숲의 면적이 줄어들면서 광합성량이 감소 → 대기 중 이산화 탄소의 양 증가 → 온실 효과로 지구의 평균 기온 상승

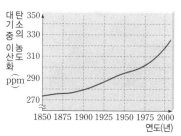

▲ 대기 중 이산화 탄소의 농도 변화

> 산업 혁명 이후 1970년~2004년까지 전 세계 이산화 탄소의 배출량은 80 %나 증가했어!

▲ 지구의 평균 기온 변화

> 지난 150년 간 약 1 ℃ 상승했어!

3 지구 온난화의 영향

(1) **해수면 상승** : 지구의 평균 기온이 높아지면 해수의 열팽창이 일어나고 극지방의 빙하가 녹아 해수면이 상승한다.

(2) **육지 면적 감소** : 해수면이 상승하면 해안 저지대가 침수되어 육지의 면적이 감소한다.

(3) **기상 이변 발생** : 전 세계적으로 어느 지역에서는 폭염, 어느 지역에서는 홍수 등의 기상 이변이 나타날 수 있다.

4 지구 온난화의 대응책 : 주요 온실 기체의 배출량을 줄이고, 삼림을 보존하는 등 국제적인 노력이 필요하다.

• 온실 기체를 줄이기 위한 방법 : 신재생 에너지 개발, 친환경 제품 사용, 에너지 절약 및 효율 향상, 이산화 탄소 포집 및 저장 기술 개발

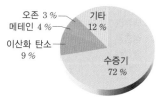

➡ 비타민

온실 기체들의 온실 효과 기여도

온실 효과를 일으키는 기체로는 수증기, 이산화 탄소, 메테인 등이 있으며, 온실 효과 기여도는 수증기 > 이산화 탄소 > 메테인 순이다. 이산화 탄소는 다른 온실 기체들에 비해 적외선을 흡수하는 능력이 우수하진 않지만, 대기 중 농도가 높기 때문에 기여도가 높다.

ppm(parts per million)
1 ppm은 100만 분의 1을 나타내는 농도 등을 나타내는 단위이다.

해수면 상승

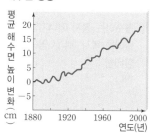

지구 온난화로 인해 해수면의 높이가 상승하게 되면 해안 저지대가 침수되어 육지의 면적이 감소한다.

이산화 탄소 포집 및 저장 기술
발전소나 제철소 등 산업 시설에서 발생하는 이산화 탄소를 포집하여, 해양이나 육지의 지층 속에 저장하는 기술이다. 우리나라는 동해의 해저 지층에 이산화 탄소를 저장하는 방법을 연구하고 있다.

용어 &개념 체크

❸ 온실 효과

07 대기가 ◻◻ 복사 에너지를 흡수했다가 지표면으로 재방출하여 지구의 평균 기온을 높이는 현상을 온실 효과라고 한다.

08 지구 복사 에너지를 흡수하여 온실 효과를 일으키는 수증기, 이산화 탄소, 메테인 등을 ◻ ◻◻◻라고 한다.

❹ 지구 온난화

09 대기 중 온실 기체의 양이 ◻◻하여 지구의 평균 기온이 높아지는 현상을 ◻◻ ◻ ◻◻라고 한다.

10 지구 온난화를 일으키는 주된 원인은 화석 연료 사용에 의한 대기 중 ◻◻◻◻ ◻◻의 농도 증가이다.

11 지구 온난화로 인해 해수의 열팽창이 일어나고 극지방의 빙하가 녹아 해수면이 ◻◻한다.

12 해수면이 ◻◻하면 해안 저지대가 침수되어 육지 면적이 ◻◻한다.

06 그림 (가)는 대기가 있을 때의 대기 복사를 나타낸 것이고, (나)는 대기가 없을 때의 대기 복사를 나타낸 것이다.

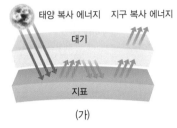 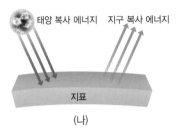

(1) (가)와 (나) 중 지구의 평균 기온이 더 높을 때는 언제인지 쓰시오.
(2) (가)와 (나) 중 낮과 밤의 기온 차가 매우 커서 생물이 살기 어려울 때는 언제인지 쓰시오.

07 다음은 지구 온난화에 대한 설명을 나타낸 것이다. 빈칸에 알맞은 말을 쓰시오.

석탄, 석유 등의 (㉠) 사용량 증가로 대기 중 이산화 탄소와 같은 (㉡)가 증가하여 지구의 평균 기온이 높아지는 현상을 지구 온난화라고 한다.

08 그림은 대기 중 온실 기체 A의 농도 변화와 지구의 평균 기온 변화를 나타낸 것이다. 지구의 평균 기온을 높이는 온실 기체 A는 무엇인지 쓰시오.

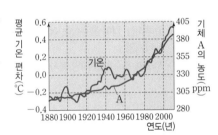

09 온실 효과와 지구 온난화에 대한 설명으로 옳은 것은 ○, 옳지 <u>않은</u> 것은 ×로 표시하시오.

(1) 온실 기체로는 수증기, 이산화 탄소, 메테인 등이 있다. ( )
(2) 온실 효과가 일어나도 지구의 평균 기온은 일정하게 유지된다. ( )
(3) 대기 중 온실 기체의 양이 감소하여 지구 온난화가 발생한다. ( )
(4) 지구 온난화가 발생하면 해수면이 상승하여 육지의 면적이 감소한다. ( )

10 다음은 지구 온난화의 영향에 대한 설명을 나타낸 것이다. 빈칸에 알맞은 말을 고르시오.

지구 온난화로 인해 해수의 열팽창이 일어나고, 빙하가 (㉠ 증가, 감소)하여 해수면이 (㉡ 상승, 하강)한다. 해수면이 (㉢ 상승, 하강)하면 해안 저지대가 침수되어 육지의 면적이 (㉣ 증가, 감소)한다.

과정
❶ 표면을 검게 칠한 알루미늄 컵에 디지털 온도계를 꽂은 스타이로폼 뚜껑을 덮는다.
❷ 검게 칠한 알루미늄 컵과 적외선등이 일직선이 되도록 적당한 거리를 두고 설치한다.
❸ 적외선등을 켜고 2분 간격으로 알루미늄 컵 속의 온도를 측정한다.

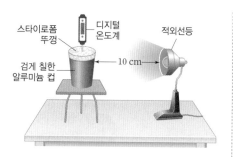

탐구 시 유의점
뜨거워진 적외선등에 손이나 피부가 닿지 않도록 주의한다.

결과

시간(분)	0	2	4	6	8	10	12
온도(℃)	18.3	21.2	24.8	26.2	28.1	28.3	28.3

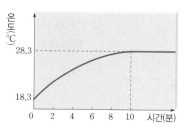

1. 검게 칠한 알루미늄 컵 내부의 온도가 점점 높아지다가, 10분이 지난 후부터 일정하게 유지된다.
2. 10분 이전 : 알루미늄 컵이 흡수하는 복사 에너지양＞알루미늄 컵이 방출하는 복사 에너지양 ➡ 온도 상승
3. 10분 이후 : 알루미늄 컵이 흡수하는 복사 에너지양＝알루미늄 컵이 방출하는 복사 에너지양 ➡ 온도 일정

정리
• 알루미늄 컵이 적외선등으로부터 공급받는 에너지양은 일정하다. 이 에너지에 의해 알루미늄 컵의 온도는 높아지고, 이때 알루미늄 컵의 온도가 높아지면 컵이 방출하는 에너지양도 점점 증가한다.
• 일정 시간(t)이 지나면 알루미늄 컵이 흡수하는 에너지양과 알루미늄 컵이 외부로 방출하는 에너지양이 같아지고, 이때부터 컵의 온도는 일정하게 유지된다. ➡ 알루미늄 컵의 복사 평형
• 알루미늄 컵이 흡수하는 에너지양＝알루미늄 컵이 외부로 방출하는 에너지양
• 지구가 흡수하는 태양 복사 에너지양＝지구가 방출하는 지구 복사 에너지양

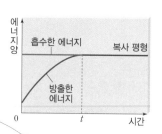

지구도 이 실험의 알루미늄 컵과 같이, 태양 복사 에너지를 계속해서 받더라도 복사 평형을 이루기 때문에 지구의 평균 기온이 일정하게 유지되는 거야!

정답과 해설 16쪽

탐구 알약

01 위 실험에 대한 설명으로 옳은 것은 ○, 옳지 **않은** 것은 ×로 표시하시오.

(1) 지구의 복사 평형을 알아보기 위한 실험이다. ……………………………………………… (　　)

(2) 알루미늄 컵은 지구, 적외선등은 태양에 해당한다. …………………………………………… (　　)

(3) 처음에는 온도가 낮아지다가 어느 정도 시간이 지나면 일정한 온도를 유지한다. ……… (　　)

(4) 10분 이후에는 알루미늄 컵의 에너지 흡수량이 방출량보다 많다. ………………………… (　　)

(5) 알루미늄 컵 속의 공기는 28.3 ℃에서 복사 평형을 이룬다. ………………………………… (　　)

(6) 알루미늄 컵과 적외선등의 거리가 가까워지면 컵은 더 높은 온도까지 올라갈 것이다. ……(　　)

02 실험을 시작하고 10분이 지나기 전과 후에 알루미늄 컵이 흡수하는 에너지(A)와 알루미늄 컵이 방출하는 에너지(B)를 옳게 짝지은 것은?

	10분 전	10분 후		10분 전	10분 후
①	A＞B	A＞B	②	A＞B	A＝B
③	A＜B	A＜B	④	A＜B	A＝B
⑤	A＝B	A＝B			

서술형

03 시간이 지난 후 알루미늄 컵 내부의 온도가 일정하게 유지되는 까닭을 서술하시오.

 KEY

흡수하는 에너지양, 방출하는 에너지양

지구의 복사 평형

❗ 많은 친구들이 지구의 복사 평형을 어려워하지~! 화살표는 왜 이렇게 많은지, 도대체 뭘 어떻게 봐야 하는 건지 막막하지? 하지만 걱정은 뚝! 천천히 하나하나 공부해 보자! 이 페이지를 다 공부하고 나면 지구의 복사 평형에 관련된 문제는 100 % 맞힐 수 있을 거야!

01 지구에 대기가 없다면 복사 평형은 어떻게 일어날까?

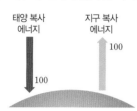

대기가 없을 때의 복사 평형은 어렵지 않아!
태양 복사 에너지가 100만큼 지표에 흡수되면 지표 역시 100만큼의 지구 복사 에너지를 방출하지~!
➡ 지구가 흡수한 에너지 100 = 지구가 방출한 에너지 100

02 지구에 대기가 있을 때는 복사 평형이 어떻게 일어날까?

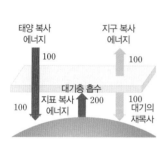

• 지구의 대기 ┌ 태양 복사 에너지는 그대로 통과
　　　　　　└ 지구 복사 에너지는 대기에서 흡수

대기가 흡수한 에너지는 우주와 지표 양쪽으로 방출한다!
➡ 대기가 지표로 에너지를 방출하는 것 = 대기의 재복사

• 지표는 태양 복사 에너지와 대기의 재복사에 의해서 더 많은 에너지를 받게 되기 때문에 더 높은 온도에서 복사 평형을 이루게 되는데, 이것을 바로 온실 효과라고 하는 거야!

대기가 없을 때의 평균 온도	대기가 있을 때의 평균 온도
약 $-18\,°C$	약 $15\,°C$

온실 효과가 일어나면 지표가 더 많은 에너지를 받으니까 복사 평형이 일어나지 않는다고 생각하면 안돼!
온실 효과가 일어나도 복사 평형은 일어나! 대신 더 높은 온도에서~!

03 실제 지구에서는 복사 평형이 어떻게 일어날까?

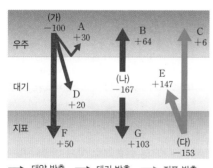

➡ 태양 방출　➡ 대기 방출　➡ 지표 방출

+는 흡수한 에너지를, ―는 방출한 에너지를 나타내는 거야.
복사 평형을 계산할 때는 에너지의 절댓값을 활용해야 해!

① 화살표의 의미를 알자!
• 시작 : 에너지가 방출된 곳
• 끝 : 에너지가 전달된 곳
② 우주, 대기, 지표는 각각 복사 평형을 이룬다!
• 우주 : (가) = A + B + C
• 대기 : (나) = D + E
• 지표 : (다) = F + G
③ 지구 = 대기 + 지표
　지구의 복사 평형은 우주에서 지구로 흡수된 에너지와 지구에서 우주로 방출된 에너지를 비교해야 해! 이때 지구로 흡수된 것은 대기(20) + 지표(50) = 지구에서 방출된 것은 대기(64) + 지표(6) = 70 ➡ 복사 평형
④ 온실 효과는 G에 의해 발생 ➡ 온실 효과는 대기의 재복사인 G에 의해서 일어난다!

시험에 꼭 나오는 유형 확인!

유형 클리닉

유형 ① 기권의 층상 구조

그림은 기권의 층상 구조를 나타낸 것이다. 이에 대한 설명으로 옳지 <u>않은</u> 것을 <u>모두</u> 고르면?

① 고위도 지방의 (가)에서는 오로라가 나타난다.

② (나)에서는 대류가 일어난다.

③ 비행기의 항로로 주로 이용되는 층은 (다)이다.

④ (나)와 (다)의 경계면은 중간권 계면이다.

⑤ (라)에서는 구름이 만들어지기 때문에 높이 올라갈수록 기온이 낮아진다.

기권의 층상 구조에 대해 묻는 문제가 출제돼~! 기권을 이루는 각 층의 특징에 대해 기억해 두자!

(가)는 열권, (나)는 중간권, (다)는 성층권, (라)는 대류권이다.

① 고위도 지방의 (가)에서는 오로라가 나타난다.
→ 고위도 지방의 열권(가)에서는 우주로부터 지구의 대기로 들어온 전기를 띤 입자가 열권에 있는 공기와 충돌하여 빛을 내는 현상인 오로라가 나타나~!

② (나)에서는 대류가 일어난다.
→ 중간권(나)에서는 대기가 불안정하기 때문에 대류가 일어나!

③ 비행기의 항로로 주로 이용되는 층은 (다)이다.
→ 성층권(다)은 대기가 안정하여 비행기의 항로로 주로 이용돼~!

④ (나)와 (다)의 경계면은 중간권 계면이다.
→ 중간권(나)과 성층권(다)의 경계면은 성층권(다)의 이름을 따서 성층권 계면이라고 불러! 층과 층 사이의 이름은 아래층의 이름을 따서 지어졌다는 거 기억해 두자!

⑤ (라)에서는 구름이 만들어지기 때문에 높이 올라갈수록 기온이 낮아진다.
→ 대류권(라)은 높이 올라갈수록 지표에서 방출되는 에너지가 적게 도달하므로 기온이 낮아져!

답 : ④, ⑤

대류 현상 : 대류권, 중간권
기상 현상 : 대류권

유형 ② 복사 평형

그림은 지구의 복사 평형을 나타낸 것이다.

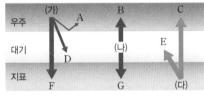

이에 대한 설명으로 옳은 것은?

① (가), (나), (다)는 모두 같다.

② (다)는 F와 G를 합한 값과 같다.

③ 지구가 방출한 에너지는 A, B, C를 합한 값과 같다.

④ F와 G는 태양 복사 에너지 중 지구가 흡수한 에너지이다.

⑤ 대기가 있을 때보다 대기가 없을 때 지표가 흡수하는 에너지가 더 많다.

지구의 복사 평형에 대해 묻는 문제가 출제돼! 지구가 복사 평형을 이루고 있음을 설명할 수 있도록 하자~!

① (가), (나), (다)는 모두 같다.
→ (가)는 태양이 방출하는 에너지, (나)는 대기가 방출하는 에너지, (다)는 지표가 방출하는 에너지로, (나) > (다) > (가) 순으로 많아!

② (다)는 F와 G를 합한 값과 같다.
→ 지표는 복사 평형을 이루기 때문에 흡수한 에너지양과 방출한 에너지양이 같아! (다)는 지표가 방출하는 에너지이고, F(태양 복사)와 G(대기 재복사)는 지표가 흡수한 에너지야!

③ 지구가 방출한 에너지는 A, B, C를 합한 값과 같다.
→ 지구가 방출한 에너지는 B와 C야! A는 반사된 태양 에너지라서 지구가 방출한 에너지라고 볼 수 없지!

④ F와 G는 태양 복사 에너지 중 지구가 흡수한 에너지이다.
→ 지구는 대기와 지표를 모두 포함해! 그러니까 태양 복사 에너지 중에 지구가 흡수한 에너지는 D와 F가 되겠지! G(대기 재복사)는 대기가 방출하는 에너지 중 지구가 흡수한 에너지야~

⑤ 대기가 있을 때보다 대기가 없을 때 지표가 흡수하는 에너지가 더 많다.
→ 대기가 없을 때 지표는 태양 복사 에너지만 흡수하지만 대기가 있을 때는 대기의 재복사에 의해 더 많은 에너지를 흡수하게 돼!

답 : ②

지구＝대기＋지표

유형 클리닉

유형 3 온실 효과

그림은 온실 효과를 나타낸 것이다.

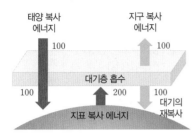

이에 대한 설명으로 옳은 것을 | 보기 | 에서 모두 고른 것은?

보기

ㄱ. 온실 기체에는 산소, 수증기, 이산화 탄소 등이 있다.
ㄴ. 대기는 지구 복사 에너지를 흡수한 후 지표와 우주로 방출한다.
ㄷ. 온실 효과로 인해 지표가 받는 에너지가 증가하여 지표의 평균 기온은 계속 높아진다.

① ㄱ   ② ㄴ   ③ ㄷ
④ ㄱ, ㄷ   ⑤ ㄴ, ㄷ

온실 효과와 지구 온난화를 구분하여 알고 있는지 묻는 문제가 출제돼! 온실 효과와 지구 온난화의 의미에 대해 기억해 두자!

✗ 온실 기체에는 산소, 수증기, 이산화 탄소 등이 있다.
→ 온실 효과를 일으키는 기체를 온실 기체라고 해~ 산소는 온실 기체에 해당되지 않아!

ㄴ 대기는 지구 복사 에너지를 흡수한 후 지표와 우주로 방출한다.
→ 대기는 흡수한 에너지를 지표와 우주 양쪽으로 방출해! 그래서 대기가 있더라도 복사 평형을 이룰 수 있는 거지~!

✗ 온실 효과로 인해 지표가 받는 에너지가 증가하여 지표의 평균 기온은 계속 높아진다.
→ 온실 효과로 인해 지표가 받는 에너지가 증가하지만 그만큼 지표가 방출하는 에너지도 많아져서 더 높은 온도에서 복사 평형을 이룰 수 있어! 그러니까 평균 기온은 일정하게 유지되겠지~

답 : ②

 대기 : 지표로부터 에너지 흡수 ⇨ 우주와 지표로 방출

유형 4 지구 온난화

그림은 지구 온난화로 인한 지구의 평균 기온과 대기 중 이산화 탄소의 농도 변화를 나타낸 것이다.

이에 대한 설명으로 옳은 것을 | 보기 | 에서 모두 고른 것은?

보기

ㄱ. 화석 연료의 사용으로 대기 중 이산화 탄소의 농도가 증가한다.
ㄴ. 대기 중 이산화 탄소의 농도가 높아질수록 지구의 평균 기온은 높아진다.
ㄷ. 지구의 평균 기온이 높아질수록 빙하의 면적은 좁아진다.

① ㄱ   ② ㄷ   ③ ㄱ, ㄴ
④ ㄴ, ㄷ   ⑤ ㄱ, ㄴ, ㄷ

이산화 탄소의 농도 변화와 지구의 평균 기온 변화 그래프를 해석하는 문제가 출제돼! 지구 온난화를 유발하는 원인에는 어떤 것들이 있는지 잘 알아 두자!

ㄱ 화석 연료의 사용으로 대기 중 이산화 탄소의 농도가 증가한다.
→ 산업 혁명 이후 화석 연료 사용량의 증가로 인해 대기 중 이산화 탄소의 농도가 증가하면서 지구의 평균 기온이 높아졌어~!

ㄴ 대기 중 이산화 탄소의 농도가 높아질수록 지구의 평균 기온은 높아진다.
→ 이산화 탄소는 온실 기체야! 그러니까 대기 중 이산화 탄소의 농도가 높아질수록 지구의 평균 기온은 높아지지!

ㄷ 지구의 평균 기온이 높아질수록 빙하의 면적은 좁아진다.
→ 지구의 평균 기온이 높아지면 빙하가 녹아서 빙하의 면적이 좁아지고, 빙하가 녹은 물의 유입과 해수의 열팽창에 의해 해수면의 높이는 점점 높아질 거야!

답 : ⑤

 대기 중 이산화 탄소 농도↑ ⇨ 지구 평균 기온↑ ⇨ 빙하 융해, 해수의 열팽창 ⇨ 해수면 상승

❶ 기권

01 지구를 둘러싸고 있는 대기에 대한 설명으로 옳지 않은 것은?

① 질소와 산소가 대부분을 차지한다.
② 지표로부터 약 100 km까지 분포한다.
③ 대기 중의 수증기는 기상 현상을 일으킨다.
④ 지구 상에 존재하는 생명체에 산소를 공급한다.
⑤ 지표가 방출하는 열의 일부를 흡수하여 지구의 평균 기온을 높인다.

02 기권의 구조를 지표로부터 높이가 낮은 층부터 순서대로 옳게 나열한 것은?

① 대류권 → 성층권 → 열권 → 중간권
② 대류권 → 성층권 → 중간권 → 열권
③ 대류권 → 중간권 → 성층권 → 열권
④ 성층권 → 중간권 → 대류권 → 열권
⑤ 성층권 → 열권 → 중간권 → 대류권

[03~05] 그림은 기권의 층상 구조를 나타낸 것이다.

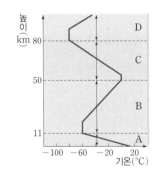

03 그림과 같이 A~D 4개의 층으로 나눈 기준으로 옳은 것은?

① 높이에 따른 기압의 변화
② 높이에 따른 밀도의 변화
③ 높이에 따른 기온의 변화
④ 높이에 따른 성분의 변화
⑤ 높이에 따른 수증기량의 변화

04 A층과 C층의 공통점을 모두 고르면?

① 대류가 일어난다.
② 오존층이 존재한다.
③ 비행기의 항로로 이용될 수 있다.
④ 높이 올라갈수록 기온이 낮아진다.
⑤ 구름, 비, 눈 등의 기상 현상이 나타난다.

★ 중요
05 다음은 A~D 중 어떤 층에 대한 설명을 나타낸 것이다.

> • 비행기의 항로로 이용된다.
> • 태양 복사 에너지 중 자외선을 흡수한다.
> • 대기가 매우 안정하여 대류가 일어나지 않는다.

이 층의 기호와 이름을 옳게 짝지은 것은?

① A − 대류권   ② B − 성층권   ③ B − 중간권
④ C − 중간권   ⑤ D − 열권

06 기권에 오존층이 존재하지 않는다고 가정할 때, 높이에 따른 기권의 기온 분포를 나타낸 그래프로 옳은 것은?

①   ②

③   ④

⑤

② 복사 평형

07 지구의 복사 평형에 대한 설명으로 옳지 <u>않은</u> 것은?

① 지구는 모든 방향으로 복사 에너지를 방출한다.
② 태양 복사 에너지는 자외선, 가시광선, 적외선의 형태로 방출된다.
③ 지구가 방출하는 복사 에너지양은 흡수하는 복사 에너지양보다 많다.
④ 지구가 방출하는 복사 에너지의 파장은 흡수하는 복사 에너지의 파장보다 길다.
⑤ 지구에 도달한 태양 복사 에너지 중 일부는 흡수되지 않고 반사되어 우주로 돌아간다.

[08~09] 그림과 같이 적외선등에서 10 cm 떨어진 곳에 표면을 검게 칠한 알루미늄 컵을 설치하고 3분 간격으로 컵 속의 온도를 측정하였다.

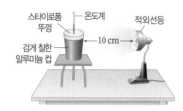

08 시간에 따른 컵 속의 온도 변화를 나타낸 그래프로 옳은 것은?

09 위 실험에 대한 설명으로 옳은 것을 |보기|에서 모두 고른 것은?

> | 보기 |
> ㄱ. 알루미늄 컵은 지구, 적외선등은 태양에 해당한다.
> ㄴ. 알루미늄 컵은 실험 시작 후 몇 분간 에너지를 흡수하기만 하고 방출하지는 않는다.
> ㄷ. 적외선등과 알루미늄 컵의 거리가 더 가까워지면 컵은 더 높은 온도까지 올라갈 것이다.

① ㄱ   ② ㄴ   ③ ㄷ   ④ ㄱ, ㄷ   ⑤ ㄴ, ㄷ

10 그림은 지구의 복사 평형을 나타낸 것이다.

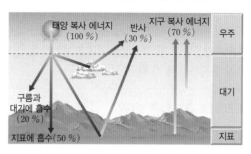

이에 대한 설명으로 옳은 것을 |보기|에서 모두 고른 것은?

> | 보기 |
> ㄱ. 지구가 흡수하는 태양 복사 에너지는 지구에 입사하는 태양 복사 에너지의 70 %이다.
> ㄴ. 태양 복사 에너지 중 20 %는 구름과 대기에 흡수된다.
> ㄷ. 지구가 우주로 방출하는 에너지는 지구가 흡수하는 에너지에 비해 적다.

① ㄱ   ② ㄷ   ③ ㄱ, ㄴ   ④ ㄴ, ㄷ   ⑤ ㄱ, ㄴ, ㄷ

③ 온실 효과

11 표는 지구와 달의 특징을 나타낸 것이다.

구분	지구	달
평균 표면 온도	약 290 K	약 250 K
지름	약 13000 km	약 3500 km
태양으로부터의 평균 거리	1 AU	1 AU
대기	두꺼운 대기층이 형성되어 있다.	대기가 거의 없다.

(AU : 천문학에서 쓰이는 거리의 단위)

지구와 달의 평균 표면 온도 차이에 가장 큰 영향을 미치는 것은?

① 지름
② 겉넓이
③ 대기의 유무
④ 복사 평형의 유무
⑤ 태양으로부터의 평균 거리

12 온실 효과에 대한 설명으로 옳은 것을 |보기|에서 모두 고른 것은?

> | 보기 |
> ㄱ. 온실 효과로 인해 생태계의 균형이 파괴된다.
> ㄴ. 온실 효과가 일어나도 지구의 평균 기온은 일정하게 유지된다.
> ㄷ. 지구의 대기는 파장이 긴 적외선 영역의 에너지를 잘 흡수한다.

① ㄱ   ② ㄷ   ③ ㄱ, ㄴ   ④ ㄴ, ㄷ   ⑤ ㄱ, ㄴ, ㄷ

정답과 해설 17쪽

13 다음은 어느 기체에 대한 설명을 나타낸 것이다.

지구 복사 에너지를 선택적으로 흡수하고, 흡수한 복사 에너지를 재방출하여 지구의 평균 기온을 대기가 없을 때보다 높게 유지하는 데 기여한다.

이 기체의 예로 옳지 않은 것은?

① 오존　　　② 수증기　　　③ 메테인
④ 염화 수소　　⑤ 이산화 탄소

④ 지구 온난화

[14~15] 그림은 1850년부터 2000년까지 지구의 평균 기온을 나타낸 것이다.

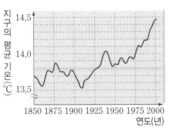

14 이와 같은 기온 변화의 원인으로 가장 옳은 것은?

① 지구의 대기가 점점 얇아지기 때문
② 지구의 대기에 오존층이 존재하기 때문
③ 대기 중 이산화 탄소의 농도가 높아졌기 때문
④ 지구가 더 이상 복사 평형을 이루지 않기 때문
⑤ 지구에 도달하는 태양 복사 에너지가 감소하였기 때문

15 이와 같은 현상이 지속될 때 나타날 것으로 예상되는 현상이 아닌 것은?

① 태풍이나 홍수가 자주 발생한다.
② 극지방과 고산 지방의 빙하가 녹는다.
③ 물 부족을 겪는 나라의 수가 줄어든다.
④ 해수의 열팽창으로 해수면의 높이가 높아진다.
⑤ 말라리아 등의 열대성 질병과 전염병이 빠르게 확산된다.

70 Ⅱ 기권과 날씨

서술형 문제

16 그림은 높이에 따른 기온 변화를 나타낸 것이다. 대류권과 성층권 중 오른쪽 그래프와 같은 기온 변화가 나타나는 층을 쓰고, 그렇게 생각한 까닭을 서술하시오.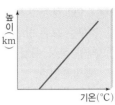

 오존층

17 그림 (가)는 복사 평형을 알아보기 위한 실험 과정을 나타낸 것이고, (나)는 시간에 따른 알루미늄 컵의 온도 변화를 나타낸 것이다.

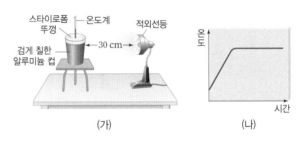

일정 시간이 지난 후 알루미늄 컵의 온도가 더 이상 높아지지 않고 일정하게 유지되는 까닭을 서술하시오.

 알루미늄 컵의 복사 평형

18 그림 (가)는 대기가 없을 때의 지구를 나타낸 것이고, (나)는 대기가 있을 때의 지구를 나타낸 것이다.

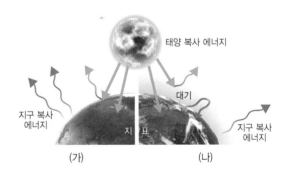

지표가 받는 에너지양이 더 많은 것을 고르고, 그 까닭을 서술하시오.

 대기, 온실 효과

19 그림은 기권의 층상 구조를 나타낸 것이다. 각 층의 이름과 특징을 옳게 짝지은 것은?

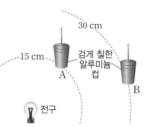

① A − 대류권 − 전체 대기의 약 80 %가 존재한다.
② B − 성층권 − 인공위성의 궤도로 이용된다.
③ B − 중간권 − 오존층이 존재한다.
④ C − 중간권 − 기상 현상이 나타난다.
⑤ D − 열권 − 유성이 관측된다.

20 그림과 같이 검게 칠한 알루미늄 컵을 전구로부터 각각 15 cm, 30 cm만큼 떨어뜨려 설치하고, 3분 간격으로 컵 속의 온도를 측정하였다. 이에 대한 설명으로 옳은 것을 | 보기 |에서 모두 고른 것은? (단, 전구에서 방출되는 복사 에너지양은 일정하다.)

보기
ㄱ. A보다 B의 온도 변화가 더 크다.
ㄴ. A보다 B가 더 낮은 온도에서 복사 평형을 이룬다.
ㄷ. A와 B가 흡수하는 복사 에너지양은 점점 감소한다.

① ㄱ　　　　② ㄴ　　　　③ ㄷ
④ ㄱ, ㄴ　　　⑤ ㄴ, ㄷ

21 그림은 지구의 복사 평형을 나타낸 것이다.

A~E의 관계로 옳은 것을 모두 고르면?

① A=B+C　② B=C−D　③ C=E
④ C=D+E　⑤ D=A−B

22 다음은 온실 효과를 알아보기 위한 실험 과정을 나타낸 것이다.

[실험 과정]

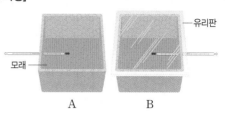

(가) 그림과 같이 모래가 담긴 스타이로폼 상자 A, B를 준비한 후 각각 온도계를 꽂는다. 이때 스타이로폼 상자 B는 유리판으로 덮는다.
(나) 두 상자를 햇빛이 잘 비치는 곳에 설치한다.
(다) 2분 간격으로 스타이로폼 상자의 온도를 측정한다.

이에 대한 설명으로 옳은 것을 | 보기 |에서 모두 고른 것은?

보기
ㄱ. 유리판은 실제 지구의 대기와 같은 역할을 한다.
ㄴ. A의 온도는 계속 높아진다.
ㄷ. B의 온도는 점점 높아지다가 일정하게 유지된다.
ㄹ. A는 B보다 높은 온도에서 복사 평형을 이룬다.

① ㄱ, ㄷ　　　② ㄱ, ㄹ　　　③ ㄴ, ㄷ
④ ㄴ, ㄹ　　　⑤ ㄷ, ㄹ

23 그림은 1880년대부터 2000년대 초까지 대기 중 온실 기체인 이산화 탄소와 메테인의 농도 변화를 나타낸 것이다.

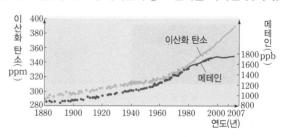

이에 대한 설명으로 옳은 것을 | 보기 |에서 모두 고른 것은?

보기
ㄱ. 온실 기체는 산업혁명 이후 크게 증가했다.
ㄴ. 이 기간 동안 평균 기온은 대체로 상승했을 것이다.
ㄷ. 1880년보다 2000년에 지구는 더 높은 온도에서 복사 평형을 이룬다.

① ㄱ　　　　② ㄷ　　　　③ ㄱ, ㄴ
④ ㄴ, ㄷ　　　⑤ ㄱ, ㄴ, ㄷ

02 구름과 강수

- 상대 습도, 단열 팽창 및 응결 현상의 관계를 이해한다.
- 구름의 생성과 강수 과정을 모형으로 표현할 수 있다.

❶ 대기 중의 수증기

1 포화 상태 : 어떤 온도에서 공기가 수증기를 최대로 많이 포함한 상태

2 불포화 상태 : 어떤 온도에서 공기가 수증기를 더 포함할 수 있는 상태

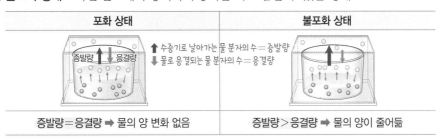

포화 상태	불포화 상태
⬆ 수증기로 날아가는 물 분자의 수=증발량 ⬇ 물로 응결되는 물 분자의 수=응결량	
증발량=응결량 ➡ 물의 양 변화 없음	증발량>응결량 ➡ 물의 양이 줄어듦

3 포화 수증기량(g/kg) : 포화 상태의 공기 1 kg 속에 포함되어 있는 수증기의 양을 g으로 나타낸 것 → 공기 1 kg 속에 최대로 포함될 수 있는 수증기의 양이라고 생각하면 더 쉬울 거야!

(1) **기온에 따른 포화 수증기량** : 기온이 높아질수록 포화 수증기량 증가

(2) **포화 수증기량 곡선** : 기온에 따른 포화 수증기량을 그래프로 나타낸 곡선 → 기온이 높은 공기는 더 많은 양의 수증기를 포함할 수 있어~

그래프: 수증기량(g/kg) 대 기온(℃)
- 0 ℃에서의 포화 수증기량 : 3.8 g/kg
- 10 ℃에서의 포화 수증기량 : 7.6 g/kg
- 20 ℃에서의 포화 수증기량 : 14.7 g/kg
- 30 ℃에서의 포화 수증기량 : 27.1 g/kg
- 포화 수증기량 곡선

4 수증기의 응결 : 공기 중의 수증기가 물방울로 변하는 현상 → 공기가 냉각되어서 포화 상태가 되면 수증기가 물방울로 변해~

(1) **이슬** : 새벽에 기온이 이슬점 이하로 내려갈 때 공기 중의 수증기가 응결하여 생긴 물방울이 물체의 표면에 맺힌 것이다.

(2) **안개** : 기온이 이슬점 이하로 내려갈 때 지표 부근에 있는 대기 중의 수증기가 응결하여 작은 물방울이 지표면 근처에 떠 있는 것이다.

(3) **김 서린 안경** : 추운 날씨에 안경 유리 주변의 기온이 이슬점 이하로 내려가면 수증기가 응결하여 안경 유리 표면에 김이 서린다.

▲ 이슬

▲ 안개

▲ 김 서린 안경

5 이슬점 : 공기 중의 수증기가 응결하기 시작할 때의 온도 → BUT~! 이슬점은 기온이나 포화 수증기량과는 관련이 없어~!

• **이슬점과 수증기량** : 현재 수증기량이 많을수록 이슬점이 높다.
→ 공기 1 kg 속에 포함되어 있는 수증기의 양(g)이야~

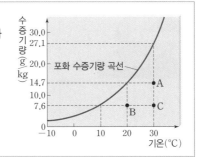

① A와 C는 기온이 같으므로 포화 수증기량이 같다.
② A와 C는 기온은 같지만, 공기 중의 수증기량은 A가 C보다 많으므로 이슬점은 A가 C보다 높다.
③ B와 C는 현재 수증기량이 같으므로 이슬점이 같다.
➡ 포화 수증기량 : A=C>B, → 기온이 높을수록 많다~!
　이슬점 : A>B=C → 현재 수증기량이 많을수록 높다~!

비타민

증발
물의 표면에서 물이 수증기로 변하는 현상

과포화 상태

수증기로 날아가는 물 분자 수<물속으로 들어오는 물 분자 수

온도가 높아질 때 포화 수증기량의 변화

10 ℃에서 포화 상태
⬇
공기의 온도가 높아지면

물 분자
20 ℃에서 불포화 상태

이슬이나 안개가 맑은 날에 더 잘 발생하는 까닭
구름이 없는 맑은 날일수록 낮에 더 많은 복사 에너지를 흡수하고, 밤에 더 많이 냉각된다. 즉, 더 많이 냉각되는 맑은 날 지표 근처에서 수증기의 응결이 더 잘 일어나기 때문에 안개가 더 잘 만들어진다.

이슬점의 의미
• 현재 수증기량이 포화 수증기량과 같아질 때의 온도
• 포화 상태에 도달할 때의 온도
• 상대 습도가 100 %일 때의 온도

응결량
불포화 상태의 공기가 이슬점 이하로 냉각되어 응결된 수증기의 양(g/kg)

응결량=현재 수증기량−냉각된 온도에서의 포화 수증기량

구름과 강수

| 대기 중의 수증기 | 포화 수증기량 |
| 이슬점 |
| 상대 습도 |

| 구름의 생성 | 공기 상승 |
| 단열 팽창 |
| 기온 하강 |
| 수증기 응결 |

| 강수 과정 | 병합설 | 빙정설 |

용어 & 개념 체크

❶ 대기 중의 수증기

01 포화 상태의 공기 1 kg 속에 포함되어 있는 수증기의 양을 g으로 나타낸 것을 ☐☐ ☐☐☐이라고 한다.

02 포화 수증기량은 기온이 ☐ 아질수록 증가한다.

03 공기 중의 수증기가 물방울로 변하는 현상을 ☐☐이라고 한다.

04 ☐☐☐은 공기 중의 수증기가 응결하기 시작할 때의 온도이다.

01 그림은 기온에 따른 포화 수증기량 곡선을 나타낸 것이다.

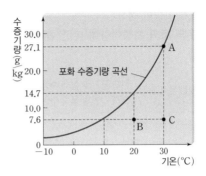

(1) A~C 중 불포화 상태의 공기와 포화 상태의 공기를 각각 쓰시오.

• 불포화 상태 : _____　　• 포화 상태 : _____

(2) B 공기의 현재 수증기량과 포화 수증기량을 각각 쓰시오.

• 현재 수증기량 : _____　　• 포화 수증기량 : _____

(3) A~C 중 포화 수증기량이 가장 적은 공기를 쓰시오.

02 이슬점에 대한 설명으로 옳은 것은 ○, 옳지 않은 것은 ×로 표시하시오.

(1) 이슬점은 포화 수증기량에 따라 달라진다. ⋯⋯⋯⋯⋯⋯⋯⋯⋯⋯ (　　)
(2) 공기 중 수증기의 응결이 시작되는 온도이다. ⋯⋯⋯⋯⋯⋯⋯⋯ (　　)
(3) 기온과 이슬점이 같은 공기는 불포화 상태이다. ⋯⋯⋯⋯⋯⋯ (　　)
(4) 이슬점에서의 포화 수증기량은 현재 공기의 수증기량과 같다. ⋯ (　　)

03 그림은 기온에 따른 포화 수증기량 곡선을 나타낸 것이다. 현재 30 ℃인 공기 1 kg 속에 14.7 g의 수증기가 포함되어 있는 A 공기의 이슬점은 몇 ℃인지 쓰시오.

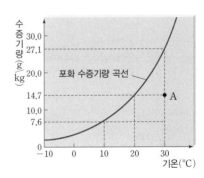

04 다음은 대기 중의 수증기에 대한 설명을 나타낸 것이다. 빈칸에 알맞은 말을 쓰시오.

• 어떤 온도에서 공기가 더 이상 수증기를 포함할 수 없는 상태를 (㉠　　) 상태라 고 한다.
• 포화 상태의 공기 1 kg 속에 포함되어 있는 수증기의 양을 g으로 나타낸 것을 (㉡　　)이라고 하며, 이것은 기온이 높아질수록 (㉢　　)한다.
• 공기가 포화 상태에 도달할 때의 온도를 (㉣　　)이라고 한다.

2 구름과 강수

❷ 상대 습도
→ 우리가 생활에서 주로 사용하는 '습도'라는 말은 상대 습도를 뜻해~

1 습도 : 공기가 건조하거나 습한 정도

2 상대 습도 : 현재 기온의 포화 수증기량에 대한 현재 공기의 실제 수증기량의 비를 백분율(%)로 나타낸 것

$$상대 습도(\%) = \frac{현재 공기의 실제 수증기량(g/kg)}{현재 기온의 포화 수증기량(g/kg)} \times 100$$

3 상대 습도의 변화
→ 상대 습도는 현재 수증기량과 기온에 따라 달라지지!

기온이 일정할 때 (＝포화 수증기량이 일정할 때)	현재 수증기량이 일정할 때
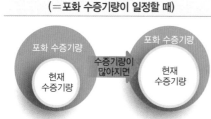	
공기 중에 포함된 수증기량이 많아지면 상대 습도가 높아진다.	기온이 낮아지면 포화 수증기량이 감소하여 상대 습도가 높아진다.
상대 습도(%) $= \dfrac{현재 공기의 실제 수증기량(g/kg)}{현재 기온의 포화 수증기량(g/kg)} \times 100$ 에서 분모가 일정하면 분자가 클수록 습도가 높아진다.	상대 습도(%) $= \dfrac{현재 공기의 실제 수증기량(g/kg)}{현재 기온의 포화 수증기량(g/kg)} \times 100$ 에서 분자가 일정하면 분모가 작을수록 습도가 높아진다.

4 맑은 날 하루 동안의 기온, 이슬점, 상대 습도의 변화

(1) 기온이 높아지면 포화 수증기량이 증가하여 상대 습도가 낮아진다.

(2) 기온이 낮아지면 포화 수증기량이 감소하여 상대 습도가 높아진다.

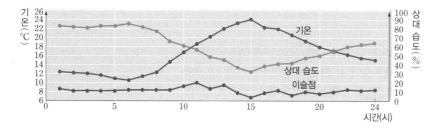

구분	하루 중 가장 높을 때	하루 중 가장 낮을 때
기온	15시	6시
상대 습도	6시	15시
이슬점	공기 중에 포함된 수증기량이 거의 변하지 않는다. ➡ 이슬점도 거의 일정하다.	

→ 맑은 날은 수증기량이 거의 일정하니까 상대 습도는 기온에 반비례^^

🔍 **1%를 위한 비타민** 맑은 날, 흐린 날, 비 오는 날의 상대 습도, 이슬점, 기온 비교

• 상대 습도 : 맑은 날 < 흐린 날 < 비 오는 날
• 이슬점 : 맑은 날 < 흐린 날 < 비 오는 날
• 기온의 일변화 : 맑은 날 > 흐린 날 > 비 오는 날
• 흐린 날과 비 오는 날의 기온의 일변화가 작은 까닭은 낮에 구름이 햇빛을 가려 태양열에 의한 지표의 가열을 막고, 밤에는 구름이 지표의 방출 열을 흡수하여 지표의 냉각을 막기 때문이다.

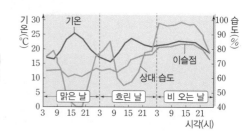

➕ **비타민**

상대 습도

● + ○ : 현재 기온의 포화 수증기량
(6＋4＝10개)
● : 현재 공기의 실제 수증기량(6개)

$$상대 습도 = \frac{6}{10} \times 100 = 60\,\%$$

포화 상태일 때의 상대 습도
포화 상태일 때는 현재 공기의 실제 수증기량과 현재 기온의 포화 수증기량이 같으므로, 상대 습도가 100 %이다.

절대 습도
공기 1 kg 속에 포함된 실제 수증기량을 g으로 나타낸 것으로, 절대 습도로는 공기의 건조하고 습한 정도를 바로 알 수 없다.

대기 중에서 서로 영향을 주는 값
• 기온, 포화 수증기량
• 현재 수증기량, 절대 습도, 이슬점
➡ 기온과 이슬점, 포화 수증기량과 현재 수증기량은 서로에게 영향을 주지 않는다.

비 오는 날의 습도와 기온
비가 오는 날에는 공기 중의 수증기량이 많아지므로 상대 습도가 높아지고 구름이 햇빛을 가려 기온은 낮아진다.

용어 &개념 체크

❷ 상대 습도

05 현재 기온의 포화 수증기량에 대한 현재 공기 중의 실제 수증기량의 비를 백분율(%)로 나타낸 것을 ☐☐ ☐☐라고 한다.

06 상대 습도는 기온이 일정할 때 공기 중에 포함된 수증기량이 ☐☐지면 높아진다.

07 현재 수증기량이 일정할 때, 기온이 낮아지면 포화 수증기량이 ☐☐하여 상대 습도가 ☐아진다.

08 맑은 날에는 공기 중에 포함된 수증기량이 거의 변하지 않기 때문에 ☐☐☐이 거의 일정하다.

05 현재 기온의 포화 수증기량이 25 g/kg이고, 현재 공기의 실제 수증기량이 20 g/kg일 때, 이 공기의 상대 습도는 몇 %인지 구하시오.

06 상대 습도에 대한 설명으로 옳은 것은 ○, 옳지 않은 것은 ×로 표시하시오.

(1) 비가 오는 날에는 상대 습도가 대체로 높다. ⋯⋯⋯⋯⋯⋯⋯⋯⋯ (　　)

(2) 현재 공기 중의 수증기량이 증가하면 이슬점은 낮아진다. ⋯⋯⋯ (　　)

(3) 공기의 온도가 이슬점에 도달하면 상대 습도는 100 %가 된다. ⋯ (　　)

(4) 수증기량이 일정할 때 기온이 낮을수록 상대 습도가 높아진다. ⋯ (　　)

07 표는 A~D 지역에서 측정한 기온과 이슬점을 각각 나타낸 것이다.

지역	A	B	C	D
기온(℃)	20	20	15	10
이슬점(℃)	10	15	10	10

(1) A~D 지역 중 상대 습도가 가장 낮은 곳은 어디인지 쓰시오.

(2) D 지역의 상대 습도는 몇 %인지 쓰시오.

[08~09] 그림은 맑은 날 하루 동안의 기온, 이슬점, 상대 습도의 변화를 순서 없이 나타낸 것이다.

08 A~C는 각각 무엇을 나타내는지 쓰시오.

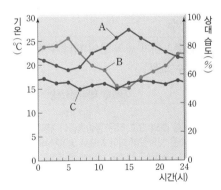

09 이에 대한 설명으로 옳은 것은 ○, 옳지 않은 것은 ×로 표시하시오.

(1) 맑은 날 기온은 새벽에 가장 낮다. ⋯⋯⋯⋯⋯⋯⋯⋯⋯⋯⋯⋯⋯ (　　)

(2) 맑은 날에는 기온이 높을수록 상대 습도가 높아진다. ⋯⋯⋯⋯⋯ (　　)

(3) 하루 중 가장 변화가 크게 나타나는 것은 이슬점이다. ⋯⋯⋯⋯⋯ (　　)

❸ 구름

1 단열 팽창 : 공기가 외부와 열을 교환하지 않고 부피가 팽창하는 것

2 구름 : 공기 덩어리가 상승하여 기온이 이슬점 이하로 낮아지면 수증기가 응결하여 물방울이 되는데, 이러한 물방울이나 얼음 알갱이가 모여 하늘에 떠 있는 것

3 구름의 생성 과정

(1) **공기 덩어리 상승**

(2) **단열 팽창** : 공기 덩어리가 상승하면 주위의 기압이 낮아지기 때문에 부피가 팽창한다.

(3) **기온 하강** : 단열 팽창이 일어나면 기온은 낮아진다.

(4) **이슬점 도달, 수증기 응결** : 공기가 더욱 냉각되어 이슬점에 도달하면 포화 상태가 되어 수증기가 응결하기 시작한다.

(5) **구름 생성** : 수증기가 응결하여 생긴 작은 물방울이나 얼음 알갱이가 모여 구름이 된다.

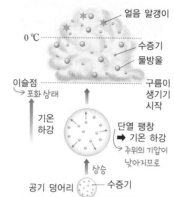

4 공기가 상승하는 경우(구름이 생성되는 경우) 구름은 공기가 상승할 때 생기지!

(1) 공기가 산을 타고 오를 때	**(2) 지표의 일부분이 강하게 가열될 때**
공기가 이동하다가 산을 만나면 산을 타고 올라가면서 구름이 만들어져!	지표면이 가열되는 정도가 달라서 더 많이 가열된 지역의 공기는 주변 공기보다 상대적으로 가벼워 상승하여 구름이 만들어져!
(3) 기압이 낮은 곳으로 공기가 모여들 때	**(4) 찬 공기와 따뜻한 공기가 만날 때**
저기압 중심부로 공기가 모여들면 공기들이 밀려 올라가! 이때 공기의 상승이 일어나 구름이 만들어져!	찬 공기와 따뜻한 공기가 만나면 따뜻한 공기가 찬 공기 위로 상승하여 구름이 만들어져!

❹ 강수

1 강수 : 대기 중의 물이 비나 눈 등의 형태로 지표에 떨어지는 것

2 강수 과정

저위도 지역(병합설)	중위도나 고위도 지역(빙정설)
↳ 열대 지방~!	
구름 속의 크고 작은 물방울들이 부딪치고 뭉쳐져서 큰 빗방울이 되어 지표로 떨어져 비가 된다. 저위도 지역의 구름은 높은 온도에서 생성되므로 대부분 물방울로만 이루어져 있지!	구름 속에서 수증기가 얼음 알갱이에 달라붙어 얼음 알갱이가 커지고 무거워져 녹지 않고 떨어지면 눈이 되고, 떨어지는 도중에 따뜻한 대기층을 통과하여 녹으면 비가 된다. 중위도나 고위도 지역에서 만들어지는 구름은 생성되는 온도가 낮아서 물방울과 얼음 알갱이가 함께 존재해~!

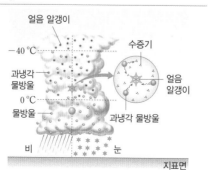

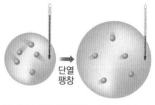

❸ 구름

09 공기가 외부와 열을 교환하지 않고 부피가 팽창하는 것을 ☐☐ ☐☐이라고 한다.

10 구름이 생성되는 과정은 공기 덩어리 ☐☐ → 단열 팽창 → 기온 ☐☐ → 이슬점 도달 → 수증기 ☐☐ → 구름 생성 순이다.

11 따뜻한 공기와 찬 공기가 만날 때 ☐☐☐ 공기가 ☐ 공기 위로 상승하여 구름이 생성된다.

❹ 강수

12 대기 중의 물이 비나 눈의 형태로 지표에 떨어지는 것을 ☐☐라고 한다.

13 ☐☐☐은 크기가 다양한 물방울이 부딪치고 뭉쳐서 큰 물방울이 되어 지표로 떨어져 비가 된다는 강수 이론이다.

14 중위도나 고위도 지역에서 만들어진 구름 속에서 수증기가 ☐☐ ☐☐☐에 달라붙어 커지면 비나 눈으로 내린다.

10 다음은 구름의 생성 과정을 순서 없이 나타낸 것이다.

| ㄱ. 수증기 응결 | ㄴ. 공기 덩어리 상승 | ㄷ. 단열 팽창 |
| ㄹ. 기온 하강 | ㅁ. 구름 생성 | ㅂ. 이슬점 도달 |

구름의 생성 과정에 맞게 순서대로 나열하시오.

11 그림은 구름의 생성 과정을 나타낸 것이다. 이에 대한 설명으로 옳은 것은 ○, 옳지 <u>않은</u> 것은 ×로 표시하시오.

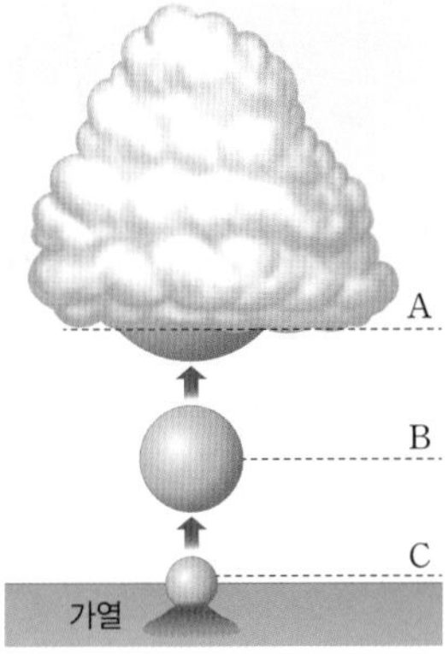

(1) A에서 이슬점에 도달하여 수증기가 응결하기 시작한다. ······ (　　)
(2) B에서는 기온이 높아진다. ····· (　　)
(3) C에서 A로 갈 때 공기 덩어리의 부피는 팽창한다. ····· (　　)

12 공기가 상승하여 구름이 생성되는 경우에는 ○, 생성되지 <u>않는</u> 경우에는 ×로 표시하시오.

(1) 저기압 중심 부분으로 공기가 모여든다. ······ (　　)
(2) 공기가 산의 경사면을 타고 내려온다. ····· (　　)
(3) 지표면이 불균등하게 가열된다. ····· (　　)
(4) 성질이 다른 두 공기가 만난다. ····· (　　)

13 다음 글에서 설명하는 강수 이론이 일어나는 지역은 어디인지 쓰시오.

구름 속의 크고 작은 물방울들의 충돌에 의해 크기가 커져서 빗방울이 되어 지표로 떨어진다는 강수 이론

14 다음은 빙정설에 대한 설명을 나타낸 것이다. 빈칸에 알맞은 말을 쓰시오.

중위도나 고위도 지역에서 만들어지는 구름은 수증기, (㉠　　　), 얼음 알갱이가 함께 존재한다. 구름 속에서 얼음 알갱이가 커지고 무거워져서 그대로 떨어지면 (㉡　　　)이 되고, 녹으면 (㉢　　　)가 되어 내린다.

과정 ❶ 알루미늄 컵에 실온의 물을 $\frac{1}{2}$ 정도 넣고, 온도계가 잠기도록 스탠드에 온도계를 고정하여 설치하고, 상
　온에 오래 놓아둔 후 온도를 측정한다.
❷ 작은 얼음 조각이 든 시험관을 알루미늄 컵 안에 넣어 물을 천천히 저어 주면서, 알루미늄 컵의 표면에
　생기는 변화를 관찰한다.
❸ 알루미늄 컵의 표면이 뿌옇게 흐려지기 시작할 때의 온도를 측정한다.

탐구 시 유의점
얼음 조각이 든 시험관으로
알루미늄 컵 안의 물을 저어
줄 때 알루미늄 컵에 입김이
닿지 않도록 주의한다.

결과 알루미늄 컵의 온도가 내려가다가 13.7 ℃에서 뿌옇게 흐려지기 시작했다.

정리 • 알루미늄 컵의 표면이 뿌옇게 흐려지는 것은 알루미늄 컵 주변 공기의 온도가 낮아져 수증기가 물방울로
　응결되었기 때문이다.
• 이 실험에서 수증기가 응결하기 시작한 온도인 13.7 ℃를 이슬점이라고 한다.
• 이슬점을 이용하여 실험실의 현재 수증기량도 알 수 있다.
　➡ 이슬점에서의 포화 수증기량＝현재 수증기량

정답과 해설 20쪽

탐구 알약

01 그림은 기온에 따른 포화 수증기량 곡선을 나타낸 것이다.

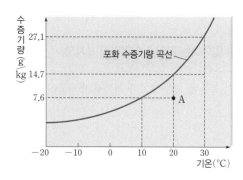

A 상태에서 위와 같은 실험을 하였을 때 빈칸에 알맞은 말을 쓰시오.

> 알루미늄 컵의 표면이 뿌옇게 흐려지기 시작하
> 는 온도는 (㉠) ℃이고, 이때의 수증기량은
> (㉡) g/kg이다.

서술형

02 알루미늄 컵의 표면이 뿌옇게 흐려지는 현상을 무엇이라고 하는지 쓰고, 이로 인해 나타나는 현상을 두 가지이상 쓰시오.

 응결

서술형

03 알루미늄 컵의 표면이 뿌옇게 흐려지기 시작할 때의 온도를 이슬점이라고 하는 까닭을 서술하시오.

 수증기 응결

과정

❶ 페트병에 약간의 물과 액정 온도계를 넣은 후, 간이 가압 장치가 달린 뚜껑으로 입구를 막는다.

❷ 가압 장치를 여러 번 눌러 페트병 내부의 공기를 압축한 후 변화를 관찰한다.

❸ 뚜껑을 열어 페트병 내부의 공기를 팽창시킨 후 변화를 관찰한다.

❹ 페트병에 향 연기를 넣은 후 위와 같은 과정을 반복한다.

탐구 시 유의점

간이 가압 장치를 누를 때 페트병 뚜껑을 잘 막아서 공기가 바깥으로 새어 나가지 않도록 주의한다.

액정 온도계 읽는 법
액정 온도계는 액정이라는 물질을 이용하여 온도를 추정하도록 만든 도구이다. 액정 온도계에는 온도를 나타내는 숫자가 기록되어 있는데, 온도가 상승하면 액정 온도계의 바탕색이 파란색, 초록색, 황갈색 순서로 변한다.

결과

구분		페트병 내부의 변화	온도 변화
향 연기를 넣지 않은 경우	간이 가압 장치를 누를 때	변화 없다(맑다).	상승
	뚜껑을 열 때	흐려진다.	하강
향 연기를 넣은 경우	간이 가압 장치를 누를 때	맑다.	상승
	뚜껑을 열 때	더 흐려진다.	하강

정리

• 간이 가압 장치를 눌러 공기를 압축하면 페트병 내부의 기온은 상승하고, 뚜껑을 열어 공기를 팽창하면 페트병 내부의 기온은 하강한다.
• 간이 가압 장치를 눌러 공기를 압축하면 페트병 내부는 맑아지고, 뚜껑을 열어 공기를 팽창하면 페트병 내부는 뿌옇게 흐려진다.
• 향 연기를 넣었을 때는 넣지 않았을 때보다 페트병 내부가 뿌옇게 흐려지는 변화가 더 잘 나타난다.
  ↳ 수증기가 응결하는 것을 돕는 응결핵 역할을 해~

정답과 해설 20쪽

탐구 알약

04 위 실험에 대한 설명으로 옳은 것은 ○, 옳지 않은 것은 ×로 표시하시오.

(1) 간이 가압 장치를 여러 번 누르면 공기가 상승할 때와 같은 효과를 줄 수 있다. ·············· (   )

(2) 뚜껑을 열었을 때 페트병 내부의 기온은 상승한다. ························ (   )

(3) 향 연기를 넣으면 수증기가 더 잘 응결한다. ········· (   )

(4) 위의 실험을 통해 강수 원리를 알 수 있다. ············ (   )

05 다음은 위 실험에 대한 설명을 나타낸 것이다. 빈칸에 알맞은 말을 쓰시오.

간이 가압 장치를 여러 번 누르면 페트병 내부의 공기가 압축되어 기온이 (㉠   )하고 페트병 내부가 (㉡   )지며, 뚜껑을 열면 페트병 내부의 공기가 팽창되어 기온이 (㉢   )하고 페트병 내부는 (㉣   )진다.

서술형

06 실험 결과를 바탕으로 구름의 생성 과정을 서술하시오.

 단열 팽창, 기온 하강, 수증기 응결

유형 클리닉

유형 ① 대기 중의 수증기

그림은 기온에 따른 포화 수증기량 곡선을 나타낸 것이다.

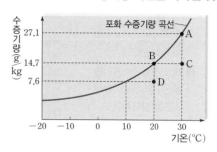

이에 대한 설명으로 옳지 <u>않은</u> 것을 <u>모두</u> 고르면?

① A와 B는 포화 상태이다.
② B는 현재 수증기량과 포화 수증기량이 같다.
③ A는 C보다 기온이 높다.
④ C는 B보다 수증기량이 많다.
⑤ 이슬점이 가장 낮은 것은 D이다.

포화 수증기량 곡선을 해석하는 문제가 출제돼! 포화 수증기량 곡선 그래프를 해석하는 것은 굉장히 중요하니까 잘 알아두자~

① A와 B는 포화 상태이다.
→ A와 B는 모두 포화 수증기량 곡선에 있는 공기니까 포화 상태!

② B는 현재 수증기량과 포화 수증기량이 같다.
→ B의 기온은 20 ℃이고, 이때 포화 수증기량도 14.7 g/kg이야~ 그런데 지금 B의 현재 수증기량도 14.7 g/kg이지! 따라서 B는 현재 수증기량과 포화 수증기량이 같은 포화 상태의 공기야~

③ A는 C보다 기온이 높다.
→ A와 C의 기온은 30 ℃로 같아~!

④ C는 B보다 수증기량이 많다.
→ B와 C의 수증기량은 14.7 g/kg이야. 따라서 B와 C의 수증기량은 같아!

⑤ 이슬점이 가장 낮은 것은 D이다.
→ 이슬점은 현재 수증기량과 관련이 있어! 여기서는 A의 이슬점이 30 ℃로 가장 높고, B와 C의 이슬점이 20 ℃, D의 이슬점이 10 ℃야. 그러니까 D의 이슬점이 가장 낮은 거 맞지~

답 : ③, ④

이슬점 : 현재 지점에서 수평으로 선을 그어 포화 수증기량 곡선과 만나는 지점의 온도

유형 ② 상대 습도

그림은 어느 날 하루 동안의 기온, 상대 습도, 이슬점의 변화를 순서 없이 나타낸 것이다.

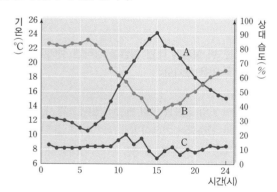

이에 대한 설명으로 옳은 것을 | 보기 | 에서 모두 고른 것은?

> **보기**
> ㄱ. 이날은 맑은 날이었을 것이다.
> ㄴ. 기온이 높아지면 상대 습도는 낮아진다.
> ㄷ. C는 포화 수증기량과 관련이 깊다.

① ㄱ　　　　② ㄷ　　　　③ ㄱ, ㄴ
④ ㄴ, ㄷ　　　⑤ ㄱ, ㄴ, ㄷ

어느 날 하루 동안의 기온, 상대 습도, 이슬점의 변화에 대해 묻는 문제가 출제돼~! 기온과 상대 습도, 이슬점의 관계에 대해 잘 알아두자!

ㄱ 이날은 맑은 날이었을 것이다.
→ 기온과 상대 습도의 일변화가 크고 이슬점이 낮은 것으로 보아 이날은 맑은 날이었을 거야!

ㄴ 기온이 높아지면 상대 습도는 낮아진다.
→ 낮에 높고 밤에 낮은 A가 기온, 밤에 높고 낮에 낮은 B는 상대 습도를 나타내~! 맑은 날에는 수증기량이 거의 일정해서 상대 습도(B)는 대체로 기온(A)에 반비례해~ 따라서 기온(A)이 높아지면 상대 습도(B)는 낮아져!

ㄷ C는 포화 수증기량과 관련이 깊다.
→ C는 이슬점이야! 이슬점(C)은 공기가 냉각되다가 응결이 시작되는 온도를 말하지! 이슬점(C)과 관련이 있는 건 포화 수증기량이 아니라 현재 수증기량이야~ 포화 수증기량은 기온(A)과 관련이 있지!

답 : ③

맑은 날 : 수증기량이 거의 일정 ⇨ 상대 습도는 기온에 반비례

유형 클리닉

유형 ③ 구름

그림은 구름의 생성 과정을 나타낸 것이다.

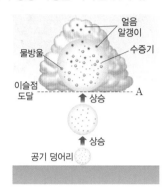

이에 대한 설명으로 옳지 <u>않은</u> 것은?

① 위로 올라갈수록 기압이 낮아진다.
② 단열 팽창이 일어나면 기온이 상승한다.
③ A 위치에서 수증기가 응결하기 시작한다.
④ 구름은 공기가 상승하는 지역에서 만들어진다.
⑤ 구름은 저기압 중심으로 공기가 모일 때 잘 생성된다.

> 구름의 생성 과정에 대해 묻는 문제가 출제돼~! 공기 상승, 단열 팽창, 기온 하강, 이슬점 도달을 잘 기억해 두자~!

① 위로 올라갈수록 기압이 낮아진다.
→ 위로 올라갈수록 공기가 희박하니까 기압이 낮아지는 거야~!

② 단열 팽창이 일어나면 기온이 상승한다.
→ 단열 팽창이 일어나면 가지고 있던 열을 소모하므로 기온이 하강하지~

③ A 위치에서 수증기가 응결하기 시작한다.
→ 공기가 상승하면서 단열 팽창하고 기온이 하강하여 이슬점에 도달하면 수증기가 응결하기 시작해!

④ 구름은 공기가 상승하는 지역에서 만들어진다.
→ 구름은 공기가 상승하는 지역에서 만들어져! 공기가 상승하면서 단열 팽창을 하게 되고, 이로 인해 기온이 하강하여 구름이 생성될 수 있는 거지~

⑤ 구름은 저기압 중심으로 공기가 모일 때 잘 생성된다.
→ 저기압 중심부로 공기가 모여들면서 공기들이 밀려 올라가! 이때 공기의 상승이 일어나 구름이 만들어져~

답 : ②

> 구름 생성 과정 : 공기 덩어리 상승 ⇨ 단열 팽창 ⇨ 기온 하강 ⇨ 이슬점 도달 ⇨ 수증기 응결 ⇨ 구름 생성

유형 ④ 강수

그림 (가)와 (나)는 비와 눈의 생성 과정을 나타낸 것이다.

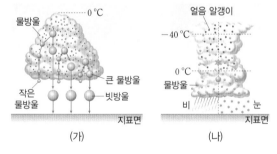

(가)   (나)

이에 대한 설명으로 옳은 것을 |보기|에서 모두 고른 것은?

┌─ 보기 ─────────────────────
ㄱ. (가)는 저위도 지역의 비를 설명할 수 있다.
ㄴ. (나)에서 −40 ℃~0 ℃ 사이에 있는 얼음 알갱이는 점차 커진다.
ㄷ. (나)에서는 얼음 알갱이가 그대로 떨어지면 눈이 되고, 녹으면 비가 된다.
└───────────────────────────

① ㄱ   ② ㄷ   ③ ㄱ, ㄴ
④ ㄴ, ㄷ   ⑤ ㄱ, ㄴ, ㄷ

> 저위도, 중위도, 고위도 지역에서의 강수 과정을 비교하여 묻는 문제가 출제돼! 병합설과 빙정설의 특징을 기억해 두자~

㉠ (가)는 저위도 지역의 비를 설명할 수 있다.
→ (가)에서는 구름 속의 크고 작은 물방울들이 부딪치고 뭉쳐져서 큰 빗방울이 되어 지표로 떨어져 비가 되는 거야~! 저위도 지역의 강수 과정을 설명할 수 있지!

㉡ (나)에서 −40 ℃~0 ℃ 사이에 있는 얼음 알갱이는 점차 커진다.
→ (나)에서 −40 ℃~0 ℃ 사이에 있는 얼음 알갱이에 수증기가 달라붙어 얼음 알갱이가 점차 커져!

㉢ (나)에서는 얼음 알갱이가 그대로 떨어지면 눈이 되고, 녹으면 비가 된다.
→ (나)는 중위도나 고위도 지역에서의 강수 과정을 나타낸 그림이지! 중위도나 고위도 지역의 구름 속에서는 수증기가 얼음 알갱이에 달라붙어 얼음 알갱이가 커지고 무거워져 그대로 떨어지면 눈이 되고, 녹으면 비가 되어 내리는 거야!

답 : ⑤

> 저위도 지역 : 병합설
> 중위도나 고위도 지역 : 빙정설

❶ 대기 중의 수증기

01 대기 중의 수증기에 대한 설명으로 옳지 <u>않은</u> 것은?

① 대기가 포화 상태일 때도 증발이 일어난다.
② 대기 중에 수증기는 무한히 포함될 수 있다.
③ 기온이 높을수록 포화 수증기량이 증가한다.
④ 액체 표면에서 증발된 수증기는 대기로 이동한다.
⑤ 대기 중에 포함된 수증기의 양은 끊임없이 변한다.

02 다음은 포화 상태와 불포화 상태에 대해 알아보기 위한 실험을 나타낸 것이다.

> (가)와 (나) 페트리 접시에 같은 양의 물을 각각 담은 뒤 (가)는 수조로 덮고, (나)는 덮지 않은 채 바람이 잘 통하는 곳에 며칠 동안 놓아 두었다.
>
>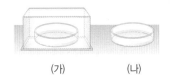
>
> (가)   (나)

위 실험에 대한 설명으로 옳지 <u>않은</u> 것은?

① (가)는 어느 순간부터 더 이상 물이 줄어들지 않는다.
② 며칠 뒤에 (가)의 표면으로 들어가는 물 분자 수와 나가는 물 분자 수는 같다.
③ (나) 주변의 공기는 포화 상태이다.
④ (가)보다 (나)의 물이 더 많이 줄어든다.
⑤ 이 실험을 통해 일정량의 공기가 포함할 수 있는 수증기량은 한계가 있다는 것을 알 수 있다.

03 ⭐중요 이슬점에 대한 설명으로 옳지 <u>않은</u> 것은?

① 이슬점이 같으면 상대 습도는 같다.
② 기온과 이슬점이 같은 공기는 포화 상태이다.
③ 공기 중 수증기의 응결이 시작되는 온도이다.
④ 이슬점은 현재 공기에 들어 있는 수증기량에 의해 결정된다.
⑤ 이슬점에서의 포화 수증기량은 현재 공기의 수증기량과 같다.

[04~05] 그림은 기온에 따른 포화 수증기량 곡선을 나타낸 것이다.

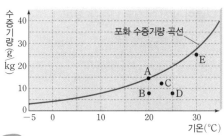

04 ⭐중요 A~E 공기에 대한 설명으로 옳은 것은?

① A 공기에서는 증발량이 응결량보다 많다.
② 이슬점이 가장 높은 공기는 B이다.
③ A와 B 공기의 실제 수증기량은 같다.
④ D 공기에서는 증발이 일어나지 않는다.
⑤ 10 ℃로 냉각시킬 때 응결량은 E가 가장 많다.

05 현재 기온이 20 ℃이고, 공기 1 kg에 포함된 수증기의 양이 7.6 g이라면 이 공기의 이슬점은 약 몇 ℃인가?

① 약 0 ℃   ② 약 5 ℃   ③ 약 10 ℃
④ 약 15 ℃   ⑤ 약 20 ℃

❷ 상대 습도

06 상대 습도에 대한 설명으로 옳은 것은?

① 포화 상태인 공기의 상대 습도는 100 %이다.
② 상대 습도의 일변화는 비 온 날이 맑은 날보다 크다.
③ 상대 습도는 $\dfrac{\text{현재 기온의 포화 수증기량(g/kg)}}{\text{현재 공기의 실제 수증기량(g/kg)}} \times 100(\%)$ 이다.
④ 기온이 일정할 때 실제 수증기량이 적을수록 상대 습도가 높다.
⑤ 실제 수증기량이 일정할 때 기온이 높을수록 상대 습도가 높다.

[07~08] 표는 기온에 따른 포화 수증기량을 나타낸 것이다.

기온(℃)	5	10	15	20	25
포화 수증기량(g/kg)	5.4	7.6	10.6	14.7	20.0

07 기온이 15 ℃이고 이슬점이 10 ℃인 공기 1 kg에 들어 있는 수증기량은 몇 g인가?

① 5.4 g　　　② 7.6 g　　　③ 10.6 g
④ 14.7 g　　　⑤ 20.0 g

08 기온이 25 ℃인 공기 2 kg 속에 수증기 26 g이 들어 있을 때, 이 공기의 상대 습도는 몇 %인가?

① 35 %　　　② 60 %　　　③ 65 %
④ 85 %　　　⑤ 100 %

09 그림은 맑은 날, 흐린 날, 비 오는 날 관측한 기온, 상대 습도, 이슬점을 순서 없이 나타낸 것이다.

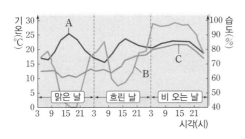

A~C에 해당하는 것을 옳게 짝지은 것은?

	A	B	C
①	기온	이슬점	상대 습도
②	기온	상대 습도	이슬점
③	이슬점	기온	상대 습도
④	이슬점	상대 습도	기온
⑤	상대 습도	기온	이슬점

❸ 구름

10 다음 중 지표면에서 공기 덩어리가 상승할 때의 변화로 옳은 것은?

① 부피가 감소한다.
② 기온이 상승한다.
③ 이슬점이 높아진다.
④ 상대 습도가 높아진다.
⑤ 포화 수증기량이 증가한다.

11 *중요* 다음은 구름 생성 과정을 나타낸 것이다.

> 공기의 상승 → □ → □ → □ → □ → 구름 생성

빈칸에 들어갈 말로 알맞은 것을 | 보기 |에서 골라 순서대로 옳게 나열한 것은?

| 보기 |
ㄱ. 이슬점 도달　　　ㄴ. 부피 팽창
ㄷ. 수증기 응결　　　ㄹ. 기온 하강

① ㄱ→ㄷ→ㄴ→ㄹ　　　② ㄴ→ㄷ→ㄱ→ㄹ
③ ㄴ→ㄹ→ㄱ→ㄷ　　　④ ㄷ→ㄱ→ㄹ→ㄴ
⑤ ㄹ→ㄱ→ㄷ→ㄴ

12 다음은 구름 생성 실험을 나타낸 것이다.

> 플라스크에 따뜻한 물을 조금 넣고 잘 흔든 후, 주사기의 피스톤을 갑자기 밀거나 당기면서 플라스크 안의 변화를 관찰했다. 플라스크 안에 향 연기를 넣은 후 같은 실험을 반복하였다.
>
>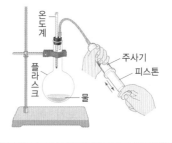

위 실험에 대한 설명으로 옳은 것은?

① 피스톤을 당기면 플라스크 안이 투명해진다.
② 피스톤을 밀면 플라스크 안이 뿌옇게 변한다.
③ 피스톤을 당기거나 밀어도 온도는 변하지 않는다.
④ 플라스크 안에서 향 연기는 응결핵 역할을 한다.
⑤ 플라스크 안에 향 연기를 넣은 후 피스톤을 당기면 더욱 투명해진다.

13 다음 중 구름이 생성되는 경우가 <u>아닌</u> 것은?

① 공기가 산을 타고 올라갈 때
② 지표면이 불균등하게 가열될 때
③ 고기압 중심에서 공기가 하강할 때
④ 찬 공기가 따뜻한 공기를 파고들 때
⑤ 따뜻한 공기가 찬 공기를 타고 올라갈 때

④ 강수

14 강수에 대한 설명으로 옳은 것을 |보기|에서 모두 고른 것은?

> **보기**
> ㄱ. 구름에서 비나 눈이 지표로 내리는 것을 말한다.
> ㄴ. 구름이 지표 위에 생성되면 항상 비나 눈이 내린다.
> ㄷ. 위도에 따라 비가 내리는 과정을 구분하여 설명할 수 있다.
> ㄹ. 비가 내리기 위해서는 구름 속에 얼음 알갱이가 있어야 한다.

① ㄱ, ㄷ   ② ㄱ, ㄹ   ③ ㄴ, ㄷ
④ ㄴ, ㄹ   ⑤ ㄷ, ㄹ

15 그림은 어느 지역에서 만들어진 구름의 모습을 나타낸 것이다.

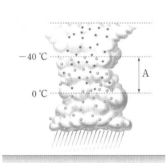

이에 대한 설명으로 옳은 것을 |보기|에서 모두 고른 것은?

> **보기**
> ㄱ. 중 · 고위도 지역에서 만들어진 구름의 모습이다.
> ㄴ. A 구간에서는 얼음 알갱이에 수증기가 달라붙어 얼음 알갱이가 성장한다.
> ㄷ. 이 구름에서 얼음 알갱이가 지표로 녹지 않고 떨어지면 눈이 되고, 떨어지다 녹으면 비가 된다.

① ㄱ   ② ㄷ   ③ ㄱ, ㄴ
④ ㄴ, ㄷ   ⑤ ㄱ, ㄴ, ㄷ

16 다음은 이슬점에 대해 알아보기 위한 실험 과정을 나타낸 것이다.

> [실험 과정]
> (가) 비커에 물을 담아 온도계를 꽂고 상온에 오래 놓아둔 후 온도를 측정한다.
> (나) 얼음이 든 시험관을 비커에 넣어 젓는다.
> (다) 비커 표면이 뿌옇게 흐려지기 시작하는 온도를 측정한다.

(1) 비커의 표면에 물방울이 생기는 까닭을 서술하시오.

 이슬점, 응결

(2) 그림은 기온에 따른 포화 수증기량 곡선을 나타낸 것이다.

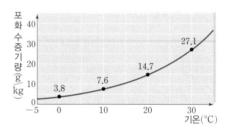

위의 실험 결과, 비커의 표면이 뿌옇게 흐려지기 시작하는 온도가 10 ℃라면 실험을 시작할 때 실험실의 실제 수증기량을 구하고, 풀이 과정을 서술하시오. (단, 실험실의 부피는 12 m³이며, 1 m³당 1 kg의 공기가 들어 있다.)

 수증기량=공기 1 kg 속에 포함되어 있는 수증기의 양

17 그림은 구름 생성 실험 과정을 나타낸 것이다. 이 플라스크에 향 연기를 넣고 실험했을 때의 결과는 넣지 않았을 때와 어떻게 다른지 그 까닭과 함께 서술하시오.

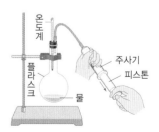

 응결핵

18 다음은 풍식이의 일기와 기온에 따른 포화 수증기량 곡선을 나타낸 것이다.

목욕탕에서 따뜻한 물로 샤워를 하던 도중 목욕탕이 뿌옇게 흐려져서 앞이 잘 보이지 않았다.

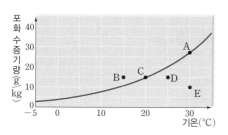

밑줄 친 상황이 일어날 때 공기의 상태가 변한 과정으로 옳은 것은?

① A → C ② B → C ③ C → D
④ D → E ⑤ E → A

19 그림은 어느 날 하루 동안의 기온, 상대 습도, 이슬점을 순서 없이 나타낸 것이다. 이에 대한 설명으로 옳은 것을 |보기|에서 모두 고른 것은?

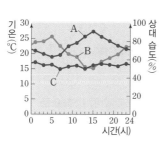

보기
ㄱ. 기온이 높을수록 포화 수증기량이 증가한다.
ㄴ. 이날 상대 습도는 기온의 영향을 많이 받는다.
ㄷ. 이날 하루 동안 대기 중에 포함된 수증기량은 거의 일정하다.

① ㄱ ② ㄷ ③ ㄱ, ㄴ
④ ㄴ, ㄷ ⑤ ㄱ, ㄴ, ㄷ

20 그림은 구름의 생성 과정을 나타낸 것이다. 이에 대한 설명으로 옳지 않은 것은?

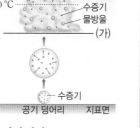

① 높이 올라갈수록 공기의 부피가 팽창한다.
② 상승하는 동안 공기의 기온이 낮아진다.
③ (가) 높이에서 수증기의 응결이 시작된다.
④ 이 공기는 (가) 높이에서 포화 상태가 된다.
⑤ 이슬점이 높을수록 (가)의 높이는 높아진다.

[21~22] 다음은 구름 생성 과정에 대해 알아보기 위한 실험 과정을 나타낸 것이다.

[실험 과정]
(가) 페트병에 물 조금과 액정 온도계를 넣은 다음 뚜껑을 닫는다.
(나) 뚜껑이 달린 간이 가압 장치를 여러 번 누른 다음 ㉠ 액정 온도계의 온도를 측정한다.
(다) 뚜껑을 열었을 때 ㉡ 액정 온도계의 온도를 측정한다.
(라) 향에 불을 붙여 페트병 안에 향 연기를 조금 넣은 다음 과정 (나), (다)를 반복한다.

21 이에 대한 설명으로 옳은 것을 |보기|에서 모두 고른 것은?

보기
ㄱ. 과정 (나)에서 페트병 내부가 뿌옇게 흐려진다.
ㄴ. 구름이 생성되는 원리는 과정 (다)와 같다.
ㄷ. 향 연기는 페트병 내부의 수증기량을 증가시키는 역할을 한다.

① ㄱ ② ㄴ ③ ㄱ, ㄷ
④ ㄴ, ㄷ ⑤ ㄱ, ㄴ, ㄷ

22 ㉠의 온도가 24 ℃일 때, ㉡의 모습으로 가장 옳은 것은?

① ② ③
④ ⑤

3 기압과 날씨

• 기압을 바탕으로 바람이 생성되는 원리를 설명할 수 있다.
• 기단과 전선의 특징을 설명할 수 있다.
• 일기도를 활용하여 온대 저기압 주변의 날씨를 설명할 수 있다.

❶ 기압과 바람

1 기압 : 공기가 단위 넓이($1\ m^2$)에 작용하는 힘

(1) **기압의 단위** : hPa(헥토파스칼), cmHg

(2) **기압의 측정** : 토리첼리는 수은을 이용하여 기압의 크기를 최초로 측정하였다.

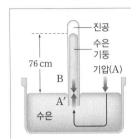
길이가 1 m 정도 되는 한쪽 끝이 막힌 유리관에 수은을 가득 채우고 수은이 담긴 수조에 거꾸로 세우면 수은 기둥이 내려오다가 76 cm 높이에서 멈춘다.
➡ 수은 기둥이 누르는 압력(B)=수은 면에 작용하는 기압(A)
➡ 수은 기둥의 높이 76 cm에 해당하는 대기의 압력(76 cmHg)
 =1기압=1013 hPa=물기둥 약 10 m의 압력

(3) **높이에 따른 기압 변화** : 높이 올라갈수록 공기의 양이 감소하기 때문에 기압도 낮아진다.

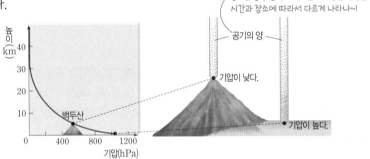

공기는 항상 움직이기 때문에 기압은 측정한 시간과 장소에 따라서 다르게 나타나~!
공기의 양
기압이 낮다.
기압이 높다.

2 바람 : 두 지점 사이 기압 차이 때문에 기압이 높은 곳에서 낮은 곳으로 수평 방향으로 이동하는 공기의 흐름

(1) **바람이 부는 원리** : 지표면이 냉각되는 지역은 공기가 하강하여 기압이 높아지고, 지표면이 가열되는 지역은 공기가 상승하여 기압이 낮아진다. ➡ 기압이 높은 곳에서 낮은 곳으로 이동하면 바람이 불게 된다.

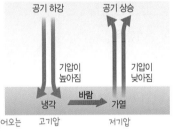

공기 하강 / 공기 상승
기압이 높아짐 / 기압이 낮아짐
냉각 / 바람 / 가열
고기압 / 저기압

(2) **해륙풍** : 해안에서 하루를 주기로 풍향이 바뀌는 바람

풍향은 바람이 불어오는 방향을 의미해~!

해풍(낮)	구분	육풍(밤)
육지>바다	기온	육지<바다
육지<바다	기압	육지>바다
바다 → 육지	풍향	육지 → 바다

상승 / 하강 / 해풍 / 따뜻한 공기 / 찬 공기

하강 / 상승 / 육풍 / 찬 공기 / 따뜻한 공기

➡ 낮에는 빨리 가열되는 육지의 기압이 낮아져 바다에서 육지로 바람이 불어~

➡ 밤에는 빨리 냉각되는 육지의 기압이 높아져 육지에서 바다로 바람이 불어~

(3) **계절풍** : 대륙과 해양 사이에서 1년을 주기로 풍향이 바뀌는 바람

남동 계절풍(우리나라 여름철)	구분	북서 계절풍(우리나라 겨울철)
대륙>해양	기온	대륙<해양
대륙<해양	기압	대륙>해양
해양 → 대륙	풍향	대륙 → 해양

남동 계절풍 / 북서 계절풍

➡ 우리나라 여름철에는 빨리 가열되는 대륙의 기압이 낮아져 해양에서 대륙으로 바람이 불어~

➡ 우리나라 겨울철에는 빨리 냉각되는 대륙의 기압이 높아져 대륙에서 해양으로 바람이 불어~

➕ 비타민

hPa
1 hPa은 $1\ m^2$ 면적에 100 N의 힘이 작용할 때의 압력이다.

cmHg
수은 기둥의 높이를 재는 cm와 수은의 원소 기호 Hg를 합하여 만든 기압의 단위이다.

수은 기둥의 높이

유리관의 기울어진 정도와 상관없이 수은 기둥의 높이는 같다. ➡ $h_1 = h_2$

기압계
• 수은 기압계 : 토리첼리의 실험 원리를 이용한 기압계
• 아네로이드 기압계 : 기압에 따라 진공으로 된 금속통의 두께가 변하는 것을 이용한 기압계
• 자기 기압계 : 아네로이드 기압계로 측정한 연속적인 기압의 변화를 자동으로 기록하는 기압계

바람의 생성 과정
• 기압이 높은 곳 : 태양 에너지를 적게 받아 지표면의 온도가 낮아짐 → 부피가 압축되어 공기 하강 → 기압 높아짐
• 기압이 낮은 곳 : 태양 에너지를 많이 받아 지표면의 온도가 높아짐 → 부피가 팽창하면서 공기 상승 → 기압 낮아짐

해륙풍과 계절풍
지표면의 냉각과 가열에 의한 기압 차이로 부는 바람

육지와 바다의 온도가 차이나는 까닭
육지와 바다의 비열 차이로 인해 육지가 바다보다 빨리 가열되고, 빨리 냉각된다.

필수 비타민

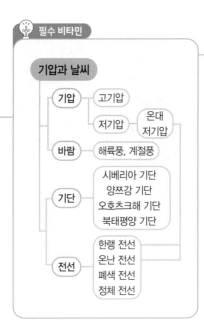

기압과 날씨

기압	고기압
	저기압 — 온대 저기압
바람	해륙풍, 계절풍
기단	시베리아 기단 / 양쯔강 기단 / 오호츠크해 기단 / 북태평양 기단
전선	한랭 전선 / 온난 전선 / 폐색 전선 / 정체 전선

용어 & 개념 체크

❶ 기압과 바람

01 토리첼리는 ☐☐을 이용하여 기압을 측정하였다.

02 1기압=1013 hPa=☐☐ cmHg

03 기압은 높이 올라갈수록 점점 ☐☐진다.

04 바람은 기압이 ☐☐ 곳에서 ☐☐ 곳으로 분다.

05 해안에서 하루를 주기로 풍향이 바뀌는 바람을 ☐☐☐, 대륙과 해양 사이에서 1년을 주기로 풍향이 바뀌는 바람을 ☐☐☐이라고 한다.

01 그림은 토리첼리의 실험을 나타낸 것이다. 이에 대한 설명으로 옳은 것은 ○, 옳지 <u>않은</u> 것은 ×로 표시하시오.

(1) 수은 기둥의 높이가 76 cm일 때의 기압은 1기압이다. ───── ( )

(2) 유리관이 기울어지면 수은 기둥의 높이는 낮아진다. ───── ( )

(3) 1기압보다 낮은 곳에서는 수은 기둥의 높이가 낮게 나타난다. ───── ( )

(4) 수은 기둥이 76 cm 높이에서 멈춘 것은 A가 B보다 크기 때문이다. ───── ( )

02 기압과 바람에 대한 설명으로 옳은 것은 ○, 옳지 <u>않은</u> 것은 ×로 표시하시오.

(1) 기압은 시간과 장소에 관계없이 일정하다. ───── ( )

(2) 높이 올라갈수록 기압이 낮아지는 것은 공기의 양이 감소하기 때문이다. ( )

(3) 바람이 부는 원인은 두 지점의 기압 차이이다. ───── ( )

(4) 바람은 기압이 낮은 곳에서 높은 곳으로 분다. ───── ( )

(5) 해륙풍은 대륙과 해양 사이에서 1년을 주기로 풍향이 바뀐다. ───── ( )

03 그림은 어느 지역에서 지표면의 기온 차에 따른 공기의 하강과 상승을 나타낸 것이다. 이 지역에서 바람이 부는 방향을 기호와 화살표로 나타내시오.

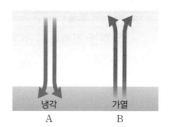

04 그림은 어느 해안 지방에서 낮에 부는 바람을 나타낸 것이다. A와 B 지역의 기온, 기압, 풍향으로 옳은 것을 고르시오.

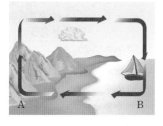

기온	A	(㉠ >, <)	B
기압	A	(㉡ >, <)	B
풍향	A	(㉢ →, ←)	B

05 다음은 해륙풍과 계절풍에 대한 설명을 나타낸 것이다. 빈칸에 알맞은 말을 쓰시오.

- 낮에는 빨리 가열되는 육지의 기압이 낮아져 (㉠   )이 불고, 밤에는 빨리 냉각되는 육지의 기압이 높아져 (㉡   )이 분다.
- 우리나라 여름철에는 빨리 가열되는 대륙의 기압이 낮아져 (㉢   )이 불고, 우리나라 겨울철에는 빨리 냉각되는 대륙의 기압이 높아져 (㉣   )이 분다.

3 기압과 날씨

② 기단과 전선

1 기단 : 넓은 대륙이나 해양에 오래 머물러 지표면의 영향을 받아 기온과 습도 등의 성질이 비슷해진 큰 공기 덩어리

(1) 계절에 따라 세력이 커지거나 작아지고, 다른 지역으로 이동하면서 주변 지역의 날씨에 영향을 준다.

(2) **기단의 성질** : 발생지의 성질에 따라 기온과 습도 등의 성질이 다르다.

　① 기온 : 저위도에서 발생한 기단은 기온이 높고, 고위도에서 발생한 기단은 기온이 낮다.

　② 습도 : 대륙에서 발생한 기단은 건조하고, 해양에서 발생한 기단은 습하다.

(3) **우리나라에 영향을 주는 기단**
　→ 기단들의 세력은 계절마다 달라져! 그래서 우리나라에 영향을 미치는 기단이 계절마다 다르게 되지!

기단	성질	계절
시베리아 기단	한랭 건조	겨울
양쯔강 기단	온난 건조	봄, 가을
오호츠크해 기단	한랭 다습	초여름
북태평양 기단	고온 다습	여름

2 전선
→ 찬 공기와 따뜻한 공기가 만나면 밀도가 작은 따뜻한 공기는 상승해!
공기가 상승하면 구름이 생성되지? 그래서 전선 부근은 날씨가 흐린 거야~

(1) **전선면** : 성질이 다른 두 기단이 만나서 생기는 경계면

(2) <u>전선</u> : 전선면이 지표면과 만나는 경계선
→ 전선을 경계로 기압, 기온, 습도 등의 성질이 달라지기 때문에 날씨 변화가 심해~

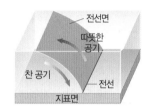

(3) **전선의 종류**

　① 한랭 전선과 온난 전선

구분	한랭 전선(▲▲▲▲▲)	온난 전선(●●●●●)
형성 과정	찬 공기가 따뜻한 공기 쪽으로 이동하여 찬 공기가 따뜻한 공기 아래를 파고들면서 형성	따뜻한 공기가 찬 공기 쪽으로 이동하여 따뜻한 공기가 찬 공기를 타고 오르면서 형성
전선면 기울기	급함	완만함
구름 형태	적운형 구름	층운형 구름
강수 형태	전선 뒤 좁은 지역에 소나기	전선 앞 넓은 지역에 지속적인 비
이동 속도	빠름	느림
통과 후 기온	낮아짐	높아짐
통과 후 기압	높아짐	낮아짐

　② <u>폐색 전선</u> : 이동 속도가 빠른 한랭 전선이 느린 온난 전선을 따라잡아 겹쳐질 때 생기는 전선
→ 폐색 전선이 형성되면 찬 공기가 아래 위치하여 강수 현상도 점점 사라져~

　③ 정체 전선 : 찬 기단과 따뜻한 기단의 세력이 비슷하여 한 곳에 오랫동안 머무르며 생기는 전선 ➡ 따뜻한 공기가 찬 공기 위로 계속 상승하면서 비구름을 만든다. ➡ 한 지역에 오랫동안 비가 내린다. **예** 장마 전선
→ 우리나라 주변에 형성되는 장마 전선은 북태평양 기단과 오호츠크해 기단에 의해 형성되는 정체 전선이야~!

(4) **전선과 날씨** : 전선은 성질이 다른 두 기단의 경계에 생기므로 전선의 앞쪽과 뒤쪽 지역의 기온, 기압, 구름의 양, 강수량, 풍향과 풍속 등이 큰 차이가 있다.

🔵 비타민

기단의 형성
공기 덩어리가 오랫동안 머물면서 일정한 성질을 갖기 위해서는 바람이 약해야 하고, 일주일 이상 머물러야 한다.

전선 기호

전선	기호
한랭 전선	▲▲▲
온난 전선	●●●
폐색 전선	▲●▲●
정체 전선	▲●▲●

한랭 전선이 온난 전선보다 이동 속도가 빠른 까닭
한랭 전선은 밀도가 큰 찬 공기가 밀도가 작은 따뜻한 공기를 밀고 들어오기 때문에 이동 속도가 빠르고, 온난 전선은 밀도가 작은 따뜻한 공기가 밀도가 큰 찬 공기를 타고 올라가면서 이동하기 때문에 이동 속도가 느리다.

정체 전선

초여름에는 북태평양 고기압이 확장되어 북쪽의 찬 공기와 만나 장마 전선이 형성된다.

❷ 기단과 전선

06 한 곳에 오랫동안 머무르면서 성질이 비슷해진 큰 공기 덩어리를 ☐☐이라고 한다.

07 성질이 다른 두 기단이 만나서 생기는 경계면을 ☐☐☐이라고 하며, 이것과 지표면이 만나는 경계선을 ☐☐이라고 한다.

08 찬 기단이 따뜻한 기단 쪽으로 이동하여 형성되는 ☐☐ 전선에서는 주로 ☐☐☐ 구름이 생긴다.

09 ☐☐ 전선은 찬 기단과 따뜻한 기단의 세력이 비슷하여 한 곳에 오랫동안 머무르는 전선이다.

06 그림은 우리나라에 영향을 주는 기단을 나타낸 것이다.

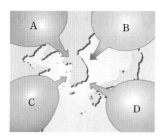

(1) 기단 A~D 중 한랭 건조한 기단의 기호와 이름을 쓰시오.

(2) 기단 A~D 중 다습한 기단의 기호와 이름을 모두 골라 쓰시오.

07 우리나라의 계절에 영향을 주는 기단을 옳게 연결하시오.

(1) 봄, 가을 •　　　　　• ㉠ 시베리아 기단
(2) 초여름 •　　　　　• ㉡ 북태평양 기단
(3) 여름 •　　　　　• ㉢ 양쯔강 기단
(4) 겨울 •　　　　　• ㉣ 오호츠크해 기단

08 기단과 전선에 대한 설명으로 옳은 것은 ◯, 옳지 <u>않은</u> 것은 ×로 표시하시오.

(1) 대륙에서 발생한 기단은 건조한 성질을 갖는다. ········ (　　)
(2) 고위도에서 발생한 기단은 온난한 성질을 갖는다. ········ (　　)
(3) 전선을 경계로 날씨가 달라진다. ········ (　　)
(4) 무거운 찬 공기는 따뜻한 공기 아래쪽에 위치한다. ········ (　　)

09 한랭 전선에 대한 설명은 '한', 온난 전선에 대한 설명은 '온'이라고 쓰시오.

(1) 찬 공기가 따뜻한 공기 쪽으로 이동할 때 형성된다. ········ (　　)
(2) 전선면의 기울기가 완만하다. ········ (　　)
(3) 주로 층운형 구름이 형성된다. ········ (　　)
(4) 전선 앞 넓은 지역에 지속적인 비가 내린다. ········ (　　)
(5) 전선 통과 후 기온이 낮아진다. ········ (　　)
(6) 전선의 이동 속도가 빠르다. ········ (　　)

10 그림은 찬 공기와 따뜻한 공기가 만나 형성된 전선의 단면을 나타낸 것이다. 빈칸에 알맞은 말을 쓰시오.

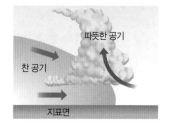

그림은 (㉠　　　　) 전선의 단면으로, 이 전선이 통과한 후에는 좁은 지역에 (㉡　　　　)가 내린다.

기압과 날씨

❸ 고기압과 저기압에서의 날씨

1 고기압과 저기압(북반구)

고기압		성질	저기압	
하강 기류	주변보다 기압이 높은 곳	정의	주변보다 기압이 낮은 곳	상승 기류
	시계 방향으로 불어 나감	바람	시계 반대 방향으로 불어 들어감	
고	구름이 없고 맑음	날씨	흐리고 비나 눈	저

2 온대 저기압 : 중위도 지역에서 북쪽의 찬 기단과 남쪽의 따뜻한 기단이 만나 한랭 전선과 온난 전선이 함께 나타나는 저기압 → 우리나라의 날씨는 온대 저기압의 영향을 크게 받아~

(1) **구조** : 저기압 중심에서 남서쪽으로 한랭 전선, 남동쪽으로 온난 전선이 발달한다.

(2) **온대 저기압 주변의 날씨**

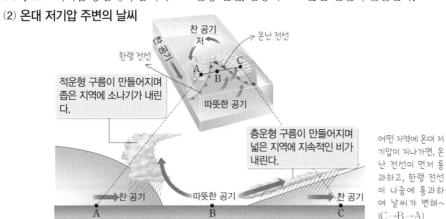

적운형 구름이 만들어지며 좁은 지역에 소나기가 내린다.

층운형 구름이 만들어지며 넓은 지역에 지속적인 비가 내린다.

어떤 지역에 온대 저기압이 지나가면, 온난 전선이 먼저 통과하고, 한랭 전선이 나중에 통과하여 날씨가 변해~ (C→B→A)

A(한랭 전선 뒤)	찬 기단의 영향으로 기온이 낮고, 좁은 지역에 소나기가 내리며, 적운형 구름이 발달한다.
B(한랭 전선과 온난 전선 사이)	따뜻한 기단의 영향으로 기온이 높고, 날씨가 맑다.
C(온난 전선 앞)	찬 기단의 영향으로 기온이 낮고, 넓은 지역에 지속적인 비가 내리며, 층운형 구름이 발달한다.

(3) **이동 방향** : 편서풍의 영향으로 서쪽에서 동쪽으로 이동한다.

3 일기도 : 기상 관측소에서 관측한 기압, 기온, 풍향, 구름의 양 등을 숫자나 기호를 이용하여 지도 위에 나타낸 것 → 등압선을 그려 넣어 고기압, 저기압, 전선 등을 나타내지~!

4 계절별 일기도

구분	봄	여름	가을	겨울
일기도				
날씨 특징	· 이동성 고기압과 저기압으로 인해서 날씨가 자주 변한다. · 황사, 꽃샘 추위	· 북태평양 기단으로 인해 덥고 습한 날씨가 나타난다. · 남고북저형의 기압 배치가 이루어져 남동 계절풍이 분다. · 무더위, 열대야	· 이동성 고기압과 저기압으로 인해서 날씨가 자주 변한다. · 첫서리	· 시베리아 기단으로 인해 춥고 건조한 날씨가 나타난다. · 서고동저형의 기압 배치가 이루어져 북서 계절풍이 분다. · 한파, 폭설

⊖ 비타민

고기압과 저기압(북반구)
· 고기압 : 중심에서 하강 기류 → 단열 압축 → 구름 소멸 → 맑은 날씨
· 저기압 : 중심에서 상승 기류 → 단열 팽창 → 구름 생성 → 흐린 날씨

등압선
일기도에서 기압이 같은 지점을 연결한 선으로, 일기도에는 4 hPa 간격으로 그려져 있다.

일기도와 위성 영상

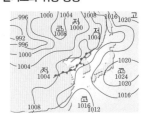

▲ 일기도

▲ 위성 영상

이동성 고기압과 저기압
이동성 고기압과 저기압은 중심이 머물러 있지 않고 움직이는 규모가 작은 고기압이다.

여름과 겨울의 기압 배치
여름철에는 남쪽에 고기압, 북쪽에 저기압이 분포하여 남고북저형의 기압 배치가 나타나고, 겨울철에는 서쪽에 고기압, 동쪽에 저기압이 분포하여 서고동저형의 기압 배치가 나타난다.

황사
중국이나 몽골 등의 건조한 아시아 대륙에서 발생한 모래 먼지

열대야
밤이 되어도 기온이 25 ℃ 이하로 내려가지 않는 현상

용어 & 개념 체크

❸ 고기압과 저기압에서의 날씨

10 주변보다 기압이 높은 곳을 □□□, 낮은 곳을 □□□이라고 한다.

11 고기압에서는 □□ 기류, 저기압에서는 □□ 기류가 나타난다.

12 중위도 지역에서 발달하며, □□을 동반하는 저기압을 온대 저기압이라고 한다.

13 기상 관측소에서 측정한 기압, 기온 등을 숫자나 기호를 이용하여 지도 위에 나타낸 것을 □□□라고 한다.

14 우리나라의 여름철에는 □□□□ 기단으로 인해 덥고 습한 날씨가 나타난다.

11 그림 (가)와 (나)는 북반구의 고기압과 저기압을 순서 없이 나타낸 것이다. (단, 화살표는 바람의 방향을 나타낸다.)

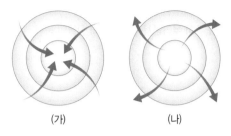

(가)   (나)

(1) (가)와 (나) 중 상승 기류가 발달하는 것을 고르시오.
(2) (가)와 (나) 중 주변보다 기압이 높은 곳을 고르시오.
(3) (가)와 (나) 중 지표 부근의 날씨가 맑은 곳을 고르시오.

12 온대 저기압에 대한 설명으로 옳은 것은 ○, 옳지 않은 것은 ×로 표시하시오.

(1) 남동쪽으로는 한랭 전선, 남서쪽으로는 온난 전선이 발달한다. ·········· ( )
(2) 편서풍의 영향으로 서쪽에서 동쪽으로 이동한다. ······················· ( )
(3) 온대 저기압이 지나갈 때 한랭 전선이 먼저 통과하고, 온난 전선이 나중에 통과한다. ·· ( )
(4) 한랭 전선과 온난 전선 사이에 있는 지역은 날씨가 맑다. ··········· ( )

13 그림은 온대 저기압의 단면을 나타낸 것이다.

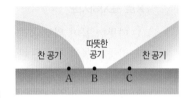

(1) A~C 중 날씨가 맑은 곳을 고르시오.
(2) A~C 중 소나기가 내리는 곳을 고르시오.
(3) A~C 중 기온이 가장 높은 곳을 고르시오.
(4) A~C 중 층운형 구름이 나타나는 곳을 고르시오.

14 우리나라의 계절에 따른 일기도의 특징에 대한 설명으로 옳은 것은 ○, 옳지 않은 것은 ×로 표시하시오.

(1) 봄, 가을에는 날씨의 변화가 심하다. ····································· ( )
(2) 여름에는 북태평양 기단의 영향을 받아 덥고 습한 날씨가 나타난다. ······· ( )
(3) 겨울에는 북서 계절풍이 분다. ·· ( )
(4) 겨울에는 이동성 고기압과 저기압이 자주 지나간다. ·················· ( )

15 그림은 우리나라 어느 계절의 일기도를 나타낸 것이다. 어느 계절인지 쓰고, 그 계절의 우리나라 날씨의 특징을 쓰시오.

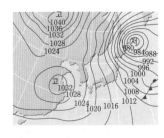

과정 ❶ 칸막이가 있는 수조에 한쪽에는 <u>빨간색 물감을 탄 따뜻한 물</u>을, 다른 한쪽에는 <u>파란색 물감을 탄 찬물</u>을 같은 높이로 넣는다. →물의 움직임을 잘 보이게 하기 위해서지~

❷ 수조의 칸막이를 들어 올리면서 따뜻한 물과 찬물의 움직임을 관찰한다.

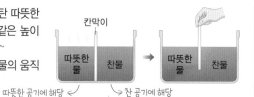
칸막이
따뜻한 물 | 찬물 → 따뜻한 물 | 찬물
따뜻한 공기에 해당 ↙ ↘ 찬 공기에 해당

탐구 시 유의점
칸막이를 들어 올릴 때 수조가 흔들리지 않도록 주의한다.

결과

칸막이를 올린 직후	어느 정도 시간이 흐른 후

따뜻한 물과 찬물은 바로 섞이지 않고 경계를 이룬다.	찬물은 아래쪽, 따뜻한 물은 위쪽으로 이동한다.

정리 • 찬 공기와 따뜻한 공기가 만나면 밀도 차에 의해 경계가 생긴다.
➡ 밀도가 큰 찬 공기가 밀도가 작은 따뜻한 공기 아래로 파고든다.
• 찬물과 따뜻한 물이 만나는 경계면은 전선면, 경계면과 수조 바닥이 만나는 부분은 전선에 비유된다.

탐구 알약

정답과 해설 23쪽

01 위 실험에 대한 설명으로 옳은 것은 ○, 옳지 <u>않은</u> 것은 ×로 표시하시오.

(1) 따뜻한 물이 위로 올라간다. ·················· (   )

(2) 따뜻한 물과 찬물은 바로 섞이지 않는다. ·············
    ······································· (   )

(3) 따뜻한 물이 있는 쪽으로 기울어진 경계가 생긴다.
    ······································· (   )

(4) 위 실험을 통해 기단의 발생 과정을 알 수 있다.
    ······································· (   )

03 다음은 위 실험에 대한 설명을 나타낸 것이다. 빈칸에 알맞은 말을 쓰시오.

이 실험에서 물이 바로 섞이지 않고 경계를 이루듯이 온도가 다른 두 공기가 만났을 때에도 바로 섞이지 않고 경계를 이룬다. 찬 공기와 따뜻한 공기가 만나는 경계면은 (㉠   ), 이것이 지표면과 만나는 선은 (㉡   )이다.

02 위 실험에서 칸막이를 들어 올렸을 때 물의 움직임을 나타낸 것으로 옳은 것을 모두 고르면?

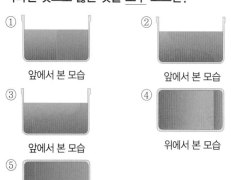
① 앞에서 본 모습
② 앞에서 본 모습
③ 앞에서 본 모습
④ 위에서 본 모습
⑤ 위에서 본 모습

서술형
04 실험 결과를 바탕으로 한랭 전선과 온난 전선의 형성 과정을 구분하여 서술하시오.

 KEY
찬 공기, 따뜻한 공기

_____

_____

 **강의 보충제** | **우리나라의 계절별 날씨와 일기도**

❗ 우리나라의 날씨는 비교적 계절별로 뚜렷한 특징을 가져! 계절별 특징은 어떤 것들이 있는지 아는 것도 중요하지만 일기도를 해석해서 이것이 어떤 계절의 일기도인지를 아는 것도 굉장히 중요해!

01 장마철 일기도와 날씨

구분	일기도	위성 영상
장마철 (초여름)		
기단	오호츠크해 기단과 북태평양 기단의 영향 두 기단의 세력이 비슷하여 정체(장마) 전선 형성	
날씨 특징	• 정체 전선의 북쪽에 비 내림 : 한랭 전선의 뒤, 온난 전선의 앞에서 따뜻한 공기가 상승하므로 정체 전선의 북쪽에서 구름이 만들어지고 비가 내린다. • 집중 호우 : 전선이 한반도에 위치해 있으므로 흐리고 비 오는 날씨가 계속된다. • 정체 전선이 북상하면 여름 시작 : 북태평양 기단의 영향권에 들어서기 시작한다.	

02 우리나라 계절별 일기도와 날씨

구분	봄	가을
일기도		
기단	양쯔강 기단의 영향	
날씨 특징	이동성 고기압과 저기압이 교대로 통과하여 날씨가 자주 변한다.	
	• 황사 : 중국 등의 건조한 아시아 대륙에서 발생한 모래 먼지 • 꽃샘추위 : 시베리아 기단의 일시적인 세력 확장으로 봄에 한동안 나타나는 추위	• 첫서리 : 기온이 낮은 시베리아 기단의 영향이 커지면서 북쪽 지역부터 첫서리가 나타난다.

구분	여름	겨울
일기도		
기단	북태평양 기단의 영향	시베리아 기단의 영향
날씨 특징	• 남동 계절풍 : 대륙과 해양의 비열 차이에 의해 많이 가열된 북서쪽(대륙)에 저기압, 비교적 가열이 덜 된 남동쪽(해양)에 고기압이 위치하게 된다. • 무더위 : 북태평양 기단의 영향 • 열대야 : 밤이 되어도 기온이 25 ℃ 이하로 내려가지 않는 현상	• 북서 계절풍 : 대륙과 해양의 비열 차이에 의해 많이 냉각된 북서쪽(대륙)에 고기압, 비교적 덜 냉각된 남동쪽(해양)에 저기압이 위치하게 된다. • 폭설, 한파 : 시베리아 기단의 영향

유형 클리닉

유형 ① 고기압과 저기압

그림은 지표면의 가열과 냉각에 따른 공기의 흐름을 순서 없이 나타낸 것이다.

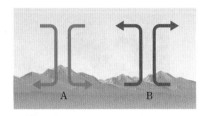

이에 대한 설명으로 옳은 것을 | 보기 | 에서 모두 고른 것은?

보기
ㄱ. A는 지표면이 가열된 지역이다.
ㄴ. B는 지표면의 기압이 주변보다 높다.
ㄷ. 지표면 부근에서 바람이 부는 방향은 A → B이다.

① ㄱ   ② ㄷ   ③ ㄱ, ㄴ

④ ㄴ, ㄷ   ⑤ ㄱ, ㄴ, ㄷ

바람이 부는 원리에 대해 잘 알아두자~

✗. A는 지표면이 가열된 지역이다.
→ A는 지표면이 냉각된 지역으로 공기가 하강하여 기압이 높아져~

✗. B는 지표면의 기압이 주변보다 높다.
→ B는 지표면이 가열되어 공기가 상승하므로 기압이 주변보다 낮아지지!

ⓒ 지표면 부근에서 바람이 부는 방향은 A → B이다.
→ 바람은 두 지점 사이 기압 차 때문에 기압이 높은 곳에서 낮은 곳으로 수평 방향으로 이동하는 공기의 흐름이므로, 지표면 부근에서 바람이 부는 방향은 A → B야~!

답 : ②

지표면이 냉각되는 지역 : 공기 하강, 기압 높아짐 ㉠
지표면이 가열되는 지역 : 공기 상승, 기압 낮아짐 ㉥

유형 ② 기단

그림은 우리나라에 영향을 주는 기단을 나타낸 것이다. 이에 대한 설명으로 옳은 것을 | 보기 | 에서 모두 고른 것은?

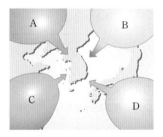

보기
ㄱ. A로 인해 우리나라 겨울철에는 한랭 건조한 날씨가 나타난다.
ㄴ. B는 봄철에 영향을 준다.
ㄷ. C는 중국 사막의 모래를 동반하여 우리나라에 영향을 준다.
ㄹ. D로 인해 우리나라 여름철에는 고온 다습한 날씨가 나타난다.

① ㄱ, ㄴ   ② ㄴ, ㄷ   ③ ㄱ, ㄴ, ㄷ

④ ㄱ, ㄷ, ㄹ   ⑤ ㄴ, ㄷ, ㄹ

우리나라에 영향을 주는 기단의 특징을 묻는 문제가 출제돼! 각 기단의 성질에 대해 잘 알아두자~!

A는 시베리아 기단, B는 오호츠크해 기단, C는 양쯔강 기단, D는 북태평양 기단이야~

ⓖ A로 인해 우리나라 겨울철에는 한랭 건조한 날씨가 나타난다.
→ 우리나라 겨울철에는 시베리아 기단(A)의 영향으로 한랭 건조한 날씨가 나타나~!

✗. B는 봄철에 영향을 준다.
→ 오호츠크해 기단(B)은 우리나라 초여름에 영향을 주지! 봄철에 영향을 주는 기단은 양쯔강 기단(C)이야!

ⓓ C는 중국 사막의 모래를 동반하여 우리나라에 영향을 준다.
→ 기단은 생성되는 지역의 지표면과 비슷한 성질을 갖게 돼! 그러니까 양쯔강 기단(C)은 육지에서 발달한 기단으로 건조해! 특히 중국 사막으로부터 모래를 가져오기 때문에 양쯔강 기단(C)의 영향을 많이 받는 봄과 가을에는 황사를 조심해야 해!

ⓡ D로 인해 우리나라 여름철에는 고온 다습한 날씨가 나타난다.
→ 북태평양 기단(D)은 저위도 바다에서 발달한 기단으로 고온 다습한 성질을 가져~ 그래서 이 기단의 세력이 커지는 우리나라 여름철에는 덥고 습한 거야!

답 : ④

시베리아 기단 : 한랭 건조   오호츠크해 기단 : 한랭 다습
양쯔강 기단 : 온난 건조   북태평양 기단 : 고온 다습

유형 클리닉

유형 ③ 온대 저기압

그림은 우리나라 부근에 발달한 온대 저기압을 나타낸 것이다.

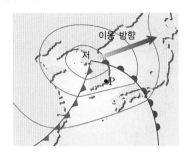

P 지점의 날씨에 대한 설명으로 옳은 것을 |보기|에서 모두 고른 것은?

> **보기**
> ㄱ. 비교적 따뜻하고, 구름이 없는 맑은 날씨이다.
> ㄴ. 시간이 지나면 소나기가 내릴 것이다.
> ㄷ. 시간이 지나면 기온이 낮아질 것이다.

① ㄱ ② ㄷ ③ ㄱ, ㄴ
④ ㄴ, ㄷ ⑤ ㄱ, ㄴ, ㄷ

온대 저기압 주변에서의 날씨를 묻는 문제가 출제돼! 한랭 전선과 온난 전선 주변 날씨에 대해 기억해 두자!

ㄱ 비교적 따뜻하고, 구름이 없는 맑은 날씨이다.
→ P 지점은 온난 전선과 한랭 전선 사이로, 따뜻한 공기가 분포해 있는 지역이지! 이 지역은 공기 상승이 일어나지 않기 때문에 구름이 없는 맑은 날씨가 나타나!

ㄴ 시간이 지나면 소나기가 내릴 것이다.
→ 시간이 지나면 한랭 전선이 다가오겠지! 한랭 전선 뒤에 있는 적란운에 의해 소나기가 내릴 거야~

ㄷ 시간이 지나면 기온이 낮아질 것이다.
→ 시간이 지나면 한랭 전선이 다가오니까 찬 공기의 영향으로 기온이 낮아질 거야~

답 : ⑤

> 한랭 전선과 온난 전선 사이 지역은 구름이 없고 맑은 날씨!

유형 ④ 일기도

그림은 어느 계절에 우리나라 부근의 일기도를 나타낸 것이다.

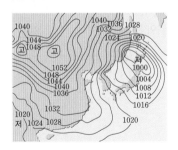

이 계절에 대한 설명으로 옳은 것은?

① 북동 계절풍이 분다.
② 시베리아 기단의 영향을 받는다.
③ 날씨가 자주 변하고 일교차가 크다.
④ 매우 덥고 습하며 열대야가 나타난다.
⑤ 황사로 인한 호흡기 질환이 증가한다.

일기도를 보고 우리나라의 계절과 그 계절의 특징을 연결하는 문제가 출제돼~!

① 북동 계절풍이 분다.
→ 겨울철에는 북서쪽의 대륙에 고기압이 위치하기 때문에 북서풍이 불어! 여름철에는 반대로 남동풍이 불지~

② 시베리아 기단의 영향을 받는다.
→ 겨울철에는 시베리아 기단의 영향을 받아 춥고 건조한 날씨가 나타나는 거야!

③ 날씨가 자주 변하고 일교차가 크다.
→ 날씨가 자주 변하고 기온의 일교차가 큰 계절은 이동성 고기압과 저기압의 영향을 받는 봄과 가을철이야~

④ 매우 덥고 습하며 열대야가 나타난다.
→ 저위도 바다에 위치한 북태평양 기단의 영향을 받는 여름철에 대한 설명이야!

⑤ 황사로 인한 호흡기 질환이 증가한다.
→ 황사는 주로 봄에 나타나는 현상이지! 봄에는 양쯔강 기단의 영향을 많이 받기 때문에 중국 등으로부터 모래가 날아오게 되지~

답 : ②

> 여름 : 남고북저형 기압 배치
> 겨울 : 서고동저형 기압 배치

❶ 기압과 바람

01 기압에 대한 설명으로 옳지 <u>않은</u> 것은?

① 기압은 시간과 장소에 따라 변한다.
② 기압의 작용 방향은 중력 방향과 같다.
③ 지표에서 높이 올라갈수록 기압이 낮아진다.
④ 공기가 단위 넓이에 작용하는 힘을 기압이라고 한다.
⑤ 토리첼리는 수은을 이용하여 기압의 크기를 최초로 측정하였다.

02 다음 중 그 크기가 <u>다른</u> 것은?

① 1기압   ② 76 cmHg   ③ 1013 hPa
④ 760 mmHg   ⑤ 물기둥 약 10 cm의 압력

03 다음은 어떤 실험을 나타낸 것이다.

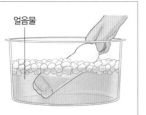

빈 페트병에 따뜻한 물을 조금 넣고 뚜껑을 닫은 후, 얼음물이 든 수조에 페트병을 넣고 충분한 시간 동안 관찰하였다.

위 실험에 대한 설명으로 옳은 것을 <u>모두</u> 고르면?

① 페트병의 부피가 커진다.
② 페트병 내부의 압력이 낮아진다.
③ 페트병 내부의 수증기가 응결한다.
④ 페트병은 위쪽부터 아래쪽으로 순서대로 찌그러진다.
⑤ 페트병을 뜨거운 물이 든 수조에 넣을 때도 같은 변화가 일어날 것이다.

[04~05] 그림과 같이 길이가 약 1 m인 유리관에 수은을 가득 채우고, 수은이 담긴 수조에 거꾸로 세웠더니 76 cm 높이에서 수은 기둥이 멈추었다.

★중요
04 이 실험에 대한 설명으로 옳지 <u>않은</u> 것은?

① 유리관의 빈 공간은 진공 상태이다.
② 기압이 높아지면 수은 기둥의 높이도 높아진다.
③ 유리관을 기울여도 수은 기둥의 높이는 변하지 않는다.
④ 달에서 이 실험을 하면 수은 기둥의 높이는 높아질 것이다.
⑤ 수은 기둥이 멈추는 까닭은 수은면에 작용하는 대기의 압력과 수은 기둥의 압력이 같기 때문이다.

05 이에 대한 설명으로 옳은 것을 | 보기 |에서 모두 고른 것은?

> **보기**
> ㄱ. 이 지역의 기압은 1기압보다 작다.
> ㄴ. 높은 산에 올라가서 실험을 하면 수은 기둥의 높이가 낮아진다.
> ㄷ. 유리관의 굵기가 더 큰 것으로 실험하면 수은 기둥의 높이는 낮아진다.

① ㄱ   ② ㄴ   ③ ㄷ
④ ㄱ, ㄴ   ⑤ ㄴ, ㄷ

06 바람에 대한 설명으로 옳은 것은?

① 바람의 세기를 풍속이라고 한다.
② 기압이 낮은 곳에서 높은 곳으로 분다.
③ 기압 차이가 작을수록 바람이 강하게 분다.
④ 바람이 불어 나가는 방향을 풍향이라고 한다.
⑤ 보통 두 지점의 기압 차에 의한 수직 방향의 공기 이동을 말한다.

07 그림은 어느 해안 지역에서 하루를 주기로 방향이 바뀌는 바람을 나타낸 것이다.

이에 대한 설명으로 옳은 것은?

① 밤에 부는 바람이다.
② 기온은 육지가 바다보다 낮다.
③ 기압은 육지가 바다보다 높다.
④ 육지 쪽에 하강 기류가 형성된다.
⑤ 육지가 바다보다 빨리 가열되기 때문에 발생한다.

08 그림은 우리나라에서 부는 계절풍을 나타낸 것이다.

이에 대한 설명으로 옳은 것은?

① 북서 계절풍이다.
② 여름에 부는 바람이다.
③ 대륙에서 해양으로 부는 바람이다.
④ 대륙의 기온이 해양보다 낮을 때 부는 바람이다.
⑤ 대륙의 기압이 해양보다 높을 때 부는 바람이다.

09 그림과 같이 같은 양의 물과 모래를 수조에 각각 담고 온도계를 꽂은 뒤 그 사이에 향을 넣고 전등으로 10분 동안 가열하였다.

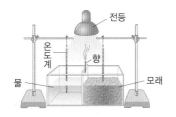

이에 대한 설명으로 옳지 않은 것은?

① 물 위의 공기는 하강한다.
② 모래 위는 기압이 낮아진다.
③ 물보다 모래가 더 빨리 가열된다.
④ 향 연기는 모래가 담긴 수조 방향으로 이동한다.
⑤ 더 오랜 시간 동안 가열하면 두 수조의 온도는 같아진다.

❷ 기단과 전선

10 ★중요
기단에 대한 설명으로 옳지 않은 것은?

① 고위도에서 발생한 기단은 온난하다.
② 해양에서 만들어진 기단은 습도가 높다.
③ 공기가 넓은 장소에 오랫동안 머무를 때 형성된다.
④ 우리나라는 계절에 따라 서로 다른 기단의 영향을 받는다.
⑤ 기온과 습도 등의 성질이 지표면과 비슷한 큰 공기 덩어리이다.

[11~12] 그림은 우리나라에 영향을 주는 기단을 나타낸 것이다.

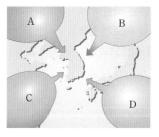

11 ★중요
기단의 이름과 성질을 옳게 짝지은 것은?

기단	이름	성질
① A	시베리아 기단	한랭 다습
② B	양쯔강 기단	온난 건조
③ C	오호츠크해 기단	한랭 건조
④ D	오호츠크해 기단	한랭 다습
⑤ D	북태평양 기단	고온 다습

12 다음에서 설명하는 현상에 영향을 미치는 두 기단을 옳게 짝지은 것은?

> 우리나라 초여름에 세력이 비슷한 두 기단이 만나 형성되는 장마 전선은 한 지역에 오래 머물며 지속적인 비를 내린다.

① A, B   ② A, D   ③ B, C
④ B, D   ⑤ C, D

13 전선에 대한 설명으로 옳은 것은?

① 폐색 전선은 한 장소에 오래 머물러 있는 전선이다.
② 전선은 대체로 한번 생성되면 소멸될 때까지 한 자리에 고정된다.
③ 성질이 다른 두 기단이 만나서 생기는 경계면을 전선이라고 한다.
④ 온난 전선의 앞쪽에서 전선과 가까울수록 구름의 높이가 낮아진다.
⑤ 한랭 전선은 따뜻한 공기가 찬 공기 쪽으로 이동하여 따뜻한 공기가 찬 공기를 타고 오르면서 형성된다.

14 ⭐중요 그림과 같이 따뜻한 물이 담긴 수조에는 빨간색 색소를, 찬 물이 담긴 수조에는 파란색 색소를 넣고, 칸막이를 빠르게 들어올렸다. 이에 대한 설명으로 옳은 것을 | 보기 |에서 모두 고른 것은?

┌─ 보기 ┐
ㄱ. 전선이 형성되는 과정을 알아보기 위한 실험이다.
ㄴ. 두 수조의 물은 칸막이가 제거되어도 바로 잘 섞이지 않는다.
ㄷ. 어느 정도 시간이 흐른 뒤 위층에는 빨간색, 아래층에는 파란색이 위치한다.
└───────────────────────────────┘

① ㄱ ② ㄴ ③ ㄱ, ㄷ
④ ㄴ, ㄷ ⑤ ㄱ, ㄴ, ㄷ

15 그림은 어떤 전선의 단면을 나타낸 것이다.

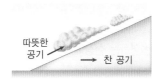

이에 대한 설명으로 옳지 않은 것은?

① 전선면의 기울기가 완만하다.
② 전선의 앞쪽으로 구름이 분포한다.
③ 전선 뒤쪽의 좁은 지역에 비가 내린다.
④ 전선의 앞쪽에서는 오랜 시간 약한 비가 내린다.
⑤ 전선이 통과한 후 기온이 상승하고, 기압은 하강한다.

❸ 고기압과 저기압에서의 날씨

16 고기압과 저기압에 대한 설명으로 옳은 것을 | 보기 |에서 모두 고른 것은?

┌─ 보기 ┐
ㄱ. 고기압 중심에서는 하강 기류가 발달한다.
ㄴ. 저기압 중심에서는 바람이 주변으로 불어 나간다.
ㄷ. 고기압에서는 맑은 날씨, 저기압에서는 흐린 날씨가 나타난다.
ㄹ. 1000 hPa보다 높은 기압을 고기압, 낮은 기압을 저기압이라고 한다.
└───────────────────────────────┘

① ㄱ, ㄴ ② ㄱ, ㄷ ③ ㄴ, ㄷ ④ ㄴ, ㄹ ⑤ ㄷ, ㄹ

17 우리나라의 온대 저기압에 대한 설명으로 옳지 않은 것은?

① 편서풍의 영향으로 서쪽에서 동쪽으로 이동한다.
② 바람은 시계 반대 방향으로 저기압 중심을 향해 불어 들어온다.
③ 저기압 중심에서 남동쪽으로는 한랭 전선, 남서쪽으로는 온난 전선이 발달한다.
④ 한랭 전선과 온난 전선의 이동 속도 차에 의해 전선이 겹쳐지면서 소멸한다.
⑤ 북쪽의 찬 공기와 남쪽의 따뜻한 공기가 만나는 위도 60° 부근에서 발생한다.

[18~20] 그림은 전선을 동반하고 있는 온대 저기압의 모습을 나타낸 것이다.

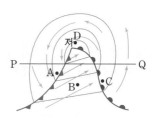

18 이 온대 저기압을 P−Q 방향으로 자른 수직 단면도를 나타낸 것으로 옳은 것은?

①
②
③
④
⑤

19 ★중요 이에 대한 설명으로 옳은 것을 |보기|에서 모두 고른 것은?

|보기|
ㄱ. A 지역은 소나기가 내린다.
ㄴ. B 지역은 대체로 날씨가 맑다.
ㄷ. C 지역은 시간이 지나면 기온이 낮아질 것이다.
ㄹ. D 지역은 하강 기류가 발달한다.

① ㄱ, ㄴ ② ㄱ, ㄷ ③ ㄴ, ㄷ
④ ㄴ, ㄹ ⑤ ㄷ, ㄹ

20 현재 비가 내리고 있지만 곧 구름이 사라지고 기온이 높아질 것으로 예상되는 지역을 모두 고른 것은?

① A ② B ③ C
④ A, B ⑤ B, C

21 ★중요 우리나라 겨울철 일기도의 모습으로 옳은 것은?

① 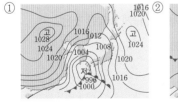 ②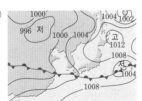
③  ④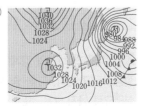
⑤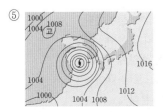

서술형 문제

22 그림과 같이 빨대를 사용해서 음료수를 마실 수 있는 원리를 서술하시오.

KEY 기압 차

23 그림과 같이 칸막이가 있는 수조에 얼음물과 따뜻한 물이 담긴 비닐봉지를 각각 넣은 뒤, 얼음물이 있는 칸에 향 연기를 피운다. 어느 정도 시간이 지
나고 칸막이를 제거했을 때 향 연기의 이동 모습을 쓰고, 그렇게 생각한 까닭을 서술하시오.

KEY 찬 공기 ➡ 밀도↑, 따뜻한 공기 ➡ 밀도↓

24 찬 공기가 따뜻한 공기 쪽으로 이동할 때 만들어진 전선의 이름을 쓰고, 이 전선에서 나타나는 특징을 세 가지 이상 서술하시오.

KEY 전선, 기울기, 구름, 강수, 이동 속도, 기온, 기압

25 그림은 우리나라 주변의 일기도를 나타낸 것이다.

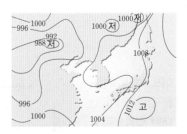

이 일기도의 기압 배치와 이 시기에 우리나라에 영향을 주는 기단을 쓰고, 이 계절에 나타나는 날씨의 특징을 두 가지 이상 서술하시오.

KEY 기압 배치, 여름 날씨

26 그림과 같이 한쪽이 막힌 1 m 길이의 유리관에 수은을 가득 채우고 수은이 담긴 수조에 거꾸로 세웠더니 h m의 높이에서 멈췄다. h의 값을 줄이는 방법에 대한 설명으로 옳은 것을 | 보기 |에서 모두 고른 것은?

| 보기 |

ㄱ. 유리관을 기울인다.
ㄴ. 수은 대신 물을 사용한다.
ㄷ. 고도가 높은 곳에서 실험한다.
ㄹ. 지름이 더 넓은 유리관을 사용한다.

① ㄷ   ② ㄱ, ㄹ   ③ ㄴ, ㄷ
④ ㄱ, ㄴ, ㄹ   ⑤ ㄴ, ㄷ, ㄹ

27 풍식이는 그림과 같이 물이 가득 담긴 컵 위에 종이 카드를 덮어 손으로 누른 상태로 컵과 함께 뒤집었다. 손을 떼어도 컵 속의 물이 쏟아지지 않고 그대로 남아 있었다. 이에 대한 설명으로 옳은 것을 | 보기 |에서 모두 고른 것은?

| 보기 |

ㄱ. 물은 중력의 영향을 받지 않는다.
ㄴ. 기압은 위쪽 방향으로만 작용한다.
ㄷ. 물이 쏟아지려는 힘과 같은 힘으로 기압이 아래에서 위로 작용한다.

① ㄱ   ② ㄷ   ③ ㄱ, ㄴ
④ ㄴ, ㄷ   ⑤ ㄱ, ㄴ, ㄷ

28 그림은 어느 해안 지방에서 부는 바람을 간단히 나타낸 것이다. 이에 대한 설명으로 옳지 않은 것은?

① 밤에 부는 바람이다.
② 육지에서 바다로 부는 육풍이다.
③ 육지의 온도가 바다보다 높을 때 부는 바람이다.
④ 육지의 기압이 바다보다 높을 때 부는 바람이다.
⑤ 육지가 바다보다 빨리 냉각되기 때문에 일어나는 현상으로 하루를 주기로 풍향이 바뀐다.

[29~30] 그림과 같이 물과 모래를 수조에 각각 담고, 두 수조 사이에 향을 피워두었다.

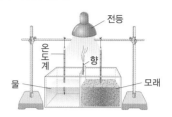

29 전등을 켜고 10분 동안 가열한 뒤, 전등을 끄고 10분 동안 냉각하였을 때의 온도 변화를 나타낸 그래프로 옳은 것은?

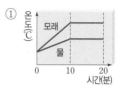
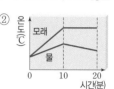
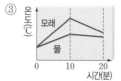
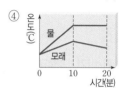
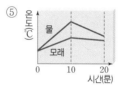

30 다음은 이 실험의 결과를 정리하여 나타낸 것이다.

실험을 시작하고 10분 동안 물보다 모래의 가열 속도가 ( ). 이로 인해 물 위에는 ( )기압이, 모래 위에는 ( )기압이 형성되어, 향 연기는 ( ) 쪽에서 ( ) 쪽으로 이동한다.

빈칸에 들어갈 단어를 순서대로 옳게 나열한 것은?

① 빠르다, 고, 저, 물, 모래
② 빠르다, 고, 저, 모래, 물
③ 빠르다, 저, 고, 물, 모래
④ 느리다, 저, 고, 모래, 물
⑤ 느리다, 고, 저, 물, 모래

31 대륙과 해양의 경계에서 1년을 주기로 부는 바람을 계절풍이라고 한다. 다음 중 우리나라에서 부는 계절풍에 대한 설명으로 옳지 않은 것은?

① 겨울철에는 북서쪽에서 바람이 불어온다.
② 겨울철에는 해양보다 대륙의 기온이 낮다.
③ 겨울철에는 대륙의 기압이 해양에 비해 낮다.
④ 여름철에는 해양에서 대륙으로 바람이 분다.
⑤ 여름철에는 남동 계절풍이 분다.

32 ^{중요} 온난 전선과 한랭 전선의 특징을 비교한 것으로 옳지 **않은** 것은?

	구분	온난 전선	한랭 전선
①	강수 구역	전선 앞 넓은 구역	전선 뒤 좁은 구역
②	구름 형태	층운형	적운형
③	전선면의 기울기	급함	완만함
④	전선의 이동 속도	느림	빠름
⑤	전선 통과 후 기온 변화	상승	하강

33 ^{중요} 그림은 북반구의 고기압과 저기압을 순서 없이 나타낸 것이다.

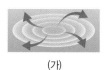 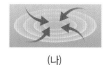

(가)   (나)

이에 대한 설명으로 옳지 **않은** 것은?

① (가)는 고기압이다.
② (나)의 중심에는 상승 기류가 나타난다.
③ 해풍이 불 때, 바다 위에는 (가)가 위치한다.
④ 여름철 우리나라 북서쪽에는 (나)가 위치한다.
⑤ 남반구에서도 (가), (나)와 같은 모습이 나타난다.

34 그림은 어느 날 우리나라 주변의 일기도를 하루 간격으로 나타낸 것이다.

 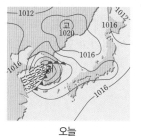

어제   오늘

우리나라의 날씨에 대해 잘못 설명한 사람은?

① 풍식 : 우리나라는 현재 온대 저기압의 영향권에 속해 있어!
② 풍돌 : 그래도 오늘 서울과 부산은 어제보다 따뜻할 것 같은데?
③ 풍순 : 어제와 오늘 서울은 맑은 날씨인 것 같은데?
④ 풍자 : 에이~ 오늘 맑으면 뭐해. 내일 가족끼리 경복궁 가기로 했는데, 내일은 비가 올 것 같아.
⑤ 풍만 : 내일은 소나기일 거야! 잠깐 비를 피하고 나서 재미있게 놀아!

[35~36] 그림은 초여름에 우리나라 주변에 오래 머물며 비를 내리는 전선이 있는 일기도를 나타낸 것이다.

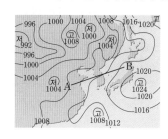

35 이 일기도에 들어갈 전선의 기호로 옳은 것은?

① A —●●●— B   ② A —▲▲▲— B

③ A —▲▲▲— B   ④ A —●●●— B

⑤ A —●▲●▲— B

36 이 전선에 대한 설명으로 옳은 것을 | 보기 |에서 모두 고른 것은?

| 보기 |
ㄱ. 이 전선의 북쪽으로 많은 비가 내린다.
ㄴ. 한랭 전선과 온난 전선의 속도 차이에 의해 형성된 전선이나.
ㄷ. 시베리아 기단과 북태평양 기단이 서로 세력을 확장하는 계절에 형성된다.

① ㄱ   ② ㄷ   ③ ㄱ, ㄴ
④ ㄴ, ㄷ   ⑤ ㄱ, ㄴ, ㄷ

37 그림은 우리나라 여름철과 겨울철 일기도를 순서 없이 나타낸 것이다.

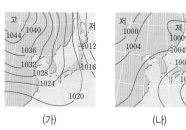

(가)   (나)

이에 대한 설명으로 옳지 **않은** 것은?

① (가)는 겨울철 일기도이다.
② (가)의 계절에 우리나라에는 북풍 계열의 바람이 불어온다.
③ (나)의 계절에 우리나라에는 열대야 현상이 나타난다.
④ (나)의 계절에 우리나라는 북태평양 기단의 영향을 받는다.
⑤ (가)보다 (나)일 때 우리나라에 바람이 더 강하게 분다.

[01~02] 그림은 기권의 층상 구조를 나타낸 것이다.

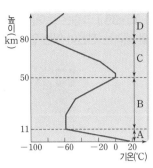

01 지구의 대기권에서 대류가 일어나는 층을 옳게 짝지은 것은?

① A, B
② A, C
③ B, C
④ B, D
⑤ C, D

02 B층에 대한 설명으로 옳은 것은?

① 대류가 일어난다.
② 높이 올라갈수록 기온이 낮아진다.
③ 구름, 비 등의 기상 현상이 나타난다.
④ 기권 중에서 최저 기온이 나타난다.
⑤ 대기가 안정하여 비행기의 항로로 이용된다.

03 그림은 극지방에서 관측되는 오로라를 나타낸 것이다. 오로라가 나타나는 대기층에 대한 설명으로 옳은 것은?

① 오존층이 분포한다.
② 대기가 불안정하다.
③ 기상 현상이 나타난다.
④ 약한 대류가 나타난다.
⑤ 낮과 밤의 기온 차이가 매우 크다.

04 다음은 기권을 이루는 각 층의 특징들을 나타낸 것이다.

> (가) 오존층이 존재하여 자외선을 흡수한다.
> (나) 오로라가 나타나고, 인공위성의 궤도로 이용된다.
> (다) 상층 부분에서 유성이 나타난다.
> (라) 대류가 활발하며, 기상 현상이 나타난다.

(가)~(라)를 지표면을 기준으로 하여 높이가 낮은 것부터 순서대로 옳게 나열한 것은?

① (가)-(나)-(다)-(라)
② (가)-(라)-(다)-(나)
③ (다)-(라)-(가)-(나)
④ (라)-(가)-(다)-(나)
⑤ (라)-(다)-(가)-(나)

05 그림은 지구에 출입하는 태양 복사 에너지와 지구 복사 에너지의 관계를 나타낸 것이다.

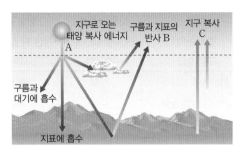

A, B, C의 양적 관계를 등호나 부등호를 사용하여 옳게 비교한 것은?

① A=B=C
② A<B=C
③ A>C>B
④ B>C>A
⑤ C>A=B

06 지구의 복사 평형에 대한 설명으로 옳지 <u>않은</u> 것은?

① 지구는 흡수하는 에너지양과 방출하는 에너지양이 같다.
② 지구가 복사 평형을 이루게 되면 지구의 연평균 기온이 일정하게 유지된다.
③ 최근에는 화석 연료의 사용 증가로 지구의 평균 기온이 점점 높아지고 있다.
④ 지구는 대기가 있기 때문에 대기가 없을 때보다 더 높은 온도에서 복사 평형을 이룬다.
⑤ 지구에 도달하는 태양 복사 에너지의 대부분은 반사되어 나가고 일부만 지표와 대기에 흡수된다.

07 온실 효과에 대한 설명으로 옳은 것은?

① 대기가 없는 달에서도 나타난다.
② 지구에 바다가 없다면 나타나지 않는다.
③ 온실 기체가 감소하여 온실 효과가 강화되었다.
④ 온도가 아주 낮은 상태에서 복사 평형에 도달하는 것을 뜻한다.
⑤ 지표가 방출하는 복사 에너지를 지구 대기가 흡수하여 지표로 재방출하기 때문에 나타난다.

08 그림은 대기 중 이산화 탄소 농도 변화를 측정하여 나타낸 것이다.

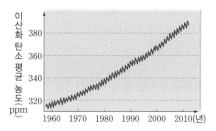

이와 같이 대기 중 이산화 탄소의 농도가 증가한 원인으로 옳은 것을 | 보기 |에서 모두 고른 것은?

| 보기 |
ㄱ. 산업화 현상　　　　ㄴ. 화석 연료 사용량 증가
ㄷ. 산림 확장　　　　　ㄹ. 온실 기체 배출 억제

① ㄱ, ㄴ　　　　② ㄱ, ㄷ　　　　③ ㄴ, ㄷ
④ ㄴ, ㄹ　　　　⑤ ㄷ, ㄹ

09 포화 수증기량과 온도의 관계를 나타낸 그래프로 옳은 것은?

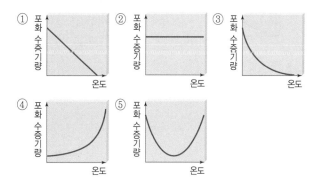

10 그림은 어느 날 하루 동안의 기온, 습도, 이슬점을 나타낸 것이다.

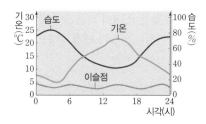

이에 대한 설명으로 옳은 것은?

① 기온은 습도와 대체로 비례한다.
② 새벽에는 증발이 많이 일어난다.
③ 이슬점은 하루 동안 크게 변화한다.
④ 이날은 구름이 별로 없는 맑은 날이었을 것이다.
⑤ 밤에 습도가 높은 것은 증발이 활발하게 일어나 대기에 수증기가 공급되기 때문이다.

11 다음 중 생성 원리가 <u>다른</u> 것은?

① 추운 겨울 입김이 보였다.
② 하늘에 구름이 만들어진다.
③ 샤워를 할 때 욕실 거울이 뿌옇게 흐려졌다.
④ 더운 여름 마당에 물을 뿌렸더니 시원해졌다.
⑤ 차가운 물이 담긴 컵의 표면에 물방울이 맺혔다.

12 그림은 기온에 따른 포화 수증기량 곡선을 나타낸 것이다.

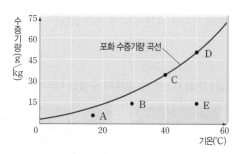

이에 대한 설명으로 옳은 것을 | 보기 |에서 모두 고른 것은?

| 보기 |
ㄱ. A는 상대 습도가 가장 낮다.
ㄴ. B와 E는 상대 습도가 같다.
ㄷ. C와 D는 상대 습도가 100 %이다.
ㄹ. D와 E는 포화 수증기량이 같다.

① ㄱ, ㄴ　　　　② ㄱ, ㄷ　　　　③ ㄱ, ㄹ
④ ㄴ, ㄹ　　　　⑤ ㄷ, ㄹ

13 상대 습도와 이슬점에 대한 설명으로 옳지 <u>않은</u> 것은?

① 비 오는 날의 상대 습도는 대체로 높다.
② 기온이 낮아지면 상대 습도도 낮아진다.
③ 맑은 날 오후 2~3시경에 상대 습도는 낮다.
④ 기온과 이슬점이 같을 때 상대 습도는 100 %이다.
⑤ 공기 중의 수증기량이 감소하면 이슬점은 낮아진다.

14 다음은 구름의 생성 과정을 순서 없이 나타낸 것이다.

ㄱ. 기온 하강　　ㄴ. 단열 팽창　　ㄷ. 공기 상승
ㄹ. 이슬점 도달　　ㅁ. 수증기 응결

구름의 생성 과정을 순서대로 옳게 나열한 것은?

① ㄱ－ㄴ－ㅁ－ㄷ－ㄹ　② ㄱ－ㄷ－ㄴ－ㅁ－ㄹ
③ ㄷ－ㄱ－ㄹ－ㄴ－ㅁ　④ ㄷ－ㄴ－ㄱ－ㄹ－ㅁ
⑤ ㄹ－ㄴ－ㄷ－ㄱ－ㅁ

15 그림은 구름 발생 실험 과정을 나타낸 것이다. 간이 가압 장치를 여러 번 눌렀을 때 페트병 내부의 변화로 옳은 것은?

간이 가압 장치
액정 온도계
페트병
물

① 압력은 커지고 온도는 높아진다.
② 압력은 커지고 온도는 낮아진다.
③ 압력은 작아지고 온도는 높아진다.
④ 압력은 작아지고 온도는 낮아진다.
⑤ 압력은 커지지만 온도에는 변화가 없다.

16 그림 (가)와 (나)는 두 종류의 구름을 나타낸 것이다.

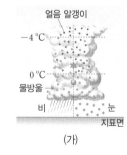

(가)

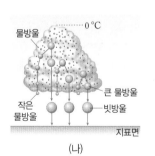

(나)

(가), (나)와 같이 서로 다른 모양의 구름이 생성되는 가장 큰 원인으로 옳은 것은?

① 중력의 차이
② 이슬점의 차이
③ 먼지 양의 차이
④ 수증기량의 차이
⑤ 공기의 상승 속도 차이

17 그림 (가)와 (나)는 구름에서 비나 눈이 만들어져 내리는 과정을 나타낸 것이다.

얼음 알갱이
−4 °C
0 °C
물방울
비
눈
지표면
(가)

0 °C
물방울
큰 물방울
작은 물방울
빗방울
지표면
(나)

이에 대한 설명으로 옳은 것은?

① (가)에서 얼음 알갱이는 성장한다.
② (나)에서 물방울들은 모두 같은 속력으로 떨어진다.
③ (가)는 저위도 지역에서 내리는 따뜻한 비를 설명하는 강수 이론이다.
④ (가)에서 0 °C보다 기온이 낮은 구간에서는 물방울이 모두 얼음 알갱이 상태로 존재한다.
⑤ 구름의 위쪽으로 갈수록 태양 복사 에너지의 영향을 많이 받아 온도가 높다.

18 다음은 수은을 이용하여 기압의 크기를 측정하는 토리첼리의 실험 결과를 나타낸 것이다.

(㉠)기압＝76 cmHg＝(㉡)hPa＝물기둥 10 m가 누르는 압력

㉠과 ㉡에 들어갈 숫자를 옳게 짝지은 것은?

	㉠	㉡		㉠	㉡
①	10	101.3	②	10	1013
③	1	101.3	④	1	1013
⑤	1	10130			

19 높이에 따른 기압의 변화를 나타낸 그래프로 옳은 것은?

① 높이 / 기압

② 높이 / 기압

③ 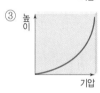 높이 / 기압

④ 높이 / 기압

⑤ 높이 / 기압

20 바람에 대한 설명으로 옳지 않은 것을 모두 고르면?

① 기압 차이가 클수록 바람이 강하게 분다.
② 바람이 부는 원인은 두 지점의 기압 차이다.
③ 바람이 불어 나가는 방향을 풍향이라고 한다.
④ 바람은 기압이 높은 곳에서 낮은 곳으로 분다.
⑤ 북반구 저기압에서는 바람이 시계 방향으로 불어 나간다.

21 그림은 어느 해안 지방에서 부는 바람을 나타낸 것이다. 이에 대한 설명으로 옳지 않은 것은?

① 해풍이 분다.
② 밤에 나타난다.
③ 바다의 기압이 더 높다.
④ 육지의 기온이 더 높다.
⑤ 육지와 바다의 비열 차이 때문에 생긴다.

22 그림은 우리나라에 영향을 미치는 기단을 나타낸 것이다.

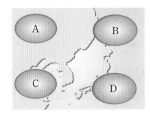

A~D를 건조한 기단과 습한 기단끼리 옳게 짝지은 것은?

	건조한 기단	습한 기단
①	A, B	C, D
②	A, C	B, D
③	B, C	A, D
④	B, D	A, C
⑤	C, D	A, B

23 그림은 어떤 전선의 단면을 나타낸 것이다.

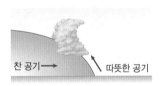

이 전선에서 비가 내리는 시기, 비, 구름의 종류를 옳게 짝지은 것은?

	시기	비	구름
①	전선 통과 후	소나기	적운형 구름
②	전선 통과 후	이슬비	적운형 구름
③	전선 통과 후	소나기	층운형 구름
④	전선 통과 전	이슬비	층운형 구름
⑤	전선 통과 전	소나기	층운형 구름

24 우리나라에 형성되는 고기압과 저기압에 대한 설명으로 옳지 않은 것은?

① 주변보다 기압이 높은 곳은 고기압이다.
② 주변보다 기압이 낮은 곳은 저기압이다.
③ 고기압에서는 바람이 시계 방향으로 불어 나간다.
④ 저기압의 중심에는 상승 기류가 있어 날씨가 맑다.
⑤ 저기압에서는 바람이 시계 반대 방향으로 불어 들어간다.

25 그림은 우리나라 주변의 일기도를 나타낸 것이다.

이에 대한 설명으로 옳은 것은?

① 한랭 전선의 앞에는 좁은 지역에 적운형 구름이 있다.
② 온난 전선의 앞부분은 비교적 따뜻하다.
③ P 지역은 앞으로 기온이 높아질 것이다.
④ P 지역은 현재 맑은 날씨지만 곧 이슬비가 내릴 것이다.
⑤ 한랭 전선은 온난 전선보다 더 빠르게 움직인다.

[26~27] 그림 (가)는 어느 계절의 우리나라 주변의 일기도를 나타낸 것이고, (나)는 A~D 기단의 기온과 습도를 그래프로 나타낸 것이다.

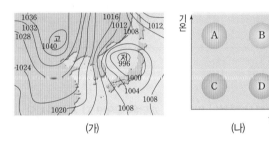

26 (가)와 같은 기압 배치가 나타나는 계절에 우리나라에 영향을 미치는 기단의 명칭과, (나)에 나타난 그 기단의 성질을 옳게 짝지은 것은?

	기단	성질
①	양쯔강 기단	A
②	시베리아 기단	B
③	시베리아 기단	C
④	오호츠크해 기단	D
⑤	북태평양 기단	B

27 (가)와 같은 기압 배치가 나타나는 계절과 관련된 설명으로 옳은 것은?

① 첫서리가 나타난다.
② 남동 계절풍이 분다.
③ 장마 전선이 형성된다.
④ 폭설과 한파가 발생한다.
⑤ 기단의 세력 확장으로 꽃샘추위가 나타난다.

서술형·논술형 문제

01 지구의 대기는 지표면으로부터 1000 km 높이까지 퍼져있지만 그 분포가 균일하지 않고, 높이 올라갈수록 공기가 희박해진다. 그 까닭은 무엇인지 서술하시오.

KEY

중력

02 그림은 기권의 층상 구조를 나타낸 것이다. A층에서는 기상 현상이 일어나지만, C층에서는 기상 현상이 일어나지 않는 까닭을 서술하시오.

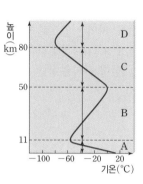

KEY

대류, 수증기

03 복사 평형이 일어나는 까닭은 무엇인지 서술하시오.

KEY

방출하는 에너지양, 흡수하는 에너지양

04 그림은 지구의 연평균 기온 변화를 나타낸 것이다.

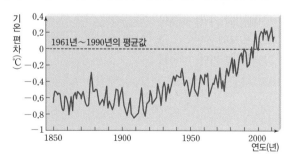

이와 같은 추세가 계속된다면 지구 환경은 어떻게 변화할지 예측하여 서술하시오.

KEY

해수면, 육지 면적, 기상 이변

05 표는 기온에 따른 포화 수증기량을 나타낸 것이다.

기온(℃)	10	15	20	25	30
포화 수증기량(g/kg)	7.6	10.6	14.7	20.0	27.1

현재 기온이 20 ℃이고, 상대 습도가 50 %인 공기의 현재 수증기량을 구하고, 풀이 과정을 서술하시오. (단, 소수 둘째 자리에서 반올림한다.)

KEY

현재 기온에서의 포화 수증기량

06 그림은 맑은 날 하루 동안의 기온, 상대 습도, 이슬점의 변화를 순서 없이 나타낸 것이다.

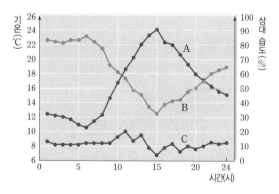

A~C 중 상대 습도를 나타내는 것은 무엇인지 쓰고, 상대 습도가 가장 낮을 때는 언제인지 그 까닭을 포함하여 함께 서술하시오.

KEY

기온↑ ⇨ 상대 습도↓

07 구름이 생성되려면 공기가 상승해야 한다. 공기가 상승하는 경우를 세 가지 이상 서술하시오.

KEY

산, 지표면 가열, 저기압 중심, 전선

08 그림은 중위도나 고위도 지역의 구름에서 눈이나 비가 내리는 과정을 나타낸 것이다.

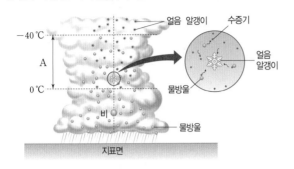

눈과 비가 내리기 위해 A에서 일어나는 과정을 서술하시오.

 수증기, 얼음 알갱이

09 그림 (가)~(다)는 각각 다른 장소에서 기압을 측정하여 나타낸 것이다.

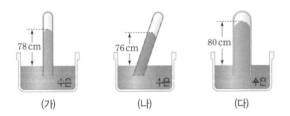

(가)~(다)의 기압을 비교하고, 그렇게 생각한 까닭을 서술하시오.

 유리관의 굵기, 기울어진 정도

10 그림 A와 B는 기단을 나타낸 것이다.

A와 B 기단의 성질을 각각 쓰고, 이러한 차이가 나는 까닭을 서술하시오.

 지표면의 성질

11 바닷가에서는 하루를 주기로 해풍과 육풍이 분다. 이와 같은 바람이 부는 원리를 서술하시오.

 낮 : 해풍, 밤 : 육풍

12 그림 (가)와 (나)는 북반구의 고기압과 저기압을 순서 없이 나타낸 것이다.

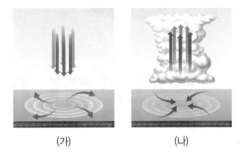

(가)와 (나)는 각각 무엇인지 쓰고, 고기압 중심과 저기압 중심에서의 기류와 날씨를 서술하시오.

 하강 기류, 상승 기류

13 그림은 우리나라에 영향을 주는 온대 저기압의 이동을 나타낸 것이다.

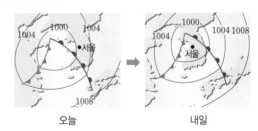

이를 바탕으로 내일 서울의 날씨를 서술하시오.

 온난 전선, 기온, 강수

14 우리나라에서는 겨울철이나 봄철에 화재가 많이 발생한다. 그 까닭을 우리나라에 영향을 주는 기단과 그 성질을 연관지어 서술하시오.

 건조

III

운동과 에너지

Q. 과학에서 일을 한 경우와 일을 하지 않은 경우는 무엇일까?

1 운동

· 운동하는 물체의 속력을 비교할 수 있다.
· 등속 운동과 자유 낙하 운동의 원리를 이해하고 비교하여 설명할 수 있다.

❶ 운동의 기록

1 운동 : 시간에 따라 물체의 위치가 변하는 현상

2 이동 거리 : 운동하는 동안 물체가 움직인 거리

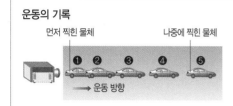

운동의 기록

먼저 찍힌 물체   나중에 찍힌 물체

❶ ❷ ❸ ❹ ❺

→ 운동 방향

· 장난감 자동차의 간격이 넓을수록 속력이 빠르고, 좁을수록 속력이 느리다.
➡ 물체 사이의 거리와 시간 간격을 알면 물체의 속력을 구할 수 있다.

3 속력 : 운동하는 물체의 빠르기를 나타내는 양으로, 단위 시간 동안 물체가 이동한 거리

(1) **속력의 단위** : m/s, km/h 등

→ 단위가 다른 속력을 비교할 때는 단위를 통일! 일반적으로 m/s로 통일해~

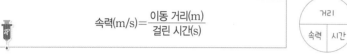

$$속력(m/s) = \frac{이동 거리(m)}{걸린 시간(s)}$$

속력 = $\frac{거리}{시간}$

시간 = $\frac{거리}{속력}$

거리 = 속력 × 시간

예제 50 m를 10초에 달린 사람의 속력은 몇 m/s인가?

➡ 속력 = $\frac{이동 거리}{걸린 시간} = \frac{50\ m}{10\ s} = 5\ m/s$ 답 5 m/s

(2) **운동하는 물체의 빠르기 비교** → 운동하는 물체의 빠르기를 비교하기 위해서는 이동한 거리와 걸린 시간을 알아야 해~!

① 같은 거리를 이동한 경우 : 걸린 시간이 짧을수록 더 **빠르다.**
② 같은 시간 동안 이동한 경우 : 이동 거리가 길수록 더 **빠르다.**

예	1분에 300 m를 달리는 조랑말	1분에 600 m를 달리는 자전거	5분에 600 m를 달리는 사람
속력 계산	300 m/1분 = $\frac{300\ m}{60\ s}$ = 5 m/s	600 m/1분 = $\frac{600\ m}{60\ s}$ = 10 m/s	600 m/5분 = $\frac{600\ m}{300\ s}$ = 2 m/s
분석	· 같은 시간 동안 자전거가 조랑말보다 먼 거리를 이동하였다. 자전거가 조랑말보다 빠르다. · 같은 거리를 이동하는 데 걸린 시간은 자전거가 사람보다 짧다. 자전거가 사람보다 빠르다. ➡ 빠르기 비교 : 자전거 > 조랑말 > 사람		

(3) **평균 속력** : 물체의 속력이 일정하지 않을 때, 물체가 이동한 전체 거리를 걸린 시간으로 나눈 값

$$평균 속력(m/s) = \frac{전체 이동 거리(m)}{걸린 시간(s)}$$

4 운동 기록 장치

구분		다중 섬광 사진	시간기록계
원리		어두운 곳에서 일정한 시간 간격으로 빛을 비춰 물체의 운동을 찍은 사진	종이테이프에 일정한 시간 간격으로 타점을 찍어 물체의 운동을 기록하는 장치
기록	그림	← 운동 방향 ⊥ ⊥ ⊥ ⊥ ⊥ → 시작점	← 운동 방향 시작점 → · · · · · · ·
	특징	· 물체 사이의 시간 간격은 일정하다. · 운동 방향 쪽의 물체가 나중에 찍힌 사진이다. · 속력이 빠를수록 물체 사이의 간격이 넓다. → 물체 사이의 거리는 속력!	· 타점 사이의 시간 간격은 일정하다. · 운동 방향 쪽의 타점이 먼저 찍힌 타점이다. · 속력이 빠를수록 타점 사이의 간격이 넓다. → 타점 사이의 거리는 속력!

필수 비타민

운동

등속 운동   자유 낙하 운동

속력 일정   속력 일정하게 증가

용어 & 개념 체크

❶ 운동의 기록

01 시간에 따라 물체의 위치가 변하는 현상을 ☐☐이라고 한다.

02 운동하는 동안 물체가 움직인 거리를 ☐☐ ☐☐라고 한다.

03 단위 시간 동안 물체가 이동한 거리를 ☐☐이라고 한다.

04 운동하는 물체의 빠르기는 같은 시간 동안 물체가 이동한 경우 이동 거리가 길수록 더 ☐☐다.

01 물체의 운동에 대한 설명으로 옳은 것은 ○, 옳지 <u>않은</u> 것은 ×로 표시하시오.

(1) 같은 거리를 이동했을 때 걸린 시간이 길수록 속력이 빠르다. ┄┄┄┄┄ (   )

(2) 50초 동안 400 m를 달리는 축구 선수의 속력은 8 m/s이다. ┄┄┄┄ (   )

(3) 다중 섬광 사진에서 속력이 빠를수록 물체 사이의 간격이 넓다. ┄┄┄┄ (   )

02 |보기|에서 속력이 빠른 것부터 순서대로 나열하시오.

┌ 보기 ┐
ㄱ. 1분에 360 m를 달린 자전거
ㄴ. 3초 동안 1026 m를 이동한 천둥소리
ㄷ. 100 m를 10초에 달린 사람

03 그림은 100 m 달리기를 하는 사람을 2초 간격으로 나타낸 것이다.

빈칸에 알맞은 말을 고르시오.

일정한 시간 간격으로 나타낸 사람 사이의 간격이 점점 (㉠ 좁아, 넓어)졌다가 일정해진다. 따라서 이 사람은 속력이 점점 (㉡ 빨라, 느려)졌다가 일정해지는 운동을 한다.

04 어떤 물체가 2 m/s의 속력으로 10초 동안 이동한 후, 6 m/s의 속력으로 10초 동안 이동하였다. 20초 동안 이 물체의 평균 속력은 몇 m/s인지 구하시오.

05 그림은 같은 시간 동안 운동하는 두 물체 A와 B의 모습을 일정한 시간 간격으로 연속하여 나타낸 것이다.

빈칸에 알맞은 말을 쓰시오.

물체 사이의 간격이 (㉠   )수록 속력이 빠르므로 A와 B 중 속력이 빠른 물체는 (㉡   )이다.

1 운동

❷ 등속 운동

→ 등속 운동하는 물체는 같은 시간 동안 이동한 거리가 같지~

1 등속 운동 : 물체가 운동할 때 시간에 따라 속력이 일정한 운동

(1) 등속 운동을 하는 물체의 그래프

시간-이동 거리 그래프	시간-속력 그래프
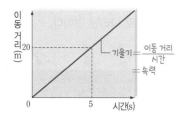	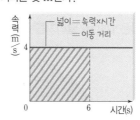
· 원점을 지나는 기울어진 직선 모양 · 기울기가 클수록 속력이 빠르다. 기울기=속력 · 이동 거리는 시간에 비례하여 증가한다.	· 시간축에 나란한 직선 모양 · 속력은 시간에 관계없이 일정하다.

예제 그림과 같은 시간-이동 거리 그래프에서 $t=5$ s, $s=20$ m라면, 이 물체의 속력은 몇 m/s인가? ➡ 속력$=\dfrac{\text{이동 거리}}{\text{시간}}=\dfrac{20\text{ m}}{5\text{ s}}=4$ m/s 답 4 m/s	예제 그림과 같은 시간-속력 그래프에서 $v=4$ m/s, $t=6$ s라면, 이 물체의 이동 거리는 몇 m인가? ➡ 이동 거리=속력×시간 $=4$ m/s×6 s$=24$ m 답 24 m

(2) 등속 운동의 예 : 무빙워크, 컨베이어, 에스컬레이터 등은 시간이 지나도 속력이 변하지 않고 일정한 운동을 한다.

▲ 무빙워크

▲ 컨베이어

▲ 에스컬레이터

2 등속 운동을 하는 두 물체 A와 B의 그래프 비교

시간-이동 거리 그래프 비교	시간-속력 그래프 비교
A의 속력 $=\dfrac{200\text{ m}}{10\text{ s}}=20$ m/s B의 속력 $=\dfrac{100\text{ m}}{10\text{ s}}=10$ m/s	A의 이동 거리 = 20 m/s × 10 s = 200 m B의 이동 거리 = 10 m/s × 10 s = 100 m
A의 기울기가 B의 기울기보다 크다. ➡ A의 속력이 B의 속력보다 빠르다. ➡ 시간-이동 거리 그래프에서 기울기가 클수록 속력이 빠르다.	같은 시간 동안 A의 아랫부분 넓이가 B의 아랫부분 넓이의 2배이다. ➡ A의 이동 거리가 B의 이동 거리의 2배이다. ➡ 시간-속력 그래프에서 세로축(y축) 값이 클수록 속력이 빠르다.

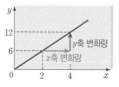

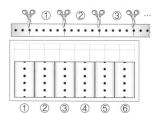

용어 &개념 체크

❷ 등속 운동

05 물체가 운동을 할 때 시간에
따라 속력이 일정한 운동을
☐☐ ☐☐이라고 한다.

06 시간–이동 거리 그래프에서
기울기는 ☐☐을 의미한다.

07 시간–속력 그래프에서 그래
프 아랫부분의 넓이는 ☐☐
☐☐를 의미한다.

08 등속 운동을 하는 물체의 시
간–이동 거리 그래프에서 기
울기가 ☐수록 속력이 빠르다.

06 등속 운동에 대한 설명으로 옳은 것은 ○, 옳지 않은 것은 ×로 표시하시오.

(1) 속력이 일정하게 변하는 운동이다. ──────────────────── (   )

(2) 시간에 따라 이동 거리가 일정하게 증가하는 운동이다. ──────── (   )

(3) 등속 운동을 하는 물체의 시간 – 이동 거리 그래프에서 기울기는 속력을 의미
한다. ────────────────────────────────── (   )

(4) 등속 운동을 하는 물체의 시간 – 속력 그래프는 원점을 지나는 직선 모양이다. ──
──────────────────────────────────── (   )

07 | 보기 | 에서 등속 운동과 관계있는 그래프를 <u>모두</u> 고르시오.

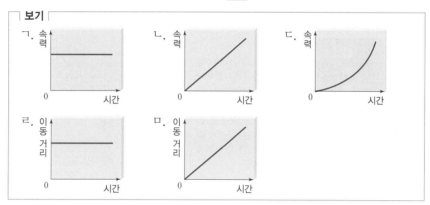

08 그림은 공의 운동을 0.5초 간격으로 찍은 사진을 나타낸 것이다.

(1) 공의 속력은 몇 m/s인지 구하시오.

(2) 공이 5초 동안 이동한 거리는 몇 m인지 구하시오.

09 그림은 두 물체 A와 B의 시간에 따른 이동 거리를 나타
낸 것이다.

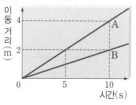

(1) A의 속력은 몇 m/s인지 구하시오.

(2) A와 B 중 속력이 빠른 것을 고르시오.

(3) A와 B의 속력의 비(A : B)를 쓰시오.

(4) A와 B가 10초 동안 이동한 거리의 비(A : B)를 쓰시오.

1 운동

③ 자유 낙하 운동

1 자유 낙하 운동 : 공기 저항이 없을 때 공중에 정지해 있던 물체가 중력만의 영향을 받아 아래로 떨어지는 운동

(1) **속력 변화** : 자유 낙하 운동을 하는 물체는 속력이 1초마다 9.8 m/s씩 증가한다.

(2) **중력 가속도 상수** : 자유 낙하 운동을 하는 물체의 1초당 속력 변화량인 9.8을 중력 가속도 상수라고 한다.

(3) **중력의 크기** : 물체에 작용하는 중력의 크기는 물체의 무게와 같고 무게는 질량에 비례하므로, 9.8에 질량을 곱하여 구한다.

$$중력의 크기(N) = 9.8 \times 질량(kg)$$

(4) **자유 낙하 운동을 하는 물체의 그래프** : 속력이 일정하게 증가하므로 원점을 지나는 기울어진 직선 모양이다.

> 물체의 운동 방향으로 중력이 작용하기 때문이야~

자유 낙하 운동을 하는 물체	시간 – 속력 그래프
물체 사이의 간격은 일정한 시간 동안 물체가 이동한 거리이므로, 속력을 나타낸다. ➡ 자유 낙하 운동을 하는 물체는 시간에 따라 속력이 일정하게 증가한다.	(속력(m/s): 9.8, 19.6, 29.4 / 시간(s): 0, 1, 2, 3, 4 / 각 구간 9.8 m/s) • 원점을 지나는 기울어진 직선 모양 • 속력이 매초 9.8 m/s씩 일정하게 증가하며, 속력 변화량이 9.8이므로 기울기가 9.8이다.

2 질량이 다른 물체의 자유 낙하 운동

(1) **공기 중과 진공 중에서의 자유 낙하 운동**

공기 중	진공 중
공기 중에서 쇠구슬과 깃털을 같은 높이에서 동시에 떨어뜨리면 쇠구슬이 깃털보다 먼저 떨어진다. ➡ 깃털이 쇠구슬보다 공기 저항의 영향을 더 많이 받기 때문이다.	진공 중에서 쇠구슬과 깃털을 같은 높이에서 동시에 떨어뜨리면 쇠구슬과 깃털이 동시에 떨어진다. ➡ 공기 저항을 받지 않으므로, 쇠구슬과 깃털은 모두 1초에 9.8 m/s씩 속력이 빨라지는 운동을 하기 때문이다.

(2) **질량이 다른 물체의 자유 낙하 운동** : 같은 높이에서 동시에 자유 낙하 하는 모든 물체는 종류나 모양, 질량에 관계없이 속력이 1초에 약 9.8 m/s씩 증가한다. ➡ 질량이 다른 볼링공과 야구공을 같은 높이에서 동시에 떨어뜨리면 두 공은 지면에 동시에 도달한다.

3 등속 운동과 자유 낙하 운동의 시간 – 속력 그래프 비교

등속 운동	자유 낙하 운동
(속력-시간 그래프: 수평선) • 속력이 일정하다. • 같은 시간 동안 이동한 거리가 일정하다.	(속력-시간 그래프: 원점을 지나는 직선) • 속력이 일정하게 증가한다. • 같은 시간 동안 이동한 거리가 점점 증가한다.

비타민

놀이 기구의 운동

번지 점프를 할 때나, 자이로드롭을 타고 내려올 때 지구의 중력이 계속 작용하기 때문에 속력이 점점 빨라진다.

중력 가속도

자유 낙하 운동을 하는 물체는 속력이 1초에 약 9.8 m/s씩 빨라진다. 이때 중력 가속도의 크기는 9.8 m/s^2이다.

자유 낙하 운동을 하는 물체의 속력

자유 낙하 운동을 하는 물체의 속력은 물체가 자유 낙하 운동을 한 시간에 비례한다.

$$속력(m/s) = 9.8(\text{m/s}^2) \times 시간(s)$$

공기 저항력

공기가 물체의 운동을 방해하는 힘으로, 공기 중에서 움직이는 물체에 작용하는 마찰력이다.

용어&개념 체크

❸ **자유 낙하 운동**

09 공기 저항이 없을 때 공중에 정지해 있던 물체가 중력만의 영향을 받아 아래로 떨어지는 운동을 □□ □□ □□ 이라고 한다.

10 자유 낙하 운동을 하는 물체 에는 물체의 운동 방향과 같 은 방향으로 □□이 작용 한다.

11 자유 낙하 운동을 하는 물체 는 속력이 일정하게 □□ 한다.

12 자유 낙하 운동을 하는 물체 의 1초당 속력 변화량인 9.8 을 □□ □□□ □□ 라고 한다.

13 공기 저항이 있을 때, 쇠구슬 과 깃털을 같은 높이에서 동 시에 떨어뜨리면 쇠구슬이 깃 털보다 □□ 떨어진다.

10 자유 낙하 운동에 대한 설명으로 옳은 것은 ○, 옳지 않은 것은 ×로 표시하시오. (단, 공 기 저항은 무시한다.)

(1) 자유 낙하 운동을 하는 물체의 속력은 일정하게 증가한다. ┄┄┄┄┄ ( )

(2) 자유 낙하 운동을 하는 물체는 질량이 클수록 빨리 떨어진다. ┄┄┄┄ ( )

(3) 자유 낙하 운동을 하는 물체에는 운동 방향과 반대 방향으로 중력이 작용한다. ┄
┄┄┄┄┄┄┄┄┄┄┄┄┄┄┄┄┄┄┄┄┄┄┄┄┄┄┄┄┄┄┄ ( )

(4) 에스컬레이터, 컨베이어의 운동을 예로 들 수 있다. ┄┄┄┄┄┄ ( )

11 그림은 공중에 정지해 있던 물체가 중력의 영향을 받아 아래로 떨어질 때 물체의 속력을 시간에 따라 나타낸 것 이다. 빈칸에 알맞은 말을 쓰시오. (단, 공기와의 마찰은 무시한다.)

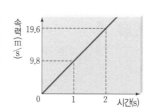

> 그래프는 속력이 1초마다 (㉠   ) m/s씩 증가하는 직선 형태이다. 따라서 중력 가속도 상수가 (㉡   ) 이므로, 물체의 질량이 2 kg일 때 이 물체의 무게는 (㉢   ) N이다.

12 그림은 질량이 56 g인 테니스공과 질량이 150 g인 야구 공이 같은 높이에서 동시에 자유 낙하 하는 모습을 나타 낸 것이다. 두 공 중 지면에 먼저 떨어지는 공은 무엇인지 쓰시오. (단, 공기 저항은 무시한다.)

13 공기 중과 진공 중에서 질량이 5 g인 깃털과 질량이 5 kg인 쇠구슬을 같은 높이에서 동 시에 낙하시켰다. 각 상태에서 깃털과 쇠구슬 중 먼저 떨어지는 것은 무엇인지 쓰시오.

> (1) 공기 중 : _____   (2) 진공 중 : _____

14 그림은 질량이 다른 두 물체 A와 B에 작용하는 중력의 크기를 나타낸 것이다. 두 물체를 같은 높이에서 동시에 낙하시켰을 때 지면에 도달할 때까지의 속력 변화의 비 (A : B)를 구하시오. (단, 공기 저항은 무시한다.)

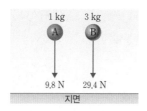

과정 ❶ 그림은 일정한 속력으로 운동하는 공의 위치를 1초 간격으로 찍은 사진을 나타낸 것이다.

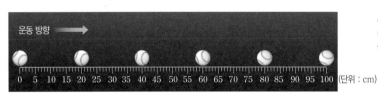

운동 방향 ➡

0 5 10 15 20 25 30 35 40 45 50 55 60 65 70 75 80 85 90 95 100 (단위 : cm)

> **탐구 시 유의점**
> • 구간 이동 거리의 단위를 cm에서 m로 바꾸어 속력의 단위를 계산한다.
> • 표에서 구한 속력은 평균값이므로 그래프로 나타낼 때는 중앙에 표시한다.

일반적으로 속력의 단위는 m/s를 사용해~

❷ 공의 처음 위치에서 1초, 2초, … 지난 후의 이동 거리를 표에 기록한다.
❸ 각 구간 이동 거리와 속력을 계산하여 표에 기록한다.
❹ 공의 시간에 따른 이동 거리와 시간에 따른 속력을 그래프로 나타낸다.

결과

시간(s)	0	1	2	3	4	5
이동 거리(cm)	0	20	40	60	80	100

시간(s)	0~1	1~2	2~3	3~4	4~5
구간 이동 거리(cm)	20	20	20	20	20
속력(m/s)	0.2	0.2	0.2	0.2	0.2

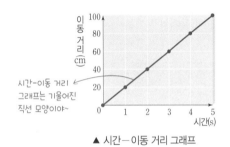

시간-이동 거리 그래프는 기울어진 직선 모양이야~

▲ 시간-이동 거리 그래프

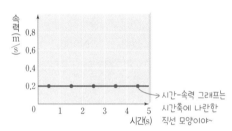

시간-속력 그래프는 시간축에 나란한 직선 모양이야~

▲ 시간-속력 그래프

정리 • 등속 운동을 하는 물체의 이동 거리는 시간에 비례하여 일정하게 증가한다.
• 등속 운동을 하는 물체의 속력은 시간에 관계없이 일정하다.

정답과 해설 32쪽

탐구 알약

01 위 실험에 대한 설명으로 옳은 것은 ○, 옳지 <u>않은</u> 것은 ×로 표시하시오.

(1) 시간 – 이동 거리 그래프에서 기울기가 의미하는 것은 속력이다. ( )

(2) 시간 – 속력 그래프에서 기울기가 의미하는 것은 이동 거리이다. ( )

(3) 등속 운동은 속력이 일정한 운동이다. ( )

(4) 등속 운동을 하는 물체의 이동 거리는 시간에 비례하여 증가한다. ( )

서술형

02 표는 등속 운동을 하는 두 물체 A와 B의 시간에 따른 처음 위치로부터의 이동 거리를 기록하여 나타낸 것이다.

시간(s)	0	1	2	3	4	5
A의 이동 거리(cm)	0	40	80	120	160	200
B의 이동 거리(cm)	0	30	60	90	120	150

A와 B 중 시간-이동 거리 그래프로 나타냈을 때 기울기가 더 크게 나타나는 것은 어느 것인지 쓰고, 그렇게 생각한 까닭을 서술하시오.

 KEY

속력

질량이 다른 물체의 자유 낙하 운동

과정 ❶ 바닥에 방석을 놓고 쇠구슬과 깃털을 준비한 다음 스마트 기기를 고정하여 촬영 준비를 한다.

쇠구슬   깃털

❷ 공기 중에서 쇠구슬과 깃털을 동시에 낙하시켜 동영상으로 촬영한다.

❸ 그림과 같이 진공 낙하 실험 장치에서 쇠구슬과 깃털을 동시에 낙하시켜 동영상으로 촬영한다.

❹ 촬영한 영상을 관찰하여 바닥에 도달할 때까지의 쇠구슬과 깃털의 모습을 비교한다.

진공 낙하 실험 장치

탐구 시 유의점
• 낙하하는 쇠구슬에 다치지 않도록 주의한다.

결과

공기 중	진공 중
 쇠구슬이 깃털보다 바닥에 먼저 떨어진다.	쇠구슬과 깃털이 바닥에 동시에 떨어진다. ➝진공 중에서 모든 물체는 동시에 떨어져~

진공 낙하 실험 장치
진공인 관으로 되어 있는 낙하 실험 장치

정리 • 공기 중에서는 쇠구슬이 깃털보다 바닥에 먼저 떨어진다.
➡ 물체의 운동 방향으로 중력이 작용하고, 운동 방향과 반대 방향으로 공기 저항력이 작용하므로 공기 저항력을 더 많이 받는 깃털이 쇠구슬보다 더 천천히 떨어진다.
• 진공 중에서는 쇠구슬과 깃털이 바닥에 동시에 떨어진다. ➝쇠구슬에 작용하는 공기 저항은 거의 무시해도 돼~
➡ 공기 저항을 받지 않으므로 쇠구슬과 깃털은 모두 1초에 9.8 m/s씩 빨라지는 운동을 한다.

정답과 해설 32쪽

탐구 알약

03 위 실험에 대한 설명으로 옳은 것은 ○, 옳지 않은 것은 ×로 표시하시오.

(1) 진공 중에서 쇠구슬과 깃털에 작용하는 힘은 중력이다. ·· ( )

(2) 진공 중에서 쇠구슬에 작용하는 힘과 깃털에 작용하는 힘은 같다. ···························· ( )

(3) 진공 중에서 낙하하는 동안 쇠구슬과 깃털의 속력이 증가하는 정도는 같다. ················· ( )

(4) 진공 중에서 질량이 다른 두 물체가 같은 높이에서 동시에 자유 낙하 운동을 하면 질량이 큰 물체가 먼저 떨어진다. ···························· ( )

04 위 실험에서 진공 중 쇠구슬의 운동을 나타낸 시간-속력 그래프로 옳은 것은?

①

②

③

④

⑤

유형 ① 속력

다음 중 속력이 가장 빠른 것은?

① 300 m를 2분 만에 뛰어간 사람
② 0.4 km를 10초 동안 이동한 야구공
③ 9 km를 이동하는 데 5분이 걸린 자동차
④ 10 cm를 이동하는 데 50초가 걸리는 애벌레
⑤ 504 km를 이동하는 데 4시간이 걸린 고속 열차

단위가 다른 속력을 비교하는 문제가 자주 출제돼! 이때 서로 다른 단위를 통일시켜 준 다음 속력을 비교하자~!

① 300 m를 2분 만에 뛰어간 사람
$$\rightarrow \frac{300\ m}{2분} = \frac{300\ m}{120\ s} = 2.5\ m/s$$

②0.4 km를 10초 동안 이동한 야구공
$$\rightarrow \frac{0.4\ km}{10\ s} = \frac{400\ m}{10\ s} = 40\ m/s$$

③ 9 km를 이동하는 데 5분이 걸린 자동차
$$\rightarrow \frac{9\ km}{5분} = \frac{9000\ m}{300\ s} = 30\ m/s$$

④ 10 cm를 이동하는 데 50초가 걸리는 애벌레
$$\rightarrow \frac{10\ cm}{50초} = \frac{0.1\ m}{50\ s} = 0.002\ m/s$$

⑤ 504 km를 이동하는 데 4시간이 걸린 고속 열차
$$\rightarrow \frac{504\ km}{4시간} = \frac{504000\ m}{14400\ s} = 35\ m/s$$

답 : ②

$$속력 = \frac{이동\ 거리}{시간},\ 속력을\ 비교할\ 때는\ 단위를\ 같게!$$

유형 ② 다중 섬광 사진

그림은 굴러가는 공의 운동을 기록한 다중 섬광 사진을 나타낸 것이다.

10 cm 20 cm 30 cm 40 cm 50 cm

이 공의 시간−속력 그래프로 옳은 것은?

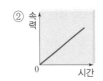

다중 섬광 사진을 보고 물체의 운동을 분석하는 문제가 출제돼! 다중 섬광 사진을 정확하게 분석하도록 연습하는 것이 필요해!!

→ 공 사이의 간격이 일정하므로 공은 속력이 일정한 운동을 하고 있어! ①~⑤ 중에서 속력이 일정한 운동의 그래프는 ③이지~!

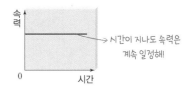
→ 시간이 지나도 속력은 계속 일정해!

답 : ③

다중 섬광 사진에서 물체의 간격 일정 ⇨ 등속 운동

유형 클리닉

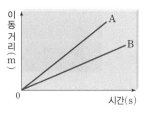

유형 ③ 등속 운동

그림은 직선상에서 운동하는 물체 A와 B의 시간에 따른 이동 거리를 그래프로 나타낸 것이다. 이에 대한 설명으로 옳지 <u>않은</u> 것은?

① A와 B는 등속 운동을 한다.
② A가 B보다 빠르게 운동한다.
③ 시간이 지날수록 A와 B 사이의 거리는 멀어진다.
④ 그래프의 기울기는 속력을 나타낸다.
⑤ 그래프의 넓이는 속력 변화를 나타낸다.

등속 운동에서 시간－이동 거리 그래프를 분석하는 문제가 자주 출제돼! 따라서 그래프를 분석하여 등속 운동의 특징에 대해서 꼼꼼히 알아두자~!

① A와 B는 등속 운동을 한다.
→ A와 B의 시간－이동 거리 그래프는 모두 원점을 지나는 기울어진 직선 모양이고, A와 B는 직선상에서 운동하므로 등속 운동을 해~

② A가 B보다 빠르게 운동한다.
→ A가 B보다 시간－이동 거리 그래프의 기울기가 더 크기 때문에 A가 B보다 빠르게 운동한다는 것을 알 수 있어~

③ 시간이 지날수록 A와 B 사이의 거리는 멀어진다.
→ 그래프 사이의 간격이 점점 벌어지므로 A와 B 사이의 거리는 멀어질 거야!

④ 그래프의 기울기는 속력을 나타낸다.
→ 시간－이동 거리 그래프에서 기울기는 물체의 속력이라고 배웠었지? 기울기 $=\dfrac{y축의 \ 변화량}{x축의 \ 변화량}$에서 x축은 시간, y축은 이동 거리, $\dfrac{이동 \ 거리}{시간}=$속력!

⑤ 그래프의 넓이는 속력 변화를 나타낸다.
→ 시간－이동 거리 그래프의 넓이가 나타내는 물리량은 없어!

답 : ⑤

$$시간 － 이동 \ 거리 \ 그래프의 \ 기울기 =\dfrac{이동 \ 거리}{시간}=속력$$

유형 ④ 자유 낙하 운동

그림은 공중에 가만히 놓은 공의 운동을 일정한 시간 간격으로 촬영한 모습을 나타낸 것이다. 이 공의 운동에 대한 설명으로 옳은 것을 │보기│에서 모두 고른 것은? (단, 공기 저항은 무시한다.)

운동 방향

│ 보기 │
ㄱ. 공의 질량이 클수록 빨리 떨어진다.
ㄴ. 공의 운동 방향으로 중력이 작용한다.
ㄷ. 공의 속력은 아래로 내려갈수록 일정하게 증가한다.

① ㄱ
② ㄷ
③ ㄱ, ㄴ
④ ㄴ, ㄷ
⑤ ㄱ, ㄴ, ㄷ

자유 낙하 운동을 하는 물체의 특징에 대한 문제가 출제돼~ 등속 운동과 비교하여 잘 알아두자!

ㄱ. 공의 질량이 클수록 빨리 떨어진다.
→ 자유 낙하 운동을 하는 물체의 속력 변화는 질량에 관계없이 일정해!

ㄴ. 공의 운동 방향으로 중력이 작용한다.
→ 공의 운동 방향으로 중력이 작용해~! 그래서 속력이 일정하게 증가하는 거지!

ㄷ. 공의 속력은 아래로 내려갈수록 일정하게 증가한다.
→ 자유 낙하 운동을 하는 물체는 속력이 1초마다 9.8 m/s씩 일정하게 증가해~!

답 : ④

자유 낙하 운동을 하는 물체는 시간에 따라 속력이 일정하게 증가!

❶ 운동의 기록

01 다음은 속력을 계산하는 식을 나타낸 것이다.

속력=(A)

A에 들어갈 식으로 옳은 것은?

① $\dfrac{\text{이동 방향}}{\text{걸린 시간}}$　② $\dfrac{\text{이동 거리}}{\text{걸린 시간}}$　③ $\dfrac{\text{이동 방향}}{\text{이동 거리}}$

④ $\dfrac{\text{걸린 시간}}{\text{이동 거리}}$　⑤ 걸린 시간×이동 거리

02 36 km/h는 몇 m/s인가?

① 1 m/s　　② 10 m/s　　③ 15 m/s
④ 20 m/s　　⑤ 25 m/s

03 600 m를 가는 데 10분이 걸린 사람의 속력은 몇 m/s
인가?

① 1 m/s　　② 6 m/s　　③ 10 m/s
④ 30 m/s　　⑤ 60 m/s

04 10 m/s의 일정한 속력으로 달리는 자동차가 1분 동안
이동한 거리는 몇 m인가?

① 10 m　　② 60 m　　③ 90 m
④ 500 m　　⑤ 600 m

05 ★중요 다음 운동을 속력이 빠른 것부터 순서대로 옳게 나열한
것은?

(가) 100 m를 10초에 달린 사람
(나) 5초 동안 1700 m를 간 소리
(다) 2시간 동안 144 km를 이동한 자동차

① (가)-(나)-(다)　　② (가)-(다)-(나)
③ (나)-(가)-(다)　　④ (나)-(다)-(가)
⑤ (다)-(가)-(나)

06 ★중요 그림은 수평면 위에서 운동하고 있는 공을 0.1초 간격
으로 찍은 다중 섬광 사진을 나타낸 것이다.

이 공의 속력은?

① 2 cm/s　　② 20 cm/s　　③ 1 m/s
④ 2 m/s　　⑤ 20 m/s

❷ 등속 운동

07 등속 운동에 대한 설명으로 옳은 것은?

① 속력이 일정하게 빨라지는 운동이다.
② 속력이 일정하게 느려지는 운동이다.
③ 운동 방향이 매 순간 변하는 운동이다.
④ 물체의 이동 거리가 시간에 관계없이 일정하다.
⑤ 물체의 이동 거리가 시간에 비례하여 증가한다.

08 그림은 직선 도로를 달리고 있는 자동차의 위치를 12시
10분부터 5초 간격으로 나타낸 것이다.

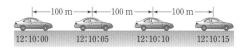

이에 대한 설명으로 옳은 것을 |보기|에서 모두 고른 것은?

보기
ㄱ. 자동차의 속력은 20 m/s이다.
ㄴ. 자동차는 등속 운동을 하고 있다.
ㄷ. 자동차가 20초 동안 이동한 거리는 300 m이다.

① ㄱ　　　② ㄷ　　　③ ㄱ, ㄴ
④ ㄴ, ㄷ　　⑤ ㄱ, ㄴ, ㄷ

[09~10] 그림은 어떤 물체의 운동을 시간-속력 그래프와 시간-이동 거리 그래프로 각각 나타낸 것이다.

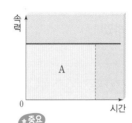 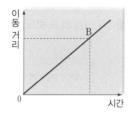

09 시간-속력 그래프의 넓이(A)와 시간-이동 거리 그래프의 기울기(B)가 나타내는 것을 옳게 짝지은 것은?

	A	B		A	B
①	질량	속력	②	질량	이동 거리
③	속력	질량	④	속력	이동 거리
⑤	이동 거리	속력			

10 이 물체와 같은 운동을 하는 것으로 옳은 것은?

① 바람에 날리는 낙엽
② 연직 위로 던져 올린 공
③ 운동장에서 굴러가는 공
④ 빗면을 굴러 내려오는 쇠구슬
⑤ 에스컬레이터를 타고 내려오는 사람

11 그림은 직선상에서 운동하는 어떤 물체의 시간에 따른 속력을 나타낸 것이다. 이에 대한 설명으로 옳은 것을 |보기| 에서 모두 고른 것은?

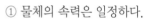

> **보기**
> ㄱ. 4초일 때 물체의 속력은 40 m/s이다.
> ㄴ. 시간이 지나도 이동 거리는 변하지 않는다.
> ㄷ. 처음 4초 동안 물체가 이동한 거리는 160 m이다.

① ㄱ   ② ㄴ   ③ ㄱ, ㄷ
④ ㄴ, ㄷ   ⑤ ㄱ, ㄴ, ㄷ

12 그림은 직선상에서 같은 방향으로 운동하는 물체 A와 B의 시간에 따른 이동 거리를 나타낸 것이다. 이에 대한 설명으로 옳지 않은 것은?

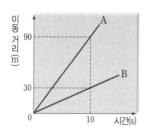

① A가 10초 동안 이동한 거리는 90 m이다.
② B의 속력은 3 m/s이다.
③ A는 B보다 빠르게 운동한다.
④ A와 B는 속력이 증가하는 운동을 한다.
⑤ 10초일 때 A와 B 사이의 거리는 60 m이다.

❸ 자유 낙하 운동

[13~14] 그림은 높은 곳에서 자유 낙하하는 물체의 모습을 나타낸 것이다. (단, 공기 저항은 무시한다.)

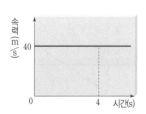

13 이 물체의 운동에 대한 설명으로 옳은 것은?

① 물체의 속력은 일정하다.
② 물체의 질량이 클수록 빨리 떨어진다.
③ 물체에는 일정한 크기의 힘이 계속 작용한다.
④ 물체의 이동 거리는 시간에 따라 일정하게 증가한다.
⑤ 무빙워크나 컨베이어는 이와 같은 운동을 한다.

14 이 물체의 운동을 나타낸 그래프로 옳은 것은?

 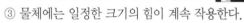

15 진공 중에서 낙하하는 물체의 운동에 대한 설명으로 옳은 것은?

① 운동 방향으로 힘이 작용한다.
② 질량이 클수록 속력 변화가 크다.
③ 시간이 지날수록 작용하는 힘이 커진다.
④ 표면적이 클수록 낙하하는 속력이 크다.
⑤ 운동 방향과 반대 방향으로 중력이 작용한다.

16 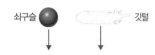 그림은 쇠구슬과 깃털을 같은 높이에서 동시에 떨어뜨리는 모습을 나타낸 것이다.

이에 대한 설명으로 옳은 것을 |보기|에서 모두 고른 것은? (단, 공기 저항은 무시한다.)

> | 보기
> ㄱ. 두 물체의 속력은 일정하게 증가한다.
> ㄴ. 쇠구슬과 깃털은 지면에 동시에 떨어진다.
> ㄷ. 쇠구슬이 받는 중력의 크기는 깃털이 받는 중력의 크기보다 크다.

① ㄱ   ② ㄷ   ③ ㄱ, ㄴ
④ ㄴ, ㄷ   ⑤ ㄱ, ㄴ, ㄷ

17 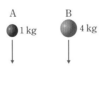 그림과 같이 질량이 1 kg인 물체 A와 질량이 4 kg인 물체 B를 같은 높이에서 동시에 떨어뜨렸다. 이에 대한 설명으로 옳은 것은? (단, 공기 저항은 무시한다.)

① A와 B는 동시에 떨어진다.
② A가 먼저 떨어진다.
③ B가 먼저 떨어진다.
④ A와 B에 작용하는 중력의 크기는 같다.
⑤ 물체의 형태에 따라 떨어지는 속력이 달라진다.

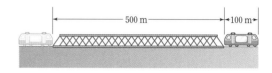
서술형 문제

18 그림과 같이 길이가 100 m인 기차가 길이가 500 m인 다리를 20 m/s의 속력으로 통과하였다.

기차가 다리를 완전히 통과하는 데 걸린 시간은 몇 초인지 구하고, 풀이 과정을 서술하시오.

KEY
          이동 거리

19 그림은 물체 A~C의 시간에 따른 이동 거리를 나타낸 것이다.

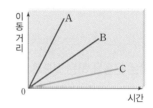

속력이 작은 것부터 순서대로 기호를 나열하고, 그렇게 생각한 까닭을 서술하시오.

KEY
          기울기

20 그림 (가)와 (나)는 어떤 물체의 시간-속력 그래프를 나타낸 것이다.

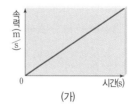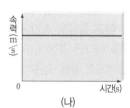
(가)   (나)

(가)와 (나)는 각각 어떤 운동을 나타내는 그래프인지 쓰고, 그렇게 생각한 까닭을 서술하시오.

KEY
          등속 운동, 자유 낙하 운동

21 그림과 같이 풍식이가 등산을 할 때, 산의 정상까지는 10 km/h의 속력으로 올라갔다가 다시 15 km/h의 속력으로 내려왔다.

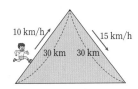

이때 풍식이의 평균 속력은 몇 km/h인가?

① 12 km/h   ② 15 km/h   ③ 25 km/h

④ 30 km/h   ⑤ 60 km/h

22 표는 직선상에서 운동하는 어떤 자동차의 시간에 따른 이동 거리를 나타낸 것이다.

시간(h)	1	2	3	4	5	6
이동 거리(km)	40	80	120	160	200	240

이 자동차의 운동을 나타낸 그래프로 옳은 것을 모두 고르면?

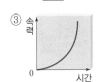

23 그림은 어떤 물체의 운동을 시간과 속력의 관계 그래프로 나타낸 것이다.

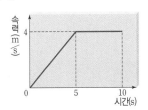

5초~10초 동안 이 물체가 이동한 거리는 몇 m인가?

① 5 m   ② 10 m   ③ 20 m

④ 25 m   ⑤ 30 m

24 그림 (가)와 (나)는 물체 A~D의 이동 거리와 속력을 시간에 따라 각각 그래프로 나타낸 것이다.

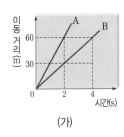 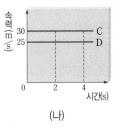

(가)   (나)

이에 대한 설명으로 옳은 것은?

① A와 B는 속력이 빨라지는 운동을 한다.

② A와 C가 0초~2초 동안 이동한 거리는 같다.

③ B와 D의 속력은 같다.

④ C의 속력은 A의 2배이다.

⑤ D의 경우 이동 거리는 시간에 반비례한다.

25 그림 (가)와 (나)는 공기 중과 진공 중에서 각각 쇠구슬과 깃털이 낙하하는 모습을 순서 없이 나타낸 것이다. 이에 대한 설명으로 옳은 것을 l 보기 l에서 모두 고른 것은?

(가)   (나)

┌─ 보기 ─────────────────────
ㄱ. (가)는 공기 중, (나)는 진공 중이다.

ㄴ. (가)에서는 깃털이 쇠구슬보다 공기 저항의 영향을 더 크게 받는다.

ㄷ. (나)에서는 쇠구슬과 깃털에 아무런 힘도 작용하지 않는다.
└────────────────────────────

① ㄱ   ② ㄴ   ③ ㄷ

④ ㄱ, ㄴ   ⑤ ㄴ, ㄷ

2 일과 에너지

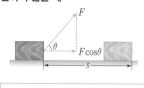

- 과학에서의 일의 의미를 설명할 수 있다.
- 중력에 대한 일을 위치 에너지, 중력이 한 일을 운동 에너지로 설명할 수 있다.

❶ 과학에서의 일

1 과학에서의 일 : 물체에 힘이 작용하여 그 힘의 방향으로 물체를 이동시키는 것
 수레 밀기, 물체를 위로 들어 올리기 등

2 일의 양(W) : 물체에 작용한 힘의 크기(F)와 물체가 힘의 방향으로 이동한 거리(s)의 곱으로 구한다.

> 일(J)=힘(N)×이동 거리(m), W=F×s

(1) **작용한 힘의 크기가 같을 때** : 물체의 이동 거리가 길수록 물체에 한 일의 양이 많다.

(2) **물체의 이동 거리가 같을 때** : 작용한 힘의 크기가 클수록 물체에 한 일의 양이 많다.

(3) **일의 단위** : J(줄) → 1 J은 물체에 1 N의 힘이 작용하여 힘의 방향으로 1 m만큼 이동시킬 때 한 일의 양이야~!

> **예제** 그림에서 힘이 10 N, 물체의 이동 거리가 3 m일 때 한 일의 양은 몇 J인가?
> ➡ 일(J)=힘(N)×이동 거리(m)=10 N×3 m=30 J 답 30 J

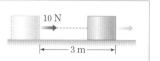

3 과학에서 일을 하지 않은 경우(=일의 양이 0인 경우) → 힘의 방향으로 물체의 이동 거리가 ()이야!

물체에 작용한 힘이 0일 때	물체가 이동한 거리가 0일 때	힘의 방향과 물체의 이동 방향이 수직일 때
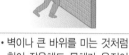		
• 마찰이 없는 수평면에서 물체가 등속 운동을 할 때 • 무중력 상태인 우주 공간에서 우주선이 등속 운동을 할 때	• 벽이나 큰 바위를 미는 것처럼 힘이 작용해도 물체가 움직이지 않을 때 • 역기를 들고 가만히 서 있을 때	• 책 등의 물건을 들고 수평 방향으로 걸어갈 때 • 인공위성과 같이 등속 원운동을 할 때

❷ 일과 에너지의 관계 물체가 가진 에너지의 양=물체가 할 수 있는 일의 양

1 에너지

(1) **에너지** : 일을 할 수 있는 능력

(2) **에너지의 단위** : J(줄) 일의 단위와 같은 J(줄)을 사용해~

2 일과 에너지의 관계 : 에너지는 일로, 일은 에너지로 전환될 수 있다.

(1) **물체가 일을 했을 때** : 한 일의 양만큼 물체의 에너지가 감소한다.

(2) **물체에 일을 해 주었을 때** : 물체에 해 준 일의 양만큼 물체의 에너지가 증가한다.

(3) **일이 에너지로 전환되는 예**

쇼트트랙		역도	
	뒤에 있는 쇼트트랙 선수가 앞 선수에게 힘을 주어 미는 일을 하면 앞에 있는 선수의 에너지가 증가한다.		역도 선수가 힘을 주어 역기를 들어 올리는 일을 하면 역기의 에너지가 증가한다.

비타민

힘의 방향과 물체의 이동 방향이 나란하지 않을 때

> $W=F\cos\theta \times s$

물체에 작용한 힘과 물체의 이동 방향이 나란하지 않은 경우 물체를 이동시킨 일의 양은 물체가 이동한 방향으로 작용한 힘의 크기만 고려하여 계산한다.

J(줄)

1 N의 힘이 작용하여 힘과 같은 방향으로 물체를 1 m만큼 움직일 때에 한 일의 양으로, 줄의 명칭은 영국의 물리학자 줄의 이름에서 유래되었다.

과학에서 일을 하지 않은 경우

- 힘이 0일 때 : 물체가 이동하더라도 물체에 작용한 힘이 0이면 일의 양은 0이다.
- 물체가 이동한 거리가 0일 때 : 물체에 힘이 작용하더라도 물체가 이동하지 않으면 이동 거리가 0이므로 일의 양은 0이다.
- 힘의 방향과 물체의 이동 방향이 수직일 때 : 물체가 힘의 방향으로 이동한 거리가 0이므로 일의 양은 0이다.

힘과 이동 거리의 관계 그래프

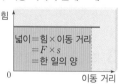

▲ 힘의 크기가 일정할 때

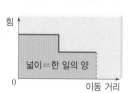

▲ 힘의 크기가 일정하지 않을 때

이동 거리–힘 그래프 아랫부분의 넓이는 힘과 이동 거리의 곱이므로 한 일의 양을 나타낸다.

필수 비타민

일과 에너지

일 — 힘×이동 거리
↓전환
에너지 — 일을 할 수 있는 능력

중력에 의한 위치 에너지 — 질량과 높이에 비례

운동 에너지 — 질량과 (속력)^{2}에 비례

용어 & 개념 체크

❶ 과학에서의 일

01 과학에서는 물체에 힘이 작용하여 물체가 □□ □□으로 이동했을 때 일을 했다고 한다.

02 물체에 한 일의 양은 물체에 작용한 힘의 크기와 힘의 방향으로 물체의 □□ □□의 곱으로 구한다.

03 힘의 방향과 물체의 이동 방향이 □□일 경우 물체가 힘의 방향으로 이동한 거리가 0이므로 일의 양은 □이다.

❷ 일과 에너지의 관계

04 □□□는 일을 할 수 있는 능력을 말한다.

05 물체에 일을 했을 때 물체에 한 일의 양만큼 물체의 에너지가 □□한다.

---

01 과학에서의 일을 한 경우에는 ○, 일을 하지 않은 경우에는 ×로 표시하시오.

(1) 1층에 있는 책상을 2층으로 옮겼다. ⋯⋯⋯⋯⋯⋯⋯⋯⋯⋯⋯ (   )

(2) 무게가 1 N인 깡통을 10분 동안 둥글게 돌렸다. ⋯⋯⋯⋯⋯⋯ (   )

(3) 과학실 탁자를 수평 방향으로 밀어 2 m를 옮겼다. ⋯⋯⋯⋯⋯ (   )

(4) 질량이 0.5 kg인 가방을 1시간 동안 들고 서 있었다. ⋯⋯⋯ (   )

02 다음은 물체에 한 일의 양을 나타낸 것이다. 빈칸에 알맞은 단위를 쓰시오.

일＝힘×이동 거리 ➡ 일(㉠   )＝힘(㉡   )×이동 거리(m)

03 다음은 과학에서의 일의 양이 0인 경우에 대한 설명을 나타낸 것이다. 빈칸에 알맞은 말을 쓰시오.

물체에 작용한 힘의 크기가 (㉠   )일 때, 힘을 받은 물체의 이동 거리가 (㉡   )일 때, 작용한 힘의 방향과 물체의 이동 방향이 (㉢   )일 때 과학에서의 일의 양은 0이다.

04 그림과 같이 질량이 50 kg인 물체에 15 N의 일정한 힘을 작용하여 6 m 이동시켰을 때, 한 일의 양은 몇 J인지 구하시오.

05 물체가 처음 가진 에너지가 10 J이었고, 이 물체에 20 J의 일을 해 주었을 때 물체의 에너지는 몇 J인지 구하시오.

06 과학에서의 일과 에너지에 대한 설명으로 옳은 것은 ○, 옳지 않은 것은 ×로 표시하시오.

(1) 일의 양을 나타내는 단위로 J(줄)을 사용한다. ⋯⋯⋯⋯⋯⋯⋯ (   )

(2) 힘의 방향과 물체의 이동 방향이 수직일 경우 일의 양은 0이다. ⋯⋯⋯ (   )

(3) 에너지는 일로, 일은 에너지로 전환될 수 있다. ⋯⋯⋯⋯⋯⋯ (   )

(4) 물체가 일을 했을 때 한 일의 양만큼 물체의 에너지가 증가한다. ⋯⋯⋯ (   )

02 일과 에너지

❸ 중력에 의한 위치 에너지

> 물체를 들어 올릴 때 중력에 대해 한 일은 물체의 중력에 의한 위치 에너지와 같아~!

1 중력에 대해 한 일(물체를 들어 올릴 때 한 일)

(1) 물체를 일정한 속력으로 들어 올리기 위해서는 중력과 크기가 같고 방향이 반대인 힘이 물체에 계속 작용해야 한다.

(2) 작용한 힘은 물체의 무게와 같으므로 중력에 대해 한 일의 양은 물체의 무게와 물체를 들어 올린 높이의 곱으로 구한다.

▲ 중력에 대해 한 일

$$중력에 대해 한 일(J) = 물체의 무게(N) \times 들어 올린 높이(m)$$
$$= 9.8 \times 질량 \times 들어 올린 높이$$
$$= 9.8mh$$

2 중력에 의한 위치 에너지 : 중력이 작용하는 곳의 어떤 높이에 있는 물체가 가지는 에너지

(1) **중력에 의한 위치 에너지의 크기** : 질량이 $m(\mathrm{kg})$인 물체를 $h(\mathrm{m})$만큼 들어 올릴 때 한 일의 양

$$중력에 의한 위치 에너지(J) = 9.8 \times 질량(kg) \times 높이(m)$$
$$E_{위치} = 9.8mh \ (단위 : J)$$
> 물체의 무게(N)

(2) **중력에 의한 위치 에너지의 예** : 수력 발전, 디딜방아, 널뛰기 등

3 중력에 의한 위치 에너지와 질량 및 높이의 관계

(1) 물체를 들어 올리려면 물체의 무게만큼의 힘이 작용해야 하므로 물체의 중력에 의한 위치 에너지는 무게(질량)와 들어 올린 높이에 각각 비례한다.

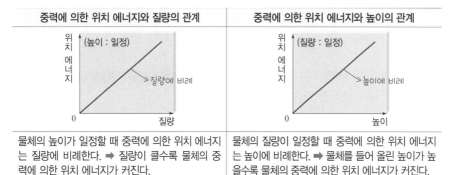

중력에 의한 위치 에너지와 질량의 관계	중력에 의한 위치 에너지와 높이의 관계
물체의 높이가 일정할 때 중력에 의한 위치 에너지는 질량에 비례한다. ➡ 질량이 클수록 물체의 중력에 의한 위치 에너지가 커진다.	물체의 질량이 일정할 때 중력에 의한 위치 에너지는 높이에 비례한다. ➡ 물체를 들어 올린 높이가 높을수록 물체의 중력에 의한 위치 에너지가 커진다.

(2) **추의 중력에 의한 위치 에너지** : 추의 높이가 높을수록, 추의 질량이 클수록 말뚝이 깊이 박힌다. — 추는 중력에 의한 위치 에너지만큼 말뚝에 일을 하지!

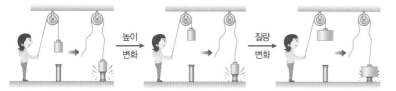

4 중력에 의한 위치 에너지와 일의 관계 : 중력에 의한 위치 에너지는 일로, 일은 중력에 의한 위치 에너지로 서로 전환된다.

물체에 일을 해 줄 때	물체가 일을 할 때
물체에 해 준 일의 양만큼 물체의 중력에 의한 위치 에너지가 증가한다. ↘ 물체를 들어 올릴 때 한 일 = 물체의 증가한 위치 에너지	물체가 한 일의 양만큼 물체의 중력에 의한 위치 에너지가 감소한다. ↘ 물체가 낙하할 때 한 일 = 물체의 감소한 위치 에너지
📗 돌에 힘을 주어 높은 곳으로 옮기면 돌에 해 준 일만큼 돌의 중력에 의한 위치 에너지가 증가한다.	📗 돌이 떨어지면서 아래에 있는 말뚝을 박을 때 한 일만큼 돌의 중력에 의한 위치 에너지가 감소한다.

⊖ 비타민

중력에 의한 위치 에너지의 단위
일의 단위와 같은 J(줄)을 사용한다.

기준면에 따른 중력에 의한 위치 에너지

- 기준면이 지면일 때
  ➡ $E_{위치} = 9.8mh_1$
- 기준면이 베란다일 때
  ➡ $E_{위치} = 9.8m(h_1 - h_2)$
- 기준면이 옥상일 때
  ➡ $E_{위치} = 9.8m \times 0 = 0$

중력에 의한 위치 에너지의 이용 예

- 수력 발전 : 높은 곳에 있던 물이 낙하를 하며 터빈을 돌려 전기 에너지를 생산한다.
- 디딜방아 : 높이 들어 올려진 공이의 중력에 의한 위치 에너지를 이용하여 곡식을 찧는다.

중력에 의한 위치 에너지와 질량 및 높이의 관계

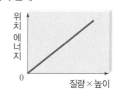

중력에 의한 위치 에너지는 물체의 질량과 높이의 곱에 비례한다.

중력에 의한 위치 에너지와 일의 관계

물체를 h만큼 들어 올려서 생긴 중력에 의한 위치 에너지가 $E_{위치}$라면, 이 물체가 다시 낙하할 때는 자신이 가진 에너지인 $E_{위치}$만큼의 일을 할 수 있다.

용어 &개념 체크

❸ 중력에 의한 위치 에너지

06 높은 곳에 있는 물체가 가진 중력에 의한 위치 에너지는 9.8 × 질량 × □□이다.

07 중력에 의한 위치 에너지의 크기는 높이가 일정할 때 물체의 □□에 비례한다.

08 중력에 의한 위치 에너지의 크기는 물체의 질량이 일정할 때 □□에 비례한다.

09 물체가 낙하할 때 한 일은 물체의 □□한 중력에 의한 위치 에너지와 같다.

07 중력에 의한 위치 에너지에 대한 설명으로 옳은 것은 ○, 옳지 않은 것은 ×로 표시하시오.

(1) 물체에는 지구의 중심 방향으로 중력이 작용하고 있으므로 물체를 들어 올리려면 중력보다 작은 힘이 작용해야 한다. .... ( )

(2) 물체의 높이가 일정할 때 중력에 의한 위치 에너지는 질량에 비례한다. .. ( )

(3) 물체의 질량이 일정할 때 중력에 의한 위치 에너지는 높이의 제곱에 비례한다.
.... ( )

(4) 물체를 들어 올릴 때는 중력에 대해 일을 한다. .... ( )

08 그림과 같이 질량이 10 kg인 공이 지면으로부터 2 m 높이에 있을 때, 이 공이 떨어지면서 지면에 할 수 있는 일의 양은 몇 J인지 구하시오. (단, 질량이 1 kg인 물체의 무게는 9.8 N이다.)

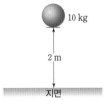

09 | 보기 |에서 일을 많이 한 것부터 순서대로 나열하시오.

┌─ 보기 ───┐
ㄱ. 질량이 1 kg인 물체를 0.5 m 높이까지 들어 올렸다.
ㄴ. 질량이 2 kg인 물체에 1 N의 힘을 작용하여 힘의 방향으로 3 m 이동시켰다.
ㄷ. 질량이 3 kg인 물체를 3시간 동안 들고 서 있었다.
└──┘

10 그림과 같이 질량이 5 kg인 화분을 들고 A 지점에서 B 지점을 거쳐 C 지점까지 이동하였다.

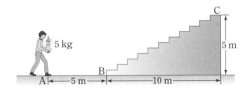

화분에 한 일의 양은 몇 J인지 구하시오.

11 다음은 추의 중력에 의한 위치 에너지와 질량 및 높이의 관계를 나타낸 것이다. 빈칸에 알맞은 말을 쓰시오.

┌───┐
추의 질량이 (㉠   )수록, 추의 높이가 (㉡   )수록 말뚝이 깊이 박힌다.
└───┘

2 일과 에너지

④ 운동 에너지

1 운동 에너지 : 운동하는 물체가 가지는 에너지

(1) **운동 에너지의 크기** : 질량이 $m(\text{kg})$인 물체가 속력 $v(\text{m/s})$로 운동하고 있을 때 가지는 운동 에너지

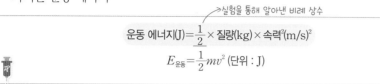

→실험을 통해 알아낸 비례 상수

$$운동 에너지(J) = \frac{1}{2} \times 질량(\text{kg}) \times 속력^2(\text{m/s})^2$$

$$E_{운동} = \frac{1}{2}mv^2 \ (단위 : J)$$

(2) **운동 에너지의 예** : 풍력 발전, 파력 발전, 볼링, 당구 등
→구르는 공의 운동 에너지를 이용하여
다른 공을 밀어내는 거지~

2 운동 에너지와 질량 및 속력의 관계

(1) 물체의 운동 에너지는 물체의 질량이 클수록, 속력이 빠를수록 크다.

운동 에너지와 질량의 관계	운동 에너지와 (속력)²의 관계
(속력 : 일정) 질량에 비례	(질량 : 일정) 속력의 제곱에 비례
물체의 속력이 일정할 때 운동 에너지는 질량에 비례한다. ➡ 질량이 클수록 물체의 운동 에너지가 커진다.	물체의 질량이 일정할 때 운동 에너지는 (속력)²에 비례한다. ➡ 물체의 속력이 빠를수록 물체의 운동 에너지가 커진다.

(2) 운동 에너지와 질량 및 속력의 관계 실험

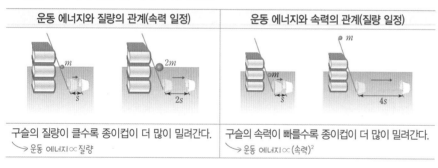

운동 에너지와 질량의 관계(속력 일정)	운동 에너지와 속력의 관계(질량 일정)
구슬의 질량이 클수록 종이컵이 더 많이 밀려간다. → 운동 에너지∝질량	구슬의 속력이 빠를수록 종이컵이 더 많이 밀려간다. → 운동 에너지∝(속력)²

(3) **수레의 운동 에너지와 나무 도막에 한 일** : 나무 도막의 이동 거리는 수레의 운동 에너지에 비례한다. ➡ 수레의 운동 에너지＝수레가 나무 도막에 한 일

3 운동 에너지와 중력이 한 일(물체가 자유 낙하 할 때 한 일)의 관계 : 물체가 중력의 방향으로 떨어진 높이를 측정하면 중력이 물체에 한 일을 알 수 있다.

(1) 중력이 한 일의 양은 중력의 크기와 물체가 떨어진 높이의 곱으로 구한다.

$$중력이 한 일(J) = 중력(N) \times 떨어진 높이(m)$$

(2) 물체의 질량이 클수록, 물체가 낙하한 거리가 길수록 중력이 물체에 한 일의 양이 많아지므로 물체의 운동 에너지가 커진다. ➡ 중력이 물체에 한 일이 물체의 운동 에너지로 전환된다.

⊖ 비타민

운동 에너지의 단위
일의 단위와 같은 J(줄)을 사용한다.

운동 에너지의 크기 측정
에너지는 물리적인 일을 할 수 있는 능력으로, 물체의 에너지를 직접 측정하는 대신 물체가 할 수 있는 일의 양을 측정하여 에너지의 크기를 구할 수 있다.

운동 에너지의 이용 예
• 풍력 발전 : 바람의 운동 에너지를 이용하여 전기 에너지를 생산한다.
• 파력 발전 : 파도의 운동 에너지를 이용하여 전기 에너지를 생산한다.

운동 에너지와 질량 및 속력의 관계

운동 에너지는 물체의 질량과 (속력)²의 곱에 비례한다.

운동 에너지와 일의 관계
수레를 미는 일을 하면 힘이 한 일의 양만큼 수레의 운동 에너지가 증가하고, 운동하는 수레가 나무 도막을 미는 일을 하면 그 일의 양만큼 수레의 운동 에너지가 감소한다. 이와 같이 운동 에너지는 일로, 일은 운동 에너지로 서로 전환된다.

자동차의 제동 거리

• 제동 거리 : 달리고 있던 자동차가 브레이크 페달을 밟는 순간부터 완전히 멈출 때까지의 거리
• 제동 거리와 속력의 관계 : 자동차의 질량을 m, 브레이크를 밟기 전 자동차의 속력을 v라고 하면, $\frac{1}{2}mv^2 =$ 마찰력×제동 거리이다. 따라서 제동 거리는 (속력)²에 비례한다.

용어 &개념 체크

❹ 운동 에너지

10 운동하는 물체가 가지고 있는 에너지인 ◻◻ 에너지는 ◻×질량×(◻◻)²이다.

11 운동 에너지는 물체의 ◻◻에 비례하고, ◻◻의 제곱에 비례한다.

12 정지한 물체에 힘을 가하여 물체를 움직이게 하면 물체의 운동 에너지는 ◻◻한다.

13 자유 낙하 운동을 하는 물체의 질량이 ◻수록, 물체가 낙하한 거리가 ◻수록 물체의 운동 에너지가 증가한다.

12 운동 에너지에 대한 설명으로 옳은 것은 ○, 옳지 <u>않은</u> 것은 ×로 표시하시오.

(1) 물체의 속력이 일정할 때 운동 에너지는 질량에 반비례한다. ──── ( )

(2) 물체의 질량이 일정할 때 운동 에너지는 물체의 속력에 반비례한다. ──── ( )

(3) 중력이 물체에 한 일은 물체의 운동 에너지로 전환된다. ──── ( )

(4) 수력 발전, 디딜방아는 운동 에너지를 이용한 예이다. ──── ( )

13 질량이 2 kg인 물체가 3 m/s의 속력으로 운동하고 있을 때, 물체의 운동 에너지는 몇 J인지 구하시오.

14 그림과 같이 수평면에서 3 m/s의 속력으로 운동하던 질량이 4 kg인 수레가 나무 도막에 충돌한 후 정지하였다.

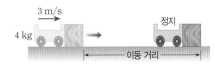

수레가 나무 도막에 한 일의 양은 몇 J인지 구하시오.

15 그림은 수평면 위의 책 사이에 끼워 놓은 자에 수레를 충돌시켜 수레의 운동 에너지를 알아보는 실험을 나타낸 것이나.

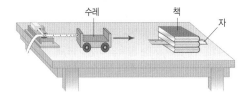

이 실험에서 자의 이동 거리와 비례하는 것을 | 보기 |에서 <u>모두</u> 고르시오.

┌─ **보기** ────────────────────────────────
│ ㄱ. 수레의 질량
│ ㄴ. 수레의 속력
│ ㄷ. 수레의 운동 에너지
└──────────────────────────────────────

16 질량이 0.5 kg인 물체가 정지 상태에서 200 m만큼 자유 낙하 운동을 했을 때, 중력이 한 일의 양은 몇 J인지 구하시오.

17 그림과 같이 질량이 1 kg인 물체가 높은 곳에서 떨어지고 있다. A 지점일 때 속력은 5 m/s, B 지점일 때 속력은 15 m/s이다. B 지점에서의 운동 에너지는 A 지점에서의 운동 에너지의 몇 배인지 구하시오.

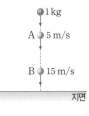

중력에 의한 위치 에너지의 크기

과정

❶ 그림과 같이 추, 자, 말뚝, 스탠드를 사용하여 실험 기구를 설치한다.

❷ 추를 떨어뜨렸을 때 말뚝이 밀려 내려간 이동 거리를 측정한다.

❸ 추의 낙하 높이를 일정하게 하고, 추의 질량을 다르게 하면서 과정 ❷를 반복한다.

❹ 추의 질량을 일정하게 하고, 추의 낙하 높이를 다르게 하면서 과정 ❷를 반복한다.

탐구 시 유의점
추가 말뚝의 중앙에 똑바로 떨어지도록 한다.

결과

1. 추의 낙하 높이가 5 cm로 일정할 때

추의 질량(kg)	0.1	0.2	0.3
말뚝의 이동 거리(cm)	4	8	12

2. 추의 질량이 0.1 kg으로 일정할 때

추의 낙하 높이(cm)	2.5	5.0	7.5
말뚝의 이동 거리(cm)	2	4	6

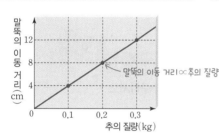

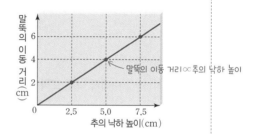

정리

• 추의 낙하 높이가 일정할 때 말뚝의 이동 거리는 추의 질량에 비례한다. ·추의 중력에 의한 위치 에너지∝추의 질량

• 추의 질량이 일정할 때 말뚝의 이동 거리는 추의 낙하 높이에 비례한다. ·추의 중력에 의한 위치 에너지∝추의 낙하 높이

➡ 추의 중력에 의한 위치 에너지는 말뚝의 이동 거리에 비례한다.

➡ 추의 중력에 의한 위치 에너지는 추의 질량과 낙하 높이에 각각 비례한다.

정답과 해설 36쪽

탐구 알약

01 위 실험에 대한 설명으로 옳은 것은 ○, 옳지 않은 것은 ×로 표시하시오.

(1) 추의 중력에 의한 위치 에너지가 말뚝을 밀어내는 일로 전환되는 것을 알 수 있다. ·········· (   )

(2) 말뚝의 이동 거리는 추의 질량에 비례한다. ·········· (   )

(3) 추의 중력에 의한 위치 에너지는 추의 질량에 반비례한다. ·········· (   )

(4) 추의 중력에 의한 위치 에너지는 추의 낙하 높이에 반비례한다. ·········· (   )

(5) 추의 중력에 의한 위치 에너지가 클수록 말뚝이 밀려 내려간 거리가 길어진다. ·········· (   )

02 그림과 같이 무게가 10 N인 추를 20 cm 높이에서 낙하시켰더니 말뚝이 4 cm 이동하였다. 무게가 20 N인 추를 20 cm 높이에서 낙하시켰을 때 말뚝이 이동하는 거리는 몇 cm인가?

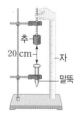

① 4 cm
② 8 cm
③ 10 cm
④ 16 cm
⑤ 20 cm

서술형

03 추의 중력에 의한 위치 에너지의 크기에 영향을 주는 요인에 대해 서술하시오.

KEY

질량, 낙하 높이

생활 속의 중력에 의한 위치 에너지와 운동 에너지

> ❗ 중력에 의한 위치 에너지는 중력이 작용하는 곳의 어떤 높이에 있는 물체가 가지는 에너지라고 배웠고, 운동 에너지는 운동하는 물체가 가지고 있는 에너지라고 배웠지? 우리 주변에서 중력에 의한 위치 에너지와 운동 에너지를 가지고 있는 예에 대해 알아보자~!!

01 중력에 의한 위치 에너지만 가지는 경우

일정한 높이에 있는 물체는 중력에 의한 위치 에너지를 가지는데, 중력에 의한 위치 에너지는 기준면에서 물체의 위치가 변할 때 생기는 에너지니까 중력에 의한 위치 에너지를 설명할 때는 기준면이 어딘지 명확하게 제시해야 해~! 벽에 걸려 있는 액자, 나무에 달린 사과는 기준면이 지면이지~! 또 번지 점프를 하기 위해 번지 점프대 위에 서 있는 사람은 기준면이 지면 또는 수면이야!

벽에 걸려 있는 액자	나무에 달린 사과	번지 점프대 위에 서 있는 사람

※ 기준면에 따른 중력에 의한 위치 에너지 : 중력에 의한 위치 에너지는 기준면에 따라 그 크기가 달라진다. 그림과 같이 바닥에 책상을 놓고 책상 위에 질량이 m인 물체를 올려놓았다.

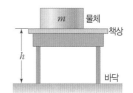

- 책상면이 기준면인 경우 : 높이는 0이다.
  ➡ 중력에 의한 위치 에너지 : 0
- 바닥면이 기준면인 경우 : 높이는 h이다.
  ➡ 중력에 의한 위치 에너지 : $9.8mh$

02 운동 에너지만 가지는 경우

속력이 있는 물체는 운동 에너지를 가져~ 따라서 운동 에너지를 갖는 물체를 찾을 때는 속력이 있는 물체를 찾으면 돼!

풍력 발전기를 돌리는 바람	달리는 자동차	투수가 던진 야구공

03 중력에 의한 위치 에너지와 운동 에너지를 모두 가지는 경우

일정한 높이에서 속력이 있는 물체는 중력에 의한 위치 에너지와 운동 에너지를 모두 가져~!

구분	높은 곳에서 떨어지는 물	날아가는 새	스카이다이빙을 하는 사람
중력에 의한 위치 에너지	물은 높은 곳에 정지해 있을 때와 떨어질 때 중력에 의한 위치 에너지가 있다.	새는 비행 높이가 높아졌다 낮아졌다 하면서 중력에 의한 위치 에너지가 변한다.	사람은 높은 곳에서 떨어지는 동안 중력에 의한 위치 에너지가 있다.
운동 에너지	물은 떨어지는 동안 운동 에너지를 가지고 있다.	날아가는 새는 수평 방향과 수직 방향으로 이동하기 때문에 운동 에너지를 가지고 있다.	사람은 떨어지는 동안 운동 에너지를 가지고 있다.

유형 클리닉

유형 ① 과학에서의 일

그림 (가)는 풍식이가 벽을 미는 모습, (나)는 풍순이가 역기를 들어 올리는 모습, (다)는 장풍이가 깡통을 돌리며 쥐불놀이를 하는 모습을 나타낸 것이다.

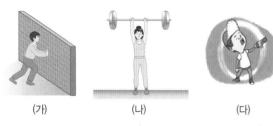

(가)　　　　　(나)　　　　　(다)

이에 대한 설명으로 옳지 <u>않은</u> 것을 <u>모두</u> 고르면?

① (가)에서 풍식이가 벽에 한 일의 양은 0이다.
② (나)에서 풍순이가 역기를 들어 올리는 데 한 일의 양은 0이다.
③ (나)에서 풍순이가 역기를 들고 앞으로 걸어간다면 한 일의 양은 0이다.
④ (다)에서 장풍이가 깡통에 한 일의 양은 0이다.
⑤ (다)에서 장풍이가 깡통에 가하는 힘과 깡통의 운동 방향은 평행하다.

과학에서의 일에 대해 묻는 문제가 출제돼~! 일의 양이 0인 경우를 잘 알아두자!

① (가)에서 풍식이가 벽에 한 일의 양은 0이다.
→ 풍식이가 벽을 밀어 힘을 가하고 있지만 벽이 밀리지 않아 이동 거리가 0이야. 그러니까 풍식이가 벽에 한 일의 양도 0이지!

② (나)에서 풍순이가 역기를 들어 올리는 데 한 일의 양은 0이다.
→ 풍순이가 역기를 들어 올리면 작용한 힘의 방향으로 역기가 이동하지! 따라서 한 일의 양은 0이 아니야!!

③ (나)에서 풍순이가 역기를 들고 앞으로 걸어간다면 한 일의 양은 0이다.
→ 풍순이가 역기를 들고 있는 상태에서 앞으로 걸어간다면 역기에 가하는 힘의 방향은 위쪽, 이동 방향은 앞쪽이야~ 힘의 방향과 이동 방향이 수직이므로 한 일의 양은 0이지~!

④ (다)에서 장풍이가 깡통에 한 일의 양은 0이다.
→ (다)에서 장풍이가 깡통에 가하는 힘과 깡통의 운동 방향은 수직이야~ 그래서 장풍이가 깡통에 한 일의 양도 0인 거야!

⑤ (다)에서 장풍이가 깡통에 가하는 힘과 깡통의 운동 방향은 평행하다.
→ 장풍이가 깡통에 가하는 힘과 깡통의 운동 방향은 수직이야~!!

답 : ②, ⑤

힘이 작용하여 그 힘의 방향으로 물체가 이동했을 때만 과학에서의 일!

유형 ② 일과 에너지의 관계

일과 에너지에 대한 설명으로 옳은 것을 <u>모두</u> 고르면?

① 에너지는 일을 할 수 있는 능력이다.
② 일을 받은 물체는 에너지가 감소한다.
③ 에너지의 단위는 일의 단위와 같은 J을 사용한다.
④ 물체가 외부에 일을 하면 물체의 에너지가 증가한다.
⑤ 일은 에너지로 전환되지만 에너지는 일로 전환될 수 없다.

일과 에너지의 관계를 묻는 문제가 출제돼~ 물체가 가진 에너지의 양과 물체가 할 수 있는 일의 양은 같다는 것을 알아두자!

① 에너지는 일을 할 수 있는 능력이다.
→ 에너지는 일을 할 수 있는 능력을 말해~!

② 일을 받은 물체는 에너지가 감소한다.
→ 일을 받은 물체는 받은 일의 양만큼 에너지가 증가해~!

③ 에너지의 단위는 일의 단위와 같은 J을 사용한다.
→ 에너지와 일은 서로 전환되니까 단위도 같은 J(줄)을 사용해~!

④ 물체가 외부에 일을 하면 물체의 에너지가 증가한다.
→ 물체가 외부에 일을 하면 일을 한 만큼 물체의 에너지가 감소해~!

⑤ 일은 에너지로 전환되지만 에너지는 일로 전환될 수 없다.
→ 일은 에너지로, 에너지는 일로 서로 전환돼~!

답 : ①, ③

에너지는 물리적인 일을 할 수 있는 능력!

유형 클리닉

유형 3 중력에 의한 위치 에너지

그림은 지면을 기준으로 할 때, 높이를 모르는 물체 A~E를 나타낸 것이다.

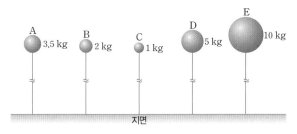

물체의 높이를 옳게 비교한 것은? (단, 물체 A~E의 중력에 의한 위치 에너지는 343 J로 모두 같다.)

① A>B=C>D>E
② C>B>A>D>E
③ C>B>D>A>E
④ D>E>A>B>C
⑤ E>A>D>B>C

> 중력에 의한 위치 에너지를 묻는 문제가 자주 출제돼~ 중력에 의한 위치 에너지와 질량 및 높이의 관계에 대해 잘 알아두자~!

중력에 의한 위치 에너지는 '질량×높이'에 비례하니까 중력에 의한 위치 에너지가 같을 때 질량이 작을수록 높이가 높다고 예상할 수 있겠지? 중력에 의한 위치 에너지는 343 J로 같으니까 각각의 높이는 다음과 같이 구할 수 있어~
$A = (9.8 \times 3.5)\text{N} \times h_A = 343 \text{ J}, h_A = 10 \text{ m}$
$B = (9.8 \times 2)\text{N} \times h_B = 343 \text{ J}, h_B = 17.5 \text{ m}$
$C = (9.8 \times 1)\text{N} \times h_C = 343 \text{ J}, h_C = 35 \text{ m}$
$D = (9.8 \times 5)\text{N} \times h_D = 343 \text{ J}, h_D = 7 \text{ m}$
$E = (9.8 \times 10)\text{N} \times h_E = 343 \text{ J}, h_E = 3.5 \text{ m}$
따라서 물체 A~E의 높이를 비교하면 C>B>A>D>E가 되는 거야~

답 : ②

 중력에 의한 위치 에너지는 '질량×높이'에 비례!

유형 4 운동 에너지

운동 에너지에 대한 설명으로 옳지 <u>않은</u> 것은?

① 운동하고 있는 물체가 가지고 있는 에너지이다.
② 속력이 2배가 되면 운동 에너지는 2배가 된다.
③ 질량이 2배가 되면 운동 에너지는 2배가 된다.
④ 질량이 $\frac{1}{4}$배, 속력이 2배가 되면 운동 에너지는 변화 없다.
⑤ 공기 저항이 없는 공간에서도 낙하하는 물체는 운동 에너지가 존재한다.

> 운동 에너지에 대해 묻는 문제가 출제돼! 운동 에너지와 질량 및 속력의 관계에 대해 잘 기억해 두자!

① 운동하고 있는 물체가 가지고 있는 에너지이다.
→ 운동 에너지는 운동하고 있는 물체가 일을 할 수 있는 능력을 말해~

② 속력이 2배가 되면 운동 에너지는 2배가 된다.
→ 운동 에너지는 $\frac{1}{2}mv^2$이니까 속력이 2배가 되면 운동 에너지는 4배가 되는 거야!!

③ 질량이 2배가 되면 운동 에너지는 2배가 된다.
→ 운동 에너지는 $\frac{1}{2}mv^2$이니까 질량이 2배가 되면 운동 에너지도 2배가 돼~

④ 질량이 $\frac{1}{4}$배, 속력이 2배가 되면 운동 에너지는 변화 없다.
→ 운동 에너지는 $\frac{1}{2}mv^2$이니까 질량이 $\frac{1}{4}$배, 속력이 2배가 되면 운동 에너지는 변화가 없는 거야~

⑤ 공기 저항이 없는 공간에서도 낙하하는 물체는 운동 에너지가 존재한다.
→ 공기 저항이 없는 공간이어도 낙하하는 물체는 속력이 있기 때문에 운동 에너지가 존재해~

답 : ②

 운동 에너지 $= \frac{1}{2}mv^2$

❶ 과학에서의 일

01 과학에서의 일을 한 경우로 옳은 것은?

① 가방을 어깨에 메고 걸어갔다.
② 회사에 출근해서 열심히 일하였다.
③ 벽을 힘껏 밀었으나 밀리지 않았다.
④ 무거운 돌을 들고 한 시간 동안 서 있었다.
⑤ 바닥에 있는 화분을 담장 위로 들어 올렸다.

02 ⭐중요 그림은 무게가 5 N인 물체에 3 N의 힘을 작용하여 일정한 속력으로 7 m 이동시킨 모습을 나타낸 것이다.

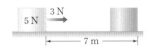

이때 물체에 한 일의 양은 몇 J인가?

① 14 J   ② 21 J   ③ 35 J
④ 56 J   ⑤ 105 J

03 ⭐중요 물체에 힘이 작용해도 한 일의 양이 0인 경우로 옳은 것은?

① 선반 위로 가방을 올려놓았다.
② 액자를 걸기 위해 못을 박았다.
③ 물통을 들고 2층으로 걸어 올라갔다.
④ 가방을 들고 수평한 도로를 걸어갔다.
⑤ 청소를 하기 위해 책상을 뒤로 밀었다.

04 일에 대한 설명으로 옳지 않은 것은?

① 일의 단위로는 J(줄)을 사용한다.
② 힘이 작용해도 물체가 움직이지 않으면 일의 양은 0이다.
③ 물체를 들고 수평 방향으로 이동하는 경우 일의 양은 0이다.
④ 물체의 이동 방향과 힘의 작용 방향이 수직인 경우 일의 양은 0이다.
⑤ 무게가 50 N인 물체를 10초 동안 들고 있을 때 일의 양은 500 J이다.

05 한 일의 양이 1 J인 경우로 옳은 것은?

① 질량이 1 kg인 물체를 1 m 들어 올렸을 때 한 일
② 질량이 1 kg인 물체를 바닥에 놓고 1 m 끌어당겼을 때 한 일
③ 무게가 1 N인 물체를 들고 수평 방향으로 1 m 이동시켰을 때 한 일
④ 물체에 1 N의 힘이 작용하여 힘의 방향으로 1 m 이동시켰을 때 한 일
⑤ 물체에 9.8 N인 힘이 작용하여 힘의 방향으로 1 m 이동시켰을 때 한 일

06 그림은 나무 도막을 용수철저울에 매달고 50 cm 위로 천천히 들어 올린 모습을 나타낸 것이다. 용수철저울의 눈금이 10 N으로 일정할 때 한 일의 양은 몇 J인가?

① 5 J   ② 25 J
③ 50 J   ④ 500 J
⑤ 5000 J

07 풍식이가 교실 바닥에 놓인 질량이 3 kg인 의자에 20 N의 힘을 수평 방향으로 작용하여 5 m를 끌고 갔다. 풍식이가 의자에 한 일의 양은 몇 J인가?

① 15 J   ② 60 J   ③ 100 J
④ 200 J   ⑤ 300 J

❷ 일과 에너지의 관계

08 에너지에 대한 설명으로 옳은 것은?

① 에너지의 단위로는 N을 사용한다.
② 에너지는 일을 할 수 있는 능력을 말한다.
③ 바람이 가지고 있는 에너지는 위치 에너지이다.
④ 물체가 일을 하면 일을 한 물체의 에너지는 증가한다.
⑤ 물체에 일을 해 주면 일을 받은 물체의 에너지는 감소한다.

09 50 J의 에너지를 가지고 있는 어떤 물체에 대한 설명으로 옳은 것을 |보기|에서 모두 고른 것은?

┌─ 보기 ┌──────────────────────────────────────
ㄱ. 이 물체는 외부에 일을 할 수 있는 능력을 가지고 있다.
ㄴ. 이 물체에 40 J의 일을 해 주면, 이 물체의 에너지는 10 J이 된다.
ㄷ. 이 물체가 외부에 30 J의 일을 하면, 이 물체의 에너지는 80 J이 된다.
└──

① ㄱ   ② ㄴ   ③ ㄱ, ㄷ
④ ㄴ, ㄷ   ⑤ ㄱ, ㄴ, ㄷ

❸ 중력에 의한 위치 에너지

10 중력에 의한 위치 에너지에 대한 설명으로 옳은 것은?

① 중력에 의한 위치 에너지는 물체의 속력에 비례한다.
② 중력에 의한 위치 에너지의 차이는 높이의 차이에만 관계있다.
③ 중력에 의한 위치 에너지는 기준면과 관계없이 항상 일정하다.
④ 중력에 의한 위치 에너지는 그 물체를 기준면에서 그 위치까지 들어 올리는 데 하는 일의 양과 같다.
⑤ 낙하하는 물체의 중력에 의한 위치 에너지의 변화량을 알아볼 때 반드시 지면을 기준면으로 해야 한다.

11 그림은 질량이 0.2 kg인 제기를 1 m 높이에서 2 m 높이까지 차 올린 모습을 나타낸 것이다. 제기의 증가한 중력에 의한 위치 에너지는 몇 J인가?

① 0.2 J   ② 1.96 J
③ 3.92 J   ④ 5.88 J
⑤ 9.8 J

12 그림은 질량이 각각 3 kg, 5 kg인 두 물체 A와 B가 지면으로부터 각각 2 m, 1 m 높이에 있을 때의 모습을 나타낸 것이다. A와 B가 지면에 대해 가지는 중력에 의한 위치 에너지의 비(A : B)는?

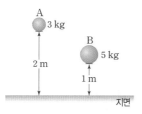

① 1 : 2   ② 3 : 5   ③ 5 : 6
④ 2 : 1   ⑤ 6 : 5

13 중력에 의한 위치 에너지를 이용한 기구 또는 시설이 아닌 것을 모두 고르면?

① 디딜방아   ② 물레방아   ③ 풍력 발전
④ 파력 발전   ⑤ 수력 발전

14 그림과 같이 헬리콥터로 사람을 구조하려고 한다. 헬리콥터에서 내린 줄에 사람을 묶어 일정한 속력으로 끌어올릴 때에 대한 설명으로 옳은 것은? (단, 줄의 질량과 공기 저항은 무시한다.)

① 헬리콥터에는 중력이 작용하지 않는다.
② 지면을 기준으로 사람의 중력에 의한 위치 에너지는 증가한다.
③ 산 정상을 기준으로 사람의 중력에 의한 위치 에너지는 0이다.
④ 줄이 사람을 당기는 동안 줄이 한 일의 양은 0이다.
⑤ 줄이 사람을 당기는 힘의 크기는 사람의 질량과 같다.

15 그림과 같이 질량이 1 kg인 쇠구슬을 지면으로부터 높이 h만큼 들어 올리는 데 19.6 J의 일을 해 주었다. 이때 h는 몇 m인가?

① 2 m   ② 4 m
③ 6 m   ④ 9.8 m
⑤ 19.6 m

16 그림과 같이 선반 A 위에 있는 어떤 물체를 선반 B 위에 올리는 데 40 J의 일을 하였다. 이 물체가 선반 B 위에 놓여 있을 때 갖는 중력에 의한 위치 에너지는 몇 J인가? (단, 중력에 의한 위치 에너지의 기준면은 바닥면으로 정한다.)

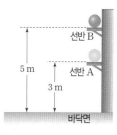

① 20 J   ② 40 J   ③ 60 J
④ 80 J   ⑤ 100 J

17 그림은 어떤 물체가 지면으로부터 높이가 h인 곳에 정지해 있는 모습을 나타낸 것이다. 이 물체의 중력에 의한 위치 에너지와 크기가 같은 것을 |보기|에서 모두 고른 것은?

|보기|
ㄱ. 물체에 작용하는 중력의 크기
ㄴ. 물체를 h만큼 들어 올리는 일
ㄷ. 물체가 낙하하면서 할 수 있는 일
ㄹ. 물체가 낙하하며 지면에 가하는 힘의 크기

① ㄱ, ㄴ   ② ㄱ, ㄷ   ③ ㄴ, ㄷ
④ ㄴ, ㄹ   ⑤ ㄷ, ㄹ

④ 운동 에너지

18 그림은 질량이 $2 \, kg$인 물체가 $5 \, m/s$의 일정한 속력으로 운동하는 모습을 나타낸 것이다.

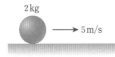

이 물체의 운동 에너지는 몇 J인가? (단, 마찰은 무시한다.)

① 10 J   ② 20 J   ③ 25 J
④ 40 J   ⑤ 50 J

19 |보기|의 사례를 운동 에너지가 큰 것부터 순서대로 옳게 나열한 것은?

|보기|
ㄱ. 180 km/h의 속력으로 달리고 있는 고속 열차 안에 놓여 있는 10 kg의 박스
ㄴ. 1 m/s의 속력으로 걷고 있는 60 kg의 사람
ㄷ. 5 m/s의 속력으로 이동하고 있는 2000 kg의 배

① ㄱ-ㄴ-ㄷ   ② ㄱ-ㄷ-ㄴ   ③ ㄴ-ㄱ-ㄷ
④ ㄴ-ㄷ-ㄱ   ⑤ ㄷ-ㄱ-ㄴ

20 표는 물체 A와 B의 질량과 속력을 나타낸 것이다.

물체	질량(kg)	속력(m/s)
A	2	6
B	4	3

A의 운동 에너지는 B의 몇 배인가?

① $\frac{1}{4}$배   ② $\frac{1}{2}$배   ③ 1배
④ 2배   ⑤ 4배

21 물체의 속력이 일정할 때, 물체의 운동 에너지와 질량의 관계를 나타낸 그래프로 옳은 것은?

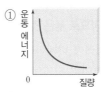

22 질량이 $4 \, kg$인 실험용 수레가 책상 위에서 움직이고 있다. 이 수레의 운동 에너지가 32 J이었다면, 수레의 속력은 몇 m/s인가?

① 4 m/s   ② 5 m/s   ③ 6 m/s
④ 7 m/s   ⑤ 8 m/s

23 질량이 $2 \, kg$인 수레가 $2 \, m/s$의 속력으로 책상 위에서 움직이고 있다. 이 수레에 일을 해 주었더니 수레의 속력이 $4 \, m/s$가 되었다. 이 수레에 해 준 일의 양은 몇 J인가?

① 2 J   ② 4 J   ③ 8 J
④ 12 J   ⑤ 24 J

24 그림은 일정한 속력으로 달리는 두 수레 A와 B의 질량에 따른 운동 에너지의 변화를 나타낸 것이다.

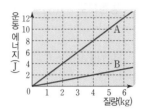

A와 B의 속력의 비(A : B)는?

① 1 : 1   ② 1 : 2   ③ 2 : 1

④ 4 : 1   ⑤ 5 : 1

25 그림과 같이 수평면 위의 책 사이에 끼워 놓은 자에 수레를 충돌시켰더니 자가 이동하였다.

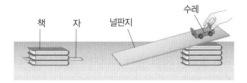

수레의 운동 에너지에 비례하는 물리량으로 옳은 것은?

① 자의 질량
② 자의 이동 거리
③ 책이 자를 누르는 힘
④ 자와 책 사이의 마찰력
⑤ 자와 책 사이의 접촉 면적

 중요

26 운동하는 물체가 갖는 운동 에너지를 처음의 8배로 만들려고 한다. 그 방법으로 옳은 것을 │보기│에서 모두 고른 것은?

┌─ **보기** ────────────────────────
│ ㄱ. 질량만 8배로 증가시킨다.
│ ㄴ. 속력만 2배로 증가시킨다.
│ ㄷ. 질량은 4배, 속력은 2배로 증가시킨다.
│ ㄹ. 질량과 속력을 모두 2배로 증가시킨다.
└──────────────────────────────

① ㄱ, ㄴ   ② ㄱ, ㄹ   ③ ㄴ, ㄷ

④ ㄴ, ㄹ   ⑤ ㄷ, ㄹ

---

27 그림은 질량이 50 kg인 사람이 무게가 10 N인 가방을 들고 수평 방향으로 10 m를 이동하는 모습을 나타낸 것이다.

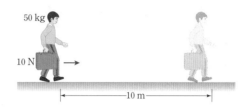

10 m를 이동하는 동안 사람이 가방에 한 일의 양은 얼마인지 쓰고, 그렇게 생각한 까닭을 서술하시오.

 힘의 방향, 이동 방향

28 표는 물체에 작용한 힘의 크기와 물체가 힘의 방향으로 이동한 거리를 나타낸 것이다.

구분	(가)	(나)	(다)
힘(N)	10	5	5
이동 거리(m)	1	1	1.5

(가)~(다) 각각의 경우에 한 일의 양을 구한 후, 큰 것부터 나열하고, 이를 통해 물체에 한 일의 양과 물체에 작용한 힘, 물체가 힘의 방향으로 이동한 거리의 관계에 대해 서술하시오.

 힘↑, 이동 거리↑ ⇨ 한 일의 양↑

29 지면에 놓인 무게가 w인 물체를 높이 h만큼 들어 올리는 일을 했다. 이 물체가 높이 h에서 가지는 중력에 의한 위치 에너지를 구하고, 그렇게 생각한 까닭을 서술하시오.

 중력에 대한 일 ⇨ 중력에 의한 위치 에너지 증가

30 질량이 일정할 때 속력이 3배가 되면 운동 에너지는 몇 배가 되는지 쓰고, 그렇게 생각한 까닭을 서술하시오.

 운동 에너지, (속력)²

31 (가)~(다)의 공통점으로 옳은 것은?

> (가) 벽을 밀었으나 움직이지 않았다.
> (나) 가방을 들고 수평인 복도를 걸어갔다.
> (다) 고무풍선차가 수평면에서 등속으로 운동하였다.

① 과학적 의미에서의 일이다.
② 물체의 이동 거리가 0이다.
③ 물체에 작용한 힘이 0이다.
④ 물체에 한 일의 양이 0이다.
⑤ 물체에 작용한 힘과 이동 방향이 수직이다.

32 그림과 같이 수평면 위에 놓여 있는 무게가 2 N인 물체를 1 m 위로 들어 올린 후, 수평 방향으로 3 m 떨어진 책상 위에 올려놓았다.

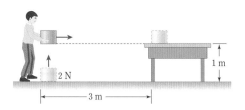

이때 물체에 한 일의 양은 몇 J인가?

① 0   ② 2 J   ③ 4 J
④ 6 J   ⑤ 8 J

33 그림 (가)는 수평면 위에서 물체에 수평 방향으로 5 N의 힘을 5초 동안 작용한 모습을 나타낸 것이고, (나)는 이때 시간에 따른 물체의 속력을 나타낸 것이다.

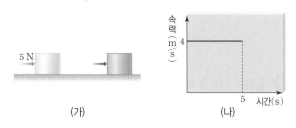

(가)   (나)

이 물체에 한 일의 양은 몇 J인가?

① 20 J   ② 25 J   ③ 50 J
④ 100 J   ⑤ 125 J

34 수평면 위에서 무게가 20 N인 물체에 10 N의 힘을 작용하여 수평 방향으로 3 m만큼 이동시켰다. 이때 한 일의 양은 같은 물체를 수직 방향으로 3 m만큼 들어 올릴 때 한 일의 양의 몇 배인가?

① $\frac{1}{2}$배   ② 1배   ③ 2배
④ 4배   ⑤ 6배

35 물체 A~E가 그림과 같은 위치에 있다.

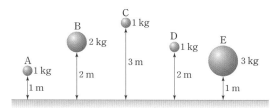

이때 물체의 중력에 의한 위치 에너지가 같은 것을 옳게 짝지은 것은?

① A, C   ② A, E   ③ B, D
④ C, D   ⑤ C, E

36 그림은 질량이 10 kg인 물체를 옥상에서 베란다로 내려놓은 모습을 나타낸 것이다.

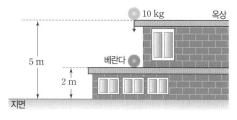

지면을 기준면으로 할 때, 물체의 중력에 의한 위치 에너지 변화량은 몇 J인가?

① 49 J   ② 98 J   ③ 196 J
④ 294 J   ⑤ 490 J

37 그림과 같이 질량이 10 kg인 쇠공 A를 4 m 높이에서 말뚝 위로 떨어뜨렸더니 말뚝이 땅속으로 20 cm 박혔다. 질량이 20 kg인 쇠공 B를 8 m

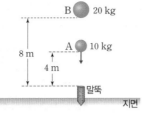

높이에서 떨어뜨리면 말뚝은 몇 cm 박히겠는가? (단, 말뚝과 지면 사이의 마찰력은 일정하다.)

① 20 cm
② 40 cm
③ 80 cm
④ 200 cm
⑤ 800 cm

38 그림 (가)는 추의 중력에 의한 위치 에너지를 측정하기 위한 실험을 나타낸 것이고, (나)는 질량이 다른 추 A와 B를 같은 높이에서 낙하시켰을 때의 결과를 나타낸 것이다.

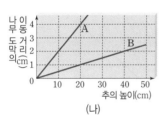

(가)   (나)

A의 질량은 B의 몇 배인가?

① $\frac{1}{2}$배
② 1배
③ 2배
④ 3배
⑤ 4배

39 그림은 서로 다른 두 물체 A와 B의 질량에 따른 운동 에너지의 변화를 나타낸 것이다.

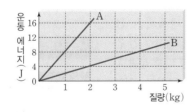

이에 대한 설명으로 옳지 **않은** 것은?

① A의 속력은 4 m/s이다.
② A와 B의 속력의 비는 A : B=2 : 1이다.
③ 운동 에너지가 같을 때 질량비는 A : B=2 : 1이다.
④ 같은 시간 동안 이동한 거리는 B가 A보다 작다.
⑤ 질량이 같을 때 A가 B보다 4배의 일을 할 수 있다.

[40~41] 그림은 운동 에너지를 알아보기 위한 실험을 나타낸 것이다.

40 그림은 수레의 질량을 다르게 하여 실험했을 때의 결과를 그래프로 나타낸 것이다. 이에 대한 설명으로 옳은 것은?

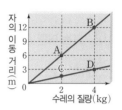

① A의 속력은 B의 2배이다.
② A의 속력은 C의 2배이다.
③ B의 속력은 D의 4배이다.
④ D의 속력은 C의 2배이다.
⑤ 운동 에너지는 C와 D가 같다.

41 질량이 2배인 수레를 3배의 속력으로 자에 충돌시키면 자의 이동 거리는 몇 배가 되겠는가?

① 2배
② 4배
③ 6배
④ 15배
⑤ 18배

42 그림은 1초에 60타점을 찍는 시간기록계를 이용하여 질량이 2 kg인 수레의 운동을 기록한 종이테이프를 나타낸 것이다.

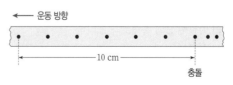

수레가 자에 충돌하기 직전 수레의 운동 에너지는 몇 J인가?

① 1 J
② 2 J
③ 6 J
④ 10 J
⑤ 100 J

01 다음 중 속력이 가장 빠른 것은?

① 10초에 170 m 이동하는 자동차
② 25초에 400 m 날아가는 기러기
③ 1분에 1.5 km 날아가는 야구공
④ 시속 108 km로 날아가는 축구공
⑤ 2시간 동안 576 km 이동하는 고속 철도

02 표는 어떤 승용차의 시간에 따른 위치를 나타낸 것이다.

시간(s)	0	2	4
위치(m)	0	30	60

이 승용차의 속력은 몇 m/s인가?

① 1 m/s ② 2 m/s ③ 15 m/s
④ 30 m/s ⑤ 45 m/s

03 그림은 두 물체 A와 B의 시간에 따른 이동 거리를 나타낸 것이다. A와 B의 속력을 옳게 짝지은 것은?

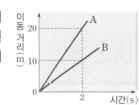

	A	B
①	5 m/s	5 m/s
②	5 m/s	10 m/s
③	10 m/s	5 m/s
④	10 m/s	20 m/s
⑤	20 m/s	20 m/s

04 그림은 수평면 위에서 운동하는 물체 A와 B의 운동을 동일한 다중 섬광 장치로 찍은 사진을 나타낸 것이다.

이에 대한 설명으로 옳은 것을 | 보기 |에서 모두 고른 것은?

> **보기**
> ㄱ. A의 속력이 B의 속력보다 느리다.
> ㄴ. 물체와 물체 사이의 시간 간격은 B가 A보다 길다.
> ㄷ. A는 등속 운동, B는 속력이 일정하게 증가하는 운동을 한다.

① ㄱ ② ㄴ ③ ㄷ
④ ㄱ, ㄴ ⑤ ㄱ, ㄷ

[05~06] 그림은 어떤 물체의 운동을 0.1초 간격으로 기록한 다중 섬광 사진을 나타낸 것이다.

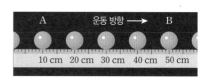

05 이에 대한 설명으로 옳지 않은 것은?

① A가 B보다 먼저 찍힌 모습이다.
② 물체 사이의 시간 간격은 일정하다.
③ 물체 사이의 간격은 속력을 의미한다.
④ 물체는 시간이 지나도 이동 거리가 변하지 않는다.
⑤ 물체는 시간이 지나는 동안 같은 속력으로 운동하였다.

06 이 물체의 운동을 나타낸 그래프로 옳은 것을 모두 고르면?

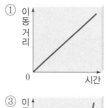 

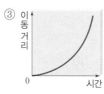 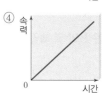

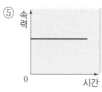

07 그림은 세 물체 A, B, C의 운동을 일정한 시간 간격으로 촬영한 다중 섬광 사진을 나타낸 것이다. 이에 대한 설명으로 옳지 않은 것은?

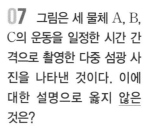 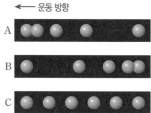

① A는 속력이 점점 감소하는 운동을 한다.
② A는 사진이 찍히는 데 걸리는 시간이 점점 감소한다.
③ B는 속력이 점점 증가하는 운동을 한다.
④ C는 일정한 속력으로 운동한다.
⑤ C는 A와 B보다 평균 속력이 느리다.

08 그림은 어떤 물체의 시간에 따른 이동 거리를 나타낸 것이다.

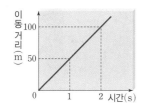

이에 대한 설명으로 옳은 것은?

① 속력이 점점 빨라진다.
② 0초~1초 동안 이동한 거리는 25 m이다.
③ 0초~2초 동안의 평균 속력은 50 m/s이다.
④ 0초~3초 동안 이동 거리는 200 m가 될 것이다.
⑤ 이 물체의 이동 거리는 시간에 관계없이 일정하다.

09 그림은 일직선상에서 운동하는 어떤 물체의 이동 거리를 시간에 따라 나타낸 것이다. 이에 대한 설명으로 옳지 <u>않은</u> 것은?

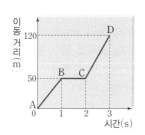

① AB 구간에서는 속력이 점점 빨라진다.
② BC 구간에서는 정지해 있다.
③ CD 구간의 속력이 가장 빠르다.
④ 0초~3초 동안 이동한 거리는 120 m이다.
⑤ A에서 D까지의 평균 속력은 40 m/s이다.

10 진공 중에서 |보기|의 물체를 동시에 떨어뜨리는 실험을 하였다. 같은 높이에서 떨어뜨릴 때 가장 먼저 바닥에 떨어지는 것은?

┌ 보기 ┐
ㄱ. 질량이 1 kg인 돌멩이
ㄴ. 질량이 3 kg인 벽돌
ㄷ. 질량이 150 g인 공책
ㄹ. 질량이 500 g인 나무 도막

① ㄱ   ② ㄴ   ③ ㄷ
④ ㄹ   ⑤ 모두 동시에 떨어진다.

11 다음은 자유 낙하 하는 고무공의 운동을 알아보기 위한 실험 과정을 나타낸 것이다.

┌─────────────────────────────┐
│ [실험 과정]
│ 1. 자유 낙하 운동을 하는 고무공을 일정한 시간 간격으로 촬영한다.
│ 2. 촬영한 사진에서 고무공의 가운데를 위쪽부터 자른 뒤, 잘라낸 조각들을 그래프의 가로축을 따라 나란히 붙이고 완성된 그래프를 관찰한다.
└─────────────────────────────┘

이에 대한 설명으로 옳은 것을 |보기|에서 모두 고른 것은?

┌ 보기 ┐
ㄱ. 그래프 가로축은 시간, 세로축은 이동 거리를 나타낸다.
ㄴ. 고무공은 속력이 일정하게 증가하는 운동을 한다.
ㄷ. 에스컬레이터를 타고 올라가는 사람의 운동도 이와 같은 형태의 그래프로 나타난다.

① ㄱ   ② ㄴ   ③ ㄷ
④ ㄱ, ㄴ   ⑤ ㄴ, ㄷ

12 그림은 어떤 물체가 자유 낙하 운동을 하는 동안의 속력을 시간에 따라 나타낸 것이다. 0초~3초 동안 물체의 낙하 거리와 평균 속력을 옳게 짝지은 것은?

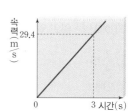

	낙하 거리	평균 속력		낙하 거리	평균 속력
①	22.05 m	14.7 m/s	②	44.1 m	14.7 m/s
③	44.1 m	29.4 m/s	④	88.2 m	14.7 m/s
⑤	88.2 m	29.4 m/s			

13 그림은 깃털과 쇠구슬이 공기 중에서 낙하하는 동안의 속력을 순서 없이 A와 B로 나타낸 것이다. 이에 대한 설명으로 옳지 <u>않은</u> 것은?

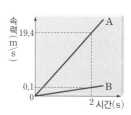

① A는 쇠구슬, B는 깃털이다.
② A가 B보다 속력의 변화가 크다.
③ 진공에서 같은 실험을 할 경우 A의 기울기는 감소할 것이다.
④ 진공에서 같은 실험을 할 경우 B의 기울기는 증가할 것이다.
⑤ 진공에서 같은 실험을 할 경우 A와 B의 기울기는 같아질 것이다.

14 과학에서의 일이 0인 경우를 |보기|에서 모두 고른 것은?

> |보기|
> ㄱ. 책을 들고 앞으로 걸어가는 경우
> ㄴ. 책을 지면에 수직으로 들어 올리는 경우
> ㄷ. 쇼핑 카트를 앞으로 밀어 앞으로 나아가는 경우
> ㄹ. 마찰이 없는 얼음 위에서 썰매가 일정한 속력으로 이동하는 경우

① ㄱ, ㄴ　　　　② ㄱ, ㄹ　　　　③ ㄴ, ㄷ
④ ㄴ, ㄹ　　　　⑤ ㄷ, ㄹ

15 그림 (가)는 무게가 20 N인 물체를 수평면에서 5 N의 힘으로 3 m 이동시키는 모습을 나타낸 것이고, (나)는 이 물체를 수직으로 3 m 들어 올리는 모습을 나타낸 것이다.

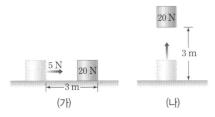

(가)에서 한 일의 양은 (나)에서 한 일의 양의 몇 배인가?

① $\frac{1}{4}$배　　　② $\frac{1}{2}$배　　　③ 1배
④ 2배　　　　⑤ 4배

16 그림과 같이 무게가 10 N인 물체를 8 N의 힘으로 15 m/s의 일정한 속력으로 2초 동안 끌어당겼다. 이때 한 일의 양은 몇 J인가?

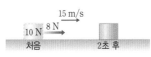

① 0　　　　② 60 J　　　③ 120 J
④ 240 J　　　⑤ 540 J

17 그림은 어떤 물체를 수평면에서 끌어당길 때 물체에 작용한 힘과 물체의 이동 거리 사이의 관계를 나타낸 것이다. 이 물체를 5 m 이동시키는 동안 물체에 한 일의 양은 몇 J인가?

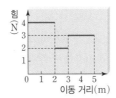

① 4 J　　　　② 8 J　　　③ 12 J
④ 16 J　　　⑤ 20 J

18 그림은 무게가 30 N인 물체를 50 cm 높이로 들어 올린 뒤 일정한 속력으로 1 m 이동시키는 모습을 나타낸 것이다.

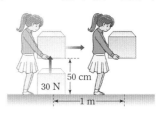

이때 사람이 물체를 이동시키는 동안 한 일의 양은 몇 J인가?

① 15 J　　　　② 30 J　　　③ 45 J
④ 1500 J　　　⑤ 1530 J

19 그림은 질량이 5 kg인 물체를 지면으로부터 높이가 2 m인 곳까지 일정한 속력으로 들어 올리는 모습을 나타낸 것이다. 이때 물체를 들어 올리기 위해 필요한 힘의 크기와 중력에 대해 한 일의 양을 옳게 짝지은 것은?

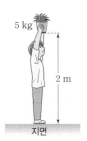

	힘의 크기	중력에 대해 한 일
①	5 N	10 J
②	5 N	98 J
③	49 N	10 J
④	49 N	98 J
⑤	98 N	196 J

20 그림과 같이 지면으로부터 높이가 1.5 m인 책상면 위에 무게가 30 N인 물체가 놓여 있다. 책상면을 기준면으로 할 때, 이 물체가 갖는 중력에 의한 위치 에너지는 몇 J인가?

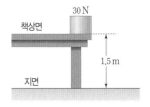

① 0　　　　② 15 J　　　③ 30 J
④ 45 J　　　⑤ 60 J

21 표는 물체 A~E의 질량과 속력을 나타낸 것이다.

물체	A	B	C	D	E
질량(kg)	1	2	3	4	5
속력(m/s)	4	3	2	2	1

A~E 중 운동 에너지가 가장 큰 것은?

① A   ② B   ③ C
④ D   ⑤ E

22 자동차 A의 질량은 자동차 B의 4배, 자동차 B의 속력은 자동차 A의 2배일 때, 자동차 A의 운동 에너지는 자동차 B의 몇 배인가?

① $\frac{1}{8}$배   ② $\frac{1}{2}$배   ③ 1배
④ 4배   ⑤ 8배

23 4 m/s의 속력으로 운동하던 수레가 수평면 위의 나무 도막에 충돌하여 나무 도막을 밀고 가면서 정지할 때까지 한 일의 양이 64 J이었을 때, 나무 도막과 충돌한 수레의 질량은 몇 kg인가?

① 2 kg   ② 4 kg   ③ 6 kg
④ 8 kg   ⑤ 10 kg

24 그림은 속력 v로 운동하는 수레를 정지해 있는 나무 도막에 충돌시켜 나무 도막의 이동 거리를 측정하는 실험을 나타낸 것이다.

나무 도막의 이동 거리를 처음의 4배로 증가시키기 위한 실험 방법을 |보기|에서 모두 고른 것은? (단, 수레와 바닥 사이의 마찰은 무시한다.)

> **보기**
> ㄱ. 수레의 질량만 4배로 증가시킨다.
> ㄴ. 수레의 속력만 2배로 증가시킨다.
> ㄷ. 수레의 질량과 속력을 모두 2배로 증가시킨다.

① ㄱ   ② ㄴ   ③ ㄷ
④ ㄱ, ㄴ   ⑤ ㄴ, ㄷ

25 그림과 같이 지면으로부터 2.5 m 높이에 위치한 질량이 2 kg인 물체가 있다. 이 물체를 가만히 놓았을 때 물체가 지면에 도달하는 순간의 속력은 몇 m/s인가?

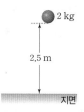

① 1 m/s   ② 3 m/s
③ 5 m/s   ④ 7 m/s
⑤ 9 m/s

26 그림은 지면으로부터 15 m 높이에서 질량이 2 kg인 물체가 자유 낙하 운동을 시작하는 모습을 나타낸 것이다. 물체가 5 m 낙하했을 때 중력에 의한 위치 에너지와 운동 에너지를 옳게 짝지은 것은?

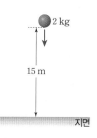

	중력에 의한 위치 에너지	운동 에너지
①	98 J	49 J
②	98 J	98 J
③	98 J	196 J
④	196 J	49 J
⑤	196 J	98 J

27 지면을 기준으로 할 때 중력에 의한 위치 에너지만 가지는 것은?

① 지면에 앉아 있는 사람
② 지면을 굴러가고 있는 축구공
③ 나무 꼭대기에 매달려 있는 열매
④ 일정한 고도로 날고 있는 비행기
⑤ 언덕에서 미끄러져 내려오는 썰매

서술형·논술형 문제

01 그림은 직선상에서 운동하는 어떤 물체의 시간에 따른 이동 거리를 나타낸 것이다. (가)~(다) 구간에서 속력의 크기를 기울기가 의미하는 것과 관련지어 서술하시오.

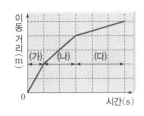

$$속력 = \frac{이동\ 거리}{걸린\ 시간}$$

---

02 그림은 물체 A와 B의 시간-속력 그래프를 나타낸 것이다. A와 B의 출발점이 같다면 10초 동안 운동한 후 A는 B보다 몇 m 앞서는지 구하고, 풀이 과정을 서술하시오.

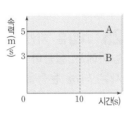

 시간-속력 그래프 아랫부분의 넓이=이동 거리

---

03 그림은 일정한 시간 간격으로 촬영한 고무공의 사진을 잘라서 이어 붙인 모습을 나타낸 것이다.

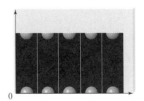

(1) 그림에서 가로축과 세로축이 의미하는 것을 각각 쓰시오.

---

(2) 고무공은 어떤 운동을 하는지 쓰고, 그렇게 생각한 까닭을 서술하시오.

 일정한 시간 간격, 일정한 이동 거리

---

04 그림은 직선상에서 운동하는 드라이아이스 통을 10초 간격으로 찍은 다중 섬광 사진을 나타낸 것이다.

같은 운동을 하는 드라이아이스 통을 5초 간격으로 찍을 때, 다중 섬광 사진의 변화를 드라이아이스 통의 운동과 관련지어 서술하시오.

 등속 운동=단위 시간당 이동 거리 일정

---

05 그림 (가)와 (나)는 진공 중과 공기 중에서 자유 낙하하는 쇠구슬과 깃털의 다중 섬광 사진을 순서 없이 나타낸 것이다. (가)와 (나) 중 진공 중에서 자유 낙하하는 물체의 사진을 고르고, 그렇게 생각한 까닭을 서술하시오.

(가)　　　(나)

중력

---

06 높이가 490 m인 옥상에서 잡고 있던 질량이 10 kg인 공을 일직선으로 떨어뜨렸더니 10초 후에 지면에 도달하였다. (단, 공기 저항은 무시한다.)

(1) 지면에 도달한 순간 공의 속력(v)을 구하고, 풀이 과정을 서술하시오.

 시간-속력 그래프 아랫부분의 넓이=이동 거리

---

(2) 질량이 20 kg인 공을 같은 높이에서 떨어뜨릴 때 지면에 도달한 순간 공의 속력을 위에서 구한 속력과 비교하고, 그렇게 생각한 까닭을 서술하시오.

 자유 낙하 운동에서 속력∝중력 가속도×시간

---

07 '힘', '이동 거리', '이동 방향'을 언급하여 과학에서 말하는 일의 양이 '0'인 경우 세 가지를 서술하시오.

 KEY 작용한 힘, 물체의 이동 거리, 힘의 방향과 물체의 이동 방향

---

08 일직선상에서 A는 무게가 40 N인 상자를 5 N의 힘으로 2 m만큼 이동시켰고, B는 무게가 30 N인 상자를 10 N의 힘으로 1 m만큼 이동시켰다. 이때 A가 한 일의 양은 B가 한 일의 양의 몇 배인지 구하고, 풀이 과정을 서술하시오.

 KEY 물체에 한 일의 양＝물체에 작용한 힘×이동 거리

---

09 그림은 풍식이가 질량이 2 kg인 물체를 지면으로부터 높이 0.5 m인 곳까지 일정한 속력으로 들어 올리는 모습을 나타낸 것이다. 풍식이가 물체

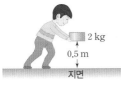

를 들어 올리는 데 중력에 대해 한 일의 양과, 지면을 기준으로 0.5 m 높이에서 물체의 중력에 의한 위치 에너지를 구하고, 이 값을 근거로 일과 에너지의 관계를 서술하시오.

 KEY 물체를 들어 올릴 때 한 일의 양＝중력에 의한 위치 에너지

---

10 그림과 같이 질량이 10 kg인 상자가 옥상에 놓여 있다. 지면과 베란다를 기준면으로 했을 때의 중력에 의한 위치 에너지를 각각 구하고, 기준면이 다르면 차이가 생기는 까닭을 서술하시오.

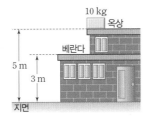

 KEY 중력에 의한 위치 에너지 ⇨ 기준면이 달라지면 달라진다.

---

11 그림과 같이 동일한 물체를 같은 높이에서 형태가 다른 경사면 A~C를 통해서 떨어뜨려 나무 도막을 이동시켰다. 지면에 도달한 물체가 나무 도막을 이동시킨 거리를 비교하고, 그렇게 생각한 까닭을 서술하시오. (단, 공기 저항과 마찰은 무시한다.)

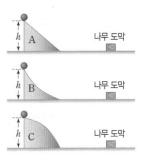

 KEY 중력에 의한 위치 에너지 ⇨ 질량과 높이에 비례

---

12 수평면 위에서 질량이 4 kg인 수레가 4초 동안 20 m를 일정한 속력으로 이동하다가 질량이 10 kg인 멈춰 있는 나무 도막과 부딪혀 1 m만큼 이동한 뒤 멈췄다. 이때 수레가 나무 도막을 미는 데 한 일의 양을 구하고, 일과 운동 에너지의 관계를 서술하시오.

 KEY 운동 에너지＝나무 도막을 미는 데 한 일

---

13 그림과 같이 질량이 500 kg인 자동차가 40 km/h의 속력으로 달

리다가 급브레이크를 밟았더니 10 m를 이동한 후 멈추었다. (단, 마찰력은 일정하다.)

(1) 이 자동차가 같은 도로에서 120 km/h의 속력으로 달리다가 급브레이크를 밟는다면 멈출 때까지 미끄러지는 거리는 몇 m인지 구하고, 풀이 과정을 서술하시오.

 KEY 운동 에너지＝$\frac{1}{2}$×질량×(속력)^2

---

(2) 이와 같이 운전자가 브레이크를 밟은 뒤 자동차가 완전히 멈출 때까지 이동한 거리를 제동 거리라고 한다. 도로에서 사고 예방을 위해 속력 제한을 두는 까닭을 제동 거리와 운동 에너지의 관계와 관련지어 서술하시오.

 KEY 제동 거리∝운동 에너지

자극과 반응

A-ra?

Q. 우리 몸의 상태를 일정하게 유지하려는 성질은 무엇이며, 일정하게 유지해야 하는 것에는 어떤 것들이 있을까?

1 감각 기관

• 눈, 귀, 코, 혀, 피부 감각기의 구조와 기능을 이해할 수 있다.
• 자극의 종류에 따라 감각기를 통해 뇌로 전달되는 과정을 설명할 수 있다.

❶ 자극과 감각

> 어두웠다가 밝아지거나 추웠다가 더워지는 것을 환경의 변화라고 해!

1 자극 : 빛, 소리, 온도와 같이 생물에 작용하여 특정한 반응을 일으키는 <u>환경의 변화</u>

2 감각 기관 : 자극을 받아들이는 기관 ⑩ 눈, 귀, 코, 혀, 피부 등

감각	시각	청각과 평형 감각	후각	미각	피부 감각
감각 기관	눈	귀	코	혀	피부

❷ 시각을 담당하는 감각 기관

1 시각 : 눈에서 빛을 자극으로 받아들여 물체의 모양, 색깔, 거리 등을 느끼는 감각

2 눈의 구조와 기능

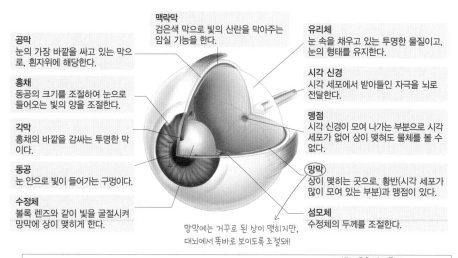

맥락막 검은색 막으로 빛의 산란을 막아주는 암실 기능을 한다.

공막 눈의 가장 바깥을 싸고 있는 막으로, 흰자위에 해당한다.

홍채 동공의 크기를 조절하여 눈으로 들어오는 빛의 양을 조절한다.

각막 홍채의 바깥을 감싸는 투명한 막이다.

동공 눈 안으로 빛이 들어가는 구멍이다.

수정체 볼록 렌즈와 같이 빛을 굴절시켜 망막에 상이 맺히게 한다.

유리체 눈 속을 채우고 있는 투명한 물질이고, 눈의 형태를 유지한다.

시각 신경 시각 세포에서 받아들인 자극을 뇌로 전달한다.

맹점 시각 신경이 모여 나가는 부분으로 시각 세포가 없어 상이 맺혀도 물체를 볼 수 없다.

망막 상이 맺히는 곳으로, 황반(시각 세포가 많이 모여 있는 부분)과 맹점이 있다.

섬모체 수정체의 두께를 조절한다.

> 망막에는 거꾸로 된 상이 맺히지만, 대뇌에서 똑바로 보이도록 조절돼!

[물체를 보는 과정] 빛 → 각막 → 수정체 → 유리체 → 망막의 <u>시각 세포</u> → <u>시각 신경</u> → 뇌

> 빛 자극을 받아들여!
> 시각 세포의 흥분을 뇌로 전달해!

3 눈의 조절 작용

> 낮에 어두운 영화관으로 들어가거나, 어두운 방에서 형광등을 켰을 때를 생각해 봐!

(1) **눈의 밝기(명암) 조절** : <u>주변의 밝기가 달라지면</u> 홍채의 확장과 수축 작용으로 동공의 크기가 변하여 눈으로 들어오는 빛의 양이 조절된다.

밝을 때(빛의 양 많음)	어두울 때(빛의 양 적음)
홍채가 확장하면서 동공이 작아져 눈으로 들어오는 빛의 양이 감소한다.	홍채가 축소하면서 동공이 커져 눈으로 들어오는 빛의 양이 증가한다.
홍채 확장 → 동공 축소 / 홍채가 확장한다. 동공이 작아진다. 눈으로 들어오는 빛의 양 감소	홍채 축소 → 동공 확대 / 홍채가 축소한다. 동공이 커진다. 눈으로 들어오는 빛의 양 증가

> 책을 읽다가 먼 산을 볼 때, 멀리 수평선을 보다가 옆 사람을 볼 때를 생각해 봐!

(2) **눈의 거리(원근) 조절** : <u>눈과 물체와의 거리가</u> 달라지면 섬모체의 이완과 수축 작용으로 수정체의 두께를 변화시켜 망막에 뚜렷한 상이 맺히도록 조절된다.

먼 곳을 볼 때	가까운 곳을 볼 때
섬모체가 이완하여 수정체가 얇아진다.	섬모체가 수축하여 수정체가 두꺼워진다.
섬모체 이완 / 수정체 얇아짐	섬모체 수축 / 수정체 두꺼워짐

⊖ 비타민

우리 눈의 맹점과 황반

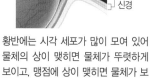

망막(시각 세포)
황반
맹점
시각 신경

황반에는 시각 세포가 많이 모여 있어 물체의 상이 맺히면 물체가 뚜렷하게 보이고, 맹점에 상이 맺히면 물체가 보이지 않는다.

눈과 사진기의 비교

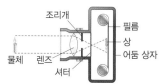

조리개
필름
상
어둠 상자
물체 렌즈 셔터

기능	눈	사진기
빛의 굴절	수정체	렌즈
빛의 양 조절	홍채	조리개
상이 맺힘	망막	필름
암실 기능	맥락막	어둠 상자
빛의 차단	눈꺼풀	셔터

눈의 이상과 교정

근시

수정체가 두껍거나 수정체와 망막 사이의 거리가 길어서 먼 곳을 볼 때 상이 망막의 앞쪽에 맺혀 잘 보이지 않는다. ➡ 오목 렌즈로 교정

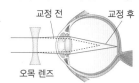

교정 전 교정 후
오목 렌즈

원시

수정체가 얇거나 수정체와 망막 사이의 거리가 짧아 가까운 곳을 볼 때 상이 망막 뒤쪽에 맺혀 잘 보이지 않는다. ➡ 볼록 렌즈로 교정

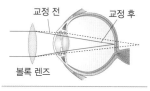

교정 전 교정 후
볼록 렌즈

❶ 자극과 감각

01 빛, 소리, 온도와 같이 생물에 작용하여 특정한 반응을 일으키는 환경의 변화를 ☐☐이라고 한다.

❷ 시각을 담당하는 감각 기관

02 시각은 감각 기관 중 ☐에서 ☐을 자극으로 받아들여 사물의 모양, 색깔, 거리 등을 느끼는 감각을 말한다.

03 주변의 밝기가 달라질 때 ☐☐의 작용으로 ☐☐의 크기가 변해 눈으로 들어오는 빛의 양이 조절된다.

04 눈과 물체와의 거리가 달라짐에 따라 ☐☐☐의 이완과 수축 작용으로 ☐☐☐의 두께를 변화시켜 망막에 뚜렷한 상이 맺히도록 조절된다.

[01~02] 그림은 눈의 구조를 나타낸 것이다.

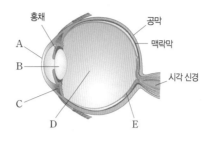

01 A~E에 해당하는 구조의 이름을 쓰시오.

02 각 구조의 기능에 해당하는 내용을 옳게 연결하시오.

(1) A •
(2) B •
(3) C •
(4) D •
(5) E •

• ㉠ 수정체의 두께를 조절하는 곳
• ㉡ 물체의 상이 맺히는 곳
• ㉢ 홍채의 바깥을 감싸는 투명한 막
• ㉣ 눈 속을 채우고 있는 투명한 물질
• ㉤ 빛을 굴절시켜 망막에 상이 맺히게 하는 곳

03 다음은 물체를 보는 과정을 나타낸 것이다. 빈칸에 알맞은 말을 쓰시오.

물체에서 나온 빛이 각막과 (㉠)를 통과하면서 굴절된 다음, 유리체를 지나 (㉡)에 상을 맺는다. (㉡)의 (㉢)가 빛 자극을 받아들이고, 이 자극이 (㉣)을 통해 뇌로 전달되어 시각이 이루어진다.

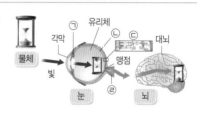

04 다음은 환경의 변화에 따른 눈의 상태를 나타낸 것이다. 빈칸에 알맞은 말을 고르시오.

구분	(가)	(나)
눈의 변화		
환경 변화	(㉠ 밝을 때, 어두울 때)	(㉡ 밝을 때, 어두울 때)
홍채	(㉢ 축소, 확장)	(㉣ 축소, 확장)
동공	(㉤ 커짐, 작아짐)	(㉥ 커짐, 작아짐)

05 그림은 장풍이가 책을 읽다가 먼 산을 바라본 모습을 나타낸 것이다. 이때 장풍이의 눈에서 일어난 변화를 다음 용어를 사용하여 설명하시오.

섬모체   수정체

1 감각 기관

❸ 청각과 평형 감각을 담당하는 감각 기관

1 청각 : 귀에서 공기의 진동을 자극으로 받아들여 소리로 인식하는 것

2 귀의 구조와 기능
> 일상 생활에서 들을 수 있는 다양한 소리는 물체의 진동으로 발생해~

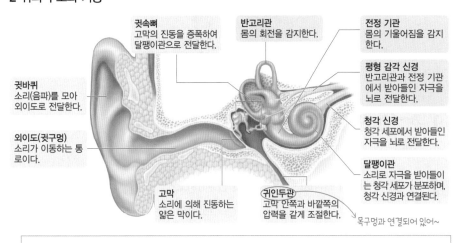

귓속뼈 고막의 진동을 증폭하여 달팽이관으로 전달한다.

반고리관 몸의 회전을 감지한다.

전정 기관 몸의 기울어짐을 감지한다.

평형 감각 신경 반고리관과 전정 기관에서 받아들인 자극을 뇌로 전달한다.

귓바퀴 소리(음파)를 모아 외이도로 전달한다.

청각 신경 청각 세포에서 받아들인 자극을 뇌로 전달한다.

외이도(귓구멍) 소리가 이동하는 통로이다.

달팽이관 소리로 자극을 받아들이는 청각 세포가 분포하며, 청각 신경과 연결된다.

고막 소리에 의해 진동하는 얇은 막이다.

귀인두관 고막 안쪽과 바깥쪽의 압력을 같게 조절한다.
> 목구멍과 연결되어 있어~

[소리를 듣는 과정] 소리(음파) → 귓바퀴 → 외이도 → 고막 → 귓속뼈 → 달팽이관의 청각 세포 → 청각 신경 → 뇌

암기 청각과 직접 관련! 고귓달!

---

3 평형 감각 기관

(1) **반고리관** : 세 개의 관이 직각으로 연결된 구조로, 몸의 회전이나 이동을 감각한다.

　예 롤러코스터를 타고 내리면 어지럽다. 눈을 감아도 몸의 회전 방향을 느낄 수 있다.

(2) **전정 기관** : 중력 자극을 받아들여 몸의 위치나 기울기를 감각한다.

　예 돌부리에 걸려 넘어질 때 몸의 기울어짐을 느낀다. 평균대에서 균형을 잡는다.

고막은 **귓속**에서 **달팽이**를 만난다.
뼈 　　 관

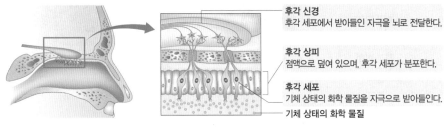

어지러움을 느낀다.

몸이 기울어짐을 느낀다.

암기 귀에서 평형 감각을? 반전이 있네~

반고리관

평형 감각 신경

청각 신경

전정 기관

❹ 후각을 담당하는 감각 기관

1 후각 : 코에서 공기 중에 있는 기체 상태의 화학 물질을 자극으로 받아들여 냄새를 느끼는 것

2 코의 구조와 기능

후각 신경 후각 세포에서 받아들인 자극을 뇌로 전달한다.

후각 상피 점액으로 덮여 있으며, 후각 세포가 분포한다.

후각 세포 기체 상태의 화학 물질을 자극으로 받아들인다.

기체 상태의 화학 물질

3 후각의 특징

(1) 모든 감각 중 가장 예민하지만 쉽게 피로해진다.
> 쉽게 피로해져서 같은 냄새를 계속 맡으면 그 냄새에 둔해져 잘 느끼지 못하게 돼~

(2) 특정 자극에 대해 피로해진 상태에서도 다른 자극에 대해선 예민하다.
> 예를 들어, 향수 냄새에는 무뎌진 후각이 음식 냄새에는 예민하게 반응하지!

[냄새를 맡는 과정] 기체 상태의 화학 물질 → 후각 상피의 후각 세포 → 후각 신경 → 뇌

➡ 비타민

비행기가 이륙할 때나 높은 산에 오르면 귀가 먹먹해지는 까닭

비행기가 이륙할 때나 높은 산에 오르면 기압이 낮아져 귀가 먹먹해진다. 귀 안쪽에 있는 귀인두관은 평소에는 닫혀 있다가 하품을 하거나 침을 삼킬 때 순간적으로 열린다. 이때 목구멍을 통해 귀인두관으로 공기가 들어가거나 빠져나가면서 고막 안쪽과 바깥쪽의 압력 차이를 조절하게 되며, 이로 인해 고막이 손상되지 않게 된다.

평형 감각

눈으로 보지 않아도 몸이 회전하거나 기울어지는 것 등을 느끼는 감각

반고리관과 전정 기관

• 반고리관은 안에 림프액이 가득 차 있어 몸이 회전하게 될 경우 반고리관 안에 있는 림프액이 관성에 의해 함께 돌게 되어 감각 세포를 자극한다.
➡ 몸이 회전함을 알 수 있게 된다.

• 전정 기관은 안에 림프액이 가득 차 있고, 감각 세포가 있으며, 그 위에 이석이라고 하는 작은 돌이 존재하여 몸이 기울어질 때 작은 돌도 움직이게 되어 감각 세포를 자극한다.
➡ 몸이 기울어짐을 알 수 있게 된다.

후각 세포의 수

콧속 천장에는 후각 세포가 약 500만 개 정도 있으며, 2000~4000가지 정도의 냄새를 구별할 수 있다. 개는 후각 세포가 2억 5000만 개 정도로 사람보다 훨씬 냄새에 민감하다.

용어 &개념 체크

❸ 청각과 평형 감각을 담당하는 감각 기관

05 청각은 ☐에서 공기의 진동을 자극으로 받아들여 소리로 인식하는 것을 말한다.

06 ☐☐☐☐은 세 개의 관이 직각으로 연결된 구조로, 몸의 회전이나 이동을 감각한다.

07 ☐☐ ☐☐은 중력 자극을 받아들여 몸의 위치나 기울기를 감각한다.

❹ 후각을 담당하는 감각 기관

08 후각은 ☐에서 공기 중에 있는 ☐☐ 상태의 화학 물질을 자극으로 받아들여 냄새를 느끼는 것을 말한다.

06 그림은 귀의 구조를 나타낸 것이다. 각 설명에 해당하는 구조의 기호를 고르고, 그 이름을 쓰시오.

(1) 몸이 기울어지는 것을 감지한다.
(2) 고막 안쪽과 바깥쪽의 압력을 같게 조절한다.
(3) 소리에 의해 진동하는 얇은 막이다.
(4) 몸이 회전하는 것을 감지한다.
(5) 청각 세포가 분포하고, 청각 신경과 연결된다.
(6) 고막의 진동을 증폭한다.

07 소리의 전달과 직접적인 관련이 있는 기관을 보기에서 골라 소리를 듣는 과정의 순서대로 기호를 나열하시오.

┌ **보기** ┐
ㄱ. 고막   ㄴ. 귓속뼈   ㄷ. 귀인두관
ㄹ. 달팽이관   ㅁ. 반고리관   ㅂ. 전정 기관

08 다음은 평형 감각 기관과 관련 있는 현상을 나타낸 것이다. 평형 감각 기관 중 반고리관과 관련 있는 현상은 '반', 전정 기관과 관련 있는 현상은 '전'이라고 쓰시오.

(1) 회전하는 놀이기구를 타고 내리면 어지럽다. ────────── (   )
(2) 엘리베이터를 탔을 때 몸의 움직임을 느낀다. ────────── (   )
(3) 돌부리에 걸려 넘어질 때 몸이 기울어지는 느낌을 받는다. ──── (   )
(4) 제자리에서 여러 바퀴를 돌다 멈추면 계속 어지럽다. ─────── (   )
(5) 버스를 타고 눈을 감고 있어도 버스가 어느 방향으로 회전하는지 알 수 있다. ────────
                                                        (   )

09 그림은 사람 코의 내부 구조를 나타낸 것이다. 콧속 천장(A)과 콧속 아랫부분(B) 중 후각 세포가 존재하는 곳을 고르고, 후각 세포의 기능을 한 가지만 서술하시오.

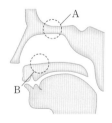

10 후각에 대한 설명으로 옳은 것은 ○, 옳지 않은 것은 ×로 표시하시오.

(1) 다른 감각에 비해 매우 예민하다. ───────────────── (   )
(2) 같은 냄새를 오랫동안 계속 느낄 수 있다. ──────────── (   )
(3) 후각 세포에서 기체 상태의 화학 물질을 자극으로 받아들이면 이 자극을 후각 신경이 대뇌에 전달한다. ────────────── (   )

⑤ 미각을 담당하는 감각 기관

1 미각 : 혀에서 액체 상태의 화학 물질을 자극으로 받아들여 맛을 느끼는 것

2 혀의 구조와 기능

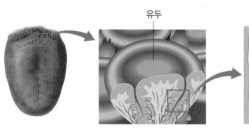
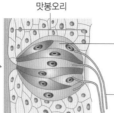

유두 ← 맛봉오리

맛세포
액체 상태의 화학 물질을 자극으로 받아들여 미각 신경으로 전달한다.

미각 신경
맛세포에서 받아들인 자극을 뇌로 전달한다.

유두
• 혀 표면에 있는 좁쌀 모양의 돌기이다.
• 유두의 옆면에 맛봉오리가 존재한다.

맛봉오리
유두의 옆면에 있으며, 여러 개의 맛세포가 모여 있다.

 [맛을 느끼는 과정] 액체 상태의 화학 물질 → 유두 → 맛봉오리의 맛세포 → 미각 신경 → 뇌

3 혀에서 느끼는 기본 맛 : 단맛, 신맛, 쓴맛, 짠맛, 감칠맛

> 감칠맛(우마미)은 아미노산의 일종인 글루탐산의 맛으로, 글루탐산은 다시마, 고기, 생선 등에 들어 있어~

4 미각의 특징

(1) 기본 맛과 후각의 상호 작용으로 다양한 맛을 느낄 수 있다.
> 혀의 단맛에 과일 냄새가 더해지면 과일주스 맛이 나! 이 외에도 음식의 온도, 식감 등이 합쳐져서 우리가 느끼는 맛은 더욱 다양해져~

(2) 혀의 부위에 따라 맛을 느끼는 정도가 다를 수 있다.

(3) 매운맛과 떫은맛은 혀와 입 속의 피부를 통해 느끼는 피부 감각이다. 매운맛은 통각, 떫은맛은 압각이다.

⑥ 피부 감각을 담당하는 감각 기관

1 피부 감각 : 피부를 통해 압력, 통증, 온도 변화 등을 느끼는 것

2 피부의 구조와 감각점 : 피부에는 다양한 자극을 받아들일 수 있는 여러 가지 감각점이 있다.

(1) **감각점** : 압력, 통증, 온도 변화 등을 자극으로 받아들이는 부위

(2) 한 가지 감각점에서는 한 가지 감각만 느낄 수 있다.

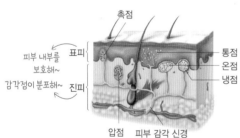

촉점
표피
피부 내부를 보호해~
진피
감각점이 분포해~
압점
피부 감각 신경
통점
온점
냉점

> 감각점에서 받아들인 자극을 뇌로 전달해~

감각점	받아들이는 자극의 종류
통점	통각(통증을 느낀다.)
압점	압각(압박을 느낀다.)
촉점	촉각(접촉을 느낀다.)
온점	온각(따뜻해짐을 느낀다.)
냉점	냉각(차가워짐을 느낀다.)

> 통점은 피부뿐만 아니라 일부 내장 기관에도 분포해~!

> 냉점과 온점은 절대적인 온도를 느끼는 것이 아니라 상대적인 온도 변화를 느껴!

 [피부 감각을 느끼는 과정] 피부 자극 → 피부의 감각점 → 피부 감각 신경 → 뇌

3 감각점의 분포

(1) 몸의 부위에 따라 감각점이 분포하는 밀도가 다르며, 같은 부위라도 감각점의 종류에 따라 분포하는 개수에 차이가 있다. ➡ 감각점이 많은 부위는 그 감각점이 받아들이는 자극에 더 예민하다.

(2) **감각점의 수** : 통점 > 압점 > 촉점 > 냉점 > 온점 ➡ 통증에 가장 예민하다.

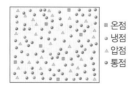
■ 온점
● 냉점
▲ 압점
▶ 통점

▲ 감각점의 분포 밀도

⊖ 비타민

음식을 먹을 때 다섯 가지보다 많은 맛을 느낄 수 있는 까닭
음식을 먹을 때 우리는 혀로 느끼는 다섯 가지 기본 맛 외에 코에서 감지하는 여러 가지 냄새를 종합하여 맛을 느끼기 때문이다.

매운맛(통각)과 떫은맛(압각)

고추의 매운맛은 고추에 들어 있는 캡사이신(capsaicin)이라는 물질이 혀에 통증을 가하는데, 이를 맵다고 느끼는 것이다. 즉, 매운맛은 미각이 아닌 통각이다. 또 덜 익은 감을 먹었을 때 느끼는 떫은맛은 탄닌과 같은 물질이 맛봉오리 사이에 끼어서 느끼는 압각이다.

온점과 냉점
우리는 같은 온도를 따뜻하게 느끼기도 하고 차갑게 느끼기도 한다. 이는 처음보다 온도가 높아지면 피부의 온점이 자극을 받아들이고, 처음보다 온도가 낮아지면 피부의 냉점이 자극을 받아들이기 때문이다.

호먼큘러스

피부의 감각점은 신체 부위에 따라 다른 분포 밀도를 갖는데, 이러한 분포 밀도에 따라 사람을 상징적으로 그린 것을 호먼큘러스라고 한다. 호먼큘러스를 보면 다른 곳에 비해 입술과 손바닥이 예민하고, 팔이 둔감하다는 것을 알 수 있다.

통점이 가장 많은 까닭
감각점 중 통점은 우리 몸에 가장 많이 분포하고 있다. 이는 생존에 위협적인 자극에 대해 우리 몸이 고통을 느껴 바로 반응할 수 있게 하기 위해서이다.

용어&개념 체크

⑤ 미각을 담당하는 감각 기관

09 미각은 ◻에서 ◻◻ 상태의 화학 물질을 자극으로 받아들여 맛을 느끼는 것을 말한다.

10 혀에서 느끼는 기본 맛은 단맛, 신맛, 쓴맛, 짠맛, ◻◻◻의 5가지가 있다.

⑥ 피부 감각을 담당하는 감각 기관

11 압력, 통증, 온도 변화 등을 자극으로 받아들이는 부위를 ◻◻◻이라고 한다.

12 우리 몸에 분포하는 감각점의 수는 ◻◻>압점>◻◻>냉점>온점 순이다.

11 그림은 혀의 구조를 나타낸 것이다. A~D에 해당하는 구조의 이름을 쓰시오.

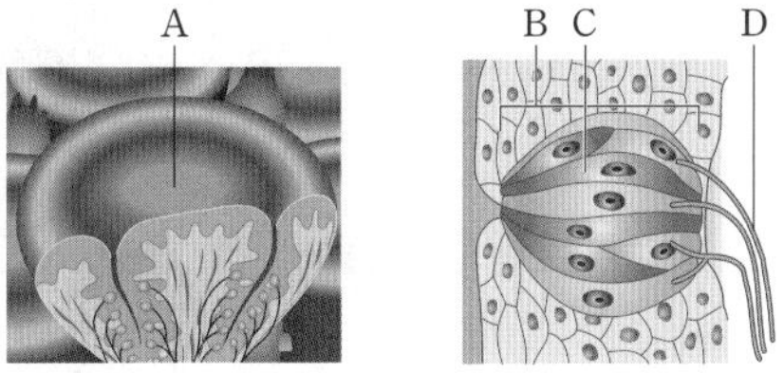

A : (   )
B : (   )
C : (   )
D : (   )

12 혀와 미각에 대한 설명으로 옳은 것은 ○, 옳지 <u>않은</u> 것은 ×로 표시하시오.

(1) 미각은 감각 기관 중에서 가장 예민하다. ──────────────── (   )

(2) 혀의 맛봉오리에는 맛을 느끼는 맛세포가 있다. ──────────── (   )

(3) 미각 신경은 맛세포에서 받아들인 자극을 뇌로 전달한다. ──────── (   )

(4) 미각은 고체 상태의 화학 물질을 자극으로 받아들여 맛을 느낀다. ──── (   )

(5) 혀에서 느끼는 맛의 종류에는 단맛, 신맛, 매운맛, 짠맛, 감칠맛의 5가지가 있다. ──────────────────────────────────── (   )

13 그림과 같이 코감기에 걸리면 음식의 맛을 잘 느낄 수 없다. 그 까닭을 쓰시오.

14 감각점에 대한 설명으로 옳은 것은 ○, 옳지 <u>않은</u> 것은 ×로 표시하시오.

(1) 감각점은 피부의 진피에 분포한다. ──────────────────── (   )

(2) 감각점은 종류에 상관없이 그 수가 일정하다. ──────────── (   )

(3) 한 가지 감각점에서는 여러 가지 감각을 느낄 수 있다. ──────── (   )

(4) 감각점이 많은 부위는 그 감각점이 받아들이는 자극에 더 예민하다. ──── (   )

[15~16] 다음 | 보기 |는 우리 몸에 있는 피부의 감각점을 나타낸 것이다.

┌─ **보기** ───┐
│   온점   냉점   압점   통점   촉점   │
└──┘

15 우리 몸에 가장 많이 분포하는 감각점을 | 보기 |에서 고르고, 그 까닭을 쓰시오.

16 다음은 풍돌이와 풍순이가 음식을 먹고 난 후 나눈 대화를 나타낸 것이다. 풍돌이와 풍순이가 느낀 현상과 관련 있는 감각점을 | 보기 |에서 각각 골라 쓰시오.

┌──┐
│ 풍돌 : 오늘 점심으로 나온 떡볶이 너무 맵지 않았어? 나는 너무 매워서 눈물나더라. │
│ 풍순 : 나는 괜찮았는데? 오히려 후식으로 나온 감이 너무 떫었어.   │
└──┘

(1) 풍돌 : (   )   (2) 풍순 : (   )

[탐구 1] 빛의 밝기에 따른 홍채와 동공의 변화 관찰하기

(과정) ❶ 손전등의 앞부분에 흰 종이를 붙인다.
❷ 두 명이 모둠을 구성한 후, 한 사람은 감은 눈을 손으로 가리고 1분 정도 기다린다.
❸ 눈을 가린 손을 떼고 감은 눈을 뜨면 다른 사람이 손전등으로 눈을 비추고 홍채와 동공의 변화를 관찰한다.

흰 종이

(탐구 시 유의점)
손전등으로 너무 오래 눈을 비추지 않도록 주의한다.

(결과) 손전등으로 눈을 비추면 홍채가 확장하면서 동공의 크기는 작아진다.
➡ 주변의 밝기가 밝아지면 홍채가 확장하면서 동공의 크기는 작아져 눈 안으로 들어오는 빛의 양이 줄어든다.

홍채 확장　동공 축소

가렸던 눈을 떴을 때 　 손전등을 비췄을 때

(정리) 홍채의 확장과 수축 작용으로 동공의 크기가 조절됨으로써 눈으로 들어오는 빛의 양을 조절할 수 있다.

[탐구 2] 맹점 확인 실험

(과정) ❶ 그림으로부터 10 cm~20 cm 떨어진 거리에서 왼쪽 눈을 감고 오른쪽 눈으로 그림의 로봇을 바라본다.
❷ 눈동자를 움직이지 말고 로봇을 계속 주시하며 그림을 앞뒤로 서서히 움직이면서 드론이 보이지 않는 순간을 찾는다.

(결과) 어느 정도 떨어진 거리에서 드론이 보이지 않는다.

(정리) 드론이 보이지 않는 순간 드론의 상이 맺힌 부분은 맹점으로, 시각 세포가 없다. 따라서 시각 신경을 통해 자극이 대뇌로 전달될 수 없으므로, 상이 보이지 않는다.

정답과 해설 44쪽

(탐구 알약)

01 위 [탐구 1]에 대한 설명으로 옳은 것은 ○, 옳지 않은 것은 ×로 표시하시오.

(1) 우리 눈을 사진기에 비교하면 홍채는 렌즈에 해당한다. ··· (　　)

(2) 밝은 복도에 있다가 어두운 영화관에 들어가면 손전등을 비추었을 때와 같은 결과가 나타난다.
··· (　　)

(3) 어두운 곳에서는 빛이 약하기 때문에 홍채가 축소하면서 동공이 커져 눈으로 들어오는 빛의 양을 늘린다. ··· (　　)

(4) 밝은 곳에서는 빛이 강하기 때문에 홍채가 확장하면서 동공이 작아져 눈으로 들어오는 빛의 양을 줄인다. ··· (　　)

(서술형)
02 다음은 위 [탐구 2]의 결과를 정리하여 나타낸 것이다.

> 로봇을 바라보며 그림을 앞뒤로 움직이면 (⊙　　)에 맺히는 드론의 상의 위치가 달라진다. 이 상이 (⊙　　)의 (ⓒ　　)에 맺히는 경우 물체가 보이지 않는다.

(1) 눈의 구조 중 ⊙, ⓒ에 알맞은 구조의 이름을 쓰시오.

(2) 물체의 상이 ⓒ에 맺히는 경우 물체가 보이지 않는 까닭을 서술하시오.

KEY
맹점, 시각 세포

[탐구 1] 피부 촉점의 분포 알아보기

과정
❶ 5 mm 간격으로 고정시킨 이쑤시개를, 눈을 가린 사람의 손바닥에 살짝 대고 몇 개의 점으로 느껴지는지 물어본다.
❷ 이쑤시개의 간격을 넓혀가며 두 개의 점으로 느끼기 시작하는 최단 거리를 측정한다.
❸ ❶~❷의 과정을 팔, 이마, 입술 등에서 반복한다.

▲ 이쑤시개 고정 방법   ▲ 촉점 측정 방법

결과

부위	손바닥	팔	이마	입술
거리(mm)	10	36	18	5.5

정리
• 몸의 부위마다 이쑤시개를 두 개의 점으로 느끼는 최단 거리가 다르다.
• 두 개의 이쑤시개 끝이 각각 다른 촉점을 자극했을 때 두 개의 점으로 느끼는 최단 거리가 짧을수록 촉점이 많이 분포한다.
• 이쑤시개를 두 개의 점으로 느끼는 최단 거리가 짧을수록 촉점의 밀도가 높은 부위이다. ➡ 촉점의 밀도는 입술이 가장 높다.

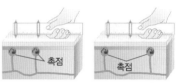

▲ 두 개의 점으로 느낌   ▲ 한 개의 점으로 느낌

[탐구 2] 피부의 온도 감각 알아보기

과정
❶ 오른손은 15 ℃의 물에, 왼손은 35 ℃의 물에 10초 동안 담근다.
❷ 10초 후, 동시에 두 손을 25 ℃의 물에 담근다.

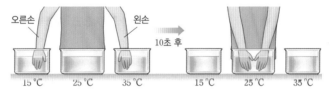

결과 양손을 25 ℃의 물에 넣었을 때, 오른손은 따뜻함을 느끼고, 왼손은 차가움을 느낀다.

정리 온점과 냉점은 절대 온도를 감지하는 것이 아니라 상대적인 온도 변화를 감지한다.

정답과 해설 44쪽

탐구 알약

03 위 [탐구 1]에 대한 설명으로 옳은 것은 ○, 옳지 않은 것은 ×로 표시하시오.

(1) 피부의 감각점은 몸 전체에 고르게 분포한다. ········· ( )
(2) 몸의 부위마다 이쑤시개를 두 개의 점으로 느끼는 최단 거리가 다르다. ········· ( )
(3) 두 개의 점으로 느껴지는 이쑤시개의 간격이 넓을수록 예민한 부분이다. ········· ( )
(4) 위 실험 결과로 보아 신체 부위의 예민한 정도는 입술>손바닥>이마>팔 순이다. ········· ( )
(5) 이쑤시개를 두 개의 점으로 느끼는 거리가 이마에서는 18 mm이고, 팔에서는 36 mm이므로 이마보다 팔에 감각점이 더 많이 분포한다. ····· ( )

04 그림과 같이 오른손은 30 ℃의 물에, 왼손은 10 ℃의 물에 각각 담갔다가 양손을 동시에 20 ℃의 물에 담갔다.

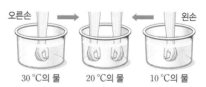

이때 손이 느끼는 현상에 대한 설명으로 옳은 것은 ○, 옳지 않은 것은 ×로 표시하시오.

(1) 오른손은 냉점이, 왼손은 온점이 자극을 감지한다. ········· ( )
(2) 양손 모두 물의 온도를 20 ℃로 정확하게 감지한다. ········· ( )
(3) 양손을 동시에 20 ℃의 물에 담갔을 때 오른손은 차가움을 느끼고, 왼손은 따뜻함을 느낀다. ( )

유형 1 눈의 조절 작용

그림은 홍채와 동공의 모습을 나타낸 것이다.

　　　(가)　　　　　　　(나)

홍채와 동공이 (가)에서 (나)의 상태로 변하는 현상에 대한 설명으로 옳은 것은?

① 홍채가 확장한다.
② 밝은 거실에서 TV를 시청할 때 나타난다.
③ 갑자기 어두운 터널로 들어갈 때 나타난다.
④ 사진을 가까이 보면 같은 현상이 일어난다.
⑤ 정전이 되었다가 갑자기 불이 켜질 때 나타난다.

주변의 밝기에 따라 우리 눈으로 들어오는 빛의 양을 조절하기 위해 홍채와 동공의 크기가 어떻게 달라지는지 잘 기억해 두어야 해~!

(가)는 밝은 곳, (나)는 어두운 곳에서의 홍채와 동공의 모습이야~

① 홍채가 확장한다.
→ (가)에서 (나)로 변할 때 동공이 커졌으므로 홍채는 축소해~

② 밝은 거실에서 TV를 시청할 때 나타난다.
→ 밝은 거실에서 TV를 시청하면 동공이 작아지겠지. (가) 상태로 유지될 거야!

③ 갑자기 어두운 터널로 들어갈 때 나타난다.
→ 갑자기 어두운 터널로 들어가면 눈으로 들어오는 빛의 양을 늘려야 하니까 홍채가 축소하면서 동공이 커질 거야. 즉, (가)에서 (나)처럼 되겠지~

④ 사진을 가까이 보면 같은 현상이 일어난다.
→ 사진을 가까이 보면 섬모체가 수축해서 수정체가 두꺼워져. 홍채에 의한 동공의 크기와는 상관이 없어! 거리 조절은 섬모체에 의한 수정체 두께 조절! 명암 조절은 홍채에 의한 동공의 크기 조절! 기억해 두자!

⑤ 정전이 되었다가 갑자기 불이 켜질 때 나타난다.
→ 정전이 되었다가 갑자기 불이 켜지면 빛이 너무 강해서 눈으로 들어오는 빛의 양을 줄여야 하니까 (가)처럼 동공이 작아지겠지? 즉, (나)에서 (가)로 변할 거야.

답 : ③

밝은 곳 : 홍채 확장 → 동공 축소!
어두운 곳 : 홍채 축소 → 동공 확대!

유형 2 평형 감각 기관

그림은 피겨 스케이팅 선수가 회전을 한 후 착지하여 균형을 잡으며 공연을 하는 모습을 나타낸 것이다.
피겨 스케이팅 선수에게 일어나는 현상에 대한 설명으로 옳은 것을 | 보기 |에서 모두 고른 것은?

┌ 보기 ┐
ㄱ. 몸이 균형을 잡는 데 반고리관이 관여한다.
ㄴ. 몸의 회전은 고막 안쪽과 바깥쪽의 압력에 의해 감지한다.
ㄷ. 스케이트를 타다가 넘어진다면 전정 기관에 의해 감지할 수 있다.

① ㄱ　　　　　　② ㄴ　　　　　　③ ㄱ, ㄷ
④ ㄴ, ㄷ　　　　⑤ ㄱ, ㄴ, ㄷ

귀는 청각을 담당하는 것 외에 몸의 균형을 잡거나 기울어지는 것을 느끼는 것과도 관련되어 있어~ 이러한 예가 우리 주위의 실생활과 어떻게 관련되어 있는지 잘 알아 두자!

ㄱ 몸이 균형을 잡는 데 반고리관이 관여한다.
→ 반고리관에서 받아들인 자극이 평형 감각 신경을 통해 뇌로 전달되어 몸의 균형을 유지하는 거야~

ㄴ 몸의 회전은 고막 안쪽과 바깥쪽의 압력에 의해 감지한다.
→ 몸이 회전하는 것도 반고리관에서 받아들인 자극에 의해 알 수 있는 거야~ 고막 안쪽과 바깥쪽의 압력을 같게 조절해 주는 역할을 하는 기관은 귀인두관으로, 회전과 아무런 관련이 없어!

ㄷ 스케이트를 타다가 넘어진다면 전정 기관에 의해 감지할 수 있다.
→ 전정 기관에서 받아들인 자극이 평형 감각 신경을 통해 뇌로 전달되어 스케이트를 타다가 넘어지는 것을 감지할 수 있는 거야~!

답 : ③

반고리관 : 몸의 회전이나 이동 감각
전정 기관 : 몸의 위치나 기울어짐 감각

유형 ③ 후각과 미각의 특징

그림 (가)와 (나)는 코와 혀의 구조 중 일부분을 순서 없이 나타낸 것이다.

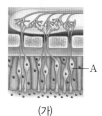 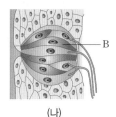

(가)   (나)

이에 대한 설명으로 옳지 <u>않은</u> 것은? (단, A와 B는 모두 감각 세포이다.)

① 혀 구조의 일부분은 (나)이다.
② A에서 느끼는 감각은 사람의 감각 중 가장 예민하다.
③ A는 어떤 자극에 피로해지면 다른 종류의 자극도 느낄 수 없다.
④ A와 B는 모두 화학 물질을 자극으로 받아들인다.
⑤ A와 B에서 받아들인 자극은 각각 다른 신경을 통해 뇌로 전달된다.

감각 기관 중 후각과 미각은 서로 상호 작용해~ 따라서 후각과 미각의 특징을 비교하여 잘 알아두어야 해~!

(가)는 후각을 담당하는 코의 구조 중 일부분으로 A는 후각 세포이고, (나)는 미각을 담당하는 혀의 구조 중 일부분으로 B는 맛세포지!

① 혀 구조의 일부분은 (나)이다.
→ (나)는 혀 표면의 돌기인 유두 옆면에 존재하는 맛봉오리를 나타낸 거야~

② A에서 느끼는 감각은 사람의 감각 중 가장 예민하다.
→ 맞아~ 사람의 감각 중 가장 예민한 감각이 후각이야!

③ A는 어떤 자극에 피로해지면 다른 종류의 자극도 느낄 수 없다.
→ 아니야! 어떤 자극에 피로해져도 다른 종류의 자극은 느낄 수 있어.

④ A와 B는 모두 화학 물질을 자극으로 받아들인다.
→ 후각 세포(A)와 맛세포(B)는 모두 화학 물질을 자극으로 받아들여~ 후각 세포(A)는 기체 상태의 화학 물질을, 맛세포(B)는 액체 상태의 화학 물질을 자극으로 받아들이지~!!

⑤ A와 B에서 받아들인 자극은 각각 다른 신경을 통해 뇌로 전달된다.
→ 후각 세포(A)에서 받아들인 자극은 후각 신경을 통해 뇌로 전달되고, 맛세포(B)에서 받아들인 자극은 미각 신경을 통해 뇌로 전달돼~

답 : ③

후각 : 기체 상태의 화학 물질, 후각 세포
미각 : 액체 상태의 화학 물질, 맛세포

유형 ④ 피부 감각 기관

다음은 피부 감각을 알아보기 위한 실험 과정을 나타낸 것이다.

(가) 간격이 5 mm로 고정된 두 개의 이쑤시개를 눈을 가린 사람의 손등에 살짝 대고 몇 개의 점으로 느껴졌는지 물어본다.
(나) 두 이쑤시개 사이의 간격을 넓혀가면서 두 개의 점으로 느끼기 시작하는 최소 거리를 측정한다.
(다) 같은 과정을 손바닥, 이마, 팔뚝, 입술 등에서도 반복한다.

이 실험을 통해 알고자 하는 것은?

① 피부 감각점에서 받아들인 자극의 경로는?
② 피부에서 느낄 수 있는 감각은 몇 가지인가?
③ 강한 자극을 느끼면 어떤 감각점이 자극되는가?
④ 몸의 부위에 따라 피부 촉점의 밀도는 어떠한가?
⑤ 피부에서는 아픔과 누름 중 무엇을 더 잘 느끼는가?

우리 피부에는 다양한 외부 자극을 받아들이는 감각점들이 분포하지~ 이 감각점들을 알아보는 실험들에 대해 잘 알아두어야 해~!

① 피부 감각점에서 받아들인 자극의 경로는?
→ 피부 감각점에서 받아들인 자극의 경로는 피부 자극 → 피부 감각점 → 피부 감각 신경 → 뇌이지만 이 실험으로 알 수 있는 건 아니지.

② 피부에서 느낄 수 있는 감각은 몇 가지인가?
→ 촉점만을 가지고 실험한 실험이니까 이건 알 수 없어.

③ 강한 자극을 느끼면 어떤 감각점이 자극되는가?
→ 모든 자극이 강해지면 통각으로 느껴져. 하지만 자극의 크기를 변화시키는 실험이 아니니까 그걸 알아보는 실험은 아니지!

④ 몸의 부위에 따라 피부 촉점의 밀도는 어떠한가?
→ 몸의 부위를 바꿔가면서 두 이쑤시개 사이의 간격을 달리하면서 살짝 대보는 실험을 하였으므로, 몸의 부위에 따른 피부 촉점의 밀도를 알아보는 실험이라는 걸 알 수 있어.

⑤ 피부에서는 아픔과 누름 중 무엇을 더 잘 느끼는가?
→ 피부에는 통점이 더 많으므로 아픔을 더 잘 느낄 거야. 하지만 이 실험은 통점과 압점에 자극을 준 것이 아니므로 이걸 알아보는 실험은 아니야.

답 : ④

몸의 부위에 따라 촉점의 밀도가 달라!
촉점의 밀도가 높을수록 민감해~

1 자극과 감각 ~ 2 시각을 담당하는 감각 기관

01 ★중요
그림은 사람 눈의 구조를 나타낸 것이다. 이에 대한 설명으로 옳은 것을 <u>모두</u> 고르면?

① A에는 시각 세포가 분포한다.
② B는 눈으로 들어가는 빛의 양을 조절한다.
③ C는 A의 두께를 조절한다.
④ D는 내부를 어둡게 만들어준다.
⑤ E는 시각 신경이 빠져나가는 곳으로, 이곳에 상이 맺히면 가장 뚜렷하게 보인다.

02 그림은 눈동자가 (가)에서 (나)로 변하는 모습을 나타낸 것이다.

(가)   (나)

이에 대한 설명으로 옳은 것을 │보기│에서 모두 고른 것은?

┌─ 보기 ┐
ㄱ. 홍채가 확장하였다.
ㄴ. (가)는 가까운 곳을 볼 때, (나)는 먼 곳을 볼 때의 모습이다.
ㄷ. 불이 꺼진 방에서 밝은 곳으로 나갔을 때 이러한 현상이 나타난다.
└────────┘

① ㄱ   ② ㄴ   ③ ㄱ, ㄷ
④ ㄴ, ㄷ   ⑤ ㄱ, ㄴ, ㄷ

03 사람의 눈에서 수정체가 그림의 (가)에서 (나)의 상태로 되는 경우로 옳은 것은?

① 눈을 오래 뜨고 있을 때
② 먼 산을 보다 책을 볼 때
③ 책을 보다 먼 곳을 바라볼 때
④ 밝은 곳에서 어두운 곳으로 갔을 때
⑤ 어두운 곳에서 밝은 곳으로 갔을 때

04 물체를 보는 과정을 순서대로 나열한 것으로 옳은 것은?

① 각막 → 망막 → 수정체 → 시각 신경 → 유리체 → 뇌
② 각막 → 수정체 → 시각 신경 → 유리체 → 망막 → 뇌
③ 각막 → 수정체 → 유리체 → 망막 → 시각 신경 → 뇌
④ 망막 → 각막 → 수정체 → 시각 신경 → 유리체 → 뇌
⑤ 망막 → 수정체 → 유리체 → 각막 → 시각 신경 → 뇌

3 청각과 평형 감각을 담당하는 감각 기관

05 다음은 소리를 듣는 과정을 나타낸 것이다.

┌──────────────────────────────┐
│ 귓바퀴 → 외이도 → (A) → 귓속뼈 → 달팽이관 → 청각 신경 → 뇌 │
└──────────────────────────────┘

A에 대한 설명으로 옳은 것은?

① 청각 세포가 들어 있다.
② 우리 몸의 평형을 감각한다.
③ 공기의 진동을 최초로 받아들인다.
④ 소리 자극을 청각 신경으로 전달한다.
⑤ 우리 몸의 회전 변화를 느끼게 해준다.

[06~08] 그림은 사람 귀의 구조를 나타낸 것이다.

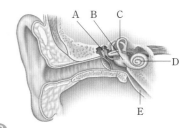

06 ★중요
A~E 각 부분에 대한 설명으로 옳은 것은?

① A – 회전 감각을 느낀다.
② B – 고막 안쪽의 압력을 바깥쪽의 압력과 같게 조절한다.
③ C – 위치 감각을 느낀다.
④ D – 청각 세포가 분포한다.
⑤ E – 소리 자극을 청각 신경으로 전달한다.

07 소리를 듣는 과정과 직접적인 관계가 <u>없는</u> 부분끼리 옳게 짝지은 것은?

① A, B, C   ② A, C, E   ③ B, C, D
④ B, C, E   ⑤ C, D, E

08 (가)~(다)의 현상과 가장 관계 깊은 귀 구조의 기호와 이름을 옳게 짝지은 것은?

> (가) 높은 산에 올라 귀가 먹먹해지면 침을 삼킨다.
> (나) 돌부리에 걸려 넘어질 때 몸의 기울어짐을 느낀다.
> (다) 제자리에서 여러 바퀴를 돌고 멈추면 어지러움을 느낀다.

	(가)	(나)	(다)
①	B – 반고리관	E – 귀인두관	C – 전정 기관
②	C – 반고리관	A – 귓속뼈	B – 귀인두관
③	E – 귀인두관	B – 전정 기관	C – 반고리관
④	E – 귀인두관	B – 전정 기관	D – 달팽이관
⑤	E – 귀인두관	C – 반고리관	B – 전정 기관

❹ 후각을 담당하는 감각 기관

★중요
09 그림은 사람 코의 구조를 나타낸 것이다.

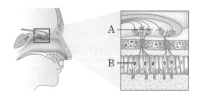

후각에 대한 설명으로 옳은 것을 <u>모두</u> 고르면?

① 사람의 감각 기관 중 가장 예민하다.
② 액체 상태의 화학 물질을 받아들인다.
③ 냄새를 맡는 과정은 B → A → 뇌이다.
④ 맛을 느끼는 데 아무런 역할을 하지 않는다.
⑤ 어떤 냄새에 피로해지면 다른 종류의 냄새도 느낄 수 없다.

10 다음은 후각과 관련된 현상을 나타낸 것이다.

> 향수를 뿌린 사람이 방 안에 들어오면 향이 진하게 느껴지지만 조금 지나면 향이 느껴지지 않는다.

이와 같은 현상이 일어나는 까닭은?

① 향수의 농도가 점점 옅어지기 때문
② 향수가 후각 세포를 파괴시키기 때문
③ 후각 세포가 가장 예민하고 가장 빨리 피로해지기 때문
④ 액체 상태의 화학 성분이 후각 세포의 기능을 마비시키기 때문
⑤ 양이 적을수록 향수가 기체로 변하는 데 시간이 오래 걸리기 때문

❺ 미각을 담당하는 감각 기관

11 혀와 미각에 대한 설명으로 옳은 것을 │보기│에서 모두 고른 것은?

┌─ 보기 ─────────────────────
│ ㄱ. 혀의 유두 양 옆에는 맛봉오리가 있다.
│ ㄴ. 기본 맛은 단맛, 신맛, 짠맛, 떫은맛, 감칠맛이다.
│ ㄷ. 혀는 액체 상태의 화학 물질을 자극으로 받아들인다.
│ ㄹ. 맛을 느끼는 과정은 유두 → 맛봉오리 → 미각 신경 → 뇌이다.
└──────────────────────────

① ㄱ, ㄷ　　② ㄴ, ㄹ　　③ ㄱ, ㄴ, ㄷ
④ ㄱ, ㄷ, ㄹ　　⑤ ㄴ, ㄷ, ㄹ

[12~13] 그림은 사람 혀의 구조 중 일부를 나타낸 것이다.

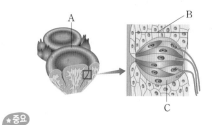

★중요
12 각 부분의 이름을 옳게 짝지은 것은?

	A	B	C
①	유두	맛세포	맛봉오리
②	유두	맛봉오리	맛세포
③	맛세포	유두	맛봉오리
④	맛봉오리	유두	맛세포
⑤	맛봉오리	맛세포	유두

13 C에서 느낄 수 있는 맛의 종류가 <u>아닌</u> 것은?

① 단맛　　② 쓴맛　　③ 신맛
④ 감칠맛　　⑤ 매운맛

❻ 피부 감각을 담당하는 감각 기관

14 피부 감각은 크게 다섯 종류의 감각점들로 이루어져 있다. 감각점의 특징에 대한 설명으로 옳지 <u>않은</u> 것은?

	감각점	특징
①	촉점	자극이 강할 경우 통각으로 느낀다.
②	냉점	10 ℃ 이하의 감각에만 반응한다.
③	온점	온도 변화를 받아들이는 감각점이다.
④	압점	피부의 진피에 분포한다.
⑤	통점	가장 많이 분포하는 감각점이다.

15 그림은 감각점의 분포 밀도에 따라 사람을 상징적으로 그린 호먼큘러스를 나타낸 것이다. 이를 통해 알 수 있는 것을 <u>모두</u> 고르면?

① 감각점 중 가장 많은 것은 통점이다.
② 부위에 따라 감각점의 분포 정도가 다르다.
③ 피부 감각을 통해 우리 몸을 보호할 수 있다.
④ 피부에서 느낄 수 있는 감각은 여러 가지이다.
⑤ 손가락 끝이나 입술이 예민한 것은 감각점의 수가 많기 때문이다.

16 우리 피부에 분포하는 감각점의 수를 옳게 비교한 것은?

① 통점＞촉점＞온점＞압점＞냉점
② 통점＞압점＞촉점＞냉점＞온점
③ 압점＞촉점＞통점＞냉점＞온점
④ 압점＞통점＞냉점＞촉점＞온점
⑤ 촉점＞압점＞통점＞온점＞냉점

17 표는 디바이더의 간격을 조정하면서 몸의 각 부분에 살짝 접촉시켰을 때 두 점으로 느끼는 최단 거리를 나타낸 것이다.

구분	발바닥	입술	어깨	손바닥
거리(mm)	24	6	33	10

이 실험을 통해 알 수 있는 사실을 <u>모두</u> 고르면?

① 온도 차이에 의해 압각을 느낀다.
② 몸의 감각 기관 중 압점이 가장 많다.
③ 어깨보다 입술에 촉점이 많이 존재한다.
④ 피부에서 느낄 수 있는 감각은 여러 가지이다.
⑤ 신체 부위에 따라 촉점이 분포하는 정도가 다르다.

18 시각 장애인들이 손가락 끝을 이용하여 점자책을 읽는 것과 관계가 깊은 감각점을 <u>모두</u> 고르면?

① 온점　　② 냉점　　③ 통점
④ 압점　　⑤ 촉점

19 의식을 잃은 사람이 응급실에 실려 오면 환자의 눈에 손전등을 비춰본다. 환자의 뇌에 이상이 없을 때 나타나는 눈동자의 변화에 대해 서술하시오.

　　　　　홍채, 동공

20 귀의 어떤 부분이 파괴된 개구리를 판자 위에 올려놓고 그림과 같이 판자를 기울였더니, 고개를 들지 못하고 균형을 잘 잡지 못했다. 이 개구리는 귀의 어떤 부분이 파괴되었는지 쓰고, 그렇게 생각한 까닭을 서술하시오.

정상 개구리　　　　　귀의 기관 일부가 파괴된 개구리

　　　　　평형 감각

21 소금 덩어리를 혀에 대어 보면 처음에는 짠맛을 느끼지 못하지만 조금 후에 짠맛을 느끼게 된다. 이와 같이 소금 덩어리의 맛을 처음에 바로 느끼지 못하는 까닭을 서술하시오.

　　　　　혀, 액체 상태 화학 물질

22 그림은 우리 몸의 감각점의 분포를 모식적으로 나타낸 것이다. ●가 나타내는 감각점을 쓰고, ●의 개수가 많은 까닭을 서술하시오.

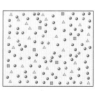

　　　　　통점, 몸의 보호

23 그림은 눈과 카메라의 구조를 나타낸 것이다.

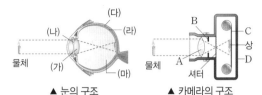

▲ 눈의 구조 　　　▲ 카메라의 구조

기능이 같은 부분끼리 옳게 짝지은 것을 <u>모두</u> 고르면?

① (가) – C　　② (나) – B　　③ (다) – D
④ (라) – A　　⑤ (마) – C

24 다음은 맹점을 확인하는 실험 과정을 나타낸 것이다.

[실험 과정]

(가) 그림을 약 50 cm 떨어진 거리에서 두 눈으로 내려다 본다.
(나) 머리는 그대로 고정하고 왼쪽 눈만 감은 뒤, 오른쪽 눈으로 왼쪽의 로봇을 바라본다.
(다) 눈의 방향을 고정한 채 머리를 서서히 책과 가까이 하면서 오른쪽의 드론이 보이지 않는 순간을 찾는다.

이 실험에 대한 설명으로 옳은 것을 │보기│에서 모두 고른 것은?

│보기│
ㄱ. 과정 (다)에서 수정체의 두께는 두꺼워진다.
ㄴ. 드론이 보이지 않는 순간 드론의 상은 맹점에 맺힌다.
ㄷ. 드론이 보이지 않는 것은 홍채의 면적 변화 때문이다.

① ㄱ　　　　② ㄴ　　　　③ ㄱ, ㄴ
④ ㄴ, ㄷ　　　⑤ ㄱ, ㄴ, ㄷ

25 그림은 사람 귀의 구조 중 일부를 나타낸 것이다. 각 부분에서 느끼는 감각을 옳게 짝지은 것은?

	A	B	C
①	청각	회전 감각	위치 감각
②	회전 감각	위치 감각	청각
③	회전 감각	청각	위치 감각
④	위치 감각	청각	회전 감각
⑤	위치 감각	회전 감각	청각

26 다음은 사람이 다양한 맛을 느끼는 방법을 알아보기 위한 실험을 나타낸 것이다.

눈을 안대로 가리고 코를 막은 다음 사과를 먹게 하고 다시 양파를 먹게 하였더니, 사과와 양파를 잘 구별하지 못했다.

이와 같은 현상이 일어나는 까닭은?

① 미각 신경에 문제가 있기 때문
② 맛세포가 코에도 존재하기 때문
③ 감각 기관 중 후각이 가장 예민하기 때문
④ 맛은 미각과 후각이 상호 작용하여 느끼기 때문
⑤ 공기와 후각 상피가 만나야만 혀가 기능을 할 수 있기 때문

27 그림과 같이 풍식이는 5 ℃의 물과 25 ℃의 물에 오른손과 왼손을 각각 담갔다가 두 손을 동시에 15 ℃의 물에 담갔다.

이에 대한 설명으로 옳은 것을 │보기│에서 모두 고른 것은?

│보기│
ㄱ. (가)에서 5 ℃보다 더 낮은 온도의 물에 손을 넣으면 통각이 느껴질 수 있다.
ㄴ. (나)에서 두 손은 모두 차가움을 느낀다.
ㄷ. 온점과 냉점은 상대적인 온도 변화를 감지하는 감각점이다.

① ㄱ　　　　② ㄴ　　　　③ ㄱ, ㄷ
④ ㄴ, ㄷ　　　⑤ ㄱ, ㄴ, ㄷ

28 일상에서 일어나는 현상과 해당 감각의 연결이 옳지 <u>않</u>은 것은?

① 떡볶이를 먹으니 맵다. – 미각
② 새 옷에서 약품 냄새가 난다. – 후각
③ 햇빛을 바라보니 눈이 부시다. – 시각
④ 양파를 썰다 손을 베어 아프다. – 피부 감각
⑤ 엄마가 부르는 소리에 뒤를 돌아 봤다. – 청각

신경계

• 뉴런과 신경계의 구조와 기능을 이해할 수 있다.
• 자극에 대한 반응 실험을 통해 자극의 종류에 따라 자극에서 반응이 일어나기까지의 과정을 표현할 수 있다.

❶ 뉴런

1 뉴런 : 신경계를 구성하는 신경 세포로, 신경 세포체, 가지 돌기, 축삭 돌기로 이루어져 있다.

가지 돌기에 자극이 도달하면 이 자극은 신경 세포체, 축삭 돌기 순서로 전달되지~!

자극의 전달

• 핵과 대부분의 세포질이 모여 있는 부위
• 여러 가지 생명 활동이 일어난다. ···· 신경 세포체

• 신경 세포체에서 뻗어 나온 여러 개의 짧은 돌기 ···· 가지 돌기
• 다른 뉴런이나 감각 기관으로부터 자극을 받아들인다.

축삭 돌기

• 신경 세포체에서 뻗어 나온 한 개의 긴 돌기
• 다른 뉴런이나 기관 등으로 자극을 전달한다.

2 뉴런의 종류 : 기능에 따라 감각 뉴런, 연합 뉴런, 운동 뉴런으로 구분한다.

신경 세포체가 축삭 돌기의 옆에 있지~!

감각 기관 — 감각 뉴런 — 연합 뉴런 — 운동 뉴런 — 운동 기관 (반응 기관)

자극 전달 경로	감각 뉴런	연합 뉴런	운동 뉴런
	• 감각 신경을 구성하는 뉴런 • 감각 기관에서 받은 자극을 연합 뉴런으로 전달한다.	• 중추 신경계(뇌와 척수)를 구성하는 뉴런 • 감각 뉴런으로부터 받은 자극을 판단하고 운동 뉴런에 명령을 내린다.	• 운동 신경을 구성하는 뉴런 • 연합 뉴런의 명령을 운동 기관 (반응 기관)에 전달한다.

❷ 신경계

1 신경계 : 감각 기관이 받아들인 자극을 뇌로 전달하고, 이 자극을 판단하여 적절한 반응이 나타나도록 신호를 전달하는 체계

2 중추 신경계 : 뇌와 척수로 구성되어 있으며, 자극에 대해 판단하고 적절한 명령을 내린다.

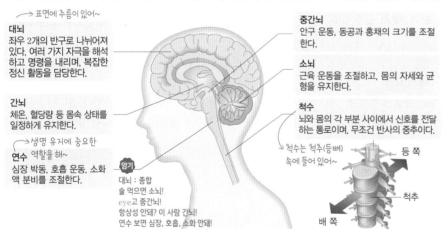

표면에 주름이 있어~
대뇌
좌우 2개의 반구로 나뉘어져 있다. 여러 가지 자극을 해석하고 명령을 내리며, 복잡한 정신 활동을 담당한다.

간뇌
체온, 혈당량 등 몸속 상태를 일정하게 유지한다.

생명 유지에 중요한
연수 역할을 해~
심장 박동, 호흡 운동, 소화액 분비를 조절한다.

중간뇌
안구 운동, 동공과 홍채의 크기를 조절한다.

소뇌
근육 운동을 조절하고, 몸의 자세와 균형을 유지한다.

척수
뇌와 몸의 각 부분 사이에서 신호를 전달하는 통로이며, 무조건 반사의 중추이다.

척수는 척추(등뼈) 속에 들어 있어~

등 쪽

척추

배 쪽

암기
대뇌 : 종합
술 먹으면 소뇌!
eye고 중간뇌!
항상성 안돼? 이 사람 간뇌!
연수 보면 심장, 호흡, 소화 안돼!

3 말초 신경계 : 중추 신경계에서 뻗어 나와 온몸에 퍼져 있는 신경으로, 감각 신경과 운동 신경으로 구성된다. 말초는 나뭇가지의 끝을 의미해~ 뇌와 척수에서 뻗어 나온 게 꼭 나뭇가지 같지?

(1) **감각 신경** : 감각 기관에서 받아들인 자극을 중추 신경계로 전달한다.

(2) **운동 신경** : 중추 신경계에서 내린 명령을 운동 기관으로 전달하며, 체성 신경과 자율 신경으로 구분된다.

체성 신경	대뇌의 명령을 팔이나 다리 등의 근육으로 전달하여 몸을 움직이는 데 관여한다.
자율 신경	• 심장이나 소장 등 내장 기관에 연결되어 있어, 대뇌의 직접적인 명령 없이 내장 기관의 운동을 조절한다. • 교감 신경과 부교감 신경으로 구분되며, 같은 내장 기관에 분포하여 서로 반대 작용을 한다.

길항 작용

🔵 **비타민**

뉴런과 신경
뉴런은 자극을 전달하는 한 개의 신경 세포이고, 신경은 여러 개의 뉴런이 모여 다발을 이룬 것이다.

뉴런

신경

신경계의 구조
사람의 신경계는 중추 신경계와 말초 신경계로 구분된다.

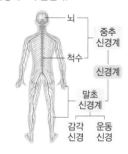

뇌 — 중추 신경계
척수 — 신경계 — 말초 신경계
감각 신경   운동 신경

신경계와 컴퓨터의 비교

신경계	컴퓨터
감각 기관	키보드
감각 신경	케이블
중추 신경	본체(CPU)
운동 신경	케이블
반응 기관	모니터

연수에서의 신경 교차
연수에서 신경의 교차가 일어나므로 대뇌의 오른쪽은 몸의 왼쪽 운동을, 대뇌의 왼쪽은 몸의 오른쪽 운동을 지배한다. 따라서 대뇌 오른쪽 운동 중추를 다치면 몸의 왼쪽을 움직일 수 없다.

교감 신경과 부교감 신경
교감 신경은 긴장했을 때나 위기 상황에 처했을 때 우리 몸을 이에 대처하기에 알맞은 상태로 만들고, 부교감 신경은 반대로 작용하여 원래의 안정된 상태로 되돌린다.

반응	교감 신경	부교감 신경
심장 박동	촉진	억제
호흡 운동	촉진	억제
소화 운동	억제	촉진
침 분비	억제	촉진
동공	확대	축소
방광	확장	수축

필수 비타민

신경 ─ 뉴런 ─ 감각 뉴런
              ├ 연합 뉴런
              └ 운동 뉴런
      ├ 신경계 ─ 중추 신경계
      │   └ 말초 신경계
      └ 자극과 반응 ─ 의식적 반응
                    └ 무의식적 반응

용어 & 개념 체크

❶ 뉴런

01 하나의 뉴런에서 자극은 ☐ ☐☐☐ → 신경 세포체 → 축삭 돌기의 순서로 전달된다.

02 ☐☐ 뉴런이 연합 뉴런으로 자극을 전달하면, 연합 뉴런은 자극을 판단하여 ☐☐ 뉴런으로 신호를 보낸다.

❷ 신경계

03 신경계는 중추 신경계와 ☐ ☐ 신경계로 구분하며, 중추 신경계는 ☐와 척수로 이루어져 있다.

04 ☐☐는 뇌와 몸의 각 부분 사이에서 신호가 전달되는 통로이며, 자신의 의지와 관계없이 일어나는 반응을 조절하는 중추 역할을 한다.

05 말초 신경계는 ☐☐ 신경과 ☐☐ 신경으로 이루어져 있다.

[01~02] 그림은 신경계를 이루고 있는 세포의 구조를 나타낸 것이다.

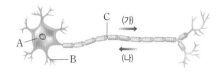

01 각 설명에 해당하는 구조의 기호와 이름을 쓰시오.

(1) 다른 뉴런이나 반응 기관 등으로 자극을 전달한다.
(2) 다른 뉴런이나 감각 기관으로부터 자극을 받아들인다.
(3) 핵과 세포질이 모여 있는 부위이며, 뉴런의 생장과 물질대사에 관여한다.

02 자극의 전달 방향으로 옳은 것을 (가)와 (나) 중 골라 기호를 쓰시오.

03 그림은 세 종류의 뉴런이 연결된 모습을 나타낸 것이다.

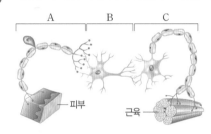

(1) A~C에서 자극이 전달되는 방향을 쓰시오.
(2) 뇌와 척수를 구성하며, 자극의 판단과 적절한 명령을 내리는 데 관여하는 뉴런의 기호와 이름을 쓰시오.

04 우리 몸의 신경계에 대한 설명으로 옳은 것은 ○, 옳지 않은 것은 ×로 표시하시오.

(1) 신경계는 감각 신경, 운동 신경, 연합 신경으로 구성되어 있다. ……………… (   )
(2) 중추 신경계는 뇌와 척수로 이루어져 있다. …………………………………… (   )
(3) 중추 신경계는 그물 같은 구조로 온몸에 분포되어 있다. …………………… (   )
(4) 감각 기관에서 받아들인 자극은 운동 신경을 통해 중추 신경계로 전달된다. (   )

[05~06] 그림은 사람 뇌의 구조를 나타낸 것이다.

05 A~E의 이름을 쓰시오.

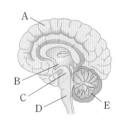

06 A~E의 기능에 해당하는 설명을 옳게 연결하시오.

(1) A •   • ㉠ 몸의 균형 유지
(2) B •   • ㉡ 정신 활동의 중추
(3) C •   • ㉢ 동공의 크기 조절
(4) D •   • ㉣ 호흡 및 소화 운동 조절
(5) E •   • ㉤ 체온 조절 및 혈당량 유지

07 말초 신경계에 대한 설명으로 옳은 것은 ○, 옳지 않은 것은 ×로 표시하시오.

(1) 중추 신경계에서 뻗어 나온다. ………………………………………………… (   )
(2) 감각 신경과 연합 신경으로 구성된다. ………………………………………… (   )
(3) 몸의 각 부분과 중추 신경계를 연결한다. …………………………………… (   )

2 신경계

③ 자극에 대한 반응 경로

1 자극과 반응 : 자극으로부터 반응이 일어나기까지 감각 기관, 신경계, 운동 기관이 함께 작용한다.

→ 감각 기관이 받아들인 자극에 대해 우리 몸이 나타내는 행동

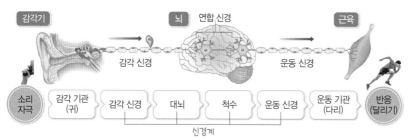

2 의식적 반응 : 대뇌의 판단 과정을 거쳐 자신의 의지에 따라 일어나는 반응 ➡ 대뇌가 반응의 중추

예 날아오는 공을 보고 몸을 피한다. 신호등을 보고 건널목을 건넌다. 모기가 피부에 앉으면 손으로 잡는다. 등

[반응 경로] 자극 → 감각 기관 → 감각 신경 → (척수) → 대뇌 → (척수)
→ 운동 신경 → 운동 기관 → 반응

3 무조건 반사(무의식적 반응) : 대뇌의 판단 과정을 거치지 않아 자신의 의지와 관계없이 일어나는 반응으로, 반응이 매우 빠르게 일어나 위급한 상황으로부터 우리 몸을 보호한다. ➡ 척수, 연수, 중간뇌가 반응의 중추

[반응 경로] 자극 → 감각 기관 → 감각 신경 → 척수, 연수, 중간뇌
→ 운동 신경 → 운동 기관 → 반응

(1) **척수가 중추인 무조건 반사(척수 반사)** : 무릎 반사, 뜨거운 물체나 뾰족한 물체가 몸에 닿았을 때 움츠리는 반응, 배변과 배뇨 등

(2) **연수가 중추인 무조건 반사(연수 반사)** : 하품, 재채기, 기침, 구토, 딸꾹질, 음식을 먹을 때 침 분비 등

(3) **중간뇌가 중추인 무조건 반사(중간뇌 반사)** : 동공 반사(홍채 조절)

→ 눈에 강한 빛을 비췄을 때 동공의 크기가 줄어드는 무조건 반사!

무릎 반사

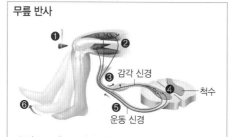

자극(두드림) → 감각 기관 → 감각 신경 → 척수 →
운동 신경 → 운동 기관(근육) → 반응(다리 올라감)

4 의식적 반응과 무조건 반사의 반응 경로 비교

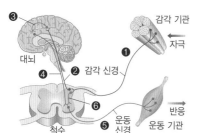

암기
• 의식적 반응의 경로
자극 → 감각 기관 → 감각 신경 → (척수) → 대뇌 → (척수) → 운동 신경 → 운동 기관 → 반응
• 무조건 반사의 경로
자극 → 감각 기관 → 감각 신경 → 척수, 연수, 중간뇌 → 운동 신경 → 운동 기관 → 반응

→ 반응 경로는 이 부분에서 차이가 나!

구분	의식적 반응의 경로	무조건 반사의 경로
예	손으로 바닥을 더듬어 연필을 잡는 반응	뜨거운 물체에 손이 닿았을 때 움츠리는 반응
반응 경로	❶→❷→❸→❹→❺ 자극 → 감각 기관(피부) → 감각 신경 → (척수) → 대뇌 → (척수) → 운동 신경 → 운동 기관(근육) → 반응(연필을 잡음)	❶→❻→❺ 자극 → 감각 기관(피부) → 감각 신경 → 척수 → 운동 신경 → 운동 기관(근육) → 반응(물체에서 손을 뗌)

비타민

얼굴에 있는 감각 기관으로 감지하는 의식적 반응

눈과 같이 얼굴에 있는 감각 기관에서 자극을 받아들일 때는 자극이 척수를 거치지 않고 바로 뇌로 전달된다.

예 야구공을 보고 받기, 컵을 보고 집어 올리기 등

자극 → 감각 기관 → 감각 신경 → 대뇌 → 척수 → 운동 신경 → 운동 기관 → 반응

의식적 반응보다 무조건 반사가 더 빠르게 일어나는 까닭

무조건 반사는 대뇌를 거치지 않아 자극의 전달 경로가 짧기 때문에 대뇌의 판단 과정을 거쳐 일어나는 의식적 반응에 비해 반응이 빨리 일어난다.

무조건 반사가 일어날 때 자극의 감지

무조건 반사가 일어난다고 해서 감각 기관에서 받아들인 자극이 대뇌로 전달되지 않는 것은 아니다. 예를 들어 무릎을 치면 무조건 반사가 일어나지만, 무릎의 피부에 닿는 피부 감각과 반사에 의한 다리 근육의 움직임은 대뇌에서 의식하게 된다.

회피 반사

예를 들어 두 팔과 두 다리의 피부에 강한 자극을 받았을 때 팔과 다리를 몸을 향해 오므리는 반사이다. 회피 반사는 반응 경로가 짧아 매우 빠르게 일어나며, 생명을 보호하는 데 도움이 된다.

신경의 손상

• 감각 신경 손상 : 자극을 받아도 감각을 느끼지 못한다.
• 운동 신경 손상 : 운동 기관을 움직이지 못한다.

08 다음 (가)~(라)의 반응 중 대뇌를 중추로 하는 반응을 <u>모두</u> 골라 쓰시오.

> (가) 날아오는 공을 보고 몸을 피했다.
> (나) 초콜릿을 입에 넣었더니 침이 분비되었다.
> (다) 신호등의 초록불을 보고 건널목을 건넜다.
> (라) 무릎 아래를 고무망치로 때렸더니 다리가 위로 올라갔다 내려왔다.

09 무조건 반사에 대한 설명으로 옳은 것은 ○, 옳지 <u>않은</u> 것은 ×로 표시하시오.

(1) 대뇌가 관여하지 않는다. ···································· (   )
(2) 의식적 반응보다 반응 속도가 느리다. ···················· (   )
(3) 자신의 의지에 의해 일어나는 반응이다. ················ (   )
(4) 반사의 중추로는 연수, 척수, 중간뇌가 있다. ············ (   )
(5) 위급한 상황으로부터 우리 몸을 보호하는 데 유리하다. ··· (   )

10 다음 (가)~(다)는 우리 몸에서 일어나는 여러 가지 반응을 나타낸 것이다. 각 반응의 조절 중추를 각각 쓰시오.

(가) 뜨거운 물체가 손에 닿았을 때 손을 움츠리게 된다.	(나) 눈을 손전등으로 비추면 동공의 크기가 줄어든다.	(다) 음식을 먹고 나서 딸꾹질이 나왔다.

11 그림은 자극의 전달 경로를 모식적으로 나타낸 것이다.

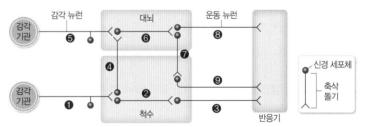

실생활에서 나타나는 반응 (1)~(5)가 일어나기까지의 반응 경로를 기호로 쓰시오.

구분	반응	반응 경로
(1)	다리가 가려워 손으로 긁는다.	
(2)	영화의 한 장면을 보고 눈을 찡그린다.	
(3)	어두운 방에서 손을 더듬어 전등 스위치를 누른다.	
(4)	뜨거운 냄비에 손이 닿자 급히 손을 뗀다.	
(5)	날아오는 야구공을 보고 잡는다.	

12 의식적 반응과 무조건 반사의 차이점을 쓰시오.

자극에서 반응까지 걸리는 시간

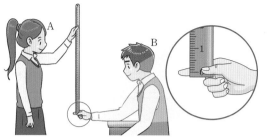

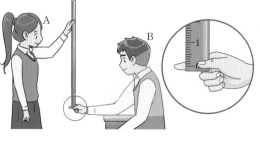

과정 ❶ 두 사람이 짝을 지어 한 사람(A)은 자의 윗부분을 잡고, 다른 사람(B)은 엄지손가락과 집게손가락을 벌려 엄지손가락이 눈금 0에 오도록 높이를 조절한다.

❷ A가 예고 없이 자를 놓으면 B는 떨어지는 자를 보고 잡은 후 잡은 곳의 눈금을 읽어 자가 떨어진 거리를 측정한다. 같은 실험을 4회 더 반복하여 자가 떨어진 거리의 평균값을 구한다.

❸ B의 눈을 눈가리개로 가리고, A가 "땅" 소리를 내며 자를 떨어뜨리면, B는 소리를 듣고 자를 잡는다. 이때 잡은 곳의 눈금을 읽어 자가 떨어진 거리를 측정한다. 같은 실험을 4회 더 반복하여 자가 떨어진 거리의 평균값을 구한다.

탐구 시 유의점
• 앉은 사람의 엄지손가락에 자의 눈금 0이 오도록 자의 높이를 조절하며, 자를 잡기 전에는 손가락이 자에 닿지 않도록 한다.
• 자를 떨어뜨릴 때 발등이 다치지 않도록 주의한다.

결과 1. 자가 떨어진 거리

구분	1	2	3	4	5	평균값
눈으로 볼 때(cm)	22	20	21	18	19	20
소리를 들을 때(cm)	32	31	32	28	27	30

• 눈으로 볼 때 반응 시간 : 약 0.20초(평균 거리가 20 cm일 때 반응 시간)
• 소리를 들을 때 반응 시간 : 약 0.24초(평균 거리가 30 cm일 때 반응 시간)

2. 자를 잡기까지 걸린 시간과 자가 떨어진 거리 사이의 관계 그래프

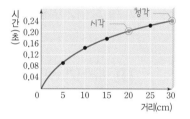

정리 • 자극을 받은 후 반응이 일어나기까지 어느 정도의 시간이 걸린다. → 감각 기관에서 받아들인 정보가 신경을 통해 뇌, 근육으로 전달되는 데 시간이 필요하기 때문이야~
• 자가 떨어진 거리가 길수록 반응하기까지 걸린 시간이 길다.
➡ 시각에 의한 반응보다 청각에 의한 반응이 더 오래 걸린다.

[시각에 의한 반응 경로(과정 ❷)]
자극(떨어지는 자를 봄) → 눈 → 시각 신경→ 대뇌 → 척수 → 운동 신경 → 손의 근육 → 반응(자를 잡음)

[청각에 의한 반응 경로(과정 ❸)]
자극('땅' 소리) → 귀 → 청각 신경 → 대뇌 → 척수 → 운동 신경 → 손의 근육 → 반응(자를 잡음)

• 실험을 반복할수록 반응 시간이 짧아진다.

정답과 해설 47쪽

 탐구 알약

01 위 실험에 대한 설명으로 옳은 것은 ○, 옳지 <u>않은</u> 것은 ×로 표시하시오.

(1) 귀에서 받아들인 자극은 운동 신경을 통해 대뇌로 전달된다. ……………………… (   )

(2) 실험을 실시하는 횟수가 많아질수록 반응 시간은 짧아진다. ……………………… (   )

(3) 눈으로 볼 때의 반응은 중간뇌, 소리를 들을 때의 반응은 소뇌가 중추이다. ……… (   )

(4) 자극에 대한 반응 속도는 청각에 의한 반응이 시각에 의한 반응보다 더 느리다. …… (   )

서술형

02 표는 학생 A, B가 한 모둠이 되어 A가 아무런 신호 없이 자를 떨어뜨렸을 때 B가 떨어지는 자를 보고 잡은 거리를 5회 반복하여 측정한 결과를 나타낸 것이다.

구분	1회	2회	3회	4회	5회	평균
낙하 거리 (cm)	24	21	19	19	17	20

실험 도중에 B에게 말을 시킨다면 실험 결과는 어떻게 달라질지 서술하시오.

 KEY
자, 평균 거리

과정
❶ 두 사람이 짝을 이루어 한 사람(A)은 발이 바닥에 닿지 않도록 의자에 앉은 다음, 눈을 감고 다리에 힘을 뺀다.
❷ 다른 사람(B)이 A의 무릎뼈 바로 아래를 고무망치로 가볍게 치고, 의자에 앉은 사람은 다리에 고무망치가 닿는 것을 느끼는 즉시 팔을 든다.
❸ 또 다른 사람(C)이 과정 ❷를 스마트 기기로 촬영하고, 서로 역할을 바꾸어 전체 과정을 반복한다.

> **탐구 시 유의점**
> 고무망치로 무릎 아래를 너무 세게 치거나 다른 부위를 치지 않는다.

결과
1. 고무망치로 무릎뼈 바로 아랫부분을 치면 다리가 위로 올라갔다 내려온다.
2. 다리의 움직임이 일어난 후 무릎에 고무망치가 닿은 느낌이 든다.

정리
• 무릎 반사는 자신의 의지와 관계없이 무의식적으로 일어나는 무조건 반사이다.
• 무릎 반사의 경로 : 반응 경로에 대뇌가 포함되지 않는다.

> 자극 → 감각 기관 → 감각 신경 → 척수 → 운동 신경 → 반응 기관 → 반응

• 무릎 반사의 중추는 척수이고, 무릎을 친 자극은 대뇌로도 전달되므로 무릎 반사가 일어난 직후 고무망치가 무릎뼈 아래를 친 것을 느낀다.
• 무조건 반사는 반응이 빠르게 일어나므로 갑작스러운 위험으로부터 우리 몸을 보호하는 데 중요한 역할을 한다.

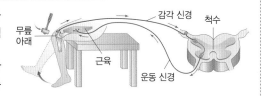

정답과 해설 47쪽

탐구 알약

03 위 실험에 대한 설명으로 옳은 것은 ○, 옳지 <u>않은</u> 것은 ×로 표시하시오.

(1) 일반적으로 의식적 반응보다 반응 시간이 길다. ······ (   )

(2) 고무망치가 닿았다는 감각은 무릎 반사 뒤에 느낀다. ····· (   )

(3) 뜨거운 것에 닿았을 때 몸을 움츠리는 반사와 중추가 같다. ····· (   )

(4) 갑작스런 위험으로부터 우리 몸을 보호하는 데 도움이 된다. ····· (   )

(5) 자신의 의지와 관계없이 나타나는 반응으로, 대뇌의 판단 과정을 거치지 않는다. ····· (   )

(6) 반응 경로는 '자극 → 감각 기관 → 감각 신경 → 중간뇌 → 운동 신경 → 반응 기관 → 반응'이다. ····· (   )

04 여러 가지 반응 중 의식적 반응은 '의', 무조건 반사는 '무'라고 쓰시오.

(1) 매운 고추를 먹었더니 눈물이 나왔다. ····· (   )

(2) 먼지가 콧속으로 들어가 재채기를 했다. (   )

(3) 뜨거운 냄비에 손이 닿자마자 움츠렸다. (   )

(4) 발등에 파리가 앉아 있어서 손을 뻗어 쫓았다. ····· (   )

(5) 먹음직스럽게 구워진 피자를 먹을 때 입 속에 침이 고였다. ····· (   )

서술형

05 무릎 반사가 일어난 후 고무망치가 무릎뼈 아래에 닿는 것을 느끼게 되는 까닭을 서술하시오.

자극, 대뇌

유형 클리닉

유형 ① 뉴런의 구조

그림은 우리 몸을 구성하는 어떤 세포를 나타낸 것이다.

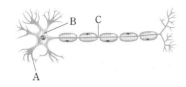

이 세포에 대한 설명으로 옳은 것은?

① A는 축삭 돌기, B는 신경 세포체, C는 가지 돌기이다.
② 자극은 C → B → A로 전달된다.
③ A는 다른 뉴런으로 자극을 전달한다.
④ B는 다양한 생명 활동이 일어나는 부분이다.
⑤ C는 다른 뉴런이나 기관으로부터 오는 자극을 받아들인다.

뉴런의 그림을 주고 특징을 묻는 문제가 출제돼~ 뉴런의 각 구조에서 자극이 전달되는 순서를 잘 알아두자!

① A는 축삭 돌기, B는 신경 세포체, C는 가지 돌기이다.
→ 아니야~ A는 가지 돌기, B는 신경 세포체, C는 축삭 돌기지!

② 자극은 C → B → A로 전달된다.
→ 틀린 내용이야~ 자극은 가지 돌기(A)에서 받아들여 신경 세포체(B)를 거쳐 축삭 돌기(C)로 전달되지. 따라서 자극은 A → B → C로 전달돼~

③ A는 다른 뉴런으로 자극을 전달한다.
→ A는 가지 돌기야~ 가지 돌기(A)는 다른 뉴런으로부터 자극을 받아들이는 부분이야. 다른 뉴런으로 자극을 전달하는 건 축삭 돌기(C)지.

④ B는 다양한 생명 활동이 일어나는 부분이다.
→ 맞아~ B는 핵과 대부분의 세포질이 모여 있는 신경 세포체로, 생명 활동이 일어나는 부분이야.

⑤ C는 다른 뉴런이나 기관으로부터 오는 자극을 받아들인다.
→ 다른 뉴런에서 자극을 받아들이는 건 가지 돌기(A)야.

답 : ④

 자극의 전달 : 가지 돌기 → 신경 세포체 → 축삭 돌기

유형 ② 중추 신경계

그림은 사람의 뇌 구조를 나타낸 것이다. 이에 대한 설명으로 옳은 것을 모두 고르면?

① A와 B는 고등 정신 활동을 담당한다.
② A는 뇌의 대부분을 차지하며, 좌우 두 개의 반구로 나뉜다.
③ C는 혈당량, 체온 등을 일정하게 유지한다.
④ D는 심장 박동, 호흡 운동 등을 조절한다.
⑤ E는 안구의 운동과 홍채의 작용을 조절하는 중추이다.

사람 뇌의 그림을 주고 특징을 묻는 문제가 출제돼~ 뇌의 각 부분은 어떤 기능을 담당하고 있는지 잘 알아두자!

A는 대뇌, B는 간뇌, C는 중간뇌, D는 연수, E는 소뇌야.

① A와 B는 고등 정신 활동을 담당한다.
→ 아니야~ 고등 정신 활동을 담당하는 곳은 대뇌(A)뿐이야.

② A는 뇌의 대부분을 차지하며, 좌우 두 개의 반구로 나뉜다.
→ 맞아~ 대뇌(A)는 뇌의 대부분을 차지하며 좌우 두 개의 반구로 나뉘져.

③ C는 혈당량, 체온 등을 일정하게 유지한다.
→ 아니지~ 혈당량, 체온 유지는 간뇌(B)에서 담당하는 거야.

④ D는 심장 박동, 호흡 운동 등을 조절한다.
→ 맞아~ 연수(D)에서는 심장 박동, 호흡 운동을 조절해~

⑤ E는 안구의 운동과 홍채의 작용을 조절하는 중추이다.
→ 안구의 운동과 홍채의 작용 조절은 중간뇌(C)에서 하는 거야.

답 : ②, ④

 대뇌 : 종합
술 먹으면 소뇌!
eye고 중간뇌!
항상성 안돼? 이 사람 간뇌!
연수 보면 심장, 호흡, 소화 안돼!

유형 ③ 자극에 대한 반응 시간 측정 실험

두 사람이 짝을 이루어 한 사람(A)은 자의 윗부분을 잡고, 다른 한 사람(B)은 자의 눈금이 0인 곳에 손을 대고 있다가 A가 자를 떨어뜨리면 떨어지는 자를 보고 잡는 실험을 하였다. 여러 번 실험을 반복하여 평균적으로 20 cm~30 cm 위치에서 자를 잡게 된다는 결과를 얻었다. 이를 통해 알 수 있는 사실은?

① 자에 작용하는 중력의 크기를 알 수 있다.
② 감각 신경과 운동 신경의 역할을 알 수 있다.
③ 촉각을 이용해 반응 시간을 측정하는 실험이다.
④ 떨어지는 자를 보고 잡는 반응의 중추는 연수이다.
⑤ 자극을 감각하고 반응이 일어나기까지는 일정한 시간이 걸린다.

> 자극에 대한 반응 시간 측정 실험이야. 이 실험을 통해 알 수 있는 사실들은 무엇인지 잘 알아두자!

✗ 자에 작용하는 중력의 크기를 알 수 있다.
→ 자에 작용하는 중력의 크기를 구하는 실험이 아니야.

✗ 감각 신경과 운동 신경의 역할을 알 수 있다.
→ 이 실험에서는 감각 신경과 운동 신경의 역할을 알 수 없어~

✗ 촉각을 이용해 반응 시간을 측정하는 실험이다.
→ 아니야~ 떨어지는 자를 보고 잡는 실험이니까 시각을 이용해 반응 시간을 측정한 것이지~

✗ 떨어지는 자를 보고 잡는 반응의 중추는 연수이다.
→ 아니야~ 떨어지는 자를 보고 잡는 반응의 중추는 대뇌야.

⑤ 자극을 감각하고 반응이 일어나기까지는 일정한 시간이 걸린다.
→ 맞아~ 이 실험은 자극을 감각하고 반응이 일어나기까지 걸리는 시간을 알기 위한 실험이야.

답 : ⑤

 실험 목적 : 자극을 감각하고 반응하기까지의 시간 측정

유형 ④ 반응의 종류

그림은 우리 몸에서 일어나는 반응을 나타낸 것이다.

(가) 날아오는 공을
보고 친다.

(나) 라면을 먹는 순간
뜨거워 뱉었다.

(가)와 (나)에 대한 설명으로 옳은 것은?

① (가)는 무조건 반사이다.
② (가)는 (나)보다 더 빠르게 일어난다.
③ (가) 반응의 중추는 대뇌이고, (나) 반응의 중추는 척수이다.
④ (나)는 의식적 반응이다.
⑤ (나)는 스스로 통제가 가능하다.

> 의식적 반응과 무의식적 반응인 무조건 반사를 구분하는 문제가 출제돼~ 각 반응이 일어나기까지의 과정을 헷갈리지 않게 잘 숙지해 두자!

✗ (가)는 무조건 반사이다.
→ 아니야~ 날아오는 공을 보고 치는 것은 의식적 반응이야.

✗ (가)는 (나)보다 더 빠르게 일어난다.
→ 아니지~ (가)는 대뇌를 거쳐 일어나는 반응이고, (나)는 대뇌를 거치지 않아도 되는 반응이니까 (나)가 더 빨라.

③ (가) 반응의 중추는 대뇌이고, (나) 반응의 중추는 척수이다.
→ 맞아~ 의식적 반응은 대뇌가 중추이고, 뜨거운 물체에 대한 반응의 중추는 척수야!

✗ (나)는 의식적 반응이다.
→ (나)는 의식적 반응이 아니라 무의식적 반응이야.

✗ (나)는 스스로 통제가 가능하다.
→ 아니야~ 스스로 통제가 가능한 것은 대뇌를 중추로 하는 의식적 반응이지~

답 : ③

 의식적 반응의 중추 : 대뇌
무조건 반사의 중추 : 중간뇌, 척수, 연수

❶ 뉴런

[01~02] 그림은 뉴런의 구조를 나타낸 것이다.

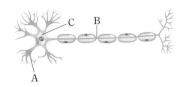

01 기호와 이름을 옳게 짝지은 것은?

① A – 축삭 돌기
② A – 신경 세포체
③ B – 가지 돌기
④ B – 축삭 돌기
⑤ C – 가지 돌기

02 A~C에 대한 설명으로 옳은 것을 |보기|에서 모두 고른 것은?

┌─ 보기 ────────────────────────
ㄱ. A는 다른 뉴런으로부터 자극을 받아들인다.
ㄴ. B는 다른 뉴런으로 자극을 전달한다.
ㄷ. C는 뉴런의 생장과 물질대사에 관여한다.
└──────────────────────────────

① ㄱ   ② ㄴ   ③ ㄱ, ㄴ
④ ㄴ, ㄷ   ⑤ ㄱ, ㄴ, ㄷ

03 ⭐중요 그림은 여러 개의 뉴런이 연결된 모습을 나타낸 것이다.

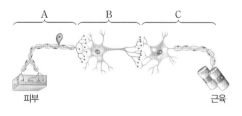

이에 대한 설명으로 옳은 것은?

① A는 운동 뉴런이다.
② A는 자극을 판단하고 명령을 내린다.
③ B는 뇌와 척수를 구성한다.
④ C는 감각 신경을 구성한다.
⑤ C는 자극을 받아들이지 못한다.

❷ 신경계

04 그림은 우리 몸의 신경계를 나타낸 것이다. 이에 대한 설명으로 옳지 않은 것을 모두 고르면?

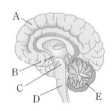

① A는 중추 신경계로 자극에 대해 판단한다.
② A는 체성 신경과 자율 신경으로 구성된다.
③ B는 근육, 피부, 내장 등에 분포한다.
④ B는 대뇌의 의지대로만 조절되는 신경이다.
⑤ B는 말초 신경계로 감각 신경이나 운동 신경이 속한다.

[05~06] 그림은 뇌의 구조를 나타낸 것이다.

05 ⭐중요 이 그림에 대한 설명으로 옳은 것을 모두 고르면?

① A는 소뇌이다.
② B는 체온을 일정하게 유지한다.
③ C는 몸의 균형을 유지하고, 근육 운동을 조절한다.
④ D는 심장 박동과 소화 운동을 조절한다.
⑤ E는 안구 운동과 동공의 크기를 조절한다.

06 뇌의 각 부분이 손상되었을 때 나타나는 현상을 옳게 짝지은 것은?

① A – 동공의 크기가 조절되지 않는다.
② B – 젓가락질과 같은 근육 운동을 할 수 없다.
③ C – 소화가 잘 되지 않는다.
④ D – 냄새를 맡을 수 없다.
⑤ E – 몸의 균형을 잡는 데 어려움을 느낀다.

07 다음은 어떤 질병을 가진 환자에 대한 설명을 나타낸 것이다.

> 알츠하이머는 치매를 일으키는 뇌질환으로, 이 병에 걸린 환자들은 언어 기능의 저하가 나타나고, 기억력에 손상을 입는다.

이 환자의 뇌에서 손상된 부분에 대한 설명으로 옳은 것을 | 보기 | 에서 모두 고른 것은?

> | 보기 |
> ㄱ. 대부분 운동 신경으로 이루어져 있다.
> ㄴ. 시각, 청각, 후각과 같은 감각의 중추이다.
> ㄷ. 모든 반응이 일어날 때 자극이 거치는 부분이다.
> ㄹ. 받아들인 감각을 판단하여 운동 기관에 명령을 내린다.

① ㄱ, ㄴ   ② ㄱ, ㄷ   ③ ㄴ, ㄷ
④ ㄴ, ㄹ   ⑤ ㄷ, ㄹ

08 그림은 머리를 다친 사람이 응급실에 실려 왔을 때 의사가 환자의 눈에 손전등을 비춰보고 동공의 반응을 확인하는 모습을 나타낸 것이다.

이때 동공 반응으로 정상적인 기능을 하는지 확인하는 뇌의 부위로 옳은 것은?

① 대뇌   ② 소뇌   ③ 간뇌
④ 연수   ⑤ 중간뇌

❸ 자극에 대한 반응 경로

⭐중요
09 자극과 전달에 대한 설명으로 옳은 것을 모두 고르면?

① 무조건 반사는 우리의 몸을 보호하는 역할을 한다.
② 무조건 반사는 모두 척수가 중추가 되어 반응한다.
③ 모든 자극은 대뇌를 거쳐 판단을 한 뒤에 반응한다.
④ 훈련을 하면 자극이 주어짐과 동시에 반응할 수 있다.
⑤ 자극으로부터 반응이 일어나기까지의 속도는 사람마다 다르다.

[10~11] 다음은 자극에서 반응까지 걸리는 시간을 알아보기 위한 실험을 나타낸 것이다.

> 두 명이 짝이 되어 한 사람(A)은 자의 윗부분을 잡고, 다른 한 사람(B)은 자의 아랫부분에 엄지와 검지를 벌린 채 잡을 준비를 한다.
> **[실험 과정 Ⅰ]**
> (가) A는 예고 없이 자를 놓고, B는 가능한 빨리 떨어지는 자를 눈으로 보고 엄지와 검지로 잡아 거리를 기록한다.
> (나) 같은 과정을 5번 반복한 후, 평균값을 구한다.
> **[실험 과정 Ⅱ]**
> (가) A는 "땅"이라고 말함과 동시에 자를 놓고, B는 눈을 가린 채 가능한 빨리 떨어지는 자를 소리를 듣고 엄지와 검지로 잡아 거리를 기록한다.
> (나) 같은 과정을 5번 반복한 후, 평균값을 구한다.
> **[결과]**
>
> | 구분 | 1 | 2 | 3 | 4 | 5 | 평균 |
> |---|---|---|---|---|---|---|
> | 과정 Ⅰ(cm) | 22 | 20 | 21 | 18 | 19 | 20 |
> | 과정 Ⅱ(cm) | 32 | 31 | 32 | 28 | 27 | 30 |

10 과정 Ⅰ에서 자극이 전달되는 경로를 순서대로 옳게 나열한 것은?

① 눈 → 시각 신경 → 척수 → 운동 신경 → 손
② 눈 → 시각 신경 → 중간뇌 → 운동 신경 → 손
③ 눈 → 시각 신경 → 대뇌 → 척수 → 운동 신경 → 손
④ 눈 → 운동 신경 → 척수 → 대뇌 → 시각 신경 → 손
⑤ 눈 → 운동 신경 → 대뇌 → 척수 → 시각 신경 → 손

11 이 실험에 대한 설명으로 옳은 것을 모두 고르면?

① 자극에 대한 반응에는 어느 정도의 시간이 필요하다.
② 자극에 대한 반응 속도는 청각보다 시각이 더 빠르다.
③ 과정 Ⅰ은 동공이 축소되는 과정과 자극 전달 경로가 같다.
④ 과정 Ⅱ에서 자극은 대뇌를 거치지 않고 손으로 전달된다.
⑤ 과정 Ⅰ과 Ⅱ에서 자를 잡는 것은 무의식적 반응이다.

12 반응의 중추가 나머지 넷과 다른 하나는?

① 입 안에 밥이 들어오니 침이 나왔다.
② 공부를 하고 있는데 갑자기 하품이 나왔다.
③ 음식을 빨리 먹고 일어나는데 딸꾹질이 나왔다.
④ 발로 압정을 밟았을 때 나도 모르게 발을 움츠렸다.
⑤ 따뜻한 곳에 있다 추운 곳으로 나오니 재채기가 나왔다.

13 무릎 아래를 고무망치로 때릴 경우 무릎이 위로 올라가는 무의식적 반응이 나타난다. 이 반응이 일어날 때까지의 자극 전달 경로로 옳은 것은?

① 자극 → 감각 기관 → 감각 신경 → 척수 → 운동 신경 → 운동 기관 → 반응

② 자극 → 감각 기관 → 감각 신경 → 중간뇌 → 운동 신경 → 운동 기관 → 반응

③ 자극 → 감각 기관 → 감각 신경 → 척수 → 대뇌 → 척수 → 운동 신경 → 운동 기관 → 반응

④ 자극 → 운동 기관 → 운동 신경 → 척수 → 감각 신경 → 감각 기관 → 반응

⑤ 자극 → 운동 기관 → 운동 신경 → 척수 → 대뇌 → 척수 → 감각 신경 → 감각 기관 → 반응

[14~15] 그림은 자극의 전달 경로를 나타낸 것이다.

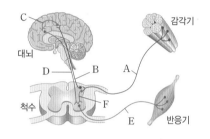

14 이에 대한 설명으로 옳은 것을 |보기|에서 모두 고른 것은?

┌─ 보기 ┌─────────────────────────────
ㄱ. A와 E는 중추 신경계에 속하는 자극 전달 경로이다.
ㄴ. 척수를 지나는 반응에는 연합 뉴런이 관여하지 않는다.
ㄷ. 대뇌가 중추인 반응보다 척수가 중추인 반응이 더 빠르다.
└──────────────────────────────────

① ㄱ　　② ㄴ　　③ ㄷ　　④ ㄱ, ㄴ　　⑤ ㄴ, ㄷ

15 다음은 우리 몸에서 일어나는 반응의 예를 나타낸 것이다.

(가) 손에 정전기가 오르자마자 물체에서 손을 뗀다.
(나) 주머니에서 손으로 더듬어 500원짜리 동전을 꺼낸다.

각 자극이 전달되는 경로를 순서대로 옳게 나열한 것은?

	(가)	(나)
①	A→F→E	A→F→E
②	A→F→E	A→B→C→D→E
③	A→B→C→D→E	A→F→E
④	A→B→C→D→E	E→F→A
⑤	E→D→C→B→A	A→B→C→D→E

16 어떤 사람이 사고로 머리를 다쳐 병원에서 검사를 했더니 그림과 같은 부위가 손상되어 있었다. 손상된 부위의 이름과 손상되어 일어날 수 있는 현상을 서술하시오.

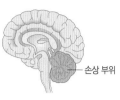
손상 부위

 세부적인 근육 운동, 몸의 균형 유지

17 그림은 풍순이가 축구를 하는 모습을 나타낸 것이다. 축구공을 보고 발로 찰 때까지의 자극 전달 경로를 서술하시오.

 감각 기관 → 감각 신경 → 대뇌 → 척수 → 운동 신경 → 운동 기관

18 그림은 중추 신경과 왼쪽 다리를 연결하는 말초 신경을 나타낸 것이다.

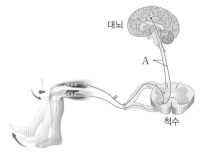

대뇌

A

척수

A 부위가 손상되었을 경우 무릎 반사의 반응 여부를 서술하시오.

 척수, 무릎 반사

19 그림은 3개의 뉴런이 연결되어 있는 모습을 나타낸 것이다.

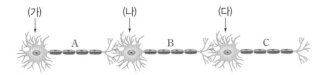

이에 대한 설명으로 옳은 것을 <u>모두</u> 고르면?

① 자극은 A → B → C 방향으로 전달된다.
② C에서 B 방향으로도 자극이 전달될 수 있다.
③ (가)에 자극을 주면 A, B 뉴런으로만 자극이 전달된다.
④ (나)에 자극을 주면 B, C 뉴런으로 자극이 전달된다.
⑤ (다)에 자극을 주면 A, B, C 뉴런으로 자극이 전달된다.

20 풍식이는 교통사고를 당해 신경계에 손상이 일어났다. 이후, 풍식이는 정상적으로 손발을 움직일 수 있고 과학 문제도 잘 풀지만 물체가 닿거나 뜨거운 것 등을 느끼지 못하게 되었다. 풍식이의 신경계 중 손상된 곳으로 추정되는 신경으로 옳은 것을 | 보기 | 에서 모두 고른 것은?

| 보기 |
ㄱ. 감각 신경   ㄴ. 연합 신경   ㄷ. 운동 신경

① ㄱ   ② ㄴ   ③ ㄷ
④ ㄱ, ㄴ   ⑤ ㄴ, ㄷ

21 그림은 컴퓨터에 사람의 신경계를 비교하여 나타낸 것이다.

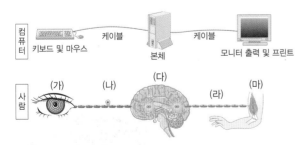

사람의 신경계 중 컴퓨터의 모니터에 해당되는 것의 기호와 이름을 옳게 짝지은 것은?

① (가), 감각 기관   ② (나), 감각 신경
③ (다), 뇌   ④ (라), 운동 신경
⑤ (마), 운동 기관

22 그림은 뇌의 구조를 나타낸 것이다. 어떤 두 환자에게 각각 (가)와 (나)의 증상이 나타났을 때, 두 환자의 뇌에서 손상된 부분의 기호를 옳게 짝지은 것은?

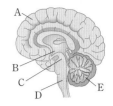

(가) 침이 제대로 분비되지 않아 입속이 바짝 말랐다.
(나) 걸을 때 자주 넘어지는 등 몸의 균형을 잡지 못한다.

	(가)	(나)
①	A	C
②	C	D
③	D	E
④	E	B
⑤	E	C

23 그림 (가)는 깃발 신호를 보고 출발하는 모습을, (나)는 총소리를 듣고 출발하는 모습을 나타낸 것이다.

(가)   (나)

두 경우에서 신호를 받고 출발할 때까지 걸리는 시간을 측정하였는데, (가)가 (나)보다 빨랐다. 그 까닭으로 가장 타당한 것은?

① 의식적 반응이 무의식적 반응보다 빠르기 때문이다.
② 반응 시간은 사람에 따라 다르게 나타나기 때문이다.
③ 자극이 반응으로 나타나기까지 시간이 걸리기 때문이다.
④ 대뇌보다 중간뇌에서의 판단 과정이 더 빠르기 때문이다.
⑤ 청각 자극보다 시각 자극의 전달 속도가 더 빠르기 때문이다.

24 A에 대한 설명으로 옳은 것은?

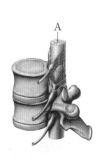

① 말초 신경계에 속한다.
② 무릎 반사의 중추이다.
③ 심장 박동, 호흡 운동의 중추이다.
④ 모든 자극은 A를 통해 뇌로 전달된다.
⑤ A를 구성하는 신경은 항상 대뇌의 판단 과정을 거친다.

3 호르몬과 항상성 유지

• 우리 몸의 기능 조절에 호르몬이 관여함을 알고, 사례를 조사하여 발표할 수 있다.

❶ 호르몬

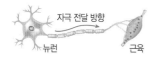

1 호르몬 : 내분비샘에서 분비되어 특정 세포나 조직에 작용하여 몸의 생리 작용을 조절하는 물질

→ 호르몬이 만들어지는 기관이야~

(1) 내분비샘에서 생성되어 혈액으로 직접 분비된다.

(2) 혈액을 통해 온몸으로 운반되며, 표적 세포나 표적 기관에만 작용한다.

(3) 매우 적은 양으로 몸의 생리 작용을 조절한다.

2 호르몬과 신경의 작용 비교 : 호르몬은 신경에 비해 전달 속도는 느리지만 효과가 오래 지속되며 영향을 미치는 작용 범위가 넓다.

→ 호르몬과 신경계는 모두 우리 몸을 조절하는 작용을 한다고 했지? 하지만 둘은 각각 다른 특성이 있어!

구분	전달 매체	전달 속도	효과의 지속성	작용 범위
호르몬	혈액	비교적 느림	지속적임	넓음
신경	뉴런	빠름	일시적임	좁음

▲ 신경에 의한 자극 전달　　▲ 호르몬에 의한 자극 전달

3 사람의 내분비샘과 호르몬 : 뇌하수체, 갑상샘, 부신, 이자, 난소, 정소 등이 있으며, 각 내분비샘에서는 다양한 호르몬을 분비하여 우리 몸의 기능을 조절한다.

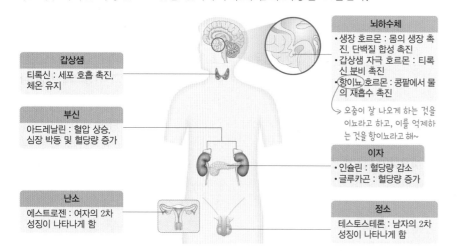

갑상샘
티록신 : 세포 호흡 촉진, 체온 유지

부신
아드레날린 : 혈압 상승, 심장 박동 및 혈당량 증가

난소
에스트로젠 : 여자의 2차 성징이 나타나게 함

뇌하수체
• 생장 호르몬 : 몸의 생장 촉진, 단백질 합성 촉진
• 갑상샘 자극 호르몬 : 티록신 분비 촉진
• 항이뇨 호르몬 : 콩팥에서 물의 재흡수 촉진

→ 오줌이 잘 나오게 하는 것을 이뇨라고 하고, 이를 억제하는 것을 항이뇨라고 해~

이자
• 인슐린 : 혈당량 감소
• 글루카곤 : 혈당량 증가

정소
테스토스테론 : 남자의 2차 성징이 나타나게 함

4 호르몬 관련 질병 : 호르몬의 분비량이 적절하지 않으면 몸에 이상 증상이 나타난다.

호르몬	분비량	질병	증상
생장 호르몬	결핍	소인증 →성장기	키가 비정상적으로 작음
	과다	거인증 →성장기	키가 비정상적으로 큼
		말단 비대증 →성장기 이후	입술, 코, 손, 발과 같은 신체 말단 부분이 커짐
티록신	결핍	갑상샘 기능 저하증	체중 증가, 추위 탐, 기운이 없음
	과다	갑상샘 기능 항진증	체중 감소, 눈이 비정상적으로 튀어 나옴
인슐린	결핍	당뇨병	포도당이 오줌에 섞여 배설, 오줌량 증가, 갈증 느낌

내분비샘
호르몬을 만들어 혈액으로 분비하는 조직이나 기관으로, 각각의 내분비샘에서는 서로 다른 종류의 호르몬이 분비되며, 호르몬은 혈액을 통해 이동한다.

표적 세포와 표적 기관
특정 호르몬의 작용을 받는 세포나 기관으로, 각 호르몬은 자신의 표적 세포나 표적 기관에서만 반응을 일으켜 작용이 일어나게 한다.

환경 호르몬
외부의 산업 활동을 통해 생성된 화학 물질들이 체내에 들어와 마치 호르몬처럼 작용하는 것을 환경 호르몬이라고 한다.

생장 호르몬의 합성과 이용
생장 호르몬은 성장할 때에만 작용하는 것이 아니라 일생 동안 신체의 생명 활동에 중요한 역할을 한다. 현재 생명 공학 기술을 이용하여 생장 호르몬을 대량 생산해 여러 가지 질병 치료에 이용하고 있다.

2차 성징
사춘기가 되면 테스토스테론과 에스트로젠의 분비가 증가하게 된다. 이러한 성호르몬의 분비가 증가하면서 남자와 여자의 신체 변화가 나타나게 되는데, 이를 2차 성징이라고 한다.

거인증, 소인증, 말단 비대증

거인증

소인증

말단 비대증

호르몬

내분비샘 — 뇌하수체

갑상샘

이자

부신

난소/정소

항상성 유지 — 체온 조절

혈당량 조절

체내 수분량 조절

01 호르몬의 특징으로 옳은 것은 ○, 옳지 않은 것은 ×로 표시하시오.

(1) 표적 세포나 표적 기관에만 작용한다. ──────────── (   )

(2) 신경에 비해 효과가 오랫동안 지속된다. ──────────── (   )

(3) 외분비샘에서 분비되어 혈액에 의해 운반된다. ─────── (   )

(4) 분비량이 적절하지 않으면 몸에 이상 증상이 나타난다. ── (   )

02 표는 호르몬과 신경을 비교하여 나타낸 것이다. 빈칸에 알맞은 말을 쓰시오.

구분	전달 매체	전달 속도	효과의 지속성	작용 범위
호르몬	혈액	(㉠)	지속적임	(㉡)
신경	뉴런	(㉢)	일시적임	(㉣)

용어 &개념 체크

❶ 호르몬

01 외부 환경의 변화에 적절하게 반응하여 몸의 상태를 일정하게 유지하려는 성질을 □□□이라고 한다.

02 □□□은 특정 세포나 조직에 작용하여 몸의 생리 작용을 조절하는 물질이다.

03 호르몬을 통한 조절 작용은 신경을 통한 조절 작용보다 □□□ 나타나며, 작용 범위가 □□, 효과가 □□ 지속된다.

04 □□□□는 생장 호르몬, 항이뇨 호르몬과 다른 내분비샘을 자극하는 호르몬들을 만드는 내분비샘이다.

05 티록신은 □□□에서 분비되는 호르몬으로, □□ □□을 촉진한다.

06 □□□은 이자에서 인슐린의 분비가 제대로 되지 않아 생기는 질병이다.

[03~04] 그림은 사람의 내분비샘을 나타낸 것이다.

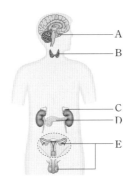

03 A~E의 이름을 각각 쓰시오.

04 각 내분비샘에서 생성되는 호르몬과 그 기능을 옳게 연결하시오.

(1) A •   • ㉠ 티록신   • ⓐ 여자의 2차 성징 발현

(2) B •   • ㉡ 인슐린   • ⓑ 혈당량 감소

(3) C •   • ㉢ 생장 호르몬   • ⓒ 심장 박동 및 혈당량 증가

(4) D •   • ㉣ 에스트로젠   • ⓓ 세포 호흡 촉진

(5) E •   • ㉤ 아드레날린   • ⓔ 몸의 생장 촉진

05 호르몬과 호르몬의 결핍 시 발생하는 질병을 옳게 짝지은 것을 |보기|에서 모두 고르시오.

> 보기
> ㄱ. 티록신 – 갑상샘 기능 항진증   ㄴ. 생장 호르몬 – 말단 비대증
> ㄷ. 인슐린 – 당뇨병   ㄹ. 티록신 – 거인증
> ㅁ. 생장 호르몬 – 소인증

3 호르몬과 항상성 유지

❷ 항상성 유지

1 항상성 : 외부 환경의 변화에 적절하게 반응하여 몸의 상태를 일정하게 유지하려는 성질 ➡ 신경계와 호르몬의 상호 작용으로 항상성이 유지된다. ◉ 체온 조절, 혈당량 조절, 몸속 수분량 조절 등

2 항상성 유지 : 자동 온도 조절 장치는 원하는 온도를 설정해 놓으면 온도 변화를 감지하여 실내 온도를 일정하게 유지한다. 우리 몸에서도 이와 같은 조절 작용이 일어난다.

3 체온 조절 : 열 발생량과 열 방출량을 조절하여 체온을 일정하게 유지한다.

구분	추울 때	더울 때
열 발생량	티록신의 분비 증가 → 세포 호흡 촉진, 근육의 떨림 → 열 발생량 증가	티록신의 분비 감소 → 세포 호흡 감소 → 열 발생량 감소
열 방출량	피부 근처 혈관 수축 털 주변의 근육 수축 → 열 방출량 감소 (피부 가까이 흐르는 혈액량 감소!)	피부 근처 혈관 확장 털 주변의 근육 이완 땀 분비량 증가 → 열 방출량 증가 (피부 가까이 흐르는 혈액량 증가!)

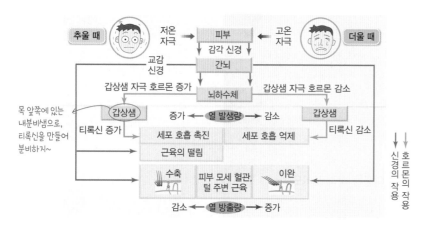

4 혈당량 조절 : 혈당량 조절 호르몬인 인슐린과 글루카곤의 작용으로 조절된다.

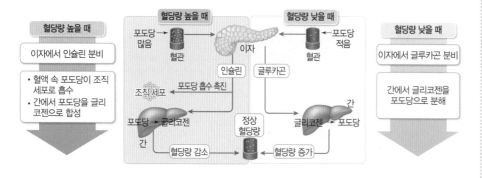

5 몸속 수분량(체액의 농도) 조절 : 뇌하수체에서 분비되는 항이뇨 호르몬에 의해 조절된다.

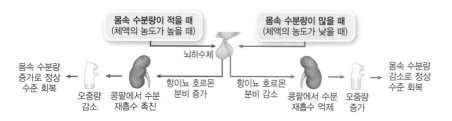

⊖ 비타민

자동 온도 조절 장치

어느 정도 온도가 높아지면 더 이상 온도가 높아지지 못하도록 자동으로 조절하는 장치이다. 다리미, 전기밥솥, 전기장판 등의 전열 기구에 사용된다.

호르몬 분비량 조절

갑상샘에서 티록신의 분비는 혈액 속 티록신의 농도에 따라 간뇌와 뇌하수체에 의해 조절된다.

땀 분비와 기화열

액체가 기화할 때는 주위의 열에너지를 흡수한다. 땀을 흘리면 땀이 기화하면서 피부의 열에너지를 흡수하여 체온이 낮아진다.

추울 때와 더울 때 피부 모세 혈관의 변화

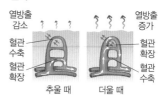

추울 때는 피부를 통한 열의 방출이 억제되고, 더울 때는 피부를 통한 열의 방출이 촉진된다.

글리코젠

여러 개의 포도당이 결합하여 만들어진 동물성 저장 탄수화물이다. 간과 근육에 저장되어 있다가 필요할 때 포도당으로 분해되어 부족한 포도당을 공급한다.

우리 몸의 항상성

구분	정상 범위
체온(°C)	36.2~37.6
pH(pH)	7.35~7.45
혈당량 (mg/100 mL)	80~120
몸속 수분량(%)	체중의 55~60

우리 몸 내부에서 항상 일정하게 조절되는 것은 체온, 혈액 내의 산성도(pH), 혈압, 혈당량, 수분량 등이 있다. 이러한 항상성에 문제가 생기게 되면 건강이 악화되고 질병으로 나타나게 된다.

용어 & 개념 체크

❷ 항상성 유지

07 체온을 조절하는 중추는 ▢▢이다.

08 추울 때 피부 근처의 혈관은 ▢▢된다.

09 혈당량은 이자에서 분비되는 호르몬인 ▢▢▢과 ▢▢▢의 조절 작용을 통해 일정 수준을 유지한다.

10 체내 수분량이 감소할 때 ▢▢▢ 호르몬의 분비가 증가한다.

06 항상성 유지와 관련 있는 것을 | 보기 | 에서 <u>모두</u> 고르시오.

> | 보기 |
> ㄱ. 키가 자란다.
> ㄴ. 더우면 땀을 흘린다.
> ㄷ. 추운 겨울날 몸이 떨린다.
> ㄹ. 물을 많이 마시면 오줌의 양이 증가한다.

07 그림은 추울 때 우리 몸에서 일어나는 체온 조절 과정을 나타낸 것이다.

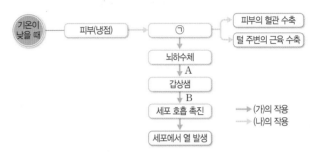

(1) ㉠에 들어갈 기관의 이름을 쓰시오.
(2) A, B에 해당하는 호르몬의 이름을 각각 쓰시오.
(3) (가), (나)는 각각 무엇인지 쓰시오.

[08~09] 그림은 사람의 몸에서 혈당량이 조절되는 과정을 나타낸 것이다.

08 A, B에 해당하는 호르몬의 이름을 각각 쓰시오.

09 다음은 A가 혈당량을 유지시키는 원리를 설명한 것이다. 빈칸에 알맞은 말을 고르시오.

> A는 혈당량이 (㉠ 낮을, 높을) 때 이자에서 분비되어 간에서 포도당을 글리코젠으로 합성하여 혈당량을 (㉡ 감소, 증가)시킨다.

10 다음은 몸속 수분량이 적을 때 몸속 수분량의 조절 과정을 나타낸 것이다. 빈칸에 알맞은 말을 쓰시오.

> 뇌하수체에서 (㉠   ) 호르몬 분비 증가 → 콩팥에서 물의 재흡수 (㉡   ) → 오줌의 양 (㉢   ) → 몸속 수분량 (㉣   )

호르몬과 관련된 질병

❶ 호르몬은 적은 양으로도 큰 효과를 내기 때문에 분비량이 적절하지 않으면 몸에 이상 증상이 나타나~ 호르몬 과잉이나 부족에 의해
나타나는 다양한 질병에 대해 알아보자!

01 당뇨병

• 제1형 당뇨병(인슐린 의존성) : 인슐린을 생성하지 못해 발생하며, 인슐린 주사로 치료가 가능해!
• 제2형 당뇨병(인슐린 비의존성) : 주로 비만에 의해 나타나며, 세포에서 인슐린을 받아들이지 못해 발생하지! 운동으로 치료가 가능해~

당뇨병은 우리 몸에서 혈당 조절에 필요한 인슐린 분비량이 부족하거나 인슐린의 기능 장애로 인해 체내 혈당량이 높아져 콩팥에서 포도당이 모두 재흡수되지 못하고 오줌으로 배출되는 질병이야~.

(1) 인슐린과 혈당량의 관계

그래프는 식사와 운동을 했을 때 건강한 사람의 혈당량의 변화와 인슐린 분비량의 변화를 나타낸 것이다.

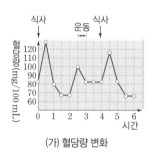

(가) 혈당량 변화

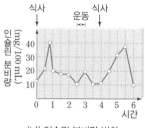

(나) 인슐린 분비량 변화

• 식사를 하면 소장에서 포도당이 흡수되어 혈당량이 높아지고, 운동을 하면 세포에서 포도당이 소모되어 혈당량이 낮아진다.
• 혈당량이 높아지면 인슐린의 분비가 증가하고, 인슐린이 분비된 후 혈당량이 낮아진다.
• 운동을 시작하면 평소보다 많은 양의 포도당이 필요하므로 혈당량이 빠르게 감소하고, 운동 후에는 감소한 혈당량을 보충하기 위해 글루카곤의 분비가 증가하여 혈당량이 정상 수준으로 회복된다.
 ➡ 인슐린과 글루카곤은 혈당량을 조절하여 일정하게 유지함을 알 수 있다.

(2) 정상인과 당뇨병 환자의 식사 후 혈당량과 인슐린의 농도 변화

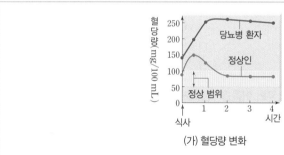

(가) 혈당량 변화

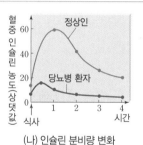

(나) 인슐린 분비량 변화

➡ 식사 후 혈당량이 높아지면, 정상인은 인슐린의 분비가 증가하여 혈당량을 낮춰주지만, 당뇨병 환자는 식사 후 혈당량이 높아져도 인슐린이 거의 분비되지 않아 혈당량이 높은 수준을 유지한다.

02 갑상샘종(갑상샘 비대증)

갑상샘종은 호르몬 분비가 제대로 되지 않아 생기는 질병 중 하나로, 아이오딘이 결핍되는 경우 생겨~. 아이오딘은 티록신의 주성분으로 아이오딘이 부족하면 갑상샘에서 티록신을 제대로 만들지 못해 혈중 티록신의 농도가 낮아지지. 이것을 간뇌에서 인식하면 뇌하수체를 거쳐 갑상샘이 자극되지만, 아이오딘의 부족으로 티록신을 합성하지 못하게 돼~. 이러한 과정이 지속되면 갑상샘이 지나치게 자극을 받아 비대해지는 갑상샘종이 나타나게 되지~.

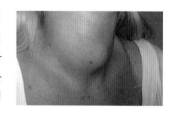

 **항상성 유지 방법**

⚠ 우리 몸은 외부 환경이나 내부 상태가 변하더라도 적절하게 반응하여 혈당량, 체온 등 몸의 상태를 일정하게 유지하는 성질이 있지~ 그게 바로 항상성이야! 항상성을 유지하는 방법에 대해서 조금 더 자세히 알아보자!

01 체온 유지

체온이 정상보다 낮아지면 우리 몸에서는 신경계의 조절 작용으로 혈관이 수축하여 몸 밖으로 빠져나가는 열이 줄어들고, 몸이 떨리면서 몸에서 발생하는 열은 증가해~. 또한 호르몬에 의한 조절 작용으로 세포에서의 열 발생도 증가하여 체온이 정상 수준으로 회복되지. 이와 같이 우리 몸은 주변의 온도에 따라 열 방출량과 열 발생량을 조절함으로써 체온을 일정하게 유지해~.

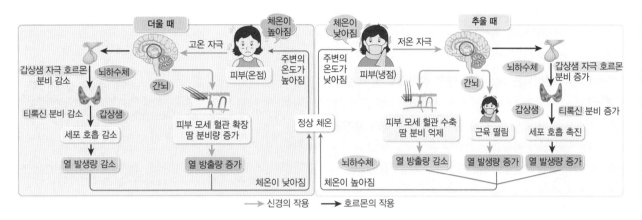

02 혈당량 유지

식사 전후나 운동 시에 혈당량이 변하는데, 간뇌는 이러한 변화를 감지하여 혈당량 조절을 위한 여러 가지 명령을 내려~. 이때 이자는 혈낭량 소설 호르본인 인슐린 혹은 글루카곤을 분비하여 혈당량을 일정하게 유지해~.

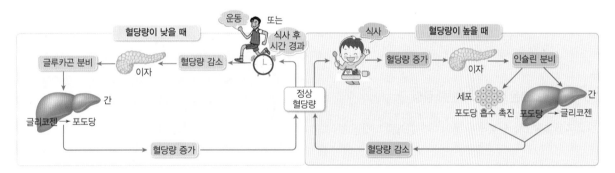

03 몸속 수분량 유지

땀을 흘려 몸속 수분량이 줄어들면 뇌하수체에서 항이뇨 호르몬이 분비돼. 항이뇨 호르몬은 콩팥에서 물의 재흡수를 촉진하여 오줌의 양을 줄이지. 반대로 물을 많이 마시는 등 몸속 수분량이 늘어나면 뇌하수체에서 항이뇨 호르몬의 분비가 억제되어 오줌의 양이 늘어나게 돼~.

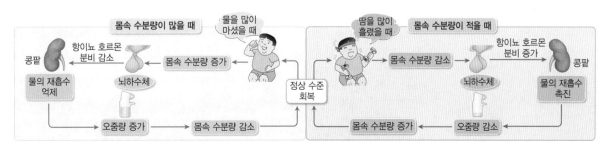

유형 클리닉

유형 1 사람의 내분비샘의 특징

그림은 사람의 내분비샘을 나타낸 것이다.

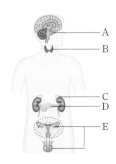

A~E에서 분비되는 호르몬에 대한 설명으로 옳지 <u>않은</u> 것은?

① A에서 분비되는 생장 호르몬은 뼈와 근육의 생장을 촉진하여 신체 발육을 조절한다.
② B에서 분비되는 티록신은 세포 호흡을 촉진시킨다.
③ C에서 분비되는 아드레날린은 심장 박동을 촉진시키고 혈압을 상승시킨다.
④ D에서 분비되는 인슐린은 혈액 내 포도당의 양을 증가시킨다.
⑤ E에서 분비되는 성호르몬은 청소년기에 2차 성징이 나타나도록 한다.

> 사람의 내분비샘에서는 여러 가지 호르몬이 분비되지~ 각 내분비샘에서 분비되는 호르몬의 특징을 잘 기억해 두자~!!

① A에서 분비되는 생장 호르몬은 뼈와 근육의 생장을 촉진하여 신체 발육을 조절한다.
→ 뇌하수체인 A에서는 생장 호르몬이 분비되는데, 이는 뼈와 근육의 생장을 촉진하고 신체 발육을 조절하지~

② B에서 분비되는 티록신은 세포 호흡을 촉진시킨다.
→ B는 갑상샘으로, 티록신이 분비되어 세포 호흡을 촉진시키고 체온을 유지하지!

③ C에서 분비되는 아드레날린은 심장 박동을 촉진시키고 혈압을 상승시킨다.
→ 부신(C)에서 분비되는 아드레날린은 심장 박동을 촉진시키고 혈압을 상승시켜~ 또한 혈당량도 증가시키지!

④ D에서 분비되는 인슐린은 혈액 내 포도당의 양을 증가시킨다.
→ 아니야~ 이자(D)에서는 인슐린과 글루카곤이라는 호르몬이 분비되는데, 인슐린은 혈당량을 감소시키고, 글루카곤이 혈당량을 증가시켜~

⑤ E에서 분비되는 성호르몬은 청소년기에 2차 성징이 나타나도록 한다.
→ 난소(여자)와 정소(남자)에서는 성호르몬이 분비되는데, 난소(여자)에서는 에스트로겐, 정소(남자)에서는 테스토스테론이 분비돼~ 이는 2차 성징을 발현시키지!

답 : ④

내분비샘	분비 호르몬
뇌하수체	생장 호르몬, 항이뇨 호르몬, 갑상샘 자극 호르몬
갑상샘	티록신
이자	인슐린, 글루카곤
부신	이드레날린
난소/정소	에스트로겐/테스토스테론

유형 2 호르몬 이상으로 인한 질병

다음은 호르몬 이상으로 인한 몸의 이상 증세를 나타낸 것이다.

> • 심한 갈증을 느끼게 된다.
> • 오줌에 포도당이 섞여 나온다.
> • 오줌량이 많아져 소변을 자주 보게 된다.

이와 같은 증상을 완화시킬 수 있는 호르몬은?

① 인슐린
② 글루카곤
③ 아드레날린
④ 생장 호르몬
⑤ 에스트로겐

> 호르몬 분비에 이상이 생기면 이와 관련하여 여러 가지 질병이 생기지! 각 호르몬이 필요한 양보다 부족하거나 많을 때 나타나는 질병과 현상을 잘 정리해 두자!

주어진 몸의 이상 증세는 당뇨병에 해당돼~!

① 인슐린
→ 당뇨병의 치료를 위해서 혈당량을 감소시키는 인슐린을 이용하지!

② 글루카곤
→ 간에 저장되어 있는 글리코젠을 포도당으로 분해해서 혈당량을 증가시켜!

③ 아드레날린
→ 부신에서 분비되는 호르몬인 아드레날린 역시 혈당량을 증가시키는 호르몬!

④ 생장 호르몬
→ 생장 호르몬은 몸의 생장을 촉진시키는 호르몬이야! 당뇨병과는 관련이 없지!

⑤ 에스트로겐
→ 에스트로겐은 여자의 난소에서 분비되는 호르몬으로, 2차 성징을 발현하고 생식 세포를 형성하지~ 당뇨병과는 관련이 없어.

답 : ①

당뇨병 : 혈액에 포도당이 많아 오줌에 섞여 나오는 질병~!

유형 ③ 체온 조절

추위에 노출되었을 때 우리 몸에서 일어나는 현상으로 옳지 않은 것은?

① 피부 감각 기관을 통해 추위를 감지한다.

② 대뇌에서 옷을 따뜻하게 입어야 한다는 판단을 내린다.

③ 연수에서 갑상샘을 자극하는 호르몬을 생성하여 분비한다.

④ 티록신이 분비되어 세포의 물질대사를 촉진하여 열을 발생시킨다.

⑤ 소름이 돋고 털이 서며, 피부 근처 혈관이 수축되어 열의 방출을 억제한다.

우리는 체온이 높아지면 땀을 흘리고, 체온이 낮아지면 몸을 떨게 되지? 이런 반응을 통해 우리 몸의 체온이 일정하게 유지될 수 있는 거야~ 이러한 과정이 어떻게 일어나는지 잘 알아두자~

① 피부 감각 기관을 통해 추위를 감지한다.
→ 피부의 냉점을 통해 추위를 감지하겠지~

② 대뇌에서 옷을 따뜻하게 입어야 한다는 판단을 내린다.
→ 대뇌에서 옷을 따뜻하게 입어야 한다는 의식적 반응이 진행될 거야~

③ 연수에서 갑상샘을 자극하는 호르몬을 생성하여 분비한다.
→ 아니야~ 연수가 아니라 뇌하수체에서 갑상샘 자극 호르몬을 분비해서 갑상샘으로부터 티록신 분비를 촉진하지~

④ 티록신이 분비되어 세포의 물질대사를 촉진하여 열을 발생시킨다.
→ 티록신은 세포의 물질대사를 촉진하여 열 발생량을 증가시켜!

⑤ 소름이 돋고 털이 서며, 피부 근처 혈관이 수축되어 열의 방출을 억제한다.
→ 피부의 털 주변 근육이 수축해서 털이 수직으로 서고 소름이 돋으면 열 방출량이 감소하겠지~ 또한, 피부 근처의 혈관이 수축해서 피부 주변으로 흐르는 혈액량이 감소해 외부로 방출되는 열의 양이 감소할 거야~

답 : ③

 추울 때 : 뇌하수체 → 갑상샘 자극 호르몬 분비↑ → 갑상샘에서 티록신 분비↑ → 세포 호흡 촉진, 열 발생량↑

유형 ④ 혈당량 조절

그림은 이자에서 분비되는 두 호르몬 X와 Y에 의한 혈당량 조절 과정을 나타낸 것이다.

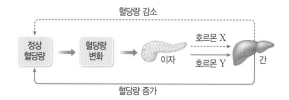

이에 대한 설명으로 옳은 것은?

① 식사 후 혈당량이 증가하면 호르몬 X가 분비된다.

② 호르몬 X는 간에서 글리코젠을 포도당으로 분해하는 작용을 촉진한다.

③ 식사를 거르거나 운동을 하면 간에서 호르몬 Y가 분비된다.

④ 호르몬 Y가 부족하면 당뇨병에 걸릴 수 있다.

⑤ 두 호르몬의 분비를 조절하는 곳은 연수이다.

우리 몸속에 포도당의 양이 지나치게 많은 혈액이 흐를 경우 몸의 여러 부분에서 다양한 문제가 일어날 수 있어! 따라서 혈당량을 일정한 수준으로 유지하는 것은 매우 중요해~ 혈당량을 조절하는 과정에 대해 자세히 알아두자!

호르몬 X는 인슐린, Y는 글루카곤이다.

① 식사 후 혈당량이 증가하면 호르몬 X가 분비된다.
→ 식후에는 음식물의 소화로 생성된 포도당이 흡수되기 때문에 혈당량이 높아지는데, 이때 혈당량을 낮추기 위해 이자에서 혈당량을 감소시키는 호르몬인 인슐린(X)이 분비되지~

② 호르몬 X는 간에서 글리코젠을 포도당으로 분해하는 작용을 촉진한다.
→ 인슐린(X)은 간에서 포도당을 글리코젠으로 합성하여 저장하는 역할을 하지!!

③ 식사를 거르거나 운동을 하면 간에서 호르몬 Y가 분비된다.
→ 식사를 거르거나 운동을 하면 혈당량이 감소해서 간이 아니라 이자에서 글루카곤(Y)이 분비되지~

④ 호르몬 Y가 부족하면 당뇨병에 걸릴 수 있다.
→ 당뇨병은 혈당량이 비정상적으로 높은 상태에서 오줌에 당이 섞여 나오는 질병이야! 혈당량을 감소시켜주는 인슐린(X)이 부족하기 때문에 당뇨병에 걸리게 되는 거지~

⑤ 두 호르몬의 분비를 조절하는 곳은 연수이다.
→ 인슐린(X)과 글루카곤(Y)의 분비는 간뇌에서 조절돼~!!

답 : ①

 인슐린 : 포도당 → 글리코젠 ⇨ 혈당량 감소
글루카곤 : 글리코젠 → 포도당 ⇨ 혈당량 증가

1 호르몬

01 호르몬에 대한 설명으로 옳지 <u>않은</u> 것은?

① 혈관에서 혈액을 따라 이동한다.
② 내분비샘에서 만들어져 분비된다.
③ 매우 적은 양으로 생리 작용을 조절한다.
④ 종류에 따라 영향을 미치는 기관이나 세포가 다르다.
⑤ 많이 분비될수록 신체가 정상적인 기능을 할 수 있다.

02 ★중요
호르몬과 신경의 작용을 비교한 것으로 옳지 <u>않은</u> 것은?

구분	호르몬	신경
① 전달 매체	혈액	뉴런
② 전달 속도	비교적 느림	빠름
③ 효과의 지속성	지속적	일시적
④ 작용 범위	좁음	넓음
⑤ 특징	특정 세포에만 작용	일정한 방향으로 전달

[03~05] 그림은 우리 몸의 여러 호르몬 분비 기관들을 나타낸 것이다.

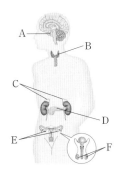

03 풍식이를 정밀 검사한 결과 D의 기능에 이상이 있었다면 풍식이에게서 결핍증이 나타날 것으로 예상되는 호르몬은?

① 티록신
② 글루카곤
③ 아드레날린
④ 에스트로젠
⑤ 항이뇨 호르몬

04 A~F에 대한 설명으로 옳은 것을 <u>모두</u> 고르면?

① A에서 티록신이 분비된다.
② B에서 분비되는 호르몬이 근육과 뼈의 생장에 관여한다.
③ C에서 분비되는 호르몬은 혈당량을 증가시킨다.
④ D에서 분비되는 호르몬에 의해 혈당량이 조절된다.
⑤ E와 F에서 분비되는 호르몬은 성호르몬으로 1차 성징 발현에 관여한다.

05 다음은 A~F 중 어느 기관에 이상이 생겼을 때 나타날 수 있는 증상을 나타낸 것이다.

> (가) 체중이 증가하고 추위를 탄다.
> (나) 혈압이 급격히 상승하고 혈당량이 증가한다.

(가)와 (나)에서 이상이 생긴 기관을 옳게 짝지은 것은? (단, 각 경우에 이상이 생긴 기관은 한 곳이다.)

	(가)	(나)
①	A	B
②	B	A
③	B	C
④	C	A
⑤	C	B

06 호르몬과 그에 따른 과다증 및 결핍증을 옳게 짝지은 것은?

① 티록신 – 당뇨병
② 티록신 – 2차 성징 이상
③ 인슐린 – 거인증, 소인증
④ 생장 호르몬 – 거인증, 소인증
⑤ 생장 호르몬 – 갑상샘 기능 항진증

07 다음은 어떤 환자의 진료 기록을 나타낸 것이다.

> 사고로 뇌하수체에 이상이 생겨 호르몬이 분비되지 않으며, 다른 기관은 모두 정상이다.

이 환자에게서 나타날 수 있는 증상으로 옳은 것을 <u>모두</u> 고르면?

① 눈이 돌출된다.
② 체중이 증가한다.
③ 추위를 잘 타게 된다.
④ 오줌이 잘 나오지 않게 된다.
⑤ 손과 발이 급격히 비대해진다.

② **항상성 유지**

08 다음은 신경과 호르몬, 항상성에 대한 학생들의 대화 내용이다. 설명한 내용이 옳지 <u>않은</u> 학생은?

① 풍식 : 호르몬과 신경은 모두 항상성 유지에 관여해.
② 풍순 : 그래. 그리고 항상성은 간뇌에서 조절하는 거야.
③ 풍만 : 신경은 작용 범위가 좁고, 호르몬은 작용 범위가 넓다고 해.
④ 장풍 : 호르몬은 작용 시간이 길어. 신경은 금방 작용하고 금방 끝나지.
⑤ 장순 : 인슐린은 혈당량을 증가시키고, 글루카곤은 혈당량을 감소시킨다고 해.

09 다음은 체온이 낮을 때 호르몬이 분비되어 체온이 높아지는 과정을 순서 없이 나타낸 것이다.

(가) 체온이 높아진다.
(나) 뇌에서 체온이 낮음을 감지한다.
(다) 뇌하수체에서 갑상샘 자극 호르몬이 분비된다.
(라) 갑상샘이 자극을 받아 갑상샘 호르몬을 분비한다.
(마) 갑상샘 호르몬의 영향으로 세포 호흡이 촉진된다.

체온 조절 과정을 순서대로 옳게 나열한 것은?

① (가) → (나) → (다) → (라) → (마)
② (나) → (다) → (가) → (마) → (라)
③ (나) → (다) → (라) → (마) → (가)
④ (다) → (라) → (가) → (마) → (나)
⑤ (라) → (마) → (가) → (다) → (나)

10 그림은 시간에 따른 체온의 변화를 나타낸 것이다. (가) 과정에서 나타나는 현상과 관련이 <u>없는</u> 것을 <u>모두</u> 고르면?

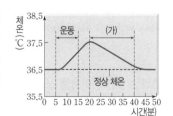

① 열 발생량이 증가한다.
② 열 방출량이 감소한다.
③ 간뇌에서 체온 변화를 감지한다.
④ 피부 근처의 모세 혈관이 확장된다.
⑤ 피부로 흐르는 혈액의 양이 증가한다.

11 ^{중요} 그림은 체온이 조절되는 과정을 나타낸 것이다.

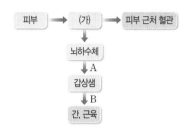

이에 대한 설명으로 옳지 <u>않은</u> 것은?

① (가)는 간뇌이다.
② A의 분비량이 증가하면 B의 분비량도 증가한다.
③ B의 분비량이 많아지면 세포 호흡이 촉진된다.
④ 저온 자극이 주어지면 B의 분비량이 감소한다.
⑤ 고온 자극이 주어지면 피부 근처의 혈관이 확장된다.

12 다음은 기온이 변할 때 인체에서 나타나는 현상들을 나타낸 것이다.

(가) 땀 분비가 증가한다.
(나) 세포 호흡이 촉진된다.
(다) 소름이 돋고 털이 선다.
(라) 피부 모세 혈관이 확장된다.

(가)~(라)를 체온을 낮추는 과정과 체온을 높이는 과정으로 옳게 짝지은 것은?

	체온을 낮추는 과정	체온을 높이는 과정
①	(가), (다)	(나), (라)
②	(가), (라)	(나), (다)
③	(나), (다)	(가), (라)
④	(나), (라)	(가), (다)
⑤	(다), (라)	(가), (나)

13 ^{중요} 그림은 혈당량이 조절되는 과정을 나타낸 것이다.

이에 대한 설명으로 옳은 것을 <u>모두</u> 고르면?

① A는 글루카곤, B는 인슐린이다.
② A와 B의 표적 기관은 이자이다.
③ A는 혈당량이 낮을 때만 분비된다.
④ B가 부족하면 당뇨병에 걸릴 수 있다.
⑤ B는 글리코젠을 포도당으로 분해한다.

14 그림은 어떤 사람의 식사 후 혈당량의 변화를 나타낸 것이다. 이 사람의 체내 글루카곤의 농도 그래프로 옳은 것은?

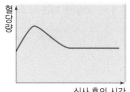

①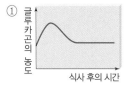

②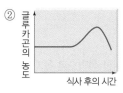

③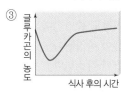

④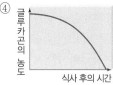

⑤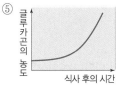

15 ★중요 그림은 사람의 몸에서 혈당량이 조절되는 과정을 나타낸 것이다.

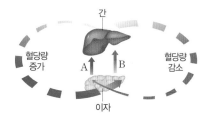

이에 대한 설명으로 옳은 것을 │보기│에서 모두 고른 것은?

│보기│
ㄱ. A는 인슐린이다.
ㄴ. B는 포도당을 글리코젠으로 합성한다.
ㄷ. 식사 직후에는 B의 분비량이 증가한다.

① ㄱ   ② ㄷ   ③ ㄱ, ㄷ
④ ㄴ, ㄷ   ⑤ ㄱ, ㄴ, ㄷ

16 더운 날 음료수를 많이 마실 경우, 체내에서 일어나는 작용으로 옳지 않은 것은?

① 오줌량이 증가한다.
② 혈액량이 감소한다.
③ 콩팥에서 수분 재흡수가 감소한다.
④ 평소에 비해 배출되는 오줌의 농도가 낮다.
⑤ 뇌하수체에서 항이뇨 호르몬의 분비가 억제된다.

서술형 문제

17 풍식이는 최근 체중이 감소하고 몸에 열이 많아지며, 눈이 튀어나오는 증상이 있어 병원에 갔더니 어느 병에 걸렸다는 진단을 받았다. 풍식이가 앓고 있을 것으로 예상되는 병의 이름, 이상이 있을 것으로 예상되는 부분의 기호와 이름을 쓰고, 그 까닭을 서술하시오.

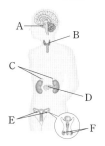

 갑상샘

18 그림과 같이 추위에 떨고 있는 풍순이의 몸에서 체온을 올리는 과정을 뇌하수체와 갑상샘에서 분비되는 호르몬과 관련지어 서술하시오.

 갑상샘 자극 호르몬, 티록신

19 그림은 건강한 사람에게 이자에서 추출한 호르몬 (가)를 주사한 후 시간의 경과에 따른 혈당량 변화를 나타낸 것이다.

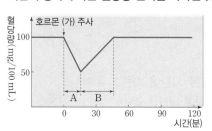

호르몬 (가)의 이름을 쓰고, 구간 A와 B에서 혈당량의 변화가 그래프와 같이 나타나는 까닭을 호르몬의 작용과 관련지어 서술하시오.

 인슐린 ⇨ 혈당량↓, 글루카곤 ⇨ 혈당량↑

20 그림은 사람의 내분비샘을 나타낸 것이다.

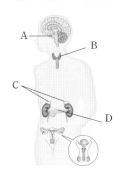

A~D에서 각각 분비되는 호르몬에 대한 설명으로 옳지 <u>않은</u> 것은?

① A에서 분비되는 호르몬은 체온을 조절하여 항상성을 유지하는 데 영향을 미친다.

② A에서 분비되는 호르몬 중 생장에 관여하는 호르몬은 성장기에만 분비된다.

③ B에서의 호르몬 분비를 조절하는 중추는 간뇌이다.

④ C에서 분비되는 호르몬은 심장 박동 수를 증가시킨다.

⑤ D에서 분비되는 호르몬은 혈당량에 따라 분비되는 양에 차이가 있다.

21 그림은 식사와 운동을 할 때 정상인의 혈당량 변화와 호르몬 A, B의 농도 변화를 나타낸 것이다.

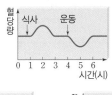

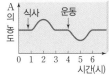

이에 대한 설명으로 옳지 <u>않은</u> 것은?

① 식사 후 혈당량이 높아지기까지는 시간이 필요하다.

② 운동할 때는 포도당이 세포 호흡에 사용되어 혈당량이 낮아진다.

③ 식사 후 혈당량이 높아지면 A가 분비되어 혈당량을 낮춘다.

④ 운동 후 B에 의해 운동 전과 같은 수준의 혈당량을 회복한다.

⑤ A의 분비량이 증가할 때 B의 분비량도 증가하여 서로 반대되는 역할을 한다.

22 그림 (가)와 (나)는 더울 때와 추울 때의 피부 근처 혈관의 모습을 순서 없이 나타낸 것이다. 이에 대한 설명으로 옳은 것을 <u>모두</u> 고르면?

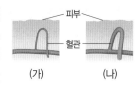

① (가)는 냉점이 자극되었을 때의 모습이다.

② (나)일 때, 피부에서는 땀 분비량이 감소한다.

③ 피부 근처 혈관이 (가)와 같이 변할 때, 티록신의 분비는 감소한다.

④ 피부 근처 혈관이 (나)와 같이 변할 때, 갑상샘 자극 호르몬의 분비는 증가한다.

⑤ (가)일 때는 열 발생량이 증가하고, (나)일 때는 열 방출량이 증가한다.

23 그림은 우리 몸에서 혈당량이 조절되는 과정을 나타낸 것이다.

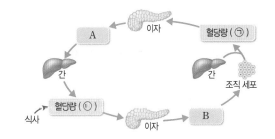

이에 대한 설명으로 옳지 <u>않은</u> 것은?

① ㉠은 감소, ㉡은 증가이다.

② A는 간에서 글리코젠을 포도당으로 분해한다.

③ B에 의해 혈액 속 포도당이 조직 세포로 흡수된다.

④ 당뇨병 환자의 혈중 B의 농도는 정상인보다 낮다.

⑤ 혈당량이 (㉠)할 때는 A만, 혈당량이 (㉡)할 때는 B만 분비된다.

24 항이뇨 호르몬에 의한 몸속 수분량 조절에 대한 설명으로 옳은 것을 │보기│에서 모두 고른 것은?

│보기│

ㄱ. 체액의 농도가 높을 때 항이뇨 호르몬의 분비량은 증가한다.

ㄴ. 몸속 수분량이 많을 때 콩팥에서는 물의 재흡수가 촉진된다.

ㄷ. 항이뇨 호르몬의 분비량이 증가하면 혈액의 수분량은 감소한다.

① ㄱ   ② ㄷ   ③ ㄱ, ㄷ

④ ㄴ, ㄷ   ⑤ ㄱ, ㄴ, ㄷ

01 그림은 눈의 구조를 나타낸 것이다. 이에 대한 설명으로 옳은 것은?

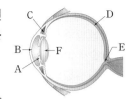

① A는 F의 두께를 조절한다.
② B는 시각 세포가 분포하여 상이 맺힌다.
③ 먼 곳을 볼 때에는 C가 수축한다.
④ D는 암실의 역할을 한다.
⑤ E에는 상이 맺혀도 보이지 않는다.

02 다음은 눈에서 일어나는 변화를 나타낸 것이다.

- 섬모체가 이완한다.
- 수정체가 얇아진다.

이와 같은 변화가 일어나는 상황으로 옳은 것은?

① 도서실에서 창 밖의 구름을 보다 책을 보았다.
② 꽃에 앉아 있던 나비가 멀리 날아가는 것을 보았다.
③ 전방을 주시하고 운전을 하다가 계기판을 확인하였다.
④ 멀리서 날아오던 공이 발 앞에 떨어지는 것을 보았다.
⑤ 동해로 체험 학습을 가서 어두운 천곡동굴 안으로 들어갔다.

03 그림은 귀의 구조를 나타낸 것이다.

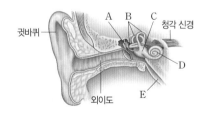

각 부분에 대한 설명으로 옳은 것을 모두 고르면?

① A는 귓속뼈로, 최초로 소리를 받아들이는 기관이다.
② B는 반고리관으로, 몸의 위치 변화를 감각한다.
③ C는 전정 기관으로, 몸의 회전을 감각한다.
④ D는 달팽이관으로, 청각 세포가 분포한다.
⑤ E는 귀인두관으로, 고막 바깥쪽과 안쪽의 압력을 같게 조절한다.

04 (가)와 (나)의 현상과 관련이 깊은 귀의 구조를 옳게 짝지은 것은?

(가) 비행기가 이륙할 때 귀가 먹먹해지지만 곧 괜찮아진다.
(나) 서커스단의 곡예사가 막대기로 균형을 잡으며 외줄타기 묘기를 한다.

	(가)	(나)
①	전정 기관	반고리관
②	귀인두관	전정 기관
③	달팽이관	전정 기관
④	반고리관	귀인두관
⑤	반고리관	달팽이관

05 후각에 대한 설명으로 옳은 것을 모두 고르면?

① 후각의 중추는 연수이다.
② 다른 감각에 비해 예민하다.
③ 액체 상태의 화학 물질에 의한 자극을 수용한다.
④ 냄새를 감지하는 후각 세포는 후각 상피에 분포한다.
⑤ 쉽게 피로해지기 때문에 한 가지 냄새를 오래 맡다가 다른 냄새를 맡으면 잘 느끼지 못한다.

06 그림은 우리 몸의 어떤 기관을 나타낸 것이다.

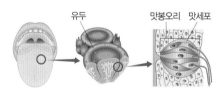

이에 대한 설명으로 옳지 않은 것은?

① 이 기관이 느끼는 감각은 미각이다.
② 이 기관은 액체 상태의 화학 물질을 감지한다.
③ 맛세포에서 받아들인 자극은 뇌로 전달된다.
④ 표면의 돌기 윗면에 자극을 수용하는 세포가 있다.
⑤ 이 기관에서 느끼는 감각은 후각의 영향을 받는다.

07 다음은 사람이 맛을 느끼는 방법을 알아보기 위한 실험을 나타낸 것이다.

> 눈을 안대로 가리고 코를 막은 후 같은 크기의 사과와 양파를 먹게 하였더니 맛을 잘 구분하지 못하였다.

이를 통해 알 수 있는 사실로 옳은 것은?

① 코에도 맛세포가 분포한다.
② 눈을 감으면 맛을 느낄 수 없다.
③ 미각을 자극하는 물질이 코를 통해 전달된다.
④ 맛은 미각과 후각이 함께 작용하여 느낄 수 있다.
⑤ 맛을 느끼는 데는 촉각, 시각, 미각, 후각이 모두 필요하다.

08 피부에 분포하는 감각점에 대한 설명으로 옳은 것은?

① 감각점은 피부 진피층에 분포하고 있다.
② 모든 종류의 감각점은 분포 개수가 같다.
③ 내장 기관에는 감각점이 분포하지 않는다.
④ 신체 부위별로 감각점의 분포 밀도가 같다.
⑤ 감각을 느끼는 수용체는 감각의 종류와 관계없이 동일하다.

09 왼손은 40 ℃의 물에 담그고, 오른손은 20 ℃의 물에 담갔다가 두 손을 동시에 30 ℃의 물에 담갔을 때의 감각에 대한 설명으로 옳은 것은?

① 왼손은 따뜻하게 느껴진다.
② 오른손은 차갑게 느껴진다.
③ 오른손은 통점에서 아픔을 느낀다.
④ 왼손에서는 냉점이 자극을 받아들인다.
⑤ 동일 자극이므로 왼손과 오른손에서 느끼는 감각은 같다.

10 뉴런에 대한 설명으로 옳은 것은?

① 말초 신경계는 연합 뉴런이 대부분이다.
② 가지 돌기에서 생명 활동이 일어난다.
③ 신경 세포체와 축삭 돌기, 가지 돌기로 구성되어 있다.
④ 중추 신경계는 운동 뉴런과 감각 뉴런으로 구성되어 있다.
⑤ 축삭 돌기는 다른 뉴런으로부터 자극을 받아들인다.

11 그림은 여러 개의 뉴런이 연결된 모습을 나타낸 것이다.

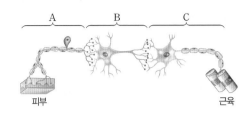

이에 대한 설명으로 옳지 않은 것은?

① A와 B는 말초 신경계를 구성한다.
② A는 감각 기관의 자극을 중추 신경계로 전달한다.
③ B는 감각 뉴런과 운동 뉴런을 연결한다.
④ C는 뇌와 척수에서 받은 명령을 근육으로 전달한다.
⑤ 자극의 전달 순서는 A → B → C이다.

12 다음은 컴퓨터와 신경계를 비교하여 나타낸 것이다. 관련이 있는 기관끼리 옳게 짝지은 것은?

	컴퓨터	신경계
①	연결선	운동 기관
②	본체	감각 기관
③	본체	운동 신경
④	키보드	감각 기관
⑤	모니터	운동 신경

13 그림은 뇌의 구조를 나타낸 것이다.

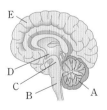

각 부위의 기능이 옳게 연결된 것은?

① A – 소뇌로, 평형 감각의 중추이다.
② B – 연수로, 안구 운동과 동공 반사의 중추이다.
③ C – 중간뇌로, 심장 박동, 호흡 운동, 소화 운동 조절의 중추이다.
④ D – 간뇌로, 재채기, 하품, 눈물 분비, 침 분비의 중추이다.
⑤ E – 대뇌로, 항상성 조절의 중추이다.

14 그림은 자극에 대한 반응 경로를 나타낸 것이다.

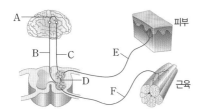

무릎 아래를 고무망치로 살짝 때렸을 때 자신도 모르게 다리가 올라가는 반응의 경로로 옳은 것은?

① A → B → F
② E → D → F
③ F → D → E
④ E → C → A → B → F
⑤ F → D → C → B → E

[15~16] 그림은 자극에 대한 반응 경로를 나타낸 것이다.

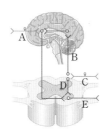

15 다음은 교통사고를 당한 어떤 환자의 상태를 설명한 것이다.

• 노래를 들으면서 책을 읽을 수 있다.
• 뜨거운 물체에 손이 닿으면 재빨리 손을 떼지만 고통을 느끼지 못하였다.

이 환자에게 이상이 생겼을 것이라고 예상되는 신경의 기호로 옳은 것은?

① A　　② B　　③ C　　④ D　　⑤ E

16 이 환자의 상태를 추측한 것으로 옳은 것은? (단, 주어진 내용 이외의 다른 부위의 손상은 없다.)

① 환자는 손을 움직일 수 없을 것이다.
② 환자는 중심을 잡을 수 없을 것이다.
③ 환자는 축구공을 보고 차는 데 어려움이 있다.
④ 환자는 기억, 판단 등에 문제가 생겼을 것이다.
⑤ 환자의 무릎을 치면 무릎 반사가 일어날 것이다.

17 다음은 어떤 반응에 대한 설명을 나타낸 것이다.

우리 몸은 위험에서 우리 몸을 지키기 위해 많은 안전 장치를 가지고 있는데 이 중 하나가 무조건 반사이다. 날카로운 것이나, 뜨거운 것에 몸이 닿을 경우 무의식적으로 재빨리 움츠리는 것은 무조건 반사의 일종이다.

이와 동일한 경로로 일어나는 현상으로 옳은 것은?

① 팔에 앉은 모기를 보고 쫓는다.
② 축구 경기에서 친구에게 공을 패스했다.
③ 물체가 날아오는 것을 보고 몸을 피했다.
④ 콧속에 먼지가 들어오면 재채기가 나온다.
⑤ 무릎 아래를 쳤더니 저절로 다리가 올라왔다.

18 두 명이 짝이 되어 떨어지는 자를 보고 잡는 실험을 6회 실시하고, 반응 거리를 측정하였다.

횟수	1	2	3	4	5	6
반응 거리(cm)	21	17	13	11	10	11

이 실험에 대한 설명으로 옳은 것은?

① 평균 반응 거리는 17 cm이다.
② 무의식적으로 나타난 반사 작용이다.
③ 실험 횟수를 증가시킬수록 반응 시간은 길어진다.
④ 일정 시간 이하로는 반응 시간이 더 짧아지지 않는다.
⑤ 반응 경로는 눈 → 운동 신경 → 대뇌 → 감각 신경 → 손의 근육이다.

19 다음은 우리 몸에서 분비되는 몇 가지 호르몬을 나타낸 것이다.

인슐린, 글루카곤, 티록신

이 물질들의 공통점이 아닌 것은?

① 분비관 없이 바로 혈관으로 분비된다.
② 이 물질들의 분비는 간뇌의 조절을 받는다.
③ 혈액을 통해 운반되어 몸의 전 기관에 작용한다.
④ 적은 양으로 작용하지만 부족 시 결핍증에 걸린다.
⑤ 신경에 비해 반응이 일어나기까지 시간이 오래 걸리지만 효과는 지속적이다.

20 신경과 호르몬의 특징을 옳게 비교한 것은?

	구분	신경	호르몬
①	전달 속도	느리다	빠르다
②	지속 시간	길다	짧다
③	작용 범위	넓다	좁다
④	전달 매체	뉴런	혈액
⑤	과다증, 결핍증	있다	없다

21 다음에서 설명하는 호르몬과 분비되는 내분비샘을 옳게 짝지은 것은?

- 심장 박동을 빠르게 한다.
- 혈압을 상승시키는 작용을 한다.
- 위기 상황이나 스트레스를 받을 때 분비된다.

① 인슐린 – 이자
② 아드레날린 – 부신
③ 에스트로젠 – 난소
④ 생장 호르몬 – 뇌하수체
⑤ 항이뇨 호르몬 – 갑상샘

22 그림은 거인증과 소인증에 걸린 사람의 모습을 나타낸 것이다. 이와 같은 현상과 관련 있는 호르몬에 대한 설명으로 옳은 것은?

① 뼈에서 만들어져 분비된다.
② 인슐린이 부족하면 거인증이 나타난다.
③ 생장 호르몬 부족 시 소인증이 나타난다.
④ 갑상샘 기능에 이상이 생기면 나타나는 증상들이다.
⑤ 아드레날린 과다 시 거인증 이외에 말단 비대증을 초래한다.

23 생물의 항상성 유지와 관계 있는 현상으로 옳은 것은?

① 계속적으로 성장한다.
② 체중이 일정하게 유지된다.
③ 식사 시간이 거의 동일하다.
④ 체온을 항상 일정하게 유지한다.
⑤ 수면 시간을 규칙적으로 유지한다.

24 추운 겨울날 밖으로 나갔더니 체온이 낮아졌다. 이때 몸에서 일어나는 현상으로 옳지 <u>않은</u> 것은?

① 세포 호흡이 증가한다.
② 열 발생량이 증가한다.
③ 땀의 분비량이 감소한다.
④ 티록신의 분비가 촉진된다.
⑤ 피부의 모세 혈관이 확장된다.

25 그림은 정상적인 사람이 식사한 후와 운동한 후의 혈당량의 변화를 나타낸 것이다.

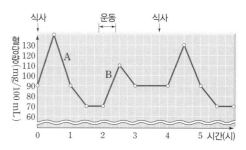

식사 후(A)에는 분비가 증가하고, 운동하는 동안(B)에는 분비가 감소하는 호르몬은?

① 인슐린 　　　　　② 글루카곤
③ 아드레날린 　　　④ 항이뇨 호르몬
⑤ 갑상샘 자극 호르몬

26 다음은 몸속 수분량을 조절하는 기관 (가)~(다)에서 몸속 수분량이 부족할 때 일어나는 현상을 순서대로 나타낸 것이다.

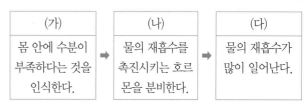

(가)	(나)	(다)
몸 안에 수분이 부족하다는 것을 인식한다.	물의 재흡수를 촉진시키는 호르몬을 분비한다.	물의 재흡수가 많이 일어난다.

이에 대한 설명으로 옳은 것은?

① (가)는 대뇌, (나)는 콩팥, (다)는 방광이다.
② (나)에서 분비되는 호르몬은 티록신이다.
③ (가)에서 분비된 호르몬이 (나)를 자극하여 (나)에서 호르몬이 분비된다.
④ 몸 안에 수분이 부족할수록 (나)의 호르몬이 적게 분비된다.
⑤ (다)에서 물의 재흡수가 많이 일어나면 오줌량이 감소한다.

서술형·논술형 문제

01 그림은 사람 눈의 구조를 나타낸 것이다. 원근 조절과 관련된 두 부위의 기호와 이름을 쓰고, 먼 곳을 보다가 가까운 곳을 볼 때의 변화를 서술하시오.

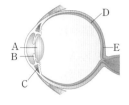

 섬모체 수축, 수정체 두꺼워짐

02 감기에 걸려 코가 막히면 맛을 구별하는 데 어려움이 있다. 그 까닭을 서술하시오.

 맛의 인식 – 후각&미각

03 그림은 사람 귀의 구조를 나타낸 것이다. 소리의 전달과 관련된 부위의 기호와 이름을 쓰고, 소리를 듣는 과정을 서술하시오.

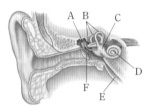

 고막 → 귓속뼈 → 달팽이관 → 청각 신경 → 뇌

04 다음은 사람의 피부에서 느끼는 감각에 대한 실험을 나타낸 것이다.

> (가) 25 ℃, 35 ℃, 45 ℃의 물을 준비한다.
> (나) 오른손은 25 ℃의 물에, 왼손은 45 ℃의 물에 넣는다.
> (다) 1분 후 두 손을 모두 35 ℃의 물에 넣는다.

오른손 　　　　　　　　　　왼손

25 ℃의 물　　35 ℃의 물　　45 ℃의 물

(다)에서 오른손과 왼손이 각각 느끼는 감각을 예상하고, 그렇게 생각한 까닭을 서술하시오.

 상대적 온도 감지

05 이쑤시개 2개를 30 cm 자에 1.5 cm 간격으로 붙인 뒤 등을 자극하였더니 1개의 점으로 느껴지고, 손바닥을 자극하였더니 두 개의 점으로 느껴졌다. 이와 같이 동일한 자극을 주었을 때 반응이 다르게 나타난 까닭을 감각점의 분포와 관련지어 서술하시오.

 감각점의 수 : 등 < 손바닥

06 그림은 여러 뉴런이 연결되어 있는 모습을 나타낸 것이다.

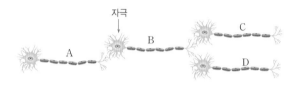

화살표 부분에 자극을 주었을 때 자극이 전달되는 뉴런을 모두 쓰고, 그 까닭을 서술하시오.

 자극 전달, 가지 돌기 → 축삭 돌기

07 그림은 사람의 눈을 나타낸 것이다. A와 B의 이름을 쓰고, 밝은 곳에서 어두운 곳으로 이동할 때 A와 B의 변화를 서술하시오.

 홍채 수축, 동공 확대

08 그림은 어떤 사람의 수정체의 두께 변화를 나타낸 것이다. 0~t 초 사이에 이 사람이 보고 있는 물체의 위치가 어떻게 변했는지 그림을 이용하여 서술하시오.

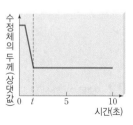

 수정체의 두께

09 장풍이는 뇌와 귀의 어느 부분을 다친 후로 회전하는 감각을 잘 느끼지 못하게 되었다. 장풍이에게 이상이 생겼을 것으로 예상되는 기관 두 곳을 쓰고, 그 까닭을 서술하시오.

 회전 감각, 소뇌, 반고리관

---

10 다음 두 반응의 종류를 쓰고, 두 반응의 차이점을 중추, 반응 속도의 측면에서 비교하여 서술하시오.

> (가) 손가락이 바늘에 찔리자 자신도 모르게 손을 떼었다.
> (나) 바늘에 찔린 손가락이 따가워서 다른 손으로 찔린 손을 감쌌다.

 무조건 반사, 의식적 반응, 척수, 대뇌

---

11 항상성의 의미를 서술하고, 항상성을 조절하는 요소를 두 가지 쓰시오.

 체내 환경 유지, 신경, 호르몬

---

12 그림 (가)와 (나)는 사람의 몸에서 신호를 전달하는 두 가지 방식을 나타낸 것이다.

(가)와 (나)의 신호 전달 방식 차이점을 세 가지 서술하시오.

 신경 – 뉴런, 빠름, 좁은 범위 작용, 일시적
호르몬 – 혈액, 느림, 넓은 범위 작용, 지속적

---

13 인체 내에서 일어나는 다음 반응을 촉진시키는 호르몬을 쓰고, 기온이 높아져 더워질 때 체온 조절을 위해 이 호르몬의 분비량이 어떻게 변하는지 서술하시오.

> 포도당+산소 ⟶ 이산화 탄소+물+에너지

 세포 호흡, 티록신

---

14 풍식이가 보건소에서 소변 검사지를 이용하여 검사를 했더니, 그림과 같은 결과가 나타났다. 풍식이 몸에 이상이 있는 내분비샘과 이 내분비샘에서 분비하는 호르몬을 쓰고, 그 까닭을 서술하시오.

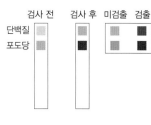

 이자, 인슐린, 포도당 검출

---

15 그림은 하루 동안 일어나는 혈당량의 변화를 나타낸 것이다.

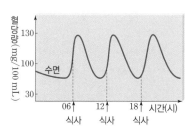

식사를 하면 혈당량이 증가하지만 곧 정상 수준으로 떨어지는 까닭을 호르몬의 작용과 관련지어 서술하시오.

 인슐린, 혈당량 감소

---

16 풍식이가 운동을 하면서 땀을 많이 흘렸을 때 오줌량의 변화를 쓰고, 그 까닭을 몸속 수분량을 조절하는 데 관여하는 내분비샘, 호르몬, 표적 기관과 관련지어 서술하시오.

 뇌하수체, 항이뇨 호르몬, 콩팥

백점 맞는

핵심노하우가

백점의 신 들어 있는

백신 과학

중등 3-1

부록

- 5분 테스트
- 수행 평가 대비
- 중간·기말고사 대비

수행평가 대비

+ 5분 테스트

+ 서술형·논술형 평가

+ 창의적 문제 해결 능력

+ 탐구 보고서 작성

| 이름 | 날짜 | 점수 |

1 물리 변화는 물질의 (   ) 성질은 변하지 않으면서, (   )나 (   ) 등이 바뀌는 현상이다.

2 물에 검은색 잉크를 떨어뜨릴 때 물의 색이 변하는 현상은 (   )이며, 이는 (물리 변화, 화학 변화)에 속한다.

3 물리 변화에서 원자의 배열은 (달라지고, 달라지지 않고), 화학 변화에서 원자의 배열은 (달라진다, 달라지지 않는다).

4 다음 중 물리 변화에 해당하는 것은 '물', 화학 변화에 해당하는 것은 '화'로 표시하시오.
❶ 산화 : (   )   ❷ 승화 : (   )   ❸ 확산 : (   )   ❹ 연소 : (   )

 ❺ : (   )

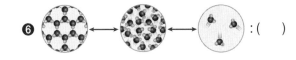 ❻ : (   )

5 물에 전기를 흘려주면 수소 기체와 산소 기체로 (   )되는데, 이 과정에서 원자의 (   )이 달라진다.

6 물리 변화와 화학 변화에 대한 설명으로 옳은 것은 ○, 옳지 않은 것은 ×로 표시하시오.
❶ 화학 변화가 일어나면 분자의 종류가 달라진다. ·· (   )
❷ 물리 변화가 일어나면 물질의 질량이 달라진다. ·· (   )
❸ 드라이아이스가 이산화 탄소로 변하는 과정은 화학 변화에 속한다. ······················ (   )

7 다음 물질의 화학식을 쓰시오.
❶ 탄산수소 나트륨 − (   )   ❷ 아이오딘화 납 − (   )   ❸ 과산화 수소 − (   )

8 화학 반응식을 작성할 때 반응물은 화살표의 (왼쪽, 오른쪽)에, 생성물은 (왼쪽, 오른쪽)에 적는다.

9 화학 반응식에서 계수는 반응물과 생성물의 (   )의 종류와 개수가 같아지도록 화학식 앞에 가장 간단한 정수비로 나타내고, (   )은 생략한다.

10 빈칸에 알맞은 화학식 또는 숫자를 쓰시오.
❶ $2NaHCO_3 \longrightarrow ($ $) + CO_2 + H_2O$
❷ $($ $) + CaCl_2 \longrightarrow 2NaCl + CaSO_4$
❸ $MgCl_2 + Na_2SO_4 \longrightarrow MgSO_4 + ($ $)NaCl$
❹ $Ca(OH)_2 + CO_2 \longrightarrow ($ $) + CaCO_3$
❺ $($ $)H_2O_2 \longrightarrow ($ $)H_2O + O_2$

1 화학 반응이 일어날 때 반응물의 질량의 합은 생성물의 질량의 합보다(과) (작다, 크다, 같다).

2 물질이 화학 반응을 할 때 질량 보존 법칙이 성립하는 까닭은 원자의 (   )와 (   )가 변하지 않기 때문이다.

3 저울 위에서 뚜껑이 없는 플라스크에 달걀 껍데기와 묽은 염산을 함께 넣으면 측정되는 질량이 (감소한다, 일정하다, 증가한다).

4 각 반응에서 측정되는 질량을 비교하여 빈칸에 알맞은 등호 또는 부등호를 쓰시오. (단, 모든 반응은 열린 공간에서 일어난다.)

❶ 나트륨 (   ) 연소시킨 나트륨

❷ $Ca(NO_3)_2 + (NH_4)_2CO_3$ (   ) $2NH_4NO_3 + CaCO_3$

❸ $CaCl_2 + 2AgNO_3$ (   ) $2AgCl + Ca(NO_3)_2$

❹ 나무 조각 (   ) 연소시킨 나무 조각

5 다음 설명 중 옳은 것은 ○, 옳지 않은 것은 ×로 표시하시오.

❶ 앙금 생성 반응은 반응 후 고체가 생성된 것이므로 반응 전보다 질량이 증가한다. ·················· (   )

❷ 모든 연소 반응은 밀폐되지 않은 곳에서 진행시킬 경우 질량이 항상 감소한다. ·················· (   )

❸ 생성물이 기체인 경우 밀폐된 용기에서 반응을 진행시켜야 질량 보존 법칙을 증명할 수 있다. ·················· (   )

6 물질을 구성하는 성분 원소들의 **질량비가 항상 일정한 것**을 (   )이라고 한다.

7 다음 물음에 답하시오. (단, 산소(O) 원자의 상대적 질량은 16이다.)

❶ 산화 칼슘(CaO)에서 칼슘과 산소의 질량비는 5 : 2이다. 칼슘 원자의 상대적 질량을 구하시오.

❷ 산화 알루미늄(Al_2O_3)에서 알루미늄과 산소의 질량비는 9 : 8이다. 알루미늄 원자의 상대적 질량을 구하시오.

❸ 삼플루오린화 붕소(BF_3)의 화학식량을 68, 붕소 원자의 상대적 질량을 11이라고 할 때 플루오린 원자의 상대적 질량을 구하시오.

8 다음 설명 중 옳은 것은 ○, 옳지 않은 것은 ×로 표시하시오.

❶ 기체와 기체가 반응하여 기체가 생성되는 반응에서 반응물 부피의 합보다 생성물 부피의 합이 작은 것은 반응 후에 분자의 수가 감소하기 때문이다. ·················· (   )

❷ 같은 온도와 압력 조건에서 1 L의 수증기와 1 L의 이산화 탄소 기체의 분자 수는 같다. ·················· (   )

❸ 같은 온도와 압력 조건에서 1 L의 수소 기체와 1 L의 산소 기체의 밀도는 같다. ·················· (   )

9 |보기|는 여러 가지 기체 반응을 나타낸 것이다. 기체의 부피가 큰 순서대로 나열하시오.

> ┌ **보기** ┐
> ㄱ. 4 L의 수증기를 만드는 데 사용된 수소 기체의 부피
> ㄴ. 3 L의 수소 기체가 모두 사용되어 만들어진 암모니아 기체의 부피
> ㄷ. 3 L의 산소 기체와 5 L의 일산화 탄소 기체가 반응하여 생성된 이산화 탄소 기체의 부피
> ㄹ. 3 L의 수소 기체와 4 L의 염소 기체가 반응하여 생성된 염화 수소 기체의 부피

(   )

1 (　　　　)은 화학 반응이 일어날 때 주변으로 에너지를 방출하는 반응이다.

2 (　　　　)은 화학 반응이 일어날 때 주변에서 에너지를 흡수하는 반응이다.

3 다음 중 발열 반응인 것은 '발', 흡열 반응인 것은 '흡'으로 표시하시오.

❶ 연료의 연소 반응 : (　　　)　　　　❷ 열분해 : (　　　)

❸ 광합성 : (　　　)　　　　❹ 호흡 : (　　　)

❺ 산과 염기의 반응 : (　　　)　　　　❻ 질산 암모늄과 물의 반응 : (　　　)

❼ 소금과 얼음물의 반응 : (　　　)　　　　❽ 금속과 산의 반응 : (　　　)

4 비커에 묽은 염산을 넣고 온도를 측정한 후 수산화 나트륨 수용액을 넣었을 때 혼합 용액의 온도가 (높아진다, 낮아진다, 일정하다).

5 (　　　　)은 반응물과 생성물이 가지고 있는 에너지의 차이로 인해 화학 반응이 일어날 때 방출하거나 흡수하는 열이다.

6 이온 결합성 물질이 물에 (　　　)될 때 이온 결합이 끊어지면서 에너지가 출입한다.

7 에너지의 출입에 대한 설명으로 옳은 것은 ○, 옳지 않은 것은 ×로 표시하시오.

❶ 눈에 염화 칼슘을 뿌리면 용해열이 방출된다. ⋯⋯⋯⋯⋯⋯⋯⋯⋯⋯⋯⋯⋯⋯⋯⋯⋯⋯⋯ (　　　)

❷ 발열 반응이 일어날 때 주변의 온도가 높아진다. ⋯⋯⋯⋯⋯⋯⋯⋯⋯⋯⋯⋯⋯⋯⋯⋯⋯⋯⋯ (　　　)

❸ 철이 산화되어 녹이 슬 때 주변에서 에너지를 흡수한다. ⋯⋯⋯⋯⋯⋯⋯⋯⋯⋯⋯⋯⋯⋯⋯⋯ (　　　)

❹ 염화 암모늄과 수산화 바륨이 반응할 때 주변의 온도가 높아진다. ⋯⋯⋯⋯⋯⋯⋯⋯⋯⋯⋯ (　　　)

❺ 탄산수소 나트륨이 분해되어 이산화 탄소 기체를 생성할 때 주변의 온도가 높아진다. ⋯⋯⋯ (　　　)

8 빈칸에 알맞은 말을 쓰시오.

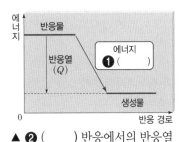

▲ ❷ (　　　) 반응에서의 반응열

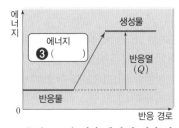

▲ ❹ (　　　) 반응에서의 반응열

[1~4] 그림은 기권의 층상 구조를 나타낸 것이다.

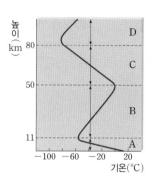

1 A~D의 명칭을 각각 쓰시오.

❶ A : (   )   ❷ B : (   )

❸ C : (   )   ❹ D : (   )

2 기권을 A~D로 구분하는 기준은 (   )에 따른 (   ) 분포이다.

3 표는 A~D층의 특징을 나타낸 것이다. 각 층에서의 특징을 ○, ×로 나타내어 빈칸을 채우시오.

구분	A	B	C	D
대류 운동	○	×	❶( )	❷( )
수증기 존재	❸( )	❹( )	×	×
기상 현상	❺( )	×	❻( )	×

4 A~D 중 다음 특징이 나타나는 층의 기호를 각각 쓰시오.

❶ 자외선 흡수 : (   )   ❷ 비행기의 항로 : (   )   ❸ 인공위성의 궤도 : (   )

❹ 구름이 만들어짐 : (   )   ❺ 오로라 관측 : (   )   ❻ 상층부에서 유성 관측 : (   )

5 지구가 흡수한 에너지양과 방출한 에너지양이 같아 연평균 기온이 거의 일정하게 유지되는 현상을 지구의 (   )이라고 한다.

6 지구가 흡수하는 태양 복사 에너지양은 구름과 대기에서 (   )%, 지표에서 (   )%이다. 지구가 방출하는 지구 복사 에너지양은 이 둘을 합친 양과 같은 (   )%이다.

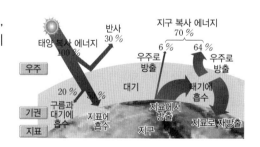

7 다음은 지구 온난화에 대한 설명을 나타낸 것이다. 빈칸에 알맞은 말을 쓰시오.

지구 온난화의 발생 원인은 대기 중 (㉠) 농도의 증가이다. 대기 중 (㉠) 농도가 증가하는 까닭은 무분별한 산림 개발로 숲의 면적이 줄어들면서 (㉡)량이 감소했고, 산업 혁명 이후 (㉢) 사용량이 크게 증가했기 때문이다.

㉠ : (   )   ㉡ : (   )   ㉢ : (   )

1 그림은 공기에 포함된 수증기량에 따라 세 가지 상태로 구분한 것이다. 빈칸에 알맞은 말과 부등호 기호를 쓰시오.

❶ ( ) 상태	포화 상태	❷ ( ) 상태
증발량 ❸ ( ) 응결량	증발량 ❺ ( ) 응결량	증발량 < 응결량
⇨ 물의 양 ❹ ( )	⇨ 물의 양 변화 없음	⇨ 물의 양 ❻ ( )

2 그림은 기온에 따른 포화 수증기량 곡선을 나타낸 것이다. 공기 A에 대한 설명으로 옳은 것은 ○, 옳지 <u>않은</u> 것은 ×로 표시하시오.

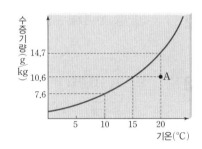

❶ 공기 1 kg에 포함되어 있는 수증기량은 14.7 g이다. ·················· ( )

❷ 공기를 냉각시키면 15 ℃부터 응결이 시작된다. ·················· ( )

❸ 수증기의 공급 없이 기온을 높이면 상대 습도는 낮아진다. ········· ( )

3
$$상대\ 습도(\%) = \frac{(❶\qquad\qquad)\,g/kg}{(❷\qquad\qquad)\,g/kg} \times 100$$

4 기온이 높아지면 포화 수증기량이 ( )하여 상대 습도가 ( )진다.

5 그림과 같이 물이 담긴 둥근바닥 플라스크에 주사기를 연결한 뒤 피스톤을 앞뒤로 움직이는 실험을 했다. 빈칸에 알맞은 말을 쓰시오.

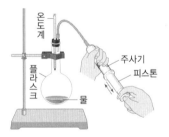

❶ 주사기의 피스톤을 밀면, 플라스크 내부 공기의 부피가 ( )되고 플라스크 내부의 온도는 ( )한다.

❷ 주사기의 피스톤을 ( )면, 플라스크 내부가 뿌옇게 된다.

❸ 플라스크 내부에 향 연기를 넣고 주사기의 피스톤을 ( )면, 더 많이 뿌옇게 된다. 이때 향 연기는 수증기가 응결하는 것을 돕는 ( )의 역할을 한다.

[6~7] 그림 (가)와 (나)는 서로 다른 강수 이론을 나타낸 것이다.

6 (가)와 (나)에 해당하는 강수 이론의 이름을 쓰시오.

(가) : ( )

(나) : ( )

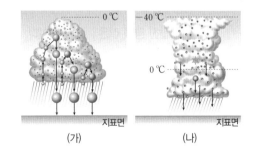

7 (나)와 관련된 것을 | 보기 |에서 <u>모두</u> 고르시오.

┌ **보기** ┐
ㄱ. 찬 비　　　　　　　　ㄴ. 따뜻한 비　　　　　　　ㄷ. 열대 지방의 비
ㄹ. 온대 · 한대 지역의 눈　　ㅁ. 우리나라에 내리는 비

이름   날짜   점수

1 (   )은 공기가 단위 넓이(1 m²)에 작용하는 힘이다.

2 그림은 우리나라에 영향을 주는 기단 A~D를 나타낸 것이고, 표는 기단 A~D의 특징을 정리하여 나타낸 것이다. 빈칸에 알맞은 말을 쓰시오.

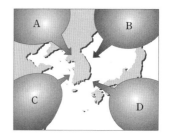

기단	성질	계절	기호
양쯔강 기단	❶ ( )	봄, 가을	❷ ( )
❸ ( ) 기단	한랭 건조	겨울	A
오호츠크해 기단	한랭 다습	❹ ( )	❺ ( )
❻ ( ) 기단	고온 다습	여름	D

3 다음은 성질이 다른 기단이 만났을 때 나타나는 특징에 대한 설명을 나타낸 것이다. 빈칸에 알맞은 말을 쓰시오.

성질이 다른 두 기단이 만나면 바로 섞이지 않고 경계면이 만들어진다. 이때 경계면을 (㉠)이라고 하고, (㉠)이 지표면과 만나서 생기는 경계선을 (㉡)이라고 한다. (㉡)을 경계로 기온, 기압, 풍향 등의 공기 성질이 다르기 때문에 (㉡)이 지나면 (㉢) 변화가 심하다.

㉠ : (   )   ㉡ : (   )   ㉢ : (   )

4 표는 북반구의 고기압과 저기압을 비교하여 나타낸 것이다. 빈칸에 알맞은 말을 쓰시오.

고기압		구분	저기압	
	주변보다 기압이 높은 곳	정의	주변보다 기압이 낮은 곳	
	❶ ( ) 방향으로 불어 ❷ ( )다.	바람	❺ ( ) 방향으로 불어 ❻ ( )다.	
	❸ ( ) 기류	기류	❼ ( ) 기류	
	❹ ( )다.	날씨	❽ ( )다.	

5 그림은 온대 저기압의 모습을 나타낸 것이다. 다음 설명에 해당하는 곳을 A~C 중에서 골라 쓰시오.

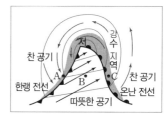

❶ 하늘에는 층운형 구름이 발달한다. ·· (   )

❷ 비교적 기온이 높고 맑게 갠 날씨가 나타난다. ······················· (   )

❸ 뇌우를 동반한 소나기가 내린다. ·· (   )

6 다음은 우리나라의 계절별 날씨의 특징에 대한 설명을 나타낸 것이다. 각 설명에 해당하는 계절을 쓰시오.

❶ 남고북저형의 기압 배치가 이루어져 남동 계절풍이 분다. ··································· (   )

❷ 시베리아 기단으로 인해 춥고 건조한 날씨가 나타난다. ····································· (   )

❸ 이동성 고기압과 저기압으로 인해 날씨가 자주 변하며, 황사와 꽃샘 추위가 나타난다. ··· (   )

❹ 기온이 낮은 시베리아 기단의 영향이 커지면서 첫서리가 나타난다. ······················ (   )

이름   날짜   점수

1 시간에 따라 물체의 위치가 변하는 현상을 (   )이라고 한다.

2 물체가 단위 시간 동안 이동한 거리를 나타내는 양을 (   )이라 하고, 이는 물체가 운동하는 (빠르기, 방향)을(를) 표현한다.

3 물체의 속력이 빠를수록 같은 거리를 이동했을 때 걸린 시간이 (길다, 짧다).

4 평균 속력은 물체가 이동한 (   )를 (   )으로 나눈 값으로, 물체가 이동하는 동안의 속력 변화는 무시한다.

5 다음은 시간기록계로 물체의 운동을 기록한 결과를 나타낸 것이다. 이와 관련된 설명으로 알맞은 것을 옳게 연결하시오.

운동 방향 ⟶
❶ ·

운동 방향 ⟶
❷ ·

운동 방향 ⟶
❸ ·

· ㉠ 속력이 점점 감소하는 운동

· ㉡ 속력이 일정한 운동

· ㉢ 속력이 점점 증가하는 운동

6 다음은 다중 섬광 사진에 대한 설명을 나타낸 것이다. 빈칸에 알맞은 말을 고르시오.
❶ 다중 섬광 사진에서 물체 사이의 (시간, 간격)을 비교하면 물체의 속력 변화를 알 수 있다.
❷ 다중 섬광 사진에 찍힌 물체 사이의 간격이 (좁을, 넓을)수록 속력이 느리고, 물체 사이의 간격이 (좁을, 넓을)수록 속력이 빠르다.
❸ 다중 섬광 사진에서 물체의 운동 방향 쪽의 물체가 가장 (먼저, 나중에) 찍힌 물체이다.

7 등속 운동에 대한 설명으로 옳은 것은 ○, 옳지 <u>않은</u> 것은 ×로 표시하시오.
❶ 등속 운동은 물체가 운동할 때 시간에 따라 속력이 일정하게 변하는 운동이다. ················· (   )
❷ 등속 운동을 하는 물체의 시간 – 이동 거리 그래프에서 기울기는 원점을 지나는 기울어진 직선 모양이다. ··· (   )
❸ 등속 운동을 하는 물체의 시간 – 이동 거리 그래프에서 기울기가 클수록 속력이 빠르다. ················· (   )
❹ 등속 운동을 하는 물체의 시간 – 속력 그래프에서 그래프 아랫부분의 넓이는 속력을 나타낸다. ················· (   )

8 공기 저항이 없을 때 공중에 정지해 있던 물체가 중력만의 영향을 받아 아래로 떨어지는 운동을 (   )이라고 한다.

9 자유 낙하 운동을 하는 물체는 질량에 관계없이 속력이 1초에 (   ) m/s씩 증가한다.

10 공기 저항이 없을 때, 자유 낙하 운동을 하는 물체의 속력은 물체의 (   )과 관계없이 일정하다.

이름	날짜	점수

1 일에 대한 설명으로 옳은 것은 ○, 옳지 않은 것은 ×로 표시하시오.

❶ 과학에서는 물체에 힘이 작용하여 그 힘과 수직 방향으로 물체가 이동하였을 때 일을 했다고 한다. ………… (   )

❷ 일의 양은 물체에 작용한 힘의 크기와 힘의 방향으로 이동한 거리를 곱하여 구할 수 있다. ……………… (   )

❸ 물체에 힘이 작용하였을 때, 물체가 힘의 방향과 수직인 방향으로 이동하였다면 일의 양이 최대가 된다. ‥ (   )

❹ 물체에 동일한 힘이 작용하였을 때, 이동한 거리가 길수록 한 일의 양이 크다. ……………………… (   )

2 물체에 한 일의 양이 0인 경우의 예와 그 까닭을 옳게 연결하시오.

❶ 마찰이 없는 수평면에서 물체가 등속 운동을 할 때 •　　　　　　• ㉠ 이동 거리가 0이므로

❷ 역기를 들고 가만히 서 있을 때　　　　　　•　　　　　　• ㉡ 힘이 작용하지 않으므로

❸ 책을 들고 수평 방향으로 걸어갈 때　　　　　•　　　　　　• ㉢ 힘의 방향과 이동 방향이 수직이므로

3 물체에 일을 해 주었을 때, 물체에 해 준 일의 양만큼 물체의 에너지가 (   )한다.

4 에너지의 단위는 (   )의 단위와 같다.

5 같은 높이에 있는 물체의 중력에 의한 위치 에너지의 크기는 (기준면에 따라 다르다, 기준면에 관계없이 일정하다).

6 중력에 의한 위치 에너지＝9.8×(   )×높이＝(   )×높이

7 그림은 중력에 의한 위치 에너지에 대한 그래프를 나타낸 것이다. 그래프의 x축에 들어갈 물리량으로 가능한 것을 <u>모두</u> 고르시오.

질량, 　무게, 　속력, 　속력², 　높이, 　높이², 　질량×높이

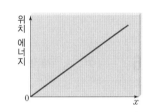

8 (   )는 운동하는 물체가 가지고 있는 에너지를 말한다.

9 |보기|는 여러 가지 운동을 나타낸 것이다. 운동 에너지가 큰 것부터 순서대로 나열하시오.

┌ **보기** ┐
ㄱ. 12 m/s로 운동하는 10 kg의 수레
ㄴ. 운동장 한가운데에 가만히 놓여 있는 5 kg의 책가방
ㄷ. 18 km/h의 속력으로 달리는 60 kg의 풍식이
ㄹ. 1분 동안 30 m를 이동하는 2 kg의 로봇 청소기

(   )

10 달리던 자동차에서 브레이크가 작동하여 멈출 때까지 이동한 거리를 제동 거리라고 한다. 자동차의 질량이 일정할 때, 자동차의 제동 거리는 자동차의 (   )에 비례한다.

1 그림은 사람 눈의 구조를 나타낸 것이다. 각 설명에 해당하는 구조의 기호와 이름을 쓰시오.

❶ 상이 맺히는 곳이다. ·· (   )

❷ 동공의 크기를 조절한다. ···································· (   )

❸ 수정체의 두께를 조절한다. ································ (   )

2 밝은 곳에 가면 눈으로 들어오는 빛의 양을 줄이기 위해 (   )가 확장하면서 (   )이 작아진다.

3 책을 읽다가 먼 산을 보면 (   )가 이완하여 (   )가 얇아진다.

4 그림은 귀의 구조를 나타낸 것이다. 각 설명에 해당하는 구조의 기호와 이름을 쓰시오.

❶ 청각 세포가 있다. ·· (   )

❷ 고막의 진동을 증폭한다. ·································· (   )

❸ 음파에 의해 진동하는 얇은 막이다. ··················· (   )

5 청각의 중추는 (   )이며, 평형 감각의 중추는 (   )이다.

6 코는 (액체 상태, 기체 상태)의 화학 물질을 감지해서 후각 신경을 통해 (   )로 자극을 전달한다.

7 후각은 모든 감각 중에서 가장 (예민, 둔감)하며 쉽게 피로해져서 같은 냄새를 계속 맡으면 나중에는 잘 느끼지 못하게 되지만, 특정 자극에 대해 피로해져도 다른 자극에 대해 (느끼지 못한다, 예민하다).

8 피부 감각의 한 가지 감각점에서는 (한 가지 감각만 느끼며, 여러 가지 감각을 느끼며), 일반적으로 피부에는 (   )이 가장 많이 분포한다.

9 맛세포에서 느낄 수 있는 기본 맛은 (   ), (   ), (   ), (   ), (   )의 다섯 가지이며, 매운맛은 입안의 (   )에 의해, 떫은맛은 (   )에 의해 나타나는 피부 감각이다.

10 고체 상태의 물질을 혀에 올려놓았을 때 바로 맛을 느끼지 못하는 것은 (   ) 상태의 화학 물질이 아니기 때문이다.

1 신경계는 (   )와 (   )를 중심으로 감각 기관과 운동 기관이 연결되어 있는 시스템이다.

2 (   )은 신경계의 구조적 · 기능적 기본 단위이다.

3 (   )은 감각 기관으로 들어온 자극을 받아들여 뇌와 척수로 전달하는 뉴런이다.

4 (   )은 뇌와 척수(연합 뉴런)의 명령을 반응 기관에 전달해 주는 역할을 하는 뉴런이다.

5 다음은 자극의 전달 경로를 나타낸 것이다. 빈칸에 알맞은 신경을 쓰시오.

자극 → 감각 기관 → (   ) 신경 → (   ) 신경 → (   ) 신경 → 반응 기관 → 반응

6 우리 몸의 신경계는 자극을 느끼고 판단하여 적절한 신호를 보내는 (   )와 온몸에 퍼져 있어 중추 신경계와 온몸을 연결하는 (   )로 구성되어 있다.

7 다음 중 신경계에 대한 설명으로 옳은 것은 ○, 옳지 않은 것은 ×로 표시하시오.
❶ 대뇌는 추리, 판단, 기억, 감정 등의 복잡한 정신 활동의 중추이다. ·· (   )
❷ 간뇌는 심장 박동, 호흡 운동, 소화 운동 조절의 중추이다. ··· (   )
❸ 세부적인 근육 운동이나 몸의 균형을 유지하는 곳은 소뇌이다. ·· (   )
❹ 교감 신경과 부교감 신경은 서로 반대로 작용한다. ·· (   )

8 (   )의 판단 과정을 거쳐 자신의 의지에 따라 일어나는 반응을 의식적 반응이라고 한다.

9 무조건 반사의 중추는 (   ), (   ), (   )가 있으며, 무릎 반사의 중추는 (   )이다.

10 어두운 영화관에서 밝은 밖으로 나왔을 때 동공이 축소하는 반응의 중추는 (   )이다.

11 의식적 반응이 무조건 반사보다 반응 속도가 (빠른, 느린) 까닭은 자극의 전달 경로가 더 (짧기, 길기) 때문이다.

12 뜨거운 물이 손에 닿자 빠르게 손을 떼는 반응의 경로는 자극 → 감각 기관 → 감각 신경 → (   ) → 운동 신경 → 운동 기관 → 반응이다.

1 호르몬에 대한 설명으로 옳은 것은 ○, 옳지 <u>않은</u> 것은 ×로 표시하시오.

❶ 내분비샘에서 혈액으로 분비한다. ·· ( )

❷ 매우 적은 양으로 생리 작용을 조절한다. ·· ( )

❸ 좁은 범위에서 지속적으로 느리게 작용한다. ··· ( )

❹ 혈액을 통해 온몸으로 운반되며, 표적 세포나 표적 기관에만 작용한다. ······················· ( )

2 (　　　　　) 호르몬은 뇌하수체에서 분비되어 갑상샘을 자극하는 역할을 한다. 자극받은 갑상샘은 (　　　　)을 분비하여 물질대사를 촉진시킨다.

3 혈당량을 증가시키는 호르몬에는 이자에서 분비되는 (　　　　)과 부신에서 분비되는 (　　　　)이 있다. 그와 반대로 혈당량을 감소시키는 호르몬에는 이자에서 분비되는 (　　　　)이 있다.

4 표는 호르몬 결핍 시와 과다 시에 나타나는 질병과 증상에 대해 나타낸 것이다. 빈칸에 알맞은 내용을 쓰시오.

구분	결핍 시			과다 시		
호르몬	❶(　　　　)	티록신	인슐린	생장 호르몬		❻(　　　)
질병	소인증	갑상샘 기능 저하증	❸(　　　)	거인증	❺(　　　)	갑상샘 기능 항진증
증상	키가 자라지 않음	❷(　　　)	포도당이 오줌에 섞여 배설됨, 오줌량 증가, 갈증	❹(　　　)	신체 말단 부위가 커짐	체중 감소, 안구 돌출

5 외부 환경이 변해도 체내의 환경을 항상 일정하게 유지하려고 하는 성질을 (　　　)이라고 한다.

6 그림은 건강한 사람의 시간에 따른 혈당량의 변화와 인슐린 분비량의 변화를 나타낸 것이다.

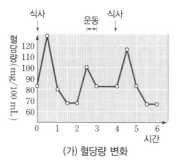

(가) 혈당량 변화

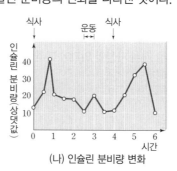

(나) 인슐린 분비량 변화

❶ 식사 후와 운동 후의 혈당량 변화에 대해서 쓰시오.

식사 후 : (　　　　　　), 운동 후 : (　　　　　　)

❷ 식사 후와 운동 후의 인슐린 분비량 변화에 대해서 쓰시오.

식사 후 : (　　　　　　), 운동 후 : (　　　　　　)

7 저온 자극을 받게 되면 저온 자극을 감지한 간뇌에서 신호를 보내 피부에 있는 모세 혈관이 (확장, 수축)하여 열 방출량 이 (　　　　)하고, 갑상샘에서 분비되는 (　　　　)의 분비가 증가하여 (　　　　)이 촉진되어 열 발생량이 (　　　　)한다.

01 물질 변화와 화학 반응식

I. 화학 반응의 규칙과 에너지 변화

1 그림은 설탕을 가열하는 과정을 나타낸 것이다.

[실험 과정]
(가) 하얀색 고체 설탕을 서서히 가열하였더니 잠시 후 무색투명한 액체로 변하였다.
(나) 무색투명한 액체 설탕을 계속 가열하였더니 설탕이 검게 변하였다.

(1) (가)와 (나)에서 설탕의 단맛은 어떻게 변하는지 설명해 보자.

_____

(2) (가)와 (나)를 물리 변화와 화학 변화로 분류하고, 그렇게 생각한 까닭을 설명해 보자.

_____

_____

2 그림은 상온의 물에 100 ℃가 될 만큼의 열에너지를 가해주거나 1.23 V의 전기 에너지를 가해주었을 때의 모습을 순서없이 나타낸 것이다.

(1) (가)와 (나)는 각각 어떤 에너지를 가해주는 과정인지 써 보자.

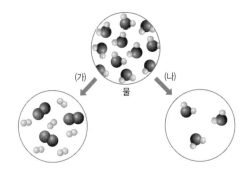

_____

(2) (가)와 (나) 과정에서 변하는 것과 변하지 않는 것을 각각 설명해 보자.

_____

_____

3 다음은 어떤 화학 물질에 대한 설명을 나타낸 것이다.

LPG의 주성분인 프로페인은 탄소 원자 3개와 수소 원자 8개로 이루어져 있으며, 상온에서는 무색의 기체로 존재한다. 휴대용 화로 등에서 많이 사용되는 프로페인은 연소 시에 산소와 반응하여 이산화 탄소와 물을 생성한다.

(1) 프로페인의 연소 반응에서 반응물과 생성물의 화학식을 모두 써 보자.

_____

(2) 프로페인의 연소 반응에서 화학 반응식을 구하는 과정을 설명하고, 반응 전후의 원자의 개수를 비교해 보자.

_____

_____

서술형·논술형 평가 02 화학 반응의 규칙

문제 해결력

1 그림은 나무를 연소시키기 전과 후의 무게를 측정한 모습을 나타낸 것이다.

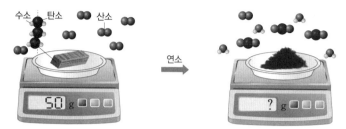

(1) 나무를 연소시킬 때 발생하는 물질을 써 보자.

(2) 연소 후 저울에 나타나는 값의 변화를 쓰고, 그렇게 생각한 까닭을 설명해 보자.

2 다음은 사탕수수에 대한 설명을 나타낸 것이다.

사탕수수는 개사탕수수속에 속하는 여러해살이풀로, 열대 지방에서 주로 자란다. 사탕수수의 원산지는 남아시아와 동남아시아이며, 여러 지역에서 다양한 종의 사탕수수 종이 기원하였다. Saccharum bengalense는 인도에서, Saccharum edule 는 뉴기니에서 자생하는 종이다. 이렇게 재배되는 사탕수수는 우리가 흔히 먹는 설탕 ($C_{12}H_{22}O_{11}$)을 생산하는 데 쓰인다.

인도에서 재배한 사탕수수를 원료로 생산한 설탕과 뉴기니에서 재배한 사탕수수를 원료로 생산한 설탕에 차이가 있는지 설명해 보자.

3 그림은 어떤 화학 반응의 모습을 볼트(B)와 너트(N)를 이용하여 나타낸 것이다.

(1) 볼트(B)의 질량이 10 g, 너트(N)의 질량이 3 g일 때 이 화학 반응에서 생성된 생성물의 질량비(B : N)를 써 보자.

(2) 생성물이 최대로 생성되기 위해 필요한 너트(N)의 질량을 구하는 과정을 설명해 보자.

1 표는 같은 온도와 압력에서 질소 기체와 수소 기체의 부피를 달리하여 반응시킬 때 남은 기체의 종류와 부피, 생성된 암모니아 기체의 부피를 나타낸 것이다.

실험	반응 전 기체의 부피(mL)		남은 기체의 종류와 부피(mL)	생성된 암모니아의 부피(mL)
	질소	수소		
1	5	6	질소, 3	4
2	10	24	질소, 2	16
3	15	50	수소, 5	30

(1) 질소 기체와 수소 기체가 반응하여 암모니아 기체를 생성할 때 반응하는 부피비(질소 : 수소 : 암모니아)를 써 보자.

(2) 질소 기체 55 mL와 수소 기체 150 mL가 반응할 때 남은 기체의 종류와 부피, 생성된 암모니아 기체의 부피를 구하는 과정을 설명해 보자.

(3) 이 반응의 부피비와 같은 값을 가지는 비를 설명해 보자.

2 다음은 우리 주변에서 일어나는 화학 반응에 대한 설명을 나타낸 것이다.

- 화력 발전소에서는 화석 연료를 연소시켜 물을 끓일 때 발생하는 증기로 발전기를 돌려 전기를 생산한다.
- 자동차의 엔진에서는 석유를 연소시켜 동력을 얻는다.
- 생석회를 건조한 도로나 운동장에 살포한 후 물을 뿌려주면 병원균을 죽이는 소독 효과를 낸다.

이 반응들에서 공통적으로 이용하고 있는 에너지의 출입 방향에 대해 설명해 보자.

3 그림은 무더운 여름에 시원함을 느끼기 위해 사용하는 냉방기와 일회용 냉찜질팩을 나타낸 것이다. 냉방기와 일회용 냉찜질팩은 모두 열에너지 흡수와 관련이 있는데, 두 현상에 어떤 차이점이 있는지 설명해 보자.

▲ 냉방기

▲ 일회용 냉찜질팩

수행 평가 대비

서술형·논술형 평가 〔문제 해결력〕 01 기권과 지구 기온

▶ [1~2] 그림은 기권을 높이에 따른 기온 변화를 기준으로 4개의 층으로 구분한 모습을 나타낸 것이다.

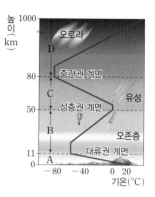

1 A~D 중 비행기의 항로로 주로 이용되는 층의 기호와 이름을 쓰고, 이 층이 비행기의 항로로 이용되는 까닭을 기온 분포와 관련지어 설명해 보자.

비행기의 항로로 이용되는 층			
기호		이름	
까닭			

2 A~D 중 공기의 대부분이 밀집되어 있는 층의 기호와 이름을 쓰고, 그 층의 특징을 한 가지 이상 설명해 보자.

공기의 대부분이 밀집되어 있는 층			
기호		이름	
특징			

3 현재 지구의 연평균 기온은 15 ℃이지만, 지구의 대기가 없다면 연평균 기온은 −18 ℃로 지금보다 더 낮을 것이다. 이처럼 대기의 유무에 따라 평균 기온이 달라지는 현상의 원리를 설명해 보자.

_____

_____

4 그림 (가)는 지구의 연평균 기온 변화를 나타낸 것이고, (나)는 같은 기간 동안 대기에 포함되어 있는 온실 기체의 농도 변화를 나타낸 것이다. 이 기간 동안 지구의 평균 기온과 온실 기체의 농도 변화에 대해 설명하고, 지구의 기온 변화와 온실 기체의 농도 변화 사이에는 어떤 관계가 있는지 설명해 보자.

구분	(가) 지구의 연평균 기온 변화	(나) 대기에 포함되어 있는 온실 기체의 농도 변화
자료	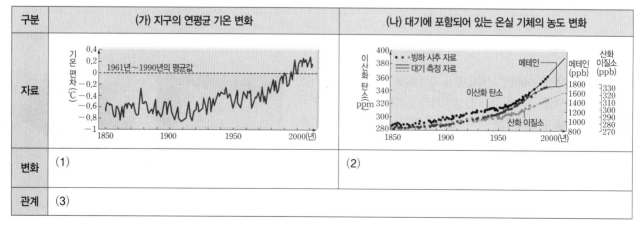	
변화	(1)	(2)
관계	(3)	

서술형·논술형 평가 〔문제 해결력〕　02 구름과 강수

▶ [1~2] 그림은 온도와 수증기량의 관계를 나타낸 것이다.

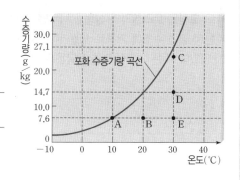

1 A~E 중 상대 습도가 가장 높은 것은 무엇인지 쓰고, 그 까닭을 설명해 보자.

_____

_____

2 A~E 중 이슬점이 가장 높은 것은 무엇인지 쓰고, 그 까닭을 설명해 보자.

_____

_____

3 그림과 같이 비커에 물을 담고 얼음이 든 시험관을 이용하여 저어 주었다. 비커의 온도가 15 ℃일 때 비커의 표면에 물방울이 맺히기 시작하였다. 아래 표를 이용하여 현재 공기의 수증기량(g/kg)과 상대 습도를 구하고, 그 과정을 설명해 보자. (단, 실험실의 기온은 20 ℃이며, 상대 습도는 소수 첫째 자리에서 반올림한다.)

온도(℃)	0	5	10	15	20	25	30
포화 수증기량(g/kg)	3.8	6.0	7.6	10.6	14.7	20.0	27.1

현재 공기의 수증기량(g/kg)		상대 습도(%)	
구하는 과정			

4 그림은 구름의 생성 과정을 나타낸 것이다. A~C 단계에서 일어나는 과정은 각각 무엇인지 설명해 보자.

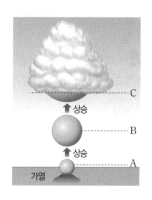

단계	구름 생성 과정
A	
B	
C	

서술형·논술형 평가 〈문제 해결력〉 03 기압과 날씨

1 그림은 토리첼리의 실험을 나타낸 것이다. 그림과 같이 1 m 길이의 유리관에 수은을 가득 채우고 수은이 담긴 수조에 거꾸로 세웠더니 유리관 속의 수은이 76 cm 되는 높이에서 멈추고 더 이상 내려오지 않았다. 수은 기둥이 멈춘 까닭은 무엇인지 설명해 보자.

_____

_____

2 그림 (가)와 (나)는 해안에서 하루를 주기로 풍향이 바뀌는 바람을 나타낸 것이다. 각각의 명칭을 쓰고, 육지와 바다의 기온과 기압을 비교하여 설명해 보자.

명칭	(가) _____	(나) _____
그림		
기온	(1)	(3)
기압	(2)	(4)

3 그림은 우리나라 지역을 통과하는 온대 저기압을 나타낸 것이다. A와 B 지역의 기온과 강수 형태, 발달하는 구름에 대해 설명해 보자.

구분	A	B
지역	(1)	(5)
기온	(2)	(6)
발달하는 구름	(3)	(7)
강수 구역 및 형태	(4)	(8)

4 그림은 어느 날 우리나라 주변의 일기도를 나타낸 것이다. 이와 같은 일기도가 나타나는 계절을 쓰고, 그렇게 생각한 까닭을 기압 배치를 이용하여 설명해 보자.

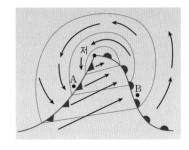

계절	
까닭	

서술형·논술형 평가 〔문제 해결력〕 01 운동

1 그림은 풍식이가 자전거를 타는 모습을 1초 간격으로 촬영한 것이다. A~D 구간 중 속력이 가장 빠른 구간을 쓰고, 그렇게 생각한 까닭을 설명해 보자.

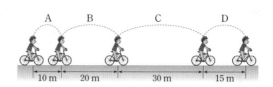

_____

_____

2 그림 (가)는 5초 간격으로 촬영한 자동차의 모습을 나타낸 것이고, (나)는 10초 간격으로 촬영한 자동차의 모습을 나타낸 것이다.

(1) (가)와 (나) 중 속력이 더 빠른 자동차는 무엇인지 써 보자.

(가)

(나)

_____

(2) 두 자동차의 시간-이동 거리 그래프와 시간-속력 그래프를 그려 보자.

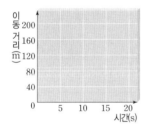

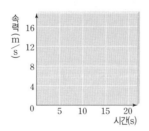

3 그림은 쇠구슬과 깃털을 지면으로부터 같은 높이에 고정시켜 놓은 모습을 나타낸 것이다.

쇠구슬 ● 깃털

(1) 공기 중과 진공 중에서 두 물체가 자유 낙하 하는 모습을 일정한 시간 간격으로 그려 보자.

▲ 공기 중   ▲ 진공 중

지면

(2) 위와 같이 그린 까닭에 대해 설명해 보자.

_____

_____

서술형·논술형 평가 문제 해결력 · 02 일과 에너지

1 그림은 질량이 300 kg인 인공위성이 지구 주위를 150 m/s의 속력으로 돌고 있는 모습을 나타낸 것이다. 인공위성에 작용하는 중력의 크기를 100 N이라고 할 때, 인공위성이 지구 주위를 한 바퀴 돌 때 중력이 인공위성에 한 일의 양은 얼마인지 풀이 과정과 함께 설명해 보자.

2 그림과 같이 풍식이가 질량이 1 kg인 가방을 메고 1층에서 2층까지는 15초 동안 올라가고, 2층에서 3층까지는 30초 동안 올라갔다. 풍식이가 1층에서 2층으로 올라갈 때까지 가방에 한 일의 양과 2층에서 3층으로 올라갈 때까지 가방에 한 일의 양을 서로 비교하여 설명해 보자. (단, 1층~2층, 2층~3층 사이의 계단 수와 높이는 같다.)

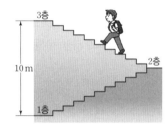

3 그림은 일정한 속력으로 직선 운동을 하는 수레 (가)와 (나)의 운동을 동일한 시간기록계로 기록한 종이테이프의 일부를 나타낸 것이다. (단, 수레 (가)와 (나)의 질량은 4 kg으로 같고, 1타점 사이의 간격은 $\frac{1}{20}$초이다.)

(1) 수레 (가)와 (나)의 속력과 운동 에너지는 각각 얼마인지 구하고, 풀이 과정을 설명해 보자.

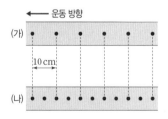

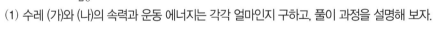

(2) 종이테이프의 타점 간격으로부터 수레 (가)와 (나)의 속력과 운동 에너지를 비교하여 설명해 보자.

서술형·논술형 평가 〔문제 해결력〕 01 감각 기관

1 다음은 눈의 구조에 따른 기능을 나타낸 것이다. 빈칸에 각 구조의 기능을 쓰시오.

구조	기능
각막	홍채를 감싸고 있는 투명한 막으로, 공막과 연결되어 있다.
홍채	(1)
섬모체	(2)
수정체	(3)
맥락막	검은색 막으로 빛의 산란을 막는다.
공막	가장 바깥쪽에 있는 막으로, 눈의 형태를 유지하며 내부를 보호한다.
망막	물체의 상이 맺히는 곳으로, 시각 세포가 있어 빛을 자극으로 받아들인다.
맹점	(4)
시각 신경	(5)

▲ 눈의 구조

(섬모체, 유리체, 공막, 맥락막, 수정체, 망막, 맹점, 동공, 각막, 홍채, 시각 신경)

2 다음은 개구리의 평형 감각을 알아보기 위한 실험을 나타낸 것이다.

(가) 정상적인 개구리를 비커에 넣고, 비커를 기울인다.
(나) 전정 기관이 파괴된 개구리를 비커에 넣고, 비커를 기울인다.

A

B

(가), (나)에 해당하는 결과로 알맞은 것을 A, B 중 골라 쓰고, 그렇게 생각한 까닭을 서술하시오.

_____

_____

3 풍식이가 화장실에 들어갔더니 처음에는 좋지 않은 냄새가 났지만 시간이 지나면서 그 냄새가 잘 느껴지지 않았다. 그 까닭을 우리 몸의 감각 기관과 관련지어 서술하시오.

_____

_____

서술형·논술형 평가 | 02 신경계

문제 해결력

1 그림 (가)는 풍식이가 야구공이 오는 위치를 예측하고 방망이를 휘두르는 모습을, (나)는 풍식이가 눈 앞으로 야구공이 날아오는 순간 자신도 모르게 눈을 감는 모습을 나타낸 것이다. (가)와 (나) 반응의 중추를 쓰고, (가)와 (나) 반응의 차이를 설명해 보자.

(가)　　　　　　　(나)

2 그림은 풍식이가 길을 가다가 빠르게 오는 (가) 오토바이를 보고 깜짝 놀랐다가 오토바이가 지나간 후 (나) 두근거리는 심장이 안정되는 모습을 나타낸 것이다.

(가)　　　　　　　　　　　　　(나)

(1) (가)에서 풍식이의 체내에서는 자율 신경 중 어떤 것이 흥분하는지 쓰고, 이때 심장 박동, 호흡 운동, 소화 운동, 동공의 크기는 어떻게 변하는지 설명해 보자.

(2) (나)에서 풍식이의 체내에서는 자율 신경 중 어떤 것이 흥분하는지 쓰고, 이때 심장 박동, 호흡 운동, 소화 운동, 동공의 크기는 어떻게 변하는지 설명해 보자.

3 풍순이는 장미를 만지다가 장미 가시에 찔려 자신도 모르게 손을 움츠렸다. 이 반사의 중추는 무엇인지 쓰고, 이러한 반사가 일어나지 않으면 어떻게 될지 예상하여 설명해 보자.

서술형·논술형 평가 문제해결력 03 호르몬과 항상성 유지

1 그림은 정상인과 당뇨병 환자의 식사 후 시간에 따른 혈당량과 혈중 인슐린 농도의 변화를 순서 없이 나타낸 것이다.

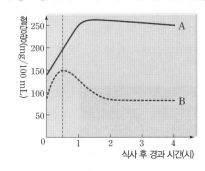
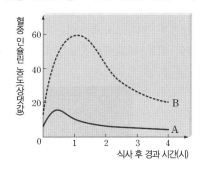

A, B는 각각 정상인과 당뇨병 환자 중 무엇에 해당하는지 쓰고, 그렇게 생각한 까닭을 설명해 보자.

_____

_____

2 그림은 더울 때와 추울 때 피부 근처 모세 혈관의 변화를 순서 없이 나타낸 것이다.

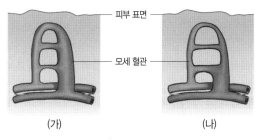

(가)와 (나)는 각각 더울 때와 추울 때 중 어느 경우에 해당하는지 쓰고, (나)와 같은 상태일 때 열 발생량은 어떻게 변하는지 그 과정을 포함하여 설명해 보자.

_____

_____

3 그림은 건강한 사람이 식사를 했을 때와 운동을 했을 때의 혈당량 변화를 나타낸 것이다.

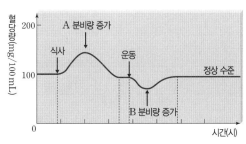

A와 B에 해당하는 호르몬의 이름을 각각 쓰고, 그렇게 생각한 까닭을 설명해 보자. (단, 호르몬 A와 B는 모두 이자에서 분비된다.)

_____

_____

창의적 사고력

창의적 문제 해결 능력

01 물질 변화와 화학 반응식~
03 화학 반응에서의 에너지 출입

1 다음은 우리나라에 있는 두 동굴에 대한 설명을 나타낸 것이다.

- 강원도 삼척의 환선굴은 이산화 탄소가 녹아 있는 지하수가 석회암 지대를 흐르면서 석회암을 녹여 형성된 석회 동굴이다.
- 제주도의 만장굴은 화산 활동으로 분출된 용암이 지표면을 흐르다가 용암의 표면이 식어 굳은 뒤에 내부 용암이 빠져나가면서 형성된 용암 동굴이다.

 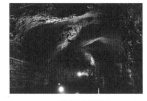

▲ 강원도 삼척 환선굴 　　　　　▲ 제주도 만장굴

두 동굴의 차이점을 물리 변화와 화학 변화로 구분지어 설명해 보자.

_____

_____

2 다음은 18세기 프랑스의 두 과학자가 물질의 질량비에 대해 주장한 내용을 나타낸 것이다.

18세기의 과학자들은 혼합물과 화합물에 대해 명확한 구분을 두지 않았다. 이에 18세기 프랑스의 과학자인 베르톨레는 물질을 만드는 방법에 따라 여러 가지 질량비가 가능하다고 주장하였고, 그의 친구이자 과학자인 프루스트는 자연에 존재하는 탄산 구리와 인위적으로 만들어낸 탄산 구리를 예로 들어 물질을 구성하는 일정한 질량비가 존재한다고 주장하였다.

위 글에서 현재의 과학적 관점으로 반박할 수 있는 주장을 설명해 보자.

_____

_____

3 다음은 화학 반응이 일어날 때 물질의 에너지 변화에 대한 설명을 나타낸 것이다.

물질마다 가지고 있는 에너지가 다르기 때문에 어떤 물질이 다른 물질로 화학 변화할 때, 즉 반응물이 생성물이 될 때 반응물과 생성물이 가지고 있는 에너지 차이에 의해 발열 반응과 흡열 반응이 일어난다. 이때, 반응물과 생성물의 에너지 차이를 반응열이라고 하며, 반응열이 양수일 때 주변으로 에너지가 방출되는 반응이고, 반응열이 음수일 때 주변에서 에너지를 흡수하는 반응이다.

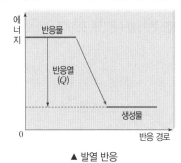 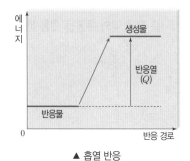

▲ 발열 반응 　　　　　　　　　　　▲ 흡열 반응

반응열이 양수인 반응과 반응열이 음수인 반응을 한 가지씩 설명해 보자.

_____

_____

창의적 문제 해결 능력

창의적 사고력

마인드맵 그리기

Ⅰ. 화학 반응의 규칙과 에너지 변화

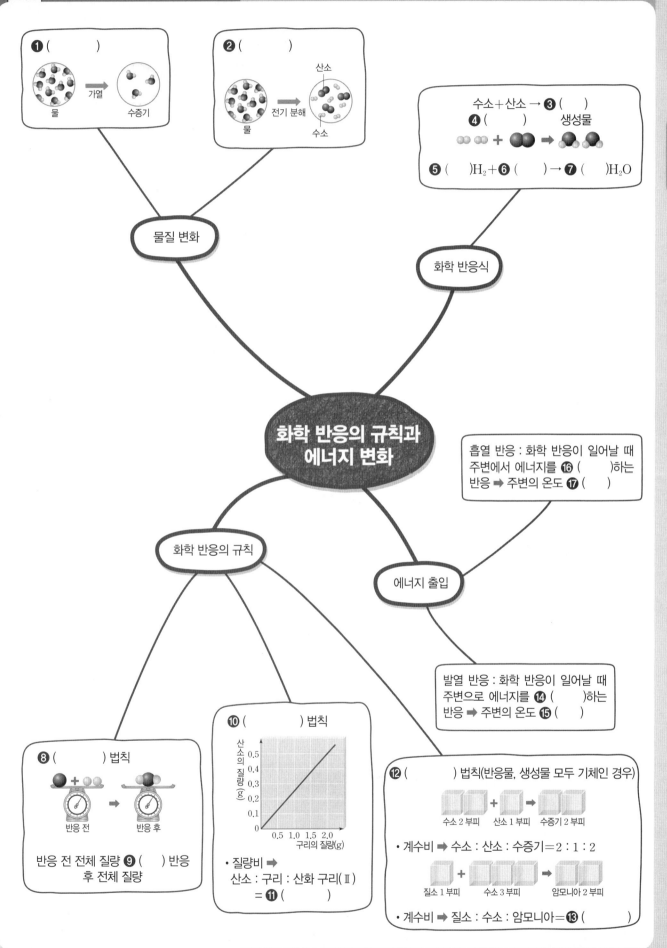

❶ (　　　　　)

물 → 가열 → 수증기

❷ (　　　　　)

물 → 전기 분해 → 산소, 수소

수소＋산소 → ❸ (　　　)
❹ (　　　)　　　　생성물

❺ (　　　)H₂＋❻ (　　　) → ❼ (　　　)H₂O

물질 변화

화학 반응식

화학 반응의 규칙과 에너지 변화

흡열 반응 : 화학 반응이 일어날 때 주변에서 에너지를 ❶❻ (　　　　)하는 반응 ➡ 주변의 온도 ❶❼ (　　　)

화학 반응의 규칙

에너지 출입

발열 반응 : 화학 반응이 일어날 때 주변으로 에너지를 ❶❹ (　　　　)하는 반응 ➡ 주변의 온도 ❶❺ (　　　)

❽ (　　　) 법칙

반응 전 　　　 반응 후

반응 전 전체 질량 ❾ (　　) 반응 후 전체 질량

❿ (　　　　) 법칙

산소의 질량(g) / 구리의 질량(g)

· 질량비 ➡
산소 : 구리 : 산화 구리(Ⅱ)
＝ ⓫ (　　　)

⓬ (　　　　　) 법칙(반응물, 생성물 모두 기체인 경우)

수소 2 부피　산소 1 부피　수증기 2 부피

· 계수비 ➡ 수소 : 산소 : 수증기＝2 : 1 : 2

질소 1 부피　수소 3 부피　암모니아 2 부피

· 계수비 ➡ 질소 : 수소 : 암모니아＝⓭ (　　　)

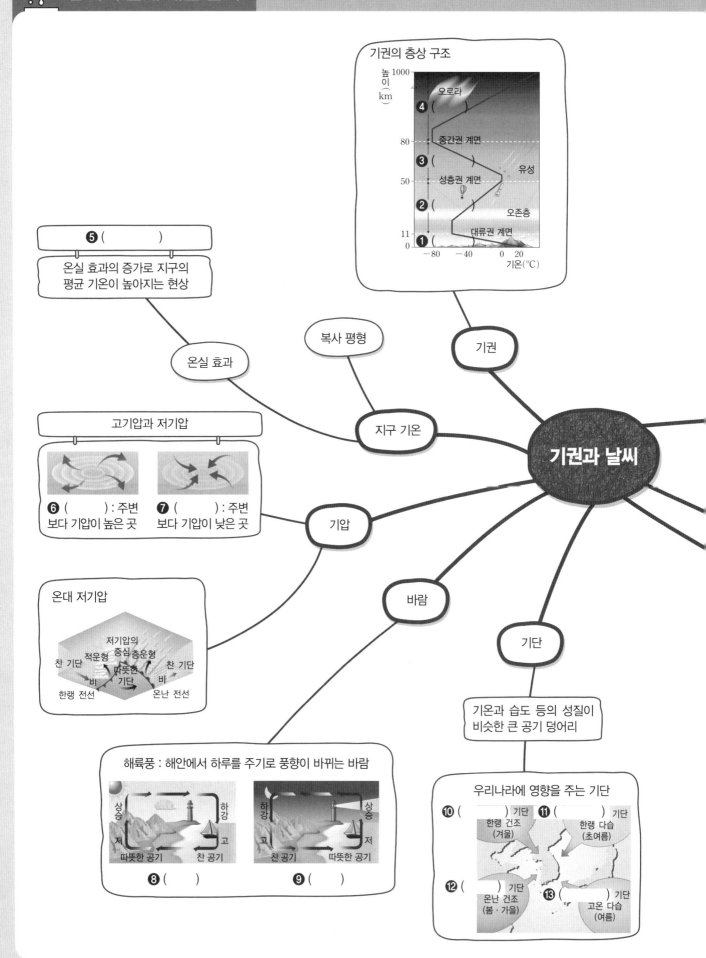

기권의 층상 구조

오로라

④ (　　　　)

중간권 계면

③ (　　　　)

유성

성층권 계면

② (　　　　)

오존층

대류권 계면

① (　　　　)

❺ (　　　　　　)

온실 효과의 증가로 지구의 평균 기온이 높아지는 현상

복사 평형

기권

온실 효과

지구 기온

고기압과 저기압

❻ (　　　　) : 주변보다 기압이 높은 곳

❼ (　　　　) : 주변보다 기압이 낮은 곳

기압

기권과 날씨

바람

기단

온대 저기압

저기압의 중심

적운형 층운형

찬 기단　따뜻한 기단　찬 기단

비　　비

한랭 전선　온난 전선

기온과 습도 등의 성질이 비슷한 큰 공기 덩어리

해륙풍 : 해안에서 하루를 주기로 풍향이 바뀌는 바람

상승　하강

저　고

따뜻한 공기　찬 공기

❽ (　　　　)

하강　상승

고　저

찬 공기　따뜻한 공기

❾ (　　　　)

우리나라에 영향을 주는 기단

❿ (　　　) 기단　⓫ (　　　) 기단

한랭 건조 (겨울)　한랭 다습 (초여름)

⓬ (　　　) 기단

온난 건조 (봄·가을)

⓭ (　　　) 기단

고온 다습 (여름)

수행 평가 대비

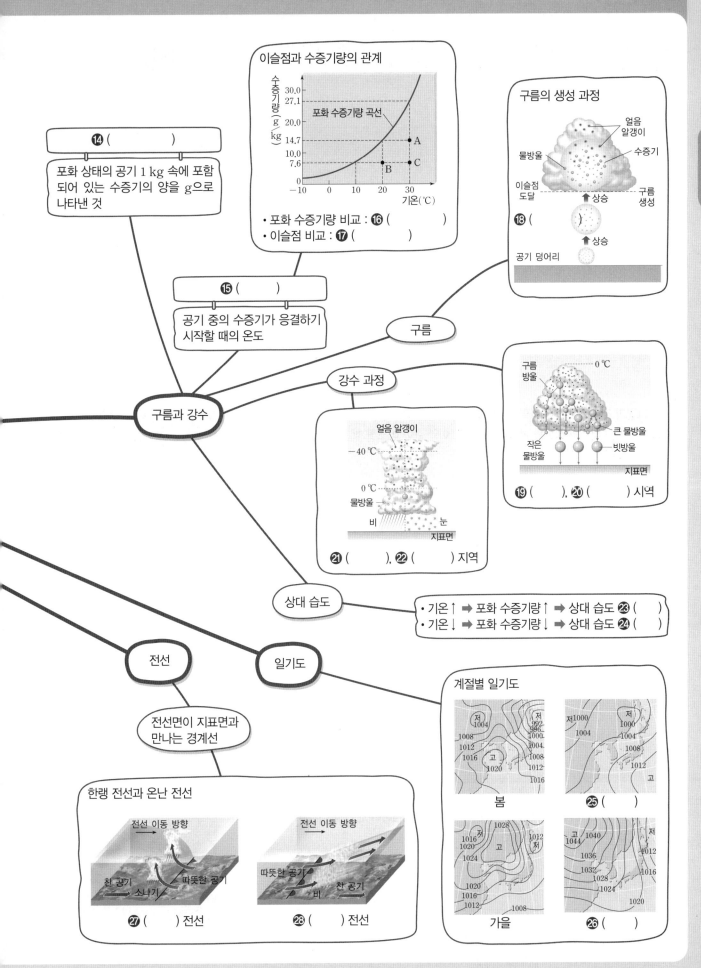

이슬점과 수증기량의 관계

❶❹ (   )
포화 상태의 공기 1 kg 속에 포함되어 있는 수증기의 양을 g으로 나타낸 것

• 포화 수증기량 비교 : ❶❻ (   )
• 이슬점 비교 : ❶❼ (   )

구름의 생성 과정

얼음 알갱이
수증기
물방울
이슬점 도달
상승
구름 생성
❶❽ (   )
상승
공기 덩어리

❶❺ (   )
공기 중의 수증기가 응결하기 시작할 때의 온도

구름

구름과 강수

강수 과정

구름 방울
0 ℃
작은 물방울
큰 물방울
빗방울
지표면
❶❾ (   ), ❷⓿ (   ) 시역

얼음 알갱이
−40 ℃
0 ℃
물방울
비   눈
지표면
❷❶ (   ), ❷❷ (   ) 지역

상대 습도

• 기온↑ ➡ 포화 수증기량↑ ➡ 상대 습도 ❷❸ (   )
• 기온↓ ➡ 포화 수증기량↓ ➡ 상대 습도 ❷❹ (   )

전선   일기도

계절별 일기도

봄   ❷❺ (   )

가을   ❷❻ (   )

전선면이 지표면과 만나는 경계선

한랭 전선과 온난 전선

전선 이동 방향
찬 공기   따뜻한 공기
소나기
❷❼ (   ) 전선

전선 이동 방향
따뜻한 공기   찬 공기
비
❷❽ (   ) 전선

 **창의적 문제 해결 능력** 창의적 사고력 **01 운동 ~ 02 일과 에너지** Ⅲ. 운동과 에너지

1 그림과 같이 지구에서 볼링공과 깃털을 같은 높이에서 동시에 떨어뜨리면 볼링공이 깃털보다 먼저 떨어진다. 만약 달에서 볼링공과 깃털을 동시에 떨어뜨린다면 어떻게 떨어질지 설명해 보자.

볼링공 깃털

지구

_____

_____

2 그림과 같이 버스를 기다릴 때, 우리는 버스 정류장의 전광판이나 휴대전화 어플을 통해 우리가 타려는 버스의 정보를 쉽게 알 수 있다. 이와 같이 버스 도착 시간을 예상하여 알려 주는 원리를 설명해 보자.

_____

_____

_____

3 그림과 같은 풍력 발전은 바람의 운동 에너지를 이용하여 전기 에너지를 생산한다. 이 과정에서 일과 에너지의 관계를 설명해 보자.

_____

_____

_____

창의적 문제 해결 능력

창의적 사고력

마인드맵 그리기

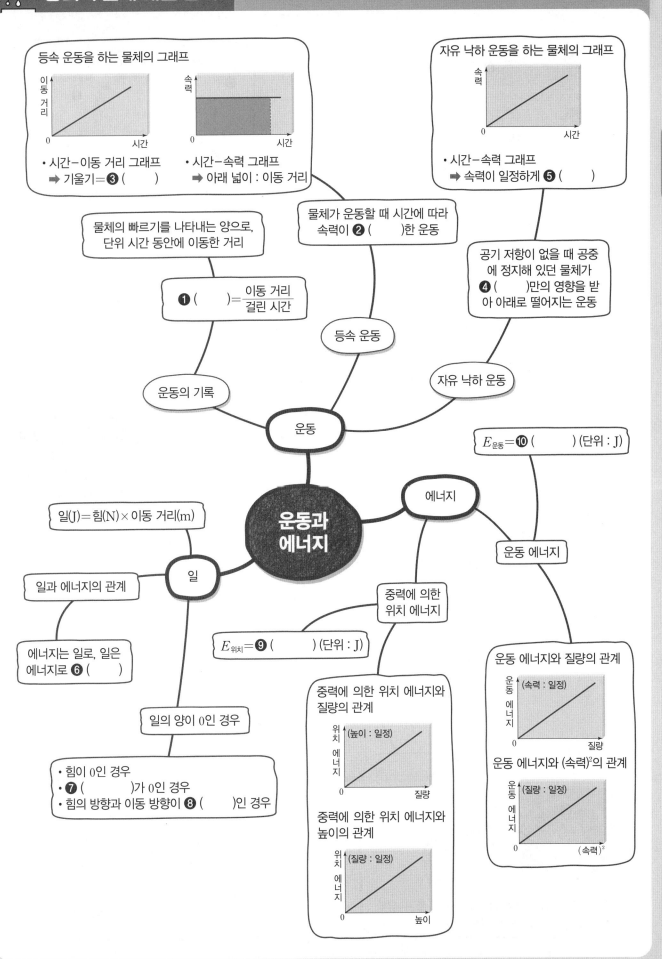

등속 운동을 하는 물체의 그래프

- 시간−이동 거리 그래프
➡ 기울기=❸ (   )
- 시간−속력 그래프
➡ 아래 넓이 : 이동 거리

자유 낙하 운동을 하는 물체의 그래프

- 시간−속력 그래프
➡ 속력이 일정하게 ❺ (   )

물체의 빠르기를 나타내는 양으로, 단위 시간 동안에 이동한 거리

물체가 운동할 때 시간에 따라 속력이 ❷ (   )한 운동

공기 저항이 없을 때 공중에 정지해 있던 물체가 ❹ (   )만의 영향을 받아 아래로 떨어지는 운동

❶ (   ) = $\dfrac{\text{이동 거리}}{\text{걸린 시간}}$

등속 운동

자유 낙하 운동

운동의 기록

운동

$E_{운동}$ = ❿ (   ) (단위 : J)

에너지

운동 에너지

운동과 에너지

일(J)=힘(N)×이동 거리(m)

일과 에너지의 관계

일

중력에 의한 위치 에너지

에너지는 일로, 일은 에너지로 ❻ (   )

$E_{위치}$ = ❾ (   ) (단위 : J)

일의 양이 0인 경우

운동 에너지와 질량의 관계

(속력 : 일정)

중력에 의한 위치 에너지와 질량의 관계

(높이 : 일정)

운동 에너지와 (속력)^{2}의 관계

(질량 : 일정)

- 힘이 0인 경우
- ❼ (   )가 0인 경우
- 힘의 방향과 이동 방향이 ❽ (   )인 경우

중력에 의한 위치 에너지와 높이의 관계

(질량 : 일정)

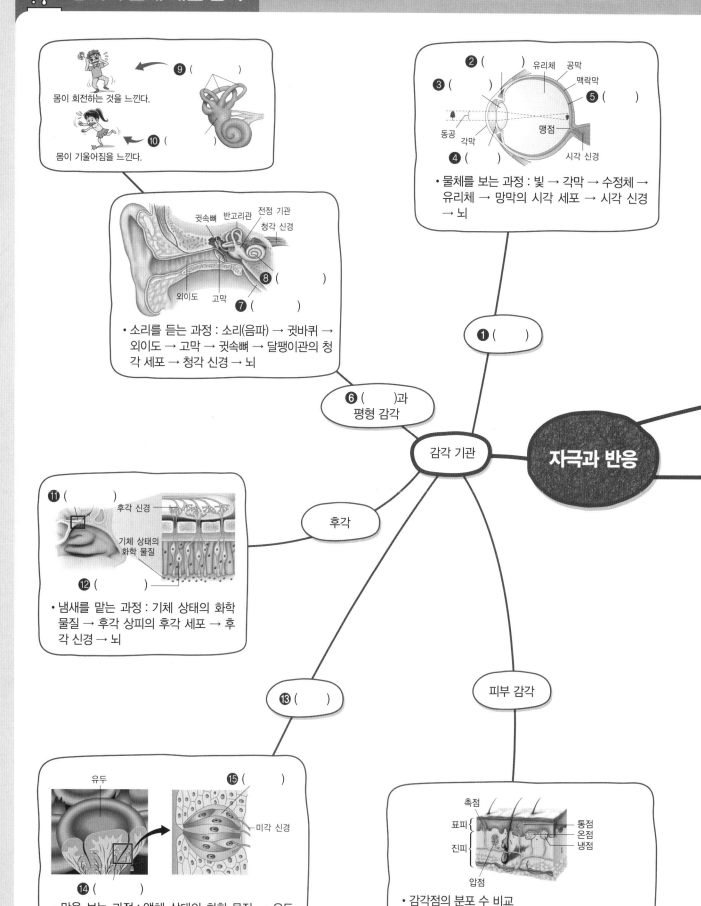

몸이 회전하는 것을 느낀다.

❾ (   )

몸이 기울어짐을 느낀다.

❿ (   )

❷ (   )
❸ (   )
❺ (   )
❹ (   )

유리체 공막
맥락막
맹점
시각 신경
동공
각막

• 물체를 보는 과정 : 빛 → 각막 → 수정체 → 유리체 → 망막의 시각 세포 → 시각 신경 → 뇌

귓속뼈 반고리관 전정 기관
청각 신경
❽ (   )
외이도 고막
❼ (   )

• 소리를 듣는 과정 : 소리(음파) → 귓바퀴 → 외이도 → 고막 → 귓속뼈 → 달팽이관의 청각 세포 → 청각 신경 → 뇌

❶ (   )

❻ (   )과 평형 감각

감각 기관

자극과 반응

⓫ (   )
후각 신경
기체 상태의 화학 물질
⓬ (   )

• 냄새를 맡는 과정 : 기체 상태의 화학 물질 → 후각 상피의 후각 세포 → 후각 신경 → 뇌

후각

⓭ (   )

피부 감각

유두
⓯ (   )
미각 신경
⓮ (   )

• 맛을 보는 과정 : 액체 상태의 화학 물질 → 유두 → 맛봉오리의 맛세포 → 미각 신경 → 뇌

촉점
표피
통점
온점
진피
냉점
압점

• 감각점의 분포 수 비교
⓰ (   ) > 압점 > ⓱ (   ) > 냉점 > ⓲ (   )

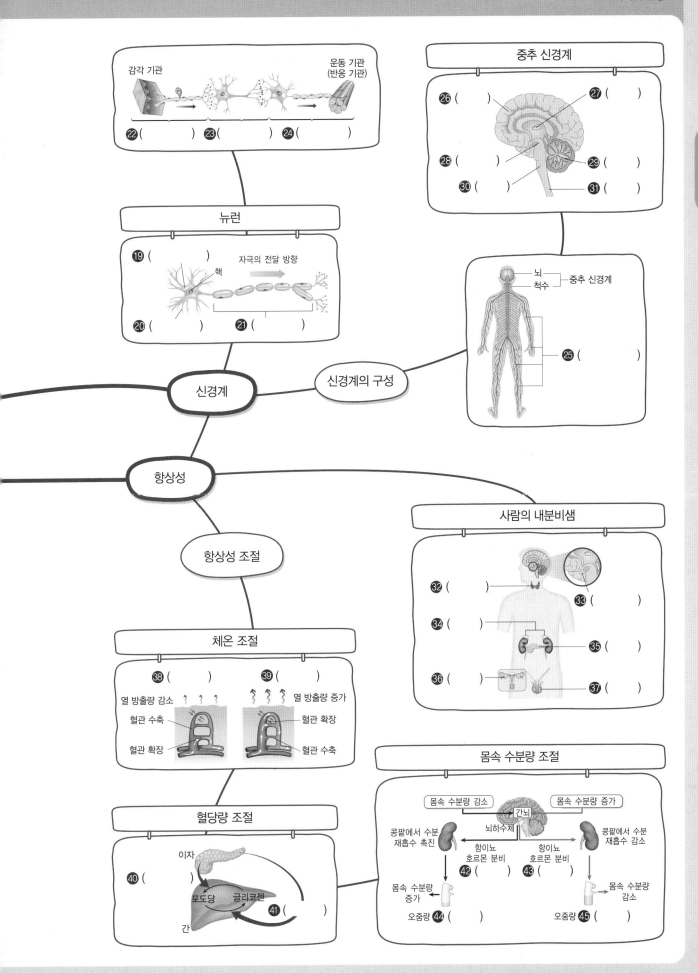

탐구 보고서 작성   02 화학 반응의 규칙

목표	강철 솜과 나무 조각의 연소 반응의 차이점을 이해할 수 있다.
준비물	강철 솜, 나무 조각, 전자저울, 비커, 점화기, 핀셋, 면장갑

과정	❶ 강철 솜과 나무 조각을 서로 다른 비커에 넣고 전자저울을 이용하여 비커와 함께 각 질량을 측정한다. ❷ 핀셋으로 강철 솜을 집어 점화기로 불을 붙인 뒤, 비커에 넣고 연소시킨다. ❸ ❷와 같은 방법으로 나무 조각도 비커에 넣고 연소시킨다. ❹ 연소가 끝난 강철 솜과 나무 조각을 충분히 식힌 뒤 전자저울을 이용하여 비커와 함께 각 질량을 측정한다.

결과	과정 ❶과 과정 ❹에서 측정한 강철 솜과 나무 조각이 든 비커의 질량을 각각 비교한다. 1. 강철 솜이 든 비커의 질량 변화 : 과정 ❶의 질량 ( ) 과정 ❹의 질량 2. 나무 조각이 든 비커의 질량 변화 : 과정 ❶의 질량 ( ) 과정 ❹의 질량

정리	1. 강철 솜과 나무 조각의 질량 변화가 다른 까닭을 설명해 보자. 2. 두 반응에서 성립하는 화학 반응의 법칙을 설명해 보자. 3. 밀폐된 용기에서 같은 실험을 할 때 반응 전후의 질량은 어떻게 변하는지 설명해 보자.

탐구 보고서 작성 보고서 쓰기 **03 화학 반응에서의 에너지 출입** I. 화학 반응의 규칙과 에너지 변화

목표	화학 반응에서 에너지가 이동하는 방향과 온도 변화를 알 수 있다.
준비물	산화 칼슘 100 g, 물, 수산화 바륨 40 g, 염화 암모늄 20 g, 메추리알 1개, 비커, 알루미늄 포일, 나무판, 유리 막대, 면장갑, 수술용 장갑
과정	[실험 1] ❶ 산화 칼슘 100 g을 비커에 넣고, 알루미늄 포일로 감싼 메추리알을 산화 칼슘 속에 파묻는다. ❷ ❶의 비커에 물 50 g을 넣는다. ❸ 충분한 시간이 흐른 뒤, 비커에서 메추리알을 꺼내 변화를 관찰한다. 메추리알 산화 칼슘 [실험 2] ❶ 나무판 위에 물을 묻힌 뒤, 비커를 나무판 위에 놓는다. ❷ 비커에 수산화 바륨 40 g과 염화 암모늄 20 g을 넣는다. ❸ 유리 막대를 이용하여 수산화 바륨과 염화 암모늄을 잘 섞어준 뒤, 비커의 입구를 잡고 들어 올린다. 물 · 빈 비커 · 수산화 바륨 + 염화 암모늄
결과	1. [실험 1]에서 메추리알이 어떻게 되는지 설명해 보자. 2. [실험 2]에서 비커를 들어 올릴 때 나무판은 어떻게 되는지 설명해 보자. 3. [실험 2]에서 비커와 나무판 사이의 물은 어떻게 되는지 설명해 보자.
정리	1. [실험 1]에서 비커 내의 온도는 어떻게 변하는지 쓰고, 그렇게 생각한 까닭을 설명해 보자. 2. [실험 2]에서 비커 내의 에너지 출입 방향을 쓰고, 이와 같은 방향으로 에너지가 이동하는 예를 찾아 써 보자.

탐구 보고서 작성 ▶ **01 기권과 지구 기온**

목표	온실 효과가 일어나는 원리를 설명할 수 있다.
준비물	모래, 유리판, 스타이로폼 상자 2개, 온도계 2개

과정	유리판 모래 (가) (나) ❶ 그림과 같이 스타이로폼 상자 (가)와 (나)에 각각 모래를 담는다. ❷ 스타이로폼 상자에 각각 온도계를 꽂은 후 하나의 스타이로폼 상자 (나)는 유리판으로 덮는다. ❸ 두 상자 (가)와 (나)를 햇빛이 잘 비치는 곳에 설치한다. ❹ 2분 간격으로 스타이로폼 상자 (가)와 (나)의 온도를 측정한다.

결과	• 스타이로폼 상자 (가)와 (나)의 온도 변화를 그려 본다. 온도(°C) 세로축: 30 25 20 15 5 가로축 시간(분): 0 2 4 6 8 10 12 14 16 18 20 (나), (가) 1. (가)와 (나)는 모두 시간이 지나면서 온도가 높아지다가 어느 시간 이후부터 온도 변화가 나타나지 않는다. 2. 일정하게 유지되었을 때의 온도는 (나)가 (가)보다 높다. ➡ (나)에서 온실 효과가 나타난다.

정리	1. 이 실험에서 모래와 유리판은 각각 어떤 역할을 하는지 설명해 보자. 2. (나) 스타이로폼 상자의 온도가 점점 높아지다가 일정하게 유지되는 까닭을 온실 효과와 관련지어 설명해 보자. 3. 대기가 있을 때와 없을 때 중 지구가 복사 평형에 도달하는 온도가 더 높은 것은 무엇인지 쓰고, 그 까닭을 설명해 보자.

탐구 보고서 작성   O3 기압과 날씨

목표	바람이 생성되는 원리를 설명할 수 있다.
준비물	수조 2개, 모래, 물, 온도계 2개, 전등, 향, 스탠드 2개

과정

전등
온도계
모래   물

❶ 그림과 같이 수조 2개에 각각 물과 모래를 담는다.
❷ 물과 모래에 온도계를 꽂은 후 수조의 가운데에 향을 피운다.
❸ 전등을 켜고 가열하면서 물과 모래의 온도 변화와 향 연기의 움직임을 관찰한다.
❹ 전등을 끄고 냉각하면서 물과 모래의 온도 변화와 향 연기의 움직임을 관찰한다.

결과

구분	전등을 켰을 때(가열)	전등을 껐을 때(냉각)
장치		
온도	모래(<, >)물	모래<물
기압	모래<물	모래(<, >)물

• 모래는 물보다 열용량이 (   )으므로 전등을 켰을 때는 더 (   ) 가열되고, 전등을 껐을 때는 더 (   ) 냉각된다.

정리

1. 전등을 켰을 때와 전등을 껐을 때 향 연기의 이동에 대해 설명해 보자.

_____

_____

2. 전등을 켰을 때 향 연기가 이동하는 까닭을 온도, 기압과 관련지어 설명해 보자.

_____

_____

3. 모래를 육지, 물을 바다에 비유하여 해륙풍이 부는 원리를 설명해 보자.

_____

_____

탐구 보고서 작성 **01 운동**

목표	자유 낙하 운동을 하는 물체의 시간과 속력의 관계에 대해 설명할 수 있다.
준비물	공, 자
과정	❶ 그림은 자유 낙하 운동을 하는 공을 0.1초 간격으로 나타낸 것이다. ❷ 시간에 따른 처음 위치로부터의 공의 이동 거리를 표에 기록한다. ❸ 각 구간별 이동 거리와 속력을 계산하여 표에 기록한다. ❹ 공의 시간에 따른 속력을 그래프에 나타낸다.

결과

• 공의 시간에 따른 처음 위치로부터의 이동 거리

시간(s)	0	0.1	0.2	0.3	0.4	0.5
이동 거리(cm)	0	4.9	19.6	44.1	78.4	122.5

• 각 구간별 이동 거리, 시간에 따른 속력 및 시간-속력 그래프

시간(s)	0~0.1	0.1~0.2	0.2~0.3	0.3~0.4	0.4~0.5
구간 이동 거리(cm)	4.9	14.7	24.5	34.3	44.1
속력(m/s)	0.49	1.47	2.45	3.43	4.41

(단위 : cm)

1. 물체에는 아래 방향으로 일정한 크기의 (   )이 작용한다.
2. 자유 낙하 운동을 하는 공의 속력은 시간이 증가하면서 일정하게 (   )한다.

정리

1. 위 실험을 바탕으로 자유 낙하 운동을 하는 물체의 시간에 따른 속력 변화에 대해 설명해 보자.

2. 등속 운동과 자유 낙하 운동의 차이점에 대해 설명해 보자.

3. 공의 질량이 클수록 공의 속력 변화는 어떻게 되는지 설명해 보자. (단, 공의 질량은 공기 저항을 무시할 수 있을 만큼 크다.)

탐구 보고서 작성 | 02 일과 에너지

목표	운동 에너지와 질량 및 속력과의 관계를 설명할 수 있다.
준비물	책, 자, 널판지, 수레

| 과정 | ❶ 그림과 같이 빗면에서 수레를 굴러가게 하여 책 사이에 끼워 놓은 자와 충돌시킨 후, 자의 이동 거리를 측정한다.
❷ 수레의 질량을 2배, 3배로 증가시키며 과정 ❶을 반복한다. (단, 수레의 속력은 일정하게 유지한다.)
❸ 빗면의 높이를 책 4권, 8권, 12권으로 변화시키며 수레의 속력을 측정할 수 있도록 장치한 후, 과정 ❶을 반복한다. (단, 수레의 질량은 일정하게 유지한다.)

책 자 널판지 수레 |

| 결과 | • 수레의 속력이 1 m/s로 일정할 때

<table><tr><td>수레의 질량(kg)</td><td>1</td><td>2</td><td>3</td></tr><tr><td>자의 이동 거리(cm)</td><td>5</td><td>10</td><td>15</td></tr></table>
• 수레의 질량이 1 kg으로 일정할 때

<table><tr><td>빗면의 높이(권)</td><td>4</td><td>8</td><td>12</td></tr><tr><td>수레의 속력²(m/s)²</td><td>1</td><td>2</td><td>3</td></tr><tr><td>자의 이동 거리(cm)</td><td>5</td><td>10</td><td>15</td></tr></table>
1. 수레의 속력이 일정할 때 자의 이동 거리는 수레의 질량에 (   )한다.
2. 수레의 질량이 일정할 때 자의 이동 거리는 수레의 (속력)²에 (   )한다. |

| 정리 | 1. 수레의 운동 에너지는 수레의 질량 및 속력과 어떤 관계가 있는지 설명해 보자.

_____

2. 위 실험을 바탕으로 운동 에너지와 질량 및 속력의 관계 그래프를 그리고, 관계에 대해 설명해 보자.

(속력 : 일정) 운동 에너지 / 질량
(질량 : 일정) 운동 에너지 / (속력)²

_____ |

탐구 보고서 작성 | 보고서 쓰기 | 01 감각 기관

목표	음식의 맛을 느낄 때 후각과 미각이 상호 작용함을 설명할 수 있다.
준비물	오렌지주스, 포도주스, 작은 컵, 티스푼, 안대
과정	❶ 두 명이 한 모둠이 되어 실험자와 보조자를 정한다. ❷ 실험자는 안대로 눈을 가린다. ❸ 보조자는 순서를 모르게 오렌지주스와 포도주스를 각각 실험자에게 먹인 후, 먹은 음료가 무엇인지 맞혀 보게 한다. ❹ 실험자는 안대로 눈을 가린 상태에서 코를 막은 후 과정 ❸을 반복한다. 눈만 가렸을 때 오렌지주스 포도주스 눈을 가리고 코도 막았을 때 오렌지주스 포도주스
결과	• 눈을 가리고 맛을 볼 때 코를 막은 경우와 막지 않은 경우 어떤 차이가 있는지 설명해 보자. _____ _____
정리	1. 이 실험 결과를 통해서 우리가 느끼는 음식의 맛은 어떤 감각들이 함께 작용하는 것인지 설명해 보자. _____ _____ 2. 냄새를 맡기까지의 과정과 맛을 느끼기까지의 과정을 각각 설명해 보자. _____ _____

중간·기말고사 대비

+ 중단원 개념 정리

+ 학교 시험 문제

+ 서술형 문제

+ 시험 직전 최종 점검

❶ 물리 변화와 화학 변화

(1) 물리 변화와 화학 변화의 특징

① 물리 변화

정의	물질의 고유한 성질은 변하지 않으면서 상태나 모양 등이 바뀌는 현상
모형	(수소 원자, 물, 가열, 산소 원자, 수증기)
변하는 것	분자의 배열
변하지 않는 것	원자의 종류와 개수 및 배열, 분자의 종류와 개수, 물질의 성질 및 총질량

② 화학 변화

정의	어떤 물질이 처음과 성질이 전혀 다른 새로운 물질로 변하는 현상
모형	(산소 분자, 물, 전기 분해, 수소 분자)
변하는 것	원자의 배열, 분자의 종류와 개수, 물질의 성질
변하지 않는 것	원자의 종류와 개수, 물질의 총질량

(2) 물리 변화와 화학 변화의 예

① 물리 변화의 예

모양 변화	• 철사가 휜다. • 유리병이 깨진다. • 고무공이 찌그러진다.
상태 변화	• 얼음이 녹아 물이 된다. • 물이 끓어 수증기가 된다. • 얼음물 컵 표면에 물방울이 맺힌다. • 드라이아이스가 승화된다.
확산	• 향수 냄새가 방 안 전체에 퍼진다. • 잉크가 물속에서 퍼져 나간다.
용해	• 설탕이 물에 녹는다.

▲ 향수의 확산

▲ 설탕의 용해

② 화학 변화의 예

산화	• 철이 녹슨다. ➡ 부식 • 김치가 시어진다. ➡ 발효 • 음식물이 썩는다. ➡ 부패 • 양초가 탄다. ➡ 연소 • 사과를 깎아 두면 색이 변한다. ➡ 갈변
분해	• 상처에 과산화 수소수를 바르면 거품이 생긴다. • 베이킹파우더를 넣어 빵을 구우면 빵이 부풀어 오른다.
기타	• 석회수에 이산화 탄소 기체를 넣으면 뿌옇게 흐려진다. 　➡ 앙금 생성 • 과일이 익는다.

▲ 철의 부식

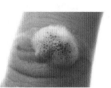
▲ 과산화 수소의 분해

❷ 화학 반응과 화학 반응식

(1) 화학 반응 : 물질이 화학 변화를 하여 새로운 물질이 생성되는 과정

① 반응물 : 화학 반응이 일어나기 전의 물질
② 생성물 : 화학 반응이 일어난 후 생성된 물질

(2) 화학식 : 물질을 구성하는 원자의 종류와 수를 원소 기호와 숫자로 나타낸 식

원소 기호

$$2H_2O$$

계수　　　원자 수(1은 생략)

(3) 화학 반응식 : 화학 반응을 원소 기호를 이용한 화학식과 기호, 계수 등으로 나타낸 것

① 화학 반응식 작성 순서
• 1단계 : 반응물과 생성물의 이름으로 화학 반응을 표현
　예 메테인+산소 ⟶ 이산화 탄소+물
• 2단계 : 반응물과 생성물을 화학식으로 표현
　예 반응물 : 메테인(CH_4), 산소(O_2)
　　생성물 : 이산화 탄소(CO_2), 물(H_2O)
• 3단계 : 반응 전후에 원자의 종류와 개수가 같도록 가장 간단한 정수비로 계수를 맞춤
　예 $CH_4 + 2O_2 \longrightarrow CO_2 + 2H_2O$
• 4단계 : 반응 전후에 원자의 종류와 개수가 같은지 확인
② 화학 반응식으로 알 수 있는 것 : 반응물과 생성물의 종류, 반응물과 생성물을 이루는 원자(분자)의 종류와 개수, 반응물과 생성물의 계수비(=분자 수의 비)

학교 시험 문제

01 물리 변화에 대한 설명으로 옳지 <u>않은</u> 것은?

① 분자의 배열이 달라지는 변화이다.
② 반응물과 생성물의 총질량이 같다.
③ 물이 수증기로 변하는 것은 물리 변화에 속한다.
④ 물질이 물리 변화를 거치면 밀도가 달라질 수 있다.
⑤ 물질이 물리 변화를 거치면 분자의 종류가 달라진다.

02 주로 화학 변화가 나타나는 예로 옳은 것은?

① 탄산음료 병의 뚜껑을 열었더니 거품이 올라왔다.
② 불투명한 탁주를 증류하여 투명한 청주를 얻는다.
③ 이른 아침, 풀잎에 이슬이 맺혀 있는 것을 볼 수 있다.
④ 이산화 탄소를 석회수에 통과시키면 뿌옇게 흐려진다.
⑤ 크로마토그래피를 이용한 도핑 테스트로 금지된 약물을 복용한 사실을 알아낸다.

03 그림은 에탄올이 연소할 때 생성되는 물질을 알아보는 실험 과정을 나타낸 것이다.

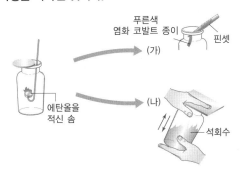

이에 대한 설명으로 옳지 <u>않은</u> 것은?

① 연소 후 원자의 배열이 달라진다.
② 에탄올이 연소하면 물과 산소가 생성된다.
③ 이 실험으로 연소는 화학 변화임을 알 수 있다.
④ (가)에서 푸른색 염화 코발트 종이를 대면 붉게 변할 것이다.
⑤ (나)에서 석회수가 뿌옇게 흐려질 것이다.

04 다음은 설탕 과자를 만드는 방법을 나타낸 것이다.

(가)   (나)

(가) 설탕을 국자에 담아 불 위에서 녹인다.
(나) 설탕이 녹으면 베이킹파우더를 소량 첨가하여 부풀게 만든다.

이에 대한 설명으로 옳은 것을 | 보기 |에서 모두 고른 것은?

| 보기 |
ㄱ. (가)는 물리 변화, (나)는 화학 변화이다.
ㄴ. (가)에서 나타나는 현상은 용해이다.
ㄷ. (나)에서 분해 반응이 일어나 이산화 탄소가 생성된다.

① ㄱ   ② ㄴ   ③ ㄱ, ㄷ
④ ㄴ, ㄷ   ⑤ ㄱ, ㄴ, ㄷ

05 다음은 여러 가지 물질의 변화에 대해 나타낸 것이다.

(가) 드라이아이스의 승화
(나) 양초의 연소
(다) 질산 은＋염화 나트륨 ⟶ 염화 은↓＋질산 나트륨

이에 대한 설명으로 옳은 것은?

① (가)는 화학 변화이다.
② (다)는 물리 변화이다.
③ (나)에서 원자의 배열이 달라진다.
④ (나)의 생성물은 양초와 성질이 같다.
⑤ (다)에서 반응 후에 질량이 증가한다.

06 다음은 어떤 현상에 대한 설명을 나타낸 것이다.

대리암에 염산을 떨어뜨렸더니 기체가 발생하였다.

이 현상이 일어날 때 변하는 것을 <u>모두</u> 고르면?

① 분자의 종류   ② 원자의 종류
③ 원자의 개수   ④ 물질의 성질
⑤ 물질의 총질량

07 화학 반응식을 옳게 나타낸 것은?

① $H_2O_2 \longrightarrow H_2O + O$

② $N_2 + 2H_2 \longrightarrow 2NH_3$

③ $C_3H_8 + 5O_2 \longrightarrow 3CO_2 + 3H_2O$

④ $Ca(OH)_2 + CO_2 \longrightarrow CaCO_3 + H_2O$

⑤ $2Ag(NO_3)_2 + BaCl_2 \longrightarrow 2AgCl + Ba(NO_3)_2$

08 다음은 암모니아와 산소가 반응하여 일산화 질소와 수증기가 생성되는 반응을 나타낸 것이다.

$$(\bigcirc)NH_3 + (\bigcirc)O_2 \longrightarrow (\bigcirc)NO + (\bigcirc)H_2O$$

㉠~㉣에 들어갈 숫자를 옳게 짝지은 것은?

	㉠	㉡	㉢	㉣
①	2	3	2	3
②	2	5	2	3
③	4	4	5	5
④	4	5	4	5
⑤	4	5	4	6

09 다음은 세포 호흡 과정에서 일어나는 반응의 화학 반응식을 나타낸 것이다.

$$C_6H_{12}O_6 + 6O_2 + 6H_2O \longrightarrow (A) + 12H_2O$$

이에 대한 설명으로 옳은 것을 | 보기 | 에서 모두 고른 것은?

| 보기 |
ㄱ. A의 계수는 6이다.
ㄴ. 기체 A에 꺼져가는 불씨를 가까이 가져가면 불씨가 살아난다.
ㄷ. 화학 반응이 일어나 원자의 종류가 달라진다.

① ㄱ   ② ㄴ   ③ ㄱ, ㄷ
④ ㄴ, ㄷ   ⑤ ㄱ, ㄴ, ㄷ

10 아이오딘화 칼륨 수용액에 질산 납 수용액을 첨가하면 아이오딘화 납 앙금이 생성된다. 이 반응의 화학 반응식으로 옳은 것은?

① $KI + PbNO_3 \longrightarrow PbI + KNO_3$

② $2KI + PbNO_3 \longrightarrow PbI_2 + 2KNO_3$

③ $2KI + Pb(NO_3)_2 \longrightarrow PbI + 2KNO_3$

④ $2KI + Pb(NO_3)_2 \longrightarrow PbI_2 + 2KNO_3$

⑤ $KI + Pb(NO_3)_2 \longrightarrow PbI_2 + 2K(NO_3)_2$

11 다음은 어떤 물질 A가 연소하는 반응을 화학 반응식으로 나타낸 것이다.

$$(A) + 6O_2 \longrightarrow 4CO_2 + 4H_2O$$

이에 대한 설명으로 옳지 <u>않은</u> 것은? (단, A의 계수는 1이다.)

① 이산화 탄소는 반응물이다.

② 물질 A의 화학식은 C_4H_8이다.

③ 탄소 원자와 수소 원자 간의 배열이 달라졌다.

④ 물실 A 1 분자를 모두 연소시키려면 6분자의 산소가 필요하다.

⑤ 물질 A를 연소시켰을 때 생성되는 이산화 탄소와 물 분자의 개수는 같다.

12 다음은 질산 은 수용액과 구리가 반응하여 은이 석출되는 화학 반응식을 나타낸 것이다.

$$2AgNO_3 + Cu \longrightarrow Cu(NO_3)_2 + 2Ag$$

이 화학 반응식을 통해 알 수 있는 것을 | 보기 | 에서 모두 고른 것은?

| 보기 |
ㄱ. 반응물과 생성물의 종류
ㄴ. 반응물과 생성물의 계수비
ㄷ. 반응물과 생성물의 입자 수의 비

① ㄱ   ② ㄴ   ③ ㄱ, ㄷ
④ ㄴ, ㄷ   ⑤ ㄱ, ㄴ, ㄷ

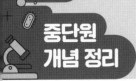

❶ 질량 보존 법칙

(1) 질량 보존 법칙 : 화학 반응이 일어날 때 반응물의 총질량과 생성물의 총질량은 같다.

(2) 반응의 종류에 따른 질량 보존 법칙

① 앙금 생성 반응

예	탄산 나트륨과 염화 칼슘의 반응
모형	탄산 나트륨 + 염화 칼슘 → 탄산 칼슘 + 염화 나트륨
질량 관계	(탄산 나트륨＋염화 칼슘)의 질량 ＝ (탄산 칼슘＋염화 나트륨)의 질량

② 연소 반응

예		나무의 연소	강철 솜의 연소
실험	열린 공간	연소될 때 생성된 기체가 공기 중으로 빠져나가 반응 전보다 질량이 감소한다.	철이 공기 중의 산소와 결합하여 반응 전보다 질량이 증가한다.
	닫힌 공간	공기 중으로 빠져나가는 기체가 없어 전체 질량은 변화 없다.	밀폐된 공간이므로 산소와 결합하여도 전체 질량은 변화 없다.
질량 관계		(나무＋산소)의 질량 ＝(이산화 탄소＋수증기＋재)의 질량	(강철 솜＋산소)의 질량＝산화 철의 질량

③ 기체 발생 반응

예	달걀 껍데기(탄산 칼슘)와 묽은 염산의 반응	
	열린 공간	닫힌 공간
실험	발생한 이산화 탄소 기체가 공기 중으로 빠져나가 반응 전보다 질량이 감소한다.	공기 중으로 빠져나가는 기체가 없어 반응 전후에 질량은 변화 없다.
질량 관계	(탄산 칼슘＋묽은 염산)의 질량 ＝(염화 칼슘＋물＋이산화 탄소)의 질량	

❷ 일정 성분비 법칙

(1) 일정 성분비 법칙 : 화학 반응을 거쳐 만들어진 화합물의 성분 원소들의 질량 사이에는 항상 일정한 비가 성립한다.

(2) 화합물을 구성하는 성분 원소의 질량비

① 마그네슘 연소 반응에서의 질량비(마그네슘 : 산소 : 산화 마그네슘)＝3 : 2 : 5

② 구리 연소 반응에서의 질량비(구리 : 산소 : 산화 구리(Ⅱ))＝4 : 1 : 5

③ 물 합성 반응에서의 질량비(수소 : 산소 : 물)＝1 : 8 : 9

(3) 화학 반응 모형을 통한 질량 보존 법칙과 일정 성분비 법칙의 이해

예 볼트(B)와 너트(N)를 이용한 화합물 모형

모형	B ＋ 3N → BN₃ (볼트:4 g 너트:2 g)
반응 전후의 질량 비교	(B＋3N)의 질량＝BN₃의 질량 $1×4\,g＋3×2\,g＝1×4\,g＋3×2\,g$ $10\,g＝10\,g$ ➡ 질량 보존 법칙 성립
기타	B : N＝1×4 g : 3×2 g＝2 : 3 ➡ 일정 성분비 법칙 성립

(4) 다양한 화합물에서의 일정 성분비 법칙

물질	산화 구리(Ⅱ)	이산화 탄소	암모니아	이산화 황
개수비	구리 : 산소 ＝1 : 1	탄소 : 산소 ＝1 : 2	수소 : 질소 ＝3 : 1	황 : 산소 ＝1 : 2
질량비	구리 : 산소 ＝4 : 1	탄소 : 산소 ＝3 : 8	수소 : 질소 ＝3 : 14	황 : 산소 ＝1 : 1

❸ 기체 반응 법칙

(1) 기체 반응 법칙 : 일정한 온도와 압력에서 기체들이 반응하여 새로운 기체가 생성될 때 각 기체의 부피에는 간단한 정수비가 성립한다.

(2) 기체 생성 반응에서의 부피 관계

① 수증기 생성 반응에서의 부피 관계(수소 : 산소 : 수증기)＝2 : 1 : 2

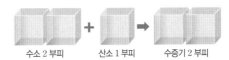

수소 2 부피 ＋ 산소 1 부피 → 수증기 2 부피

② 염화 수소 생성 반응에서의 부피 관계(수소 : 염소 : 염화 수소)＝1 : 1 : 2

수소 1 부피 ＋ 염소 1 부피 → 염화 수소 2 부피

③ 암모니아 생성 반응에서의 부피 관계(질소 : 수소 : 암모니아)＝1 : 3 : 2

질소 1 부피 ＋ 수소 3 부피 → 암모니아 2 부피

(3) 화학 반응식의 계수와 기체 반응 법칙의 관계 : 화학 반응식의 계수는 분자 수를 의미하며 반응물과 생성물이 모두 기체인 경우 화학 반응식의 계수비는 분자 수의 비, 부피비와 같다.

01 질량 보존 법칙에 대한 설명으로 옳지 <u>않은</u> 것은?

① 라부아지에가 황의 연소 실험을 통해 발견하였다.

② 원자의 종류와 개수가 달라지지 않기 때문에 질량이 같다.

③ 질량 보존 법칙은 핵반응을 제외한 모든 화학 반응에서 성립한다.

④ 화학 반응에서 반응물의 총질량과 생성물의 총질량이 같다는 내용이다.

⑤ 밀폐되지 않은 공간에서 기체가 생성되는 화학 반응에서 측정되는 질량은 반응 전과 반응 후가 같다.

02 일정한 양의 강철 솜을 열린 공간에서 연소시켜 질량을 측정할 때 가열 시간에 따른 질량 변화로 옳은 것은?

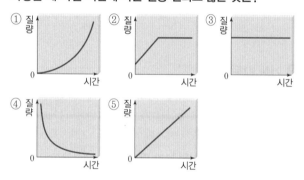

03 그림은 탄산 칼슘과 묽은 염산을 밀폐 용기 속에서 반응시켜 질량을 비교하는 실험을 나타낸 것이다.

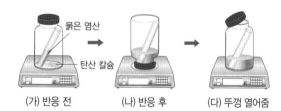

(가) 반응 전   (나) 반응 후   (다) 뚜껑 열어줌

이에 대한 설명으로 옳은 것은?

① (나)는 (가)에 비해 질량이 증가하였다.

② (다)는 (가)에 비해 질량이 감소하였다.

③ (가)와 (나)에서 분자의 종류는 변하지 않았다.

④ (다)에서는 뚜껑을 열어 수소 기체가 빠져나갔다.

⑤ 탄산 칼슘과 묽은 염산이 반응할 때 생성물은 모두 기체이다.

04 |보기|는 여러 가지 화학 반응을 나타낸 것이다.

|보기|

ㄱ. 구리 가루를 뚜껑이 없는 그릇에 놓고 가열하였다.

ㄴ. 질산 은 수용액에 염화 칼륨 수용액을 넣었더니 흰색 앙금이 생성되었다.

ㄷ. 뚜껑이 없는 삼각 플라스크에 달걀 껍데기를 넣고 묽은 염산과 반응시켰다.

ㄹ. 밀폐 용기 안에서 플라스크에 과산화 수소와 아이오딘화 칼륨을 넣고 반응시켰다.

저울 위에서 반응을 진행시킬 때 저울의 눈금이 변하는 것을 |보기|에서 모두 고른 것은?

① ㄱ, ㄴ   ② ㄱ, ㄷ   ③ ㄴ, ㄷ

④ ㄴ, ㄹ   ⑤ ㄷ, ㄹ

05 다음은 두 가지 화학 반응을 나타낸 것이다.

(가) 수소 8 g과 산소 8 g이 든 시험관에 전기 불꽃을 일으켜 물을 합성하였더니 수소 7 g이 남았다.

(나) 철 70 g과 황 40 g을 섞어 가열하였더니 철과 황이 모두 반응하여 황화 철이 생성되었다.

(가)와 (나)에서 생성되는 두 물질의 질량의 합은 몇 g인가?

① 111 g   ② 117 g   ③ 119 g

④ 124 g   ⑤ 126 g

06 표는 기체 A와 기체 B가 반응하여 새로운 기체를 생성할 때의 질량 관계를 나타낸 것이다.

실험	반응 전 기체의 질량(g)		남아 있는 기체의 종류와 질량(g)
	기체 A	기체 B	
(가)	0.2	1.8	기체 B, 0.2
(나)	0.8	4.0	기체 A, 0.3
(다)	1.5	12.5	

실험 (다)에서 남아 있는 기체의 종류와 질량(g)으로 옳은 것은?

① 기체 A, 0.5   ② 기체 A, 1.0   ③ 기체 B, 0.5

④ 기체 B, 1.0   ⑤ 기체 B, 1.5

[07~08] 원소 A와 B가 반응하여 AB_2를 생성한다. (단, B 원자의 상대적 질량은 16이다.)

07 A와 B의 화학 반응식이 $A + B_2 \longrightarrow AB_2$이고, AB_2의 화학식량이 44라면 A와 B의 상대적 질량비는?

① 3 : 2   ② 3 : 4   ③ 3 : 8
④ 5 : 4   ⑤ 7 : 4

08 132 g의 AB_2를 만들기 위해 필요한 A와 B의 질량을 옳게 짝지은 것은?

	A	B		A	B
①	60 g	72 g	②	52 g	80 g
③	46 g	86 g	④	36 g	96 g
⑤	28 g	104 g			

09 그림은 마그네슘(Mg)과 구리(Cu)를 가열하여 연소시 켰을 때 반응한 산소(O_2)와 각 금속의 질량을 나타낸 것이다.

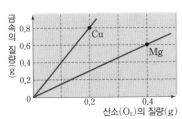

이에 대한 설명으로 옳지 <u>않은</u> 것은? (단, 구리를 연소시켜 산화 구리(Ⅱ)(CuO)를 얻는다.)

① 구리와 산소는 4 : 1의 질량비로 반응한다.
② 1.2 g의 마그네슘과 반응하는 산소의 질량은 0.8 g이다.
③ 2.0 g의 산화 구리(Ⅱ)를 만들기 위해서는 1.6 g의 구리가 필요하다.
④ 같은 양의 산소와 반응하는 구리의 질량은 마그네슘의 질량보다 3배 이상 크다.
⑤ 산소 0.5 g을 모두 반응시키는 데 필요한 구리와 마그네슘의 양은 각각 2.0 g, 0.75 g이다.

10 표는 철과 산소가 결합하여 산화 철(Ⅲ)이 생성될 때의 질량 관계를 나타낸 것이다.

철의 질량(g)	0	0.5	1.0	1.5	2.0
산화 철(Ⅲ)의 질량(g)	0	0.7	1.4	2.1	2.8

이에 대한 설명으로 옳지 <u>않은</u> 것은?

① 철과 산소의 반응 질량비는 5 : 7이다.
② 이를 통해 일정 성분비 법칙을 확인할 수 있다.
③ 철의 질량과 철과 결합하는 산소의 질량은 항상 비례한다.
④ 4.2 g의 산화 철(Ⅲ)을 만들기 위해 1.2 g의 산소가 필요하다.
⑤ 산화 철(Ⅲ)의 질량은 반응하는 철과 산소의 질량을 합한 것과 같다.

11 그림은 산소 기체와 수소 기체의 부피를 달리하여 반응시킬 때 남은 기체의 부피를 측정하여 나타낸 것이다.

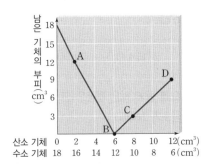

이에 대한 설명으로 옳지 <u>않은</u> 것은?

① A점에서 남은 기체는 수소 $12\ cm^3$이다.
② B점으로 보아 산소와 수소의 반응 부피비는 1 : 2이다.
③ C점에서 남은 기체는 산소 $3\ cm^3$이다.
④ D점에서 남은 기체는 산소 $9\ cm^3$이다.
⑤ A, D점의 남은 기체끼리 반응시키면 수소 $3\ cm^3$가 남는다.

[12~13] 표는 삼산화 황(SO_3) 기체를 생성하는 반응에서 이산화 황(SO_2) 기체와 산소(O_2) 기체의 부피 관계를 나타낸 것이다.

실험	반응 전 기체의 부피(mL)		남아 있는 기체의 종류와 부피(mL)
	SO_2	O_2	
1	6	8	O_2, 5
2	10	4	SO_2, 2

12 이 반응의 화학 반응식으로 옳은 것은?

① $SO_2 + O_2 \longrightarrow SO_3$

② $SO_2 + O_2 \longrightarrow 2SO_3$

③ $2SO_2 + O_2 \longrightarrow SO_3$

④ $2SO_2 + 2O_2 \longrightarrow SO_3$

⑤ $2SO_2 + O_2 \longrightarrow 2SO_3$

13 황 원자의 상대적 질량이 32, 산소 원자의 상대적 질량이 16일 때 위 반응에서 이산화 황과 산소의 반응 질량비는?

① 2 : 1   ② 3 : 1   ③ 4 : 1

④ 3 : 2   ⑤ 2 : 3

14 다음은 이산화 탄소 기체를 생성하는 반응의 화학 반응식을 나타낸 것이다.

$$2CO + O_2 \longrightarrow 2CO_2$$

이에 대한 설명으로 옳지 <u>않은</u> 것은? (단, 원자의 상대적 질량은 탄소가 12, 산소가 16이다.)

① 반응물은 일산화 탄소와 산소이다.

② 4부피의 이산화 탄소를 생성하려면 2부피의 산소 기체가 필요하다.

③ 이산화 탄소를 생성하기 위해 필요한 일산화 탄소와 산소의 질량비는 7 : 4이다.

④ 176 g의 이산화 탄소를 생성하기 위해 필요한 일산화 탄소의 질량은 64 g이다.

⑤ 이산화 탄소를 생성하는 데 필요한 기체의 분자 수는 일산화 탄소가 산소의 2배이다.

15 다음은 수소 기체와 산소 기체가 반응하여 수증기를 생성하는 반응을 정리하여 나타낸 것이다.

화학 반응식	$2H_2 + O_2 \longrightarrow 2H_2O$
원자의 상대적 질량	H : 1, O : 16
질량비(수소 : 산소 : 수증기)	(가)
부피비(수소 : 산소 : 수증기)	(나)

이에 대한 설명으로 옳은 것을 |보기|에서 모두 고른 것은?

|보기|
ㄱ. 수증기를 구성하는 수소와 산소의 질량비는 1 : 16이다.
ㄴ. (가)는 1 : 8 : 9이다.
ㄷ. (나)는 1 : 8 : 9이다.

① ㄱ   ② ㄴ   ③ ㄷ   ④ ㄱ, ㄴ   ⑤ ㄴ, ㄷ

16 (가)는 과산화 수소의 분해 반응, (나)는 암모니아의 생성 반응을 나타내는 화학 반응식이다.

(가) (㉠)$H_2O_2 \longrightarrow 2H_2O + O_2$
(나) $N_2 + (㉡)H_2 \longrightarrow (㉢)NH_3$

이에 대한 설명으로 옳은 것을 |보기|에서 모두 고른 것은? (단, ㉠~㉢은 자연수이다.)

|보기|
ㄱ. ㉠+㉡+㉢=7이다.
ㄴ. (가)에서 기체 반응 법칙이 성립한다.
ㄷ. (나)에서 일정 성분비 법칙이 성립한다.

① ㄱ   ② ㄴ   ③ ㄱ, ㄷ

④ ㄴ, ㄷ   ⑤ ㄱ, ㄴ, ㄷ

17 그림은 10 %의 아이오딘화 칼륨 수용액 6 mL가 들어 있는 시험관 6개(A~F)에 각각 10 %의 질산 납 수용액의 양을 다르게 하여 넣어주었을 때 생성된 앙금의 높이를 나타낸 것이다. 이에 대한 설명으로 옳지 <u>않은</u> 것은?

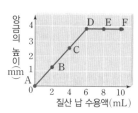

① 생성된 앙금의 색은 노란색이다.

② 생성된 앙금은 아이오딘화 납이다.

③ 아이오딘과 납 사이에는 일정한 질량비가 성립한다.

④ 질산 납 수용액을 가할 때 앙금의 높이가 계속 증가하지 않는다.

⑤ 아이오딘화 이온과 납 이온이 1 : 1의 개수비로 결합하여 앙금을 생성한다.

❶ 에너지를 방출하는 반응

(1) 발열 반응 : 화학 반응이 일어날 때 주변으로 에너지를 방출하는 반응 ➡ 주변의 온도가 높아진다.

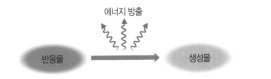

(2) 발열 반응의 예

① 연료의 연소 반응 : 연료가 연소할 때 방출하는 에너지를 이용하여 자동차를 움직이거나 난방을 한다.

② 호흡 : 포도당과 산소가 반응할 때 방출하는 에너지를 이용하여 체온을 유지하거나 생명 활동을 한다.

③ 즉석 발열 도시락 : 산화 칼슘과 물이 반응할 때 방출하는 에너지를 이용하여 도시락을 데운다.

④ 산과 염기의 반응 : 산과 염기가 반응할 때 방출하는 에너지에 의해 온도가 높아진다.

　⑩ 염산과 수산화 나트륨 수용액의 반응

⑤ 금속과 산의 반응 : 금속과 산이 반응할 때 방출하는 에너지에 의해 온도가 높아진다.

⑥ 금속이 녹스는 반응 : 금속이 산소와 반응할 때 에너지를 방출하고 산화되어 녹이 슨다.

　⑩ 철과 산소의 반응

⑦ 석고 붕대 : 석고를 묻힌 붕대를 물에 적시면 굳는 동안 주변으로 열이 방출된다.

| 연료의 연소 반응 | 즉석 발열 도시락 |
| 산과 염기의 반응 | 금속이 녹스는 반응 |

❷ 에너지를 흡수하는 반응

(1) 흡열 반응 : 화학 반응이 일어날 때 주변에서 에너지를 흡수하는 반응 ➡ 주변의 온도가 낮아진다.

(2) 흡열 반응의 예

① 열분해 : 탄산수소 나트륨이 열에너지를 흡수하면 분해되어 이산화 탄소 기체를 생성한다.

② 식물의 광합성 : 식물은 빛에너지를 흡수하여 물과 이산화 탄소를 합성하고 양분을 얻는다.

③ 염화 암모늄과 수산화 바륨의 반응 : 염화 암모늄과 수산화 바륨이 반응할 때는 주변으로부터 에너지를 흡수한다.

④ 질산 암모늄과 물의 반응 : 질산 암모늄이 물에 녹을 때는 주변으로부터 에너지를 흡수한다.

⑤ 소금과 얼음물의 반응 : 소금이 얼음물에 녹을 때는 주변으로부터 에너지를 흡수한다.

| 열분해 | 식물의 광합성 |
| 질산 암모늄과 물의 반응 | 소금과 얼음물의 반응 |

염화 암모늄과 수산화 바륨의 반응

수산화 바륨
＋
염화 암모늄

나무판　물

• 물로 적신 나무판 위에 비커를 올려놓고 염화 암모늄과 수산화 바륨을 넣어 섞는다. 이때, 두 물질이 반응하며 주위로부터 열을 흡수할 때 나무판 위의 물이 얼게 된다. 따라서 비커와 나무판을 함께 들어 올릴 수 있다.

01 다음은 식물의 호흡과 광합성 과정을 간단하게 나타낸 것이다.

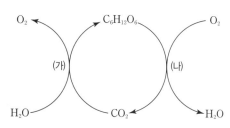

이에 대한 설명으로 옳은 것을 |보기|에서 모두 고른 것은?

| 보기 |
ㄱ. (가) 과정에서 에너지를 흡수한다.
ㄴ. (가) 과정을 통해 식물이 양분을 생성한다.
ㄷ. (나) 과정에서 방출되는 에너지는 생명 활동에 사용된다.

① ㄱ   ② ㄴ   ③ ㄱ, ㄷ
④ ㄴ, ㄷ   ⑤ ㄱ, ㄴ, ㄷ

02 그림은 염산(가)과 수산화 나트륨 수용액(나)을 섞어 물(다)이 생성되는 반응을 입자 모형으로 나타낸 것이다. 반응한 염산과 수산화 나트륨 수용액의 온도는 같다.

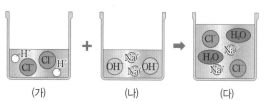

이에 대한 설명으로 옳은 것을 |보기|에서 모두 고른 것은?

| 보기 |
ㄱ. (가)와 (나)보다 (다)의 온도가 높다.
ㄴ. 금속이 녹는 반응과 에너지 출입 과정이 같다.
ㄷ. 이 반응이 일어날 때 반응물 사이에 일정한 부피비가 성립한다.

① ㄱ   ② ㄴ   ③ ㄷ
④ ㄱ, ㄴ   ⑤ ㄴ, ㄷ

03 다음은 메테인에 대한 설명을 나타낸 것이다.

메테인은 유기물이 습한 환경에서 분해되면서 발생하거나, 소나 양의 트림이나 방귀에서 발생하는 기체이다. 메테인은 천연 가스의 주성분으로 완전 연소 시 물과 이산화 탄소, 그리고 열에너지를 발생하므로 연료로 사용한다.

이에 대한 설명으로 옳은 것을 |보기|에서 모두 고른 것은?

| 보기 |
ㄱ. 메테인이 연소할 때 주변의 온도가 높아진다.
ㄴ. 메테인이 연소할 때 주변에서 에너지를 흡수한다.
ㄷ. 메테인의 연소 시 생성된 물질들의 에너지보다 반응하는 물질들의 에너지가 크다.

① ㄱ   ② ㄴ   ③ ㄱ, ㄷ
④ ㄴ, ㄷ   ⑤ ㄱ, ㄴ, ㄷ

04 다음은 풍식이가 빵을 만드는 과정에 대한 내용을 나타낸 것이다.

(가) 풍식이는 빵을 만들기 위해 밀가루, 설탕, 베이킹파우더를 넣고 반죽을 만든 후 질량을 측정하였다.
(나) 반죽을 오븐에 넣고 구웠더니 빵이 점점 부풀어 올랐다.
(다) 완성된 빵의 질량을 측정하였다.

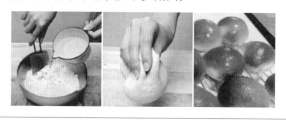

이에 대한 설명으로 옳은 것을 |보기|에서 모두 고른 것은?

| 보기 |
ㄱ. 베이킹파우더의 주성분은 탄산수소 나트륨이다.
ㄴ. (나) 과정에서 반죽이 열에너지를 방출하면서 빵이 부풀어 오른다.
ㄷ. (가)에서 측정한 질량보다 (다)에서 측정한 질량이 크다.

① ㄱ   ② ㄴ   ③ ㄱ, ㄷ
④ ㄴ, ㄷ   ⑤ ㄱ, ㄴ, ㄷ

서술형 문제

01 다음은 식빵을 만드는 과정을 나타낸 것이다.

> **[식빵 만드는 과정]**
> ① 강력분, 드라이이스트, 설탕, 달걀, 소금, 물, 우유를 혼합한 다음 마른 가루가 보이지 않으면 버터를 넣고 섞습니다.
> ② 반죽을 그릇에 담아 물 스프레이를 뿌린 후 랩을 씌워 2배~2.5배로 부풀 때까지 1차 발효합니다.(50~60분)
> ③ 발효된 반죽을 꺼내어 분할한 다음 밀대로 밀어 모양을 만들어 주세요.
> ④ 연결 부위를 손가락으로 봉합해 봉합면이 아래로 놓이게 식빵 틀에 넣어 2차 발효합니다.
> ⑤ 반죽이 식빵 틀 높이까지 부풀면 2차 발효를 마치고 예열된 오븐에서 구워 냅니다.

과정 ①~⑤를 각각 물리 변화와 화학 변화로 나누고, 그렇게 생각한 까닭을 서술하시오.

 KEY 물질의 성질

---

02 그림 (가)는 클립을, (나)는 (가)를 편 것을, (다)는 (가)에 녹이 생긴 것을 나타낸 것이다.

(가)　　　　(나)　　　　(다)

(가)에 자석을 가까이 가져가면 (가)는 자석에 끌려온다. (나)와 (다)에 각각 자석을 가까이 가져갔을 때 나타나는 변화를 물질의 변화를 근거로 서술하시오.

 KEY 물리 변화, 화학 변화

---

03 그림은 여러 종류의 스타이로폼 공과 나무 막대를 이용하여 만든 수소(H₂) 분자 모형 4개와 산소(O₂) 분자 모형 3개를 나타낸 것이다.

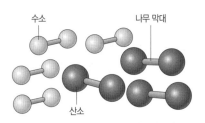

이 모형을 이용해 물(H₂O) 분자 모형을 만드는 과정에 대한 학생들의 의견 중 옳지 <u>않은</u> 내용을 말한 학생을 고르고, 옳은 내용으로 고쳐 쓰시오. (단, 나무 막대의 수는 충분하다.)

> 풍식 : 위의 수소와 산소 분자 모형은 반응물에 해당해.
> 풍돌 : 이 모형을 이용하여 물 분자 모형을 최대로 만들면 수소 분자 모형 1개가 남아.
> 풍순 : 물 분자를 만드는 반응의 화학 반응식을 나타내면 $2H_2 + O_2 \longrightarrow 2H_2O$야.

 KEY 수소 분자 2개+산소 분자 1개 $\longrightarrow$ 물 분자 2개

---

04 다음 글은 과학 수사에 사용되는 어떤 물질 변화에 대한 설명을 나타낸 것이다.

> 영화나 드라마 속 과학 수사 과정을 살펴보면 깨끗한 벽이나 바닥에 미지의 액체를 고루 분사한 후 불을 끄고 기다리면 지워진 혈액 자국을 따라 형광 빛이 나타나곤 한다. 이때 사용되는 루미놀 용액은 루미놀 가루와 과산화 수소로 이루어져 있으며, 혈액 속의 성분이 루미놀 가루와 과산화 수소가 서로 반응하도록 하여 형광 빛이 발생하는 것이다.

이와 관련된 물질 변화의 종류를 쓰고, 그렇게 생각한 까닭을 서술하시오.

 KEY 화학 변화의 증거

05 다음은 질량 보존 법칙을 증명하기 위한 풍식이의 실험을 나타낸 것이다.

(가) 그림과 같이 윗접시저울의 한쪽에는 강철 솜을, 다른 한쪽에는 추를 놓아 수평을 맞춘다.
강철 솜
(나) 추를 그대로 놓고 강철 솜을 연소시킨다.

이와 같이 실험을 진행하였더니 저울이 수평을 유지하지 않아 질량 보존 법칙을 증명하지 못하였다. 질량 보존 법칙을 증명하기 위해 실험을 어떻게 수정해야 하는지 그렇게 생각한 까닭과 함께 서술하시오.

 산소와 결합, 밀폐된 환경

06 수소 기체와 산소 기체의 혼합 기체에 전기 불꽃을 튀겨주면 물이 생성된다. 반응 후의 모형을 직접 그리고, 그렇게 생각한 까닭을 서술하시오.

 일정 성분비 법칙

07 그림 (가)~(다)는 물, 산화 마그네슘, 산화 구리(Ⅱ)가 생성될 때 반응하는 원소의 질량비를 각각 나타낸 것이다.

| 물 | 산화 마그네슘 | 산화 구리(Ⅱ) |
| (가) | (나) | (다) |

수소, 마그네슘, 구리 12 g씩을 각각 충분한 양의 산소와 반응시켰을 때 생성된 화합물을 질량이 작은 것부터 차례대로 쓰고, 그렇게 생각한 까닭을 서술하시오.

 산소의 비율

08 우주 여행을 하던 중 물이 부족해진 풍식이는 수소와 산소를 이용하여 물을 만들어 보기로 하였다. 물은 수소와 산소로 만들 수 있으며, 물 9 g을 만들기 위해서는 수소 1 g이 필요하다. 풍식이가 물 5.4 kg을 만들

기 위해 필요한 수소와 산소의 질량을 구하고, 그 과정을 화학 법칙과 관련지어 서술하시오.

 질량 보존 법칙, 일정 성분비 법칙

09 그림은 산화 마그네슘을 생성하는 과정에서 반응하는 마그네슘과 산소의 질량 관계를 나타낸 것이다. 밀폐된 용기에서 마그네슘 10 g과 산소 6 g을 연소시킬 때 생성된 산화 마그네슘의 질량과 남

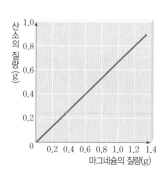

은 물질의 종류와 질량, 용기 안 물질의 총질량을 구하는 과정과 함께 서술하시오.

 질량 보존 법칙, 일정 성분비 법칙

10 그림은 큰 블록과 작은 블록을 이용하여 만든 서로 다른 두 화합물의 모형을 나타낸 것이다. 일정량의 작은 블록과 결합할 수 있는 (가)와 (나)의

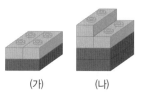

(가) (나)

큰 블록의 질량비를 구하고, 그 과정을 서술하시오.

 일정 성분비 법칙

11 다음은 대기 오염 물질인 이산화 질소(NO_2) 기체가 생성되는 과정에 대한 설명을 나타낸 것이다.

> 안정한 기체인 질소(N_2)와 산소(O_2)는 대기 중에서 반응하지 않으며, 자동차 엔진 내부의 고온·고압 환경에서는 두 기체가 반응하여 일산화 질소(NO) 기체가 생성되고, 생성된 일산화 질소(NO) 기체는 다시 산소(O_2) 기체와 반응하여 이산화 질소(NO_2) 기체를 생성한다.

일산화 질소(NO) 기체와 이산화 질소(NO_2) 기체가 생성될 때 반응물과 생성물의 부피비를 구하고, 그렇게 생각한 까닭을 서술하시오.

기체 반응 법칙, 계수비＝부피비

12 다음은 서로 다른 기체를 산소 기체와 반응시키는 실험을 나타낸 것이다.

> Ⅰ. 일산화 탄소 기체 40 mL와 산소 기체 30 mL를 넣어 반응시킨다.
> Ⅱ. 수소 기체 20 mL와 산소 기체 50 mL를 넣어 반응시킨다.

반응 후 기체의 부피를 비교하고, 그 과정을 서술하시오. (단, Ⅰ과 Ⅱ 모두 기체 반응 법칙이 성립한다.)

$2CO+O_2 \longrightarrow 2CO_2$, $2H_2+O_2 \longrightarrow 2H_2O$

13 다음은 풍식이가 이산화 황 기체를 만들며 기록한 메모를 나타낸 것이다.

> • 이산화 황(SO_2) 기체를 만드는 화학 반응식
> $S+O_2 \longrightarrow SO_2$
> • 따라서 황(S) 10 mL와 산소 10 mL로 이산화 황 10 mL를 만들 수 있다.

이 메모에서 오류를 찾고, 그렇게 생각한 까닭을 서술하시오.

기체 반응 법칙 ⇨ 반응물과 생성물 모두 기체

14 풍식이는 진한 황산을 묽은 황산으로 묽히기 위해 진한 황산이 담긴 비커에 물을 부으려 했다. 이때, 장풍이가 풍식이에게 약병의 위험 사항을 가리키며, 진한 황산을 묽은 황산으로 만들기 위해서는 다량의 물에 진한 황산을 조금씩 넣어주어야 한다고 말했다. 이처럼 진한 황산에 물을 직접 넣으면 위험한 까닭을 열에너지의 이동과 관련지어 서술하시오.

발열 반응

15 다음은 화학 반응을 활용한 오토바이 헬멧에 대한 설명을 나타낸 것이다.

> 매우 빠른 속도로 달리는 오토바이는 사고의 위험성 때문에 헬멧을 써야 한다. 영국에서 개발한 급속냉각 헬멧은 사고가 났을 때 뇌의 손상을 보호하기 위해 질산 암모늄과 물이 들어 있는 2개의 팩이 내장되어 있다. 두 팩은 사고가 났을 때 가해지는 충격에 의해 반응하여 뇌의 온도가 높아지는 것을 방지한다.

이 헬멧에서 이용한 화학 반응의 에너지 이동 방향과 주변의 온도 변화를 쓰고, 이 반응과 같은 방향으로 에너지가 이동하는 예를 한 가지만 서술하시오.

흡열 반응, 에너지 흡수

16 실온에서 얼음이 들어 있는 알루미늄 볼에 우유가 담긴 볼을 넣어 저어주면 조금 시원해지기만 할 뿐, 큰 변화가 나타나지 않는다. 하지만 얼음에 소금을 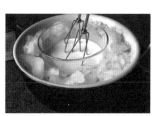 뿌려준 뒤 우유가 담긴 볼을 넣어 저어주면 우유가 얼어 아이스크림을 만들 수 있다. 이러한 현상이 나타나는 까닭을 서술하시오.

흡열 반응

❶ 기권

(1) 기권 : 지구 표면에서 약 1000 km까지의 대기로 둘러싸여 있는 영역

(2) 기권의 층상 구조 : 기권은 높이에 따른 기온 변화를 기준으로 4개의 층으로 구분

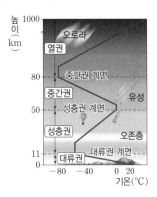

구조	특징
열권	• 높이 올라갈수록 기온이 높아짐 • 공기가 매우 희박하고, 낮과 밤의 기온 차가 매우 큼 • 고위도 지방에서 오로라가 나타남 • 인공위성의 궤도로 이용
중간권	• 높이 올라갈수록 기온이 낮아짐 • 대류는 일어나지만 공기 중 수증기가 거의 없음 ➡ 기상 현상 ✕ • 상층 부분에서 유성이 나타남
성층권	• 높이 올라갈수록 기온이 높아짐 • 대기가 안정하여 대류가 일어나지 않음 ➡ 비행기 항로로 이용 • 성층권 하부에 오존층(20 km~30 km)이 존재 ➡ 자외선 흡수
대류권	• 높이 올라갈수록 기온이 낮아짐 • 대류가 일어나고, 공기 중 수증기가 많음 ➡ 기상 현상 ○

❷ 복사 평형

(1) 복사 에너지 : 물체의 표면에서 빛의 형태로 방출되는 에너지

① 태양 복사 에너지 : 태양이 방출하는 복사 에너지

② 지구 복사 에너지 : 지구가 방출하는 복사 에너지

(2) 복사 평형 : 흡수하는 복사 에너지양과 방출하는 복사 에너지양이 같아 온도가 일정하게 유지되는 상태

① 복사 평형이 일어나는 까닭 : 물체에 복사 에너지가 공급되면 물체는 그 에너지를 흡수하여 온도가 높아지고, 온도가 높아짐에 따라 물체가 방출하는 에너지양도 증가한다. 시간이 지나 방출하는 에너지양이 흡수하는 에너지양과 같아지면 물체의 온도는 더 이상 변하지 않고, 일정하게 유지된다.

② 지구의 복사 평형 : 지구가 흡수하는 태양 복사 에너지양(대기 흡수 17 %＋구름 흡수 3 %＋지표 흡수 50 %)＝지구가 방출하는 지구 복사 에너지양(70 %)

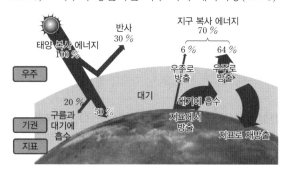

❸ 온실 효과

(1) 온실 효과 : 대기 중의 수증기, 이산화 탄소, 메테인 등이 지구 복사 에너지를 흡수했다가 지표로 재방출하여 지구의 평균 온도를 높이는 현상

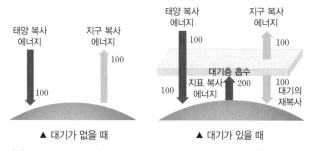

▲ 대기가 없을 때　　　▲ 대기가 있을 때

(2) 온실 기체 : 지구 복사 에너지를 흡수하여 온실 효과를 일으키는 기체

❹ 지구 온난화

(1) 지구 온난화 : 온실 효과의 증가로 지구의 평균 기온이 높아지는 현상

(2) 지구 온난화의 발생 원인 : 산업 혁명 이후 화석 연료 사용량 증가 ➡ 대기 중 이산화 탄소의 양 증가 ➡ 온실 효과로 지구의 평균 기온 상승

(3) 지구 온난화의 영향

① 해수면 상승

② 육지 면적 감소

③ 기상 이변 발생

(4) 지구 온난화의 대응책 : 주요 온실 기체의 배출량을 줄이고, 삼림을 보존한다.

학교 시험 문제

[01~03] 그림은 기권의 층 상 구조를 나타낸 것이다.

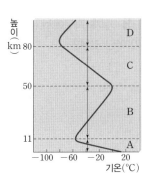

01 A~D층의 이름을 순서대로 옳게 짝지은 것은?

	A	B	C	D
①	대류권	중간권	성층권	열권
②	대류권	성층권	중간권	열권
③	성층권	중간권	열권	대류권
④	성층권	열권	중간권	대류권
⑤	열권	중간권	대류권	성층권

02 A층에서 높이 올라갈수록 기온이 낮아지는 까닭으로 옳은 것은?

① 오존층이 자외선을 흡수하기 때문이다.
② 태양 에너지를 직접 흡수하기 때문이다.
③ 구름이 만들어지면서 기온이 낮아지기 때문이다.
④ 온실 효과를 일으키는 기체가 많아지기 때문이다.
⑤ 지표의 복사 에너지가 위로 갈수록 적게 전달되기 때문이다.

03 A~D층의 특징으로 옳지 않은 것을 모두 고르면?

① A층에서는 높이 올라가도 기압이 일정하다.
② B층에는 오존층이 존재한다.
③ C층은 대류가 일어난다.
④ D층은 비행기의 항로로 이용된다.
⑤ 고위도 지방의 D층에서는 오로라가 나타난다.

04 높은 산에 올라갈 때는 여름철에도 두꺼운 옷을 입는 것이 좋다. 그 까닭으로 가장 옳은 것은?

① 높은 산은 기압이 낮기 때문이다.
② 등반하는 동안 에너지를 소모하기 때문이다.
③ 높이 올라갈수록 공기 밀도가 작아지기 때문이다.
④ 높은 산에서는 수증기가 물방울로 변하기 때문이다.
⑤ 높이 올라갈수록 지표에서 방출되는 에너지가 적게 도달하기 때문이다.

05 그림은 지구에 도달하는 태양 복사 에너지와 지구가 방출하는 지구 복사 에너지를 나타낸 것이다.

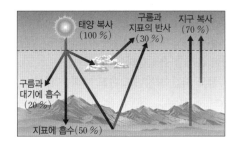

이에 대한 설명으로 옳은 것을 |보기|에서 모두 고른 것은?

|보기|
ㄱ. 구름과 지표 등에 의해 반사되는 태양 복사 에너지는 30 %이다.
ㄴ. 지구는 흡수한 태양 복사 에너지와 같은 양의 지구 복사 에너지를 방출한다.
ㄷ. 지구에 도달하는 태양 복사 에너지가 100이므로 지구 복사 에너지도 100이다.

① ㄱ   ② ㄷ   ③ ㄱ, ㄴ
④ ㄴ, ㄷ   ⑤ ㄱ, ㄴ, ㄷ

06 그림 (가)는 대기가 없을 때, (나)는 대기가 있을 때의 복사 평형을 나타낸 것이다.

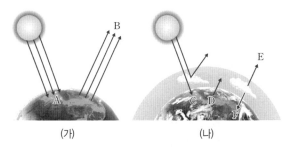

각 복사 에너지의 크기를 비교한 것으로 옳은 것은? (단, 태양에서 방출되어 지구에 도달하는 에너지양은 변함없다.)

① A<B   ② A>C   ③ B<C
④ B=E   ⑤ D<F

07 그림과 같이 적외선등에서 10 cm 떨어진 곳에 표면을 검게 칠한 알루미늄 컵을 설치하고 3분 간격으로 컵 속의 온도를 측정하였다.

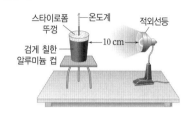

컵 내부의 온도 변화에 대한 설명으로 옳은 것은?

① 온도는 시간이 지날수록 계속 낮아진다.
② 온도는 시간이 지날수록 계속 높아진다.
③ 처음에는 온도가 낮아지다가 어느 정도 시간이 지나면 일정한 온도를 유지한다.
④ 처음에는 온도가 높아지다가 어느 정도 시간이 지나면 일정한 온도를 유지한다.
⑤ 어느 정도 시간이 지나도 온도 변화는 없다.

[08~09] 그림과 같이 준비한 스타이로폼 상자를 햇빛이 잘 비치는 곳에 설치한 후 일정한 시간 간격으로 온도를 측정하였다.

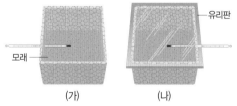

08 이에 대한 설명으로 옳지 <u>않은</u> 것은?

① (가)는 달, (나)는 지구에 비유할 수 있다.
② (가)보다 (나)가 더 높은 온도까지 높아진다.
③ 온실 효과의 원리를 알아보기 위한 실험이다.
④ (가)와 (나) 모두 어느 순간부터는 온도가 일정하게 유지된다.
⑤ (가)는 복사 평형이 나타나지만, (나)는 복사 평형이 나타나지 않는다.

09 실제 지구에서 (나)의 유리판과 같은 역할을 하는 기체가 <u>아닌</u> 것은?

① 질소   ② 오존   ③ 메테인
④ 수증기   ⑤ 이산화 탄소

10 지구 온난화가 지속될 때 나타날 것으로 예상되는 현상으로 옳지 <u>않은</u> 것은?

① 큰 태풍이나 홍수가 자주 발생할 것이다.
② 우리나라의 열대야 일수가 늘어날 것이다.
③ 섬들은 가라앉지만 대륙은 넓어질 것이다.
④ 일부 지역에서는 사막화 현상이 악화될 것이다.
⑤ 우리나라에서도 아열대 식물들이 자라게 될 것이다.

11 그림은 대기 중 이산화 탄소의 평균 농도 변화와 지구의 평균 기온 변화를 나타낸 것이다.

이에 대한 설명으로 옳은 것을 | 보기 | 에서 모두 고른 것은?

| 보기 |
ㄱ. 산림 훼손은 대기 중 이산화 탄소의 농도를 높이는 원인이 된다.
ㄴ. 대기 중 이산화 탄소의 농도가 높을수록 지구의 평균 기온이 높아진다.
ㄷ. 이산화 탄소의 농도가 높아지면 대기가 지표로 재복사하는 에너지양이 많아진다.

① ㄱ   ② ㄷ   ③ ㄱ, ㄴ
④ ㄴ, ㄷ   ⑤ ㄱ, ㄴ, ㄷ

❶ 대기 중의 수증기

(1) 포화 상태 : 어떤 온도에서 공기가 수증기를 최대로 많이 포함한 상태

(2) 포화 수증기량(g/kg) : 포화 상태의 공기 1 kg 속에 포함되어 있는 수증기의 양을 g으로 나타낸 것

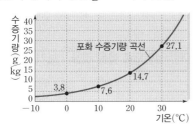

(3) 수증기의 응결 : 공기 중의 수증기가 물방울로 변하는 현상 ⑩ 이슬, 안개, 김 서린 안경

(4) 이슬점 : 공기 중의 수증기가 응결하기 시작할 때의 온도로, 현재 수증기량이 많을수록 이슬점이 높다.

❷ 상대 습도

(1) 습도 : 공기가 건조하거나 습한 정도

(2) 상대 습도 : 현재 기온의 포화 수증기량에 대한 현재 공기의 실제 수증기량의 비를 백분율(%)로 나타낸 것

$$상대 습도(\%) = \frac{현재 공기의 실제 수증기량(g/kg)}{현재 기온의 포화 수증기량(g/kg)} \times 100$$

(3) 상대 습도의 변화

① 기온이 일정할 때 : 공기 중에 포함된 수증기량이 많아지면 상대 습도가 높아진다.

② 현재 수증기량이 일정할 때 : 기온이 낮아지면 포화 수증기량이 감소하여 상대 습도가 높아진다.

③ 맑은 날 하루 동안의 기온, 이슬점, 상대 습도의 변화 : 기온이 높아지면 포화 수증기량이 증가하여 상대 습도가 낮아진다. ➡ 기온과 상대 습도는 대체로 반대로 나타난다.

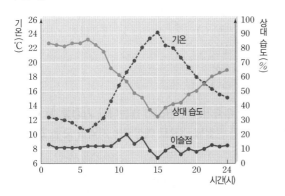

❸ 구름

(1) 단열 팽창 : 공기가 외부와 열을 교환하지 않고 부피가 팽창하는 것

(2) 구름 : 공기 덩어리가 상승하여 기온이 이슬점 이하로 낮아지면 수증기가 응결하여 물방울이 되는데, 이러한 물방울이나 얼음 알갱이가 모여 하늘에 떠 있는 것

(3) 구름의 생성 과정 : 공기 덩어리 상승 → 단열 팽창 → 기온 하강 → 이슬점 도달 → 수증기 응결 → 구름 생성

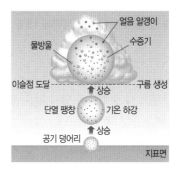

(4) 공기가 상승하는 경우

① 공기가 산을 타고 오를 때
② 지표의 일부분이 강하게 가열될 때
③ 기압이 낮은 곳으로 공기가 모여들 때
④ 찬 공기와 따뜻한 공기가 만날 때

❹ 강수

(1) 강수 : 대기 중의 물이 비나 눈 등의 형태로 지표에 떨어진 것

(2) 강수 과정

① 저위도 지역 : 구름 속의 크고 작은 물방울들이 부딪치고 뭉쳐져서 큰 물방울이 되어 지표로 떨어져 비가 된다. ➡ 병합설

② 중위도나 고위도 지역 : 구름 속에서 수증기가 얼음 알갱이에 달라붙어 얼음 알갱이가 커지고 무거워져 녹지 않고 떨어지면 눈이 되고, 떨어지는 도중에 따뜻한 대기층을 통과하여 녹으면 비가 된다. ➡ 빙정설

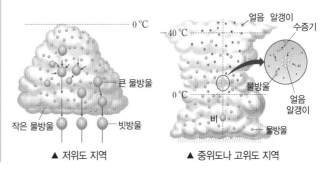

▲ 저위도 지역   ▲ 중위도나 고위도 지역

01 불포화 상태에서 공기가 냉각될 때 포화 상태에 도달하여 수증기가 응결하기 시작하는 온도를 무엇이라고 하는가?

① 응결점 ② 증발점 ③ 포화점
④ 이슬점 ⑤ 수증기점

02 다음은 포화 상태와 불포화 상태에 대해 실험한 내용을 나타낸 것이다.

> 두 개의 페트리 접시에 같은 양의 물을 가득 담은 뒤, 한쪽은 수조로 덮고 다른 한쪽은 덮지 않은 채 바람이 잘 통하는 곳에 며칠 동안 놓아 두었다.
>
>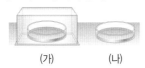
>
> (가)   (나)

충분한 시간이 흐른 후 (가)와 (나)에 대한 설명으로 옳은 것을 |보기|에서 모두 고른 것은?

> |보기|
> ㄱ. 더 큰 수조를 이용하면 (가)에서 줄어드는 물의 양이 많아진다.
> ㄴ. (나)에서는 수증기로 날아가는 물 분자 수보다 물속으로 들어오는 분자 수가 많다.
> ㄷ. 페트리 접시에 남은 물의 양은 (가)가 (나)보다 많다.

① ㄱ ② ㄴ ③ ㄱ, ㄷ
④ ㄴ, ㄷ ⑤ ㄱ, ㄴ, ㄷ

03 포화 수증기량과 이슬점에 대한 설명으로 옳지 않은 것은?

① 현재 온도가 높아질수록 이슬점은 높아진다.
② 현재 수증기량이 많을수록 상대 습도가 높아진다.
③ 이슬이나 안개는 흐린 날보다 맑은 날 아침에 더 잘 발생한다.
④ 불포화 상태의 공기가 이슬점 이하로 냉각되면 수증기가 응결된다.
⑤ 현재 수증기량이 포화 수증기량과 같아질 때의 온도를 이슬점이라고 한다.

[04~05] 그림은 기온에 따른 포화 수증기량 곡선을 나타낸 것이다.

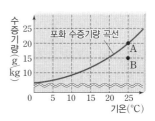

04 이에 대한 설명으로 옳은 것을 |보기|에서 모두 고른 것은?

> |보기|
> ㄱ. A 공기는 포화 상태이다.
> ㄴ. A와 B의 포화 수증기량은 다르다.
> ㄷ. A와 B는 기온이 같아 이슬점이 같다.

① ㄱ ② ㄴ ③ ㄱ, ㄷ
④ ㄴ, ㄷ ⑤ ㄱ, ㄴ, ㄷ

05 B 공기의 상대 습도는 몇 %인가?

① 20 % ② 40 % ③ 75 %
④ 80 % ⑤ 100 %

06 표는 저녁 8시 현재의 기온과 이슬점, 내일 예상 최저 기온을 나타낸 것이다.

지역	서울	전주	부산	인천	평창
현재의 기온(℃)	9	11	12	10	6
현재의 이슬점(℃)	0	3	2	−1	−2
내일 예상 최저 기온(℃)	−2	4	3	0	−5

공기 중의 수증기량이 변하지 않는다고 가정할 때 내일 이슬이나 서리가 관찰될 것으로 예상되는 지역을 모두 고르면?

① 서울 ② 전주 ③ 부산
④ 인천 ⑤ 평창

07 그림은 어느 날 하루 동안의 기온, 상대 습도, 이슬점 변화를 나타낸 것이다.

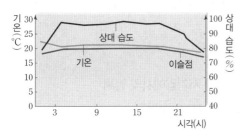

이에 대한 설명으로 옳은 것을 │보기│에서 모두 고른 것은?

│보기│
ㄱ. 이날은 구름 없는 맑은 날이다.
ㄴ. 하루 동안 공기 중의 수증기량 변화가 작다.
ㄷ. 한낮에는 기온이 높아서 상대 습도가 낮게 나타난다.

① ㄱ　　　　　② ㄴ　　　　　③ ㄱ, ㄷ
④ ㄴ, ㄷ　　　　⑤ ㄱ, ㄴ, ㄷ

08 그림은 구름이 만들어지는 과정을 나타낸 것이다. 이에 대한 설명으로 옳지 않은 것은?

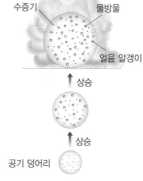

① 이와 같은 현상은 상승 기류가 강할수록 잘 일어난다.
② 상승 과정에서 부피는 팽창하고, 기온은 낮아진다.
③ 기온이 이슬점까지 낮아지면 수증기가 응결하기 시작한다.
④ 공기가 팽창할 때 에너지를 소모하기 때문에 기온이 낮아진다.
⑤ 공기가 상승하면 주변 기압이 높아지기 때문에 부피가 팽창한다.

09 적운형 구름과 층운형 구름에 대한 설명으로 옳은 것을 모두 고르면?

① 적운형 구름은 수평으로 발달하는 구름이다.
② 층운형 구름은 수직으로 발달하는 구름이다.
③ 공기의 상승 운동이 강하면 층운형 구름이 생긴다.
④ 적운형 구름은 단기간에 좁은 지역에 강한 비를 내린다.
⑤ 서로 다른 모양의 구름이 생기는 원인은 공기의 상승 속도가 다르기 때문이다.

10 그림은 구름 생성 장치를 이용하여 구름 만들기 실험을 하는 모습을 나타낸 것이다. 이에 대한 설명으로 옳은 것은?

① 공기 펌프를 누르면 내부의 압력이 낮아진다.
② 이 실험을 통해 병합설의 원리를 알 수 있다.
③ 향 연기를 넣으면 수증기가 더 많이 응결한다.
④ 밸브를 열어 공기를 빼내면 내부의 온도가 높아진다.
⑤ 공기 펌프를 누르면 내부에서 수증기의 응결이 나타난다.

11 그림은 중위도나 고위도 지역에서 형성되는 구름의 모습을 나타낸 것이다.

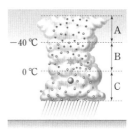

이에 대한 설명으로 옳은 것을 │보기│에서 모두 고른 것은?

│보기│
ㄱ. 빙정설을 설명하는 그림이다.
ㄴ. B층에서는 얼음 알갱이에 수증기가 달라붙는다.
ㄷ. A층에서는 눈이 만들어지고, C층에서는 비가 만들어진다.

① ㄱ　　　　　② ㄷ　　　　　③ ㄱ, ㄴ
④ ㄴ, ㄷ　　　　⑤ ㄱ, ㄴ, ㄷ

12 저위도 지역에서 강수 현상이 잘 일어나기 위한 조건으로 가장 옳은 것은?

① 구름 내부에 얼음 알갱이가 존재해야 한다.
② 구름 내부의 온도가 0 ℃보다 낮아야 한다.
③ 구름을 이루는 물방울의 크기가 다양해야 한다.
④ 구름 속 물방울들의 낙하 속도가 비슷해야 한다.
⑤ 구름 내부에서 하강 기류가 강하게 나타나야 한다.

03 기압과 날씨

❶ 기압과 바람

(1) 기압 : 공기가 단위 넓이($1 m^2$)에 작용하는 힘
- 기압의 단위 : hPa(헥토파스칼), cmHg

(2) 바람 : 두 지점 사이 기압 차이 때문에 기압이 높은 곳에서 낮은 곳으로 수평 방향으로 이동하는 공기의 흐름

① 해륙풍 : 해안에서 하루를 주기로 풍향이 바뀌는 바람

구분	해풍(낮)	육풍(밤)
	상승 / 하강 / 따뜻한 공기 / 찬 공기	하강 / 상승 / 찬 공기 / 따뜻한 공기
기온	육지 > 바다	육지 < 바다
기압	육지 < 바다	육지 > 바다
풍향	바다 → 육지	육지 → 바다

② 계절풍 : 대륙과 해양 사이에서 1년을 주기로 풍향이 바뀌는 바람

❷ 기단과 전선

(1) 기단 : 넓은 대륙이나 해양에 오래 머물러 지표면의 영향을 받아 기온과 습도 등의 성질이 비슷해진 큰 공기 덩어리

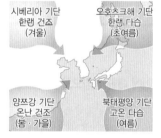

시베리아 기단
한랭 건조
(겨울)

오호츠크해 기단
한랭 다습
(초여름)

양쯔강 기단
온난 건조
(봄·가을)

북태평양 기단
고온 다습
(여름)

▲ 우리나라에 영향을 주는 기단

(2) 전선

① 전선면 : 성질이 다른 두 기단이 만나서 생기는 경계면

② 전선 : 전선면이 지표면과 만나는 경계선

③ 전선의 종류
- 한랭 전선과 온난 전선

구분	한랭 전선 (▲▲▲▲)	온난 전선 (⌒⌒⌒⌒)
형성 과정	전선의 이동 방향 / 찬 공기 / 따뜻한 공기 / 소나기	전선의 이동 방향 / 따뜻한 공기 / 찬 공기 / 비
구름	적운형 구름	층운형 구름
강수	전선 뒤 좁은 지역 소나기	전선 앞 넓은 지역 지속적인 비
통과 후 기온	낮아짐	높아짐

- 폐색 전선 : 이동 속도가 빠른 한랭 전선이 느린 온난 전선을 따라잡아 겹쳐질 때 생기는 전선

- 정체 전선 : 찬 기단과 따뜻한 기단의 세력이 비슷하여 한 곳에 오랫동안 머무르며 생기는 전선 예 장마 전선

❸ 고기압과 저기압에서의 날씨

(1) 고기압과 저기압(북반구)

구분	고기압	저기압
	고	저
정의	주변보다 기압이 높은 곳	주변보다 기압이 낮은 곳
바람	시계 방향으로 불어 나감	시계 반대 방향으로 불어 들어감
중심	하강 기류	상승 기류
날씨	구름이 없고 맑음	흐리고 비나 눈

(2) 온대 저기압 : 우리나라와 같은 중위도 지역에서 북쪽의 찬 기단과 남쪽의 따뜻한 기단이 만나 한랭 전선과 온난 전선이 함께 나타나는 저기압

저기압의
중심
적운형 / 층운형
찬 기단 / 비 / 따뜻한 기단 / 비 / 찬 기단
한랭 전선 / 온난 전선

① 한랭 전선 뒤 : 기온이 낮고, 좁은 지역에 소나기, 적운형 구름 발달

② 한랭 전선과 온난 전선 사이 : 기온이 높고, 맑은 날씨

③ 온난 전선 앞 : 기온이 낮고, 넓은 지역에 지속적인 비, 층운형 구름 발달

(3) 계절별 일기도

① 봄, 가을철 : 이동성 고기압과 저기압으로 인해 날씨가 자주 변함

② 여름철 : 북태평양 기단으로 인해 덥고 습한 날씨, 남고 북저형의 기압 배치

③ 겨울철 : 시베리아 기단으로 인해 춥고 건조한 날씨, 서고동저형의 기압 배치

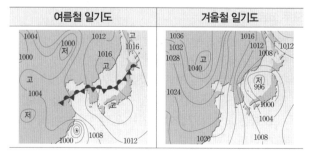

여름철 일기도	겨울철 일기도

01 지표면에서부터 높이에 따른 기압의 변화를 나타낸 그래프로 옳은 것은?

①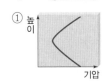

②

③

④

⑤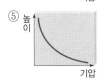

02 그림은 같은 시간 같은 장소에서 서로 다른 모양의 유리관을 이용하여 기압을 측정하는 모습을 나타낸 것이다.

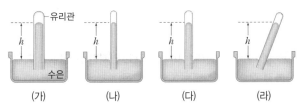

이에 대한 설명으로 옳은 것을 | 보기 | 에서 모두 고른 것은?

| 보기 |
ㄱ. 수은 기둥의 높이(h)는 (가) < (다) < (나)이다.
ㄴ. 기압이 높아지면 수은 기둥의 높이는 낮아진다.
ㄷ. (라)의 기울기를 줄여도 수은 기둥의 높이는 변하지 않는다.

① ㄱ   ② ㄷ   ③ ㄱ, ㄴ
④ ㄴ, ㄷ   ⑤ ㄱ, ㄴ, ㄷ

03 그림과 같이 고기압과 저기압에서 공기의 흐름을 알아보기 위해 물의 높이가 다른 두 수조를 연결하였다.

이에 대한 설명으로 옳지 <u>않은</u> 것은?

① 바람이 부는 원리를 알기 위한 실험이다.
② A는 고기압, B는 저기압인 지역에 해당한다.
③ 이 실험에서 물 분자는 공기 분자에 해당한다.
④ 꼭지를 열면 물은 A 수조에서 B 수조로 이동한다.
⑤ 물의 이동은 양쪽 수조의 열용량 차이에 의해 나타나는 현상이다.

04 그림은 어느 해안 지방에서 부는 바람을 나타낸 것이다. 이에 대한 설명으로 옳은 것은?

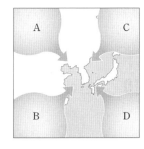

① 이 바람은 해풍이다.
② 낮에 부는 바람이다.
③ 1년을 주기로 풍향이 바뀐다.
④ 바다의 기온이 육지보다 높다.
⑤ 바다의 기압이 육지보다 높다.

05 기단에 대한 설명으로 옳지 <u>않은</u> 것은?

① 공기가 한 장소에서 오래 머물면 형성된다.
② 바다에서 형성된 기단은 습한 성질을 갖는다.
③ 저위도에서 형성된 기단은 따뜻한 성질을 갖는다.
④ 기온, 습도 등의 성질이 비슷한 큰 공기 덩어리이다.
⑤ 기단은 한 번 생성되면 소멸될 때까지 처음 성질을 유지한다.

[06~07] 그림은 우리나라에 영향을 미치는 기단을 나타낸 것이다.

06 건조한 기단을 옳게 짝지은 것은?

① A, B   ② A, C   ③ A, D
④ B, C   ⑤ B, D

07 장마 전선을 형성하는 기단을 옳게 짝지은 것은?

① A, B   ② A, C   ③ A, D
④ B, D   ⑤ C, D

08 그림은 어느 전선의 수직 단면도를 나타낸 것이다. 이 전선에 대한 설명으로 옳은 것은?

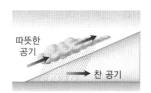

① 전선면의 기울기가 급하다.
② 찬 공기가 따뜻한 공기를 파고 든다.
③ 전선이 지나가고 나면 기온이 낮아진다.
④ 공기의 빠른 상승으로 적운형 구름이 생긴다.
⑤ 그림에서 전선은 왼쪽에서 오른쪽으로 이동한다.

09 한랭 전선과 온난 전선의 특징을 비교한 것으로 옳지 않은 것은?

	구분	한랭 전선	온난 전선
①	기호	▲▲▲	⌒⌒⌒
②	기울기	급함	완만함
③	구름	적운형	층운형
④	강수 구역	전선의 앞쪽 좁은 지역	전선의 뒤쪽 넓은 지역
⑤	이동 속도	빠름	느림

10 그림은 어느 날 우리나라 주변의 일기도를 나타낸 것이다.

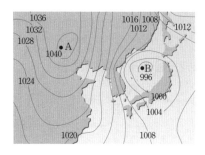

A와 B 지점에 대한 설명으로 옳지 않은 것은?

① 바람은 A 지점에서 B 지점으로 휘어져 분다.
② A 지점에서는 바람이 시계 방향으로 불어 나간다.
③ B 지점에서는 바람이 시계 반대 방향으로 불어 들어간다.
④ B 지점은 A 지점에 비해 날씨가 흐리다.
⑤ A 지점에서는 상승 기류, B 지점에서는 하강 기류가 발달한다.

[11~12] 그림은 어느 날 우리나라 부근에 온대 저기압이 통과할 때의 일기도를 나타낸 것이다.

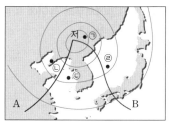

11 A와 B 전선의 모양을 나타낸 것으로 옳은 것은?

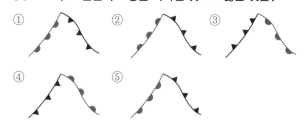

12 ㉠~㉣ 중 현재는 비가 내리고 있지만 곧 멈추고 기온이 올라갈 것으로 예상되는 지역으로 옳은 것은?

① ㉠, 온대 저기압 중심 ② ㉡, 한랭 전선 앞
③ ㉢, 한랭 전선 뒤 ④ ㉣, 온난 전선 뒤
⑤ ㉣, 온난 전선 앞

13 그림은 우리나라 어느 계절의 일기도를 나타낸 것이다.

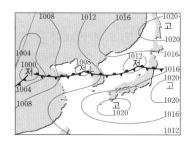

이에 대한 설명으로 옳은 것을 |보기|에서 모두 고른 것은?

|보기|
ㄱ. 남동 계절풍이 분다.
ㄴ. 양쯔강 기단의 영향을 받아 날씨의 변화가 잦다.
ㄷ. 전선은 한 곳에 오래 머물며 많은 양의 비를 뿌린다.

① ㄱ ② ㄴ ③ ㄱ, ㄷ
④ ㄴ, ㄷ ⑤ ㄱ, ㄴ, ㄷ

서술형 문제

 II. 기권과 날씨

01 기권은 높이에 따른 기온 변화를 기준으로 4개의 층으로 구분한다. 지표면에서 높이 올라갈수록 대류권의 기온은 어떻게 변하는지 그 까닭과 함께 서술하시오.

지표에서 방출되는 지구 복사 에너지

02 중간권은 대류는 일어나지만 기상 현상은 일어나지 않는다. 그 까닭을 기상 현상이 일어나기 위한 조건과 함께 서술하시오.

수증기 존재

03 지구는 태양으로부터 계속해서 복사 에너지를 받지만 연평균 기온이 계속 높아지지 않고 일정하게 유지된다. 그 까닭을 서술하시오.

흡수하는 태양 복사 에너지양,
방출하는 지구 복사 에너지양

04 그림은 태양 복사 에너지와 지구 복사 에너지를 나타낸 것이다.

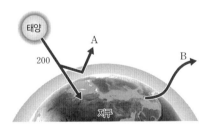

태양이 지구로 보내는 복사 에너지양을 200이라고 가정할 때 지구의 대기와 지표에서 반사하는 태양 복사 에너지양(A)과 지구가 방출하는 복사 에너지양(B)의 크기를 구하고, 과정을 서술하시오.

태양 복사 에너지 100, 반사 30, 방출 70

05 지구의 평균 기온은 대기가 없을 때보다 대기가 있을 때 더 높다. 그 까닭을 서술하시오.

온실 효과

06 그림 (가)는 복사 평형에 관한 실험 장치를 나타낸 것이고, (나)는 그 결과를 그래프로 나타낸 것이다.

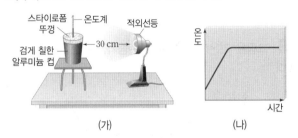

알루미늄 컵과 적외선등 사이의 거리를 지금보다 멀게 한다면, 그래프는 어떻게 달라지는지 그 까닭과 함께 서술하시오.

복사 평형, 온도

07 그림 (가)는 지구의 평균 기온 변화를 나타낸 것이고, (나)는 온실 기체의 농도 변화를 나타낸 것이다.

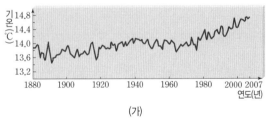

(가)

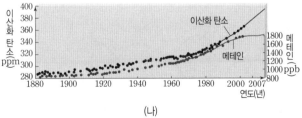

(나)

지구의 평균 기온 변화를 설명하고, 그 까닭을 온실 기체의 농도 변화와 관련지어 서술하시오.

온실 기체의 농도 증가

08 냉장고에 들어 있던 시원한 음료수 캔을 상온에 놓아두었더니 캔 표면에 물방울이 맺혔다. 물방울이 생긴 과정을 자세히 서술하시오.

 이슬점, 응결

09 그림은 기온에 따른 포화 수증기량 곡선을 나타낸 것이다.

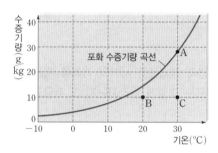

A~C의 상대 습도의 크기를 비교하고, 그렇게 생각한 까닭을 서술하시오.

 상대 습도(%)= $\dfrac{\text{현재 공기의 실제 수증기량(g/kg)}}{\text{현재 기온의 포화 수증기량(g/kg)}}$ × 100

10 그림은 맑은 날 하루 동안의 기온, 습도, 이슬점의 변화를 순서 없이 나타낸 것이다.

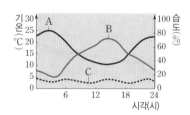

A~C가 각각 무엇인지 쓰고, 그렇게 생각한 까닭을 각각 서술하시오.

 습도, 기온, 이슬점

11 그림은 구름이 생성되는 과정을 알아보는 실험 장치를 나타낸 것이다.

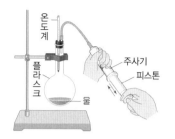

주사기의 피스톤을 잡아당겼을 때 둥근바닥 플라스크 내부의 부피, 기온, 상대 습도의 변화를 각각 서술하시오.

 이슬점 도달

12 그림과 같이 구름의 모양은 저마다 다르지만 구름의 밑면은 대체로 편평하다.

구름의 밑면이 대체로 편평하게 나타나는 까닭을 서술하시오.

 기온=이슬점 ⇨ 수증기 응결

13 우리나라와 같은 중위도 지역에서 내리는 비를 설명하는 강수 이론을 서술하시오.

 빙정설

14 해수면 근처 지역에서 길이가 1 m 정도 되는 유리관에 수은을 가득 채운 다음, 수은이 담긴 수조에 거꾸로 세우는 실험을 하였다. 이때 수은 기둥이 76 cm에서 멈추었다. 만약 이와 같은 실험을 높은 산 위에서 한다면 수은 기둥의 높이는 어떻게 달라지는지 그 까닭과 함께 서술하시오.

 높이 올라갈수록 기압이 낮아짐

15 그림 (가)~(다)는 토리첼리의 수은을 이용한 기압의 크기 측정 실험을 나타낸 것이다.

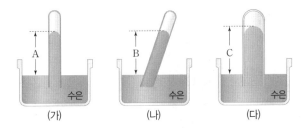

(가)   (나)   (다)

같은 장소에서 실험했을 때 (가)~(다)에서의 수은 기둥의 높이 A~C를 옳게 비교하고, 그렇게 생각한 까닭을 서술하시오.

 기압 일정

16 그림은 어느 해안가의 모습을 나타낸 것이다.

육지   바다

낮에 기압이 더 높은 곳은 어디인지 쓰고, 바람이 부는 방향을 그 까닭을 포함하여 서술하시오.

 해풍

17 그림은 우리나라에 영향을 주는 기단 A~D를 나타낸 것이다. 기단 A~D 중 한랭한 기단과 온난한 기단의 기호와 이름을 각각 쓰고, 그렇게 생각한 까닭을 서술하시오.

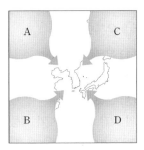

 고위도 한랭, 저위도 온난

18 그림은 온대 저기압의 단면을 나타낸 것이다.

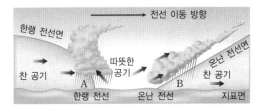

A와 B 지역의 기온, 발달하는 구름, 강수 형태에 대해 각각 서술하시오.

 적운형 구름, 층운형 구름, 소나기, 지속적인 비

19 그림 (가)와 (나)는 우리나라 어느 계절의 일기도를 나타낸 것이다.

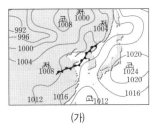   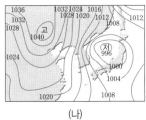

(가)   (나)

(가)와 (나)는 각각 어느 계절의 일기도인지 쓰고, 이때 우리나라 날씨에 영향을 미치는 기단은 무엇인지 각각 서술하시오.

 북태평양 기단, 시베리아 기단

중단원 개념 정리 01 운동

❶ 운동의 기록

(1) 운동 : 시간에 따라 물체의 위치가 변하는 현상

(2) 이동 거리 : 운동하는 동안 물체가 움직인 거리

(3) 속력 : 운동하는 물체의 빠르기를 나타내는 양으로, 단위 시간 동안 물체가 이동한 거리

① 속력의 단위 : m/s, km/h 등

$$\text{속력(m/s)} = \frac{\text{이동 거리(m)}}{\text{걸린 시간(s)}}$$

② 운동하는 물체의 빠르기 비교

• 같은 거리를 이동한 경우 : 걸린 시간이 짧을수록 더 빠르다.

• 같은 시간 동안 이동한 경우 : 이동 거리가 길수록 더 빠르다.

1분에 300 m를 달리는 조랑말	$300 \text{ m}/1\text{분} = \frac{300 \text{ m}}{60 \text{ s}} = 5 \text{ m/s}$
1분에 600 m를 달리는 자전거	$600 \text{ m}/1\text{분} = \frac{600 \text{ m}}{60 \text{ s}} = 10 \text{ m/s}$
5분에 600 m를 달리는 사람	$600 \text{ m}/5\text{분} = \frac{600 \text{ m}}{300 \text{ s}} = 2 \text{ m/s}$
빠르기 비교	자전거>조랑말>사람

③ 평균 속력 : 물체의 속력이 일정하지 않을 때, 물체가 이동한 전체 거리를 걸린 시간으로 나눈 값

$$\text{평균 속력(m/s)} = \frac{\text{전체 이동 거리(m)}}{\text{걸린 시간(s)}}$$

❷ 등속 운동

(1) 등속 운동 : 물체가 운동할 때 시간에 따라 속력이 일정한 운동

(2) 등속 운동을 하는 물체의 그래프

시간 – 이동 거리 그래프	시간 – 속력 그래프
기울기 = $\frac{\text{이동 거리}}{\text{시간}}$ = 속력	넓이 = 속력×시간 = 이동 거리
• 원점을 지나는 기울어진 직선 모양 • 기울기가 클수록 속력이 빠르다. • 이동 거리는 시간에 비례하여 증가한다.	• 시간축에 나란한 직선 모양 • 속력은 시간에 관계없이 일정하다.

(3) 등속 운동의 예 : 무빙워크, 컨베이어, 에스컬레이터 등

❸ 자유 낙하 운동

(1) 자유 낙하 운동 : 공기 저항이 없을 때 공중에 정지해 있던 물체가 중력만의 영향을 받아 아래로 떨어지는 운동

(2) 속력 변화 : 자유 낙하 운동을 하는 물체는 속력이 1초마다 9.8 m/s씩 증가

(3) 중력 가속도 상수 : 자유 낙하 운동을 하는 물체의 1초당 속력 변화량인 9.8을 중력 가속도 상수라고 한다.

(4) 중력의 크기 : 물체에 작용하는 중력의 크기는 물체의 무게와 같고 무게는 질량에 비례하므로, 9.8에 질량을 곱하여 구한다.

$$\text{중력의 크기(N)} = 9.8 \times \text{질량(kg)}$$

(5) 자유 낙하 운동을 하는 물체의 그래프

자유 낙하 운동을 하는 물체	물체 사이의 간격은 일정한 시간 동안 물체가 이동한 거리이므로, 속력을 나타낸다. ➡ 자유 낙하 운동을 하는 물체는 시간에 따라 속력이 일정하게 증가한다.
시간 – 속력 그래프	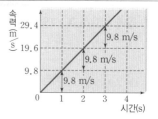

• 원점을 지나는 기울어진 직선 모양
• 속력이 매초 9.8 m/s씩 일정하게 증가하며, 속력 변화량이 9.8이므로 기울기가 9.8이다.

(6) 질량이 다른 물체의 자유 낙하 운동

쇠구슬과 깃털의 자유 낙하 운동	질량이 다른 두 공의 자유 낙하 운동
• 공기 중에서 쇠구슬과 깃털을 같은 높이에서 동시에 떨어뜨리면 쇠구슬이 깃털보다 바닥에 먼저 떨어진다. ➡ 쇠구슬보다 깃털이 공기 저항의 영향을 더 많이 받는다. • 진공 중에서 떨어뜨리면 쇠구슬과 깃털이 동시에 떨어진다.	• 같은 높이에서 동시에 자유 낙하하는 모든 물체는 종류나 모양, 질량에 관계없이 속력이 1초에 약 9.8 m/s씩 증가한다. ➡ 질량이 다른 볼링공과 야구공을 같은 높이에서 동시에 떨어뜨리면 두 공은 지면에 동시에 도달한다.

01 다음 중 속력이 가장 빠른 것은?

① 시속 80 km로 달리는 타조
② 1초에 30 m를 달리는 치타
③ 1분에 1000 m를 달리는 사자
④ 100 m를 10초에 달리는 육상 선수
⑤ 500 m를 35초에 달리는 스피드 스케이팅 선수

02 길이가 200 m인 기차가 길이가 400 m인 다리를 건널 때, 기차가 50 m/s의 속력으로 다리를 완전히 통과하는 데 걸리는 시간은 몇 초인가?

① 4초　　　　② 8초　　　　③ 12초
④ 16초　　　　⑤ 20초

[03~04] 그림은 수평면에서 움직이는 수레의 운동을 기록한 종이테이프를 속력의 변화에 따라 (가)~(다)의 세 구간으로 나누어 나타낸 것이다.

03 이에 대한 설명으로 옳지 <u>않은</u> 것은?

① 타점 사이의 시간 간격은 같다.
② (가) 구간에서 수레의 속력은 감소한다.
③ (나) 구간에서 수레는 등속 운동을 한다.
④ (다) 구간에서 타점 사이의 간격이 점점 넓어진다.
⑤ 종이테이프의 각 구간을 잘라 세로로 붙이면 시간 – 이동 거리 그래프가 된다.

04 그림과 같이 수레의 속력이 변하였을 때, A~C 각 구간에서의 수레의 운동과 이를 기록한 (가)~(다)의 종이테이프를 옳게 짝지은 것은?

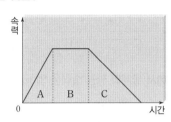

	A	B	C		A	B	C
①	(가)	(나)	(다)	②	(가)	(다)	(나)
③	(나)	(가)	(다)	④	(다)	(가)	(나)
⑤	(다)	(나)	(가)				

[05~06] 그림은 직선상에서 움직이는 물체의 운동을 시간 기록계를 이용하여 종이테이프에 기록한 것이다.

05 이 물체의 운동을 나타낸 그래프로 옳은 것을 <u>모두</u> 고르면?

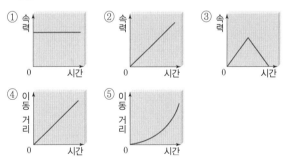

06 이 물체와 같은 운동을 하는 경우가 <u>아닌</u> 것은?

① 케이블카　　　② 무빙워크　　　③ 엘리베이터
④ 에스컬레이터　　⑤ 스키장의 리프트

07 그림은 1초에 60타점을 찍는 시간기록계를 이용하여 물체의 운동을 기록한 종이테이프를 나타낸 것이다.

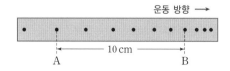

운동 방향 →

10 cm

A   B

A와 B 사이에서 물체의 평균 속력은 몇 m/s인가?

① 1 m/s   ② 2 m/s   ③ 3 m/s
④ 4 m/s   ⑤ 5 m/s

08 그림은 직선상에서 움직이는 물체 A와 B의 시간에 따른 속력을 나타낸 것이다.

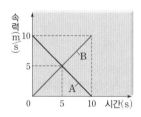

이에 대한 설명으로 옳은 것을 │보기│에서 모두 고른 것은?

│보기│
ㄱ. A와 B는 5초 후에 만난다.
ㄴ. 10초 동안 A와 B가 이동한 거리는 같다.
ㄷ. 10초 동안 A와 B의 평균 속력은 다르다.

① ㄱ   ② ㄴ   ③ ㄱ, ㄷ
④ ㄴ, ㄷ   ⑤ ㄱ, ㄴ, ㄷ

09 자유 낙하 운동에 대한 설명으로 옳은 것은? (단, 공기 저항은 무시한다.)

① 중력을 받지 않고 운동한다.
② 1초에 9.8 m/s씩 속력이 증가한다.
③ 자유 낙하 하는 물체는 다중 섬광 사진에서 간격이 일정하게 나타난다.
④ 자유 낙하 하는 물체의 속력은 물체의 자유 낙하 운동 시간에 반비례한다.
⑤ 같은 높이에서 질량이 각각 1 kg, 5 kg인 두 물체를 동시에 떨어뜨리면 5 kg인 물체가 더 빨리 떨어진다.

10 그림은 공중에 정지해 있던 질량이 2 kg인 물체가 중력의 영향을 받아 아래로 떨어지는 운동을 하는 것을 시간−속력 그래프로 나타낸 것이다.

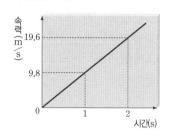

이에 대한 설명으로 옳은 것을 │보기│에서 모두 고른 것은? (단, 공기 저항은 무시한다.)

│보기│
ㄱ. 물체는 자유 낙하 운동을 한다.
ㄴ. 물체의 속력은 1초에 9.8 m/s씩 증가한다.
ㄷ. 질량이 2배인 물체로 실험을 하면 그래프의 기울기는 2배가 된다.

① ㄱ   ② ㄴ   ③ ㄷ
④ ㄱ, ㄴ   ⑤ ㄴ, ㄷ

11 그림은 질량이 서로 다른 쇠구슬과 깃털을 각각 공기 중과 진공 중에서 낙하하는 모습을 순서 없이 나타낸 것이다.

(가)   (나)

이에 대한 설명으로 옳은 것을 │보기│에서 모두 고른 것은? (단, 공기 중과 진공 중에서 사용한 쇠구슬과 깃털의 종류는 같다.)

│보기│
ㄱ. (가)는 공기 중, (나)는 진공 중이다.
ㄴ. (가)에서 쇠구슬과 깃털에 작용하는 중력의 크기가 같다.
ㄷ. (나)에서 쇠구슬보다 깃털에 작용하는 공기 저항력이 크다.

① ㄱ   ② ㄴ   ③ ㄷ
④ ㄱ, ㄴ   ⑤ ㄴ, ㄷ

02 일과 에너지

❶ 과학에서의 일

(1) 과학에서의 일 : 물체에 힘이 작용하여 그 힘의 방향으로 물체를 이동시키는 것

(2) 물체에 한 일의 양 : 물체에 작용한 힘의 크기와 물체가 힘의 방향으로 이동한 거리의 곱으로 구한다.

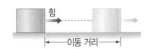

$$일의 양(J)=힘(N)\times이동\ 거리(m)$$

(3) 일의 단위 : J(줄)

(4) 과학에서 일을 하지 않은 경우(＝일의 양이 0인 경우)

물체에 작용한 힘이 0일 때	물체가 이동한 거리가 0일 때	힘과 물체의 이동 방향이 수직일 때
• 마찰이 없는 수평면에서 물체가 등속 운동을 할 때 • 무중력 상태인 우주 공간에서 우주선이 등속 운동을 할 때	• 벽이나 큰 바위를 미는 것처럼 힘이 작용해도 물체가 움직이지 않을 때 • 역기를 들고 가만히 서 있을 때	• 책 등의 물건을 들고 수평 방향으로 걸어갈 때 • 인공위성과 같이 등속 원운동을 할 때

❷ 일과 에너지의 관계

(1) 에너지 : 일을 할 수 있는 능력으로, 에너지의 크기는 물체가 할 수 있는 일의 양과 같다.

(2) 에너지의 단위 : J(줄) ➡ 일의 단위와 같다.

(3) 일과 에너지의 관계 : 에너지는 일로, 일은 에너지로 전환될 수 있다.

① 물체가 일을 했을 때 : 물체가 한 일의 양만큼 에너지 감소

② 물체에 일을 해 주었을 때 : 물체가 받은 일의 양만큼 에너지 증가

❸ 중력에 의한 위치 에너지

(1) 중력에 대해 한 일(물체를 들어 올릴 때 한 일) : 물체를 일정한 속력으로 들어 올리기 위해서는 중력과 크기가 같고 방향이 반대인 힘이 물체에 계속 작용해야 한다.

$$중력에 대해 한 일(J)=물체의 무게(N)\times들어 올린 높이(m)$$

(2) 중력에 의한 위치 에너지 : 중력이 작용하는 곳에서 어떤 높이에 있는 물체가 가지는 에너지

• 중력에 의한 위치 에너지의 크기 : 질량이 $m(kg)$인 물체를 $h(m)$만큼 들어 올릴 때 한 일의 양

$$중력에 의한 위치 에너지(J)=9.8\times질량(kg)\times높이(m)$$
$$E_{위치}=9.8mh\ (단위 : J)$$

(3) 중력에 의한 위치 에너지와 질량 및 높이의 관계

중력에 의한 위치 에너지와 질량의 관계	중력에 의한 위치 에너지와 높이의 관계
위치 에너지 (높이 : 일정) / 질량	위치 에너지 (질량 : 일정) / 높이
물체의 높이가 일정할 때 중력에 의한 위치 에너지는 질량에 비례한다. ➡ 질량이 클수록 물체의 중력에 의한 위치 에너지가 커진다.	물체의 질량이 일정할 때 중력에 의한 위치 에너지는 높이에 비례한다. ➡ 물체를 들어 올린 높이가 높을수록 물체의 중력에 의한 위치 에너지가 커진다.

(4) 중력에 의한 위치 에너지와 일의 관계 : 중력에 의한 위치 에너지는 일로, 일은 중력에 의한 위치 에너지로 서로 전환된다.

① 물체를 들어 올릴 때 한 일＝물체의 증가한 위치 에너지

② 물체가 낙하할 때 한 일＝물체의 감소한 위치 에너지

❹ 운동 에너지

(1) 운동 에너지 : 운동하는 물체가 가지고 있는 에너지

• 운동 에너지의 크기 : 질량이 $m(kg)$인 물체가 속력 $v(m/s)$로 운동하고 있을 때 가지는 운동 에너지

$$운동 에너지(J)=\frac{1}{2}\times질량(kg)\times속력^2(m/s)^2$$
$$E_{운동}=\frac{1}{2}mv^2\ (단위 : J)$$

(2) 운동 에너지와 질량 및 속력의 관계

운동 에너지와 질량의 관계	운동 에너지와 (속력)²의 관계
운동 에너지 (속력 : 일정) / 질량	운동 에너지 (질량 : 일정) / (속력)²
물체의 속력이 일정할 때 운동 에너지는 질량에 비례한다. ➡ 질량이 클수록 물체의 운동 에너지가 커진다.	물체의 질량이 일정할 때 운동 에너지는 (속력)²에 비례한다. ➡ 물체의 속력이 빠를수록 물체의 운동 에너지가 커진다.

(3) 운동 에너지와 중력이 한 일(물체가 자유 낙하 할 때 한 일)의 관계 : 중력이 한 일의 양은 중력의 크기와 물체가 떨어진 높이의 곱으로 구한다.

$$중력이 한 일(J)=중력(N)\times떨어진 높이(m)$$

➡ 물체의 질량이 클수록, 물체가 낙하한 거리가 길수록 중력이 물체에 한 일의 양이 많아지므로 물체의 운동 에너지가 커진다.

01 과학에서의 일을 한 경우로 옳은 것은?

① 장풍이가 벽을 아주 힘껏 밀고 있다.

② 풍주가 김밥을 들고 4층까지 올라갔다.

③ 풍자가 실에 지우개를 매달아 빠르게 돌렸다.

④ 풍돌이가 교실에서 과학 문제를 열심히 풀고 있다.

⑤ 풍순이가 마찰이 없는 스케이트장에서 물체를 10 m 끌고 갔다.

02 과학에서 말하는 일의 양이 0인 경우로 옳은 것은?

① 가방을 들고 계단을 10 m 올라갔다.

② 3 kg의 물체를 10 N의 힘으로 2 m 밀고 갔다.

③ 5 kg의 가방을 1 m 높이의 책상 위로 들어 올렸다.

④ 인공위성이 지구 주위를 일정한 속력으로 돌고 있다.

⑤ 1 N의 힘으로 물체를 힘의 방향으로 1 m 이동시켰다.

03 그림과 같이 수평면 위에 질량이 1 kg인 책을 올려놓고 이 책에 용수철저울을 연결하여 수평 방향으로 1 m만큼 이동시켰다.

이때 용수철저울의 눈금이 3 N을 가리켰다면, 한 일의 양은 몇 J인가?

① 1 J   ② 3 J   ③ 6 J

④ 19.6 J   ⑤ 39.2 J

04 그림은 물체에 작용한 힘의 크기와 물체가 이동한 거리의 관계를 나타낸 것이다. 빗금 친 직사각형의 넓이가 나타내는 물리량으로 옳은 것은?

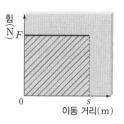

① 물체의 운동 시간

② 물체의 속력 변화

③ 물체의 위치 에너지

④ 물체의 탄성 에너지

⑤ 물체에 해 준 일의 양

05 그림은 높이가 다른 계단에 물체가 놓여 있는 모습을 나타낸 것이다.

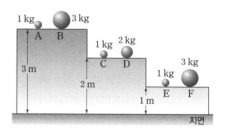

물체를 각각의 높이까지 올려놓을 때, 해야 하는 일의 양이 같은 것을 옳게 짝지은 것은?

① A, F   ② B, E   ③ C, D

④ D, E   ⑤ E, F

06 그림 (가)와 (나)는 어떤 물체에 작용한 힘과 물체가 이동한 거리의 관계를 나타낸 것이다.

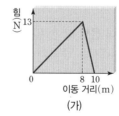 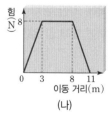

이에 대한 설명으로 옳지 <u>않은</u> 것을 <u>모두</u> 고르면?

① 그래프 아래의 넓이는 일의 양과 같다.

② (가)와 (나)에서 물체의 평균 속력은 같다.

③ (가)와 (나)에서 물체의 이동 방향은 다르다.

④ (가)와 (나)에서 물체에 한 일의 총 양은 다르다.

⑤ (가)와 (나)에서 물체가 8 m 이동했을 때까지의 일의 양은 같다.

07 풍주는 무게가 30 N인 물체를 1층에서 5층까지, 풍순이는 무게가 50 N인 물체를 2층에서 4층까지 운반하였다. 두 사람이 물체에 한 일의 양의 비(풍주 : 풍순)는? (단, 한 층의 높이는 같다.)

① 1 : 2　　　　② 2 : 3　　　　③ 3 : 5

④ 4 : 5　　　　⑤ 6 : 5

08 일과 에너지에 대한 설명으로 옳지 <u>않은</u> 것은?

① 에너지는 물리적인 일을 할 수 있는 능력이다.
② 물체가 일을 하면 한 일의 양만큼 에너지가 감소한다.
③ 일은 에너지로 전환될 수 있지만 에너지는 일로 전환될 수 없다.
④ 에너지의 크기는 물체가 할 수 있는 일의 양을 측정하여 구할 수 있다.
⑤ 물체에 일을 해 주었을 때 물체가 받은 일의 양만큼 물체의 에너지가 증가한다.

09 그림은 질량이 m인 동일한 쇠구슬 A와 B가 천장에 매달려 있는 모습을 나타낸 것이다

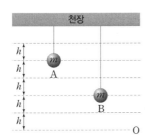

O를 기준으로 A와 B의 중력에 의한 위치 에너지를 각각 E_A, E_B라고 할 때, E_A와 E_B의 비($E_A : E_B$)는?

① 1 : 1　　　　② 1 : 2　　　　③ 1 : 4

④ 2 : 1　　　　⑤ 4 : 1

10 질량이 4 kg인 물체가 3 m 높이에 있을 때 중력에 의한 위치 에너지를 A, 질량이 2 kg인 물체가 1 m 높이에 있을 때 중력에 의한 위치 에너지를 B라고 하면, A는 B의 몇 배인가?

① 2배　　　　② 3배　　　　③ 4배

④ 5배　　　　⑤ 6배

11 다음 중 운동 에너지가 가장 큰 물체는?

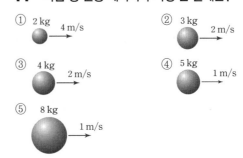

12 질량이 같은 두 물체 A와 B의 속력의 비가 1 : 2라면, A와 B의 운동 에너지의 비(A : B)는?

① 1 : 1　　　　② 1 : 2　　　　③ 1 : 4

④ 2 : 1　　　　⑤ 4 : 1

13 일직선상에서 정지해 있던 질량이 4 kg인 수레를 5 N의 힘으로 10 m만큼 밀어 주었다면, 수레의 속력은 몇 m/s인가?

① 5 m/s　　　　② 6 m/s　　　　③ 7 m/s

④ 8 m/s　　　　⑤ 9 m/s

01 그림은 일직선상에서 운동하는 어떤 물체의 시간에 따른 이동 거리를 나타낸 것이다. 시간에 따른 물체의 운동에 대해 구간별 속력과 함께 서술하시오.

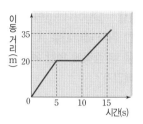

 이동 거리, 걸린 시간

02 표는 서울에서 부산까지 가는 기차의 시간표를 나타낸 것이다.

역 이름	서울	광명	대전	동대구	부산
출발 시간	11 : 00	11 : 16	12 : 03	12 : 49	13 : 42
앞 역으로부터의 거리(km)	0	23	139	128	130

서울에서 부산까지 기차의 평균 속력을 구하고, 풀이 과정을 서술하시오. (단, 속력의 단위는 km/h로 구하고, 소수점 첫째자리에서 반올림한다.)

 평균 속력= 전체 이동 거리 / 걸린 시간

03 그림은 등속 운동을 하는 공의 모습을 1초 간격으로 촬영한 다중 섬광 사진을 나타낸 것이다.

공 사이의 간격을 2배만큼 늘리기 위한 방법을 두 가지 서술하시오.

 다중 섬광 사진 촬영 간격, 공의 속력

04 그림은 우리 주변에서 볼 수 있는 움직이는 기구들을 나타낸 것이다.

에스컬레이터

무빙워크

컨베이어

리프트

이 기구들의 운동 상태와 다중 섬광 사진으로 기구 위에 있는 물체의 운동을 기록했을 때 나타나는 공통점을 각각 서술하시오.

 등속 운동

05 다음은 풍식이가 같은 높이에서 정지 상태에 있는 질량이 m인 볼링공과 질량이 $2m$인 바위의 자유 낙하 운동에 대해 가설을 세우는 과정을 나타낸 것이다.

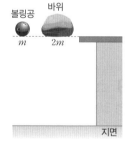

바위의 질량은 볼링공의 질량보다 2배 무겁다.
↓
볼링공보다 바위에 작용하는 중력의 크기가 2배 더 크다.
↓
자유 낙하를 할 때, 볼링공보다 바위의 속력 변화가 2배 더 크다.
↓
따라서 볼링공보다 바위가 먼저 지면에 떨어진다.

풍식이의 가설에 있는 오류를 옳게 고쳐 가설을 완성하시오. (단, 두 물체의 질량은 공기 저항을 무시할 수 있을 만큼 무겁다고 가정한다.)

 자유 낙하 운동 ⇨ 속력 변화 일정

06 그림 (가)와 같이 역도 선수가 역기를 들고 서 있는 경우와 (나)와 같이 공을 줄에 매달아 돌리는 경우, 과학에서는 일을 하지 않았다고 한다.

(가)   (나)

그 까닭을 각각 서술하시오.

 이동 거리, 수직

07 그림은 물체를 수평 방향으로 천천히 이동시키는 동안 작용한 힘과 이동 거리를 나타낸 것이다. 이 물체를 20 m 이동시키는 동안 한 일의 양을 구하고, 풀이 과정을 서술하시오.

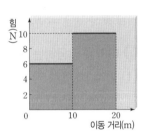

 한 일의 양(J)=힘(N)×이동 거리(m)

08 그림과 같이 지구 표면과 행성 X의 표면을 기준면으로 각각 다른 질량과 높이를 가진 물체 A~D가 놓여 있다.

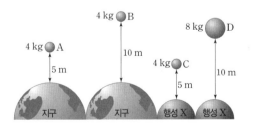

A~D의 중력에 의한 위치 에너지의 비를 비교하여 서술하시오. (단, 행성 X의 중력 크기는 지구의 $\frac{1}{2}$배이다.)

 중력에 의한 위치 에너지(J)=9.8×질량(kg)×높이(m)

09 그림과 같이 질량이 20 kg인 물체가 평평한 마루 바닥 위에 놓여 있다.

이 물체를 밀어서 이동시키는 데 4 N의 힘이 들었다면 이 물체를 10 m 밀고 간 후 다시 2 m 들어 올렸을 때 전체 한 일의 양을 구하고, 풀이 과정을 서술하시오.

 전체 한 일=이동시키는 데 한 일＋들어 올릴 때 한 일

10 그림과 같이 질량이 모두 다른 추를 줄에 매달아 말뚝을 박으려고 한다.

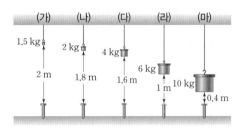

(가)~(마) 중 추가 떨어지면서 말뚝을 가장 깊게 박을 수 있는 것을 고르고, 그렇게 생각한 까닭을 서술하시오.

 중력에 의한 위치 에너지(J)=9.8×질량(kg)×높이(m)

11 표는 운동하는 자동차 (가)~(라)의 질량과 속력을 나타낸 것이다.

자동차	(가)	(나)	(다)	(라)
질량(kg)	200	300	400	500
속력(km/h)	40	30	30	20

자동차 (가)~(라) 중 제동 거리가 가장 긴 자동차를 고르고, 그렇게 생각한 까닭을 서술하시오. (단, 도로와 모든 자동차 사이의 마찰력은 일정하다고 가정하며, 제동 거리는 운전자가 브레이크를 밟은 뒤 자동차가 완전히 멈출 때까지 이동한 거리이다.)

 운동 에너지∝질량×속력²

❶ 시각을 담당하는 감각 기관

(1) **시각** : 눈에서 빛을 자극으로 받아들여 물체의 모양, 색깔, 거리 등을 느끼는 감각

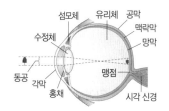

(2) **눈의 구조와 기능**

망막	물체의 상이 맺히는 곳으로, 시각 세포가 분포함
맹점	시각 신경이 모여 나가는 곳
섬모체	수정체의 두께를 조절
맥락막	검은색 막으로 빛의 산란을 막아주는 암실 기능을 함
홍채	동공의 크기를 변화시켜 눈으로 들어오는 빛의 양을 조절
수정체	볼록 렌즈와 같이 빛을 굴절시켜 망막에 상이 맺히게 함

(3) **물체를 보는 과정** : 빛 → 각막 → 수정체 → 유리체 → 망막의 시각 세포 → 시각 신경 → 뇌

(4) **눈의 밝기(명암) 조절**

밝을 때(빛의 양 많음)	어두울 때(빛의 양 적음)
홍채 확장 동공 축소 눈으로 들어오는 빛의 양 : 감소	홍채 축소 동공 확대 눈으로 들어오는 빛의 양 : 증가

(5) **눈의 거리(원근) 조절**

먼 곳을 볼 때	가까운 곳을 볼 때
섬모체 이완 수정체 얇아짐	섬모체 수축 수정체 두꺼워짐

❷ 청각과 평형 감각을 담당하는 감각 기관

(1) **청각** : 귀에서 공기의 진동을 자극으로 받아들여 소리로 인식하는 것

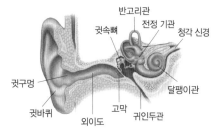

(2) **귀의 구조와 기능**

고막		소리에 의해 최초로 진동하는 얇은 막
귓속뼈		고막의 진동을 증폭시켜 달팽이관에 전달
귀인두관		고막 안쪽과 바깥쪽의 압력을 같게 조절
달팽이관		청각 세포가 분포하고, 청각 신경과 연결
평형 감각	반고리관	몸의 회전을 감지
	전정 기관	몸의 기울어짐을 감지

(3) **소리를 듣는 과정** : 소리(음파) → 귓바퀴 → 외이도 → 고막 → 귓속뼈 → 달팽이관의 청각 세포 → 청각 신경 → 뇌

❸ 후각을 담당하는 감각 기관

(1) **후각** : 코에서 공기 중에 있는 기체 상태의 화학 물질을 자극으로 받아들여 냄새를 느끼는 것

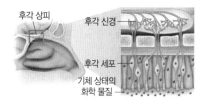

(2) **코의 구조와 기능**

후각 세포	기체 상태의 화학 물질을 자극으로 받아들임
후각 신경	후각 세포에서 받아들인 자극을 뇌로 전달

(3) **후각의 특징**

① 모든 감각 중 가장 예민하지만 쉽게 피로해진다.

② 특정 자극에 대해 피로해져도, 다른 자극에 대해 예민하다.

(4) **냄새를 맡는 과정** : 기체 상태의 화학 물질 → 후각 상피의 후각 세포 → 후각 신경 → 뇌

❹ 미각을 담당하는 감각 기관

(1) **미각** : 혀에서 액체 상태의 화학 물질을 자극으로 받아들여 맛을 느끼는 것

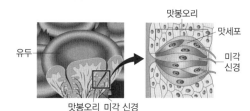

(2) **혀의 구조와 기능**

유두	혀 표면에 있는 좁쌀 모양의 돌기
맛봉오리	• 유두의 옆면에 있음 • 맛세포 : 액체 상태의 화학 물질을 자극으로 받아들여 미각 신경으로 전달
미각 신경	맛세포에서 받아들인 자극을 대뇌로 전달

(3) **맛을 느끼는 과정** : 액체 상태의 화학 물질 → 유두 → 맛봉오리의 맛세포 → 미각 신경 → 뇌

❺ 피부 감각을 담당하는 감각 기관

(1) **피부 감각** : 피부를 통해 압력, 통증, 온도 변화 등을 느끼는 것

(2) **감각점** : 압력, 통증, 온도 변화 등을 자극으로 받아들이는 부위

(3) **감각점의 분포 수** : 통점 > 압점 > 촉점 > 냉점 > 온점

(4) **피부 감각을 느끼는 과정** : 피부 자극 → 피부 감각점 → 피부 감각 신경 → 뇌

01 자극과 이 자극을 받아들이는 곳을 옳게 짝지은 것은?

	자극	부위
①	빛	맛봉오리
②	온도	압점
③	공기의 진동	달팽이관
④	기체 상태의 화학 물질	반고리관
⑤	액체 상태의 화학 물질	후각 상피

02 다음은 물체를 보는 과정을 나타낸 것이다.

> 빛 → 각막 → (A) → 유리체 → (B) → 시각 세포 → 시각 신경 → (C)

A~C에 들어갈 말을 옳게 짝지은 것은?

	A	B	C
①	홍채	망막	소뇌
②	수정체	망막	대뇌
③	수정체	홍채	중뇌
④	섬모체	홍채	중뇌
⑤	섬모체	맥락막	대뇌

[03~04] 그림은 사람 눈의 구조를 나타낸 것이다.

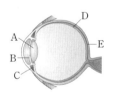

03 A~E의 이름을 옳게 짝지은 것은?

① A – 유리체 ② B – 섬모체 ③ C – 홍채
④ D – 망막 ⑤ E – 맹점

04 B의 기능에 대한 설명으로 옳은 것은?

① 빛을 굴절시킨다.
② 물체의 상이 맺힌다.
③ 빛의 산란을 막아준다.
④ 수정체의 두께를 조절한다.
⑤ 눈으로 들어오는 빛의 양을 조절한다.

05 그림은 사람의 눈에서 거리에 따른 조절 기능을 나타낸 것이다. (가), (나)에 해당하는 상황을 옳게 짝지은 것은?

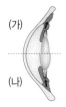

	(가)	(나)
①	먼 곳을 볼 때	가까운 곳을 볼 때
②	가까운 곳을 볼 때	먼 곳을 볼 때
③	밝은 곳을 볼 때	어두운 곳을 볼 때
④	어두운 곳을 볼 때	밝은 곳을 볼 때
⑤	선명한 화면을 볼 때	흐릿한 화면을 볼 때

06 밝은 복도에 있다가 어두운 영화관으로 들어갈 때 눈에서 일어나는 조절 작용에 대한 설명으로 옳은 것은?

① 동공이 커진다. ② 홍채가 늘어난다.
③ 각막이 두꺼워진다. ④ 섬모체가 수축한다.
⑤ 수정체가 두꺼워진다.

07 코의 구조와 후각에 대한 설명으로 옳지 <u>않은</u> 것은?

① 콧속의 윗부분에 후각 상피가 있다.
② 후각 상피의 후각 세포는 점액으로 덮여 있다.
③ 후각 신경은 후각 세포의 흥분을 대뇌로 전달한다.
④ 후각 세포는 액체 상태의 화학 물질을 자극으로 받아들인다.
⑤ 후각은 미각과 함께 작용하여 다양한 음식 맛을 느끼게 한다.

08 사람이 같은 냄새를 오랫동안 맡으면 그 냄새를 잘 느끼지 못하게 된다. 그 까닭으로 가장 옳은 것은?

① 후각 세포가 손상되기 때문이다.
② 후각 신경이 마비되기 때문이다.
③ 후각 세포의 밀도가 낮기 때문이다.
④ 후각 세포가 쉽게 피로해지기 때문이다.
⑤ 몸의 부위에 따라 분포하는 후각 세포의 수가 다르기 때문이다.

[09~12] 그림은 사람 귀의 구조를 나타낸 것이다.

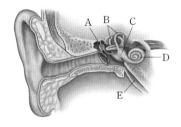

09 각 부분의 이름과 기능을 옳게 짝지은 것은?

① A – 귓속뼈 – 소리를 반고리관으로 전달해 준다.
② B – 반고리관 – 몸의 회전을 느낀다.
③ C – 귀인두관 – 소리에 의해 진동한다.
④ D – 달팽이관 – 고막 안쪽과 바깥쪽의 압력을 같게 한다.
⑤ E – 전정 기관 – 소리의 진폭을 크게 만든다.

10 높은 산에 올라가면 귀가 먹먹해진다. 이때 하품을 하거나 침을 삼키면 먹먹한 것이 사라진다. 이런 현상이 나타나는 까닭과 관련이 있는 부분은?

① A   ② B   ③ C   ④ D   ⑤ E

11 그림과 같이 판자를 기울였을 때 (가) 개구리는 고개를 들어 몸의 균형을 유지하였지만, (나) 개구리는 균형을 잡지 못하고 미끄러졌다.

(가)   (나)

(나) 개구리가 균형을 잡지 못하는 것과 관련이 있는 부분은?

① A   ② B   ③ C   ④ D   ⑤ E

12 롤러코스터를 탈 때 몸의 움직임 변화에 의한 자극을 받는 부분을 모두 고르면?

① A   ② B   ③ C   ④ D   ⑤ E

13 그림은 사람 혀의 구조를 나타낸 것이다.

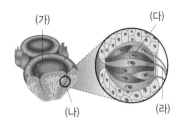

다음 글의 A와 B에 들어갈 구조의 기호와 이름을 옳게 짝지은 것은?

> 혀의 표면에는 좁쌀 모양의 작은 돌기가 있는데, 이를 (A)라 하고, (A)에서 받아들인 자극은 (B)를 통해 대뇌로 전달된다.

	A	B
①	(가) – 유두	(나) – 미각 신경
②	(가) – 유두	(라) – 미각 신경
③	(나) – 유두	(다) – 맛세포
④	(다) – 맛세포	(가) – 유두
⑤	(다) – 미각 신경	(라) – 맛세포

14 피부 감각이라고 할 수 없는 것은?

① 갑자기 뭔가 손에 닿는 느낌이 들었다.
② 비빔냉면을 먹었더니 입 안이 너무 매웠다.
③ 덜 익은 감을 먹었더니 떫은맛이 느껴졌다.
④ 어두운 영화관에서 밖으로 나오니 눈이 부셨다.
⑤ 꽁꽁 언 손을 찬물에 담갔더니 따뜻하게 느껴졌다.

15 피부 감각에 대한 설명으로 옳지 않은 것은?

① 감각점의 수가 많을수록 예민하다.
② 한 가지 감각점은 한 가지 감각만 느낀다.
③ 내장 기관에는 감각점이 분포하지 않는다.
④ 매운 것을 먹을 때 느끼는 감각은 피부 감각이다.
⑤ 온점과 냉점은 절대적인 온도가 아닌 상대적인 온도 변화를 느낀다.

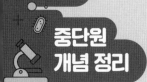

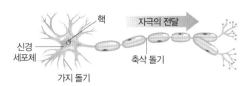

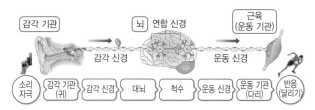

❶ 뉴런

(1) 뉴런 : 신경계를 구성하는 신경 세포로, 감각 기관에서 중추로, 중추에서 운동 기관으로 신호를 전달한다.

(2) 뉴런의 구조

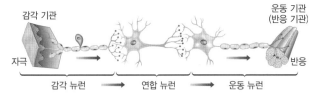

① 가지 돌기 : 다른 뉴런이나 감각 기관에서 자극을 받아들임
② 신경 세포체 : 핵과 대부분의 세포질이 모여 있는 부위
③ 축삭 돌기 : 다른 뉴런이나 기관 등으로 자극을 전달

(3) 뉴런의 종류

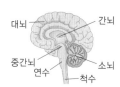

① 감각 뉴런 : 감각 기관의 자극을 연합 뉴런으로 전달
② 연합 뉴런 : 뇌와 척수를 구성, 감각 뉴런으로부터 받은 자극을 판단하고 운동 뉴런에 명령을 내림
③ 운동 뉴런 : 연합 뉴런의 명령을 운동 기관(반응 기관)에 전달

❷ 신경계

(1) 신경계 : 감각 기관이 받아들인 자극을 뇌로 전달하거나, 자극을 판단하여 적절한 반응이 나타나도록 신호를 전달하는 체계

(2) 중추 신경계 : 뇌와 척수로 구성되어 있으며, 자극에 대해 판단하고 적절한 명령을 내리는 곳

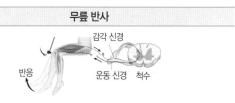

대뇌	• 시각, 청각, 후각 등 감각의 중추 • 추리, 판단, 기억, 감정 등 복잡한 정신 활동의 중추
소뇌	세부적인 근육 운동, 몸의 균형 유지(평형 감각의 중추)
간뇌	체온, 혈당량, 몸속 수분량 유지
중간뇌	안구 운동과 동공과 홍채의 크기 조절
연수	• 심장 박동, 호흡 운동, 소화 운동 및 소화액 분비를 조절 • 재채기, 하품, 눈물 분비, 침 분비의 중추
척수	• 뇌와 말초 신경 사이에서 신호를 전달하는 통로 • 무조건 반사의 중추

(3) 말초 신경계 : 중추 신경계에서 뻗어 나와 온몸에 퍼져 있는 신경

감각 신경	감각 기관에서 받아들인 자극을 중추 신경계로 전달
운동 신경	중추 신경계에서 내린 명령을 운동 기관으로 전달

❸ 자극에 대한 반응 경로

(1) 자극과 반응 : 자극으로부터 반응이 일어나기까지 감각 기관, 신경계, 운동 기관이 함께 작용한다.

(2) 의식적 반응 : 대뇌의 판단 과정을 거쳐 자신의 의지에 따라 일어나는 반응 ➡ 스스로 통제 가능

(예) 날아오는 공을 보고 몸을 피한다. 신호등을 보고 건널목을 건넌다. 모기가 피부에 앉으면 손으로 잡는다. 등

(3) 무조건 반사 : 대뇌와 상관없이 자신의 의지와 관계없이 일어나는 반응 ➡ 척수, 연수, 중간뇌를 거쳐서 일어남

① 척수가 중추인 무조건 반사(척수 반사) : 무릎 반사, 뜨거운 물체나 뾰족한 물체가 몸에 닿았을 때 움츠리는 반응, 배변과 배뇨 등

무릎 반사

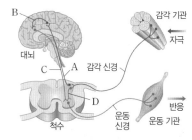

자극(두드림) → 감각 기관 → 감각 신경 → 척수 → 운동 신경 → 운동 기관(근육) → 반응(다리가 들림)

② 연수가 중추인 무조건 반사(연수 반사) : 하품, 재채기, 기침, 구토, 딸꾹질, 음식을 먹을 때 침 분비 등
③ 중간뇌가 중추인 무조건 반사(중간뇌 반사) : 동공 반사 (홍채 조절)

(4) 의식적 반응과 무조건 반사의 반응 경로 비교

구분	의식적 반응	무조건 반사
반응 예	물을 마시기 위해 손으로 물컵을 들어 올린다.	손이 가시에 찔렸을 때 자신도 모르게 손을 움츠린다.
반응 경로	감각 기관 → 감각 신경 → A → B → C → 운동 신경 → 운동 기관	감각 기관 → 감각 신경 → D → 운동 신경 → 운동 기관

01 뉴런에 대한 설명으로 옳지 <u>않은</u> 것은?

① 신경계의 기본 단위이다.
② 신경 세포체에는 핵이 들어 있다.
③ 뉴런은 중추 뉴런, 말초 뉴런으로 구분된다.
④ 중추 신경계는 연합 뉴런으로 이루어져 있다.
⑤ 모든 뉴런은 가지 돌기와 축삭 돌기를 가지고 있다.

02 그림은 뉴런을 나타낸 것이다.

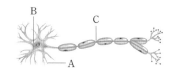

(가)~(다)의 특징에 해당하는 뉴런의 각 부분을 옳게 짝지은 것은?

> (가) 핵과 세포질이 존재한다.
> (나) 다른 뉴런이나 기관으로 자극을 전달한다.
> (다) 다른 뉴런이나 기관으로부터 자극을 받아들인다.

① (가) – A   ② (가) – C   ③ (나) – B
④ (다) – A   ⑤ (다) – C

03 신경계에 대한 설명으로 옳지 <u>않은</u> 것은?

① 중추 신경계에는 뇌와 척수가 있다.
② 신경계를 구성하는 세포를 뉴런이라고 한다.
③ 말초 신경계에는 감각 신경과 운동 신경이 있다.
④ 신경계는 중추 신경계와 말초 신경계로 구분된다.
⑤ 뇌와 척수를 구성하는 뉴런은 감각 뉴런과 운동 뉴런이다.

04 그림은 세 종류의 뉴런이 연결된 모습을 나타낸 것이다. 이에 대한 설명으로 옳지 <u>않은</u> 것은?

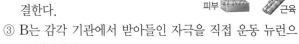

① A는 우리 몸의 뇌와 척수를 구성한다.
② A는 감각 뉴런과 운동 뉴런을 연결한다.
③ B는 감각 기관에서 받아들인 자극을 직접 운동 뉴런으로 전달한다.
④ C는 운동 신경을 이룬다.
⑤ C는 근육의 움직임을 조절하는 데 관여한다.

05 눈과 귀는 모두 건강하지만 감각 신경이 손상되어 보지도 못하고 듣지도 못하는 사람이 있다. 이를 컴퓨터에 가장 적절하게 비유한 것은?

① 키보드가 고장난 경우
② 컴퓨터의 본체가 고장난 경우
③ 모니터가 고장나서 화면이 켜지지 않는 경우
④ 프린터에 이상이 생겨 인쇄가 되지 않는 경우
⑤ 키보드와 본체의 연결선이 끊어져 문자가 입력되지 않는 경우

06 그림은 사람의 신경계를 나타낸 것이다.

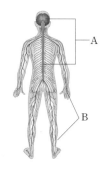

이에 대한 설명으로 옳은 것을 | 보기 | 에서 모두 고른 것은?

> | 보기 |
> ㄱ. A는 자극에 대한 명령을 내린다.
> ㄴ. A에는 운동 신경과 감각 신경이 있다.
> ㄷ. B는 연합 뉴런으로 구성된다.

① ㄱ   ② ㄴ   ③ ㄱ, ㄴ
④ ㄴ, ㄷ   ⑤ ㄱ, ㄴ, ㄷ

[07~08] 그림은 사람의 뇌를 나타낸 것이다.

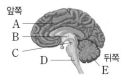

앞쪽
A
B
C
D 뒤쪽
E

07 E가 손상되었을 때 나타날 수 있는 장애는?

① 호흡 장애
② 기억 장애
③ 안구 운동 장애
④ 체온 조절 장애
⑤ 평형 기능 장애

08 밝은 곳에서 어두운 곳으로 들어갔더니 홍채와 동공의 크기가 그림과 같이 변하였다.

이와 같은 운동과 관계있는 뇌의 기호와 홍채의 변화를 옳게 짝지은 것은?

① B - 이완
② B - 수축
③ C - 이완
④ C - 수축
⑤ E - 이완

09 그림은 식물인간 판정을 받은 환자의 뇌에서 손상 부위를 진한 색으로 나타낸 것이다.

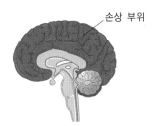

손상 부위

이에 대한 설명으로 옳지 <u>않은</u> 것은?

① 감각을 느낄 수 없다.
② 동공 반사가 일어난다.
③ 무릎 반사가 일어나지 않을 것이다.
④ 신체의 항상성이 정상적으로 유지된다.
⑤ 대뇌 활동을 제외한 호흡과 소화 활동 등을 모두 할 수 있는 상태이다.

10 반응의 중추가 대뇌인 경우는?

① 모기가 피부에 앉으면 손으로 잡는다.
② 눈에 먼지나 티가 들어가면 눈물이 나온다.
③ 콧속에 먼지가 들어오면 저절로 재채기가 난다.
④ 입안에 음식물이 들어오면 저절로 침이 나온다.
⑤ 바닥에 있던 압정을 밟자마자 자신도 모르는 사이 발을 떼었다.

11 그림은 사람의 신경계에서 자극이 전달되어 반응이 일어나는 경로를 나타낸 것이다.

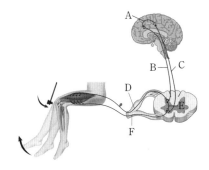

A
B C
D
E
F

무릎 반사가 일어나는 반응 경로의 순서로 옳은 것은?

① D → E → F
② E → F → D
③ D → B → A → C → F
④ F → C → A → B → D
⑤ D → B → A → C → E → D

12 그림은 풍식이가 피자를 집는 순간 뜨거워서 떨어뜨리는 모습을 나타낸 것이다.

이와 같은 방식으로 일어나는 반응은?

① 신호등을 보고 건널목을 건넌다.
② 날아오는 공을 눈으로 보고 피했다.
③ 날카로운 칼에 베었을 때 아픔을 느낀다.
④ 뾰족한 못에 손끝이 닿았을 때 움츠렸다.
⑤ 떨어지는 종이를 보고 공중에서 잡아챘다.

❶ 호르몬

(1) 호르몬 : 내분비샘에서 분비되어 특정 세포나 조직에 작용하여 몸의 생리 작용을 조절하는 물질

① 호르몬의 특징
- 내분비샘에서 생성되어 혈액으로 직접 분비된다.
- 혈액을 통해 온몸으로 운반되며, 표적 세포나 표적 기관에만 작용한다.
- 매우 적은 양으로 몸의 생리 작용을 조절한다.

② 호르몬과 신경의 작용 비교 : 호르몬은 신경에 비해 효과는 느리게 나타나지만 오래 지속되며, 영향을 미치는 작용 범위가 넓다.

구분	전달 매체	전달 속도	지속성	작용 범위
호르몬	혈액	비교적 느림	지속적임	넓음
신경	뉴런	빠름	일시적임	좁음

(2) 사람의 내분비샘과 호르몬

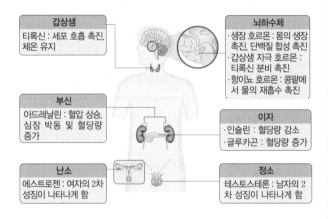

갑상샘
티록신 : 세포 호흡 촉진, 체온 유지

뇌하수체
· 생장 호르몬 : 몸의 생장 촉진, 단백질 합성 촉진
· 갑상샘 자극 호르몬 : 티록신 분비 촉진
· 항이뇨 호르몬 : 콩팥에서 물의 재흡수 촉진

부신
아드레날린 : 혈압 상승, 심장 박동 및 혈당량 증가

이자
· 인슐린 : 혈당량 감소
· 글루카곤 : 혈당량 증가

난소
에스트로젠 : 여자의 2차 성징이 나타나게 함

정소
테스토스테론 : 남자의 2차 성징이 나타나게 함

(3) 호르몬 관련 질병

호르몬	분비량	질병	증상
생장 호르몬	결핍	소인증	키가 비정상적으로 작음
	과다	거인증	키가 비정상적으로 큼
		말단 비대증	신체 말단 부분이 커짐
티록신	결핍	갑상샘 기능 저하증	체중 증가, 추위 탐, 기운이 없음
	과다	갑상샘 기능 항진증	체중 감소, 눈이 비정상적으로 튀어 나옴
인슐린	결핍	당뇨병	포도당이 오줌에 섞여 배설, 오줌량 증가, 갈증 느낌

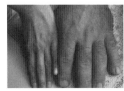

▲ 말단 비대증   ▲ 거인증과 소인증

❷ 항상성 유지

(1) 항상성 : 외부 환경의 변화에 적절하게 반응하여 몸의 상태를 일정하게 유지하려는 성질 ➡ 신경계와 호르몬의 작용으로 항상성이 유지된다.

(2) 항상성 유지

① 체온 조절 : 열 방출량과 열 발생량을 조절하여 체온을 일정하게 유지한다.

추울 때	더울 때
티록신의 분비 증가로 인한 세포 호흡 촉진, 근육의 떨림 ➡ 열 발생량 증가	티록신의 분비 감소로 인한 세포 호흡 감소 ➡ 열 발생량 감소
피부 근처 혈관 수축, 털 주변의 근육 수축 ➡ 열 방출량 감소	피부 근처 혈관 확장, 털 주변의 근육 이완, 땀 분비량 증가 ➡ 열 방출량 증가

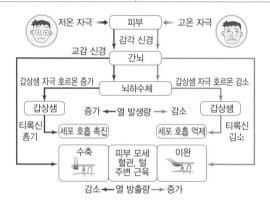

② 혈당량 조절 : 혈당량 조절 호르몬인 인슐린과 글루카곤의 작용으로 조절된다.

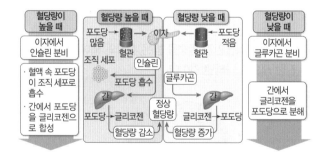

③ 몸속 수분량 조절 : 항이뇨 호르몬에 의해 조절된다.

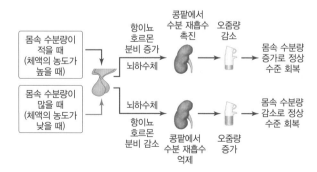

01 호르몬에 대한 설명으로 옳은 것을 |보기|에서 모두 고른 것은?

> |보기|
> ㄱ. 분비량이 많을수록 좋다.
> ㄴ. 표적 세포나 표적 기관에만 반응을 일으킨다.
> ㄷ. 내분비샘에서 혈액으로 직접 분비되어 운반된다.

① ㄱ   ② ㄴ   ③ ㄱ, ㄴ
④ ㄴ, ㄷ   ⑤ ㄱ, ㄴ, ㄷ

02 그림 (가)와 (나)는 사람의 몸에서 신호를 전달하는 두 가지 방식을 나타낸 것이다.

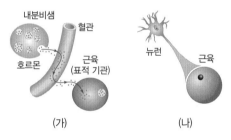

이에 대한 설명으로 옳은 것을 모두 고르면?

① (가)는 표적 세포(기관)에 작용한다.
② (나)는 혈액을 통해 신호가 전달된다.
③ 일반적으로 (가)가 (나)에 비해 빠르다.
④ (가)가 (나)보다 반응이 오래 지속된다.
⑤ (가)가 (나)보다 좁은 범위에 작용한다.

03 다음은 어떤 호르몬이 과다하게 분비되었을 때 나타나는 증상을 나타낸 것이다.

> 풍돌이는 성장기가 지났는데도 불구하고 성장이 멈추지 않아서 키가 2 m 20 cm에 육박하고, 손가락과 발가락, 얼굴 등 신체 말단부가 거대해지는 말단 비대증이 나타나고 있다. 풍돌이를 정밀 검사한 결과 뇌하수체에서 종양이 발견되어 어떤 호르몬이 지나치게 많이 분비되고 있다는 결과가 나왔다.

이 증상과 관련있는 호르몬은?

① 티록신   ② 아드레날린
③ 생장 호르몬   ④ 테스토스테론
⑤ 항이뇨 호르몬

[04~07] 그림은 사람의 호르몬 분비 장소를 나타낸 것이다.

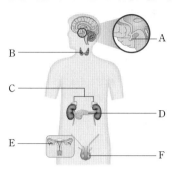

04 각 기관의 기호와 이름을 옳게 짝지은 것은?

① A – 갑상샘   ② B – 뇌하수체   ③ C – 부신
④ D – 간   ⑤ E – 정소

05 서로 반대되는 작용을 하는 호르몬을 함께 분비하는 기관은?

① A   ② B   ③ C
④ D   ⑤ E

06 청소년기에 나타나는 신체 변화에 영향을 미치는 호르몬을 분비하는 기관들을 옳게 짝지은 것은?

① A, B   ② B, C   ③ C, D
④ D, E   ⑤ E, F

07 A~F에서 각각 분비되는 호르몬에 대한 설명으로 옳은 것은?

① A에서 분비되는 생장 호르몬은 세포 호흡을 촉진한다.
② B에서 티록신이 과다 분비되면 체중이 증가한다.
③ C에서 분비되는 아드레날린은 간에서 글리코젠을 포도당으로 분해한다.
④ D에서 분비되는 글루카곤은 혈당량을 감소시킨다.
⑤ E와 F에서 분비되는 항이뇨 호르몬은 오줌의 양을 조절한다.

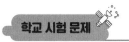
08 호르몬의 분비 이상으로 나타나는 질병과 관련된 호르몬을 옳게 짝지은 것은?

① 소인증 – 인슐린
② 당뇨병 – 생장 호르몬
③ 거인증 – 테스토스테론
④ 말단 비대증 – 에스트로젠
⑤ 갑상샘 기능 항진증 – 티록신

09 날씨가 더울 때 신체에서 일어나는 변화로 옳은 것은?

① 세포 호흡 촉진
② 아드레날린 분비 촉진
③ 피부 아래로 흐르는 모세 혈관 수축
④ 근육 떨림이 일어나 열 발생량 증가
⑤ 털 주변 근육이 이완되어 외부로 열 방출량 증가

10 추운 겨울날에 바깥에 가만히 서 있으면 체온이 급격하게 낮아진다. 이때 분비되는 호르몬과 그 작용을 옳게 짝지은 것은?

① 인슐린 – 혈당량 감소
② 티록신 – 세포 호흡 촉진
③ 에스트로젠 – 혈당량 증가
④ 항이뇨 호르몬 – 세포 호흡 촉진
⑤ 아드레날린 – 혈당량 증가, 혈압 상승

11 그림은 사람의 몸에서 혈당량을 조절하는 과정을 나타낸 것이다.

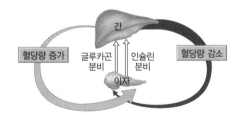

혈당량 조절에 대한 설명으로 옳은 것을 모두 고르면?

① 인슐린은 글루카곤의 분비를 촉진한다.
② 인슐린과 글루카곤의 표적 기관은 간이다.
③ 혈당량이 증가하면 인슐린의 분비량이 감소한다.
④ 간에서 글리코젠을 포도당으로 분해하도록 하는 호르몬은 글루카곤이다.
⑤ 혈당량을 조절하는 호르몬은 이자에서만 분비된다.

12 그림은 어떤 사람의 하루 동안 일어나는 혈당량의 변화를 나타낸 것이다.

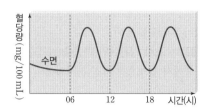

이에 대한 설명으로 옳은 것을 모두 고르면? (단, 혈당량의 변화는 식사에 의해서만 영향을 받았다.)

① 인슐린이 작용하였다.
② 하루 네 번 식사를 하였다.
③ 식사 후에는 혈당량이 증가한다.
④ 수면 중에는 혈당량의 변화가 심하다.
⑤ 글루카곤에 의해 혈당량이 감소되었다.

13 그림은 혈당량과 호르몬과의 관계를 나타낸 것이다. 호르몬 Y가 정상적으로 작용할 때에 대한 설명으로 옳은 것은?

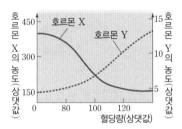

① 혈압이 높아진다.
② 혈당량이 높아진다.
③ 오줌 속에 포도당이 섞여 나온다.
④ 혈중 무기염류의 농도가 높아진다.
⑤ 세포가 포도당을 흡수하는 것을 촉진한다.

14 다음은 몸속 수분량이 적을 때 호르몬이 분비되어 몸속 수분량을 높이는 과정을 순서 없이 나열한 것이다.

(가) 콩팥에서 물의 재흡수를 촉진한다.
(나) 뇌에서 몸속 수분량이 적음을 감지한다.
(다) 오줌량이 감소하고, 몸속 수분량이 증가한다.
(라) 뇌하수체에서 항이뇨 호르몬 분비가 증가한다.

이 과정을 순서대로 옳게 나열한 것은?

① (가) – (나) – (다) – (라)
② (가) – (라) – (나) – (다)
③ (나) – (가) – (다) – (라)
④ (나) – (다) – (가) – (라)
⑤ (나) – (라) – (가) – (다)

서술형 문제

VI. 자극과 반응

01 풍순이는 밝은 방 안에서 책을 보다가 스탠드 불을 끄고 창밖 밤하늘의 별을 보았다. 풍순이의 눈에서 일어나는 변화를 눈의 구조를 이용하여 서술하시오.

 KEY
홍채, 동공, 섬모체, 수정체

02 비행기가 이륙하면서 귀가 먹먹해짐을 느낄 때, 하품을 하거나 침을 삼키면 괜찮아진다.

이와 관련있는 기관의 명칭을 쓰고, 이러한 현상이 나타나는 까닭을 기관의 기능과 관련지어 서술하시오.

 KEY
귀인두관, 압력

03 꽃향기가 가득한 방에 들어가면 처음에는 꽃향기를 감지하지만 얼마 지나면 더 이상 꽃향기를 느끼지 못하게 된다.

그 까닭을 후각의 특징과 관련지어 서술하시오.

 KEY
후각, 피로

04 다음은 맛을 감별하는 실험 과정을 나타낸 것이다.

(가) 눈을 가린 채 사과주스와 포도주스를 맛보았더니 주스의 종류를 구별할 수 있었다.
(나) 눈을 가린 채 코를 막고 사과주스와 포도주스를 맛보았더니 주스의 종류를 구별할 수 없었다.

이 실험 결과 알 수 있는 사실을 서술하시오.

 KEY
미각, 후각

05 그림은 신체 여러 부위의 감각점 분포 밀도를 상대적인 크기로 나타낸 호먼큘러스이다.

손과 다리 중 어느 곳의 감각이 더 예민한지 감각점의 분포를 비교하여 서술하시오.

 KEY
감각점 분포 밀도 : 손>다리

06 표는 실험자의 눈에 안대를 씌운 다음, 손등에 디바이더의 간격을 넓혀 가면서 대어보고 두 개의 점으로 느끼기 시작하는 최소 거리를 측정한 결과이다.

구분	손등	손바닥	이마	팔뚝	입술
두 점으로 느끼기 시작하는 거리(cm)	1.5	1	2	3.5	0.5

실험한 몸의 부위 중 가장 예민한 곳은 어디인지 쓰고, 그렇게 생각한 까닭을 서술하시오.

 KEY
거리, 촉점

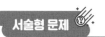
07 그림은 사람의 몸에 퍼져 있는 신경계를 나타낸 것이다. A, B에 해당하는 신경계의 종류를 쓰고, 두 신경계의 차이점을 뉴런과 관련지어 서술하시오.

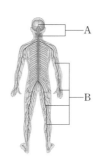

 연합 뉴런, 감각 뉴런, 운동 뉴런

08 그림은 사람의 뇌를 나타낸 것이다.

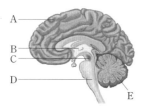

무의식적 반응과 관련이 깊은 곳의 기호와 이름을 두 가지만 쓰고, 각각에서 조절하는 무의식적 반응의 종류를 서술하시오.

 중간뇌 ─ 동공 반사, 연수 ─ 하품, 침 분비

09 그림은 자극에 대한 반응 경로를 나타낸 것이다.

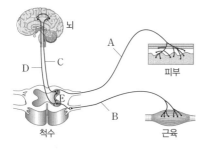

(1) 뜨거운 난로에 손이 닿았을 때 자신도 모르게 손을 떼게 되는 반응의 경로를 그림의 기호와 함께 서술하시오.

 피부, 근육

(2) 추위를 느끼고 냉방기를 끄는 반응의 경로를 그림의 기호와 함께 서술하시오.

 피부, 대뇌, 근육

10 풍돌이는 교통사고로 머리를 다친 후에 몸의 균형을 제대로 잡지 못하고 근육 운동이 제대로 되지 않았다.

풍돌이에게 이상이 생겼을 것으로 예상되는 뇌의 부위를 그까닭과 함께 서술하시오.

 소뇌 ─ 균형 감각 중추, 미세 근육 운동

11 다음은 반응 시간을 알아보는 실험을 나타낸 것이다.

[실험 과정]
(가) 보조자는 자의 윗부분을 잡은 상태로 서 있고, 실험자는 자의 기준선에서 손가락을 벌려 자를 잡을 준비를 한다.
(나) 보조자가 자를 놓으면 실험자는 떨어지는 자를 보고 즉시 잡는다.
(다) 자를 잡은 위치와 기준선 사이의 길이를 측정한 결과를 표에 정리한다.

[실험 결과]

실험	1회	2회	3회	4회	5회	평균
떨어진 길이(cm)	8	10	9	8	8	8.6

위 실험에서 자를 잡기까지 어느 정도 시간이 걸리는 까닭을 서술하시오.

 감각 기관, 신경

12 그림은 풍순이가 어느 날 길을 가다가 무서운 개와 마주친 모습을 나타낸 것이다.

이때 풍순이에게 나타나는 신경의 작용에 대해 서술하시오.

교감 신경, 심장 박동, 호흡, 소화

13 호르몬과 신경의 작용을 제시된 단어를 모두 이용하여 비교 서술하시오.

전달 속도, 효과의 지속성, 작용 범위

혈액, 뉴런

14 그림은 사람의 내분비샘을 나타낸 것이다.

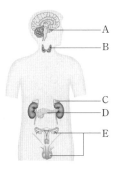

A~E 중 티록신이 분비되는 내분비샘의 기호와 이름을 쓰고, 티록신 과다 시 나타나는 질병의 증상에 대해 서술하시오.

체중, 눈

15 그래프는 정상인의 하루 동안의 혈당량 변화를 나타낸 것이다.

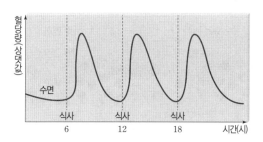

위 그래프에서 인슐린의 분비량이 증가한 횟수는 최소 몇 번이었는지 쓰고, 그렇게 생각한 까닭을 서술하시오.

식사, 혈당량, 인슐린

16 풍식이는 여름날 축구를 하고 난 뒤 더위를 느꼈다.

이때 풍식이의 몸에서 일어나는 현상을 세 가지만 서술하시오.

혈관, 근육, 세포 호흡

17 다음은 땀을 많이 흘려 몸속 수분량이 적을 때 몸속에서 일어나는 조절 과정을 순서대로 나열한 것이다.

(가) 뇌하수체에서 항이뇨 호르몬의 분비가 증가한다.
(나) 콩팥에서 물의 재흡수가 억제된다.
(다) 오줌량이 증가한다.
(라) 몸속 수분량이 증가한다.

(가)~(라) 중 틀린 것을 모두 고르고, 옳은 문장으로 고쳐 쓰시오.

물의 재흡수, 오줌량

1 물리 변화와 화학 변화

물리 변화	화학 변화

빈칸에 알맞은 말을 쓰시오.

❶ ( )가 일어날 때 물질의 고유한 성질은 변하지 않는다.

❷ 물리 변화가 일어날 때 ( )의 배열이 달라진다.

❸ 물리 변화가 일어날 때 원자의 ( )와 배열은 달라지지 않는다.

❹ 화학 변화가 일어날 때 물질은 처음과는 다른 새로운 ( )을 갖게 된다.

❺ 화학 변화가 일어날 때 분자의 종류와 ( )가 달라진다.

❻ 화학 변화가 일어날 때 원자의 ( )이 달라진다.

❼ 화학 변화가 일어날 때 원자의 종류와 개수, 물질의 ( )은 변하지 않는다.

다음 설명 중 옳은 것은 ○, 옳지 않은 것은 ×표 하시오.

❽ 물이 전기 분해될 때 반응물인 물과 생성물인 수소와 산소는 서로 다른 물질이다. ·········· (○, ×)

❾ 상처에 과산화 수소수를 발랐을 때 거품이 생기는 것은 물리 변화의 예이다. ·········· (○, ×)

❿ 베이킹파우더를 넣은 빵 반죽을 구웠을 때 빵이 부풀어 오르는 것은 화학 변화이다. ·········· (○, ×)

⓫ 나무를 태웠을 때 빛과 열이 발생하는 것은 화학 변화가 일어났다는 증거이다. ·········· (○, ×)

⓬ 설탕이 물에 녹아 설탕 결정이 보이지 않게 되는 것은 화학 변화이다. ·········· (○, ×)

⓭ 석회수에 이산화 탄소 기체를 넣었을 때 석회수가 뿌옇게 흐려지는 것은 물리 변화에 해당한다. ·········· (○, ×)

⓮ 앙금 생성 반응은 화학 변화의 증거가 되는 현상이다. ·········· (○, ×)

2 화학 반응과 화학 반응식

- 화학 반응 : 물질이 화학 변화를 하여 다른 물질로 변하는 과정
- 화학 반응식 : 화학 반응을 원소 기호를 이용한 화학식과 기호, 계수 등으로 나타낸 것
  예 $CH_4 + 2O_2 \longrightarrow CO_2 + 2H_2O$

다음 설명 중 옳은 것은 ○, 옳지 않은 것은 ×표 하시오.

❶ 화학 반응식을 작성할 때 생성물은 화살표 왼쪽에, 반응물은 화살표 오른쪽에 쓴다. ·········· (○, ×)

❷ 화학 반응식을 작성할 때 반응물이나 생성물이 여러 가지일 경우 +와 −로 연결한다. ·········· (○, ×)

❸ 화학 반응식을 작성할 때 반응 전후 원자의 종류와 개수가 같도록 계수를 맞춰주어야 한다. ·········· (○, ×)

❹ 화학 반응 전후 원자의 종류와 개수를 맞출 때 원자의 개수가 맞지 않으면 화학식을 바꾸어 준다. ······ (○, ×)

❺ 화학 반응식에서 계수가 1일 때는 생략한다. ····· (○, ×)

❻ 메테인의 연소 반응식은 $2CH_4 + 4O_2 \longrightarrow 2CO_2 + 4H_2O$로 나타낸다. ·········· (○, ×)

❼ 반응물이나 생성물이 분자로 이루어진 물질들은 화학 반응식에서 계수비와 분자 수의 비가 다르다. ··· (○, ×)

❽ 화학 반응식을 통해 반응물과 생성물의 종류를 알 수 있다. ·········· (○, ×)

❾ 화학 반응식을 통해 반응물과 생성물의 분자 수의 비는 알 수 없다. ·········· (○, ×)

빈칸에 알맞은 말을 쓰시오.

❿ 화학식은 물질을 구성하는 원자의 종류와 수를 ( )를 사용하여 나타낸 식이다.

⓫ 마그네슘의 연소 반응식 : ( )$Mg + O_2 \longrightarrow 2MgO$

⓬ 과산화 수소의 분해 반응식 :
$2H_2O_2 \longrightarrow ( )H_2O + O_2$

⓭ 탄산수소 나트륨의 분해 반응식 :
$2NaHCO_3 \longrightarrow Na_2CO_3 + H_2O + ( )$

⓮ 산화 철(Ⅲ) 생성 반응식 :
$4Fe + 3O_2 \longrightarrow ( )Fe_2O_3$

⓯ 마그네슘 리본과 묽은 염산이 반응하는 화학 반응식 :
$Mg + 2HCl \longrightarrow MgCl_2 + ( )$

⓰ 탄산 나트륨과 염화 칼슘이 반응하는 화학 반응식 :
$Na_2CO_3 + CaCl_2 \longrightarrow 2( ) + CaCO_3$

⓱ 암모니아 합성 반응식 : $N_2 + ( )H_2 \longrightarrow 2NH_3$

③ 질량 보존 법칙

탄산 나트륨과 염화 칼슘의 반응

탄산 나트륨 　염화 칼슘 　탄산 칼슘 　염화 나트륨
(탄산 나트륨＋염화 칼슘)의 질량＝(탄산 칼슘＋염화 나트륨)의 질량

빈칸에 알맞은 말을 쓰시오.

❶ 질량 보존 법칙은 화학 반응이 일어날 때 반응물의 총질량과 생성물의 총질량이 (　　　)는 법칙이다.

❷ 질량 보존 법칙은 1772년, 프랑스의 과학자인 (　　　　)가 발견하였다.

❸ 물질은 어떤 화학 반응을 거치더라도 원자의 (　　　)와 개수가 일정하게 유지되므로 질량이 달라지지 않는다.

❹ 반응물이나 생성물에 (　　　)가 포함된 경우에는 질량이 변하는 것처럼 보이기도 한다.

❺ 물질이 이동할 수 없는 밀폐된 공간을 (　　　) 공간이라고 한다.

다음 설명 중 옳은 것은 ○, 옳지 않은 것은 ×표 하시오.

❻ 질량 보존 법칙은 물리 변화에서는 성립하지 않는다. ·· (○, ×)

❼ 열린 공간에서 나무가 연소할 때 생성된 이산화 탄소가 공기 중으로 날아가므로 반응 전보다 측정되는 질량이 감소한다. ·· (○, ×)

❽ 열린 공간에서 강철 솜이 연소할 때 반응 전보다 측정되는 질량이 감소한다. ·························· (○, ×)

❾ 화학 반응에서 앙금이 생성될 때 생성물의 질량은 반응물의 질량보다 크다. ·························· (○, ×)

❿ 열린 공간에서 달걀 껍데기와 묽은 염산이 반응할 때는 질량 보존 법칙이 성립하지 않는다. ········· (○, ×)

⓫ 과산화 수소가 분해될 때 수소 기체가 생성된다. ·· (○, ×)

⓬ 염화 나트륨 수용액과 질산 은 수용액이 반응할 때 반응 전과 반응 후 원자의 종류와 개수가 같다. ········ (○, ×)

⓭ 질산 납 수용액과 아이오딘화 칼륨 수용액이 반응할 때 (질산 납＋아이오딘화 칼륨)의 질량은 (아이오딘화 납＋질산 칼륨)의 질량과 같다. ·············· (○, ×)

④ 일정 성분비 법칙

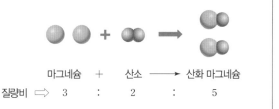

마그네슘 ＋ 산소 ⟶ 산화 마그네슘
질량비 ⟹ 　3 : 2 : 5

다음 설명 중 옳은 것은 ○, 옳지 않은 것은 ×표 하시오.

❶ 일정 성분비 법칙은 화합물을 구성하는 성분 원소들의 질량 사이에 일정한 비가 성립한다는 법칙이다. ·· (○, ×)

❷ 일정 성분비 법칙은 화합물을 구성하는 원자 수의 비가 일정하다는 법칙이다. ························· (○, ×)

❸ 일정 성분비 법칙은 모든 화합물과 혼합물에서 성립한다. ··· (○, ×)

❹ 원자는 종류에 따라 질량이 일정하지 않으므로 원자의 개수비가 일정해도 질량비가 달라질 수 있다. ··· (○, ×)

❺ 물 분자를 구성하는 수소와 산소의 질량비는 1 : 8이다. ·· (○, ×)

❻ 구리와 산소가 반응하여 산화 구리(Ⅱ)가 생성될 때 구리와 산소는 1 : 4의 질량비로 반응한다. ·········· (○, ×)

❼ 물과 과산화 수소는 구성 원소가 수소와 산소로 같으므로 서로 같은 물질이다. ·························· (○, ×)

빈칸에 알맞은 말을 쓰시오.

❽ 일정 성분비 법칙은 화합물에서만 성립하므로 구성 원소의 성분비의 여부로 화합물과 (　　　)을 구별할 수 있다.

❾ 마그네슘과 산소가 반응하여 산화 마그네슘이 생성될 때 마그네슘과 산소는 (　　　)의 질량비로 반응한다.

❿ 이산화 탄소를 구성하는 탄소 원자와 산소 원자의 개수비는 (　　　)이며, 질량비는 3 : 8이다.

⓫ 원자의 질량은 매우 작으므로 원자의 상대적인 질량인 (　　　)을 실제 질량 대신 사용한다.

⓬ 화합물을 이루는 원소의 종류가 같더라도 구성 (　　　) 수의 비가 다르면 서로 다른 물질이다.

5 기체 반응 법칙

수소 기체 2 부피 + 산소 기체 1 부피 → 수증기 2 부피

빈칸에 알맞은 말을 쓰시오.

❶ 기체 반응 법칙은 일정한 온도와 압력에서 기체들이 반응하여 새로운 기체가 생성될 때 각 기체의 (   )에는 간단한 (   )가 성립한다는 법칙이다.

❷ 기체 반응 법칙은 반응물과 생성물이 (   )일 때만 적용할 수 있다.

❸ 기체 사이의 반응 부피비는 화학 반응식의 (   )의 비와 같다.

❹ 일정한 온도와 압력에서 모든 기체는 같은 부피 속에 같은 수의 (   )가 들어 있다.

❺ 반응물과 생성물이 모두 기체인 경우 화학 반응식의 계수비는 분자 수의 비, (   )비와 같다.

다음 설명 중 옳은 것은 ○, 옳지 않은 것은 ×표 하시오.

❻ 탄소와 산소가 반응하여 이산화 탄소가 생성될 때 기체 반응 법칙이 성립한다. ·················· (○, ×)

❼ 수증기 분자는 수소 분자보다 크기가 크므로 같은 온도와 압력에서 같은 부피 속에 더 적은 수의 분자가 들어 있다. ·················· (○, ×)

❽ 수소 기체와 산소 기체가 각각 10 mL 있을 때, 만들 수 있는 수증기의 부피는 10 mL이다. ·········· (○, ×)

❾ 온도와 압력이 일정할 때 반응한 질소 기체와 수소 기체, 생성된 암모니아 기체의 부피비는 1 : 3 : 2이다. ····· (○, ×)

❿ 온도와 압력이 일정할 때 반응한 수소 기체와 염소 기체, 생성된 염화 수소 기체의 부피비는 1 : 1 : 1이다. ····· (○, ×)

⓫ 수소 기체 5 mL와 염소 기체 10 mL가 반응하면 염화 수소 기체 15 mL가 생성된다. ·············· (○, ×)

⓬ 질소 기체 30 mL와 수소 기체 30 mL가 반응하면 암모니아 기체 20 mL가 생성된다. ·············· (○, ×)

6 화학 반응에서의 에너지 출입

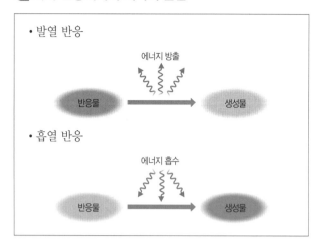

• 발열 반응

에너지 방출

반응물 → 생성물

• 흡열 반응

에너지 흡수

반응물 → 생성물

다음 설명 중 옳은 것은 ○, 옳지 않은 것은 ×표 하시오.

❶ 발열 반응이 일어날 때 주변의 온도가 높아진다. ············· (○, ×)

❷ 화학 반응이 일어나는 동안 에너지를 흡수하면 주변의 온도가 높아진다. ·············· (○, ×)

❸ 에너지의 출입은 물리 변화에서는 나타나지 않는다. ············· (○, ×)

❹ 연료가 연소될 때 에너지가 방출된다. ············· (○, ×)

❺ 철 가루를 이용한 손난로는 에너지를 방출하는 화학 반응을 이용한 것이다. ·············· (○, ×)

❻ 식물은 물과 이산화 탄소로부터 양분을 합성할 때 에너지를 방출한다. ·············· (○, ×)

❼ 천연가스 등의 연료가 연소할 때 방출하는 에너지를 난방, 음식 조리 등에 이용할 수 있다. ·············· (○, ×)

빈칸에 알맞은 말을 쓰시오.

❽ 화학 반응이 일어날 때 주위의 온도가 높아지거나 낮아지므로 (   )가 출입한다는 것을 알 수 있다.

❾ 질산 암모늄과 물이 반응할 때 주변으로부터 에너지를 (   )하는 것을 이용하여 손 냉장고를 만들 수 있다.

❿ 베이킹파우더의 주성분인 탄산수소 나트륨은 열에너지를 (   )하여 열분해되어 이산화 탄소 기체를 생성한다.

1 기권

- 기권 : 대기로 둘러싸여 있는 지구 표면에서 약 1000 km 까지의 영역

열권	대류 현상 × / 기상 현상 ×	일교차 큼, 오로라, 인공위성 궤도
중간권	대류 현상 ○ / 기상 현상 ×	유성 관측
성층권	대류 현상 × / 기상 현상 ×	오존층, 비행기의 항로
대류권	대류 현상 ○ / 기상 현상 ○	대기 약 80 % 분포

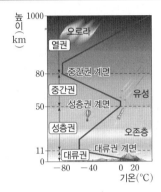

빈칸에 알맞은 말을 쓰시오.

❶ 기권은 높이에 따른 (　　　) 변화를 기준으로 4개의 층으로 구분된다.

❷ 전체 대기의 80 %가 분포하는 층은 (　　　)이다.

❸ 성층권에는 하부에 (　　　)이 존재하여 자외선을 흡수한다.

❹ (　　　)의 상층 부분에서는 유성이 나타난다.

❺ 열권은 (　　　　)에 의해 직접 가열되므로 높이 올라갈수록 기온이 높아진다.

다음 설명 중 옳은 것은 ○표, 옳지 않은 것은 ×표 하시오.

❻ 기권에 오존층이 없다면 성층권과 중간권은 존재하지 않는다. ‥‥‥‥‥‥‥‥‥‥‥‥‥‥‥‥‥ (○, ×)

❼ 중간권은 대류는 일어나지만 수증기가 없어 기상 현상은 나타나지 않는다. ‥‥‥‥‥‥‥‥‥‥‥ (○, ×)

❽ 높이 올라갈수록 기온이 낮아지는 층은 대류권과 성층권이다. ‥‥‥‥‥‥‥‥‥‥‥‥‥‥‥‥‥ (○, ×)

2 지구의 복사 평형

- 복사 에너지 : 물체의 표면에서 빛의 형태로 방출되는 에너지 ➡ 태양 복사 에너지, 지구 복사 에너지

- 지구의 복사 평형 : 지구가 흡수한 태양 복사 에너지양 ＝지구가 방출하는 지구 복사 에너지양

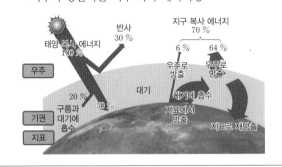

빈칸에 알맞은 말을 쓰시오.

❶ (　　　) 상태에서 물체의 온도는 일정하게 유지된다.

❷ 태양이 방출하는 복사 에너지를 (　　　　)라 한다.

❸ 대기가 있는 지구는 대기가 없는 달에 비해 평균 온도가 (　　　).

다음 설명 중 옳은 것은 ○표, 옳지 않은 것은 ×표 하시오.

❹ 지구에 대기가 없어도 복사 평형이 나타날 것이다. ‥‥‥‥‥‥‥‥‥‥‥‥‥‥‥‥‥‥‥‥ (○, ×)

❺ 지구에 도달하는 태양 복사 에너지는 모두 지구에 흡수된다. ‥‥‥‥‥‥‥‥‥‥‥‥‥‥‥‥‥ (○, ×)

❻ 지구의 대기는 태양 복사 에너지는 흡수하지 않고 지구 복사 에너지만 흡수한다. ‥‥‥‥‥‥‥ (○, ×)

3 온실 효과와 지구 온난화

- 온실 효과 : 지표가 방출하는 에너지를 대기가 흡수했다가 재방출하여 지표의 온도를 높이는 현상 ➡ 대기가 없을 때보다 높은 온도에서 복사 평형에 도달

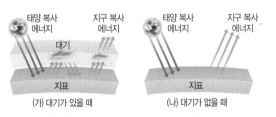

(가) 대기가 있을 때　　　(나) 대기가 없을 때

- 지구 온난화 : 온실 효과의 증가로 지구의 평균 기온이 높아지는 현상

빈칸에 알맞은 말을 쓰시오.

❶ 지표가 방출한 열을 흡수하는 대기 성분을 (　　　)라고 하며, 이 기체에 의해 지표가 더 높은 온도에서 복사 평형을 이루는 현상을 (　　　)라고 한다.

❷ 대기가 있으면 대기가 없을 때보다 더 (　　) 온도에서 복사 평형에 도달한다.

지구 온난화가 지속될 때 나타날 것으로 예상되는 현상으로 옳은 것은 ○표, 옳지 않은 것은 ×표 하시오.

❸ 일부 지역에서는 강수량이 증가하는 곳도 생긴다. ……………………………………………… (○, ×)

❹ 수온이 높아져 해수의 열팽창에 의해 해수면이 높아진다. ………………………………………… (○, ×)

❺ 사막화가 악화되며 사막 지역이 넓어지고 물 부족 현상을 겪는 나라가 늘어난다. ……………… (○, ×)

❻ 빙하가 녹으면서 지구가 반사하는 태양 복사 에너지양이 줄고, 흡수하는 양이 증가한다. ……… (○, ×)

4 포화 수증기량과 이슬점

- 포화 수증기량 : 포화 상태의 공기 1 kg 속에 포함되어 있는 수증기의 양(g)
- 수증기의 응결 : 공기 중의 수증기가 액체 상태의 물로 변하는 현상
- 이슬점 : 공기 중의 수증기가 응결하기 시작할 때의 온도

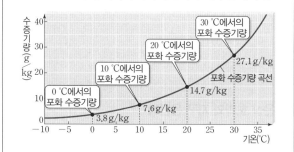

빈칸에 알맞은 말을 쓰시오.

❶ 포화 수증기량은 포화 상태의 공기 (　　) 속에 포함되어 있는 수증기의 양(g)이다.

❷ 포화 수증기량은 기온이 (　　)수록 증가한다.

❸ 공기 중의 수증기가 (　　)하기 시작할 때의 온도를 이슬점이라고 한다.

❹ 이슬점은 현재 수증기량이 (　　)수록 높다.

❺ 이슬점은 공기가 (　　) 상태에 도달할 때의 온도이다.

❻ 이슬점일 때 상대 습도는 (　　) %이다.

다음 설명 중 옳은 것은 ○표, 옳지 않은 것은 ×표 하시오.

❼ 이슬이나 안개는 맑은 날보다 흐린 날 아침에 더 잘 발생한다. ………………………………… (○, ×)

❽ 기온과 이슬점은 서로에게 영향을 주지 않는다. …………………………………………………… (○, ×)

5 상대 습도

- 상대 습도(%)
$$= \frac{\text{현재 공기의 실제 수증기량(g/kg)}}{\text{현재 기온의 포화 수증기량(g/kg)}} \times 100$$

- 상대 습도의 변화

기온이 일정할 때(= 포화 수증기량이 일정할 때)
공기 중에 포함된 수증기량이 많아지면 상대 습도가 높아짐

현재 수증기량이 일정할 때
기온이 낮아지면 상대 습도가 높아짐

빈칸에 알맞은 말을 쓰시오.

❶ 기온이 일정할 때 현재 수증기량이 (　　)수록 상대 습도가 높다.

❷ 수증기량이 일정할 때 기온이 낮을수록 상대 습도가 (　　).

❸ (　　) 상태일 때 상대 습도는 100 %이다.

❹ 맑은 날은 수증기량이 거의 일정하기 때문에, 이슬점은 (　　)하고, 상대 습도는 기온에 (　　)한다.

❺ 비 오는 날은 공기 중의 수증기량이 (　　)지므로 상대 습도가 (　　)진다.

6 구름과 강수

- 단열 팽창 : 물체가 외부와 열을 교환하지 않고 부피가 팽창하는 것
- 구름의 생성 과정(공기의 상승이 있어야 함)

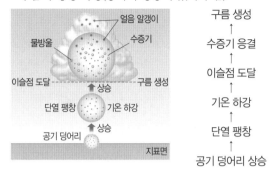

- 강수 과정

병합설	빙정설
열대 지방이나 저위도 지역	중위도나 고위도 지역

구름이 생성되는 경우로 옳은 것은 ○표, 옳지 않은 것은 ×표 하시오.

❶ 공기가 산을 타고 올라간다. ············· (○, ×)

❷ 바다 한가운데 있는 모래섬에 햇볕이 내리쬐었다. ··········
················· (○, ×)

❸ 고기압 중심에서 공기가 하강한다. ········· (○, ×)

❹ 따뜻한 공기가 찬 공기를 타고 천천히 상승한다. ··········
················· (○, ×)

적운형 구름에 대한 설명에는 '적', 층운형 구름에 대한 설명에는 '층'이라고 쓰시오.

❺ 위로 솟은 모양이다. ················· (　　)

❻ 상승 운동이 약할 때 나타난다. ············ (　　)

❼ 온난 전선의 앞쪽에 주로 형성된다. ·········· (　　)

❽ 짧은 시간에 좁은 지역에 비가 내린다. ········· (　　)

빈칸에 알맞은 말을 쓰시오.

❾ 물체가 외부와 열을 교환하지 않고 부피가 팽창하는 것을 (　　　　)이라고 한다.

❿ 구름은 공기가 (　　　)할 때 생긴다.

⓫ 공기가 단열 팽창을 하면 기온이 (　　　)진다.

⓬ 열대 지방이나 저위도 지역의 강수 이론은 (　　　), 중위도나 고위도 지역의 강수 이론은 (　　　)이다.

7 기압과 바람

- 기압 : 공기가 단위 넓이(1 m^2)에 작용하는 힘
- 바람 : 기압 차이에 의한 공기의 이동으로, 기압이 높은 곳에서 낮은 곳으로 바람이 붐

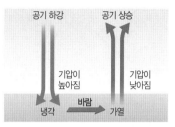

▲ 바람이 생성되는 원리

- 해륙풍 : 해안에서 하루를 주기로 풍향이 바뀌는 바람

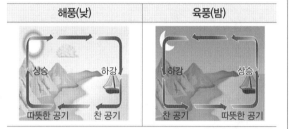

- 계절풍 : 대륙과 해양 사이에서 1년을 주기로 풍향이 바뀌는 바람

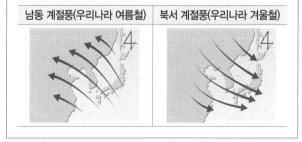

빈칸에 알맞은 말을 쓰시오.

❶ 지표면에 기압 차이가 생기면 공기가 (　　　)기압에서 (　　　)기압으로 이동한다. 이때 공기의 흐름을 (　　　)이라고 한다.

❷ 해안에서 밤에는 (　　　)가 (　　　)보다 기압이 높아 육풍이 분다.

❸ 계절풍은 (　　　)을 주기로 풍향이 바뀌는 바람으로, 우리나라에서 여름에는 (　　　　　)이 불고, 겨울에는 (　　　　　)이 분다.

8 기단과 전선

- 기단 : 기온과 습도 등의 성질이 비슷한 큰 공기 덩어리
- 우리나라에 영향을 주는 기단

시베리아 기단
한랭 건조한 기단으로 겨울철에 영향을 준다.

오호츠크해 기단
한랭 다습한 기단으로 초여름에 영향을 준다.

양쯔강 기단
온난 건조한 기단으로 봄철과 가을철에 영향을 준다.

북태평양 기단
고온 다습한 기단으로 여름철에 영향을 준다.

- 전선 : 성질이 다른 두 공기가 만나서 생기는 경계면
- 한랭 전선과 온난 전선

구분	한랭 전선	온난 전선
형성 과정	찬 공기가 따뜻한 공기 쪽으로 이동	따뜻한 공기가 찬 공기 쪽으로 이동
전선면 기울기	급함	완만함
구름 형태	적운형 구름	층운형 구름
강수 형태	전선 뒤 좁은 지역에 소나기	전선 앞 넓은 지역에 지속적인 비
이동 속도	빠름	느림
통과 후 기온	낮아짐	높아짐

- 폐색 전선 : 이동 속도가 빠른 한랭 전선이 이동 속도가 느린 온난 전선과 겹쳐지면서 생긴 전선
- 정체 전선 : 찬 기단과 따뜻한 기단의 세력이 비슷해 오랫동안 머무르며 생기는 전선

빈칸에 알맞은 말을 쓰시오.

❶ 기온과 습도 등의 성질이 비슷한 공기 덩어리를 (　　　) 이라고 한다.

❷ 우리나라의 여름에는 고온 다습한 (　　　) 기단이 영향을 미치고, 겨울에는 (　　　)한 시베리아 기단이 영향을 미친다.

❸ 우리나라에서 장마 전선을 이루는 기단은 (　　　) 기단과 (　　　) 기단이다.

다음 중 한랭 전선의 특징에는 '한', 온난 전선의 특징에는 '온'이라고 쓰시오.

❹ 넓은 지역에 이슬비가 내린다. ……………… (　　)

❺ 전선의 이동 속도가 비교적 느리다. ………… (　　)

❻ 전선을 통과한 후 기온이 낮아진다. ………… (　　)

❼ 찬 공기가 따뜻한 공기 쪽으로 이동할 때 형성되는 전선이다. …………………………………… (　　)

9 고기압과 저기압에서의 날씨

- 고기압과 저기압(북반구 기준)

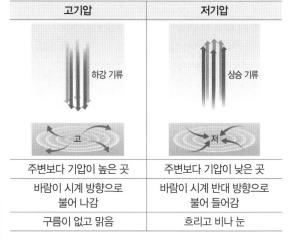

고기압	저기압
하강 기류	상승 기류
주변보다 기압이 높은 곳	주변보다 기압이 낮은 곳
바람이 시계 방향으로 불어 나감	바람이 시계 반대 방향으로 불어 들어감
구름이 없고 맑음	흐리고 비나 눈

- 온대 저기압

- 계절별 일기도

봄, 가을	양쯔강 기단, 이동성 고기압과 저기압
여름	북태평양 기단, 남동 계절풍, 장마 전선
겨울	시베리아 기단, 북서 계절풍

빈칸에 알맞은 말을 쓰시오.

❶ 우리나라 고기압에서는 바람이 (　　　) 방향으로 불어 나가고, 맑은 날씨를 보인다.

❷ 주변보다 기압이 낮은 곳을 (　　　)이라고 하며, 북반구에서는 바람이 (　　　) 방향으로 불어 들어간다.

다음 설명 중 옳은 것은 ○표, 옳지 않은 것은 ×표 하시오.

❸ 온대 저기압은 서쪽에서 동쪽으로 이동한다. …… (○, ×)

❹ 온대 저기압이 지나갈 때 한랭 전선보다 온난 전선이 먼저 통과한다. ……………………………… (○, ×)

❺ 온대 전선 앞, 한랭 전선 뒤쪽에 비가 내린다. ‥ (○, ×)

❻ 겨울철에는 양쯔강 기단의 영향으로 춥고 건조한 날씨가 나타난다. ……………………………… (○, ×)

❼ 여름철에는 북태평양 기단의 영향으로 서고동저형의 기압 배치가 나타난다. ………………………… (○, ×)

1 운동의 기록(다중 섬광 사진)

빈칸에 알맞은 말을 쓰시오.

❶ (　　　)은 시간에 따라 물체의 위치가 변하는 현상이다.

❷ (　　　)는 운동하는 동안 물체가 움직인 거리이다.

❸ 종이테이프에 일정한 시간 간격으로 타점을 찍어 물체의 운동을 기록하는 장치를 (　　　)라고 한다.

❹ 어두운 곳에서 일정한 시간 간격으로 빛을 비춰 물체의 운동을 찍은 사진을 (　　　)이라고 한다.

❺ 시간기록계에서 타점과 타점 사이 간격이 멀수록 속력이 (　　　)다.

❻ 다중 섬광 사진에서 물체 사이의 거리와 시간 간격을 알면 물체의 (　　　)을 구할 수 있다.

2 속력

$$속력(m/s) = \frac{이동\ 거리(m)}{걸린\ 시간(s)}$$

다음 설명 중 옳은 것은 ○표, 옳지 않은 것은 ✕표 하시오.

❶ 속력의 단위는 J이다. ·· (○, ✕)

❷ 속력은 물체의 빠르기를 나타낸다. ················· (○, ✕)

❸ 속력은 단위 시간 동안 이동한 거리를 나타낸다. ···································· (○, ✕)

❹ 10 km/h는 10시간마다 10 km를 이동하는 빠르기이다. ·································· (○, ✕)

❺ 같은 거리를 이동한 경우 걸린 시간이 길수록 물체의 속력이 빠르다. ·································· (○, ✕)

❻ 같은 시간 동안 이동한 경우 이동 거리가 길수록 물체의 속력이 빠르다. ·································· (○, ✕)

❼ 평균 속력은 전체 이동 거리를 걸린 시간으로 나눠서 계산한다. ·································· (○, ✕)

❽ 속력이 일정한 물체는 평균 속력과 순간 속력이 다르다. ·································· (○, ✕)

❾ 속력의 단위가 달라도 거리의 단위만 통일하면 속력의 크기를 비교할 수 있다. ··········· (○, ✕)

❿ 1분에 300 m를 달리는 조랑말이 5분에 600 m를 달리는 사람보다 더 빠르다. ··········· (○, ✕)

3 등속 운동

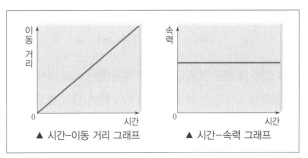

▲ 시간-이동 거리 그래프　　　▲ 시간-속력 그래프

다음 설명 중 옳은 것은 ○표, 옳지 않은 것은 ✕표 하시오.

❶ 등속 운동은 시간에 따라 속력이 일정하게 변하는 운동이다. ·································· (○, ✕)

❷ 등속 운동을 하는 물체는 같은 시간 동안 이동한 거리가 같다. ·································· (○, ✕)

❸ 시간-이동 거리 그래프에서 기울기가 작을수록 속력이 빠르다. ·································· (○, ✕)

❹ 등속 운동을 하는 물체의 이동 거리는 시간에 비례하여 증가한다. ·································· (○, ✕)

❺ 등속 운동을 하는 물체의 시간-이동 거리 그래프에서 기울기가 클수록 같은 시간 동안 이동한 거리가 길다. ··· ·································· (○, ✕)

❻ 등속 운동을 하는 물체의 속력은 시간-속력 그래프에서 그래프 아랫부분의 넓이를 나타낸다. ··········· (○, ✕)

4 자유 낙하 운동

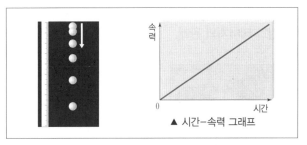

▲ 시간-속력 그래프

빈칸에 알맞은 말을 쓰시오. (단, 공기 저항은 무시한다.)

❶ 자유 낙하 운동은 공중에 정지해 있던 물체가 (　　　)만의 영향을 받아 아래로 떨어지는 운동이다.

❷ 자유 낙하 운동을 하는 물체에 작용하는 힘의 크기는 (　　　)와 같다.

❸ 자유 낙하 운동을 하는 물체에는 운동 방향과 (　　　) 방향으로 힘이 작용하여 물체의 속력이 일정하게 (　　　)한다.

❹ 자유 낙하 운동을 하는 물체는 매초 약 (　　　) m/s씩 속력이 증가한다.

❺ 자유 낙하 운동을 하는 물체의 속력 변화량인 9.8을 (　　　)라고 한다.

5 과학에서의 일

일(J)＝힘(N)×이동 거리(m)

다음 설명 중 옳은 것은 ○표, 옳지 않은 것은 ×표 하시오.

❶ 과학에서의 일은 물체에 힘이 작용하여 힘의 반대 방향으로 물체를 이동시키는 것이다. ·················· (○, ×)

❷ 1 J은 물체에 1 N의 힘을 작용하여 힘의 방향으로 1 m만큼 이동할 때 한 일의 양이다. ·················· (○, ×)

❸ 작용한 힘의 크기가 같을 때 물체의 이동 거리가 짧을수록 물체가 한 일의 양이 더 크다. ·················· (○, ×)

❹ 물체의 이동 방향이 힘의 방향과 나란하지 않더라도, 이동 방향으로 작용한 힘이 있다면 힘이 물체에 일을 한 것이다. ·················· (○, ×)

❺ 물체에 힘을 작용했을 때 물체가 정지해 있더라도 물체에 일을 한 것이다. ·················· (○, ×)

❻ 물체를 들고 수평면을 걸어갈 때 물체를 들고 있는 힘이 한 일은 0이다. ·················· (○, ×)

❼ 물체에 힘이 작용하고 물체가 이동할 때, 힘의 방향과 물체의 이동 방향이 수직이면 물체에 일을 한 것이다. ·················· (○, ×)

❽ 이동 거리－힘 그래프에서 그래프 아랫부분의 넓이는 한 일의 양을 나타낸다. ·················· (○, ×)

6 일과 에너지의 관계

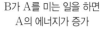
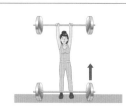

B가 A를 미는 일을 하면 A의 에너지가 증가 | 선수가 역기를 들어 올리는 일을 하면 역기의 에너지가 증가

빈칸에 알맞은 말을 쓰시오.

❶ (   )는 일을 할 수 있는 능력이다.

❷ 에너지의 단위는 (   )의 단위와 같다.

❸ 물체가 일을 했을 때 한 일의 양만큼 물체의 에너지가 (   )한다.

❹ 물체에 일을 해 주었을 때 물체에 해 준 일의 양만큼 물체의 에너지가 (   )한다.

❺ 물체가 가진 에너지의 양은 물체가 할 수 있는 일의 양과 (   )다.

7 중력에 의한 위치 에너지

$$E_{위치}=9.8mh(단위 : J)$$

빈칸에 알맞은 말을 쓰시오.

❶ 물체를 일정한 속력으로 들어 올리기 위해서는 (   )과 크기가 같고 방향이 (   )인 힘이 물체에 계속 작용해야 한다.

❷ 물체를 수직으로 들어 올릴 때 작용한 힘은 물체의 (   )와 같다.

❸ 중력에 의한 (   ) 에너지는 중력이 작용하는 곳에서 어떤 높이에 있는 물체가 가지는 에너지이다.

❹ 중력에 의한 위치 에너지는 (   )×질량(kg)×높이(m)로 구할 수 있다.

❺ 중력에 의한 위치 에너지는 질량과 높이의 (   )에 비례한다.

❻ 물체가 같은 위치에 있더라도 (   )을 어디로 정하느냐에 따라 중력에 의한 위치 에너지가 달라질 수 있다.

❼ 물체를 들어 올릴 때 한 일과 물체의 증가한 중력에 의한 위치 에너지의 양은 (   )다.

8 운동 에너지

$$E_{운동}=\frac{1}{2}mv^2(단위 : J)$$

다음 설명 중 옳은 것은 ○표, 옳지 않은 것은 ×표 하시오.

❶ 운동 에너지는 운동하고 있는 물체가 가지고 있는 에너지이다. ·················· (○, ×)

❷ 물체의 속력이 일정할 때 운동 에너지는 질량에 반비례한다. ·················· (○, ×)

❸ 물체의 질량이 일정할 때 운동 에너지는 속력에 반비례한다. ·················· (○, ×)

❹ 물체가 자유 낙하를 하면 중력이 물체에 일을 하여 물체의 운동 에너지가 증가한다. ·················· (○, ×)

1 시각

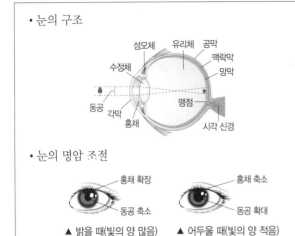

• 눈의 구조

• 눈의 명암 조절

▲ 밝을 때(빛의 양 많음)   ▲ 어두울 때(빛의 양 적음)

• 눈의 원근 조절

▲ 먼 곳을 볼 때   ▲ 가까운 곳을 볼 때

빈칸에 알맞은 말을 쓰시오.

❶ 눈은 (   )을 자극으로 받아들인다.

❷ 물체의 상이 맺히는 곳은 (   )이다.

❸ 빛의 양을 조절해 주는 곳은 (   )로, (   )의 크기를 변화시켜 눈으로 들어오는 빛의 양을 조절한다.

❹ (   )은 시각 신경이 모여 나가는 곳으로, (   )가 없어 상이 맺혀도 보이지 않는다.

❺ 먼 곳을 볼 때 섬모체는 (   )되고, 수정체는 (   )진다.

다음 설명 중 옳은 것은 ○표, 옳지 않은 것은 ×표 하시오.

❻ 맥락막은 눈 속을 채우는 투명한 액체로 눈의 형태를 유지시킨다. ·· (○, ×)

❼ 어두워지면 홍채가 축소하여 동공이 확대된다. ········
··· (○, ×)

❽ 눈의 원근 조절은 홍채가 동공의 크기를 변화시키며 조절한다. ····································· (○, ×)

2 청각과 평형 감각

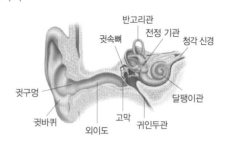

• 귀의 구조

• 평형 감각 : 반고리관(몸의 회전 감지), 전정 기관(몸의 기울기 감지)

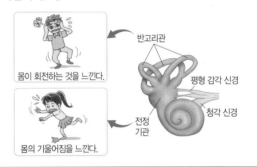

몸이 회전하는 것을 느낀다.

몸의 기울어짐을 느낀다.

빈칸에 알맞은 말을 쓰시오.

❶ 귀는 공기의 (   )을 자극으로 받아들인다.

❷ 청각과 관련이 있는 곳은 (   ), (   ), (   )이다.

❸ 소리에 의해 최초로 진동하는 얇은 막은 (   )이다.

❹ (   )은 몸의 회전을 감지하고, (   )은 몸의 기울어짐을 감지한다.

❺ 고막의 진동을 증폭시키는 곳은 (   )이다.

❻ 청각 세포가 분포하여 음파를 자극으로 받아들이는 곳은 (   )이다.

❼ 평형 감각과 관련이 있는 곳은 (   ), (   )이다.

❽ 목구멍과 연결되어 고막 안팎의 압력을 같게 조절하는 곳은 (   )이다.

❾ 높은 곳에 올라가서 귀가 먹먹해졌을 때 침을 삼키면 괜찮아지는 것은 (   )이 열리기 때문이다.

❿ 소리를 듣는 과정은 소리 → 귓바퀴 → (   ) → (   ) → (   ) → (   ) → (   ) → 대뇌이다.

3 후각, 미각, 피부 감각

- 후각 : 기체 상태의 화학 물질에 자극되며, 가장 예민하고 쉽게 피로해진다.

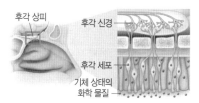

- 미각 : 액체 상태의 화학 물질에 자극되며, 짠맛, 단맛, 신맛, 쓴맛, 감칠맛을 느낀다. (유두 → 맛봉오리의 맛세포 → 미각 신경 → 대뇌)

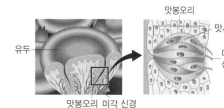

- 피부 감각 : 통점(아픔), 압점(누르는 것), 촉점(접촉), 온점(따뜻해짐), 냉점(차가워짐)

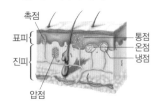

- 감각점의 분포 밀도 : 통점 > 압점 > 촉점 > 냉점 > 온점

빈칸에 알맞은 말을 쓰시오.

❶ (　　　)은 모든 감각 중 가장 예민하다.

❷ (　　　)는 (　　　) 상태의 화학 물질을 자극으로 받아들여 미각 신경으로 전달한다.

❸ 혀에서 느끼는 기본 맛에는 (　　), (　　), (　　), (　　), (　　)의 5가지가 있다.

❹ 일반적으로 피부에는 감각점 중 (　　　)이 가장 많이 분포한다.

❺ 한 가지 감각점에서는 (　　) 가지 감각만 느낄 수 있다.

❻ (　　)과 (　　)이 상호 작용하여 다양한 맛을 느낄 수 있다.

다음 설명 중 옳은 것은 ○표, 옳지 않은 것은 ×표 하시오.

❼ 떫은맛은 통점에 의해, 매운맛은 압점에 의해 나타나는 감각이다. ···················· (○, ×)

❽ 후각은 특정 자극에 피로해져도, 다른 자극에 대해서는 예민하게 반응한다. ···················· (○, ×)

❾ 감각점은 몸의 부위와 종류에 관계없이 균등하게 분포되어 있다. ···················· (○, ×)

4 뉴런

- 뉴런 : 신경계를 구성하는 구조적 · 기능적 단위

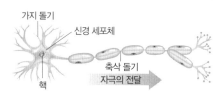

신경 세포체	핵과 세포질이 있음
가지 돌기	자극을 받아들임
축삭 돌기	다른 뉴런이나 반응 기관으로 자극을 전달

- 뉴런의 종류와 연결

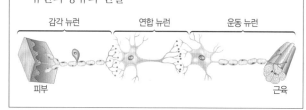

빈칸에 알맞은 말을 쓰시오.

❶ (　　　)은 신경계의 구조적 · 기능적 기본 단위이다.

❷ (　　　)는 핵과 대부분의 세포질이 모여 있는 부위이다.

❸ (　　　)는 다른 뉴런이나 감각 기관으로부터 오는 자극을 받아들인다.

❹ (　　　)에서는 뉴런이 살아가는 데 필요한 생명 활동이 일어난다.

❺ 뉴런 내에서 자극은 (　　　) → (　　　) → (　　　) 순으로 전달된다.

❻ (　　)와 (　　)를 구성하는 연합 뉴런은 감각 뉴런으로부터 받은 자극을 판단하고 (　　　)에 명령을 내린다.

❼ (　　　)은 감각 기관에서 받은 자극을 연합 뉴런으로 전달한다.

❽ (　　　)은 감각 뉴런과 운동 뉴런을 연결한다.

❾ 뉴런의 연결에서 자극은 (　　　) → (　　　) → (　　　) 방향으로 전달된다.

5 신경계

- 중추 신경계 : 뇌와 척수로 구성

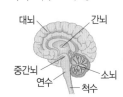

대뇌 / 간뇌 / 중간뇌 / 소뇌 / 연수 / 척수

뇌	대뇌	정신 활동, 감각의 중추
	소뇌	근육 운동, 균형의 중추
	간뇌	항상성 조절
	중간뇌	안구 운동, 동공 반사의 중추
	연수	생명 활동 조절, 무의식적 반사의 중추
척수		감각과 뇌의 명령을 전달하는 통로, 무조건 반사의 중추

- 말초 신경계 : 중추 신경계에서 뻗어 나와 온몸에 퍼져 있는 신경, 감각 신경과 운동 신경으로 구성

빈칸에 알맞은 말을 쓰시오.

❶ (　　　)는 우리 몸의 감각과 복잡한 정신 활동의 중추이다.

❷ (　　　)는 세부적인 근육 운동과 평형 감각의 중추이다.

❸ (　　　)는 심장 박동, 호흡 운동, 소화 운동 등의 중추이다.

❹ 척수는 무릎 반사와 같은 (　　　　)의 중추이다.

❺ 말초 신경계는 (　　　)과 (　　　)으로 이루어져 있다.

다음 설명 중 옳은 것은 ○표, 옳지 않은 것은 ×표 하시오.

❻ 대뇌가 마비되면 스스로 호흡하거나 음식물을 소화할 수 없다. ················· (○, ×)

❼ 부교감 신경은 긴장했을 때나 위기 상황에 처했을 때 심장 박동과 호흡 운동을 촉진한다. ·········· (○, ×)

❽ 눈으로 들어오는 빛의 양이 많아지면 중간뇌에서 동공의 크기를 조절해 눈으로 들어오는 빛의 양을 줄인다. ···
················· (○, ×)

6 자극에 대한 반응 경로

- 의식적 반응 : 대뇌가 판단하고 명령을 내려 이루어지는 반응, 스스로 통제가 가능
- 무조건 반사 : 대뇌와 관계없이 무의식적으로 일어나는 반응

빈칸에 알맞은 말을 쓰시오.

❶ 하품, 재채기, 침 분비 등은 조절 중추가 (　　　)이며, 무의식적으로 일어나는 (　　　　)에 해당한다.

❷ 뜨거운 물이 손에 닿았을 때 빠르게 손을 떼는 반응의 경로는 자극 → 감각 기관 → 감각 신경 → (　　　) → 운동 신경 → 운동 기관 → 반응이다.

❸ (　　　　)은 (　　　)가 판단하고 명령을 내려 이루어지는 반응으로, 자신의 의지로 통제가 가능하다.

다음 설명 중 옳은 것은 ○표, 옳지 않은 것은 ×표 하시오.

❹ 무조건 반사가 일어나면 대뇌로는 자극이 전달되지 않는다. ····························· (○, ×)

❺ 의식적 반응이 무조건 반사보다 반응 속도가 느린 까닭은 자극 전달 경로가 더 길기 때문이다. ·········· (○, ×)

다음 설명 중 의식적 반응은 '의', 무의식적 반응은 '무'라고 쓰시오.

❻ 눈에 먼지가 들어가서 눈물이 나온다. ················· (　　)

❼ 멀리서 날아오는 공을 보고 몸을 피했다. ············· (　　)

❽ 전날 밤에 잠을 설쳐서 하품이 계속 나온다. ········ (　　)

❾ 물을 마시기 위해 손으로 물컵을 들어 올린다. ···· (　　)

❿ 눈에 강한 빛을 비추면 동공의 크기가 줄어든다. (　　)

7 호르몬

- 호르몬 : 내분비샘에서 분비되어 특정 세포나 조직에 작용하여 몸의 생리 작용을 조절하는 물질
- 호르몬과 신경의 작용 비교

구분	전달 매체	전달 속도	효과의 지속성	작용 범위
호르몬	혈액	느림	지속적	넓음
신경	뉴런	빠름	일시적	좁음

- 사람의 내분비샘과 호르몬

내분비샘	호르몬	기능
뇌하수체	생장 호르몬	몸의 생장 및 단백질 합성 촉진
	갑상샘 자극 호르몬	티록신 분비 촉진
	항이뇨 호르몬	콩팥에서 물의 재흡수 촉진
갑상샘	티록신	세포 호흡 촉진, 체온 유지
이자	인슐린	혈당량 감소
	글루카곤	혈당량 증가
부신	아드레날린	혈압, 심장 박동, 혈당량 증가
정소	테스토스테론	남자의 2차 성징 발현
난소	에스트로겐	여자의 2차 성징 발현

빈칸에 알맞은 말을 쓰시오.

❶ 호르몬은 (   )을 통해 온몸으로 운반된다.

❷ 사춘기가 되면 정소에서는 (   )이, 난소에서는 (   )이 분비된다.

❸ (   )은 성장기에 필요한 뼈, 근육의 생장을 촉진시켜주는 역할을 한다.

❹ 이자에서는 (   )과 (   )이 분비된다.

❺ 당뇨병은 (   ) 분비가 부족하여 생기는 병이다.

❻ (   )은 세포 호흡을 촉진하고, 체온을 유지시킨다.

❼ 아드레날린은 (   )에서 분비되어 심장 박동 및 혈당량을 증가시킨다.

❽ (   )에서는 생장 호르몬, 갑상샘 자극 호르몬, 항이뇨 호르몬이 분비된다.

다음 설명 중 옳은 것은 ○표, 옳지 않은 것은 ×표 하시오.

❾ 신경은 호르몬보다 반응 속도는 느리지만 작용 범위는 넓다. ·· (○, ×)

❿ 호르몬은 혈액을 통해 온몸으로 운반되며 모든 기관에 작용한다. ·· (○, ×)

⓫ 티록신의 분비가 과다해지면 갑상샘 기능 항진증에 걸리게 된다. ·· (○, ×)

8 항상성 유지

- 항상성 : 외부 환경 변화에 적절하게 반응하여 몸의 상태를 일정하게 유지하려는 성질로, 호르몬과 신경에 의해 유지된다.
- 체온 조절

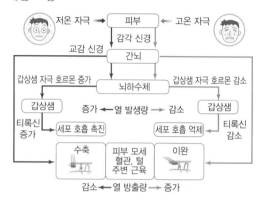

- 혈당량 조절

- 몸속 수분량 조절

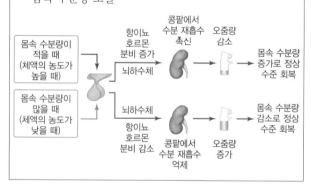

빈칸에 알맞은 말을 쓰시오.

❶ 몸의 체온이 낮아지면 피부 근처 혈관과 털 주변 근육은 (   )된다.

❷ 추울 때는 열 방출량이 (   )하고, 더울 때는 열 방출량이 (   )한다.

❸ 몸의 체온이 높을 때는 티록신의 분비가 (   )하여 세포 호흡이 감소한다.

❹ 인슐린은 간에서 (   )을 (   )으로 전환하여 혈당량을 낮춘다.

❺ (   )은 혈액 속의 포도당이 세포로 흡수되는 것을 촉진한다.

❻ 운동 후 혈당량이 감소하면 (   )의 분비가 증가한다.

❼ 몸속 수분량이 감소하면 항이뇨 호르몬의 분비가 (   )하고, 콩팥에서 물의 재흡수를 (   )하여 오줌량이 (   )한다.

백점 맞는
핵심노하우가
백점의 신 들어있는
백신 과학
중등 3-1

정답과 해설

메가스터디BOOKS

백점 맞는 핵심노하우가 들어있는

백점의 신

백신 과학

중등 3-1

정답과 해설

Ⅰ. 화학 반응의 규칙과 에너지 변화

O1 물질 변화와 화학 반응식

용어&개념 체크 11, 13쪽

01 물리 02 원자 03 물리 04 화학
05 화학 반응 06 화학 반응식 07 반응물, 생성물
08 분자 수

개념 알약 11, 13쪽

01 (가) 물리 변화 (나) 화학 변화 02 풍동, 풍순
03 (1) 물 (2) 화 (3) 화 (4) 화 (5) 물 04 해설 참조
05 (나) 06 (1) ○ (2) × (3) ○ (4) ○ (5) ×
07 (1) 1, 2, 2 (2) 1, 1, 2 (3) 2, 2, 1 (4) 1, 1, 1
08 $N_2 + 3H_2 \longrightarrow 2NH_3$ 09 해설 참조
10 (1) 4 : 3 (2) 두 가지

01

물리 변화(가)가 일어나면 원자 사이의 결합은 끊어지지 않고 그대로 유지되며, 화학 변화(나)가 일어나면 산소와 수소 사이의 결합이 끊어지면서 원자의 재배열이 일어나 새로운 결합을 생성하여 그 결과 새로운 성질을 갖는 수소 분자와 산소 분자가 된다.

02

물리 변화(가)에서는 분자의 종류나 개수는 변하지 않고, 분자의 배열만 달라진다. 화학 변화(나)에서는 원자의 배열이 달라지므로 물질의 성질도 달라진다. 물이 수증기가 되거나 드라이아이스가 승화하여 이산화 탄소 기체가 되는 상태 변화는 물리 변화(가)에 해당한다.

03

(4) 석회수에 입김(이산화 탄소)을 불어 넣으면 화학 변화가 일어나 앙금이 생성되어 뿌옇게 흐려진다.
(5) 탄산음료의 뚜껑을 열어 놓으면 탄산음료 속에 녹아 있던 이산화 탄소가 빠져 나오므로 기포가 생긴다.

04

모범 답안 | 물리 변화, 물질의 성질은 변하지 않고 분자 배열만 달라지는 물질 변화가 일어나므로 맛은 변하지 않는다.
해설 | 초콜릿이 녹는 것은 고체에서 액체로 상태가 변하여 물질의 성질은 변하지 않고 분자 배열만 달라지는 물리 변화에 해당한다.

05

(가) 고체 설탕을 가열하여 액체로 변하는 것은 상태 변화이므로 물리 변화에 해당하고, (나) 녹인 설탕에 베이킹파우더를 넣고 가열하면 베이킹파우더가 열분해되어 이산화 탄소 기체가 발생하여 부피가 증가하므로 화학 변화에 해당한다.

06

바로 알기 | (2) 반응 전후의 원자의 종류와 개수가 같도록 계수를 맞춘다.
(5) 탄산수소 나트륨 분해 반응의 화학 반응식은
$2NaHCO_3 \longrightarrow Na_2CO_3 + H_2O + CO_2$이다.

07

화학 반응 전후에 원자가 없어지거나 생기지 않으므로 화학 반응식의 화살표를 경계로 같은 원자의 개수를 동일하게 맞춘다.

08

질소와 수소는 반응물이므로 화살표의 왼쪽에 쓰고, 암모니아는 생성물이므로 화살표의 오른쪽에 쓴다.

09

모범 답안 |

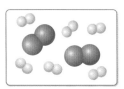

해설 | 질소 분자, 수소 분자, 암모니아 분자의 계수비는 1 : 3 : 2 이다. 암모니아 분자가 4개 생성되었으므로 질소 분자 2개와 수소 분자 6개가 반응했음을 알 수 있다.

10

(1) 반응물과 생성물의 분자 수의 비는 계수비와 같다.
(2) 생성물은 화학 반응식의 오른쪽에 있는 Fe_2O_3이다. 따라서 산화 철(Ⅲ) Fe_2O_3은 철과 산소 두 가지의 원소로 이루어져 있다.

탐구 알약 14~15쪽

01 (1) ○ (2) ○ (3) ○ (4) × (5) ×
02 $Mg + 2HCl \longrightarrow MgCl_2 + H_2$ 03 해설 참조
04 (1) × (2) × (3) ○
05 (1) $Mg + 2HCl \longrightarrow MgCl_2 + H_2$ (2) $N_2 + 3H_2 \longrightarrow 2NH_3$
(3) $2Cu + O_2 \longrightarrow 2CuO$

01

바로 알기 | (4) 마그네슘 리본을 태우는 것은 화학 변화이다. 물리 변화, 화학 변화 모두 원자의 종류와 개수는 변하지 않는다.
(5) 마그네슘 리본을 구부리는 것은 마그네슘 원래의 성질이 변하는 것이 아니라 모양만 변하는 것이다. 따라서 화학 변화가 아닌 물리 변화이다.

02

마그네슘과 묽은 염산은 반응물이므로 화살표의 왼쪽에 쓰고, 염화 마그네슘과 수소 기체는 생성물이므로 화살표의 오른쪽에 쓴다.

03 서술형

모범 답안 | 화학 변화, 고기를 구우면 고기가 익으면서 색깔이 변하고, 고기 익는 냄새가 난다.
해설 | 화학 변화가 일어나면 기체나 빛, 열 등이 발생하며 앙금이 생성되거나 색깔이나 냄새가 변한다.

채점 기준	배점
화학 변화를 쓰고, 화학 변화가 일어날 때 나타나는 현상을 언급하여 서술한 경우	100 %
화학 변화만 옳게 쓴 경우	30 %

04

바로 알기 | (1) 화학 반응식에서 각 물질의 계수를 맞출 때는 화살표 양쪽의 원자의 종류와 개수가 서로 같도록 한다.
(2) 반응물과 생성물의 화학식과 기호로 화학 반응을 표현한다.

05

반응물을 화살표의 왼쪽에, 생성물을 오른쪽에 쓰고 반응물이나 생성물이 두 종류 이상일 경우 +로 연결한다. 그 다음에는 반응 전후에 원자의 종류와 개수가 같도록 계수를 맞춘다.

강의 보충제
17쪽

01 ① 산화 은(Ag_2O) / 은(Ag), 산소(O_2)
  ② Ag_2O, $Ag+O_2$
  ③ $Ag_2O \longrightarrow Ag+O_2$
  ④ $2Ag_2O \longrightarrow 4Ag+O_2$

02 ① 염화 수소(HCl), 아연(Zn) / 염화 아연($ZnCl_2$), 수소(H_2)
  ② $HCl+Zn$, $ZnCl_2+H_2$
  ③ $HCl+Zn \longrightarrow ZnCl_2+H_2$
  ④ $2HCl+Zn \longrightarrow ZnCl_2+H_2$

03 ① 질산 은($AgNO_3$), 구리(Cu) / 질산 구리($Cu(NO_3)_2$), 은(Ag)
  ② $AgNO_3+Cu$, $Cu(NO_3)_2+Ag$
  ③ $AgNO_3+Cu \longrightarrow Cu(NO_3)_2+Ag$
  ④ $2AgNO_3+Cu \longrightarrow Cu(NO_3)_2+2Ag$

04 ① 황산 구리($CuSO_4$), 황화 나트륨(Na_2S) / 황화 구리(CuS), 황산 나트륨(Na_2SO_4)
  ② $CuSO_4+Na_2S$, $CuS+Na_2SO_4$
  ③ $CuSO_4+Na_2S \longrightarrow CuS+Na_2SO_4$
  ④ $CuSO_4+Na_2S \longrightarrow CuS+Na_2SO_4$

05 ① 에탄올(C_2H_5OH), 산소(O_2) / 이산화 탄소(CO_2), 물(H_2O)
  ② $C_2H_5OH+O_2$, CO_2+H_2O
  ③ $C_2H_5OH+O_2 \longrightarrow CO_2+H_2O$
  ④ $C_2H_5OH+3O_2 \longrightarrow 2CO_2+3H_2O$

실전 백신
20~22쪽

01 ②	02 ④	03 ⑤	04 ④	05 ⑤
06 ①	07 ②	08 ③	09 ②	10 ②
11 ④	12 ④	13 ⑤	14 ⑤	15 ⑤
16 ④	17~19 해설 참조			

01

물리 변화는 물질의 고유한 성질은 변하지 않으면서 상태나 모양 등이 변하는 현상이며, 화학 변화는 어떤 물질이 성질이 전혀 다른 새로운 물질로 변하는 현상이다.

02

설탕이 물에 녹으면 물 분자 사이로 설탕 분자가 끼어들어가면서 분자의 배열이 달라진다. 용해 현상은 화학 변화가 아닌 물리 변화의 예이므로 설탕의 원자의 배열이 달라지지 않는다.

03

드라이아이스를 공기 중에 놓아두고 일정 시간이 지나면 사라지는 것은 드라이아이스가 이산화 탄소 기체로 승화, 즉 상태 변화에 해당한다. 상태 변화는 분자의 배열만 달라지는 반응이므로 물리 변화에 속한다.

04

④ 베이킹파우더가 분해되면 이산화 탄소 기체가 생성되어 빵이 부풀어 오르므로 화학 변화이다.

바로 알기 | ① 수증기가 승화되어 서리가 되는 물리 변화이다.
② 물이 기화되어 수증기가 되고 이 수증기가 다시 액화되어 김이 생성되는 물리 변화이다.
③ 물이 얼음으로 응고되는 물리 변화와 유리병의 형태가 변하는 물리 변화이다.
⑤ 잉크가 확산하는 현상으로 물리 변화이다.

05

물리 변화가 일어날 때는 원자의 종류와 개수, 배열 상태가 모두 변하지 않아 분자의 종류가 변하지 않으므로 물질의 고유한 성질도 변하지 않는다. 화학 변화가 일어날 때는 원자의 종류와 개수는 변하지 않고 원자의 배열 상태가 변하여 분자의 종류가 변하므로 처음과 성질이 전혀 다른 새로운 물질로 변한다.

06

일정한 분자 배열을 갖고 있는 고체 상태의 물질이 분자의 배열이 달라져 액체 상태로 변하는 것이므로 물리 변화이다.
① 철(고체)이 융해되어 쇳물(액체)이 되는 물리 변화이다.
바로 알기 | ② 발효 현상으로 화학 변화이다.
③ 생물의 호흡 현상으로 화학 변화이다.
④ 단풍 현상으로 화학 변화이다.
⑤ 앙금 생성 반응으로 화학 변화이다.

07

ㄴ. (가)에서 (나)로 변하는 현상은 원자들 사이에서 기존에 있던 결합이 끊어지고 원자의 배열이 달라지면서 새로운 결합이 만들어지는 화학 변화에 해당한다.
바로 알기 | ㄱ, ㄷ. (가)에서 (나)로 화학 변화가 일어났으므로 물질의 성질은 서로 다르다.

08

원자의 배열이 달라져 분자의 종류와 개수가 변하는 화학 변화이다.
③ 광합성으로 화학 변화이다.
바로 알기 | ① 액화 현상으로 물리 변화이다.
② 융해 현상으로 물리 변화이다.
④ 확산 현상으로 물리 변화이다.
⑤ 모양(형태)의 변화로 물리 변화이다.

09

고체 설탕을 가열하면 융해되어 액체 설탕이 되고(물리 변화), 계속 가열하면 액체 설탕이 연소되어 검게 탄다(화학 변화).

10

화학 반응 전후의 원자의 종류와 개수가 같도록 계수를 맞춘다.

반응 전의 질소 원자는 2개, 수소 원자는 6개이고, 반응 후의 질소 원자는 2개, 수소 원자는 6개이다. 따라서 반응 전 질소 분자는 1개, 수소 분자는 3개이고 반응 후 생성된 암모니아 분자는 2개이다.

11

마그네슘과 산소는 2 : 1로 반응하여 산화 마그네슘을 생성한다.

12

입자 수의 비는 화학 반응식의 계수비와 같다. 구리 입자 수는 2, 산소 분자 수는 1, 산화 구리(Ⅱ) 입자 수는 2이므로 화학 반응식은 $2Cu+O_2 \longrightarrow 2CuO$이다.

13

화학 반응식을 통해 반응물과 생성물의 종류, 반응물과 생성물을 이루는 원자(분자)의 종류, 계수비, 분자 수의 비 등을 알 수 있다.
바로 알기 | 풍순 : 반응 전후에 원자의 종류와 개수는 탄소 1개, 수소 4개, 산소 4개로 같다는 것을 알 수 있다.

14

| 자료 해석 | 화학 반응식 | | | |

화학 반응식	$2H_2+O_2 \longrightarrow 2H_2O$		
분자의 종류와 개수	반응물		생성물
	수소 분자 2개	산소 분자 1개	물 분자 2개
원자의 종류와 개수	수소 원자 4개	산소 원자 2개	수소 원자 4개 산소 원사 2개
분자 수의 비	2 : 1 : 2		

ㄴ. 수소와 산소는 원자 사이의 결합이 끊어지고 다시 결합하여 새로운 원자 배열을 갖는다.
ㄷ. 반응 전과 후의 원자의 종류와 개수는 변하지 않는다.
ㄹ. 수소 분자, 산소 분자, 물 분자 수의 비는 2 : 1 : 2이다. 따라서 수소 분자 20개와 산소 분자 10개가 반응하면 물 분자 20개가 생성된다.
바로 알기 | ㄱ. 수소 분자와 산소 분자가 만나 물 분자가 생성되므로 물질을 이루는 분자의 종류가 달라진다.

15

바로 알기 | ① $Fe+S \longrightarrow FeS$
② $2H_2+O_2 \longrightarrow 2H_2O$
③ $2Mg+O_2 \longrightarrow 2MgO$
④ $2NaHCO_3 \longrightarrow Na_2CO_3+CO_2+H_2O$

16

④ 에테인 분자와 물 분자의 계수비는 2 : 6, 즉 1 : 3이다. 따라서 에테인 분자 4개가 연소하면 물 분자는 12개가 생성된다.
바로 알기 | ① ㉠에 들어갈 산소의 계수는 7이다.
② 이산화 탄소는 생성물에 해당한다.
③ 반응에 참여하는 원소의 종류는 탄소, 수소, 산소로 3가지이다.
⑤ 에테인 분자 1개는 탄소 원자 2개와 수소 원자 6개로 구성된다.

서술형 문제

17

모범 답안 | (1) 화학 변화, 양초가 공기 중의 산소와 결합하여 심지가 타고 있으므로 물과 이산화 탄소와 같은 성질이 전혀 다른 새로운 물질로 변하는 반응으로 화학 변화이다.
(2) 물리 변화, 물질의 고유한 성질은 변하지 않고, 촛농인 액체가 굳어 고체로 상태만 바뀌므로 물리 변화이다.

채점 기준	배점
(1), (2)에서 화학 변화와 물리 변화의 특징을 들어 옳게 서술한 경우	100 %
(1), (2)에서 화학 변화와 물리 변화만 옳게 쓴 경우	50 %

18

모범 답안 | 마그네슘 리본을 태워 재가 되면 태우기 전과 성질이 전혀 다른 물질로 변하므로 묽은 염산을 떨어뜨려도 기포가 발생하지 않는다.

채점 기준	배점
기포가 발생하지 않는 까닭을 화학 변화의 특징과 관련지어 옳게 서술한 경우	100 %

19

모범 답안 | $CH_4+2O_2 \longrightarrow CO_2+2H_2O$, 반응물은 메테인과 산소이고, 생성물은 이산화 탄소와 물이며 이들의 화학식은 각각 CH_4, O_2, CO_2, H_2O이다. 반응 전후 원자의 종류와 개수가 같도록 계수를 맞추면 반응 진 메테인 분자는 1개, 산소 분자는 2개이고, 반응 후 생성된 이산화 탄소 분자는 1개, 물 분자는 2개이다.

채점 기준	배점
화학 반응식을 옳게 쓰고, 반응 전후의 원자의 종류와 개수가 같도록 계수를 맞춘다고 옳게 서술한 경우	100 %
화학 반응식만 옳게 쓴 경우	50 %

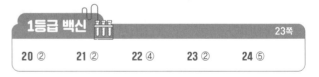

1등급 백신 23쪽

| 20 ② | 21 ② | 22 ④ | 23 ② | 24 ⑤ |

20

(가)와 (다)는 물질의 형태가 변하는 물리 변화이고, (나)는 녹말이 엿당으로 분해되는 화학 변화, (라)는 단백질이 분해되는 화학 변화, (마)는 산소를 이용하여 영양소를 분해하면 이산화 탄소와 물이 생성되는 세포 호흡으로, 화학 변화에 해당한다.

21

콩(㉠) 속에 있는 지방(㉡)을 에테르로 추출하여 분리하는 것은 물리 변화이다. 단백질(㉢) 확인을 위해 뷰렛 반응을 시켜 보라색으로 색깔 변화를 관찰하는 것과 식물이 이산화 탄소(㉣)와 물(㉤)을 이용하여 유기 양분을 생성하는 광합성은 화학 변화이다.

22

①, ② 반응물은 알루미늄과 염소, 생성물은 염화 알루미늄이다.
③ 염소는 분자로 존재하고, 알루미늄은 원자들이 규칙적으로 배열되어 있는 물질이며, 염화 알루미늄은 이온이 결합한 물질로 분자가 아니다.
⑤ 알루미늄 원자 1개와 염소 원자 3개가 결합하여 염화 알루미늄을 이룬다.
바로 알기 | ④ 염소와 염화 알루미늄의 계수비는 3 : 2이기 때문에 염소 분자 6개가 완전히 반응할 때 염화 알루미늄은 4개가 생성된다.

23

(가) $2HgO \longrightarrow 2Hg + O_2$ ⇨ $2+2+1=5$
(나) $2Fe_2O_3 + 3C \longrightarrow 4Fe + 3CO_2$ ⇨ $2+3+4+3=12$
(다) $C_2H_5OH + 3O_2 \longrightarrow 2CO_2 + 3H_2O$ ⇨ $1+3+2+3=9$

24

(가)는 고체 설탕이 액체로 변하면서 설탕 분자의 배열만 달라지고 고유한 성질은 변하지 않는 물리 변화이다. (나)는 설탕이 타면서 고유한 성질이 변하여 새로운 물질이 생성되는 화학 변화이다. 물리 변화와 화학 변화 모두 원자의 종류와 개수는 변하지 않는다.

02 화학 반응의 규칙

용어 & 개념 체크 25, 27, 29, 31쪽

01 같다 **02** 종류, 개수 **03** 감소
04 변화 없다 **05** 일정 성분비 **06** 개수비, 질량비
07 혼합물, 화합물 **08** 질량비 **09** 2
10 90 **11** 정수비 **12** 계수 **13** 분자의 개수

개념 알약 25, 27, 29, 31쪽

01 (1) ○ (2) × (3) × (4) ○ **02** 풍식, 풍돌, 풍순
03 (1) 연소 전 > 연소 후 (2) 연소 전 < 연소 후
04 가열한 오른쪽으로 기울어진다.
05 (1) 이산화 탄소 (2) (가) = (나) > (다)
06 (1) ○ (2) × (3) × (4) × (5) ○ **07** ㄱ, ㄴ, ㄷ
08 (1) 마그네슘 : 산소 = 3 : 2 (2) 20 g **09** (1) 9 g (2) 45 g
10 1 : 16 **11** 해설 참조 **12** (1) 5 : 1 (2) 90 g
13 (1) 2개 (2) 질량 보존 법칙, 일정 성분비 법칙 **14** 4.2 g
15 (가) 3 : 4 (나) 3 : 8 **16** ㄷ
17 ㉠ 4 ㉡ 2 : 1 ㉢ 10 ㉣ 2 : 1
18 $N_2 + 3H_2 \longrightarrow 2NH_3$, 질소 : 수소 : 암모니아 = 1 : 3 : 2
19 400 mL **20** 수소 = 염소 = 염화 수소

01

바로 알기 | (2) 질량 보존 법칙은 물리 변화와 화학 변화에서 모두 성립한다.
(3) 기체가 발생하는 반응에서도 발생한 기체의 질량까지 모두 고려하면 질량 보존 법칙이 성립한다는 것을 알 수 있다.

02

풍순 : 반응 전후에 원자의 종류와 개수가 일정하게 유지되므로 질량 보존 법칙이 성립한다.

03

(2) 열린 공간에서 실험하면 철과 결합하는 공기 중에 있는 산소의 질량은 측정되지 않고, 철과 산소와 결합한 산화 철의 질량만 비교하게 되므로 연소 전보다 연소 후의 질량이 더 크다.

04

강철 솜을 가열하면 공기 중에 있는 산소와 결합하여 검은색의 산화 철(Ⅱ)이 생성되고, 결합한 산소의 질량만큼 질량이 증가하여 가열한 오른쪽으로 기울어진다.

05

(1) 탄산 칼슘과 묽은 염산이 반응하면 이산화 탄소 기체가 발생한다.
(2) 기체가 발생하는 반응의 경우 밀폐된 용기에서는 질량이 변하지 않지만, 마개를 열어놓으면 기체가 공기 중으로 날아가므로 질량이 감소한다.

06

바로 알기 | (3) 기체가 발생하는 반응에서도 일정 성분비 법칙은 성립한다.
(4) 물질의 상태는 분자의 배열에 따라 달라진다. 따라서 물질의 상태가 달라지더라도 분자의 종류가 바뀌는 것은 아니므로 질량비는 일정하다.

07

바로 알기 | ㄹ. 암모니아수와 같은 혼합물이 만들어질 때는 성분 물질이 다양한 비율로 섞일 수 있으므로 일정 성분비 법칙이 성립하지 않는다.

08

(1) 산화 마그네슘은 마그네슘과 산소로 이루어져 있으며, 마그네슘과 산화 마그네슘의 질량비가 3 : 5이므로 마그네슘과 산소의 질량비는 3 : 2이다.
(2) $3 : 2 = 30 : x$, ∴ $x = 20$ g

09

(1) 산소와 구리는 1 : 4의 질량비로 반응하여 산화 구리(Ⅱ)를 생성한다. 36 g의 구리를 모두 반응시키기 위해서는 산소가 9 g 필요하다.
(2) 질량 보존 법칙에 의해서 45 g의 산화 구리(Ⅱ)가 생성된다.

10

물 분자 1개는 수소 원자 2개와 산소 원자 1개로 구성된다. 이때 질량비는 수소 : 산소 = 1 : 8이므로 수소 원자와 산소 원자의 질량비를 간단한 정수비로 나타내면 1 : 16이 된다. 과산화 수소 분자를 구성하는 수소와 산소의 원자 수의 비는 1 : 1이므로, 질량비는 1 : 16이다.

11

모범 답안 | 아이오딘화 칼륨이 모두 반응하였기 때문이다.

해설 | 앙금이 더 이상 생성되지 않는 것은 더 이상 반응할 아이오딘화 이온이 없기 때문이다.

12

(1) B의 상대적 질량이 12이고, AB_2의 화학식량이 84이므로 A의 상대적 질량을 알 수 있다. 따라서 A의 상대적 질량은 60이고, 원소 A와 B의 질량비를 가장 간단한 정수비로 나타내면 60 : 12 = 5 : 1이다.

(2) AB_2에서 A와 B가 5 : 2의 질량비로 반응하므로 총 126 g의 AB_2를 만들기 위해서 A는 $126 \text{ g} \times \dfrac{5}{7} = 90 \text{ g}$만큼 필요하다.

13

(1) BN_3 모형에서 B와 N의 개수비는 1 : 3이므로 B 2개와 결합하는 N은 6개이다. 따라서 BN_3 모형은 최대 2개 만들 수 있으며, N은 1개가 남는다.

(2) 모형은 반응 전후의 질량이 같고(질량 보존 법칙), 일정한 개수비로 결합하므로(일정 성분비 법칙) 여분의 모형은 반응하지 못하고 남는다.

14

질량비는 질소 : 암모니아 = 14 : 17이다.
14 : 17 = x : 5.1 ∴ x = 4.2 g

15

(가) 일산화 탄소에서 질량비는 다음과 같다.
탄소 : 산소 = 1×12 : 1×16 = 3 : 4
(나) 이산화 탄소에서 질량비는 다음과 같다.
탄소 : 산소 = 1×12 : 2×16 = 3 : 8

16

ㄷ. 기체 반응 법칙은 반응물과 생성물이 모두 기체일 때만 적용이 가능하다. 따라서 수증기가 아닌 물이 만들어졌다면 기체 반응 법칙을 적용할 수 없다.

바로 알기 | ㄱ. 수소 기체와 산소 기체가 반응하여 수증기를 생성할 때는 2 : 1 : 2의 부피비로 반응하지만, 수소 기체와 염소 기체가 반응하여 염화 수소 기체가 생성될 때는 1 : 1 : 2의 부피비로 반응한다.

ㄴ. 수소 기체와 산소 기체가 만나 수증기가 생성되어도 원자의 종류는 달라지지 않는다.

ㄹ. 수소 기체와 산소 기체가 각각 10 mL씩 존재하면 수소 기체 10 mL와 산소 기체 5 mL가 반응하여 수증기 10 mL가 생성되고 산소 기체 5 mL가 남는다.

17

실험 (가)에서 수소 기체 1 mL가 남았으므로 수소 기체 4 mL와 산소 기체 2 mL가 반응하였고, 수소 기체와 산소 기체의 부피비는 2 : 1이다. 실험 (나)에서 산소 기체 10 mL가 남았으므로 수소 기체 20 mL와 산소 기체 10 mL가 반응하였고, 수소 기체와 산소 기체의 부피비는 2 : 1이다.

18

화학 반응식에서의 계수비 1 : 3 : 2는 온도와 압력이 일정할 때 반응한 기체와 생성된 기체의 분자 수의 비, 부피비와 같다.

19

질소 기체 1 부피와 수소 기체 3 부피가 반응하여 암모니아 기체 2 부피가 생성되므로 질소 기체 200 mL, 수소 기체 600 mL가 반응하여 암모니아 기체 400 mL가 생성되고, 질소 기체 400 mL가 남는다.

20

일정한 온도와 압력에서 모든 기체는 같은 부피 속에 같은 수의 분자가 들어 있다. 기체의 종류에 따라 분자의 크기와 모양은 모두 다르지만, 공통적으로 분자의 크기가 매우 작고 분자 사이의 거리가 매우 멀기 때문에 분자 자체의 크기는 고려하지 않아도 된다.

탐구 알약 32, 33, 34쪽

01 (1) ○ (2) × (3) ○ (4) ×　　**02** 해설 참조
03 (1) ○ (2) × (3) × (4) ○　　**04** 4.9 g　　**05** 4 : 1 : 5
06 4 g　　**07** (1) ○ (2) ○ (3) × (4) ○　　**08** ③

01

바로 알기 | (2) 앙금 생성 반응은 용기의 밀폐 여부에 영향을 받지 않으므로 밀폐되지 않은 용기에서 실험해도 반응 전과 후에 물질의 총질량이 같다.

(4) 탄산 나트륨 수용액과 염화 칼슘 수용액을 섞으면 수용액에 흰색 앙금이 생기면서 뿌옇게 흐려진다.

02 서술형

모범 답안 | 이산화 탄소 기체가 공기 중으로 날아가지 않고 고무 풍선 속에 들어 있기 때문에 반응 전후 질량의 변화는 없다.

해설 | 묽은 염산과 탄산 칼슘이 반응하면 이산화 탄소 기체가 발생하지만 반응 용기가 밀폐되었으므로 전체의 질량은 변하지 않고 일정하다.

채점 기준	배점
발생한 이산화 탄소 기체가 공기 중으로 날아가지 않아 반응 전후 질량의 변화가 없다고 옳게 서술한 경우	100 %

03

바로 알기 | (2) 반응한 구리가 6.0 g일 때 반응한 산소의 질량은 1.5 g이다.

(3) 구리와 산소는 일정한 질량비로 반응하기 때문에 구리의 질량이 증가하면 반응하는 산소의 질량도 증가한다.

04

철 : 황화 철 = 7 : 11 = x : 7.7 ∴ x = 4.9 g

05

화학 반응식은 $2Cu + O_2 \longrightarrow 2CuO$이다. 반응에 참여한 구리의 질량은 $2 \times 64 = 128$, 산소의 질량은 $2 \times 16 = 32$, 생성된 산화 구리(Ⅱ)의 질량은 $2 \times (1 \times 64 + 1 \times 16) = 160$이므로 질량비는 구리 : 산소 : 산화 구리(Ⅱ) = 128 : 32 : 160 = 4 : 1 : 5이다.

06

가열 도중 중단한 경우 일부 구리는 산화 구리(Ⅱ)로 화학 변화를 하였고, 일부 구리는 아직 반응하지 않고 남아 있는 상태이다. 따라서 질량의 증가량인 1.5 g만큼의 산소가 구리와 결합하여 산화 구리(Ⅱ)를 만든 것이다. 구리 : 산소=4 : 1=x g : 1.5 g에서 반응에 참여하여 산화 구리(Ⅱ)로 화학 변화한 구리의 질량은 6 g이다. 따라서 처음 구리의 질량 10 g에서 반응에 참여한 구리의 질량 6 g을 빼면 아직 반응하지 못한 구리의 질량이 4 g임을 알 수 있다.

07

바로 알기 | (3) 수소 기체 70 mL와 산소 기체 60 mL를 반응시키면 수증기 70 mL가 생성된다.

08

질소 기체, 수소 기체, 암모니아 기체는 1 : 3 : 2의 부피비로 반응하므로 질소 기체와 수소 기체가 각각 90 mL씩 반응하면 질소 기체가 60 mL 남고, 암모니아 기체는 60 mL 생성된다.

강의 보충제

35쪽

02 암모니아의 합성

화학 반응식	$N_2+3H_2 \longrightarrow 2NH_3$		
구분	반응물		생성물
물질의 종류	질소, 수소		암모니아
원자의 개수	질소 원자 2개, 수소 원자 6개		질소 원자 2개, 수소 원자 6개
질량 보존 법칙	질소 : $1\times14\times2=28$	수소 : $3\times1\times2=6$	암모니아 : $2\times(14+(1\times3))=34$
일정 성분비 법칙	질소 : $1\times14\times2=28$	수소 : $3\times1\times2=6$	암모니아 : $2\times(14+(1\times3))=34$
	14 :	3 :	17
분자 수의 비	1 :	3 :	2
부피비	1 :	3 :	2

실전 백신

38~41쪽

01 ③	02 ②	03 ③	04 ③	05 ②
06 ①	07 ②	08 ③	09 ④	10 ④
11 ⑤	12 ③	13 ③	14 ②	15 ④
16 ⑤	17 ③	18 ③	19 ④	20 ⑤
21 ④	22 ②	23 ①	24~27 해설 참조	

01

반응 전과 후에 물질들의 총질량을 측정하므로 화학 반응에서의 반응물의 총질량과 생성물의 총질량은 같다는 질량 보존을 확인하기 위한 실험이다.

02

염화 나트륨 수용액과 질산 은 수용액을 혼합하면 흰색 앙금인 염화 은이 생성된다. 이는 화학 반응인 앙금 생성 반응이다.
바로 알기 | ② 앙금이 생성되더라도 반응 전후에 원자의 종류와 개수는 변하지 않고 원자의 배열만 변하기 때문에 반응물의 총질량과 생성물의 총질량은 변하지 않는다.

03

자료 해석 | 탄산 칼슘과 묽은 염산의 반응

이산화 탄소 기체가 날아간다.

묽은 염산
탄산 칼슘

(가) 반응 전   (나) 반응 후   (다) 뚜껑 열어줌

탄산 칼슘+묽은 염산 ⟶ 염화 칼슘+물+이산화 탄소

탄산 칼슘과 묽은 염산이 반응하면 이산화 탄소 기체가 발생하며, 총질량은 변하지 않고 일정하다. 밀폐된 공간에서 반응한 (가)와 (나)의 질량은 같고, (다)에서는 발생한 이산화 탄소 기체가 공기 중으로 날아가므로 질량이 감소한다.

04

과산화 수소가 분해될 때는 물과 산소가 생성되며, 이산화 망가니즈는 반응에 참여하지 않는다. 따라서 질량 보존 법칙에 의해 34 g의 과산화 수소는 분해되어 16 g의 산소와 18 g의 물이 생성된다.

05

금속인 구리를 가열하면 공기 중 산소와 반응하여 산화 구리(Ⅱ)가 생성되므로 질량이 증가하고, 탄산 칼슘을 가열하면 이산화 탄소 기체가 생성되어 공기 중으로 방출되므로 질량이 감소한다.

06

석회수(수산화 칼슘 포화 수용액)에 이산화 탄소를 통과시키는 반응이며, 화학 반응에서는 질량 보존 법칙이 적용되기 때문에 반응물의 총질량과 생성물의 총질량이 같다. 따라서 A+B=C+D이다.

07

ㄴ, ㄷ. 열린 공간에서 산화 은을 가열하여 화학 반응을 시키면 산소 기체가, 액체 양초를 가열하여 연소시키면 이산화 탄소 기체가 생성되어 공기 중으로 날아가므로 질량이 감소한다.
바로 알기 | ㄱ. 마그네슘 리본을 공기 중에서 연소시키면 산소와 결합하여 질량이 증가한다.
ㄹ, ㅁ. 염화 나트륨 수용액과 질산 은 수용액을 혼합하거나, 질산 납 수용액과 아이오딘화 칼륨 수용액을 혼합할 때는 기체가 발생하지 않기 때문에 열린 공간에서 반응을 진행하여도 질량이 변하지 않는다.

08

탄산 칼슘을 가열하여 산화 칼슘을 생성하는 반응은 화학 반응으로 질량 보존 법칙이 성립한다. 따라서 100 g의 탄산 칼슘을 가열하여 산화 칼슘 56 g이 생성되었다면 44 g의 이산화 탄소(CO_2) 기체가 생성된다.

09

탄산수소 나트륨을 분해하면 물과 탄산 나트륨, 이산화 탄소가 생성되며, 질량 보존 법칙이 성립한다. 따라서 42 g의 탄산수소 나트륨을 분해할 때 물 4.5 g, 탄산 나트륨 26.5 g과 이산화 탄소 11 g이 생성된다.

10

구리 0.2 g과 산소가 반응하여 산화 구리(Ⅱ) 0.25 g이 생성되었으므로, 질량 보존 법칙에 의해 산소는 0.05 g이 반응하였다는 것을 알 수 있다. 따라서 구리와 산소의 질량비(구리 : 산소)는 4 : 1이다.

11

구리 : 산소 : 산화 구리(Ⅱ)의 질량비는 4 : 1 : 5이므로 산소 30 g이 완전히 반응하기 위해 필요한 구리의 질량은 120 g, 생성되는 산화 구리(Ⅱ)의 질량은 150 g이다.

12

③ 반응물의 양이 많아지더라도 성분 물질이 서로 반응하는 비율은 일정하게 유지되며, 이를 일정 성분비 법칙이라고 한다.

바로 알기 | ①, ②, ⑤ 공기 중에는 산소가 충분히 많기 때문에 마그네슘의 질량이 증가할수록 반응하는 산소의 질량도 증가하며, 생성되는 산화 마그네슘의 질량도 증가한다.

④ 마그네슘의 질량이 증가할수록 모두 연소하는 데 걸리는 시간도 길어진다.

13

철 7 g과 황이 반응하여 황화 철 11 g이 생성되었으므로, 질량 보존 법칙에 의해 반응한 황의 질량은 11 g−7 g=4 g이다. 따라서 철과 황의 질량비(철 : 황)는 7 : 4이다.

14

황화 철을 구성하는 철과 황의 질량비가 7 : 4이므로 44 g의 황화 철 중 철은 $44 \text{ g} \times \dfrac{7}{11} = 28 \text{ g}$이고, 황은 $44 \text{g} \times \dfrac{4}{11} = 16 \text{ g}$이다.

15

황화 철을 구성하는 철과 황의 질량비가 7 : 4이므로 철 (7×5) g과 황 (4×5) g이 최대로 반응할 수 있는 질량이다. 따라서 철 35 g과 황 20 g이 반응하여 황화 철 55 g을 생성하고 황 4 g이 남는다.

16

마그네슘과 산소가 화학 반응을 하여 산화 마그네슘이 생성된다. 그림에서 0.3 g의 마그네슘과 0.2 g의 산소가 반응하여 질량 보존 법칙에 의해 산화 마그네슘은 0.5 g 생성되므로 마그네슘 : 산소 : 산화 마그네슘의 질량비는 3 : 2 : 5이다.

바로 알기 | ⑤ 산화 마그네슘 45 g을 얻으려면 $45 \text{ g} \times \dfrac{3}{5} = 27 \text{ g}$의 마그네슘을 모두 연소시켜야 한다.

17

원자 상태인 2개의 볼트(B)가 원자 상태인 4개의 너트(N)와 반응하여 화합물 BN_2 2개가 생성되었다. 따라서 화학 반응식은 $2B+4N \longrightarrow 2BN_2$이고, 화합물 BN_2의 질량은 $4 \text{ g} + (2 \times 2) \text{ g} = 8 \text{ g}$이므로, 생성된 화합물의 총질량은 $2 \times 8 \text{ g} = 16 \text{ g}$이다.

18

일정 성분비 법칙은 두 물질이 반응하여 화합물을 생성할 때 반응하는 두 물질 사이에 항상 일정한 질량비가 성립한다는 것이다.

바로 알기 | ③ 반응물의 총질량과 생성물의 총질량이 같은 것은 질량 보존 법칙의 예이다.

19

자료 해석	질량 보존 법칙		
실험	반응 전 기체의 질량(g)		반응 후 남은 기체의 종류와 질량(g)
	수소	산소	
1	(가)1.0	4.0	수소, 0.5
2	0.5	6.0	산소, 2.0
3	0.6	8.0	(나) 산소, 3.2

• 실험 2에서 산소 2.0 g이 남았으므로 반응한 산소의 질량은 4.0 g이다. 따라서 수소와 산소의 질량비는 0.5 : 4.0=1 : 8이다.

① 물의 생성 반응에서 수소 : 산소 : 물의 질량비는 1 : 8 : 9이다. 산소 4.0 g과 반응하는 수소의 질량은 0.5 g이며, 반응 후 남은 수소의 질량이 0.5 g이므로 수소의 총질량은 1.0 g이다.

② 수소 0.6 g과 완전히 반응할 수 있는 산소의 질량은 4.8 g이므로 반응 후 남은 산소의 질량은 8.0 g−4.8 g=3.2 g이다.

바로 알기 | ④ 실험 1에서 산소 4.0 g과 수소 0.5 g이 반응하여 물 4.5 g이 생성된다.

20

기체 반응 법칙은 온도와 압력이 일정할 때 반응하는 기체와 생성되는 기체의 부피 사이에 가장 간단한 정수비가 성립된다는 이론으로 게이뤼삭이 발견한 법칙이다.

바로 알기 | ⑤ 반응하는 기체와 생성되는 기체의 부피에 따라 반응 전후 부피가 커지기도 하고 작아지기도 한다.

21

실험 1에서 질소 기체 5 mL와 산소 기체 40 mL가 반응하여 산소 기체 30 mL가 남았으므로 질소 기체와 산소 기체가 반응하는 부피비(질소 : 산소)는 1 : 2이다. 실험 2에서 질소 기체 8 mL는 산소 기체 16 mL와 반응하므로 ㉠은 산소이고 ㉡은 34−16=18 mL이다. 실험 3에서 반응 후 남은 질소 기체가 5 mL이므로, 질소 기체 10 mL와 반응한 ㉢은 20 mL이다. 실험 4에서 산소 기체 26 mL와 반응한 질소 기체의 양은 13 mL이므로, ㉣은 13 mL+15 mL=28 mL이다.

22

질소 기체와 산소 기체가 반응하여 이산화 질소 기체를 생성하는 반응의 화학 반응식은 $N_2 + 2O_2 \longrightarrow 2NO_2$이다. 따라서 질량비는 $(2 \times 14) : (2 \times 2 \times 16) : (2 \times 46) = 7 : 16 : 23$이다.

23

ㄱ. 수소 기체 10 mL에 산소 기체 2 mL를 넣었을 때 기체가 6 mL 남았으므로 남은 기체는 수소이다. 따라서 두 기체가 반응하는 부피비(수소 : 산소)는 2 : 1이다.

바로 알기 | ㄴ. 수소 기체 10 mL와 최대로 반응할 수 있는 산소 기체의 부피는 5 mL이다. 따라서 Ⅰ ~ Ⅱ에서 남은 기체는 수소이고, Ⅲ ~ Ⅴ에서 남은 기체는 산소이다.

ㄷ. Ⅴ에서 반응한 산소 기체는 5 mL이므로 생성된 물을 전기 분해하면 5 mL의 산소 기체가 생성된다.

서술형 문제

24

모범 답안 | 물질이 화학 반응을 거치는 과정에서 원자의 종류와 개수가 변하지 않기 때문이다.

채점 기준	배점
화학 반응을 거치는 동안 원자의 종류와 개수가 모두 변하지 않는다고 옳게 서술한 경우	100 %
화학 반응을 거치는 동안 원자의 개수가 변하지 않는다고만 서술한 경우	40 %

25

모범 답안 | 강철 솜 B가 있는 쪽으로 기울어진다. 밀폐된 용기에서 강철 솜 B가 연소 반응을 하면 밀폐된 용기 속의 산소와 결합하여 질량이 증가하기 때문이다.

채점 기준	배점
저울이 기울어지는 방향을 옳게 쓰고, 밀폐된 용기에서 강철 솜과 산소의 결합과 관련지어 옳게 서술한 경우	100 %
저울이 기울어지는 방향만 옳게 쓴 경우	30 %

26

모범 답안 | 황화 칼륨 수용액과 질산 납 수용액은 일정한 비율로 결합하므로, 질산 납 수용액을 6 mL 이상 넣어 주어도 반응할 황화 칼륨 수용액이 존재하지 않기 때문에 앙금의 높이가 더 이상 높아지지 않는다.

채점 기준	배점
일정한 비율로 결합한다는 사실과 반응할 수 있는 황화 칼륨 수용액이 존재하지 않는다는 사실을 함께 서술한 경우	100 %
일정한 비율로 결합한다고만 서술한 경우	30 %

27

모범 답안 | 필요한 수소 기체의 부피 : 30 L, 생성되는 암모니아 기체의 부피 : 20 L / 이 반응의 화학 반응식은 $N_2 + 3H_2 \longrightarrow 2NH_3$이다. 질소 기체 : 수소 기체 : 암모니아 기체의 부피비는 화학 반응식의 계수비인 1 : 3 : 2로 나타낼 수 있다.

채점 기준	배점
필요한 수소 기체의 부피와 생성되는 암모니아 기체의 부피를 옳게 구하고, 화학 반응식의 계수비와 관련지어 옳게 서술한 경우	100 %
필요한 수소 기체의 부피와 생성되는 암모니아 기체의 부피만 옳게 구한 경우	30 %

1등급 백신

42~43쪽

28 ②	**29** ①	**30** ⑤	**31** ③	**32** ②
33 ④	**34** ③	**35** ⑤	**36** ⑤	**37** ④
38 ②	**39** ③			

28

묽은 염산과 달걀 껍데기(탄산 칼슘)가 반응하면 염화 칼슘, 물, 이산화 탄소가 생성된다. (가)와 (나)의 질량은 같으나 (다)에서는 생성된 기체가 공기 중으로 빠져나가므로 질량이 감소한다.

바로 알기 | ② (나)에서 반응이 일어나면서 원자의 종류와 개수는 변하지 않지만 원자의 배열은 달라진다.

29

화학 반응에서는 질량 보존 법칙이 적용된다. 따라서 밀폐된 공간에서 실험을 하면 생성된 기체가 빠져나가지 못해 질량은 변하지 않으므로 변화없이 수평이 유지된다.

30

양초가 유리병 속 공기 중의 산소 기체와 결합하고, 이산화 탄소 기체와 물이 생성되며 이때 반응물인 탄소와 산소 기체의 총질량은 생성물인 이산화 탄소 기체와 물의 총질량과 같다. 또한, 밀폐된 공간이기 때문에 생성된 이산화 탄소 기체가 빠져나가지 않으므로 질량이 변하지 않아 수평이 유지된다.

31

질량 보존 법칙은 화학 반응이 일어날 때 반응물의 총질량과 생성물의 총질량이 같다는 것으로 화학 변화와 물리 변화에서 모두 성립한다. 이는 물질이 변화할 때 원자의 종류와 개수가 변하지 않기 때문이다.

바로 알기 | ③ 기체가 생성되는 반응에서도 원자의 종류와 개수가 변하지 않기 때문에 질량 보존 법칙이 성립한다.

[32~33]

자료 해석 | 일정 성분비 법칙

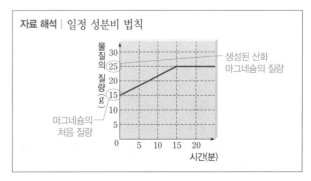

32

가열 전 물질의 질량이 15 g이므로 마그네슘의 처음 질량이 15 g 이고, 산화 마그네슘이 25 g 생성되었다. 이때 결합한 산소의 질량 은 10 g이므로 마그네슘과 산소의 질량비는 15 : 10＝3 : 2이다.

33

② 마그네슘과 산화 마그네슘의 질량비가 15 g : 25 g＝3 : 5이 고, 산화 마그네슘 30 g을 얻으려면 마그네슘 18 g이 필요하므로 마그네슘 3 g을 더 넣어주면 된다.

③ 반응이 완료되는 시간은 15분이므로 10분에는 아직 반응할 수 있는 마그네슘과 산소가 모두 충분한 상태이다.

⑤ 화학 반응을 할 때 반응물은 항상 일정한 질량비로 반응한다.

바로 알기 ｜ ④ 열린 공간에서 실험을 하고 있으므로 산소는 충분 한 상태이지만 15분 이후에 그래프가 수평한 것은 반응할 수 있 는 마그네슘이 없어서 더 이상 반응이 일어나지 않기 때문이다.

34

탄산 칼슘에서 탄소 : 칼슘 : 산소의 질량 조성비가 12 : 40 : 48 이다. 따라서 탄산 칼슘 80 g을 얻기 위해 필요한 칼슘의 질량은 $80 \text{ g} \times \frac{40}{100} = 32 \text{ g}$이다.

35

바로 알기 ｜ ⑤ 수소와 산소의 질량비는 1 : 8이지만 반응하는 기 체의 부피비는 질량비와 일치하지 않는다. 실제로 물이 생성될 때 반응하는 수소 기체와 산소 기체의 부피비는 2 : 1이다.

36

⑤ 일산화 탄소 기체 : 산소 기체 : 이산화 탄소 기체의 부피비는 2 : 1 : 2이며, 기체의 화학 반응에서는 질량 보존 법칙, 일정 성 분비 법칙, 기체 반응 법칙이 모두 성립한다.

바로 알기 ｜ ① 화학 반응식은 $2CO + O_2 \longrightarrow 2CO_2$이다.

② 일산화 탄소 기체와 산소 기체가 반응할 때 부피비가 2 : 1 이다.

③ 일산화 탄소 기체 15 mL와 산소 기체 10 mL가 반응할 때 남는 기체는 산소 기체 2.5 mL이다.

④ 산소 기체가 충분할 때 일산화 탄소 기체 30 mL를 반응시키 면 이산화 탄소 기체 30 mL가 생성된다.

37

화학 반응식은 $B + 3N \longrightarrow BN_3$이고, 반응하는 원자 수의 비는 B : N＝1 : 3이므로 화합물을 이루는 B와 N의 질량비는 1×2 : 3×1＝2 : 3이다.

바로 알기 ｜ ④ 반응 전후의 원자의 종류와 개수는 변하지 않지만 원자의 배열은 달라져서 새로운 분자를 만든다.

38

실험 1에서는 기체 C가 생성되고 남은 기체는 B이므로 기체 A 는 모두 반응하였다. 따라서 반응 기체 A와 생성 기체 C의 부피 비는 1 : 2이다. 실험 2에서는 기체 C가 생성되고 남은 기체는 A 이며, 기체 A가 반응한 부피는 100 mL이므로 생성된 기체 C의 부피는 200 mL이다. 따라서 기체 A~C의 부피비(A : B : C) 는 1 : 3 : 2이다.

39

ㄱ. 부피비(A : B : C)는 1 : 3 : 2이므로 실험 1에서 남은 기체 B의 부피(㉠)는 150 mL, 실험 2에서 생성된 기체 C의 부피(㉡) 는 200 mL이다.

ㄷ. 부피비(A : B : C)가 1 : 3 : 2이므로, 기체 A 300 mL와 기체 B 150 mL가 반응하면 기체 C 100 mL가 생성되고, 기체 A 250 mL가 남는다. 따라서 반응 전 전체 부피는 450 mL, 반 응 후 전체 부피는 350 mL로 반응 전보다 반응 후가 작다.

바로 알기 ｜ ㄴ. 기체 B 400 mL를 완전히 반응시키기 위해 필요한 기체 A의 부피는 $400 \text{ mL} \times \frac{1}{3}$로 약 133 mL가 필요하다. 따라 서 남은 기체는 A이다.

○3 화학 반응에서의 에너지 출입

용어＆개념 체크 45쪽

01 발열 　　**02** 높아진다 　　**03** 흡열 　　**04** 낮아진다
05 이산화 탄소

개념 알약 45쪽

01 (1) ◯ (2) ✕ (3) ✕ (4) ◯ 　　**02** (1) ㉠, ㉢ (2) ㉡, ㉣
03 반응물＞생성물 　　**04** 해설 참조

01

(1) 발열 반응은 주변으로 에너지를 방출하여 주변의 온도가 높 아진다.

(4) 염화 암모늄과 수산화 바륨의 반응은 흡열 반응이기 때문에 주변에 물이 있으면 얼 수 있다.

바로 알기 ｜ (2) 흡열 반응은 주변으로부터 에너지를 흡수하여 주 변의 온도가 낮아진다.

(3) 즉석 발열 도시락은 발열제가 물과 반응하여 열에너지를 방 출하는 반응을 이용한 예이다.

02

(1) ㉠ 생물은 호흡을 통해 방출된 열로 체온을 유지하고, ㉢ 금 속과 산은 주변으로 열을 방출하는 발열 반응을 한다.

(2) ㉡ 식물은 빛에너지를 흡수하여 생장에 필요한 양분을 만들 고, ㉣ 질산 암모늄과 물이 반응할 때 주변의 열을 흡수하기 때문 에 냉찜질팩에 이용한다.

03

(가)와 (나) 반응 모두 주변으로 에너지를 방출하는 발열 반응이 기 때문에 반응물보다 생성물의 에너지가 더 작다.

04

모범 답안 ｜ 베이킹파우더에 들어 있는 탄산수소 나트륨이 열에너 지를 흡수하여 분해되어 이산화 탄소 기체를 방출하기 때문이다.

01

(2) 철 가루가 산소와 반응할 때 주변으로 열에너지를 방출하여 주변의 온도가 높아진다.

(5) 과정 ❸에서는 철 가루와 산소가 반응하는 발열 반응이 일어나 에너지가 방출되며, 산화 칼슘이 물에 녹을 때도 발열 반응이 일어난다.

바로 알기 | (1) 철 가루와 산소의 반응은 화학적 성질이 변하는 화학적 반응이다.

(3) 비닐 봉투는 구멍이 없기 때문에 산소가 잘 통과할 수 없어 적합하지 않다.

(4) 과정 ❹의 철 가루는 과정 ❶의 철 가루가 산소와 반응하여 화학적으로 성질이 바뀌었다.

02

(가) 세포 호흡을 통해 방출되는 에너지로 생물은 생명 활동을 하고, (다) 금속과 산이 반응할 때는 열에너지가 방출된다.

03

(1) 질산 암모늄과 물이 반응하면 화학적 성질이 바뀌는 새로운 물질이 생성된다.

(2) 질산 암모늄은 물과 반응할 때 주변으로부터 에너지를 흡수하여 주변의 온도가 낮아진다.

바로 알기 | (3) 질산 암모늄과 물의 반응은 에너지를 흡수하는 흡열 반응이기 때문에 반응물인 과정 ❷의 지퍼 백 전체의 에너지는 생성물인 과정 ❹의 지퍼 백 전체의 에너지보다 작다.

04 서술형

모범 답안 | 탄산수소 나트륨이 열을 흡수하면 분해되어 이산화 탄소 기체가 발생한다, 식물은 빛에너지를 흡수하여 광합성을 통해 양분을 만든다, 염화 암모늄과 수산화 바륨이 반응할 때는 주변으로부터 열에너지를 흡수한다 등

해설 | 질산 암모늄과 물을 반응시키는 실험은 주변으로부터 열을 흡수하는 흡열 반응을 알아보는 실험이다.

채점 기준	배점
실험이 흡열 반응이라는 것을 알고, 같은 방향으로 에너지가 출입하는 화학 반응의 예를 옳게 서술한 경우	100%

05 서술형

모범 답안 | (가) : 과정 ❹ (나) : 과정 ❶ / 질산 암모늄과 물이 반응할 때는 주변으로부터 에너지를 흡수하는 흡열 반응이 일어나 주변의 온도가 낮아지기 때문에 실험을 시작하기 전보다 실험 후에 지퍼 백의 온도가 낮다.

채점 기준	배점
(가)와 (나)를 실험 과정과 옳게 짝짓고, 그 까닭을 옳게 서술한 경우	100%
(가)와 (나)를 실험 과정과 옳게 짝지은 경우	30%

01

화학 반응이 일어날 때 주변으로 에너지를 방출하여 주변의 온도가 높아지는 반응을 발열 반응, 주변에서 에너지를 흡수하여 주변의 온도가 낮아지는 반응을 흡열 반응이라고 한다.

02

철 가루를 이용한 손난로는 공기 중에서 금속과 산소가 만날 때 열이 방출되는 현상을 이용한 것으로 금속이 산소와 반응하여 녹스는 과정과 같은 종류의 반응이다.

바로 알기 | ㄱ. 철 가루와 산소의 반응은 화학적 반응이기 때문에 반응하기 전 철 가루와 반응하고 난 후 철 가루의 화학적 성질은 다르다.

03

철 가루와 산소의 반응은 발열 반응으로 주변의 온도가 높아진다. 10분 뒤에 철 가루가 모두 반응하여 더 이상 반응하지 못하기 때문에 10분 이후에는 온도가 더 이상 높아지지 않고 주변의 온도와 열평형 상태에 도달하기 위해 온도가 낮아진다.

04

② 금속인 철 조각과 산인 묽은 염산이 반응할 때는 주변으로 에너지를 방출한다.

③ 생물은 호흡을 통해 방출되는 에너지를 이용해 체온을 유지한다.

④ 산인 염산과 염기인 수산화 나트륨 수용액이 반응할 때는 주변으로 에너지를 방출한다.

⑤ 산화 칼슘과 물이 반응할 때 발생하는 열로 즉석 발열 도시락을 만든다.

바로 알기 | ① 물이 얼어 얼음이 될 때 열이 방출되는 것은 화학 반응이 아니라 상태가 변할 때 열이 방출되는 물리적인 현상이다.

05

ㄴ, ㄹ. 반응물보다 생성물의 에너지가 더 큰 경우는 반응물이 에너지를 흡수하는 흡열 반응이 일어날 때이다. 소금이 얼음물에 녹을 때와 염화 암모늄을 물과 반응시킬 때는 주변으로부터 열에너지를 흡수한다.

바로 알기 | ㄱ, ㄷ. 화석 연료의 연소나 염화 칼슘과 물의 반응은 주변으로 열을 방출하는 발열 반응이기 때문에 반응물이 생성물보다 에너지가 더 크다.

06

염화 암모늄과 수산화 바륨은 주변으로부터 에너지를 흡수하는 흡열 반응을 한다. 따라서 나무판에 묻어 있던 물이 열에너지를 빼앗겨 얼었기 때문에 삼각 플라스크와 함께 들어 올려질 수 있다.

07

베이킹파우더에는 탄산수소 나트륨이 포함되어 있으며, 탄산수소 나트륨은 열을 흡수하는 열분해 반응을 통해 이산화 탄소 기체를 방출한다.

바로 알기 | ㄷ. 산화 칼슘과 물의 반응을 이용하여 구제역 바이러스를 없애는 것은 발열 반응을 이용한 방법이다.

 서술형 문제

08

모범 답안 | 석고가 물과 만나서 굳는 반응이 일어날 때 주변으로 열에너지를 방출하는 발열 반응이 일어나기 때문이다.

채점 기준	배점
석고와 물이 만나는 에너지의 출입 방향과 반응의 종류를 옳게 서술한 경우	100 %

09

모범 답안 | 염화 칼슘이 물에 녹을 때 주변으로 열에너지를 방출하는 발열 반응이 일어난다. 따라서 방출된 열로 영하의 기온에서도 눈을 녹일 수 있다.

채점 기준	배점
염화 칼슘과 물이 만나는 에너지의 출입 방향과 반응의 종류를 옳게 서술한 경우	100 %
염화 칼슘과 물이 만나는 반응의 종류만 언급하여 서술한 경우	30 %

10

모범 답안 | (가)의 컵에서는 질산 암모늄과 물이 반응하면서 주변으로부터 에너지를 흡수하는 흡열 반응이 일어나고, (나)의 컵에서는 산화 칼슘과 물이 반응하면서 주변으로 에너지를 방출하는 발열 반응이 일어난다. 따라서 (가)는 주변의 온도가 낮아져 파란색을 띠고, (나)는 주변의 온도가 높아져 붉은색을 띤다.

채점 기준	배점
두 컵의 에너지의 출입 방향과 반응의 종류를 옳게 서술한 경우	100 %
두 컵의 온도 차이만 옳게 서술한 경우	20 %

1등급 백신

51쪽

11 ③　　**12** ②　　**13** ④　　**14** ②

11

ㄷ. 메테인이 연소될 때는 주변으로 열을 방출한다.

바로 알기 | ㄱ. 산인 염산과 염기인 수산화 나트륨 수용액이 섞이는 것은 발열 반응이기 때문에 주변으로 열을 방출한다.

ㄴ. 밀폐된 공간에서 두 물질이 반응할 때는 질량이 변하지 않는다.

12

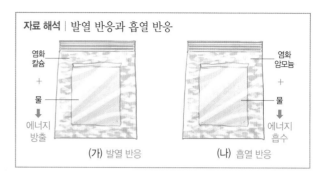

자료 해석 | 발열 반응과 흡열 반응

(가) 발열 반응 — 염화 칼슘 + 물 → 에너지 방출

(나) 흡열 반응 — 염화 암모늄 + 물 → 에너지 흡수

ㄴ. 흡열 반응은 반응물보다 생성물의 에너지가 더 크기 때문에 (나)에서는 물이 담긴 팩을 터트리기 전보다 터트린 후의 에너지가 더 크다.

바로 알기 | ㄱ. 흡열 반응을 이용한 예는 (나)이다.

ㄷ. 두 반응 모두 물이 담긴 팩을 터트려도 질량은 변화 없다.

13

질소와 산소가 반응할 때는 높은 열에너지가 필요하며, 이 열에너지를 흡수하는 화학 반응을 통해 새로운 물질인 일산화 질소가 생성된다.

14

바로 알기 | ㄱ. 염화 암모늄과 수산화 바륨은 주변으로부터 에너지를 흡수하는 흡열 반응을 하기 때문에 반응 후에 주변의 온도가 낮아진다. 따라서 온도계의 온도는 ㉠보다 ㉡이 낮다.

ㄴ. 두 물질이 반응할 때는 일정한 비로 반응하여 모든 물질의 반응이 끝나면 더 이상 반응하지 않기 때문에 온도는 더 이상 낮아지지 않는다.

단원 종합 문제 CT

52~55쪽

01 ②　**02** ③　**03** ②　**04** ②　**05** ②　**06** ③
07 ①　**08** ②　**09** ④　**10** ④　**11** ③　**12** ②
13 ③　**14** ③　**15** ③　**16** ②　**17** ④　**18** ④
19 ⑤　**20** ①, ②　**21** ②　**22** ③　**23** ④　**24** ②
25 ③　**26** ②　**27** ②　**28** ③　**29** ④, ⑤

01

바로 알기 | ② 화학 변화가 일어날 때 원자의 배열 상태는 변한다.

02

ㄱ, ㄹ. 분자를 구성하는 원자의 배열이 변했으므로 화학 변화에 해당한다.

ㄴ, ㄷ. 분자를 구성하는 원자의 배열이 변하지 않았으므로 물리 변화에 해당한다.

03

바로 알기 | ② 사이다 뚜껑을 열었을 때 기포가 발생하는 것은 용해되어 있던 이산화 탄소 기체가 압력 차이에 의해 빠져나오는 현상으로 물리 변화에 해당한다.

04

바로 알기 | ③ 설탕이 물에 녹아 설탕물이 되는 것은 용해로 물리 변화에 해당한다.

05

② 염소산 칼륨 가열 반응의 화학 반응식은 $2KClO_3 \longrightarrow 2KCl+3O_2$로 계수의 합은 7이다.

바로 알기 | ① 암모니아 합성 반응의 화학 반응식은 $1N_2+3H_2 \longrightarrow 2NH_3$로 계수의 합은 6이다.

③ 메테인 연소 반응의 화학 반응식은 $1CH_4+2O_2 \longrightarrow 1CO_2+2H_2O$로 계수의 합은 6이다.

④ 질산 은과 구리가 반응하는 화학 반응식은 $2AgNO_3+1Cu \longrightarrow 1Cu(NO_3)_2+2Ag$로 계수의 합은 6이다.

⑤ 염화 은 앙금 생성 반응의 화학 반응식은 $1NaCl+1AgNO_3 \longrightarrow 1NaNO_3+1AgCl$로 계수의 합은 4이다.

06

ㄱ. 에탄올이 연소할 때의 화학 반응식은 $1C_2H_5OH+3O_2 \longrightarrow 2CO_2+3H_2O$이므로, ㉠+㉡=4보다 ㉢+㉣=5가 더 크다.

ㄴ. 에탄올이 연소할 때는 산소와 반응하여 이산화 탄소와 물이 생성된다.

바로 알기 | ㄷ. 반응에 참여하는 원자의 종류는 C, H, O로 3가지이다.

07

① 뚜껑이 열린 용기 속에서 강철 솜을 모두 연소시키면 공기 중의 산소와 결합하므로 질량이 증가한다.

바로 알기 | ②, ⑤ 밀폐된 공간에서는 어떠한 반응이 일어나더라도 외부로 생성물이 방출되지 않기 때문에 질량이 보존된다.

③, ④ 앙금 생성 반응은 대체로 기체가 발생하지 않으며, 반응에서 만들어진 앙금은 반응이 일어난 용기에 가라앉으므로 질량 변화가 크게 나타나지 않는다.

08

② 나무가 연소 반응을 거치면서 공기 중의 산소와 반응하여 기체가 발생하여 공기 중으로 날아가므로 질량이 감소한다.

바로 알기 | ① 철과 황의 반응에는 산소가 관여하지 않으므로 질량이 변하지 않는다.

③ 질산 은 수용액과 구리의 반응에서는 들어가고 나오는 원자가 존재하지 않으므로 질량이 변하지 않는다.

④, ⑤ 앙금 생성 반응의 경우 수용액 안에서 모든 반응이 진행된다. 이들 반응의 경우 들어가고 나오는 원자가 존재하지 않으므로 질량이 변하지 않는다.

09

공기 중에서 강철 솜을 가열할 경우 산소와 결합하여 산화 철이 생성되므로 질량이 증가한다. 따라서 오른쪽 강철 솜을 가열하면 막대 저울이 오른쪽으로 기울어질 것이다.

10

탄산 칼슘과 묽은 염산이 반응하면 염화 칼슘, 물, 이산화 탄소가 생성된다. 열린 공간에서는 생성된 기체가 빠져나가므로 반응 전보다 반응 후 질량이 감소하고, 닫힌 공간에서는 반응 전과 반응 후 질량이 같다.

11

열린 공간에서는 발생한 이산화 탄소 기체가 공기 중으로 빠져나가므로 질량이 감소한다.

12

자료 해석 | 일정 성분비 법칙

실험	1	2	3
반응으로 소모된 아연의 질량(g)	2.0	3.0	4.0
생성된 염화 아연의 질량(g)	4.2	6.3	8.4
반응한 염소의 질량(g)	2.2	3.3	4.4

아연과 염소는 10 : 11의 질량비로 반응한다.

아연 2.0 g과 반응하여 만들어진 염화 아연의 질량이 4.2 g이므로 아연 2.0 g과 반응한 염소의 질량이 2.2 g인 것을 알 수 있다. 따라서 아연 1.0 g과 반응한 염소의 질량은 1.1 g이다.

13

마그네슘 3 g이 산소와 반응하여 만들어진 산화 마그네슘의 질량은 5 g이다. 질량 보존 법칙에 의해 마그네슘 3 g과 반응한 산소의 질량은 2 g이다. 따라서 산화 마그네슘을 이루는 마그네슘과 산소의 질량비는 3 : 2임을 알 수 있다.

14

산화 마그네슘을 이루는 마그네슘과 산소의 질량비는 3 : 2이므로, 15 g의 산화 마그네슘이 생성되었다면 반응한 마그네슘의 양은 $15 \text{ g} \times \dfrac{3}{5} = 9 \text{ g}$이다.

15

탄소와 산소가 반응하여 이산화 탄소가 만들어지는 반응을 화학 반응식으로 나타내면 $C+O_2 \longrightarrow CO_2$이며, 화학 반응식을 통해 산소와 탄소가 반응하는 질량비를 알 수 있다. 탄소와 산소는 3 : 8의 질량비로 반응하므로 탄소 9 g과 반응하는 산소의 양은 24 g이고, 이때 생성되는 이산화 탄소는 33 g임을 알 수 있다.

16

바로 알기 | ② 일정 성분비 법칙은 화합물에서만 성립한다. 황화 수소를 물에 용해시키면 황산이 되고, 이것은 용해 현상(물리 변화)이다. 따라서 황산은 혼합물이므로 일정 성분비 법칙이 성립하지 않는다.

17

화합물 B인 X_2O를 이루고 있는 원자들의 질량비는 X : O=7 : 4이므로, 상대적인 질량비는 X : O=3.5 : 4이다. 그래프에서 화합물 A를 이루고 있는 원소 X의 질량이 0.7 g일 때 산소의 질량은 1.2 g이므로 화합물 A를 이루고 있는 원자들의 질량비는 X : O=7 : 12이다. 이 질량을 원자들의 상대적 질량으로 나누면 화합물 A를 이루고 있는 원자들의 개수비는 X : O=$\dfrac{7}{3.5} : \dfrac{12}{4}$ =2 : 3이다. 따라서 화합물 A는 X_2O_3이다.

18

원소 A 12 g이 원소 B 18 g과 반응하여 만들어진 화합물 AB의 질량이 28 g인데 원소 A 12 g은 모두 반응하였으므로 반응한 원소 B의 질량이 16 g임을 알 수 있다. 원소 A와 원소 B가 각각 12 g, 16 g 반응했으므로 질량비(A : B)는 3 : 4이다.

19

모형에서 볼트와 너트는 1 : 2로 결합하므로 볼트 60개와 너트 100개로는 화합물 모형을 50개 만들 수 있다. 화합물 50개의 질량이 300 g이므로 화합물 1개의 질량은 6 g이다. 따라서 볼트 10개와 너트 10개로 만들 수 있는 화합물 모형은 5개이므로 5개의 전체 질량은 30 g이다.

20

일정한 온도와 압력에서 반응할 때 반응물과 생성물의 부피 사이에 간단한 정수비가 성립하기 위해서는 반응물과 생성물 모두 기체 상태로 존재해야 한다.

바로 알기 | ③ 마그네슘과 산화 마그네슘은 고체이다.

④ 기체인 이산화 탄소와 액체인 물이 생성된다.

⑤ 고체인 탄산 칼슘과 액체인 염산이 반응하여 생성되는 염화 칼슘은 앙금이므로 고체이고, 물은 액체, 이산화 탄소는 기체이다.

21

자료 해석 | 화학 반응식			
	$N_2 + 3H_2 \longrightarrow 2NH_3$		
계수비	1 :	3 :	2
부피비	1 :	3 :	2

기체 반응에서 부피비는 화학 반응식의 계수비와 같다.

질소 : 수소 : 암모니아 기체의 부피비는 1 : 3 : 2이다. 따라서 질소 기체 20 mL와 수소 기체 60 mL가 반응하여 암모니아 기체 40 mL가 생성되고, 질소 기체 20 mL가 남는다.

22

ㄷ. 수소와 산소의 반응 부피비는 2 : 1이므로 수소 기체 20 mL와 반응할 수 있는 산소 기체는 10 mL이다. 따라서 산소 기체 20 mL를 반응시켜도 발생하는 수증기의 양은 20 mL로 같다.

바로 알기 | ㄱ. 이 반응의 화학 반응식은 $2H_2 + O_2 \longrightarrow 2H_2O$ 이다.

ㄴ. 수소 기체와 산소 기체가 반응할 때의 부피가 2 : 1이며, 질량비는 1 : 8이다.

23

일정한 온도와 압력에서 같은 부피 속에 들어 있는 기체의 분자 수는 일정하다.

24

실험 Ⅰ에서 기체 A가 17 mL 남았으므로 이 반응의 부피비는 (28−17) : 44 : 22=1 : 4 : 2이다.

25

A : B : C의 부피비가 1 : 4 : 2이므로 기체 A 19 mL와 기체 B 76 mL가 반응하여 기체 C 38 mL가 생성(㉠)되고, 기체 A 25 mL가 남는다(㉡).

26

ㄱ, ㄹ. 모닥불을 피우거나 산과 염기가 반응할 때는 주변으로 열을 방출하는 발열 반응이 일어난다.

ㄴ. 질산 암모늄을 물에 녹이면 흡열 반응이 일어난다.

ㄷ. 베이킹파우더에 들어 있는 탄산수소 나트륨이 열에너지를 흡수하여 분해되어 이산화 탄소 기체를 생성한다.

27

ㄴ. 염기인 수산화 나트륨 수용액과 산인 묽은 염산이 반응할 때 주변으로 열을 방출하는 발열 반응이 일어나므로 온도는 높아진다.

ㄷ. 금속인 마그네슘과 염산이 반응할 때는 수소 기체가 발생한다.

바로 알기 | ㄱ. 금속인 마그네슘과 염산이 반응할 때 주변으로 열을 방출하는 발열 반응이 일어나므로 온도는 높아진다.

ㄹ. 화학 반응에서는 일정 성분비 법칙이 적용되므로 묽은 염산의 양이 일정할 때 수산화 나트륨을 많이 넣어주더라도 일정량에 다다르면 더 이상 반응할 수 없다. 따라서 더 이상 온도가 높아지지 않는다.

28

호흡, 연소, 발열 도시락은 발열 반응, 광합성과 열분해는 흡열 반응의 예이다.

29

염화 암모늄과 물의 반응은 흡열 반응이다. 메테인의 연소 반응, 금속이 녹스는 반응, 염화 칼슘과 물의 반응은 모두 발열 반응이고, 탄산수소 나트륨의 분해, 질산 암모늄과 수산화 바륨의 반응은 모두 흡열 반응이다.

서술형·논술형 문제

56~57쪽

01

모범 답안 | 화학 변화, 원자들이 재배열하여 새로운 분자가 생성된다.

해설 | 화학 변화는 물질이 처음과는 전혀 다른 새로운 성질을 가진 물질로 변하는 현상을 말한다.

채점 기준	배점
원자의 배열을 근거로 들어 옳게 서술한 경우	100 %
변화의 종류만 옳게 서술한 경우	50 %

02

모범 답안 | (가) 물리 변화 (나) 화학 변화 / (가)는 전류가 흐르고, 묽은 염산과 반응하여 기체가 발생하는 원래의 마그네슘 성질이 유지되므로 물리 변화, (나)는 전류가 흐르지 않고, 묽은 염산과도 반응하지 않아 마그네슘과 다른 성질이 되었으므로 화학 변화에 해당한다.

채점 기준	배점
각 변화를 물질의 성질과 관련지어 옳게 서술한 경우	100 %
각 변화만 옳게 서술한 경우	50 %

03

모범 답안 | $2NaN_3 \longrightarrow 2Na+3N_2$, 반응물은 아자이드화 나트륨($NaN_3$)이고, 생성물은 나트륨($Na$)과 질소($N_2$) 기체이다. 반응물인 NaN_3는 화살표의 왼쪽에, 생성물인 Na과 N_2 기체는 화살표의 오른쪽에 두면 $NaN_3 \longrightarrow Na+N_2$가 된다. 그 다음 계수비를 맞추면 $2NaN_3 \longrightarrow 2Na+3N_2$가 된다.

채점 기준	배점
화학 반응식을 작성하고, 화학 반응식 작성 순서를 반응물과 생성물, 계수비를 언급하여 옳게 서술한 경우	100 %
화학 반응식만 옳게 작성한 경우	30 %

04

모범 답안 | 모든 화학 반응에는 질량 보존 법칙이 적용되며, 물을 전기 분해하면 수소 기체와 산소 기체가 발생한다. 따라서 물 27 g에서 전기 분해를 통해 발생한 수소 기체 3 g을 뺀 24 g이 산소 기체의 생성량이다.

채점 기준	배점
질량 보존 법칙과 관련지어 기체의 양을 알 수 있는 까닭을 옳게 서술한 경우	100 %

05

모범 답안 | 나무 조각 A 쪽, 나무 조각을 연소시키면 이산화 탄소 기체와 수증기가 생성되며, 생성된 기체는 공기 중으로 날아가게 된다. 따라서 나무 조각 B 쪽의 질량이 감소하기 때문에 나무 조각 A 쪽으로 저울이 기울어지게 된다.

채점 기준	배점
저울이 기울어지는 방향과 그 까닭을 옳게 서술한 경우	100 %
저울이 기울어지는 방향만 옳게 서술한 경우	50 %

06

모범 답안 | 화합물에는 일정 성분비 법칙이 적용된다. 따라서 화합물을 이루는 원자의 종류가 같더라도 성분비가 다르면 성질이 다른 물질이 된다.

채점 기준	배점
일정 성분비 법칙과 관련지어 두 물질의 성질이 다른 까닭을 옳게 서술한 경우	100 %

07

모범 답안 | 물 108 g, 산소 192 g / 화합물에서는 일정 성분비 법칙이 적용되며, 이산화 탄소와 물이 반응할 때 질량비(이산화 탄소 : 물)는 22 : 9이다. 따라서 이산화 탄소 : 물 $=22 \times 12$: $9 \times 12=264$: 108이므로, 최소한으로 필요한 물의 양은 108 g이다. 또한 질량 보존 법칙에 의해 반응물 264 g+108 g=180 g+(산소의 양)이므로 생성되는 산소의 양은 192 g이다.

채점 기준	배점
질량 보존 법칙과 일정 성분비 법칙을 이용하여 물의 양과 산소의 양을 옳게 구한 경우	100 %
물의 양과 산소의 양만 옳게 구한 경우	40 %

08

모범 답안 | (가)와 (나) 반응 모두 질량 보존 법칙과 일정 성분비 법칙을 만족한다. 그러나 기체 반응 법칙은 반응물과 생성물이 모두 기체일 때 만족하는 법칙이기 때문에 (가)에서만 만족한다.

채점 기준	배점
(가)와 (나) 반응에서 모두 만족하는 화학 반응 법칙과 (가) 반응에서만 만족하는 화학 반응 법칙을 알고 그 까닭을 옳게 서술한 경우	100 %
(가)와 (나) 반응에서 모두 만족하는 화학 반응 법칙만 옳게 서술한 경우	50 %

09

모범 답안 | 2, 2 : 1 : 2 / 반응물과 생성물이 모두 기체인 화학 반응에서는 기체 반응 법칙이 성립하여 일정한 온도와 압력에서 모든 기체는 같은 부피 속에 같은 수의 분자가 들어 있기 때문에 계수비를 통해 부피비를 알 수 있다.

채점 기준	배점
㉠에 알맞은 수와 부피비를 쓰고, 기체 반응 법칙과 관련지어 옳게 서술한 경우	100 %
㉠에 알맞은 수와 부피비만 옳게 쓴 경우	50 %

10

모범 답안 | 질소 기체 20 mL, 질소 기체와 수소 기체의 반응에는 기체 반응 법칙이 성립하고 화학 반응식은 $N_2+3H_2 \longrightarrow 2NH_3$이다. 따라서 두 기체가 반응하는 부피비(질소 기체 : 수소 기체)는 1 : 3이다. 수소 기체는 30 mL가 모두 반응하고, 질소 기체는 20 mL가 남게 된다.

채점 기준	배점
두 기체를 반응시켰을 때 남은 기체의 종류와 양을 쓰고, 그 과정을 옳게 서술한 경우	100 %
두 기체를 반응시켰을 때 남은 기체의 종류와 양만 옳게 서술한 경우	50 %

11

모범 답안 | 차이점은 (가)는 철 가루와 산소의 화학 변화에 의해 방출하는 에너지가 주위의 온도를 높이는 현상을 이용한 것이고, (나)는 아세트산 나트륨이 고체가 되는 물리 변화에 의해 방출하는 에너지가 주위의 온도를 높이는 현상을 이용한 것이다.

채점 기준	배점
두 손난로의 차이점을 물질의 변화 형태와 관련지어 옳게 서술한 경우	100 %

12

모범 답안 | 묽은 염산은 산성 용액이며, 마그네슘은 금속이다. 금속과 산이 반응하면 주변으로 열을 방출하는 발열 반응이 일어나므로 비커를 열화상 카메라로 보면 파란색에서 녹색 또는 노란색으로 색이 변할 것이다.

채점 기준	배점
비커의 색 변화와 그 까닭을 옳게 쓴 경우	100 %
비커의 색 변화만 옳게 쓴 경우	40 %

Ⅱ. 기권과 날씨

O1 기권과 지구 기온

용어 &개념 체크 61, 63쪽

01 기온, 4 **02** 대류권, 중간권 **03** 오존층
04 열권 **05** 태양 복사 에너지 **06** 복사 평형
07 지구 **08** 온실 기체 **09** 증가, 지구 온난화
10 이산화 탄소 **11** 상승 **12** 상승, 감소

개념 알약 61, 63쪽

01 (가) 대류권 (나) 성층권 (다) 중간권 (라) 열권
02 (1) × (2) × (3) ○ (4) ○ **03** 오존층
04 (1) × (2) ○ (3) ○ **05** ㉠ 70 ㉡ 30
06 (1) (가) (2) (나) **07** ㉠ 화석 연료 ㉡ 온실 기체
08 이산화 탄소 **09** (1) ○ (2) ○ (3) × (4) ○
10 ㉠ 감소 ㉡ 상승 ㉢ 상승 ㉣ 감소

01

그림은 기권을 높이에 따른 기온 변화를 기준으로 4개의 층으로 구분한 것으로, (가)는 대류권, (나)는 성층권, (다)는 중간권, (라)는 열권이다.

02

(3) 성층권(나)은 대류가 일어나지 않아 대기가 안정하여 비행기의 항로로 이용된다.
(4) 열권(라)은 높이 올라갈수록 태양 에너지에 의해 직접 가열되므로 기온이 높아진다.
바로 알기 | (1) 낮과 밤의 기온 차가 매우 큰 층은 열권(라)이다.
(2) 중간권(다)은 수증기가 거의 없기 때문에 기상 현상이 나타나지 않는다.

03

오존층은 오존(O₃)이 밀집하여 분포하는 층으로, 성층권 하부에 존재하며, 태양으로부터 오는 자외선을 흡수하여 지구의 생명체를 보호하는 역할을 한다.

04

(2) 지구가 흡수하는 태양 복사 에너지양과 지구가 방출하는 지구 복사 에너지양이 같을 때 지구의 복사 평형이 일어난다.
(3) 복사 평형이 일어나면 물체의 온도는 더 이상 변하지 않고, 일정하게 유지된다.
바로 알기 | (1) 지구로 들어오는 태양 복사 에너지 중 약 30 %는 지표와 대기에 의해 반사되어 우주 공간으로 되돌아가고, 나머지 70 %는 지구의 지표와 대기에 흡수된다.

05

지구에 도달하는 태양 복사 에너지양을 100 %라고 할 때, 지구가 흡수하는 에너지양은 70 %이며, 대기와 지표에서 반사되어 우주 공간으로 되돌아가는 에너지양은 30 %이다.

06

(1) 지구의 평균 기온은 대기가 없을 때보다 대기가 있을 때 더 높게 나타나므로, (가)일 때 더 높다.
(2) 지구에 대기가 없으면 온실 효과가 일어나지 않아서 지구의 평균 기온은 −18 ℃ 정도로 낮아지고, 낮과 밤의 기온 차가 매우 커서 생물이 살기 어렵다. 따라서 낮과 밤의 기온 차가 매우 커서 생물이 살기 어려울 때는 (나)일 때이다.

07

지구 온난화는 산업 혁명 이후 석탄, 석유 등의 화석 연료 사용 증가로 인해 대기 중 이산화 탄소와 같은 온실 기체가 증가하여 지구의 평균 기온이 높아지는 현상이다.

08

지구의 평균 기온이 상승하는 지구 온난화의 주요 원인은 화석 연료의 사용 증가로 인한 대기 중 이산화탄소 농도 증가이다. 따라서 온실 기체 A는 이산화 탄소이다.

09

(1) 온실 기체는 지구 복사 에너지를 흡수하여 온실 효과를 일으키는 기체로 수증기, 이산화 탄소, 메테인 등이 있다.
(2) 온실 효과가 일어나도 지구의 평균 기온은 일정하게 유지된다.
(4) 지구 온난화로 인해 해수면이 상승하면 해안 저지대가 침수되어 육지의 면적이 감소한다.
바로 알기 | (3) 대기 중 온실 기체의 양이 증가하여 지구 온난화가 발생한다.

10

지구 온난화로 인해 해수의 열팽창이 일어나고, 해빙으로 빙하가 감소하면 해수면이 높아진다. 해수면이 상승하면 해안 저지대가 침수되어 육지 면적이 감소한다.

탐구 알약 64쪽

01 (1) ○ (2) ○ (3) × (4) × (5) ○ (6) ○ **02** ②
03 해설 참조

01

바로 알기 | (3) 처음에는 온도가 높아지다가 어느 정도 시간이 지나면 일정한 온도를 유지한다.
(4) 10분 이후에는 알루미늄 컵의 에너지 흡수량과 방출량이 같다.

02

흡수하는 에너지양(A)이 방출하는 에너지양(B)보다 많으면 온도가 계속 높아지고, 흡수하는 에너지양(A)과 방출하는 에너지양(B)이 같아지면 복사 평형을 이루면서 온도는 일정하게 유지된다. 따라서 10분 전에는 흡수하는 에너지양(A)이 방출하는 에너지양(B)보다 많고, 10분 후에는 흡수하는 에너지양(A)과 방출하는 에너지양(B)이 같다.

실전 백신

01 ②	02 ②	03 ③	04 ①, ④	05 ②
06 ④	07 ③	08 ④	09 ④	10 ③
11 ③	12 ④	13 ④	14 ③	15 ③
16~18 해설 참조				

01

바로 알기 | ② 기권은 지표로부터 약 1000 km까지 분포한다.

02

기권은 지표로부터 대류권 → 성층권 → 중간권 → 열권 순으로 나타난다.

03

기권은 높이에 따른 기온 변화를 기준으로 대류권(A), 성층권(B), 중간권(C), 열권(D) 4개의 층으로 구분한다.

04

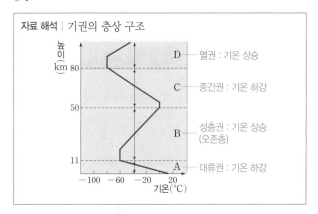

자료 해석 | 기권의 층상 구조

①, ④ 대류권(A)과 중간권(C)은 모두 높이 올라갈수록 기온이 낮아지므로, 대류가 일어난다.

바로 알기 | ② 오존층은 성층권(B)의 하부에 존재하여 자외선을 흡수한다.

③ 성층권(B)은 대기가 안정하여 대류가 일어나지 않으며 비행기의 항로로 이용된다.

⑤ 대류권(A)은 대기가 불안정하여 대류가 일어나고 공기 중에 수증기가 많아 기상 현상이 나타나지만, 중간권(C)은 대류는 일어나지만 수증기가 거의 없어 기상 현상은 나타나지 않는다.

05

성층권(B)은 높이 올라갈수록 기온이 높아지는 층으로, 대기가 안정하여 대류가 일어나지 않아 비행기의 항로로 이용되며, 성층권(B) 하부에 있는 오존층에서 태양 복사 에너지 중 자외선을 흡수한다.

06

성층권에서 높이 올라갈수록 기온이 높아지는 것은 태양에서 오는 자외선을 흡수하는 오존층이 존재하기 때문이다. 따라서 오존층이 없다면 기권은 성층권이나 중간권 없이 대류권과 열권으로만 층을 구분할 수 있다.

07

① 지구는 태양 복사 에너지를 흡수하여 모든 방향으로 지구 복사 에너지를 방출한다.

② 태양 복사 에너지는 자외선, 가시광선, 적외선의 형태로 방출되고, 지구 복사 에너지는 대부분 적외선의 형태로 방출된다.

④ 지구가 방출하는 지구 복사 에너지는 대부분 적외선의 형태이고, 지구가 흡수하는 태양 복사 에너지는 대부분 가시광선 형태이다. 적외선은 가시광선보다 파장이 길다.

⑤ 지구에 도달한 태양 복사 에너지 중 약 30 %는 지구에 흡수되지 않고 우주로 방출된다.

바로 알기 | ③ 지구는 방출하는 복사 에너지양과 흡수하는 복사 에너지양이 같아 복사 평형을 이루고 있다.

08

처음에는 컵이 흡수하는 복사 에너지양이 방출하는 복사 에너지양보다 많아서 컵 속의 온도가 점점 높아진다. 충분한 시간이 흐르면 컵이 흡수하는 복사 에너지양과 방출하는 복사 에너지양이 같아지므로 온도가 일정하게 유지된다.

09

ㄱ. 지구의 복사 평형을 알아보기 위한 실험으로 알루미늄 컵은 지구, 적외선등은 태양에 해당한다.

ㄷ. 적외선등과 알루미늄 컵 사이의 거리가 가까워지면 알루미늄 컵이 흡수하는 에너지양이 많아지므로 더 높은 온도에서 복사 평형이 일어난다.

바로 알기 | ㄴ. 처음 몇 분간은 흡수하는 복사 에너지양이 방출하는 복사 에너지양보다 많아 온도가 높아지지만 에너지를 방출하지 않는 것은 아니다.

10

ㄱ, ㄴ. 지구에 입사하는 태양 복사 에너지 중 30 %는 대기와 지표에 의해 반사되고, 70 %는 흡수된다. 이때 지구는 흡수하는 태양 복사 에너지와 같은 양의 에너지를 다시 우주로 방출한다.

바로 알기 | ㄷ. 지표가 방출하는 에너지는 대부분 지구 대기에서 흡수되지만, 지구 대기가 흡수하는 에너지를 다시 우주로 방출하기 때문에 지구가 흡수하는 에너지양과 방출하는 에너지양은 같다.

11

지구와 달은 태양으로부터의 평균 거리가 거의 비슷하지만 지구에는 대기가 존재하여 온실 효과가 일어나기 때문에 평균 표면 온도가 달보다 높다.

12

ㄴ. 온실 효과가 일어나도 지구는 복사 평형을 이뤄 평균 기온은 일정하게 유지된다.

ㄷ. 지구의 대기는 파장이 긴 적외선 영역의 에너지를 잘 흡수한다. 따라서 비교적 파장이 짧은 영역인 태양 복사 에너지는 통과시키고, 파장이 긴 지구 복사 에너지를 흡수한다.

바로 알기 | ㄱ. 온실 효과는 생명체가 살기 적당한 온도로 유지시켜주는 긍정적인 역할을 한다.

13

온실 기체는 지구 복사 에너지를 흡수하였다가 지표로 재방출하는 온실 효과를 일으키는 기체로 수증기, 이산화 탄소, 메테인, 오존, 프레온 가스(CFCs) 등이 있다.

14

산업화로 인해 대기 중으로 이산화 탄소와 같은 온실 기체가 다량 유입되었다. 이로 인해 온실 효과가 증가하여 지구의 평균 기온이 높아지는 지구 온난화가 가속화되었다.

15

바로 알기 | ③ 지구 온난화가 지속되면 사막화 현상이 심해지면서 먹을 수 있는 물의 양이 적어져 물 부족 현상을 겪는 나라의 수가 많아진다.

서술형 문제

16

모범 답안 | 성층권, 높이 올라갈수록 지구 복사 에너지양이 감소하여 기온이 낮아져야 하지만, 성층권은 오존층에서 자외선을 흡수하므로 높이 올라갈수록 기온이 높아진다.

채점 기준	배점
층의 이름과 높이에 따른 기온 변화의 원인을 옳게 서술한 경우	100 %
둘 중 한 가지만 옳게 쓴 경우	50 %

17

모범 답안 | 알루미늄 컵이 복사 평형에 도달하여 흡수하는 에너지양과 방출하는 에너지양이 같아지기 때문에 알루미늄 컵의 온도는 더 이상 변하지 않고 일정하게 유지된다.

채점 기준	배점
복사 평형이라는 단어를 사용하여 흡수하는 에너지양과 방출하는 에너지양을 비교하여 옳게 서술한 경우	100 %
복사 평형이라는 단어는 쓰지 않았지만 흡수하는 에너지양과 방출하는 에너지양을 비교하여 옳게 서술한 경우	70 %
복사 평형이 일어났기 때문이라고만 쓴 경우	30 %

18

모범 답안 | (나), 지구의 대기는 지구 복사 에너지를 흡수하였다가 다시 지표로 재방출한다. 이로 인해 대기가 없을 때보다 지표에 도달하는 에너지양이 많아 지구의 평균 기온이 높아지는 온실 효과가 나타난다.

채점 기준	배점
대기의 유무와 온실 효과를 관련지어 옳게 서술한 경우	100 %
온실 효과에 의한 현상이라고만 서술한 경우	50 %

1등급 백신

71쪽

19 ① **20** ② **21** ①, ④ **22** ① **23** ⑤

19

A는 대류권, B는 성층권, C는 중간권, D는 열권이다. 대류권(A)은 기상 현상이 나타난다. 성층권(B)은 오존층이 존재하며 비행기의 항로로 이용된다. 중간권(C)은 대류는 일어나지만 수증기가 거의 없어 기상 현상은 나타나지 않고 유성이 관측된다. 열권(D)은 오로라가 나타나며 인공위성의 궤도로 이용된다.

20

바로 알기 | ㄱ. 열원인 전구로부터 거리가 가까운 A의 온도 변화가 더 크고, 더 높은 온도에서 복사 평형을 이룬다.

ㄷ. 열원인 전구에서 방출되는 복사 에너지양이 일정할 때, 물체가 흡수하는 복사 에너지양도 일정하다.

21

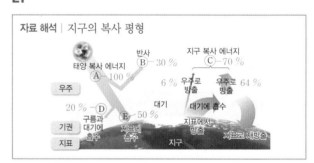

자료 해석 | 지구의 복사 평형

지구로 들어오는 태양 복사 에너지(A)의 일부는 반사(B)되고, 나머지는 지구로 흡수된다. 지구는 흡수된 태양 복사 에너지양(D+E)만큼의 지구 복사 에너지(C)를 우주로 방출한다.

22

ㄱ. 유리판은 스타이로폼 상자 안에서 방출되는 복사 에너지가 밖으로 나가지 못하게 한 후, 다시 상자 안으로 반사시키는 역할을 한다. 이는 실제 지구의 대기와 같은 역할을 하여 온실 효과를 일으킨다.

바로 알기 | ㄴ. A와 B는 모두 시간이 지나면서 온도가 높아지다가 어느 시간 이후부터 온도 변화가 나타나지 않고 일정하게 유지된다.

ㄹ. 실제 지구의 대기와 같은 역할을 하는 유리판으로 덮여 있는 B가 A보다 높은 온도에서 복사 평형을 이룬다.

23

산업혁명 이후 산업 활동이 활발해지면서 대기 중으로 이산화 탄소나 메테인과 같은 온실 기체의 방출량이 증가하였다. 이로 인해 지구는 더 높은 온도에서 복사 평형이 이루어져 평균 기온이 상승하였다.

O2 구름과 강수

01

(1) A 공기는 포화 상태, B와 C 공기는 불포화 상태이다.
(2) B 공기의 현재 수증기량은 왼쪽 눈금을 읽으면 7.6 g/kg, 포화 수증기량은 14.7 g/kg이다.
(3) A, C 공기의 포화 수증기량은 27.1 g/kg, B 공기의 포화 수증기량은 14.7 g/kg으로, B 공기의 포화 수증기량이 가장 적다.

02

바로 알기 | (1) 이슬점은 공기 중의 수증기가 응결하기 시작할 때의 온도로, 현재 공기에 들어 있는 수증기량에 의해 결정된다.
(3) 기온과 이슬점이 같은 공기는 포화 상태이다.

03

A 공기의 이슬점은 현재 수증기량이 포화 수증기량이 되는 온도를 찾으면 된다. 따라서 A 지점에서 수평선을 그어 포화 수증기량 곡선과 만나는 점의 기온인 20 ℃이다.

04

어떤 온도에서 공기가 더 이상 수증기를 포함할 수 없는 상태를 포화 상태(㉠)라고 한다. 포화 상태의 공기 1 kg 속에 포함되어 있는 수증기의 양을 g으로 나타낸 것을 포화 수증기량(㉡)이라고 하며, 포화 수증기량은 기온이 높아질수록 증가(㉢)한다. 이슬점(㉣)은 공기 중의 수증기가 응결하기 시작할 때의 온도로, 포화 상태에 도달할 때의 온도와 같은 의미이다.

05

상대 습도는 현재 기온의 포화 수증기량에 대한 현재 공기의 실제 수증기량의 비를 백분율(%)로 나타낸 것으로,
$\dfrac{20 \text{ g/kg}}{25 \text{ g/kg}} \times 100 = 80(\%)$이다.

06

(1) 비가 오는 날에는 공기 중의 수증기량이 많아지므로 상대 습도가 대체로 높다.
(3) 공기의 온도가 이슬점에 도달하면 상대 습도는 100 %가 된다.
(4) 수증기량이 일정할 때 기온이 낮을수록 포화 수증기량이 감소하여 상대 습도가 높아진다.
바로 알기 | (2) 현재 공기 중의 수증기량이 증가하면 이슬점은 높아진다.

07

(1) 상대 습도는 기온이 높을수록, 이슬점이 낮을수록 낮으므로 A 지역의 상대 습도가 가장 낮다.
(2) D 지역은 기온과 이슬점이 10 ℃로 같으므로 상대 습도가 100 %이다.

08

A는 기온, B는 상대 습도, C는 이슬점을 나타내며, 맑은 날은 수증기량이 거의 일정하여 상대 습도는 대체로 기온에 반비례한다.

09

(1) 맑은 날 기온은 새벽에 가장 낮고, 15시경에 가장 높다.
바로 알기 | (2) 맑은 날에는 수증기량이 거의 일정하여 상대 습도는 대체로 기온에 반비례하므로, 기온이 높을수록 상대 습도는 낮아진다.
(3) 공기 중에 포함된 수증기량이 거의 변하지 않기 때문에 이슬점도 거의 일정하게 나타난다.

10

구름의 생성 과정은 공기 덩어리 상승(ㄴ) → 단열 팽창(ㄷ) → 기온 하강(ㄹ) → 이슬점 도달(ㅂ) → 수증기 응결(ㄱ) → 구름 생성(ㅁ) 순이다.

11

바로 알기 | (2) B에서는 단열 팽창이 일어나 기온이 낮아진다.

12

공기가 상승하여 구름이 생성되는 경우는 공기가 산을 타고 오를 때, 지표의 일부분이 강하게 가열될 때, 기압이 낮은 곳으로 공기가 모여들 때, 찬 공기와 따뜻한 공기가 만날 때이다.

13

저위도 지역(열대 지방)에서는 구름 속의 크고 작은 물방울들이 부딪치고 뭉쳐져서 큰 빗방울이 되어 지표로 떨어져 비가 된다.

14

중위도나 고위도 지역에서 만들어지는 구름은 생성되는 온도가 낮아서 수증기, 물방울, 얼음 알갱이가 함께 존재한다. 구름 속에서 수증기가 얼음 알갱이에 달라붙어 얼음 알갱이가 커지고 무거워져 녹지 않고 그대로 떨어지면 눈이 되고, 떨어지는 도중에 따뜻한 대기층을 통과하여 녹으면 비가 되어 내린다.

01

알루미늄 컵의 표면이 뿌옇게 흐려지기 시작하는 온도는 알루미늄 컵 주변에 응결이 시작되는 온도로, A의 이슬점인 10 ℃이고, 이때의 수증기량은 7.6 g/kg이다.

02 서술형

모범 답안 | 응결, 응결로 인해 나타나는 현상으로는 이슬, 안개, 김 서린 안경 등이 있다.

채점 기준	배점
응결을 쓰고, 수증기 응결과 관련된 현상을 두 가지 이상 옳게 서술한 경우	100 %
응결을 쓰고, 수증기 응결과 관련된 현상을 한 가지만 옳게 서술한 경우	50 %

03 서술형

모범 답안 | 이슬점은 공기 중의 수증기가 응결하기 시작할 때의 온도이다. 알루미늄 컵의 표면이 뿌옇게 흐려진 것은 알루미늄 컵 주변 공기에 있던 수증기가 냉각된 알루미늄 컵 표면에서 응결하였기 때문이다. 따라서 얼음 조각에 의해 냉각된 알루미늄 컵의 표면이 뿌옇게 흐려지기 시작할 때의 온도를 이슬점이라고 할 수 있다.

채점 기준	배점
수증기가 응결하기 시작할 때의 온도라는 내용을 포함하여 옳게 서술한 경우	100 %

04

(3) 향 연기를 넣으면 넣지 않았을 때보다 페트병 내부가 뿌옇게 흐려지는 변화가 더 잘 나타나므로, 수증기가 더 잘 응결한다.
바로 알기 | (1) 간이 가압 장치를 여러 번 누르면 공기가 압축되므로, 공기가 하강할 때와 같은 효과를 줄 수 있다.
(2) 뚜껑을 열었을 때는 공기가 팽창하여 공기의 부피가 커지면서 페트병 내부의 기온은 하강한다.
(4) 위의 실험을 통해 구름의 생성 원리를 알 수 있다.

05

간이 가압 장치를 여러 번 눌러 페트병 내부의 공기가 압축되면 기온은 상승하고, 페트병 내부가 맑아지며, 뚜껑을 열어 페트병 내부의 공기가 팽창되면 기온은 하강하고, 페트병 내부는 흐려진다.

06 서술형

모범 답안 | 구름은 공기 덩어리가 상승하여 단열 팽창하면서 기온이 하강하고, 수증기가 응결하여 생성된다.

채점 기준	배점
공기가 단열 팽창하면서 기온이 하강하고, 수증기가 응결한다는 내용을 포함하여 옳게 서술한 경우	100 %

01

① 대기가 포화 상태일 때도 증발은 일어난다. 단, 증발량과 응결량이 같기 때문에 증발이 일어나는 액체의 양은 줄어들지 않는다.
③ 기온이 높을수록 대기가 포함할 수 있는 수증기의 양이 많으므로 포화 수증기량이 증가하고, 기온이 낮을수록 포화 수증기량이 감소한다.
바로 알기 | ② 대기 중에 포함된 수증기의 양은 끊임없이 변하며, 포함될 수 있는 수증기의 양은 한계가 있다. 특정 온도의 대기 중에 포함될 수 있는 수증기의 양을 포화 수증기량이라고 한다.

02

바로 알기 | ③ (나) 주변의 공기는 물속으로 들어가는 물 분자 수가 물 표면에서 나가는 물 분자 수보다 적은 불포화 상태이다.

03

바로 알기 | ① 이슬점은 현재 수증기량이 포화 수증기량과 같아지는 온도이므로 이슬점에서의 상대 습도는 100 %이다. 그러나 상대 습도가 같다고 이슬점이 모두 같은 것은 아니다.

[04~05]

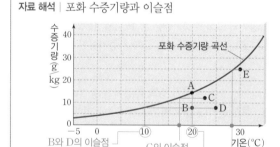

자료 해석 | 포화 수증기량과 이슬점

• A 공기는 포화 수증기량 곡선 위에 있으므로 포화 상태의 공기이고, B, C, D, E 공기는 포화 수증기량 곡선 아래에 있으므로 모두 불포화 상태의 공기이다.
• 포화 상태에서는 증발량과 응결량이 같다.

04

⑤ 10 ℃로 냉각시킬 때 '응결량=현재 수증기량−10 ℃에서의 포화 수증기량'이다. 따라서 10 ℃로 냉각시킬 때 응결량은 E＞A＞C＞B=D이다.
바로 알기 | ① A 공기는 포화 상태이므로 증발량과 응결량이 같다.
② 이슬점이 가장 높은 공기는 수증기량이 가장 많은 E이다.
③ A와 B 공기의 기온은 같지만 실제 수증기량은 다르다.
④ D 공기는 불포화 상태이므로 증발이 잘 일어난다.

05

이슬점은 현재 수증기량이 포화 수증기량과 같아지는 온도이므로, 포화 수증기량 곡선에서 포화 수증기량이 7.6 g/kg인 기온은 약 10 ℃이다.

06

① 포화 상태의 공기에는 포화 수증기량만큼의 수증기가 포함되어 있기 때문에 상대 습도는 100 %이다.

바로 알기 | ② 상대 습도의 일변화는 기온 변화에 반비례하므로 비 온 날보다 맑은 날이 더 크다.

③ 상대 습도$=\dfrac{\text{현재 공기의 실제 수증기량(g/kg)}}{\text{현재 기온의 포화 수증기량(g/kg)}}\times 100(\%)$이다.

④ 기온이 일정할 때 실제 수증기량이 많을수록 상대 습도가 높다.

⑤ 실제 수증기량이 일정할 때 기온이 낮을수록 상대 습도가 높다.

07

공기 중에 포함된 실제 수증기량은 이슬점에서의 포화 수증기량과 같으므로, 이슬점이 10 ℃인 공기 1 kg에 들어 있는 수증기량은 7.6 g이다.

08

기온이 25 ℃인 공기 1 kg 속에는 수증기 13 g이 들어 있으므로,

$$\text{상대 습도(\%)}=\dfrac{\text{현재 공기의 실제 수증기량(g/kg)}}{\text{현재 기온의 포화 수증기량(g/kg)}}\times 100$$

$$=\dfrac{13\ \text{g/kg}}{20.0\ \text{g/kg}}\times 100 = 65\ \%\text{이다.}$$

09

맑은 날 기온(A)은 해가 뜬 낮 시간에 높고, 하루 동안 대기 중에 포함된 수증기량의 변화가 거의 없어 이슬점(C)은 거의 일정하다. 또한 상대 습도(B)는 기온에 반비례하는 경향을 보인다.

10

지표면에서 공기 덩어리가 상승할 때는 단열 팽창이 일어나기 때문에 부피가 팽창하고 기온이 하강한다. 따라서 포화 수증기량이 감소하여 이슬점에 도달하면 구름이 생성된다.

11

공기 덩어리가 상승하면 주위의 기압이 낮아져 부피가 팽창(ㄴ)한다. 이와 같이 주변과의 열 교환 없이 부피만 팽창하는 단열 팽창에 의해 공기 덩어리의 기온이 하강(ㄹ)하고, 이슬점에 도달(ㄱ)하면 수증기가 응결(ㄷ)한다. 이렇게 생긴 작은 물방울이나 얼음 알갱이가 모여 구름이 된다.

12

④ 향 연기는 수증기가 응결하는 것을 돕는 응결핵 역할을 한다.

바로 알기 | ①, ⑤ 피스톤을 당기면 플라스크 안의 기압이 낮아지고 온도가 하강한다. 따라서 공기 중의 수증기가 응결하여 플라스크 안이 뿌옇게 된다. 또한, 향 연기를 넣으면 향 연기가 응결핵 역할을 하여 수증기의 응결이 더 잘 일어나 더욱 뿌옇게 된다.

② 피스톤을 밀면 당길 때와 반대로 플라스크 안의 기압이 높아지고 온도가 상승한다. 따라서 플라스크 안의 물방울이 수증기가 되어 플라스크 안이 투명해진다.

③ 피스톤을 밀면 플라스크 안의 온도가 상승하고 맑아지며, 피스톤을 당기면 플라스크 안의 온도가 하강하고 흐려진다.

13

구름은 공기가 상승하여 단열 팽창할 때 생성되므로 공기가 산을 타고 올라갈 때와 지표면이 불균등하게 가열될 때 생성된다. 또 찬 공기가 따뜻한 공기를 파고들거나 따뜻한 공기가 찬 공기를 타고 올라갈 때 생성된다.

바로 알기 | ③ 고기압 중심에서는 공기가 하강하기 때문에 구름이 생성되지 않는다.

14

ㄱ, ㄷ. 강수는 구름에서 비나 눈이 지표로 내리는 현상을 말하며, 위도에 따라 강수의 형태가 다르게 나타난다.

바로 알기 | ㄴ. 구름이 지표 위에 생성되더라도 물방울이나 얼음 알갱이가 너무 작으면 비나 눈이 내리지 않는다.

ㄹ. 저위도 지역(열대 지방)과 같이 기온이 높은 지역에서 생성된 구름 속에는 얼음 알갱이가 존재하기 힘들다. 따라서 크고 작은 물방울이 서로 뭉쳐서 점점 커지면 비가 내리게 된다.

15

중 · 고위도 지역에서는 얼음 알갱이가 포함된 구름이 만들어지며, A 구간에서는 얼음 알갱이에 수증기가 달라붙어 얼음 알갱이의 크기가 성장한다. 이 구름에서 얼음 알갱이가 녹지 않고 지표로 떨어지면 눈이 되고, 떨어지다 녹으면 비가 된다.

서술형 문제

16

(1) 모범 답안 | 비커 주변 공기의 온도가 낮아지다가 이슬점에 도달하면 공기 중에 있던 수증기가 비커 표면에서 응결한다.

채점 기준	배점
이슬점과 응결을 모두 이용하여 옳게 서술한 경우	100 %
이슬점과 응결 중 하나만으로 서술한 경우	40 %

(2) 모범 답안 | 91.2 g, 비커의 표면이 뿌옇게 흐려지기 시작하는 온도인 10 ℃가 이슬점이므로, 공기 1 kg 속에 포함된 수증기의 양은 7.6 g/kg이다. 실험실의 부피가 12 m³이므로 실험실에는 12 kg의 공기가 포함되어 있으며, 실험을 시작할 때 실험실의 실제 수증기량은 7.6 g/kg×12 kg=91.2 g이다.

채점 기준	배점
풀이 과정과 답을 모두 옳게 서술한 경우	100 %
답만 옳게 쓴 경우	40 %

17

향 연기가 수증기의 응결을 도와주는 응결핵 역할을 하므로 향 연기를 넣었을 때 플라스크 내부가 더 뿌옇게 흐려진다.

채점 기준	배점
응결핵 역할을 한다고 옳게 서술한 경우	100 %

18

따뜻한 물로 샤워할 때 목욕탕 내부가 뿌옇게 흐려지는 것은 현재의 기온이 변하지 않는 상태에서 수증기가 공급(E → A)되어 포화 상태에 이르기 때문에 나타나는 현상이다.

19

A는 기온, B는 상대 습도, C는 이슬점이다. 기온(A)이 높을수록 포화 수증기량은 증가하며, 이날과 같이 하루 동안 대기 중에 포함된 수증기량이 거의 일정하여 이슬점(C)의 변화가 없는 날에는 상대 습도(B)가 기온(A)의 영향을 많이 받아 기온(A)과 반비례하는 경향을 보인다.

20

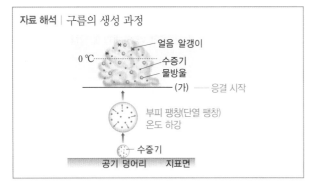

자료 해석 | 구름의 생성 과정

①, ② 높이 올라갈수록 공기의 부피가 팽창하고 상승하는 동안 공기의 기온은 낮아진다.
③, ④ (가) 높이에서 수증기의 응결이 시작되고, 이 높이에서 포화 상태가 된다.
바로 알기 | ⑤ 이슬점이 높을수록 수증기량이 많으므로 온도가 조금만 낮아져도 응결이 일어난다. 따라서 구름이 생성되는 높이인 (가)는 낮아진다.

21

ㄴ. 구름은 과정 (다)와 같이 단열 팽창에 의해 생성된다.
바로 알기 | ㄱ. 과정 (나)에서 페트병 내부는 단열 압축이 일어나고 있으므로, 뿌옇게 흐려지지 않는다.
ㄷ. 향 연기는 페트병 내부에서 수증기의 응결을 돕는 응결핵 역할을 한다.

22

액정 온도계의 초록색은 현재 온도, 황갈색은 현재보다 높은 온도, 파란색은 현재보다 낮은 온도이다. 뚜껑을 열었을 때 페트병 내부는 단열 팽창에 의해 온도가 낮아지므로 현재 온도는 24 ℃보다 낮은 값을 나타낸다.

O3 기압과 날씨

01

(1) 1기압은 수은 기둥의 높이가 76 cm일 때의 압력이다.
(3) 기압이 낮은 곳에서는 수은 면에 작용하는 기압(A)이 작아지므로 수은 기둥의 높이도 낮게 나타난다.
바로 알기 | (2) 유리관의 기울어진 정도와 상관없이 수은 기둥의 높이는 같다.
(4) 수은 기둥이 76 cm 높이에서 멈춘 것은 A와 B가 같기 때문이다.

02

(2) 높이 올라갈수록 공기의 양이 감소하기 때문에 기압이 낮아진다.
(3) 두 지점 사이 기압 차이로 인해 공기가 이동하는데, 이때 공기의 흐름을 바람이라고 한다.
바로 알기 | (1) 공기는 항상 움직이기 때문에 기압은 시간과 장소에 따라 다르게 나타난다.
(4) 바람은 기압이 높은 곳에서 낮은 곳으로 분다.
(5) 해륙풍은 해안에서 하루를 주기로 풍향이 바뀌는 바람이다.

03

A는 공기가 하강하여 기압이 높고, B는 공기가 상승하여 기압이 낮다. 바람은 기압이 높은 곳에서 낮은 곳으로 이동하므로, A에서 B로 바람이 분다.

04

해풍이 불 때 기온은 육지(A)가 바다(B)보다 높고, 기압은 바다(B)가 육지(A)보다 높으며, 바람은 바다(B)에서 육지(A)로 분다.

05

낮에는 빨리 가열되는 육지의 기압이 낮아져 바다에서 육지로 해풍이 불고, 밤에는 빨리 냉각되는 육지의 기압이 높아져 육지에서 바다로 육풍이 분다. 우리나라 여름철에는 빨리 가열되는 대륙의 기압이 낮아져 해양에서 대륙으로 남동 계절풍이 불고, 우리나라 겨울철에는 빨리 냉각되는 대륙의 기압이 높아져 대륙에서 해양으로 북서 계절풍이 분다.

06
A는 시베리아 기단으로 한랭 건조, B는 오호츠크해 기단으로 한랭 다습, C는 양쯔강 기단으로 온난 건조, D는 북태평양 기단으로 고온 다습한 성질을 갖는다.

07
봄, 가을에는 양쯔강 기단, 초여름에는 오호츠크해 기단, 여름에는 북태평양 기단, 겨울에는 시베리아 기단의 영향을 받는다.

08
(3) 전선을 경계로 기압, 기온, 습도 등의 성질이 달라진다.
(4) 찬 공기와 따뜻한 공기가 만나면 무거운 찬 공기는 따뜻한 공기 아래쪽에 위치한다.
바로 알기 | (2) 고위도에서 발생한 기단은 한랭한 성질을 갖는다.

09

구분	한랭 전선	온난 전선
형성 과정	찬 공기가 따뜻한 공기 쪽으로 이동할 때 형성	따뜻한 공기가 찬 공기 쪽으로 이동할 때 형성
전선면 기울기	급함	완만함
구름 형태	적운형 구름	층운형 구름
강수 형태	전선 뒤 좁은 지역에 소나기	전선 앞 넓은 지역에 지속적인 비
이동 속도	빠름	느림
통과 후 기온	낮아짐	높아짐

10
한랭 전선은 기울기가 급하고 이동 속도가 상대적으로 빠르며, 한랭 전선이 통과후 좁은 지역에 소나기가 내린다.

11
(가)는 저기압, (나)는 고기압이다. 저기압(가)은 주변보다 기압이 낮은 곳으로, 중심에는 상승 기류가 발달하며 바람이 시계 반대 방향으로 불어 들어가고 저기압(가) 부근은 흐리고 비나 눈이 온다. 고기압(나)은 주변보다 기압이 높은 곳으로, 중심에는 하강 기류가 발달하며 바람이 시계 방향으로 불어 나가고 고기압(나) 부근은 날씨가 맑다.

12
바로 알기 | (1) 남서쪽으로는 한랭 전선, 남동쪽으로는 온난 전선이 발달한다.
(3) 온대 저기압이 지나갈 때 온난 전선이 먼저 통과하고, 한랭 전선이 나중에 통과한다.

13
(1), (3) 한랭 전선과 온난 전선 사이(B)는 따뜻한 기단의 영향으로 기온이 높고, 날씨가 맑다.
(2) 한랭 전선 뒤(A)는 찬 기단의 영향으로 기온이 낮고, 좁은 지역에 소나기가 내리며 주로 적운형 구름이 나타난다.
(4) 온난 전선 앞(C)은 찬 기단의 영향으로 기온이 낮고, 넓은 지역에 지속적인 비가 내리며 주로 층운형 구름이 나타난다.

14
(1) 봄, 가을에는 이동성 고기압과 저기압으로 인해 날씨가 자주 바뀐다.
(2) 여름에는 북태평양 기단으로 인해 덥고 습한 날씨가 나타난다.
(3) 겨울에는 서고동저형의 기압 배치가 이루어져 북서 계절풍이 분다.
바로 알기 | (4) 겨울에는 시베리아 기단으로 인해 춥고 건조한 날씨가 나타난다.

15
겨울철에는 서고동저형의 기압 배치가 이루어져 북서 계절풍이 불고, 한파가 나타나며 폭설이 내린다.

탐구 알약 92쪽
01 (1) ◯ (2) ◯ (3) ✕ (4) ✕   **02** ③, ④
03 ㉠ 전선면 ㉡ 전선   **04** 해설 참조

01
(1), (2) 따뜻한 물과 찬물은 바로 섞이지 않고, 시간이 흐르면 찬물은 아래쪽으로 따뜻한 물은 위쪽으로 이동한다.
바로 알기 | (3) 찬물이 있는 쪽으로 기울어진 경계가 생긴다.
(4) 위 실험을 통해 전선의 형성 원리를 알 수 있다.

02
밀도가 큰 파란색의 찬물이 빨간색의 따뜻한 물 아래로 파고든다. 이를 위에서 보면 빨간색의 따뜻한 물이 대부분을 차지한 모습이다.

03
찬 공기와 따뜻한 공기가 만나는 면은 전선면(㉠), 전선면(㉠)이 지표면과 만나는 선은 전선(㉡)이다.

04 서술형
모범 답안 | 찬 공기가 따뜻한 공기 쪽으로 이동하여 찬 공기가 따뜻한 공기 아래로 파고 들어갈 때는 한랭 전선이 형성되고, 따뜻한 공기가 찬 공기 쪽으로 이동하여 따뜻한 공기가 찬 공기를 타고 올라갈 때는 온난 전선이 형성된다.

채점 기준	배점
한랭 전선과 온난 전선의 형성 과정을 모두 옳게 서술한 경우	100 %
둘 중 한 가지만 옳게 서술한 경우	50 %

실전 백신
96~99쪽

01 ②	02 ⑤	03 ②, ③	04 ④	05 ②
06 ①	07 ⑤	08 ②	09 ⑤	10 ①
11 ⑤	12 ④	13 ④	14 ⑤	15 ③
16 ②	17 ③	18 ③	19 ①	20 ③
21 ④	22~25 해설 참조			

01
바로 알기 │ ② 중력은 연직 아래 방향으로 작용하지만, 기압은 모든 방향으로 작용한다.

02
1기압＝76 cmHg＝760 mmHg＝1013 hPa＝물기둥 약 10 m의 압력

03
②, ③ 빈 페트병에 따뜻한 물을 조금 넣고 뚜껑을 닫아 얼음물에 넣으면 페트병 내부의 수증기가 응결하여 내부의 압력이 낮아져 찌그러진다.
바로 알기 │ ①, ④ 외부 기압이 모든 방향으로 작용하기 때문에 모양이 불규칙하게 찌그러지고 페트병의 부피는 작아진다.
⑤ 뜨거운 물에 넣을 때는 페트병 내부에 응결이 일어나지 않기 때문에 페트병이 찌그러지지 않는다.

04
① 유리관의 빈 공간은 공기가 없는 진공 상태이다.
② 기압이 높아지면 수은면을 누르는 대기의 압력이 높아져 수은 기둥의 높이도 높아진다.
③ 기압이 일정할 때 유리관의 굵기와 기울기가 변해도 수은 기둥의 높이는 일정하다.
⑤ 토리첼리의 기압 측정 실험에서 수은 기둥이 멈추는 까닭은 수은면에 작용하는 대기의 압력과 수은 기둥의 압력이 같기 때문이다.
바로 알기 │ ④ 대기가 없는 달에서 이 실험을 하면 수은 기둥의 높이는 0 cm일 것이다.

05
ㄴ. 높이 올라갈수록 기압이 낮아져 대기가 수은면을 누르는 힘이 약해지기 때문에 수은 기둥도 높이 올라가지 못한다. 따라서 수은 기둥의 높이가 낮아진다.
바로 알기 │ ㄱ. 1기압은 76 cmHg과 같으며, 이 지역에서 수은 기둥의 높이는 76 cm이므로, 이 지역은 1기압이다.
ㄷ. 1기압에서 수은 기둥의 높이는 유리관의 굵기와 상관없이 76 cm에서 멈춘다.

06
바로 알기 │ ② 바람은 기압이 높은 곳에서 낮은 곳으로 분다.
③ 기압 차이가 클수록 바람이 강하게 분다.
④ 바람이 불어오는 방향을 풍향이라고 한다.
⑤ 바람은 두 지점의 기압 차에 의한 수평 방향의 공기 이동이다.

07
바로 알기 │ ① 낮에 부는 바람이다.
② 기온은 육지가 바다보다 높다.
③ 기압은 육지가 바다보다 낮다.
④ 낮에는 육지가 바다보다 빨리 가열되기 때문에 기온이 높은 육지 쪽에서 상승 기류가 형성된다.

08
② 남동 계절풍은 우리나라 여름에 부는 바람이다.
바로 알기 │ ①, ③ 바람의 방향으로 남동 계절풍임을 알 수 있고, 해양에서 대륙으로 부는 바람이다.
④ 남동 계절풍은 여름에 대륙의 기온이 해양보다 높을 때 분다.
⑤ 바람은 고기압에서 저기압으로 분다. 따라서 바다는 고기압, 대륙은 저기압임을 알 수 있다.

09
물과 모래를 동시에 가열할 때 물보다 모래가 더 빨리 가열되므로 물 위에는 고기압이 형성되고, 모래 위에는 저기압이 형성되어 향 연기는 물 쪽에서 모래 쪽으로 이동한다.
바로 알기 │ ⑤ 충분한 시간 동안 가열했을 때 모래는 물보다 더 높은 온도에서 복사 평형을 이룬다.

10
바로 알기 │ ① 고위도에서 발생한 기단은 한랭하다.

11
A는 시베리아 기단으로 한랭 건조, B는 오호츠크해 기단으로 한랭 다습, C는 양쯔강 기단으로 온난 건조, D는 북태평양 기단으로 고온 다습하다.

12
우리나라의 초여름에는 오호츠크해 기단(B)과 북태평양 기단(D)의 세력이 비슷해지는 시기에 장마 전선이 형성되어 한 지역에 지속적인 비가 내린다.

13
④ 온난 전선에서는 따뜻한 공기가 찬 공기를 타고 올라가면서 전선의 앞쪽으로 층운형 구름이 만들어지기 때문에 온난 전선에 가까울수록 구름의 높이가 낮아진다.
바로 알기 │ ① 한 장소에 오래 머물러 있는 전선은 정체 전선이다. 폐색 전선은 한랭 전선과 온난 전선이 만나 겹쳐질 때 생기는 전선이다.
② 전선은 기단의 이동으로 생기기 때문에 대체로 머물러 있지 않고 이동한다.

③ 성질이 다른 두 기단이 만나서 생기는 경계면을 전선면이라고 하며, 전선면이 지표면과 만나는 선을 전선이라고 한다.
⑤ 한랭 전선은 찬 공기가 따뜻한 공기 쪽으로 이동하여 찬 공기가 따뜻한 공기 아래를 파고들면서 형성된다.

14
찬물과 따뜻한 물은 성질이 다른 두 기단을 의미하고, 두 기단이 만나 전선이 형성되는 과정을 알아보기 위한 실험이다. 찬물과 따뜻한 물은 칸막이가 제거되어도 쉽게 바로 섞이지 않고, 어느 정도 시간이 흐르면 위층에는 밀도가 작은 빨간색의 따뜻한 물, 아래층에는 밀도가 큰 파란색의 찬물이 위치한다.

15

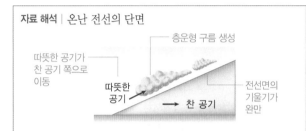

자료 해석 | 온난 전선의 단면

따뜻한 공기가 찬 공기 쪽으로 이동하여 따뜻한 공기가 찬 공기를 타고 오르면서 형성된 전선이다. 기울기가 완만하고 층운형 구름이 생긴 것을 통해 온난 전선의 단면이라는 것을 알 수 있다.

바로 알기 | ③ 온난 전선 앞 넓은 지역에 이슬비가 내린다.

16
ㄱ, ㄷ. 고기압 중심에서는 하강 기류가 발달하여 맑은 날씨, 저기압 중심에서는 상승 기류가 발달하여 흐린 날씨가 나타난다.
바로 알기 | ㄴ. 저기압 중심에서는 상승 기류가 발달하여 바람이 중심으로 불어 들어온다.
ㄹ. 주변보다 기압이 높은 곳을 고기압, 주변보다 기압이 낮은 곳을 저기압이라고 한다.

17
우리나라의 온대 저기압은 찬 공기와 따뜻한 공기가 만나는 위도 60° 부근에서 형성되어 편서풍의 영향으로 서쪽에서 동쪽으로 이동하며, 저기압 중심을 향해 시계 반대 방향으로 바람이 불어 들어온다.
바로 알기 | ③ 온대 저기압 중심에서 남서쪽으로는 한랭 전선, 남동쪽으로는 온난 전선이 발달한다.

[18~20]

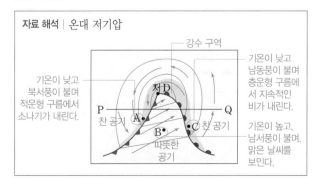

자료 해석 | 온대 저기압

18
③ 온대 저기압은 한랭 전선의 뒤쪽과 온난 전선의 앞쪽으로 찬 공기가 분포하고, 한랭 전선과 온난 전선 사이에는 따뜻한 공기가 분포한다.

19
ㄱ. A 지역은 한랭 전선의 뒤쪽으로 적운형 구름이 발달하여 소나기가 내린다.
ㄴ. B 지역은 한랭 전선과 온난 전선의 사이로 따뜻한 공기가 분포하여 날씨가 맑다.
바로 알기 | ㄷ. C 지역은 온난 전선의 앞쪽으로 시간이 흘러 온난 전선이 통과하면 기온이 높아질 것이다.
ㄹ. D 지역은 저기압 중심으로 상승 기류가 발달한다.

20
현재 비가 내리고 있지만 곧 날씨가 맑아지며 기온이 높아질 것으로 예상되는 지역은 온난 전선의 앞쪽에 있는 C 지역이다.

21
우리나라 겨울철에는 시베리아 기단의 세력이 강하여 서고동저형 기압 배치가 나타난다.

서술형 문제

22
모범 답안 | 빨대를 빨면 빨대 안의 공기 양이 적어져 압력이 낮아진다. 상대적으로 빨대 밖은 고기압이 되어 음료수를 누르게 되므로, 음료수가 빨대를 따라 올라오게 되어 음료수를 마실 수 있다.

채점 기준	배점
빨대 안과 밖의 기압 차를 옳게 서술한 경우	100 %

23
모범 답안 | 향 연기가 얼음물이 있는 쪽에서 따뜻한 물이 있는 쪽으로 이동한다. / 어느 정도의 시간이 지나면 얼음물이 있는 쪽의 공기는 차가워져 밀도가 커지고, 따뜻한 물이 있는 쪽의 공기는 따뜻해져 밀도가 작아진다. 칸막이를 제거하면 향 연기는 기압이 높아진 얼음물이 있는 쪽에서 기압이 낮아진 따뜻한 물이 있는 쪽으로 이동한다.

채점 기준	배점
향 연기의 이동 모습을 옳게 쓰고, 그 까닭을 공기의 밀도와 관련지어 옳게 서술한 경우	100 %
향 연기의 이동 모습만 옳게 쓴 경우	50 %

24
모범 답안 | 한랭 전선, 한랭 전선은 전선면의 기울기가 급하여 상승 작용이 활발하다. 따라서 전선의 뒤쪽에서 적운형 구름이 만들어지고 소나기가 내린다. 전선의 이동 속도가 빠르고, 이 전선이 통과한 후에 기온은 낮아지고, 기압은 높아진다.

채점 기준	배점
전선의 이름을 옳게 쓰고 특징을 세 가지 이상 서술한 경우	100 %
전선의 이름을 옳게 썼지만 특징을 두 가지 이하로 서술한 경우	70 %
전선의 이름만 옳게 썼지만 특징을 한 가지만 서술한 경우	30 %

25

모범 답안 | 남고북저, 북태평양 기단 / 남고북저형의 기압 배치이므로 여름철 일기도이다. 여름철 우리나라는 덥고 습한 북태평양 기단의 영향을 받아 무더위와 열대야와 같은 날씨가 나타난다.

채점 기준	배점
기압 배치와 영향을 주는 기단을 옳게 쓰고, 날씨의 특징을 두 가지 이상 옳게 서술한 경우	100 %
기압 배치와 영향을 주는 기단을 옳게 썼으나, 날씨의 특징을 한 가지만 옳게 서술한 경우	70 %
기압 배치와 영향을 주는 기단만 옳게 쓴 경우	30 %

1등급 백신

100~101쪽

26 ①	**27** ②	**28** ③	**29** ③	**30** ①
31 ③	**32** ③	**33** ⑤	**34** ③	**35** ⑤
36 ①	**37** ⑤			

26

ㄷ. 고도가 높아질수록 대기의 밀도가 감소하여 대기압이 낮아지기 때문에 고도가 높아지면 수은 기둥의 높이(h)는 감소한다.

바로 알기 | ㄱ, ㄹ. 유리관의 기울기와 지름에 관계없이 수은 기둥의 높이는 일정하다.

ㄴ. 물은 더 높은 높이에서 대기압과 평형을 이룬다.

27

ㄷ. 물이 쏟아지려는 힘과 같은 힘으로 기압이 아래에서 위로 작용하므로, 균형을 이루어 컵 속의 물이 쏟아지지 않는다.

바로 알기 | ㄱ. 물은 중력을 받아 아래로 쏟아지려고 한다.

ㄴ. 기압은 모든 방향으로 작용한다.

28

①, ② 육풍은 육지에서 바다로 부는 바람이며, 밤에 분다.

④ 육지는 하강 기류가 발달하므로 고기압, 바다는 상승 기류가 발달하므로 저기압이다. 바람은 고기압에서 저기압으로 불어 나가므로 육풍이 분다.

⑤ 육지가 바다보다 빨리 가열되고, 빨리 냉각되기 때문에 일어나는 현상이다.

바로 알기 | ③ 밤에 육지는 빨리 냉각되어 하강 기류가 발달하므로 고기압, 바다는 상승 기류가 발달하므로 저기압이다.

29

가열할 때는 모래가 물보다 더 높은 온도까지 빨리 가열되고 식을 때는 모래가 더 빨리 냉각된다. 따라서 그래프의 기울기는 처음 10분 동안 모래가 물보다 급하게 상승하고, 이후 10분 동안 모래가 물보다 급하게 하강한다.

30

모래가 물보다 빨리 가열되는 차등 가열에 의해 물 위에는 고기압, 모래 위에는 저기압이 형성되어 물 쪽에서 모래 쪽으로 향 연기가 이동한다.

31

바로 알기 | ③ 겨울철에는 대륙보다 해양의 기온이 높으므로, 기압은 대륙이 해양에 비해 높다.

32

바로 알기 | ③ 온난 전선은 전선면의 기울기가 완만하고, 한랭 전선은 전선면의 기울기가 급하다.

33

① (가)는 고기압, (나)는 저기압이다.

② 북반구 저기압(나)의 중심에서는 상승 기류가 발달하여 바람이 시계 반대 방향으로 불어 들어간다.

③ 해풍은 바다에서 육지로 부는 바람으로 바다 위에는 고기압(가), 육지 위에는 저기압(나)이 위치한다.

④ 여름철 우리나라에는 남동 계절풍이 불어오기 때문에 남동쪽 바다에는 고기압(가), 북서쪽 대륙에는 저기압(나)이 위치한다.

바로 알기 | ⑤ 남반구 고기압에서는 시계 반대 방향으로 바람이 불어 나가고, 저기압에서는 시계 방향으로 바람이 불어 들어간다.

34

자료 해석	일기도 해석
우리나라는 온대 저기압의 영향권에 속해 있고, 오늘 서울과 부산은 두 전선 사이에 있으므로 날씨가 맑다. 내일은 한랭 전선이 다가오므로 소나기가 내릴 것으로 보인다. 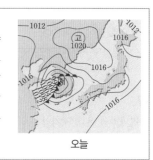 오늘

바로 알기 | ③ 어제 서울은 온난 전선의 앞쪽에 위치하여 넓은 지역에 지속적으로 비가 내리는 흐린 날씨였다.

35

초여름에 우리나라 주변에 오래 머물며 비를 내리는 전선은 장마 전선(정체 전선)으로 남쪽에는 따뜻한 기단, 북쪽에는 찬 기단이 위치한다. 따라서 전선 기호는 A━◖◗◖◗◖◗━B와 같이 나타낸다.

바로 알기 | ① A━◣◣◖◗━B – 온난 전선

② A━▲▲▲━B – 한랭 전선

③ A━▲◗▲◗━B – 폐색 전선

36

ㄱ. 세력이 비슷한 찬 공기와 따뜻한 공기가 만나서 전선의 북쪽

으로 공기의 상승이 나타나기 때문에 전선의 북쪽으로 많은 비가 내린다.

바로 알기 | ㄴ. 속도가 빠른 한랭 전선이 속도가 느린 온난 전선을 따라잡아 형성되는 전선은 폐색 전선이다.

ㄷ. 장마 전선은 습도가 높은 오호츠크해 기단과 북태평양 기단의 세력이 확장되는 초여름에 형성된다.

37

① (가)는 겨울철, (나)는 여름철의 일기도이다.

② 겨울철(가)에 우리나라에는 북서풍이 불어온다.

③, ④ 여름철(나)에 우리나라는 북태평양 기단의 영향을 받아 밤에도 기온이 떨어지지 않는 열대야 현상이 나타난다.

바로 알기 | ⑤ 바람의 세기는 여름철(나)보다 등압선의 간격이 좁은 겨울철(가)에 더 강하다.

단원 종합 문제 CT 102~105쪽

01 ②	02 ⑤	03 ⑤	04 ④	05 ③	06 ⑤
07 ⑤	08 ①	09 ④	10 ④	11 ④	12 ⑤
13 ②	14 ④	15 ①	16 ⑤	17 ①	18 ④
19 ②	20 ③, ⑤	21 ②	22 ②	23 ①	24 ④
25 ⑤	26 ③	27 ④			

[01~02]

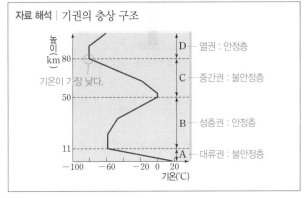

자료 해석 | 기권의 층상 구조

01

대류권(A)과 중간권(C)은 높이 올라갈수록 기온이 낮아지므로 대류가 일어나며, 성층권(B)과 열권(D)은 높이 올라갈수록 기온이 높아지는 안정한 층이다.

02

⑤ 성층권(B)은 대기가 안정한 층으로, 대류가 일어나지 않고 비행기의 항로로 이용된다.

바로 알기 | ① 대류가 일어나는 층은 대류권(A)과 중간권(C)이다.

② 높이 올라갈수록 기온이 낮아지는 층은 대류권(A)과 중간권(C)이다.

③ 구름, 비 등의 기상 현상이 나타나는 층은 대류권(A)이다.

④ 기권 중에서 최저 기온은 중간권 계면에서 나타난다.

03

⑤ 오로라가 나타나는 층은 열권으로, 열권은 공기가 매우 희박해서 같은 에너지가 주어져도 온도가 더 많이 높아진다. 따라서 낮과 밤의 기온 차이가 매우 크다.

바로 알기 | ① 오존층이 분포하는 층은 성층권이다.

② 아래의 기온이 위의 기온보다 높아서 대기가 불안정한 층은 대류권, 중간권이다.

③ 기상 현상이 나타나는 층은 대류권이다.

④ 대류가 나타나는 층은 대류권과 중간권이다. 열권은 안정층으로 대류가 나타나지 않는다.

04

(가)는 성층권, (나)는 열권, (다)는 중간권, (라)는 대류권의 특징이다. 기권의 기온 변화를 기준으로 지표에서부터 대류권(라) → 성층권(가) → 중간권(다) → 열권(나)으로 구분된다.

05

지구로 오는 태양 복사 에너지(A)를 100 %라고 할 때 구름과 지표의 반사(B)는 30 %, 지구 복사(C)는 70 %이므로, 크기는 A>C>B이다.

06

① 지구가 흡수하는 태양 복사 에너지양과 지구가 방출하는 지구 복사 에너지양이 같을 때 지구의 복사 평형이 일어난다.

② 지구가 복사 평형을 이루게 되면 지구의 연평균 기온은 일정하게 유지된다.

③ 최근에는 화석 연료의 사용 증가로 지구의 평균 기온이 점점 높아지고 있으며, 이 현상을 지구 온난화라고 한다.

④ 지구에 대기가 없다면 약 −18 °C에서 복사 평형을 이루지만 대기가 있기 때문에 약 15 °C에서 복사 평형을 이룬다.

바로 알기 | ⑤ 지구에 도달하는 태양 복사 에너지 중 반사되는 것은 약 30 %이고, 나머지 약 70 %는 지표와 대기에 흡수된다.

07

지구 복사 에너지는 대부분 대기에 의해 흡수된 후 다시 지표로 방출되면서 지표의 온도를 높인다. 따라서 대기가 없을 때보다 더 높은 온도에서 지구 복사 평형이 이루어지게 되는데, 이러한 대기의 효과를 온실 효과라고 한다.

08

산업화 현상에 의한 화석 연료의 사용량 증가로 대기 중의 이산화 탄소 농도가 증가하였다.

09

포화 수증기량은 포화 상태의 공기 1 kg 속에 포함되어 있는 수증기의 양을 g으로 나타낸 것이며, 온도가 높아질수록 포화 수증기량은 증가한다.

10

자료 해석 | 맑은 날 하루 동안의 기온, 습도, 이슬점

하루 중 기온이 가장 낮은 새벽에 습도가 가장 높고, 기온이 가장 높은 오후 2~3시경에 습도가 가장 낮다. 즉, 기온과 습도는 거의 반대로 나타난다.

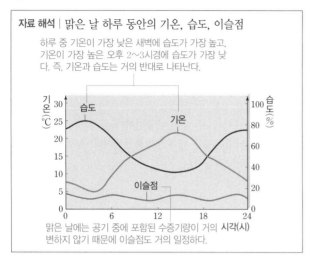

맑은 날에는 공기 중에 포함된 수증기량이 거의 변하지 않기 때문에 이슬점도 거의 일정하다.

④ 기온과 습도의 일변화는 크고, 이슬점의 일변화는 작으므로 맑은 날이었을 것이다.
바로 알기 | ① 기온(∝포화 수증기량)과 습도는 대체로 반비례한다.
② 새벽에는 습도가 높으므로 증발이 잘 일어나지 않는다.
③ 그래프에서 이슬점의 일변화는 크지 않다는 것을 확인할 수 있다.
⑤ 밤에는 기온이 낮아 포화 수증기량이 낮기 때문에 습도가 높게 나타난다. 그래프에서 이슬점은 큰 변화가 없으므로 대기 중 수증기량은 거의 일정하다는 것을 알 수 있다.

11

①, ②, ③, ⑤ 수증기의 응결과 관련이 있는 현상이다.
바로 알기 | ④ 더운 여름 마당에 물을 뿌리는 것은 물이 증발하면서 열을 빼앗아 가는 것을 이용하는 것이다.

12

자료 해석 | 포화 수증기량 곡선

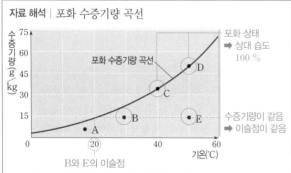

• 기온이 높아질수록 포화 수증기량은 증가한다.
• 포화 수증기량 곡선 위에 있는 공기(C, D)는 포화 상태이므로 상대 습도는 100 %이다.
• 포화 수증기량 곡선 아래쪽의 공기(A, B, E)는 '현재 수증기량<포화 수증기량'이므로 불포화 상태이다.

ㄷ. 포화 수증기량 곡선 위에 있는 공기 C와 D는 '포화 수증기량=현재 수증기량'이므로 상대 습도가 100 %이다.
ㄹ. 포화 수증기량은 기온에 따라 달라지는 값이므로 기온이 같은 D와 E는 포화 수증기량이 같다.

바로 알기 | ㄱ. 포화 수증기량이 많고 현재 수증기량이 적은 E의 상대 습도가 가장 낮다.
ㄴ. B와 E는 수증기량이 같으므로 이슬점이 같다.

13

① 비 오는 날에는 공기 중에 포함된 수증기량이 많고 기온은 낮으므로 상대 습도가 대체로 높다.
③ 맑은 날 오후 2~3시경에는 기온이 높아 포화 수증기량이 증가하므로 상대 습도가 낮다.
④ 기온과 이슬점이 같을 때 상대 습도는 100 %이다.
⑤ 공기 중의 수증기량이 감소하면 이슬점은 낮아진다.
바로 알기 | ② 기온이 낮아지면 포화 수증기량이 감소하므로 상대 습도는 높아진다.

14

공기 덩어리가 상승(ㄷ)하면 부피가 단열 팽창(ㄴ)하고, 단열 팽창에 의해 기온이 하강(ㄱ)하여 이슬점에 도달(ㄹ)하면 수증기가 응결(ㅁ)하여 구름이 생성된다.

15

자료 해석 | 구름 발생 실험

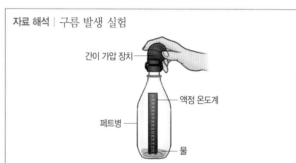

• 간이 가압 장치를 여러 번 눌렀을 때 : 공기 압축 → 온도 상승 → 맑음
• 뚜껑을 열었을 때 : 공기 팽창 → 온도 하강 → 수증기 응결 → 뿌옇게 흐려짐

간이 가압 장치를 여러 번 눌렀을 때 페트병 내부는 공기가 압축되어 압력이 커지고, 이로 인해 내부의 온도는 높아진다.

16

공기 덩어리가 빠르게 상승하는 경우에는 위로 솟은 모양의 적운형 구름(가)이 형성되고, 공기 덩어리가 천천히 상승하는 경우에는 옆으로 넓게 퍼진 층운형 구름(나)이 형성된다.

17

① (가)에서는 구름 속에서 수증기가 얼음 알갱이에 달라붙어 얼음 알갱이가 커진다.
바로 알기 | ② (나)에서 물방울들의 낙하 속력은 물방울의 크기에 따라 다르다.
③ (가)는 중위도나 고위도 지역에서 내리는 비를 설명하는 강수 이론이고, (나)는 저위도 지역에서 내리는 비를 설명하는 강수 이론이다.

④ (가)에서 0 ℃보다 기온이 낮은 구간에서도 얼음 알갱이가 되지 못한 물방울들이 존재한다.
⑤ 공기는 상승할 때 단열 팽창으로 기온이 낮아지므로, 구름의 윗부분으로 갈수록 온도가 낮아진다.

18
토리첼리는 수은을 이용하여 기압의 크기를 측정하는 실험을 하였고, 길이가 1 m 정도 되는 한쪽 끝이 막힌 유리관에 수은을 가득 채우고 수은이 담긴 수조에 거꾸로 세우면 수은 기둥이 내려오다가 76 cm 높이에서 멈춘다는 결과를 얻었다. 따라서 1기압 =76 cmHg=1013 hPa=물기둥 10 m가 누르는 압력이다.

19
높이 올라갈수록 공기의 양이 감소하므로 기압도 낮아진다.

20
바로 알기 | ③ 바람이 불어오는 방향을 풍향이라고 한다.
⑤ 북반구의 저기압에서는 바람이 시계 반대 방향으로 불어 들어온다.

21

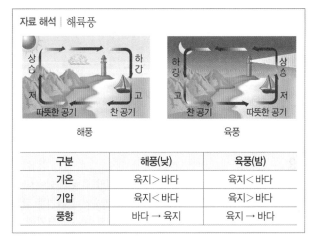

자료 해석 | 해륙풍

해풍 / 육풍

구분	해풍(낮)	육풍(밤)
기온	육지>바다	육지<바다
기압	육지<바다	육지>바다
풍향	바다 → 육지	육지 → 바다

해안 지역에서 낮에 부는 바람의 방향은 바다에서 육지로 부는 해풍이다. 이러한 해풍은 낮에 빨리 가열되는 육지의 기온이 높아져 기압이 낮아지면서 상대적으로 기압이 높은 바다에서 육지 쪽으로 부는 바람이다.

22
A는 한랭 건조한 시베리아 기단, B는 한랭 다습한 오호츠크해 기단, C는 온난 건조한 양쯔강 기단, D는 고온 다습한 북태평양 기단이다. 대륙에서 발생한 기단은 건조한 성질, 해양에서 발생한 기단은 다습한 성질을 가지므로 대륙에서 발생한 시베리아 기단(A)과 양쯔강 기단(C)은 건조한 성질, 해양에서 발생한 오호츠크해 기단(B)과 북태평양 기단(D)은 습한 성질을 나타낸다.

23
한랭 전선은 찬 공기가 따뜻한 공기 쪽으로 이동하여 찬 공기가 따뜻한 공기 아래를 파고들면서 형성된 전선으로, 전선이 통과하

고 나면 기온이 낮아진다. 한랭 전선의 뒤쪽에는 적운형의 구름이 생기고 소나기가 내리며, 이동 속도는 온난 전선보다 빠르다.

24
①, ② 주변보다 기압이 높은 곳을 고기압, 주변보다 기압이 낮은 곳을 저기압이라고 한다.
③ 북반구 고기압에서는 바람이 시계 방향으로 불어 나가면서 중심에 하강 기류가 있어 날씨가 맑다.
⑤ 북반구 저기압에서는 바람이 시계 반대 방향으로 불어 들어가고, 상승 기류가 발달하므로 구름이 생긴다.
바로 알기 | ④ 저기압에서는 바람이 불어 들어가면서 중심에 상승 기류가 발달하여 구름이 생기고 날씨가 흐리며 비가 온다.

25
⑤ 한랭 전선은 온난 전선보다 이동 속도가 빠르다.
바로 알기 | ① 한랭 전선의 뒤쪽 좁은 지역에 적운형 구름이 생성된다.
② 온난 전선의 앞과 한랭 전선의 뒤에는 찬 공기가, 온난 전선과 한랭 전선 사이에는 따뜻한 공기가 분포한다.
③ P 지역은 시간이 지나면 한랭 전선이 다가오므로 찬 공기의 영향으로 기온이 낮아질 것이다.
④ P 지역은 현재 한랭 전선과 온난 전선 사이로, 특별히 공기 상승이 나타나지 않기 때문에 구름이 없는 맑은 날씨가 나타나지만 시간이 지나면 한랭 전선이 다가오므로 소나기가 내릴 것이다.

[26~27]

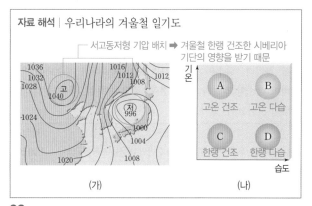

자료 해석 | 우리나라의 겨울철 일기도

서고동저형 기압 배치 ➡ 겨울철 한랭 건조한 시베리아 기단의 영향을 받기 때문

(가) / (나)

26
(가)는 서고동저형의 기압 배치이므로 우리나라 겨울철 일기도를 나타낸 것이다. 겨울철에는 한랭 건조한 시베리아 기단의 영향을 받으므로, (나)에서 C에 해당한다.

27
④ 겨울에는 폭설과 한파가 발생한다.
바로 알기 | ① 첫서리가 나타나는 계절은 가을철이다.
② 남동 계절풍이 부는 계절은 여름철이다.
③ 장마 전선이 형성되는 계절은 여름철이다.
⑤ 기단의 세력 확장으로 꽃샘추위가 나타나는 계절은 봄철이다.

106~107쪽

01

모범 답안 | 높이 올라갈수록 중력이 약해지기 때문에 중력에 의해 붙잡혀 있는 대기가 희박해진다.

채점 기준	배점
중력이 약해진다는 내용을 포함하여 쓴 경우	100 %

02

모범 답안 | 기상 현상이 일어나기 위해서는 대류가 일어나고 수증기가 존재해야 한다. 대류권(A)에서는 공기 중에 수증기가 많아 대류와 기상 현상이 일어난다. 그러나 중간권(C)에서는 공기 중에 수증기가 거의 없기 때문에 대류는 일어나지만 기상 현상은 일어나지 않는다.

채점 기준	배점
대류권(A)에는 수증기가 있고, 중간권(C)에는 수증기가 없기 때문이라고 옳게 서술한 경우	100 %

03

모범 답안 | 물체에 복사 에너지가 공급되면 물체는 그 에너지를 흡수하여 온도가 높아지고, 온도가 높아짐에 따라 물체가 방출하는 에너지양도 증가한다. 시간이 지나 방출하는 에너지양이 흡수하는 에너지양과 같아지면 물체의 온도는 더 이상 변하지 않고, 일정하게 유지된다.

채점 기준	배점
방출하는 에너지양과 흡수하는 에너지양이 같다는 내용을 포함한 경우	100 %

04

모범 답안 | 극지방의 빙하가 녹고 해수가 열팽창하여 해수면이 상승할 것이다. 해수면이 상승하면 해안 저지대가 침수되어 육지면적이 감소할 것이다. 또한 전세계적으로 폭염, 홍수 등의 기상 이변이 나타날 수 있다.

채점 기준	배점
해수면 상승, 육지 면적 감소, 기상 이변의 내용을 포함한 경우	100 %
해수면 상승, 육지 면적 감소, 기상 이변의 내용 중 한 가지만 포함한 경우	30 %

05

모범 답안 | 약 7.4 g/kg, 현재 기온(20 °C)의 포화 수증기량이 14.7 g/kg이고 현재 공기의 상대 습도가 50 %이므로 현재 수증기량을 x라고 하면 $\dfrac{x}{14.7} \times 100 = 50$ %이다. 따라서 x는 7.35 g/kg이고, 소수 둘째 자리에서 반올림하면 약 7.4 g/kg이다.

06

모범 답안 | B, 맑은 날 이슬점(C)이 거의 일정한데 기온(A)이 높아지면 포화 수증기량이 증가하여 상대 습도(B)가 낮아지므로, 기온(A)이 가장 높은 15시경에 상대 습도(B)가 가장 낮다.

채점 기준	배점
B를 찾고, 15시경에 상대 습도가 가장 낮은 까닭을 기온과 상대 습도의 관계로 옳게 서술한 경우	100 %
B와 15시경에 상대 습도가 가장 낮다는 것만 옳게 쓴 경우	60 %
B만 찾은 경우	30 %

07

모범 답안 | 공기가 이동하다가 산을 만나면 산을 타고 상승한다, 지표면이 가열되는 정도가 달라서 더 많이 가열된 지역의 공기가 상승한다, 저기압 중심으로 공기가 모여들면서 공기의 상승이 일어난다, 찬 공기와 따뜻한 공기가 만나 따뜻한 공기가 찬 공기 위로 상승한다 등

채점 기준	배점
세 가지 이상 옳게 서술한 경우	100 %
두 가지만 옳게 서술한 경우	70 %
한 가지만 옳게 서술한 경우	30 %

08

모범 답안 | 구름 속 A에서 수증기가 얼음 알갱이에 달라붙어 얼음 알갱이가 커지고 무거워져 녹지 않고 떨어지면 눈이 되고, 떨어지는 도중에 따뜻한 대기층을 통과하여 녹으면 비가 된다.

채점 기준	배점
A에서 얼음 알갱이가 성장하는 과정과 눈과 비가 되는 과정을 옳게 서술한 경우	100 %
A에서 얼음 알갱이가 성장하는 과정과 눈과 비가 되는 과정 중 한 가지만 옳게 서술한 경우	30 %

09

모범 답안 | (다)>(가)>(나), 토리첼리의 기압 측정 실험에서 수은 기둥의 높이는 수은을 담은 유리관의 기울기나 굵기를 달리하여도 변하지 않고 일정하지만 측정 장소의 대기압 크기에 따라 달라진다. 측정 장소의 기압이 높으면 수은 기둥의 높이가 높고, 기압이 낮으면 수은 기둥의 높이도 낮다. 따라서 기압의 크기는 수은 기둥의 높이가 가장 높은 (다)가 가장 높고, 다음으로 (가)>(나)이다.

채점 기준	배점
기압의 비교와 그 까닭을 모두 옳게 서술한 경우	100 %
기압만 옳게 비교한 경우	30 %

10

모범 답안 | A 기단의 성질은 온난 다습하고, B 기단의 성질은 한랭 건조하다. / 이것은 기단이 발생한 지표면의 성질과 같아지기 때문이다.

채점 기준	배점
A와 B 기단의 성질과 그 까닭을 모두 옳게 서술한 경우	100 %
A와 B 기단의 성질만 옳게 서술한 경우	30 %

11

모범 답안 | 낮에는 바다 쪽의 기온이 천천히 높아져 기온이 상대적으로 낮은 바다 쪽에 고기압이 형성되므로 해풍이 불고, 밤에는 육지 쪽의 기온이 더 빨리 낮아져 상대적으로 기온이 낮은 육지 쪽에 고기압이 형성되므로 육풍이 분다.

채점 기준	배점
해풍과 육풍의 경우를 모두 옳게 서술한 경우	100 %
해풍이나 육풍 중 한 가지만 옳게 서술한 경우	50 %

12

모범 답안 | (가):고기압, (나):저기압 / 고기압(가) 중심에는 하강 기류가 있고, 구름이 없으며 날씨가 맑다. 저기압(나) 중심에는 상승 기류가 있고, 구름이 많으며 날씨가 흐리다.

채점 기준	배점
고기압과 저기압을 옳게 쓰고, 각각의 기류와 날씨를 모두 옳게 서술한 경우	100 %
고기압과 저기압을 옳게 쓰고, 각각의 기류와 날씨 중 한 가지만 옳게 서술한 경우	50 %
고기압과 저기압만 옳게 쓴 경우	20 %

13

모범 답안 | 내일 서울은 온난 전선이 통과했으므로 기온이 비교적 따뜻하며, 강수가 없이 대체로 맑은 날씨가 유지될 것이다.

채점 기준	배점
온대 저기압의 이동을 바탕으로 내일 서울이 날씨를 옳게 예상한 경우	100 %

14

모범 답안 | 겨울철에는 한랭 건조한 시베리아 기단의 영향을 받고, 봄철에는 온난 건조한 양쯔강 기단의 영향을 받아 건조해지기 때문이다.

채점 기준	배점
각 계절에 영향을 주는 기단과 그 성질을 옳게 서술한 경우	100 %
각 계절에 영향을 주는 기단만 옳게 서술한 경우	30 %

Ⅲ. 운동과 에너지

01 운동

용어&개념 체크 111, 113, 115쪽

01 운동 02 이동 거리 03 속력 04 빠르
05 등속 운동 06 속력 07 이동 거리 08 클
09 자유 낙하 운동 10 중력 11 증가
12 중력 가속도 상수 13 먼저

개념 알약 111, 113, 115쪽

01 (1) × (2) ○ (3) ○   02 ㄴ - ㄷ - ㄱ
03 ㉠ 넓어 ㉡ 빨라   04 4 m/s   05 ㉠ 넓을 ㉡ A
06 (1) × (2) ○ (3) ○ (4) ×   07 ㄱ, ㅁ
08 (1) 0.2 m/s (2) 1 m
09 (1) 0.4 m/s (2) A (3) 2 : 1 (4) 2 : 1
10 (1) ○ (2) × (3) × (4) ×   11 ㉠ 9.8 ㉡ 9.8 ㉢ 19.6
12 두 공은 동시에 떨어진다.
13 (1) 쇠구슬 (2) 동시에 떨어진다.   14 1 : 1

01

바로 알기 | (1) 같은 거리를 이동했을 때 걸린 시간이 짧을수록 속력이 빠르다.

02

ㄱ. $360 \text{ m}/1분 = \dfrac{360 \text{ m}}{60 \text{ s}} = 6 \text{ m/s}$

ㄴ. $1026 \text{ m}/3초 = \dfrac{1026 \text{ m}}{3 \text{ s}} = 342 \text{ m/s}$

ㄷ. $100 \text{ m}/10초 = \dfrac{100 \text{ m}}{10 \text{ s}} = 10 \text{ m/s}$

따라서 속력이 빠른 것부터 나열하면 ㄴ - ㄷ - ㄱ 순이다.

03

일정한 시간 간격으로 나타낸 사람 사이의 간격이 점점 넓어졌다가 일정해진다. 따라서 이 사람은 속력이 점점 빨라졌다가 일정해지는 운동을 한다.

04

평균 속력(m/s)$= \dfrac{\text{전체 이동 거리(m)}}{\text{걸린 시간(s)}}$이므로, 20초 동안 이 물체의 평균 속력은 $\dfrac{2 \text{ m/s} \times 10 \text{ s} + 6 \text{ m/s} \times 10 \text{ s}}{20 \text{ s}} = \dfrac{80 \text{ m}}{20 \text{ s}} = 4 \text{ m/s}$이다.

05

물체 사이의 간격이 넓을수록 속력이 빠르므로 A와 B 중 속력이 빠른 것은 물체 사이의 간격이 더 넓은 A이다.

06

(2) 등속 운동은 시간에 따라 이동 거리가 일정하게 증가하므로, 시간-이동 거리 그래프는 원점을 지나는 기울어진 직선 모양이다.
바로 알기 | (1) 등속 운동은 시간에 따라 속력이 일정한 운동이다.

(4) 등속 운동을 하는 물체의 시간－속력 그래프는 시간축에 나란한 직선 모양이다.

07

등속 운동을 하는 물체의 속력은 시간에 관계없이 일정하므로, 시간－속력 그래프는 시간축에 나란한 직선 모양이고, 이동 거리는 시간에 비례하여 증가하므로 시간－이동 거리 그래프는 원점을 지나는 기울어진 직선 모양이다.

08

(1) 공은 2.5초 동안 총 50 cm를 이동하였으므로, 공의 속력은 $\dfrac{0.5\ \text{m}}{2.5\ \text{s}}=0.2\ \text{m/s}$이다.

(2) 이동 거리＝속력×시간이므로, $0.2\ \text{m/s}×5\ \text{s}=1\ \text{m}$이다.

09

(1) A의 속력＝$\dfrac{4\ \text{m}}{10\ \text{s}}=0.4\ \text{m/s}$

(2) A의 기울기가 B의 기울기보다 크므로, A의 속력이 B보다 빠르다.

(3) B의 속력＝$\dfrac{2\ \text{m}}{10\ \text{s}}=0.2\ \text{m/s}$이므로, A와 B의 속력의 비는 $0.4\ \text{m/s}:0.2\ \text{m/s}=2:1$이다.

(4) A는 10초 동안 4 m를 이동하였고, B는 10초 동안 2 m를 이동하였으므로, A와 B가 10초 동안 이동한 거리의 비는 4 m : 2 m＝2 : 1이다.

10

바로 알기 | (2) 자유 낙하 운동을 하는 물체의 속력 변화는 질량에 관계없이 일정하다.

(3) 자유 낙하 운동을 하는 물체에는 운동 방향으로 중력이 작용한다.

(4) 등속 운동의 예로 에스컬레이터, 컨베이어, 무빙워크 등이 있으며, 자유 낙하 운동의 예로는 번지 점프가 있다.

11

공중에 정지해 있던 물체가 중력만의 영향을 받아 아래로 떨어지는 운동을 자유 낙하 운동이라고 한다. 자유 낙하 운동을 하는 물체의 시간－속력 그래프는 속력이 1초마다 9.8 m/s씩 증가하는 직선 형태이다. 따라서 중력 가속도 상수가 9.8이므로, 물체의 질량이 2 kg일 때 이 물체의 무게는 9.8×2＝19.6(N)이다.

12

공기 저항을 무시할 때 자유 낙하 운동을 하는 물체의 속력 변화는 질량에 관계없이 일정하다. 따라서 질량이 다른 테니스공과 야구공은 지면에 동시에 떨어진다.

13

공기 중에서는 쇠구슬이 깃털보다 공기 저항의 영향을 적게 받으므로 먼저 떨어지고, 진공 중에서는 쇠구슬과 깃털이 동시에 떨어진다.

14

물체에 작용하는 중력의 크기는 B가 A보다 크지만 공기 저항이 없을 때 자유 낙하 운동을 하는 물체는 질량에 관계없이 속력의 변화가 같으므로, 질량이 다른 두 물체 A와 B의 속력 변화의 비는 1 : 1이다.

탐구 알약 116, 117쪽

01 (1) ○ (2) × (3) ○ (4) ○　**02** 해설 참조
03 (1) ○ (2) × (3) ○ (4) ×　**04** ②

01

바로 알기 | (2) 시간－속력 그래프에서 그래프 아랫부분의 넓이가 의미하는 것은 이동 거리이다.

02 서술형

모범 답안 | A, 시간－이동 거리 그래프에서 기울기는 속력을 의미한다. A의 속력은 40 cm/s, B의 속력은 30 cm/s이므로, A의 기울기가 더 크게 나타난다.

채점 기준	배점
기울기가 더 크게 나타나는 것을 쓰고, 그렇게 생각한 까닭을 옳게 서술한 경우	100 %
기울기가 더 크게 나타나는 것만 옳게 쓴 경우	30 %

03

바로 알기 | (2) 진공 중에서는 쇠구슬에 작용하는 중력이 깃털에 작용하는 중력보다 크다.

(4) 진공 중에서 물체는 질량에 관계없이 동시에 떨어진다.

04

자유 낙하 운동을 하는 쇠구슬의 속력은 일정하게 증가하므로, 진공 중에서 쇠구슬의 운동을 시간－속력 그래프로 나타내면 원점을 지나는 기울어진 직선 모양이다.

실전 백신 120~122쪽

01 ②	**02** ②	**03** ①	**04** ⑤	**05** ④
06 ④	**07** ⑤	**08** ③	**09** ⑤	**10** ⑤
11 ③	**12** ④	**13** ③	**14** ②	**15** ①
16 ⑤	**17** ①	**18~20** 해설 참조		

01

속력은 운동하는 물체의 빠르기를 나타내는 양으로, 단위 시간 동안 물체가 이동한 거리이다.

02

1 km＝1000 m이고, 1 h＝(60×60) s＝3600 s이다. 따라서 $36\ \text{km/h}=\dfrac{36000\ \text{m}}{3600\ \text{s}}=10\ \text{m/s}$이다.

03

속력을 구할 때는 단위를 맞추어야 하므로, 시간을 나타내는 단위인 분을 초(s)로 바꿔야 한다. 1분은 60초이므로 10분은 600초(=10×60)초이다. 따라서 사람의 속력= $\dfrac{\text{이동 거리}}{\text{걸린 시간}}$ = $\dfrac{600 \text{ m}}{600 \text{ s}}$ =1 m/s이다.

04

속력= $\dfrac{\text{이동 거리}}{\text{걸린 시간}}$ 에서 이동 거리=속력×걸린 시간=10 m/s×60 s=600 m이다.

05

(가)는 $\dfrac{100 \text{ m}}{10 \text{ s}}$ =10 m/s, (나)는 $\dfrac{1700 \text{ m}}{5 \text{ s}}$ =340 m/s, (다)는 $\dfrac{144000 \text{ m}}{7200 \text{ s}}$ =20 m/s이다. 따라서 속력이 빠른 것부터 나열하면 (나)-(다)-(가) 순이다.

06

자료 해석 | 다중 섬광 사진 해석

처음 공의 모습을 기준으로 공의 사진이 4번 찍혀 있으므로, 공이 80 cm 이동하는 동안 시간은 0.4초 지난 것이다.

공의 속력= $\dfrac{\text{이동 거리}}{\text{걸린 시간}}$ = $\dfrac{80 \text{ cm}}{0.4 \text{ s}}$ = $\dfrac{0.8 \text{ m}}{0.4 \text{ s}}$ =2 m/s이다.

07

등속 운동은 시간에 따라 속력이 일정하므로, 이동 거리가 시간에 비례하여 증가한다.

08

ㄱ. 5초 동안 100 m씩 이동하므로, 자동차의 속력= $\dfrac{100 \text{ m}}{5 \text{ s}}$ =20 m/s이다.

ㄴ. 자동차 사이의 간격이 일정하므로, 자동차는 등속 운동을 하고 있다.

바로 알기 | ㄷ. 자동차의 속력은 20 m/s이므로, 자동차가 20초 동안 이동한 거리는 20 m/s×20 s=400 m이다.

09

시간-속력 그래프에서 그래프 아랫부분의 넓이(A)는 이동 거리를 나타내고, 시간-이동 거리 그래프의 기울기(B)는 속력을 나타낸다.

10

시간에 따라 물체의 속력이 변하지 않는 등속 운동을 나타낸 그래프로, 무빙워크, 컨베이어, 에스컬레이터는 속력과 방향이 변하지 않는 등속 운동을 한다.

11

자료 해석 | 시간-속력 그래프 해석

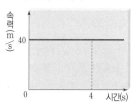

• 시간-속력 그래프에서 속력은 시간에 관계없이 일정하다.
• 그래프 아랫부분의 넓이=속력×시간=이동 거리이다.

ㄱ. 물체의 속력은 40 m/s로 일정하다.

ㄷ. 시간-속력 그래프 아랫부분의 넓이는 이동 거리로, 처음 4초 동안 물체가 이동한 거리는 40 m/s×4 s=160 m이다.

바로 알기 | ㄴ. 물체는 등속 운동을 하므로, 시간이 지나면 이동 거리는 증가한다.

12

② B의 속력은 $\dfrac{30 \text{ m}}{10 \text{ s}}$ =3 m/s이다.

③ 시간-이동 거리 그래프에서 기울기는 물체의 속력을 나타내는데, A의 기울기가 B의 기울기보다 크므로 A는 B보다 빠르게 운동한다.

⑤ 10초까지 A는 90 m를 이동했고, B는 30 m를 이동했으므로 10초일 때 A와 B 사이의 거리는 60 m이다.

바로 알기 | ④ 시간-이동 거리 그래프에서 기울기는 물체의 속력을 나타내는데, A와 B는 그래프의 기울기가 일정하므로 속력이 일정한 등속 운동을 한다.

13

③ 자유 낙하 하는 물체는 운동 방향과 같은 방향인 연직 아래 방향으로 일정한 크기의 중력이 계속 작용하므로, 속력이 일정하게 증가한다.

바로 알기 | ① 물체의 속력은 일정하게 증가한다.

② 자유 낙하 하는 물체의 속력 변화량은 물체의 질량과 관계없이 일정하다.

④ 물체의 이동 거리가 시간에 따라 일정하게 증가하는 운동은 등속 운동이다.

⑤ 무빙워크나 컨베이어는 시간이 지나도 속력이 변하지 않으므로, 등속 운동의 예이다.

14

공기 저항을 무시할 때 자유 낙하하는 물체는 속력이 일정하게 증가하므로, 자유 낙하 하는 물체의 운동을 시간-속력 그래프로 나타내면 원점을 지나는 기울어진 직선 모양이 된다.

15

① 진공 중에서 낙하하는 물체에는 낙하하는 방향과 같은 방향으로 중력이 작용한다.

바로 알기 | ② 질량과 관계없이 속력 변화는 같다.

③ 작용하는 힘인 중력은 시간에 관계없이 일정하다.

④ 진공 중이므로 물체의 표면적에 관계없이 속력이 일정하게 증가한다.

⑤ 운동 방향과 같은 방향으로 중력이 작용한다.

16

ㄱ. 두 물체는 속력이 일정하게 증가하는 자유 낙하 운동을 한다.

ㄴ. 공기 저항이 없을 때는 물체의 질량에 관계없이 속력 변화가 같으므로, 쇠구슬과 깃털은 지면에 동시에 떨어진다.

ㄷ. 물체가 받는 중력의 크기는 물체의 질량에 비례하므로, 쇠구슬이 받는 중력의 크기는 깃털이 받는 중력의 크기보다 크다.

17

공기 저항이 없기 때문에 물체의 질량에 관계없이 떨어지는 속력 변화는 같다. 따라서 공기 저항이 없을 때 질량이 다른 두 물체 A와 B는 동시에 떨어진다.

서술형 문제

18

모범 답안 | 30초, 이동 거리는 다리의 길이 500 m에 기차의 길이 100 m를 더한 600 m가 된다. 따라서 $20 \text{ m/s} = \dfrac{600 \text{ m}}{\text{걸린 시간}}$에서 걸린 시간은 30 s이다.

채점 기준	배점
걸린 시간을 쓰고, 풀이 과정을 옳게 서술한 경우	100 %
걸린 시간만 옳게 쓴 경우	30 %

19

모범 답안 | C−B−A, 시간−이동 거리 그래프에서 기울기는 속력을 나타내므로 기울기가 작을수록 속력이 작다.

채점 기준	배점
속력이 작은 순서와 그 까닭을 모두 옳게 서술한 경우	100 %
속력이 작은 순서만 옳게 쓴 경우	30 %

20

모범 답안 | (가) 자유 낙하 운동, (나) 등속 운동 / (가)는 시간에 비례하여 속력이 일정하게 증가하므로 자유 낙하 운동을 나타낸 그래프이고, (나)는 시간과 관계없이 속력이 일정하므로 등속 운동을 나타낸 그래프이다.

채점 기준	배점
(가)와 (나)가 각각 어떤 운동을 나타내는 그래프인지 쓰고, 그 까닭을 옳게 서술한 경우	100 %
(가)와 (나)가 각각 어떤 운동을 나타내는 그래프인지만 옳게 쓴 경우	30 %

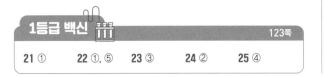

1등급 백신
123쪽
21 ①   **22** ①, ⑤   **23** ③   **24** ②   **25** ④

21

산의 정상까지 올라갈 때는 30 km의 거리를 10 km/h의 속력으로 이동하였으므로 걸린 시간은 3시간이고, 내려올 때는 30 km의 거리를 15 km/h의 속력으로 이동하였으므로 걸린 시간은 2시간이다. 풍식이는 총 5시간 동안 60 km를 이동하였으므로 평균 속력은 $\dfrac{60 \text{ km}}{5 \text{ h}} = 12 \text{ km/h}$이다.

22

자동차는 1시간마다 40 km를 이동하므로 등속 운동을 하고 있다. 따라서 시간−속력 그래프는 시간축에 나란한 직선 모양이고, 시간−이동 거리 그래프는 원점을 지나는 기울어진 직선 모양이다.

23

시간−속력 그래프에서 이동 거리는 그래프 아랫부분의 넓이와 같으며, 5초~10초 동안 이 물체는 등속 운동을 하였다. 따라서 이동 거리는 $4 \text{ m/s} \times 5 \text{ s} = 20 \text{ m}$이다.

24

자료 해석 | 시간−이동 거리, 시간−속력 그래프 해석

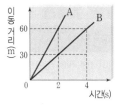 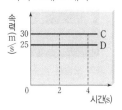

• 시간−이동 거리 그래프의 기울기는 속력을 나타낸다. ➡ A가 B보다 속력이 빠르다.

• A와 B의 그래프는 모두 기울기가 일정하므로, 등속 운동을 한다.

• C와 D의 속력은 시간에 관계없이 일정하다.

• 시간−속력 그래프에서 그래프 아랫부분의 넓이=속력×시간=이동 거리를 나타낸다.

② 0초~2초 동안 A의 이동 거리는 60 m이고 C의 이동 거리는 30 m/s×2 s=60 m이므로, A와 C가 0초~2초 동안 이동한 거리는 같다.

바로 알기 | ① A와 B는 속력이 일정한 운동을 한다.

③ B의 속력$=\dfrac{60 \text{ m}}{4 \text{ s}} = 15 \text{ m/s}$, D의 속력=25 m/s이다.

④ A의 속력$=\dfrac{60 \text{ m}}{2 \text{ s}} = 30 \text{ m/s}$, C의 속력=30 m/s이므로 A와 B의 속력은 같다.

⑤ D의 경우 이동 거리는 시간에 비례한다.

25

ㄱ. (가)는 깃털이 쇠구슬보다 천천히 떨어지므로 공기 중이고, (나)는 깃털과 쇠구슬이 동시에 떨어지므로 진공 중이다.

ㄴ. (가)에서는 깃털이 쇠구슬보다 공기 저항의 영향을 크게 받아 쇠구슬보다 천천히 떨어진다.

바로 알기 | ㄷ. 진공 중에서 공기 저항은 작용하지 않지만 중력은 작용하므로, (나)에서는 쇠구슬과 깃털에 힘이 작용한다.

O2 일과 에너지

용어 & 개념 체크 125, 127, 129쪽

01 힘의 방향 02 이동 거리 03 수직, 0 04 에너지
05 증가 06 높이 07 질량 08 높이
09 감소 10 운동, $\frac{1}{2}$, 속력 11 질량, 속력
12 증가 13 클, 길

개념 알약 125, 127, 129쪽

01 (1) ○ (2) × (3) ○ (4) × 02 ㉠ J ㉡ N
03 ㉠ 0 ㉡ 0 ㉢ 수직 04 90 J 05 30 J
06 (1) ○ (2) ○ (3) ○ (4) × 07 (1) × (2) ○ (3) × (4) ○
08 196 J 09 ㄱ-ㄴ-ㄷ 10 245 J
11 ㉠ 클 ㉡ 높을 12 (1) × (2) × (3) ○ (4) × 13 9 J
14 18 J 15 ㄱ, ㄷ 16 980 J 17 9배

01

(1) 책상에 힘을 작용하여 책상을 이동시켰으므로, 과학에서의 일을 한 경우이다.
(3) 탁자에 수평 방향으로 힘을 작용하여 2 m 이동시켰으므로, 과학에서의 일을 한 경우이다.
바로 알기 | (2) 깡통에 작용한 힘의 방향과 깡통의 이동 방향이 수직이므로 일의 양은 0이다.
(4) 이동 거리가 0이므로 일의 양은 0이다.

02

일의 단위는 J(줄)이고, 힘의 단위는 N(뉴턴)이다.

03

물체에 작용한 힘의 크기가 0일 때, 힘을 받은 물체의 이동 거리가 0일 때, 작용한 힘의 방향과 물체의 이동 방향이 수직일 때 과학에서의 일의 양은 0이다.

04

물체에 한 일의 양은 물체에 작용한 힘과 물체가 힘의 방향으로 이동한 거리의 곱이므로, 15 N × 6 m = 90 J이다.

05

물체가 처음 가진 에너지 10 J과 물체에 해 준 일의 양 20 J을 더하면 일을 받은 후의 물체의 에너지는 30 J이다.

06

바로 알기 | (4) 물체가 일을 했을 때 한 일의 양만큼 물체의 에너지가 감소한다.

07

바로 알기 | (1) 물체에는 지구의 중심 방향으로 중력이 작용하고 있으므로 물체를 들어 올리려면 중력과 같은 크기의 힘이 작용해야 한다.
(3) 물체의 질량이 일정할 때 중력에 의한 위치 에너지는 높이에 비례한다.

08

공이 갖는 중력에 의한 위치 에너지만큼 일을 할 수 있으므로, $9.8mh = (9.8 \times 10)$ N × 2 m = 196 J이다.

09

ㄱ은 (9.8×1) N × 0.5 m = 4.9 J이고, ㄴ은 1 N × 3 m = 3 J, ㄷ은 물체의 이동 거리가 0이므로 일의 양은 0이다. 따라서 일을 많이 한 것부터 순서대로 나열하면 ㄱ - ㄴ - ㄷ 순이다.

10

A 지점에서 B 지점까지 화분에 작용한 힘의 방향은 위쪽이고, 이동 방향은 오른쪽이므로 힘의 방향과 이동 방향이 수직이다. 따라서 A 지점에서 B 지점까지 화분에 한 일의 양은 0이다. B 지점에서 C 지점까지 화분에 작용한 힘의 방향은 위쪽이므로 수평 방향으로 한 일의 양은 0이고, 수직 방향으로는 중력에 대해 일을 하였다. 따라서 (9.8×5) N × 5 m = 245 J이므로, 화분에 한 일의 양은 0 + 245 J = 245 J이다.

11

중력에 의한 위치 에너지는 물체의 무게와 들어 올린 높이에 각각 비례한다. 따라서 추의 질량이 클수록, 추의 높이가 높을수록 말뚝이 깊이 박힌다.

12

바로 알기 | (1) 물체의 속력이 일정할 때 운동 에너지는 질량에 비례한다.
(2) 물체의 질량이 일정할 때 운동 에너지는 물체의 속력의 제곱에 비례한다.
(4) 운동 에너지를 이용한 예로는 풍력 발전, 파력 발전 등이 있다. 수력 발전, 디딜방아는 중력에 의한 위치 에너지를 이용한 예이다.

13

운동 에너지(J)는 $\frac{1}{2}$ × 질량 × (속력)² 이므로, $\frac{1}{2} \times 2$ kg × $(3$ m/s$)^2$ = 9 J이다.

14

운동 에너지(J)는 $\frac{1}{2}$ × 질량 × (속력)² 이므로, $\frac{1}{2} \times 4$ kg × $(3$ m/s$)^2$ = 18 J이다.

15

수레와 자가 충돌하여 자가 이동한 거리는 수레의 질량과 운동 에너지에 비례한다.

16

자유 낙하 운동을 하는 물체에 중력이 한 일의 양은 중력의 크기와 물체가 낙하한 거리의 곱으로 구한다. 따라서 중력이 한 일의 양은 (9.8×0.5) N × 200 m = 980 J이다.

17

운동 에너지는 물체의 속력의 제곱에 비례하는데, 속력이 3배 증가하였으므로 운동 에너지는 3²인 9배 증가하였다.

01 (1) ○ (2) ○ (3) × (4) × (5) ○   02 ②
03 해설 참조

01

바로 알기 | (3) 추의 중력에 의한 위치 에너지는 추의 질량에 비례한다.
(4) 추의 중력에 의한 위치 에너지는 추의 낙하 높이에 비례한다.

02

말뚝의 이동 거리는 추의 질량에 비례한다. 추의 질량이 2배 증가하였으므로, 말뚝의 이동 거리는 4 cm에서 2배 증가한 8 cm가 된다.

03 서술형

모범 답안 | 추의 중력에 의한 위치 에너지는 추가 말뚝에 한 일의 양과 같다. 추의 질량이 클수록, 추의 낙하 높이가 높을수록 말뚝의 이동 거리가 길어져 추가 말뚝에 한 일의 양이 증가하므로, 추의 중력에 의한 위치 에너지의 크기에 영향을 주는 요인은 추의 질량과 추의 낙하 높이이다.

채점 기준	배점
추의 중력에 의한 위치 에너지의 크기에 영향을 주는 요인을 두 가지 모두 옳게 서술한 경우	100 %

실전 백신   134~137쪽

01 ⑤	02 ②	03 ④	04 ⑤	05 ④
06 ①	07 ③	08 ②	09 ①	10 ④
11 ②	12 ⑤	13 ③, ④	14 ②	15 ①
16 ⑤	17 ③	18 ③	19 ⑤	20 ④
21 ④	22 ①	23 ④	24 ③	25 ②
26 ②	27~30 해설 참조			

01

⑤ 과학에서의 일은 작용한 힘이 있어야 하고, 그 힘이 작용한 방향으로 물체가 이동해야 한다. 따라서 바닥에 있는 화분을 담장 위로 들어 올린 것은 과학에서의 일을 한 경우이다.
바로 알기 | ① 힘과 이동 방향이 수직인 경우 일의 양은 0이다.
③, ④ 이동 거리가 0인 경우 일의 양은 0이다.

02

물체에 한 일의 양은 물체에 작용한 힘과 물체가 힘의 방향으로 이동한 거리의 곱이므로, 3 N × 7 m = 21 J이다.

03

가방에 작용하는 힘의 방향과 가방이 이동하는 방향이 수직이다. 이 경우 힘의 방향으로 이동한 거리가 0이므로 일의 양은 0이다.

04

바로 알기 | ⑤ 물체를 들고 가만히 있는 경우 힘은 들었지만 힘이 작용하는 방향으로 물체가 이동하지 않았으므로, 과학에서 한 일의 양은 0이다.

05

④ 1 J은 1 N의 힘으로 물체를 1 m 이동시키는 동안 한 일의 양이다.
바로 알기 | ③ 수평 방향으로 작용한 힘의 크기를 모르기 때문에 일의 양을 구할 수 없다.

06

물체에 한 일의 양은 물체에 작용한 힘과 물체가 힘의 방향으로 이동한 거리의 곱이므로, 10 N × 0.5 m = 5 J이다.

07

의자에 한 일의 양은 물체를 끄는 힘과 힘의 방향으로 이동한 거리의 곱이므로, 20 N × 5 m = 100 J이다.

08

바로 알기 | ① 에너지의 단위는 일의 단위와 같은 J을 사용한다.
③ 바람이 가지고 있는 에너지는 운동 에너지이다.
④ 물체가 일을 하면 일을 한 물체의 에너지는 감소한다.
⑤ 물체에 일을 해 주면 일을 받은 물체의 에너지는 증가한다.

09

바로 알기 | ㄴ. 이 물체에 40 J의 일을 해 주면, 50 J + 40 J = 90 J로 물체의 에너지가 증가한다.
ㄷ. 이 물체가 외부에 30 J의 일을 하면, 50 J − 30 J = 20 J로 물체의 에너지가 감소한다.

10

④ 중력에 의한 위치 에너지는 기준면으로부터 어떤 높이에 있는 물체가 가지고 있는 에너지로, 기준면에서 그 높이까지 물체를 들어 올리는 데 하는 일의 양과 같다.
바로 알기 | ③ 같은 위치에 있는 물체라도 기준면에 따라 중력에 의한 위치 에너지의 크기가 다르다.

11

제기의 증가한 중력에 의한 위치 에너지의 크기는 증가한 높이를 이용하여 구한다. $9.8mh = (9.8 × 0.2)$ N × 1 m = 1.96 J이다.

12

중력에 의한 위치 에너지는 질량과 높이의 곱에 비례하므로, A : B = 3 kg × 2 m : 5 kg × 1 m = 6 : 5이다.

13

바로 알기 | ③, ④ 풍력 발전과 파력 발전은 운동 에너지를 이용한 시설이다.

14

② 사람의 위치가 높아지기 때문에 중력에 의한 위치 에너지는 증가한다.
바로 알기 | ① 지구 근처에 있는 모든 물체에는 중력이 작용한다.
③ 산 정상을 기준으로 했을 때 사람의 위치가 높아지기 때문에

중력에 의한 위치 에너지는 증가한다.
④ 사람의 중력에 의한 위치 에너지가 증가하므로 줄이 한 일의 양은 사람의 증가한 중력에 의한 위치 에너지와 같다.
⑤ 줄이 사람을 일정한 속력으로 끌어올릴 때 줄이 당기는 힘의 크기는 사람에 작용하는 중력의 크기, 즉 무게와 같다.

15

쇠구슬의 중력에 의한 위치 에너지는 높이 h까지 쇠구슬을 들어 올리는 데 하는 일의 양과 같다. $19.6\,J=9.8mh=(9.8\times1)\,N\times h$ 이므로, $h=2\,m$이다.

16

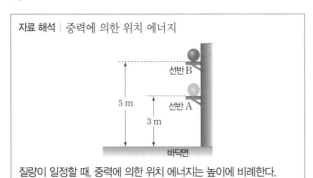

자료 해석 | 중력에 의한 위치 에너지

질량이 일정할 때, 중력에 의한 위치 에너지는 높이에 비례한다.

선반 A 위에 있는 어떤 물체를 선반 B 위로 2 m 올리는 데 40 J 의 일을 하였으므로, 5 m일 때 중력에 의한 위치 에너지의 크기는 2.5배 증가한 100 J이다.

17

ㄴ. 물체는 외부에서 해 준 일의 양만큼 중력에 의한 위치 에너지를 갖게 된다.
ㄷ. 물체는 중력에 의한 위치 에너지의 양만큼 외부에 대해서 일을 할 수 있다.

18

운동 에너지는 $\dfrac{1}{2}\times$ 질량 $\times$ (속력)^{2}이므로, $\dfrac{1}{2}\times2\,kg\times(5\,m/s)^2$ $=25\,J$이다.

19

ㄱ은 $\dfrac{1}{2}\times10\,kg\times\left(\dfrac{180000\,m}{3600\,s}\right)^2=12500\,J$, ㄴ은 $\dfrac{1}{2}\times60\,kg$ $\times(1\,m/s)^2=30\,J$, ㄷ은 $\dfrac{1}{2}\times2000\,kg\times(5\,m/s)^2=25000\,J$이므로, 운동 에너지가 큰 것부터 순서대로 나열하면 ㄷ-ㄱ-ㄴ이다.

20

A의 운동 에너지는 $\dfrac{1}{2}\times2\,kg\times(6\,m/s)^2=36\,J$이고, B의 운동 에너지는 $\dfrac{1}{2}\times4\,kg\times(3\,m/s)^2=18\,J$이므로, A의 운동 에너지는 B의 2배이다.

21

물체의 속력이 일정할 때, 운동하는 물체가 갖는 운동 에너지는 질량에 비례한다.

22

수레의 운동 에너지는 $\dfrac{1}{2}\times4\,kg\times v^2=32\,J$이므로, 수레의 속력은 $4\,m/s$이다.

23

수레의 속력이 2 m/s일 때의 운동 에너지는 4 J, 수레의 속력이 4 m/s일 때의 운동 에너지는 16 J이므로, 이 수레에 12 J의 일을 해 주었다.

24

A와 B의 운동 에너지의 비는 4 : 1이다. 운동 에너지는 속력의 제곱에 비례하므로, A와 B의 속력의 비는 2 : 1이다.

25

수레의 운동 에너지는 자를 밀어내는 데 한 일의 양과 같으므로 자의 이동 거리에 비례한다.

26

운동 에너지는 질량과 속력의 제곱에 각각 비례하므로, 운동 에너지를 처음의 8배로 만들려면 질량만 8배로 증가시키거나 질량과 속력을 모두 2배로 증가시킨다.

서술형 문제

27

모범 답안 | 0, 가방에 작용하는 힘의 방향과 가방의 이동 방향이 서로 수직이기 때문이다.

채점 기준	배점
한 일의 양을 쓰고, 그 까닭을 옳게 서술한 경우	100 %
한 일의 양만 옳게 쓴 경우	30 %

28

자료 해석 | 한 일의 양

구분	(가)	(나)	(다)
힘(N)	10	5	5
이동 거리(m)	1	1	1.5

한 일의 양을 힘의 크기와 힘의 방향으로 이동한 거리의 곱으로 구하면 다음과 같다.
(가) 10 N × 1 m = 10 J
(나) 5 N × 1 m = 5 J
(다) 5 N × 1.5 m = 7.5 J

- (가)와 (나)를 비교하면 같은 거리를 이동한 경우, 물체에 작용한 힘이 클수록 한 일의 양이 많아짐을 알 수 있다.
- (나)와 (다)를 비교하면 같은 크기의 힘을 작용한 경우, 힘의 방향으로 이동한 거리가 길수록 한 일의 양이 많아짐을 알 수 있다.

모범 답안 | (가)는 10 N × 1 m = 10 J, (나)는 5 N × 1 m = 5 J, (다)는 5 N × 1.5 m = 7.5 J이므로, 한 일의 양은 (가) > (다) > (나) 순이다. / 물체에 작용한 힘이 클수록, 힘의 방향으로 이동한 거리가 길수록 한 일의 양은 많아진다.

채점 기준	배점
한 일의 양과 힘 및 이동한 거리와의 관계를 서술하고, 한 일의 양을 옳게 비교한 경우	100 %
한 일의 양과 힘 및 이동한 거리와의 관계만 서술한 경우	60 %
한 일의 양만 옳게 비교한 경우	40 %

29

모범 답안 | wh, 물체를 들어 올린 일의 양만큼 물체의 중력에 의한 위치 에너지가 증가하기 때문이다.

채점 기준	배점
중력에 의한 위치 에너지를 쓰고, 그 까닭을 옳게 서술한 경우	100 %
중력에 의한 위치 에너지만 옳게 쓴 경우	30 %

30

모범 답안 | 9배, 운동 에너지는 질량과 속력의 제곱에 각각 비례하므로, 질량이 일정할 때 속력이 3배가 되면 운동 에너지는 9배가 된다.

채점 기준	배점
운동 에너지는 몇 배가 되는지 쓰고, 그 까닭을 옳게 서술한 경우	100 %
운동 에너지는 몇 배가 되는지만 옳게 쓴 경우	30 %

1등급 백신 138~139쪽

31 ④	**32** ②	**33** ④	**34** ①	**35** ⑤
36 ④	**37** ③	**38** ⑤	**39** ③	**40** ②
41 ⑤	**42** ①			

31

(가)는 힘이 작용하지만 이동 거리가 0인 경우이고, (나)는 힘과 이동 방향이 수직인 경우, (다)는 수평면에서 물체가 등속 운동을 하므로 외부에서 작용하는 힘이 0인 경우이다. 따라서 (가)~(다) 모두 물체에 한 일의 양이 0이다.

32

물체를 들어 올릴 때 사람은 물체에 대해 2 N × 1 m = 2 J의 일을 하게 된다. 그러나 물체를 들고 수평으로 이동하는 경우에는 힘이 작용하는 방향과 수직인 방향으로 물체가 이동하기 때문에 과학에서의 일은 0이다. 따라서 물체에 한 일의 양은 2 J이다.

33

시간−속력 그래프에서 그래프 아랫부분의 넓이는 이동 거리를 나타낸다. 4 m/s × 5 s = 20 m이므로, 이 물체에 한 일의 양은 5 N × 20 m = 100 J이다.

34

물체에 10 N의 힘을 작용하여 힘의 방향으로 3 m를 이동시켰을 때 한 일의 양은 30 J이다. 이 물체를 들어 올릴 때는 20 N의 힘을 작용하여 3 m 들어 올리므로 한 일의 양은 60 J이다. 따라서 물체를 수평으로 이동시켰을 때 한 일의 양은 같은 물체를 수직으로 들어올릴 때 한 일의 양의 $\frac{1}{2}$배이다.

35

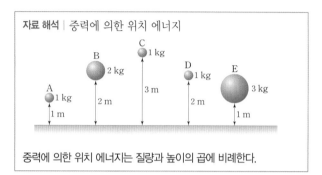

자료 해석 | 중력에 의한 위치 에너지

중력에 의한 위치 에너지는 질량과 높이의 곱에 비례한다.

중력에 의한 위치 에너지는 질량과 높이의 곱에 비례하므로, A : B : C : D : E = 1 : 4 : 3 : 2 : 3이다. 따라서 중력에 의한 위치 에너지가 같은 것은 C와 E이다.

36

지면을 기준으로 할 때, 옥상에서 물체의 중력에 의한 위치 에너지는 (9.8 × 10) N × 5 m = 490 J이고, 베란다에서 물체의 중력에 의한 위치 에너지는 (9.8 × 10) N × 2 m = 196 J이므로, 중력에 의한 위치 에너지 변화량은 490 J − 196 J = 294 J이다.

37

중력에 의한 위치 에너지는 질량과 높이의 곱에 비례하므로, 질량과 높이가 각각 2배씩 증가할 때 중력에 의한 위치 에너지는 4배가 된다. 따라서 말뚝이 땅속에 박히는 깊이는 처음보다 4배 큰 80 cm가 된다.

38

추의 높이가 20 cm로 같을 때 나무 도막이 이동한 거리는 A가 B보다 4배 크므로 A의 질량이 B의 질량보다 4배 크다.

39

① A의 질량이 2 kg일 때 운동 에너지가 16 J이므로 16 J = $\frac{1}{2}$ × 2 kg × v^2이며, v^2 = 16에서 A의 속력은 v = 4 m/s이다.
② 속력의 비는 A와 B가 같은 질량일 때의 운동 에너지의 비로 알 수 있다. A와 B가 모두 2 kg이라면 운동 에너지의 비가 4 : 1 이므로 속력의 비는 2 : 1이다.
④ B의 운동 에너지가 A의 $\frac{1}{4}$배이므로 B의 속력은 A의 $\frac{1}{2}$배이다. B의 속력이 작으므로 같은 시간 동안 이동한 거리는 B가 A보다 작다.
⑤ 에너지는 일을 할 수 있는 능력이므로, 같은 질량일 때 운동 에너지의 크기를 비교하면 A가 B의 4배이다.
바로 알기 | ③ 운동 에너지가 같을 때 질량비는 A : B = 1 : 4이다.

40

② 자의 이동 거리는 수레의 운동 에너지에 비례한다. A의 이동 거리는 C의 4배이므로, A의 운동 에너지는 C의 4배이다. 질량이 일정할 때, 운동 에너지는 속력의 제곱에 비례하므로, A의 속력은 C의 2배이다.

바로 알기 | ① A와 B의 기울기는 같으므로, A와 B의 속력은 같다.
③ B의 이동 거리는 D의 4배이므로, B의 운동 에너지는 D의 4배이다. 따라서 B의 속력은 D의 2배이다.
④ C와 D의 기울기는 같으므로, C와 D의 속력은 같다.
⑤ D의 운동 에너지는 C의 2배이다.

41

운동 에너지는 질량과 속력의 제곱에 각각 비례하므로, 질량이 2배, 속력이 3배로 증가하는 경우 운동 에너지는 $2 \times 3^2 = 18$(배)가 된다. 따라서 자의 이동 거리는 18배가 된다.

42

시간기록계는 종이테이프에 타점을 1초에 60번 찍으므로 6타점을 찍는 시간은 $\frac{1}{60}$초$\times 6 = 0.1$초이다. 수레가 자에 충돌하기 전에 0.1초 동안 10 cm 이동하였으므로 속력 $= \frac{\text{이동 거리}}{\text{걸린 시간}} = \frac{0.1 \text{ m}}{0.1 \text{ s}} = 1 \text{ m/s}$이다. 따라서 수레의 운동 에너지는 $\frac{1}{2} \times 2 \text{ kg} \times (1 \text{ m/s})^2 = 1 \text{ J}$이다.

단원 종합 문제 CT ⚙

140~143쪽

01 ⑤	02 ③	03 ③	04 ①	05 ④	06 ①, ⑤
07 ②	08 ③	09 ①	10 ⑤	11 ②	12 ②
13 ③	14 ②	15 ①	16 ④	17 ④	18 ①
19 ④	20 ①	21 ②	22 ③	23 ④	24 ④
25 ④	26 ⑤	27 ③			

01

⑤ $\frac{576 \text{ km}}{2\text{시간}} = \frac{576000 \text{ m}}{7200 \text{ s}} = 80 \text{ m/s}$

바로 알기 | ① $\frac{170 \text{ m}}{10 \text{ s}} = 17 \text{ m/s}$

② $\frac{400 \text{ m}}{25 \text{ s}} = 16 \text{ m/s}$

③ $\frac{1.5 \text{ km}}{1\text{분}} = \frac{1500 \text{ m}}{60 \text{ s}} = 25 \text{ m/s}$

④ $108 \text{ km/h} = \frac{108000 \text{ m}}{3600 \text{ s}} = 30 \text{ m/s}$

02

속력 $= \frac{\text{이동 거리}}{\text{걸린 시간}}$이므로, 이 승용차의 속력 $= \frac{60 \text{ m}}{4 \text{ s}} = 15 \text{ m/s}$이다.

03

A는 2초 동안 20 m를 이동하였고, B는 2초 동안 10 m를 이동하였다. 따라서 A의 속력은 $\frac{20 \text{ m}}{2 \text{ s}} = 10 \text{ m/s}$이고, B의 속력은 $\frac{10 \text{ m}}{2 \text{ s}} = 5 \text{ m/s}$이다.

04

ㄱ. 동일한 다중 섬광 장치로 찍은 사진이기 때문에 물체 사이의 간격이 좁은 A보다 간격이 넓은 B의 속력이 더 빠르다.

바로 알기 | ㄴ. 동일한 다중 섬광 장치로 찍은 사진이기 때문에 물체와 물체 사이의 시간 간격은 같다.
ㄷ. A와 B 모두 물체 사이의 간격이 같기 때문에 A는 속력이 느린 등속 운동, B는 속력이 빠른 등속 운동을 한다.

05

① 물체의 운동 방향이 오른쪽이므로, A가 B보다 먼저 찍힌 모습이다.
② 다중 섬광 사진은 일정한 시간 간격으로 빛을 비춰 한 장의 사진에 물체의 운동을 기록한 것이므로, 물체 사이의 시간 간격은 일정하다.
③ 물체 사이의 간격은 일정한 시간 동안 이동한 거리이므로, 속력을 의미한다.
⑤ 다중 섬광 사진에서 물체 사이의 간격이 일정하므로, 물체는 등속 운동을 한다.

바로 알기 | ④ 등속 운동을 하는 물체의 이동 거리는 시간에 비례하여 증가한다.

06

자료 해석 | 등속 운동 그래프

• 시간-이동 거리 그래프

기울기 = $\frac{\text{이동 거리}}{\text{시간}}$ = 속력

기울기 = 속력

➡ 시간이 흐를수록 이동 거리는 일정하게 증가한다.

• 시간-속력 그래프

아랫부분의 넓이 = 이동 거리

넓이 = 속력 × 시간 = 이동 거리

➡ 시간이 흘러도 항상 속력이 일정하다.

등속 운동의 시간-이동 거리 그래프는 시간에 따라 일정하게 증가하는 직선 모양이며, 기울기는 속력과 같다. 시간-속력 그래프

는 시간축에 나란한 직선으로 그래프 아랫부분의 넓이는 이동 거리와 같다.

07

①, ③, ④ 운동 방향이 왼쪽이므로, A는 속력이 점점 감소하는 운동, B는 속력이 점점 증가하는 운동, C는 속력이 일정한 운동을 한다.

⑤ 같은 거리를 이동하는 동안 A와 B는 5번, C는 6번 찍혔다. 따라서 C는 A와 B보다 평균 속력이 느리다.

바로 알기 | ② 일정한 시간 간격으로 촬영한 사진이므로, 사진이 찍히는 데 걸리는 시간은 일정하다.

08

③ 평균 속력은 $\dfrac{\text{이동 거리}}{\text{걸린 시간}}$이므로, 0초~2초 동안의 평균 속력은 $\dfrac{100\ \text{m}}{2\ \text{s}}=50\ \text{m/s}$이다.

바로 알기 | ① 시간-이동 거리 그래프에서 기울기는 속력을 나타내며, 기울기가 일정한 경우 물체는 등속 운동을 한다.

②, ④ 속력이 일정할 때 이동 거리는 운동 시간에 비례하므로, 0초~1초 동안 이동한 거리는 50 m, 0초~3초 동안 이동한 거리는 150 m이다.

⑤ 이 물체의 이동 거리는 시간에 비례하여 증가한다.

09

② BC 구간에서 이동한 거리는 0이므로 속력이 0, 즉 정지해 있다.

③ CD 구간의 기울기가 가장 크므로, 속력이 가장 빠르다.

④, ⑤ A에서 D까지 이동한 거리는 120 m이며, 걸린 시간은 3초이므로, A에서 D까지의 평균 속력은 $\dfrac{120\ \text{m}}{3\ \text{s}}=40\ \text{m/s}$이다.

바로 알기 | ① AB 구간의 기울기는 일정하므로, 속력이 일정하다.

10

진공 중에서는 공기 저항이 없으므로, 질량과 관계없이 모든 물체가 동시에 떨어진다.

11

ㄴ. 잘라 붙인 조각의 높이가 일정하게 증가하므로, 고무공이 자유 낙하 하는 동안 속력이 일정하게 증가함을 알 수 있다.

바로 알기 | ㄱ. 일정한 시간 간격으로 잘라 붙인 조각들의 가로축은 시간, 세로축은 단위 시간당 이동한 거리이므로, 속력을 나타낸다.

ㄷ. 에스컬레이터의 운동은 등속 운동이므로, 같은 방법으로 기록할 경우 세로축의 높이가 일정하게 나타난다.

12

시간-속력 그래프에서 낙하한 총 이동 거리는 그래프 아랫부분의 넓이에 해당한다. 따라서 낙하한 거리는 $\dfrac{1}{2} \times 3\ \text{s} \times 29.4\ \text{m/s}$ $=44.1\ \text{m}$이고, 평균 속력은 $\dfrac{44.1\ \text{m}}{3\ \text{s}}=14.7\ \text{m/s}$이다.

13

①, ② 공기 중에서 속력의 변화가 큰 A는 쇠구슬, B는 깃털이다.

⑤ 공기 저항을 무시할 수 있는 진공에서 같은 실험을 할 경우 두 물체가 중력에 의한 영향만 받기 때문에 속력의 변화, 즉 기울기가 같아질 것이다.

바로 알기 | ③ 진공에서 쇠구슬(A)의 기울기는 현재와 같거나 중력 가속도 상수인 9.8이 되도록 다소 증가할 것이다.

14

ㄱ. 책을 들고 앞으로 걸어가는 경우는 힘이 주어진 방향과 물체가 이동한 방향이 수직인 경우로, 일의 양이 0이다.

ㄹ. 마찰이 없는 경우 주어진 힘이 0이므로 일의 양이 0이다.

바로 알기 | ㄴ, ㄷ. 과학에서 일을 한 경우는 힘이 주어진 방향으로 물체가 이동했을 때이다.

15

(가)에서 한 일의 양은 물체에 작용한 힘과 물체가 이동한 거리의 곱인 $5\ \text{N} \times 3\ \text{m} = 15\ \text{J}$이고, (나)에서 한 일의 양은 물체의 무게와 들어 올린 높이의 곱인 $20\ \text{N} \times 3\ \text{m} = 60\ \text{J}$이다. 따라서 (가)에서 한 일의 양은 (나)에서 한 일의 양의 $\dfrac{1}{4}$배이다.

16

물체의 속력이 15 m/s로 일정하므로 2초 동안 이동한 거리는 $15\ \text{m/s} \times 2\ \text{s} = 30\ \text{m}$이다. 따라서 한 일의 양은 $8\ \text{N} \times 30\ \text{m} = 240\ \text{J}$이다.

17

이동 거리-힘 그래프 아랫부분의 넓이는 한 일의 양을 나타낸다. 따라서 물체를 5 m 이동시키는 동안 물체에 한 일의 양은 $8\ \text{J} + 2\ \text{J} + 6\ \text{J} = 16\ \text{J}$이다.

18

물체를 들어 올릴 때 한 일의 양은 $30\ \text{N} \times 0.5\ \text{m} = 15\ \text{J}$이고, 물체를 수평 방향으로 이동시키는 동안 한 일의 양은 0이므로, 사람이 물체를 이동시키는 동안 한 일의 양은 15 J이다.

19

물체를 들어 올리기 위해 필요한 힘의 크기는 중력의 크기이므로 $(9.8 \times 5)\ \text{N} = 49\ \text{N}$이다. 따라서 중력에 대해 한 일은 $49\ \text{N} \times 2\ \text{m} = 98\ \text{J}$이다.

20

중력에 의한 위치 에너지는 기준면으로부터의 높이에 비례하므로, 기준면으로부터의 높이가 0이면 중력에 의한 위치 에너지는 0이다.

21

A의 운동 에너지 $=\dfrac{1}{2} \times 1\ \text{kg} \times (4\ \text{m/s})^2 = 8\ \text{J}$, B의 운동 에너지 $=\dfrac{1}{2} \times 2\ \text{kg} \times (3\ \text{m/s})^2 = 9\ \text{J}$, C의 운동 에너지 $=\dfrac{1}{2} \times 3\ \text{kg} \times (2\ \text{m/s})^2 = 6\ \text{J}$, D의 운동 에너지 $=\dfrac{1}{2} \times 4\ \text{kg} \times (2\ \text{m/s})^2 = 8\ \text{J}$,

E의 운동 에너지=$\frac{1}{2}\times5$ kg$\times(1$ m/s$)^2=2.5$ J이므로, B의 운동 에너지가 가장 크다.

22
운동 에너지는 질량과 속력의 제곱에 비례한다. 자동차 A는 자동차 B보다 질량은 4배 크지만 속력은 절반밖에 되지 않기 때문에 결국 두 자동차가 갖는 운동 에너지의 크기는 서로 같다.

23
수레의 운동 에너지는 수레가 나무 도막에 한 일의 양인 64 J이다. 따라서 $\frac{1}{2}\times m\times(4$ m/s$)^2=64$ J에서 수레의 질량(m)은 8 kg이다.

24
ㄱ, ㄴ. 운동 에너지는 질량과 속력의 제곱에 비례하기 때문에 나무 도막의 이동 거리를 4배로 증가시키기 위해서는 질량을 4배로 증가시키거나 속력을 2배로 증가시켜야 한다.
바로 알기 | ㄷ. 수레의 질량과 속력을 모두 2배로 증가시키면 운동 에너지는 8배 증가한다.

25
물체가 떨어질 때 중력이 한 일은 (9.8×2) N$\times2.5$ m$=49$ J이며, 이때 중력이 한 일은 물체의 운동 에너지로 전환된다. 따라서 $\frac{1}{2}\times2$ kg$\times v^2=49$ J이므로, 물체가 지면에 도달하는 순간의 속력(v)은 7 m/s이다.

26

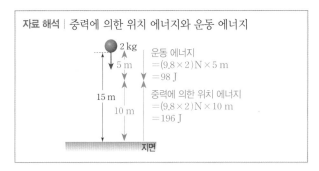

자료 해석 | 중력에 의한 위치 에너지와 운동 에너지

물체가 5 m 낙하했을 때 중력에 의한 위치 에너지는 (9.8×2) N$\times(15-5)$ m$=196$ J이고, 운동 에너지는 중력이 물체에 한 일의 양이므로 (9.8×2) N$\times5$ m$=98$ J이다.

27
③ 나무 꼭대기에서 움직이지 않고 매달려 있는 열매는 중력에 의한 위치 에너지만 가지고 있다.
바로 알기 | ① 지면에 가만히 앉아 있는 사람은 중력에 의한 위치 에너지와 운동 에너지 모두 0이다.
② 지면을 굴러가고 있는 축구공은 운동 에너지만 가지고 있다.
④, ⑤ 일정한 고도로 날고 있는 비행기와 언덕에서 미끄러져 내려오는 썰매는 지면을 기준으로 할 때 중력에 의한 위치 에너지와 운동 에너지를 모두 가지고 있다.

01
모범 답안 | 속력은 $\frac{\text{이동 거리}}{\text{걸린 시간}}$이므로, 그래프에서 기울기는 속력을 나타낸다. 따라서 그래프의 기울기가 (가)>(나)>(다) 순으로 크기 때문에 속력도 (가)>(나)>(다) 순으로 크다.

채점 기준	배점
시간-이동 거리 그래프에서 기울기가 의미하는 것을 알고, (가)~(다)의 속력을 옳게 비교한 경우	100 %
시간-이동 거리 그래프에서 기울기가 의미하는 것만 서술한 경우	50 %

02
모범 답안 | 20 m, A의 이동 거리$=5$ m/s$\times10$ s$=50$ m, B의 이동 거리$=3$ m/s$\times10$ s$=30$ m이므로, 10초 후에 A는 B보다 50 m-30 m$=20$ m 앞선다.

채점 기준	배점
A가 B보다 앞선 거리를 쓰고, 시간-속력 그래프에서 이동 거리를 구하는 과정을 옳게 서술한 경우	100 %
A가 B보다 앞선 거리만 옳게 쓴 경우	30 %

03
답 | (1) 가로축 : 시간, 세로축 : 속력
모범 답안 | (2) 등속 운동, 일정한 시간 간격으로 촬영한 고무공의 간격이 같기 때문에 고무공은 단위 시간 동안 이동 거리가 일정하다. 따라서 속력이 일정한 등속 운동을 한다.

채점 기준	배점
등속 운동과 그 까닭을 모두 옳게 서술한 경우	100 %
둘 중 한 가지만 옳게 서술한 경우	50 %

04
모범 답안 | 드라이아이스 통은 일정한 시간 간격 동안 일정한 거리만큼 이동하는 등속 운동을 한다. 따라서 10초보다 짧은 5초 동안 이동하는 거리가 더 짧기 때문에 다중 섬광 사진에 나타나는 드라이아이스 통 사이의 간격이 좁아진다.

채점 기준	배점
드라이아이스 통의 운동을 알고, 5초 간격으로 찍을 때의 변화를 옳게 서술한 경우	100 %

05
모범 답안 | (나), 진공 중에서 자유 낙하하는 물체는 운동 방향으로 중력만 작용하기 때문에 물체의 질량과 종류에 관계없이 속력이 1초에 9.8 m/s씩 빨라지므로 동시에 떨어진다.

채점 기준	배점
진공 중 자유 낙하 사진을 고르고, 그 까닭을 옳게 서술한 경우	100 %
진공 중 자유 낙하 사진만 옳게 고른 경우	30 %

06

모범 답안 | (1) 98 m/s, 옥상에서 일직선으로 떨어지는 공은 속력이 일정하게 증가하는 자유 낙하 운동을 하며, 시간-속력 그래프 아랫부분의 넓이는 이동 거리라는 것을 이용하면 이동 거리 490 m $= \frac{1}{2} \times 10$ s $\times$ 지면에 도달할 때의 속력(v)이므로, 지면에 도달한 순간 공의 속력은 98 m/s이다.

(2) 같다, 자유 낙하 운동을 할 때 물체의 속력은 중력 가속도와 시간에 비례하며, 질량은 관계없다. 따라서 같은 높이에서 중력만 작용하여 자유 낙하 운동을 하는 경우 지면에 도달할 때의 속력은 같다.

채점 기준	배점
(1), (2) 모두 옳게 서술한 경우	100 %
(1), (2) 중 한 가지만 옳게 서술한 경우	50 %

07

모범 답안 | 과학에서는 물체에 힘이 작용하여 그 힘의 방향으로 물체가 이동했을 때 일을 했다고 한다. 물체에 작용한 힘이 '0'인 경우, 물체의 이동 거리가 '0'인 경우, 작용한 힘의 방향과 물체의 이동 방향이 수직인 경우는 과학에서 말하는 일의 양이 '0'인 경우이다.

채점 기준	배점
과학에서 말하는 일의 양이 0인 경우를 세 가지 모두 옳게 서술한 경우	100 %
과학에서 말하는 일의 양이 0인 경우를 두 가지만 옳게 서술한 경우	60 %
과학에서 말하는 일의 양이 0인 경우를 한 가지만 옳게 서술한 경우	30 %

08

모범 답안 | 1배, 물체에 한 일의 양은 물체에 작용한 힘과 힘의 방향으로 물체가 이동한 거리의 곱으로 구할 수 있다. A가 상자에 한 일의 양은 5 N $\times$ 2 m $=$ 10 J이고, B가 상자에 한 일의 양은 10 N $\times$ 1 m $=$ 10 J이다. 따라서 A가 한 일의 양과 B가 한 일의 양은 같다.

채점 기준	배점
A, B가 한 일의 양을 옳게 비교하고, 풀이 과정을 모두 옳게 서술한 경우	100 %
A, B가 한 일의 양만 옳게 비교한 경우	30 %

09

모범 답안 | 9.8 J, 9.8 J / 물체를 일정한 속력으로 들어 올릴 때 중력에 대해 한 일의 양과 중력에 의한 위치 에너지의 값은 9.8 J로 같으며, 이는 중력에 대해 한 일의 양이 모두 중력에 의한 위치 에너지로 전환되었음을 뜻한다.

채점 기준	배점
중력에 대해 한 일의 양과 중력에 의한 위치 에너지를 옳게 구하고, 둘의 관계를 옳게 서술한 경우	100 %
중력에 대해 한 일의 양과 중력에 의한 위치 에너지만 옳게 구한 경우	50 %

10

모범 답안 | 지면 기준: (9.8×10) N $\times$ 5 m $=$ 490 J, 베란다 기준: (9.8×10) N $\times$ 2 m $=$ 196 J / 기준면이 달라지면 물체의 높이가 달라지기 때문에 중력에 의한 위치 에너지가 달라진다.

채점 기준	배점
지면과 베란다를 기준면으로 했을 때 중력에 의한 위치 에너지를 옳게 구하고, 그 차이에 대해 옳게 서술한 경우	100 %
지면 또는 베란다를 기준면으로 했을 때 중력에 의한 위치 에너지만 옳게 구한 경우	50 %

11

모범 답안 | A=B=C, 중력에 의한 위치 에너지는 9.8 $\times$ 질량 $\times$ 높이이다. 따라서 질량과 높이가 같은 물체의 중력에 의한 위치 에너지는 모두 같으며, 물체의 중력에 의한 위치 에너지가 한 일에 의해 이동하는 나무 도막이 이동한 거리도 모두 같다.

채점 기준	배점
나무 도막을 이동시킨 거리를 옳게 비교하고, 그 까닭을 모두 옳게 서술한 경우	100 %
나무 도막을 이동시킨 거리만 옳게 비교한 경우	30 %

12

모범 답안 | 50 J, 수레가 나무 도막을 미는 데 한 일의 양은 나무 도막과 부딪히기 직전에 수레의 운동 에너지의 양과 같다. 속력(v) $= \frac{20 \text{ m}}{4 \text{ 초}} =$ 5 m/s로 이동하는 질량이 4 kg인 수레인 운동 에너지는 $\frac{1}{2} \times 4$ kg $\times (5 \text{ m/s})^2 =$ 50 J이므로, 수레가 나무 도막을 미는 데 한 일의 양은 50 J이다.

채점 기준	배점
수레가 나무 도막을 미는 데 한 일의 양을 옳게 구하고, 일과 운동 에너지의 관계를 모두 옳게 서술한 경우	100 %
수레가 나무 도막을 미는 데 한 일의 양만 옳게 구한 경우	30 %

13

모범 답안 | (1) 90 m, 마찰력이 일정할 때 제동 거리는 자동차가 달려온 속력의 제곱, 즉 운동 에너지에 비례한다. 따라서 속력이 40 km/h에서 120 km/h로 3배 증가하였으므로 자동차가 멈출 때까지 미끄러지는 거리는 9배 증가한 90 m이다.

(2) 마찰력이 일정할 때 제동 거리는 운동 에너지에 비례하며, 운동 에너지는 질량에 비례, 속력의 제곱에 비례한다. 따라서 속력이 빠를수록 운동 에너지가 커져 제동 거리가 길어지기 때문에 일정한 제한 속력을 두어 사고를 예방한다.

채점 기준	배점
(1), (2) 모두 옳게 서술한 경우	100 %
(1), (2) 중 한 가지만 옳게 서술한 경우	50 %

Ⅳ. 자극과 반응

O1 감각 기관

개념 알약 149, 151, 153쪽

01 A : 각막 B : 수정체 C : 섬모체 D : 유리체 E : 망막
02 (1) ⓒ (2) ⓔ (3) ㉠ (4) ⓔ (5) ⓛ
03 ㉠ 수정체 ⓛ 망막 ⓒ 시각 세포 ⓔ 시각 신경
04 ㉠ 어두울 때 ⓛ 밝을 때 ⓒ 축소 ⓔ 확장 ⓜ 커짐 ⓑ 작아짐
05 해설 참조 06 (1) E, 전정 기관 (2) D, 귀인두관 (3) F, 고막 (4) B, 반고리관 (5) C, 달팽이관 (6) A, 귓속뼈 07 ㄱ → ㄴ → ㄹ
08 (1) 반 (2) 전 (3) 전 (4) 반 (5) 반 09 해설 참조
10 (1) ○ (2) × (3) ○
11 A : 유두 B : 맛봉오리 C : 맛세포 D : 미각 신경
12 (1) × (2) ○ (3) × (4) × (5) × 13 해설 참조
14 (1) × (2) × (3) × (4) ○ 15 해설 참조
16 (1) 통점 (2) 압점

01~02

A는 각막이다. 각막(A)은 홍채의 바깥을 감싸는 투명한 막(ⓒ)으로, 공막과 연결된다. B는 수정체로, 빛을 굴절시켜 망막에 상이 맺히게 한다(ⓜ). C는 섬모체로, 수정체의 두께를 조절한다(㉠). D는 유리체로, 눈 속을 채우고 있는 투명한 물질(ⓔ)이며, 눈의 형태를 유지한다. E는 망막으로, 물체의 상이 맺히며(ⓛ) 시각 세포가 분포한다.

03

시각은 눈에서 빛을 자극으로 받아들여 물체의 모양, 색깔, 거리 등을 느끼는 감각으로, '빛 → 각막 → 수정체(㉠) → 유리체 → 망막(ⓛ)의 시각 세포(ⓒ) → 시각 신경(ⓔ) → 뇌'의 경로로 이루어진다.

04

(가)는 어두울 때, (나)는 밝을 때의 홍채와 동공의 변화를 나타낸 것이다. 어두울 때(가)는 홍채가 축소하면서 동공이 커진다. 밝을 때(나)는 홍채가 확장하면서 동공이 작아진다.

05

모범 답안 | 섬모체가 이완하여 수정체가 얇아진다.

해설 | 눈과 물체와의 거리가 달라지면 섬모체의 수축과 이완 작용으로 수정체의 두께를 변화시켜 망막에 뚜렷한 상이 맺히도록 조절된다.

06

몸이 기울어짐을 감지하는 것은 평형 감각을 담당하는 부분 중 하나인 전정 기관(E)이며, 고막 안쪽과 바깥쪽의 압력을 같게 조절하는 부분은 귀인두관(D)이다. 소리에 의해 진동하는 얇은 막

은 고막(F)이며, 몸의 회전을 감지하는 것은 평형 감각을 담당하는 부분 중 반고리관(B)이다. 청각 세포가 분포하고, 청각 신경과 연결되는 부분은 달팽이관(C)이다. 고막의 진동을 증폭하는 부분은 귓속뼈(A)이다.

07

귓바퀴에서 모아진 소리는 외이도를 통해 고막(ㄱ)을 진동시킨다. 고막(ㄱ)의 진동은 귓속뼈(ㄴ)에서 증폭되어 달팽이관(ㄹ)의 청각 세포를 자극하고, 이 자극은 청각 신경을 통해 뇌로 전달되어 소리를 듣게 된다. 반고리관(ㅁ)과 전정 기관(ㅂ)은 평형 감각을 담당하며, 귀인두관(ㄷ)은 압력 조절을 담당한다.

08

반고리관은 몸의 회전이나 이동을 감지하며, 전정 기관은 몸의 위치나 기울어짐을 감지한다.

09

모범 답안 | A, 기체 상태의 화학 물질을 자극으로 받아들인다.

해설 | 후각 세포는 콧속 천장(A)에 분포하며, 기체 상태의 화학 물질을 자극으로 받아들인다.

10

바로 알기 | (2) 후각은 다른 감각에 비해 매우 예민하지만, 쉽게 피로해져 같은 냄새를 오래 맡고 있으면 나중에는 그 냄새를 잘 느끼지 못하게 된다.

11

유두(A)는 혀 표면에 있는 좁쌀 모양의 돌기이며, 맛봉오리(B)는 유두의 양 옆에 있다. 맛세포(C)는 액체 상태의 화학 물질을 자극으로 받아들이며, 미각 신경(D)은 맛세포(C)에서 받아들인 자극을 뇌로 전달한다.

12

바로 알기 | (1) 감각 기관 중 가장 예민한 것은 후각이다.
(4) 미각은 액체 상태의 화학 물질을 자극으로 받아들여 맛을 느끼는 것이다.
(5) 혀에서 느끼는 기본 맛의 종류는 단맛, 신맛, 쓴맛, 짠맛, 감칠맛의 5가지이다. 매운맛은 혀의 표면에 있는 통점에 의해 느끼는 통각으로 미각이 아니다.

13

모범 답안 | 다양한 음식의 맛을 느끼는 데에는 미각과 후각이 상호 작용하기 때문이다.

해설 | 미각과 후각은 받아들이는 자극이나 대뇌로 전달되는 경로가 독립적이지만 서로 상호 작용하여 다양한 음식의 맛을 느끼게 한다. 따라서 코감기에 걸려 후각이 원활하게 작용하지 못하면 음식의 맛을 제대로 느낄 수 없다.

14

바로 알기 | (2) 감각점은 몸의 부위에 따라 그 수가 다르며, 같은 부위라도 감각점의 종류에 따라 분포하는 개수에 차이가 있다.

(3) 한 가지 감각점에서는 한 가지의 감각만 느낄 수 있다.

15

모범 답안 | 통점, 생존에 위협적인 자극에 대해 우리 몸이 고통을 느껴 바로 반응할 수 있게 하기 위해서이다.

16

(1) 매운맛은 고추에 들어 있는 캡사이신이라는 물질이 혀에 통증을 가해 느끼는 것이다. 따라서 매운맛은 통각이다.
(2) 덜 익은 감을 먹었을 때 느끼는 떫은맛은 탄닌과 같은 물질이 맛봉오리 사이에 끼어서 느끼는 압각이다.

탐구 알약 154, 155쪽

01 (1) × (2) × (3) ○ (4) ○
02 (1) ⊙ 망막 ⓒ 맹점 (2) 해설 참조
03 (1) × (2) ○ (3) × (4) ○ (5) ×   4 (1) ○ (2) × (3) ○

01

바로 알기 | (1) 우리 눈을 카메라에 비교하면 빛의 양을 조절하는 홍채는 조리개에 해당한다.
(2) 밝은 복도에 있다가 어두운 영화관에 들어가면 빛의 밝기가 약해지므로 동공의 크기가 커진다.

02 서술형

(1) 로봇을 주시하고 그림을 앞뒤로 움직이면 망막에 맺히는 드론의 상의 위치가 달라지고, 이 상이 망막의 맹점에 맺히는 경우 상이 보이지 않는다.
(2) **모범 답안** | 맹점에는 시각 세포가 없어 빛 자극을 받아들이지 못하므로 시각 신경을 통해 자극이 대뇌로 전달되지 못해 물체의 상이 맺혀도 물체가 보이지 않는다.
해설 | 망막의 중심 아래쪽에는 시각 신경이 모여 눈 밖으로 나가는 부분이 있는데 이곳을 맹점이라고 하며, 시각 세포가 없어 물체의 상이 맺혀도 보이지 않는다.

채점 기준	배점
맹점과 시각 세포를 포함하여 옳게 서술한 경우	100 %

03

바로 알기 | (1) 피부의 감각점은 몸의 부위에 따라 수가 다르며, 같은 부위라도 감각점의 종류에 따라 분포하는 개수가 다르다.
(3) 두 개의 점으로 느껴지는 이쑤시개의 간격이 좁을수록 예민한 부분이다.
(5) 이쑤시개를 두 개의 점으로 느끼는 거리가 이마에서는 18 mm이고 팔에서는 36 mm이므로, 이마가 팔보다 감각점이 더 많이 분포한다.

04

바로 알기 | (2) 따뜻함을 느끼는 온점과 차가움을 느끼는 냉점은 절대적인 온도를 감각하는 것이 아니라 상대적인 온도 변화를 감각한다.

실전 백신 158~160쪽

01 ②, ③	02 ②	03 ③	04 ③	05 ③
06 ④	07 ④	08 ③	09 ①, ③	10 ③
11 ④	12 ②	13 ⑤	14 ②	15 ②, ⑤
16 ②	17 ③, ⑤	18 ④, ⑤	19~22 해설 참조	

01

A는 수정체, B는 홍채, C는 섬모체, D는 망막, E는 맥락막이다.
② 홍채(B)는 동공의 크기를 조절하여 눈으로 들어가는 빛의 양을 조절한다.
③ 섬모체(C)는 수정체(A)의 두께를 조절한다.
바로 알기 | ① 시각 세포는 망막(D)에 분포한다. 수정체(A)는 볼록 렌즈 모양으로 빛을 굴절시키는 역할을 한다.
④ 망막(D)은 상이 맺히는 곳이다.
⑤ 맥락막(E)은 검은색 색소가 있어 빛의 산란을 막아주는 암실 기능을 한다.

02

ㄱ, ㄷ. (가)에서 (나)로 변할 때 홍채가 확장하면서 동공의 크기가 작아졌다. 이러한 현상은 불이 꺼진 방에서 밝은 곳으로 나갔을 때 나타난다.
바로 알기 | ㄴ. 가깝거나 먼 곳을 볼 때는 섬모체의 이완과 수축 작용으로 수정체의 두께가 변하여 망막에 뚜렷한 상이 맺히도록 조절된다.

03

먼 곳을 보면 수정체가 얇아지고, 가까운 곳을 보면 수정체가 두꺼워진다. 따라서 (가)는 가까운 곳을 보는 상태이고, (나)는 먼 곳을 보는 상태이다.

04

빛 자극이 각막 → 수정체 → 유리체 → 망막의 시각 세포 → 시각 신경을 통해 뇌로 전달되면 물체의 모양, 크기, 색깔 등을 인식하게 된다.

05

③ A는 고막으로, 소리에 의해 진동하는 얇은 막이다.
바로 알기 | ① 청각 세포는 달팽이관에 들어 있다.
② 우리 몸의 평형을 감각하는 것은 반고리관과 전정 기관이다.
④ 달팽이관이 소리 자극을 청각 신경으로 전달한다.
⑤ 몸의 회전을 감각하는 것은 반고리관이다.

06

A는 귓속뼈, B는 전정 기관, C는 반고리관, D는 달팽이관, E는 귀인두관이다.
④ 달팽이관(D)에는 청각 세포가 분포하고, 청각 신경과 연결되어 있다.
바로 알기 | ① 회전 감각을 느끼는 곳은 반고리관(C)이다.
② 고막 안쪽과 바깥쪽의 압력을 조절하는 부분은 귀인두관(E)이다.

③ 위치 감각을 느끼는 곳은 전정 기관(B)이다.
⑤ 소리 자극을 청각 신경으로 전달하는 곳은 달팽이관(D)이다.

07

전정 기관(B)은 위치 감각, 반고리관(C)은 회전 감각, 귀인두관(E)은 고막 안팎의 압력 조절을 담당하는 곳으로 소리를 듣는 과정과는 직접적으로 관련이 없다.

08

(가) 높은 산에 오르면 기압이 낮아져 고막 외부와 내부에 압력 차이가 생기고, 이에 따라 고막이 외부 쪽으로 팽창하여 귀가 먹먹해진다. 이때 고막 안팎의 압력을 같게 조절해주는 곳은 귀인두관(E)이다. (나) 몸의 기울어짐을 감지하는 곳은 전정 기관(B)이다. (다) 회전 감각을 감지하는 곳은 반고리관(C)이다.

09

① 코는 사람의 감각 기관 중 가장 예민한 기관이다.
③ 냄새를 맡는 과정은 후각 세포(B) → 후각 신경(A) → 뇌이다.
바로 알기 | ② 코는 기체 상태의 화학 물질을 자극으로 받아들여 후각을 감각한다.
④ 혀는 5가지 기본 맛만을 느끼지만 후각과의 상호 작용에 의해 다양한 맛을 느낄 수 있다.
⑤ 특정 냄새에 대해 피로해지더라도 다른 종류의 냄새에는 예민하게 반응할 수 있다.

10

후각 세포는 감각 기관 중에 가장 예민하므로 처음 맡는 냄새는 빨리 알아차리지만, 쉽게 피로해지므로 시간이 조금만 지나면 감각이 무뎌져 더 강한 자극이 오기 전까지 처음 맡은 냄새를 못 느끼게 된다. 자신의 냄새를 잘 맡지 못하는 현상도 이 때문에 일어난다.

11

ㄱ, ㄷ, ㄹ. 맛을 느끼는 과정은 혀의 유두 양 옆에 있는 맛봉오리에 맛세포가 분포하여 액체 상태의 화학 물질을 자극으로 받아들여 미각 신경에서 뇌로 전달된다.
바로 알기 | ㄴ. 기본 맛은 단맛, 신맛, 쓴맛, 짠맛, 감칠맛의 5가지가 있다. 떫은맛은 압각이다.

12

A는 유두로 혀 표면에 있는 좁쌀 모양의 돌기이다. B는 맛봉오리로 유두(A)의 양 옆에 있으며, C는 맛봉오리(B)에 있는 맛세포로 액체 상태의 화학 물질을 자극으로 받아들인다.

13

바로 알기 | 단맛, 짠맛, 쓴맛, 신맛, 감칠맛은 혀에서 느끼는 기본 맛이며, 매운맛과 떫은맛은 맛세포(C)에서 느끼는 것이 아니라 혀와 구강 점막 전체가 자극되어 나타나는 통각과 압각이다.

14

① 모든 감각은 자극이 강할 경우 통각으로 느껴진다.
③ 냉점과 온점은 상대적인 온도 변화를 받아들이는 감각점이다.

④ 압점은 피부의 진피에 분포하여 압각을 느낀다.
⑤ 통점은 우리 몸에 가장 많이 분포하여 우리의 몸을 보호한다.
바로 알기 | ② 냉점은 특정한 온도를 감지하는 것이 아니라 상대적인 온도 변화를 감지한다.

15

② 호먼큘러스는 감각점의 분포를 상대적인 크기로 나타낸 것이다. 민감도는 감각점이 조밀하게 있는 부위일수록 올라간다. 따라서 우리 몸은 부위에 따라 감각점의 분포가 다르기 때문에 민감도가 다르다.
⑤ 감각점이 많을수록 민감하다. 그림을 보면 손가락 끝이나 입술이 다른 곳에 비해 크게 나타나 있으므로 감각점이 많음을 알 수 있다.
바로 알기 | ① 감각점 중 통점이 가장 많지만 그림을 통해서는 알 수 없다.
③ 피부 감각을 통해 생존에 위협적인 자극을 받으면 우리 몸이 고통을 느끼므로 우리 몸을 보호할 수 있다. 하지만 호먼큘러스로 이러한 내용을 알 수 있는 것은 아니다.
④ 피부의 통점, 압점, 촉점, 온점, 냉점에서 여러 감각을 느낄 수 있지만 그림을 통해서 감각이 여러 가지인 것은 알 수 없다.

16

우리 피부에 분포하는 감각점의 수는 통점＞압점＞촉점＞냉점＞온점 순이다.

17

이 실험은 신체 부위에 따라 촉점이 분포하는 정도를 알아보는 실험으로, 두 점으로 느끼는 거리가 짧을수록 촉점의 밀도가 높다.

18

시각 장애인들은 일반인에 비해 손가락 끝의 촉각과 압각이 발달하여 점자책을 읽을 수 있다.

서술형 문제

19

모범 답안 | 눈에 손전등을 비추면 홍채가 확장하면서 동공이 작아지게 된다.

채점 기준	배점
홍채와 동공의 변화를 모두 옳게 서술한 경우	100 %
홍채와 동공의 변화 중 한 가지만 옳게 서술한 경우	50 %

20

모범 답안 | 전정 기관, 개구리가 균형을 잡지 못하는 것으로 보아 평형 감각을 담당하는 전정 기관이 파괴되었을 것이다.

채점 기준	배점
전정 기관을 알고, 전정 기관이 평형 감각을 감지하는 것을 옳게 서술한 경우	100 %
전정 기관만 옳게 쓴 경우	70 %

21

모범 답안 | 혀는 액체 상태의 화학 물질을 자극으로 받아들이므로, 고체 상태의 화학 물질인 소금 덩어리가 침에 녹아 액체 상태의 화학 물질이 되면 맛봉오리의 맛세포가 자극되어 맛을 느끼게 된다.

채점 기준	배점
혀가 자극으로 받아들이는 물질의 상태와 소금 덩어리가 침에 녹아 액체 상태의 화학 물질이 되어야 맛으로 느낄 수 있다는 것을 옳게 서술한 경우	100 %
소금이 녹아서라고만 서술한 경우	40 %

22

모범 답안 | 통점, 통점의 개수가 많기 때문에 생존에 위협적인 자극에 대해 예민하게 반응하고 우리의 몸을 보호할 수 있다.

채점 기준	배점
가장 많이 분포하는 감각점이 통점인 것을 알고, 통점이 많은 까닭을 옳게 서술한 경우	100 %
가장 많이 분포하는 감각점이 통점이라고 옳게 쓴 경우	50 %

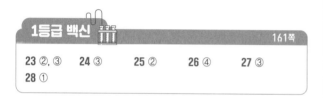

1등급 백신   161쪽

23 ②, ③	24 ③	25 ②	26 ④	27 ③
28 ①				

23

(가)는 수정체, (나)는 홍채, (다)는 맥락막, (라)는 망막, (마)는 유리체이다. A는 렌즈, B는 조리개, C는 필름, D는 어둠 상자이다.

바로 알기 | ① 수정체(가)는 렌즈(A)의 기능을 한다.
④ 망막(라)은 필름(C)과 기능이 같다.
⑤ 유리체(마)와 대응하는 카메라의 구조는 없다.

24

ㄱ. 눈과 로봇 사이의 거리가 가까워지면 수정체가 두꺼워진다.
ㄴ. 맹점은 시각 신경이 모여 나가는 곳으로, 시각 세포가 없어 상이 맺혀도 보이지 않는다.

바로 알기 | ㄷ. 드론이 보이지 않는 것은 맹점에 상이 맺혔기 때문이다.

25

A는 반고리관으로 회전 감각을 담당하고, B는 전정 기관으로 위치 감각을 담당한다. 그리고 C는 달팽이관으로 청각을 담당한다.

26

④ 우리가 맛을 느낄 때는 미각과 후각이 결합된 종합적인 감각을 느낀다.

바로 알기 | ① 정상적인 사람은 미각과 후각이 결합된 종합적인 감각으로 맛을 느낀다.
② 맛세포는 혀에만 존재한다.

③ 감각 기관 중 후각이 가장 예민하지만 문제의 실험과는 상관이 없다.
⑤ 코가 막혀도 일부 맛은 느낄 수 있다.

27

ㄱ. 통각은 강한 압력이나 너무 낮은 온도와 같은 강한 자극에도 느낄 수 있다.
ㄷ. 온점과 냉점은 절대적인 온도를 감지하는 것이 아닌 상대적인 온도 변화를 느끼는 감각점이다.

바로 알기 | ㄴ. 5 ℃의 물에 담갔던 오른손은 15 ℃의 물에서 따뜻함을 느끼고, 25 ℃의 물에 담갔던 왼손은 15 ℃의 물에서 차가움을 느낀다.

28

② 냄새를 맡는 것은 후각이다.
③ 눈이 부신 것은 시각이다.
④ 통증을 느끼는 것은 피부 감각이다.
⑤ 소리를 듣는 것은 청각이다.

바로 알기 | ① 매운맛은 미각이 아니라 피부 감각 중 통각이다.

02 신경계

용어 & 개념 체크   163, 165쪽

01 가지 돌기	02 감각, 운동	03 말초, 뇌	04 척수
05 감각, 운동	06 신경계	07 의식적	08 무조건
09 척수	10 중간뇌		

개념 알약   163, 165쪽

01 (1) C, 축삭 돌기 (2) B, 가지 돌기 (3) A, 신경 세포체
02 (가)   03 (1) A → B → C (2) B, 연합 뉴런
04 (1) ◯ (2) ◯ (3) ✕ (4) ✕
05 A : 대뇌 B : 간뇌 C : 중간뇌 D : 연수 E : 소뇌
06 (1) ㉡ (2) ㉤ (3) ㉢ (4) ㉣ (5) ㉠ 07 (1) ◯ (2) ✕ (3) ◯
08 (가), (다)   09 (1) ◯ (2) ✕ (3) ✕ (4) ◯ (5) ◯
10 (가) 척수 (나) 중간뇌 (다) 연수
11 (1) ❶ → ❹ → ❻ → ❼ → ❾ (2) ❺ → ❻ → ❽
(3) ❶ → ❹ → ❻ → ❼ → ❾ (4) ❶ → ❷ → ❸
(5) ❺ → ❻ → ❼ → ❾   12 해설 참조

01

(1) 다른 뉴런이나 반응 기관 등으로 자극을 전달하는 것은 신경 세포체에서 뻗어 나온 한 개의 긴 돌기인 축삭 돌기(C)이다.
(2) 다른 뉴런이나 감각 기관으로부터 자극을 받아들이는 것은 여러 개의 짧은 돌기인 가지 돌기(B)이다.
(3) 핵과 세포질이 모여 있으며, 뉴런의 생장과 여러 가지 생명 활동에 관여하는 것은 신경 세포체(A)이다.

02

가지 돌기(B)에서 받아들인 자극은 신경 세포체(A)를 거쳐 축삭 돌기(C)로 전달된다.

03

(1) 감각 기관에서 수용한 자극은 감각 뉴런(A)을 통해 연합 뉴런(B)으로 전달되며, 연합 뉴런(B)은 전달된 자극을 판단하여 적절한 명령을 내린다. 연합 뉴런(B)의 명령은 운동 뉴런(C)을 통해 운동 기관으로 전달된다.

(2) 연합 뉴런(B)은 중추 신경계인 뇌와 척수를 구성하며, 자극에 대해 판단하고, 적절한 명령을 내리는 데 관여한다.

04

바로 알기 | (3) 그물 같은 구조로 온몸에 분포되어 있는 것은 말초 신경계이다.

(4) 감각 기관에서 받아들인 자극은 감각 신경을 통해 중추 신경계로 전달된다.

05

A는 대뇌, B는 간뇌, C는 중간뇌, D는 연수, E는 소뇌이다.

06

대뇌(A)는 정신 활동의 중추 역할을 하며, 간뇌(B)는 체온 조절 및 혈당량 유지에 관여한다. 중간뇌(C)는 동공의 크기를 조절하며, 연수(D)는 호흡 및 소화 운동을 조절한다. 소뇌(E)는 몸의 균형을 유지하는 기능을 한다.

07

바로 알기 | (2) 말초 신경계는 감각 신경과 운동 신경으로 구성되어 있으며, 운동 신경은 체성 신경과 자율 신경으로 구분된다.

08

의식적 반응은 대뇌를 중추로 하여 일어난다. (나)는 연수가 중추인 무조건 반사이고, (라)는 척수가 중추인 무조건 반사에 해당되므로 대뇌를 거치지 않는 반응이다.

09

바로 알기 | (2) 무조건 반사는 대뇌를 거치지 않아 자극의 전달 경로가 짧기 때문에 의식적 반응에 비해 반응 속도가 빠르다.

(3) 무조건 반사는 대뇌의 판단 과정을 거치지 않아 자신의 의지와 관계없이 일어난다.

10

(가) 뜨거운 물체나 뾰족한 물체가 몸에 닿았을 때 움츠리는 반응은 척수가 중추인 무조건 반사이다.

(나) 눈에 강한 빛을 비추었을 때 동공의 크기가 줄어드는 것은 중간뇌가 중추가 되어 일어나는 무조건 반사이다.

(다) 음식을 먹고 나서 딸꾹질이 나오는 것은 연수가 중추가 되어 일어나는 무조건 반사이다.

11

(1) 다리가 가려워 손으로 긁는 것은 대뇌가 중추가 되어 일어나는 의식적 반응이다.

(2) 영화의 한 장면을 보고 눈을 찡그리는 것은 척수를 거치지 않고 바로 대뇌를 거쳐 반응이 일어나는 의식적 반응이다.

(3) 어두운 방에서 손을 더듬어 전등 스위치를 누르는 것은 대뇌가 중추가 되어 일어나는 의식적 반응이다.

(4) 뜨거운 냄비에 손이 닿자 급히 손을 떼는 것은 대뇌를 거치지 않고 척수가 중추인 무조건 반사이다.

(5) 날아오는 야구공을 보고 잡을 때 자극은 척수를 거치지 않고 대뇌로 전달되지만, 반응은 척수를 거치는 의식적 반응이다.

12

모범 답안 | 의식적 반응은 대뇌의 판단 과정을 거치고, 무조건 반사는 대뇌의 판단 과정을 거치지 않는다.

탐구 알약 166, 167쪽

01 (1) × (2) ○ (3) × (4) ○ 02 해설 참조
03 (1) × (2) ○ (3) ○ (4) ○ (5) ○ (6) ×
04 (1) 무 (2) 무 (3) 무 (4) 의 (5) 무 05 해설 참조

01

바로 알기 | (1) 귀에서 받아들인 자극은 감각 신경을 통해 대뇌로 전달된다.

(3) 시각과 청각은 대뇌가 중추인 반응이다.

02 서술형

모범 답안 | 자를 잡는 평균 거리가 더 길어질 것이다.

해설 | 대뇌는 자가 떨어지는 것을 인지하고 그에 대한 명령을 내림과 동시에 옆에서 하는 말을 소리 자극으로 받아들여 이를 인지하고, 그 정보를 파악하는 일도 함께 처리해야 하기 때문이다.

채점 기준	배점
자를 잡는 평균 거리가 길어진다는 내용을 포함하여 옳게 서술한 경우	100 %

03

(2) 고무망치가 무릎뼈 아래를 친 자극이 대뇌로 전달되는 반응이 다리가 들리는 반응보다 반응 경로가 길어 나중에 느낀다.

(3) 뜨거운 것에 닿았을 때 몸을 움츠리는 반사의 중추는 척수로, 이 반사의 중추와 같다.

(4) 무조건 반사는 위험에 빠르게 반응할 수 있어 위험으로부터 우리 몸을 보호하는 데 도움이 된다.

(5) 무릎 반사는 자신의 의지와 관계없이 일어나는 무조건 반사로, 척수가 중추이다.

바로 알기 | (1) 무조건 반사는 의식적 반응보다 반응 시간이 짧다.

(6) 반응 경로는 '자극 → 감각 기관 → 감각 신경 → 척수 → 운동 신경 → 반응 기관 → 반응'이다.

04

의식적 반응은 대뇌의 판단 과정을 거쳐 자신의 의지에 따라 일어나는 반응이고, 자신의 의지와 관계없이 일어나는 행동은 무의식적 반응이다.

(4) 발등에 파리가 앉은 것을 보고 손을 뻗어 쫓는 행동은 대뇌가 관여하는 의식적 반응이다.

05 서술형

모범 답안 | 고무망치가 무릎뼈 아래에 닿는 자극이 대뇌로도 전달되기 때문이다.

채점 기준	배점
고무망치가 무릎뼈 아래에 닿는 자극이 대뇌로도 전달되기 때문이라고 옳게 서술한 경우	100 %

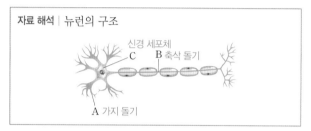

실전 백신 170~172쪽

01 ④	02 ⑤	03 ③	04 ②, ④	05 ②, ④
06 ⑤	07 ④	08 ⑤	09 ①, ⑤	10 ③
11 ①, ②	12 ④	13 ①	14 ③	15 ②
16~18 해설 참조				

01

자료 해석 | 뉴런의 구조

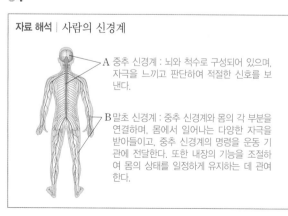

뉴런은 신경계를 구성하는 세포로, 가지 돌기(A), 신경 세포체(C), 축삭 돌기(B)로 이루어져 있다.

02

가지 돌기(A)는 다른 뉴런이나 감각 기관으로부터 자극을 받아들이고, 축삭 돌기(B)는 받아들인 자극을 다른 뉴런이나 반응 기관으로 전달한다. 신경 세포체(C)는 핵과 세포질이 모여 있고, 뉴런의 생장과 물질대사에 관여한다.

03

A는 감각 뉴런, B는 연합 뉴런, C는 운동 뉴런이다.
③ 연합 뉴런(B)은 뇌와 척수를 구성하며, 자극을 판단하고 명령을 내린다.
바로 알기 | ①, ② 감각 뉴런(A)은 감각 기관으로부터 자극을 받아들인다.
④, ⑤ 운동 뉴런(C)은 운동 신경을 구성하며, 받아들인 명령을 수행한다.

04

자료 해석 | 사람의 신경계

A 중추 신경계 : 뇌와 척수로 구성되어 있으며, 자극을 느끼고 판단하여 적절한 신호를 보낸다.

B 말초 신경계 : 중추 신경계와 몸의 각 부분을 연결하며, 몸에서 일어나는 다양한 자극을 받아들이고, 중추 신경계의 명령을 운동 기관에 전달한다. 또한 내장의 기능을 조절하여 몸의 상태를 일정하게 유지하는 데 관여한다.

우리 몸은 자극에 대해 판단하고 필요한 명령을 내리는 중추 신경계(A)와 중추 신경계(A)에서 뻗어 나와 온몸에 퍼져 있는 말초 신경계(B)로 이루어져 있다.
바로 알기 | ② 체성 신경과 자율 신경은 말초 신경계(B) 중 운동 신경에 속한다.
④ 말초 신경계(B)는 대뇌의 의지대로 조절되는 부분도 있지만 대뇌의 명령을 따르지 않고 자율적으로 조절되는 부분도 있다.

05

A는 대뇌, B는 간뇌, C는 중간뇌, D는 연수, E는 소뇌이다.
② 간뇌(B)는 체온, 혈중 이산화 탄소 농도, 체액의 농도 등의 몸속 상태를 일정하게 유지한다.
④ 연수(D)는 심장 박동, 호흡 운동, 소화 운동 등을 조절하고, 재채기, 침 분비, 기침, 하품 등 무의식적 반응의 중추이다.
바로 알기 | ① 대뇌(A)는 좌우 2개의 반구로 나누어져 있으며, 추리, 판단 등 고등 정신 활동을 담당하고 의식적 반응의 중추이다.
③ 중간뇌(C)는 안구 운동과 동공의 크기를 조절한다.
⑤ 소뇌(E)는 세부적인 근육 운동과 몸의 균형을 유지한다.

06

⑤ 소뇌(E)는 몸의 균형을 유지하는 평형 감각의 중추이기 때문에 소뇌(E)가 손상되면 몸의 균형을 잡는 데 어려움을 느낀다.
바로 알기 | ① 대뇌(A)가 손상되면 시각, 청각, 후각 등의 감각을 느낄 수 없고, 복잡한 정신 활동을 할 수 없다.
② 간뇌(B)가 손상되면 체온, 혈중 이산화 탄소 농도, 체액의 농도 등을 조절할 수 없다.
③ 중간뇌(C)가 손상되면 안구 운동과 동공의 크기가 조절되지 않는다.
④ 연수(D)가 손상되면 심장 박동, 호흡 운동, 재채기, 하품 등이 정상적으로 일어나지 않는다.

07

알츠하이머 환자에게 나타나는 언어 장애와 기억력 장애는 대뇌가 손상되어 나타나는 현상이다.
ㄴ, ㄹ. 대뇌는 시각, 청각, 후각 등과 같은 감각의 중추로, 받아들인 감각을 판단하여 운동 기관에 명령을 내리는 중추 신경계에 속한다.
바로 알기 | ㄱ. 대뇌는 대부분 연합 신경으로 이루어진 중추 신경계이다.
ㄷ. 의식적 반응은 대뇌를 거치지만 무조건 반사의 경우 대뇌를 거치지 않고 반응한다.

08

밝은 빛이 눈으로 들어올 때 동공이 작아지는 것은 중간뇌가 조절하는 현상으로, 중간뇌의 손상 여부를 확인할 수 있다.

09

①, ⑤ 무조건 반사는 우리의 몸을 위협하는 자극에 대해 빠르게 반응하여 우리의 몸을 보호하는 역할을 하며, 자극으로부터 반응이 일어나기까지의 속도에는 개인차가 있다.
바로 알기 | ② 무조건 반사는 척수 반사, 연수 반사, 중간뇌 반사가 있다.

③ 무조건 반사는 대뇌를 거치지 않고 빠르게 반응한다.
④ 자극이 주어지더라도 전달되는 속도가 있기 때문에 일정한 반응이 일어나기까지는 시간이 필요하다.

10

과정 Ⅰ과 같이 눈으로 직접 사물을 보고 반응할 때 자극이 전달되는 경로는 눈 → 시각 신경 → 대뇌(자를 잡으라고 전달) → 척수 → 운동 신경 → 손(자를 잡음)이다.

11

① 자극을 받고 반응하기까지는 어느 정도의 시간이 걸린다.
② 시각에 의한 반응 시간보다 청각에 의한 반응 시간이 더 길므로 청각보다 시각의 반응 속도가 더 빠르다.
바로 알기 | ③ 과정 Ⅰ은 대뇌를 거치지만 동공이 축소되는 과정은 중간뇌를 거치는 무조건 반사이다.
④, ⑤ 과정 Ⅰ과 Ⅱ는 모두 대뇌를 거치는 의식적인 반응이다.

12

침 분비, 하품, 딸꾹질, 재채기가 나오는 반응의 중추는 연수이며, 압정을 밟았을 때 발을 움츠리는 반응의 중추는 척수이다.

13

무릎 반사는 척수가 중추인 무조건 반사로 자극이 주어지면 감각 기관 → 감각 신경 → 척수 → 운동 신경 → 운동 기관 순으로 전달되어 반응한다.

14

ㄷ. 대뇌가 중추인 반응보다 척수가 중추인 반응의 전달 경로가 더 짧기 때문에 반응 속도가 더 빠르다.
바로 알기 | ㄱ. 중추 신경계는 뇌와 척수로 구성되며, 자극을 전달하는 감각 신경(A, B)과 반응 명령을 전달하는 운동 신경(D, E)은 말초 신경계에 속한다.
ㄴ. 중추 신경계에 속하는 척수는 연합 뉴런으로 구성되어 있다.

15

손에 정전기가 오르자마자 물체에서 손을 떼는 것은 무조건 반사로 A → F → E 순으로 자극이 전달되고, 주머니에서 손으로 더듬어 500원짜리 동전을 꺼내는 것은 자극이 대뇌를 지나는 의식적 반응으로 A → B → C → D → E 순으로 자극이 전달된다.

서술형 문제

16

모범 답안 | 소뇌, 소뇌가 손상되면 세부적인 근육 운동이 힘들어지고, 몸의 균형을 유지하는 데 이상이 생길 수 있다.

채점 기준	배점
소뇌와 현상을 모두 옳게 서술한 경우	100 %
소뇌만 옳게 쓴 경우	30 %

17

모범 답안 | 축구공을 보고 발로 차는 것은 의식적 반응이다. 공의 모습은 감각 기관인 눈에서 감각 신경을 통해 대뇌로 전달되고, 공을 차라는 명령이 내려지면 척수와 운동 신경을 지나 운동 기관인 발로 전달되어 공을 차게 된다.

채점 기준	배점
자극의 전달 경로를 옳게 서술한 경우	100 %

18

모범 답안 | 무릎 반사의 중추는 척수이다. 따라서 A 부위가 손상되더라도 무릎 반사는 정상적으로 일어날 것이다.

채점 기준	배점
무릎 반사의 중추가 척수라는 것을 설명하여 A 부위가 손상되더라도 무릎 반사가 정상적으로 일어난다고 서술한 경우	100 %

1등급 백신 173쪽

19 ①, ④　**20** ①　**21** ⑤　**22** ③　**23** ⑤
24 ②

19

뉴런에서 자극은 가지 돌기 → 신경 세포체 → 축삭 돌기 방향으로 전달되어 다음 뉴런으로 진달된다.
바로 알기 | ② 자극은 이전 뉴런의 축삭 돌기에서 다음 뉴런의 가지 돌기로만 전달되며, 가지 돌기에서 다음 뉴런의 축삭 돌기로는 전달되지 않는다. 따라서 C에서 B 방향으로는 자극이 전달되지 않는다.
③ 뉴런 B와 C도 연결되어 있기 때문에 (가)에 자극을 주면 뉴런 A, B, C 모두 자극을 전달받는다.
⑤ (다)에 자극은 주면 뉴런 C만 자극을 전달받는다.

20

손발을 움직일 수 있는 것으로 보아 운동 신경(ㄷ)은 손상되지 않았고, 과학 문제를 잘 푸는 것으로 보아 연합 신경(ㄴ)도 손상되지 않았다. 하지만 물체가 닿거나 뜨거운 것 등을 느끼지 못하는 것으로 보아 감각 신경(ㄱ)이 손상되었다.

21

키보드는 감각 기관(가), 케이블은 감각 신경(나)과 운동 신경(라), 본체는 뇌(다), 모니터는 운동 기관(마)에 해당한다.

22

A는 대뇌, B는 간뇌, C는 중간뇌, D는 연수, E는 소뇌이다.
침이 제대로 분비되지 않는 것(가)은 침 분비를 담당하는 중추인 연수(D)가 손상되었을 때 나타나는 현상이다. 걸을 때 자주 넘어지는 등 몸의 균형을 잡지 못하는 것(나)은 몸의 균형을 담당하는 중추인 소뇌(E)가 손상되었을 때 나타나는 현상이다.

23

그림 (가)와 (나)는 각각 청각 자극과 시각 자극의 전달 속도를 측정하는 실험이다. 청각 자극보다 시각 자극의 전달 속도가 더 빨라서 반응 시간이 빠르게 나타난다.

바로 알기 | ① (가)와 (나)는 모두 의식적 반응이며, 대뇌에서 처리 과정을 거쳐야 하기 때문에 무의식적 반응보다 느리다.
② 청각 자극과 시각 자극에 따른 반응 시간을 확인하고 비교하는 실험이다.
③ 이 실험은 자극이 반응으로 나타나기까지의 시간을 알고자 하는 것이 아니다.
④ 시각과 청각 모두 대뇌에서 판단한다.

24

A는 척수로, 무조건 반사인 무릎 반사의 중추이다.

바로 알기 | ① 척수(A)는 중추 신경계에 속한다.
③ 심장 박동, 호흡 운동의 중추는 연수이다.
④, ⑤ 척수(A)를 지나는 반응 중 무조건 반사는 대뇌의 판단 과정을 거치지 않고 빠르게 반응한다.

○3 호르몬과 항상성 유지

용어 & 개념 체크 175, 177쪽

01 항상성	02 호르몬	03 느리게, 넓고, 오래
04 뇌하수체	05 갑상샘, 세포 호흡	06 당뇨병
07 간뇌	08 수축	09 인슐린, 글루카곤
10 항이뇨		

개념 알약 175, 177쪽

01 (1) ○ (2) ○ (3) × (4) ○　　02 ㉠ 비교적 느림 ㉡ 넓음 ㉢ 빠름 ㉣ 좁음　　03 A : 뇌하수체 B : 갑상샘 C : 부신 D : 이자 E : 난소/정소　　04 (1) A—㉢—㉣ (2) B—㉠—㉤ (3) C—㉡—㉢ (4) D—㉤—㉥ (5) E—㉣—ⓐ　　05 ㄷ, ㅁ　　06 ㄴ, ㄷ, ㄹ 07 (1) 간뇌 (2) A : 갑상샘 자극 호르몬 B : 티록신 (3) (가) 호르몬 (나) 신경　　08 A : 인슐린 B : 글루카곤　　09 ㉠ 높을 ㉡ 감소 10 ㉠ 항이뇨 ㉡ 촉진 ㉢ 감소 ㉣ 증가

01

바로 알기 | (3) 호르몬은 내분비샘에서 분비되어 혈액에 의해 운반된다.

02

호르몬은 혈액에 의해 운반되며, 신경에 비해 전달 속도가 느리고, 작용 범위가 넓다. 신경은 뉴런에 의해 전달되고, 호르몬에 비해 전달 속도가 빠르며, 작용 범위가 좁다.

03

사람의 내분비샘에는 뇌하수체(A), 갑상샘(B), 부신(C), 이자(D), 난소/정소(E) 등이 있으며, 각 내분비샘에서는 다양한 호르몬을 분비하여 우리 몸의 기능을 조절한다.

04

뇌하수체(A)에서는 생장 호르몬이 생성되어 몸의 생장과 단백질 합성을 촉진하며, 갑상샘(B)에서는 티록신이 생성되어 세포 호흡을 촉진하고 체온을 유지시킨다. 부신(C)에서는 아드레날린이 생성되어 혈압을 상승시키고, 심장 박동 및 혈당량을 증가시킨다. 이자(D)에서는 인슐린과 글루카곤이 생성되어 혈당량을 조절한다. 난소와 정소(E)에서는 각각 에스트로젠과 테스토스테론이 생성되어 2차 성징이 나타나게 한다.

05

갑상샘 기능 항진증은 티록신이 과다 분비되어 발생하는 질병이고, 거인증과 말단 비대증은 생장 호르몬이 과다 분비되어 발생하는 질병이다.

06

ㄴ, ㄷ, ㄹ. 항상성은 체내외의 환경이 변하더라도 체온, 혈당량, 몸속 수분량 등 체내 상태를 일정하게 유지하려는 성질을 말한다.
바로 알기 | ㄱ. 키가 자라는 것은 성장할 때 작용하는 생장 호르몬에 의해 나타나는 것이다.

07

(1) 체온 조절의 중추인 간뇌(㉠)이다. 간뇌(㉠)는 체온 정보를 감지하고 몸 안에서 발생하는 열의 양과 몸 밖으로 방출하는 열의 양을 조절한다.
(2) 기온이 낮아져 체온이 떨어지면 뇌하수체에서 갑상샘 자극 호르몬(A)의 분비가 증가하고, 이에 따라 갑상샘에서 티록신(B)의 분비도 증가한다. 그 결과 세포 호흡이 촉진되어 열 발생량이 증가한다.
(3) 우리 몸은 신경(나)과 호르몬(가)의 작용을 통해 체온을 일정하게 유지한다.

08

혈당량은 주로 인슐린과 글루카곤의 작용으로 조절된다. 간에서 포도당을 글리코젠으로 전환하여 저장하는 것은 인슐린(A)이고, 간에서 글리코젠을 포도당으로 전환하여 혈액으로 방출하는 것은 글루카곤(B)이다.

09

인슐린(A)은 혈당량이 높을 때 이자에서 분비되어 간에서 포도당을 글리코젠으로 합성하여 혈당량을 감소시킨다.

10

땀을 많이 흘리거나 수분의 섭취가 적어 몸속 수분량이 줄어들면 간뇌가 이를 인지하고 뇌하수체를 자극하여 항이뇨(㉠) 호르몬의 분비가 증가한다. 항이뇨 호르몬은 콩팥에서 수분의 재흡수를 촉진(㉡)하는 호르몬으로, 항이뇨 호르몬의 분비가 증가하면 오줌으로 나가는 수분의 양이 줄어든다(㉢). 그 결과 오줌의 농도는 진해지고 체액으로 흡수되는 물의 양이 증가하여 몸속 수분량이 증가(㉣)한다.

01 ⑤	02 ④	03 ②	04 ③, ④	05 ③
06 ④	07 ②, ③	08 ⑤	09 ③	10 ①, ②
11 ④	12 ②	13 ①, ④	14 ③	15 ④
16 ②	17~19 해설 참조			

01

호르몬은 내분비샘에서 만들어져 혈관으로 분비되고, 혈액을 따라 특정 세포나 기관까지 이동한다. 아주 적은 양으로 생리 작용을 조절할 수 있다.

바로 알기 | ⑤ 호르몬이 분비되는 양에 따라 적을 경우 결핍증, 많을 경우 과다증이 나타난다.

02

호르몬은 혈액으로 분비되어 특정 세포나 기관에 도달하기 때문에 신경보다 반응 속도가 느리지만 효과가 지속적으로 유지된다.

바로 알기 | ④ 작용 범위는 신경보다 호르몬이 더 넓다.

[03~05]

자료 해석 | 사람의 내분비샘

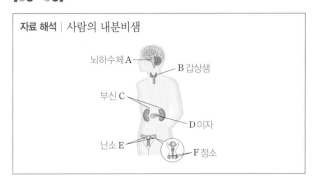

03

② D는 이자이다. 이자(D)에서 분비되는 호르몬은 글루카곤과 인슐린이다.

바로 알기 | ① 티록신은 갑상샘(B)에서 분비된다.
③ 아드레날린은 부신(C)에서 분비된다.
④ 에스트로젠은 난소(E)에서 분비된다.
⑤ 항이뇨 호르몬은 뇌하수체(A)에서 분비된다.

04

③, ④ 부신(C)에서 분비되는 아드레날린은 혈당량을 증가시키고, 이자(D)에서 분비되는 인슐린과 글루카곤에 의해 혈당량이 조절된다.

바로 알기 | ① 티록신은 갑상샘(B)에서 분비된다.
② 근육과 뼈의 생장에 관여하는 것은 생장 호르몬으로 뇌하수체(A)에서 분비된다.
⑤ 난소(E)와 정소(F)에서 분비되는 성호르몬은 2차 성징 발현에 관여한다.

05

체중이 증가하고 추위를 타는 것은 티록신이 잘 분비되지 않을 때 나타나는 현상으로, 갑상샘(B)에 이상이 생긴 것이다.

혈압이 급격히 상승하고 혈당량이 증가하는 것은 아드레날린이 과다하게 분비될 때 나타나는 현상으로, 부신(C)에 이상이 생긴 것이다.

06

④ 생장 호르몬의 과다증은 거인증과 말단 비대증이고, 결핍증은 소인증이다.

분비량	호르몬	질병
과다	생장 호르몬	거인증
		말단 비대증
	티록신	갑상샘 기능 항진증
결핍	생장 호르몬	소인증
	티록신	갑상샘 기능 저하증
	인슐린	당뇨병

바로 알기 | ①, ③ 인슐린이 부족한 경우 당뇨병이 생긴다.
②, ⑤ 갑상샘 기능 항진증은 티록신이 과다 분비될 때 나타난다.

07

뇌하수체에서 분비되는 호르몬은 생장 호르몬, 갑상샘 자극 호르몬, 항이뇨 호르몬이다.
②, ③ 뇌하수체에 이상이 생겨 갑상샘 자극 호르몬이 분비되지 않으면 갑상샘에서 분비되는 티록신의 분비량이 줄어들기 때문에 체중이 증가하거나 추위를 잘 타게 된다.

바로 알기 | ① 눈이 돌출되는 것은 티록신이 과다하게 분비될 때 나타나는 증상이다.
④ 항이뇨 호르몬은 오줌의 배출을 억제하는 호르몬으로 항이뇨 호르몬이 분비되지 않으면 오줌의 배출이 활발해진다.
⑤ 손과 발이 급격히 비대해지는 말단 비대증은 생장 호르몬이 과다하게 분비될 때 나타나는 증상이다.

08

호르몬과 신경은 간뇌를 중추로 우리 몸의 체온, 혈당량 등의 항상성을 유지한다.

바로 알기 | ⑤ 인슐린은 혈당량을 감소시키고, 글루카곤은 혈당량을 증가시킨다.

09

세포 호흡을 촉진하여 에너지를 많이 만들어 내는 것은 티록신의 작용인데, 티록신은 뇌하수체에서 분비되는 갑상샘 호르몬의 자극을 받아 갑상샘에서 분비된다. 따라서 간뇌에서 저온 감지 → 뇌하수체에서 갑상샘 자극 호르몬 분비 → 갑상샘에서 티록신 분비 → 세포 호흡 촉진으로 열 발생 → 체온 상승의 순서로 체온 조절 과정이 이루어진다.

10

바로 알기 | ①, ② (가)에서는 운동 후 올라간 체온이 낮아지고 있으므로, 세포 호흡이 억제되어 열 발생량이 감소하고, 피부 근처의 혈관이 확장되면서 열 방출량은 증가한다.

11

① (가)는 간뇌, A는 갑상샘 자극 호르몬, B는 티록신이다.

② 갑상샘 자극 호르몬(A)의 분비량이 증가하면 티록신(B)의 분비량도 증가한다.
③ 티록신(B)의 분비량이 많아지면 세포 호흡이 촉진되어 체온이 올라간다.
⑤ 고온 자극이 주어지면 피부 근처의 모세 혈관이 확장되어 피부 가까이 흐르는 혈액량이 증가하므로 열 방출량이 증가한다.
바로 알기 | ④ 저온 자극이 주어지면 우리의 몸은 열 발생량을 증가시키기 위해 티록신(B)의 분비량이 증가한다.

12

체온이 높아지면 체온을 낮추기 위해 땀 분비가 증가하고, 피부의 모세 혈관이 확장되며, 체온이 낮아지면 체온을 높이기 위해 세포 호흡이 촉진되고, 소름이 돋고 털이 선다.

13

A는 글루카곤, B는 인슐린이다. 두 호르몬은 이자에서 분비되어 표적 기관인 간에서 혈당량을 조절하며, 글루카곤(A)은 혈당량을 증가시키고, 인슐린(B)은 혈당량을 감소시킨다.
바로 알기 | ③ 글루카곤(A)은 혈당량이 낮을 때 분비가 촉진되어 혈당량을 높이는 역할을 하지만 항상 분비되고 있으며, 분비량의 차이만 나타날 뿐이다.

14

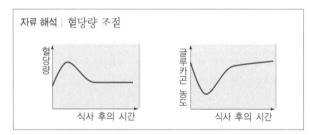

자료 해석 | 혈당량 조절

식사 후 혈당량이 높아지면 인슐린의 분비량이 증가하고, 글루카곤의 분비량은 감소하여 혈당량을 정상 범위로 낮춘다. 글루카곤의 농도 그래프는 체내 혈당량 그래프와 반대로 나타난다.

15

A는 글루카곤, B는 인슐린이다.
ㄴ, ㄷ. 식사 직후에는 섭취된 포도당에 의해 혈당량이 높아지기 때문에 인슐린(B)이 분비된다. 인슐린(B)은 포도당을 글리코젠으로 합성하여 혈당량을 낮춘다.
바로 알기 | ㄱ. 글루카곤(A)은 글리코젠을 포도당으로 분해하여 혈당량을 높인다.

16

뇌하수체에서 항이뇨 호르몬의 분비가 억제되면 콩팥에서 수분의 재흡수가 감소한다. 그러면 오줌의 양이 증가하여 배출되는 오줌의 농도가 평소에 비해 낮아진다.
바로 알기 | ② 음료수를 많이 마시면 몸속 수분량이 많아지기 때문에 혈액량이 증가한다.

17

모범 답안 | 갑상샘 기능 항진증, B, 갑상샘 / 풍식이의 증상은 티록신이 과다 분비될 때 나타나는 것이므로 풍식이가 앓고 있는 병은 갑상샘 기능 항진증이다. 따라서 풍식이에게 이상이 있는 부분은 B인 갑상샘일 것이다.

채점 기준	배점
예상되는 병의 이름, 이상이 있을 것으로 예상되는 부분의 기호와 이름을 쓰고, 그 까닭을 옳게 서술한 경우	100 %
예상되는 병이나 이상이 있을 것으로 예상되는 부분의 기호와 이름만 옳게 쓴 경우	40 %

18

모범 답안 | 체온이 낮아지면 뇌하수체에서 갑상샘 자극 호르몬의 분비량이 증가하여 갑상샘에서 분비되는 티록신의 분비량이 증가한다. 티록신은 세포 호흡을 촉진하여 열 발생량을 증가시켜 몸의 체온을 높인다.

채점 기준	배점
뇌하수체와 갑상샘에서 분비되는 호르몬과 체온을 높이는 과정을 옳게 서술한 경우	100 %
뇌하수체와 갑상샘에서 분비되는 호르몬만 서술한 경우	30 %

19

모범 답안 | 인슐린, 구간 A에서는 인슐린이 작용하여 혈당량이 낮아지고, 구간 B에서는 낮아진 혈당량을 정상으로 돌리기 위해 글루카곤이 작용하여 혈당량을 높여준다.

채점 기준	배점
호르몬 (가)와 구간 A, B에서의 호르몬의 작용을 옳게 서술한 경우	100 %
호르몬 (가)만 옳게 쓴 경우	30 %

1등급 백신   185쪽

| **20** ② | **21** ⑤ | **22** ①, ⑤ | **23** ⑤ | **24** ① |

20

A는 뇌하수체, B는 갑상샘, C는 부신, D는 이자이다.
① 뇌하수체(A)에서 분비되는 갑상샘 자극 호르몬은 갑상샘에서의 티록신 분비를 촉진하므로 체온을 조절하여 항상성을 유지하는 데 영향을 미친다.
③ 갑상샘(B)에서의 티록신 분비를 조절하는 중추는 간뇌이다.
④ 부신(C)에서 분비되는 아드레날린은 심장 박동 수를 증가시킨다.
⑤ 이자(D)에서 분비되는 인슐린과 글루카곤은 혈당량에 따라 분비되는 양을 조절하여 혈당량을 일정하게 유지한다.

21

식사 후에는 포도당의 섭취로 인해 혈당량이 높아지고, 운동을 시작하면 세포 호흡에 포도당이 사용되어 혈당량이 낮아진다. A는 식사 후 혈당량이 증가함에 따라 같이 분비량이 증가하여 혈당량을 낮추는 호르몬이므로 인슐린이고, B는 운동을 하여 혈당량이 낮아질 때 분비량이 증가하여 혈당량을 정상으로 회복시키는 호르몬이므로 글루카곤이다.

바로 알기 | ⑤ 인슐린(A)은 혈당량이 높을 때 분비량이 증가하여 혈당량을 낮추고, 글루카곤(B)은 혈당량이 낮을 때 분비량이 증가하여 혈당량을 높인다.

22

①, ⑤ (가)는 추울 때, (나)는 더울 때의 모습이다. 추울 때(가)는 열 발생량이 증가하고, 열 방출량이 감소하여 체온을 높이고, 더울 때(나)는 열 발생량이 감소하고, 열 방출량이 증가하여 체온을 낮춘다.

바로 알기 | ② 더울 때(나)는 피부에서 땀 분비량이 증가하여 체온을 낮춘다.
③ 추울 때(가)는 티록신의 분비량이 증가한다.
④ 더울 때(나)는 갑상샘 자극 호르몬의 분비량이 감소한다.

23

① A는 글루카곤, B는 인슐린, ㉠은 감소, ㉡은 증가이다.
② 글루카곤(A)은 혈당량이 감소할 때 분비되어 간에서 글리코젠을 포도당으로 분해하는 과정을 통해 혈당량을 증가(㉡)시킨다.
③ 인슐린(B)은 혈당량이 증가할 때 분비되어 간에서 포도당을 글리코젠으로 합성하거나 조직 세포에 포도당을 흡수시켜 혈당량을 감소(㉠)시킨다.
④ 당뇨병 환자는 정상인에 비해 혈중 인슐린(B)의 분비량이 적어 혈당량이 높다.
바로 알기 | ⑤ 글루카곤(A)과 인슐린(B)은 항상 분비되며, 혈당량의 변화에 따라 분비량이 달라진다.

24

ㄱ. 항이뇨 호르몬은 수분의 재흡수를 촉진하여 이뇨 작용을 억제시키는 호르몬이다. 따라서 체액의 농도가 높을 때(몸속 수분량이 적을 때)는 항이뇨 호르몬의 분비량이 증가한다.
바로 알기 | ㄴ. 몸속 수분량이 많을 때는 항이뇨 호르몬의 분비량이 감소하여 콩팥에서 물의 재흡수가 감소한다.
ㄷ. 항이뇨 호르몬의 분비량이 증가하면 몸속으로 흡수되는 수분이 증가하기 때문에 혈액의 수분량이 증가한다.

01 ⑤	02 ②	03 ④, ⑤	04 ②	05 ②, ④	06 ④
07 ④	08 ①	09 ④	10 ③	11 ①	12 ④
13 ①	14 ②	15 ②	16 ⑤	17 ⑤	18 ④
19 ③	20 ④	21 ②	22 ③	23 ④	24 ⑤
25 ①	26 ⑤				

01

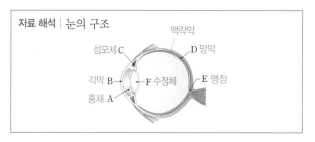

자료 해석 | 눈의 구조

A는 홍채, B는 각막, C는 섬모체, D는 망막, E는 맹점, F는 수정체이다.
⑤ 맹점(E)은 시각 신경이 모여 지나가는 곳으로 상이 맺혀도 보이지 않는다.
바로 알기 | ① 홍채(A)는 동공의 크기를 변화시킨다.
② 시각 세포가 분포하여 상이 맺히는 곳은 망막(D)이다.
③ 먼 곳을 볼 때는 섬모체(C)가 이완하면서 수정체가 얇아진다.
④ 암실의 역할을 하는 것은 맥락막이다.

02

주어진 상황은 먼 곳을 응시할 때 일어나는 눈의 변화이다.
바로 알기 | ①, ③, ④ 가까운 곳을 응시할 때의 상황이다.
⑤ 밝은 곳에서 어두운 곳으로 이동했을 때의 상황이다.

03

A는 귓속뼈, B는 반고리관, C는 전정 기관, D는 달팽이관, E는 귀인두관이다.
④, ⑤ 달팽이관(D)에는 청각 세포가 분포하고, 귀인두관(E)은 고막 바깥쪽과 안쪽의 압력을 같게 조절한다.
바로 알기 | ① 최초로 소리를 받아들이는 기관은 고막이다.
② 반고리관(B)은 몸의 회전을 감각한다.
③ 전정 기관(C)은 몸의 기울어짐과 위치 변화를 감각한다.

04

(가)는 고막 바깥쪽과 안쪽의 압력을 같게 조절하는 귀인두관, (나)는 몸의 균형을 유지하는 전정 기관에 대한 설명이다.

05

바로 알기 | ① 후각을 느끼는 중추는 대뇌이다.
③ 기체 상태의 화학 물질에 의한 자극을 수용한다.
⑤ 후각은 매우 쉽게 피로해져서 한 가지 냄새를 오래 맡으면 더 이상 냄새를 못 느끼게 되지만 다른 냄새는 맡을 수 있다.

06

①, ② 미각을 느끼는 혀는 액체 상태의 화학 물질을 감지한다.
③ 맛세포의 자극은 미각 신경을 거쳐 뇌로 전달된다.

⑤ 우리가 느끼는 다양한 맛은 미각과 후각이 함께 작용하는 것이다.

바로 알기 | ④ 혀의 표면에 있는 유두라는 작은 돌기 옆에 감각을 느끼는 맛세포가 있다.

07

우리가 느끼는 맛은 미각과 후각이 결합된 종합적인 감각이다. 따라서 코가 막히면 맛을 잘 느낄 수 없게 된다.

08

① 감각점은 피부의 진피층에 분포하고 있으며, 피부 표면과 가장 가까운 감각점은 통점이다.

바로 알기 | ② 감각점의 종류별로 분포 개수는 차이가 있다.

③ 내장 기관에도 감각점이 분포하고 있다. 매운 것을 먹으면 속이 쓰린 까닭은 내장 기관에도 감각점이 있기 때문이다.

④ 신체 부위별로 감각점의 분포 밀도는 다르다.

⑤ 각각의 감각에 따라 감각을 느끼는 수용체(감각점)가 존재한다.

09

온점과 냉점은 열 자체를 느끼기보다는 열에 의한 온도 변화를 수용하므로 동일 자극이라도 상대적으로 다르게 느낀다. 왼손은 냉점이 자극을 전달하여 차갑게 느끼고, 오른손은 온점이 자극을 전달하여 따뜻하게 느낀다.

10

③ 뉴런은 핵과 대부분의 세포질이 들어 있는 신경 세포체와 여기에서 뻗어 나온 가지 돌기, 축삭 돌기로 구성되어 있다.

바로 알기 | ① 말초 신경계는 운동 뉴런과 감각 뉴런으로 구성된다. 축삭 돌기와 가지 돌기는 뉴런의 구조이다.

② 여러 가지 생명 활동이 일어나는 곳은 핵과 세포질이 모여 있는 신경 세포체이다.

④ 중추 신경계는 연합 뉴런으로 구성되어 있다.

⑤ 다른 뉴런으로부터 자극을 받아들이는 곳은 가지 돌기이다.

11

② A는 감각 뉴런으로, 감각 기관에서 받아들인 자극을 중추 신경계인 뇌와 척수로 전달한다.

③ B는 감각 뉴런과 운동 뉴런을 연결하는 연합 뉴런으로, 감각 뉴런에서 받은 정보를 처리하여 반응 기관에 명령을 내린다.

④ C는 운동 뉴런으로, 뇌와 척수로부터 받은 명령을 반응 기관으로 전달한다.

바로 알기 | ① 말초 신경계는 감각 뉴런(A)과 운동 뉴런(C)으로 구성된다.

12

키보드 – 감각 기관, 연결선 – 감각 신경과 운동 신경, 본체 – 연합 신경, 모니터 – 운동 기관과 관련이 있다.

13

A는 소뇌, B는 연수, C는 중간뇌, D는 간뇌, E는 대뇌이다.

① 소뇌(A)는 몸의 균형 유지와 세밀한 근육 운동을 조절한다.

바로 알기 | ② 안구 운동과 동공 반사의 중추는 중간뇌(C)이다.

③ 심장 박동, 호흡 운동, 소화 운동의 조절 중추는 연수(B)이다.

④ 재채기, 하품, 눈물 분비, 침 분비의 중추는 연수(B)이다.

⑤ 항상성 조절의 중추는 간뇌(D)이다.

14

무릎 반사의 중추는 척수이고, 반응의 경로는 무릎 피부 → 감각 뉴런(E) → 척수(D) → 운동 뉴런(F) → 근육이다.

15

환자는 뜨거운 물체에 닿으면 손을 떼지만 그 이후 아픔을 느끼지 못하는 것으로 보아 무조건 반사 경로의 신경에는 이상이 없지만 대뇌로 가는 신경(B)에 문제가 생겼음을 알 수 있다.

16

환자에게서 척수 반사는 정상적으로 일어나기 때문에 무릎 반사도 정상적으로 일어날 것이다.

17

⑤ 날카로운 것이나 뜨거운 것에 몸이 닿을 경우 무의식적으로 재빨리 움츠리는 반사는 무조건 반사 중 척수 반사이다. 척수 반사의 예로는 무릎 반사가 있다.

바로 알기 | ①, ②, ③ 대뇌를 중추로 하는 의식적 반응에 해당한다.

④ 하품, 재채기, 딸꾹질 등의 반응은 연수를 중추로 하는 무조건 반사에 해당한다.

18

④ 실험 실시 횟수가 증가하여도 반응 거리가 계속해서 짧아지지 않으므로, 일정 시간 이하로는 반응 시간이 더 짧아지지 않는다.

바로 알기 | ① 실험에서 평균 반응 거리는 약 13.8 cm이다.

② 눈을 통하여 들어온 자극이 손의 반응으로 나타났으므로 대뇌가 관여하는 의식적 반응이다.

③ 특정 자극에 대한 반응을 여러 번 반복하면 어느 정도까지는 반응 시간이 단축됨을 알 수 있다.

⑤ 반응 경로는 눈 → 감각 신경 → 대뇌 → 척수 → 운동 신경 → 손의 근육이다.

19

바로 알기 | ③ 호르몬은 혈관으로 분비되어 온몸으로 보내지며, 각 호르몬은 자신의 표적 세포나 표적 기관에서만 반응을 일으켜 작용이 일어나게 한다.

20

호르몬과 신경의 작용을 비교해 보면 다음과 같다.

구분	전달 매체	전달 속도	효과의 지속성	작용 범위
호르몬	혈액	비교적 느림	지속적임	넓음
신경	뉴런	빠름	일시적임	좁음

21

스트레스에 의해 아드레날린이 부신에서 분비되면 간에 저장된 글리코젠이 포도당으로 분해되어 혈관으로 들어가므로 혈당량이 증가한다. 또한 아드레날린은 심장 박동을 빠르게 하고, 혈압을 상승시킨다.

22

생장 호르몬은 뇌하수체에서 분비되어, 부족 시 소인증이, 과다 시 거인증이나 말단 비대증이 나타날 수 있다.

23

④ 항상성은 체온, 혈당량, 체액의 농도 등을 일정하게 유지하려는 성질이다.

바로 알기 | ① 계속적으로 성장하는 것은 생장에 대한 설명이다.

② 체중과 항상성은 관련이 없다.

③, ⑤ 습관에 의한 것이다.

24

추울 때는 세포 호흡을 촉진하는 티록신의 분비가 증가하여 열 발생량이 증가하며, 신경의 작용으로 털 주변 근육과 피부 근처 혈관이 수축하여 열 방출량이 감소한다.

25

건강한 사람의 혈당량은 0.1 %로 일정하게 유지된다. 식사 후 (A) 혈당량이 높아지면 이자에서 분비되는 인슐린에 의해 혈당량이 떨어지며, 운동하는 동안(B)에는 인슐린의 분비량이 감소하고, 글루카곤이 분비되어 혈당량을 증가시킨다.

26

⑤ 항이뇨 호르몬에 의해 콩팥에서 물의 재흡수가 많이 일어나면 오줌량이 감소한다.

바로 알기 | ① 수분 부족을 인식하는 (가)는 간뇌, 물의 재흡수를 촉진시키는 호르몬을 분비하는 (나)는 뇌하수체, 물의 재흡수가 일어나는 (다)는 콩팥에 해당한다.

② 뇌하수체(나)에서 분비되며, 물의 재흡수를 촉진시키는 호르몬은 항이뇨 호르몬이다.

③ 항이뇨 호르몬은 간뇌(가)의 시상 하부에서 생성되어 뇌하수체(나)에 저장되어 있다가 분비된다. 간뇌(가)에서 항이뇨 호르몬의 분비를 촉진하도록 뇌하수체(나)를 자극하는 호르몬이 따로 분비되지는 않는다.

④ 몸속 수분량이 부족하면 항이뇨 호르몬의 분비가 촉진되어 수분이 재흡수된다.

서술형·논술형 문제

190~191쪽

01

모범 답안 | A 수정체, C 섬모체 / 원근 조절과 관련된 눈의 구조는 수정체(A)와 섬모체(C)이다. 먼 곳을 보다가 가까운 곳을 볼 때는 섬모체(C)의 수축으로 수정체(A)가 두꺼워진다.

채점 기준	배점
원근 조절에 관여하는 눈 부위의 기호와 이름을 쓰고, 변화를 옳게 서술한 경우	100 %
원근 조절에 관여하는 눈 부위의 기호와 이름만 옳게 쓴 경우	50 %

02

모범 답안 | 맛을 느낄 때는 후각과 미각을 모두 사용하는데, 코가 막히면 냄새를 맡을 수 없어 맛을 구별하는 데 어려움이 있다.

채점 기준	배점
까닭을 옳게 서술한 경우	100 %

03

모범 답안 | A 귓속뼈, D 달팽이관, F 고막 / 소리의 전달과 관련된 기관은 귓속뼈(A), 달팽이관(D), 고막(F)이다. 소리는 고막(F)에서 귓속뼈(A)를 지나며 증폭되어 달팽이관(D)에 있는 청각 세포에서 받아들여진 후 청각 신경을 통해 뇌로 전달된다.

채점 기준	배점
소리의 전달과 관련된 부위의 기호와 이름, 소리를 듣는 과정을 옳게 서술한 경우	100 %
기호 없이 소리를 듣는 과정을 옳게 서술한 경우	50 %

04

모범 답안 | 오른손은 따뜻한 감각, 왼손은 차가운 감각을 느낄 것이다. 왜냐하면 피부에서 온도를 느끼는 온점과 냉점은 상대적인 온도 변화를 감지하기 때문이다.

채점 기준	배점
느껴지는 감각과 까닭을 옳게 서술한 경우	100 %
느껴지는 감각만 옳게 서술한 경우	50 %

05

모범 답안 | 피부의 감각점은 신체 부위에 따라 분포하는 개수에 차이가 있으며, 감각점의 수가 많을수록 자극에 대해 예민하게 반응한다. 즉, 등보다 손바닥에 감각점의 수가 많기 때문에 반응이 다르게 나타난다.

채점 기준	배점
등보다 손바닥에 감각점의 수가 많다는 내용을 서술한 경우	100 %

06

모범 답안 | B, C, D / 뉴런 내에서 자극은 가지 돌기에서 축삭 돌기 방향으로 전달되고, 다른 뉴런으로의 자극 전달은 축삭 돌기에서 다른 뉴런의 가지 돌기 쪽으로 일어난다. 따라서 화살표 부분에 자극을 주었을 때 자극이 전달되는 뉴런은 B, C, D이다.

채점 기준	배점
자극이 전달되는 뉴런과 그 까닭을 옳게 서술한 경우	100 %
자극이 전달되는 뉴런만 옳게 서술한 경우	50 %

07

모범 답안 | A 동공, B 홍채 / 밝은 곳에서 어두운 곳으로 이동할 때는 홍채(B)가 수축하면서 동공(A)이 확대되어 빛을 많이 받아들인다.

채점 기준	배점
A와 B의 이름을 쓰고, 변화 내용을 모두 옳게 서술한 경우	100 %
A와 B의 이름만 옳게 쓴 경우	30 %

08

모범 답안 | 0~t초 사이에 수정체의 두께가 얇아지고 있으므로 이 사람이 보고 있는 물체는 멀어지고 있다.

해설 | 수정체의 두께는 가까운 곳을 볼 때 두꺼워지고 먼 곳을 볼 때 얇아진다.

채점 기준	배점
수정체의 두께 변화와 물체의 위치 변화를 관련지어 옳게 서술한 경우	100 %

09

모범 답안 | 소뇌, 반고리관 / 회전을 감각하는 곳은 귀에 있는 반고리관이고, 회전 감각의 중추는 소뇌이기 때문이다.

채점 기준	배점
소뇌와 반고리관을 쓰고, 그 까닭을 옳게 서술한 경우	100 %
소뇌와 반고리관 중 한 가지만 옳게 쓰고, 그 까닭을 서술한 경우	70 %

10

모범 답안 | (가) 무조건 반사, (나) 의식적 반응 / 무조건 반사는 우리 몸에서 본능적으로 일어나는 반사로, 대뇌를 거치지 않고 척수에서 운동 기관으로 바로 명령을 내린다. 반면, 의식적 반응은 대뇌를 거쳐 일어나기 때문에 무조건 반사보다 전달 경로가 길어 반응 속노가 비교석 느리다.

채점 기준	배점
두 반응의 종류를 구별하고 차이점을 옳게 서술한 경우	100 %
누 반능의 송류만 구별한 경우	40 %

11

모범 답안 | 외부 환경의 변화에 적절하게 반응하여 체내 환경(체온, 혈당량, 몸속 수분량 등)을 일정하게 유지하려는 성질로, 신경과 호르몬의 작용으로 조절된다.

채점 기준	배점
항상성의 의미와 두 가지 요소를 옳게 서술한 경우	100 %
항상성의 의미만 서술한 경우	50 %

12

모범 답안 | (가)는 신경, (나)는 호르몬이 신호를 전달하는 방식이다. (가)는 뉴런을 통해 자극이 전달되어 빠르지만 좁은 범위에 일시적으로 작용한다. 반면, (나)는 혈액을 통해 호르몬이 이동하여 느리지만 넓은 범위에 지속적으로 작용한다.

채점 기준	배점
(가)와 (나)의 차이점 세 가지를 옳게 서술한 경우	100 %
(가)와 (나)의 차이점 두 가지를 옳게 서술한 경우	60 %
(가)와 (나)의 차이점 한 가지를 옳게 서술한 경우	30 %

13

모범 답안 | 티록신, 기온이 높아져 더워지면 열 발생량을 감소시키기 위해 티록신의 분비가 감소한다.

해설 | 포도당이 산소와 반응하여 우리 몸에서 에너지를 내는 과정을 세포 호흡이라고 하며, 이는 티록신에 의해 촉진된다.

채점 기준	배점
호르몬의 이름과 분비량의 변화를 옳게 서술한 경우	100 %
호르몬의 이름만 옳게 쓴 경우	40 %

14

모범 답안 | 이자, 인슐린 / 풍식이의 소변 검사지에 포도당이 검출되는 것으로 보아 이자에서 인슐린이 제대로 분비되지 않음을 추측할 수 있다. 인슐린은 체내에서 포도당을 글리코젠으로 전환시켜 혈당량을 낮추는 역할을 한다.

채점 기준	배점
이상이 있는 내분비샘과 호르몬을 쓰고, 그 까닭을 포도당 검출이 의미하는 것과 관련지어 서술한 경우	100 %
이상이 있는 호르몬만 옳게 쓴 경우	40 %

15

모범 답안 | 식사를 하면 포도당을 흡수하여 혈당량이 증가하게 된다. 몸에서 혈당량이 증가하면 인슐린의 분비가 촉진되어 간에서 혈액 내의 포도당이 글리코젠으로 합성된다. 이러한 과정을 통해 높아졌던 혈당량이 정상으로 떨어지게 된다.

채점 기준	배점
식사 후에 혈당량 변화와 인슐린의 분비량 변화를 옳게 서술한 경우	100 %

16

모범 답안 | 감소, 운동을 하면서 땀을 많이 흘리게 되면 몸속 수분량이 적어지고 체액의 농도가 높아진다. 이때 뇌하수체에서는 항이뇨 호르몬의 분비가 촉진되어 콩팥에서 물의 재흡수를 촉진하기 때문에 오줌량이 감소한다.

채점 기준	배점
오줌량의 변화와 몸속 수분량을 조절하는 데 관여하는 내분비샘, 호르몬, 표적 기관을 옳게 서술한 경우	100 %
오줌량의 변화만 옳게 쓴 경우	30 %

백점 맞는
핵심노하우가
백점의 신 들어 있는
백신 과학
중등 3-1

정답과 해설 | 부록

5분 테스트

Ⅰ. 화학 반응의 규칙과 에너지 변화

01 물질 변화와 화학 반응식 　　　　2쪽

1 고유한, 상태, 모양　2 확산, 물리 변화　3 달라지지 않고, 달라진다　4 ❶ 화 ❷ 물 ❸ 물 ❹ 화 ❺ 화 ❻ 물　5 분해, 배열　6 ❶ ○ ❷ × ❸ ×　7 ❶ $NaHCO_3$ ❷ PbI_2 ❸ H_2O_2　8 왼쪽, 오른쪽　9 원자, 1　10 ❶ Na_2CO_3 ❷ Na_2SO_4 ❸ 2 ❹ H_2O ❺ 2, 2

02 화학 반응의 규칙 　　　　3쪽

1 같다　2 종류, 개수　3 감소한다　4 ❶ < ❷ = ❸ = ❹ >　5 ❶ × ❷ × ❸ ○　6 일정 성분비 법칙　7 ❶ 40 ❷ 27 ❸ 19　8 ❶ ○ ❷ ○ ❸ ×　9 ㄹ-ㄷ-ㄱ-ㄴ

03 화학 반응에서의 에너지 출입 　　　　4쪽

1 발열 반응　2 흡열 반응　3 ❶ 발 ❷ 흡 ❸ 흡 ❹ 발 ❺ 흡 ❻ 흡 ❼ 흡 ❽ 발　4 높아진다　5 반응열　6 용해　7 ❶ ○ ❷ ○ ❸ × ❹ × ❺ ×　8 ❶ 방출 ❷ 발열 ❸ 흡수 ❹ 흡열

Ⅱ. 기권과 날씨

01 기권과 지구 기온 　　　　5쪽

1 ❶ 대류권 ❷ 성층권 ❸ 중간권 ❹ 열권　2 높이, 기온　3 ❶ ○ ❷ × ❸ ○ ❹ × ❺ ○ ❻ ×　4 ❶ B ❷ B ❸ D ❹ A ❺ D ❻ C　5 복사 평형　6 20, 50, 70　7 ㉠ : 이산화 탄소 ㉡ : 광합성 ㉢ : 화석 연료

02 구름과 강수 　　　　6쪽

1 ❶ 불포화 ❷ 과포화 ❸ > ❹ 줄어듦 ❺ = ❻ 늘어남　2 ❶ × ❷ ○ ❸ ○　3 ❶ 현재 공기의 실제 수증기량 ❷ 현재 기온의 포화 수증기량　4 증가, 낮아　5 ❶ 압축, 상승 ❷ 당기 ❸ 당기, 응결핵　6 (가) : 병합설 (나) : 빙정설　7 ㄱ, ㄹ, ㅁ

03 기압과 날씨 　　　　7쪽

1 기압　2 ❶ 온난 건조 ❷ C ❸ 시베리아 ❹ 초여름 ❺ B ❻ 북태평양　3 ㉠ : 전선면 ㉡ : 전선 ㉢ : 날씨　4 ❶ 시계 ❷ 나간 ❸ 하강 ❹ 맑 ❺ 시계 반대 ❻ 들어간 ❼ 상승 ❽ 흐리　5 ❶ C ❷ B ❸ A　6 ❶ 여름 ❷ 겨울 ❸ 봄 ❹ 가을

Ⅲ. 운동과 에너지

01 운동 　　　　8쪽

1 운동　2 속력, 빠르기　3 짧다　4 전체 거리, 걸린 시간　5 ❶ - ㉡ ❷ - ㉢ ❸ - ㉠　6 ❶ 간격 ❷ 좁을, 넓을 ❸ 나중에　7 ❶ × ❷ ○ ❸ ○ ❹ ×　8 자유 낙하 운동　9 9.8　10 질량

02 일과 에너지 　　　　9쪽

1 ❶ × ❷ ○ ❸ × ❹ ○　2 ❶ - ㉡ ❷ - ㉠ ❸ - ㉢　3 증가　4 일　5 기준면에 따라 다르다　6 질량, 무게　7 질량, 무게, 높이, 질량×높이　8 운동 에너지　9 ㄷ-ㄱ-ㄹ-ㄴ　10 속력^2

Ⅳ. 자극과 반응

01 감각 기관 　　　　10쪽

1 ❶ D, 망막 ❷ B, 홍채 ❸ C, 섬모체　2 홍채, 동공　3 섬모체, 수정체　4 ❶ E, 달팽이관 ❷ B, 귓속뼈 ❸ A, 고막　5 대뇌, 소뇌　6 기체 상태, 대뇌　7 예민, 예민하다　8 한 가지 감각만 느끼며, 통점　9 단맛, 신맛, 짠맛, 쓴맛, 감칠맛, 통점, 압점　10 액체

02 신경계 　　　　11쪽

1 뇌, 척수　2 뉴런　3 감각 뉴런　4 운동 뉴런　5 감각, 연합, 운동　6 중추 신경계, 말초 신경계　7 ❶ ○ ❷ × ❸ ○ ❹ ○　8 대뇌　9 척수, 연수, 중간뇌, 척수　10 중간뇌　11 느린, 길기　12 척수

03 호르몬과 항상성 유지 　　　　12쪽

1 ❶ ○ ❷ ○ ❸ × ❹ ○　2 갑상샘 자극, 티록신　3 글루카곤, 아드레날린, 인슐린　4 ❶ 생장 호르몬 ❷ 체중 증가, 추위 탐, 기운이 없음 ❸ 당뇨병 ❹ 키가 비정상적으로 큼 ❺ 말단 비대증 ❻ 티록신　5 항상성　6 ❶ 혈당량 증가, 혈당량 감소 ❷ 인슐린 분비량 증가, 인슐린 분비량 감소　7 수축, 감소, 티록신, 세포 호흡, 증가

서술형·논술형 평가

Ⅰ. 화학 반응의 규칙과 에너지 변화

01 물질 변화와 화학 반응식   13쪽

1

모범 답안 | (1) (가) 무색투명한 액체 상태로 변한 설탕은 단맛이 그대로 남아 있고, (나) 검게 변한 설탕은 단맛이 나지 않는다.
(2) (가) 물리 변화, (나) 화학 변화 / (가)는 고체 설탕을 가열하여 액체 설탕이 되는 과정으로, 상태 변화가 일어났다. 따라서 설탕의 고유한 성질이 변하지 않는 물리 변화에 해당한다. (나)는 설탕이 연소되어 생성된 물과 이산화 탄소가 공기 중으로 날아가면서 탄소 성분만 남아 검게 변한 상태로 고체 설탕이나 액체 설탕과는 전혀 다른 성질의 물질이다. 따라서 화학 변화에 해당한다.

2

모범 답안 | (1) (가) 전기 에너지, (나) 열에너지
(2) (가) 과정에서는 원자의 배열, 분자의 종류와 개수, 물질의 성질이 변하며, 원자의 종류와 개수, 물질의 질량은 변하지 않는다. (나) 과정에서는 분자의 배열은 변하지만 원자의 종류와 개수 및 배열, 분자의 종류와 개수, 물질의 성질 및 질량은 변하지 않는다.

3

모범 답안 | (1) 반응물 : C_3H_8(프로페인), O_2(산소) / 생성물 : CO_2(이산화 탄소), H_2O(물)
(2) 프로페인의 연소 반응은 프로페인이 산소와 반응하여 이산화 탄소와 물을 생성하는 것이므로, 화학 반응식은 $C_3H_8+5O_2 \longrightarrow 3CO_2+4H_2O$이다. 반응물의 탄소(C) 원자의 개수는 3개, 수소(H) 원자의 개수는 8개, 산소(O) 원자의 개수는 10개이며, 생성물의 탄소(C) 원자의 개수는 3개, 수소(H) 원자의 개수는 8개, 산소(O) 원자의 개수는 10개로 반응물과 생성물에서 원자의 개수는 같다.

Ⅰ. 화학 반응의 규칙과 에너지 변화

02 화학 반응의 규칙   14쪽

1

모범 답안 | (1) 이산화 탄소, 수증기, 재
(2) 감소한다, 물질이 반응할 때는 반응물의 총질량과 생성물의 총질량이 같은 질량 보존 법칙이 성립한다. 하지만 나무가 연소할 때는 이산화 탄소 기체와 수증기가 발생하며 공기 중으로 빠져나간다. 저울은 공기 중으로 빠져나간 기체를 뺀 재의 무게만 측정되므로 연소기키기 전보다 저울의 값이 감소한다.

2

모범 답안 | 설탕은 탄소 원자 12개, 수소 원자 22개, 산소 원자 11개로 구성된 화합물이다. 따라서 재배된 지역이나 종에 상관없이 생산된 설탕을 이루는 원소 사이의 질량비는 같기 때문에 모두 같은 설탕이다.

3

모범 답안 | (1) 5 : 3
(2) 볼트(B)와 너트(N)는 5 : 3의 질량비로 반응하기 때문에 남은 볼트(B) 20 g과 반응하기 위해 필요한 너트(N)의 질량은 12 g이다.

Ⅰ. 화학 반응의 규칙과 에너지 변화

02 화학 반응의 규칙~
03 화학 반응에서의 에너지 출입   15쪽

1

모범 답안 | (1) 1 : 3 : 2
(2) 질소 : 수소 : 암모니아의 부피비는 1 : 3 : 2이므로 질소 기체 50 mL와 수소 기체 150 mL가 완전히 반응하여 암모니아 기체 100 mL가 생성된다. 따라서 남은 기체는 질소 5 mL이다.
(3) 반응물과 생성물이 모두 기체이므로 이 반응의 부피비는 분자 수의 비, 화학 반응식의 계수비와 같다.

2

모범 답안 | 석유나 석탄과 같은 화석 연료를 연소시키거나, 생석회(산화 칼슘)를 물과 반응시킬 때는 주변으로 에너지를 방출하는 발열 반응이 일어난다. 이때 방출되는 열에너지를 이용하여 전기를 생산하거나 동력을 얻거나 고온에 약한 병원균을 죽이는 소독 작용 등을 할 수 있다.

3

모범 답안 | 냉방기는 액체가 기체로 될 때 주변으로부터 열에너지를 흡수하는 물리적인 변화를 이용하고, 일회용 냉찜질팩은 물과 냉매 알갱이가 반응할 때 주변으로부터 열에너지를 흡수하는 화학적인 변화를 이용한다.

Ⅱ. 기권과 날씨

01 기권과 지구 기온   16쪽

1

모범 답안 | B, 성층권 / 성층권 하부에 존재하는 오존층이 자외선을 흡수하므로, 성층권은 높이 올라갈수록 기온이 높아진다. 따라서 대기가 안정하여 대류가 일어나지 않아 비행기의 항로로 이용된다.

2

모범 답안 | A, 대류권 / 대류권은 전체 공기의 약 80 %가 분포하여 공기의 대부분이 밀집되어 있는 층이다. 대류권은 아래의 기온이 위의 기온보다 높아 대기가 불안정하여 대류가 일어난다. 공기 중에 수증기가 많아 기상 현상이 일어난다.

3

모범 답안 | 대기는 지구 복사 에너지를 흡수했다가 다시 지표와 우주로 방출한다. 이때 지표로 재방출하는 복사 에너지로 인해 온실 효과가 일어나 지표의 평균 기온이 높아진다.

4

모범 답안 | (1) 지구의 평균 기온이 점차 높아지고 있으며, 최근 급격히 높아지고 있다.
(2) 대기 중 온실 기체의 농도가 최근 급격히 증가하였으며, 이산화 탄소의 농도가 가장 높다.
(3) 온실 기체의 농도가 증가할수록 지구의 평균 기온이 높아지는 것을 알 수 있다.

Ⅱ. 기권과 날씨

02 구름과 강수
17쪽

1

모범 답안 | A, 현재 수증기량과 포화 수증기량이 같을 때 상대 습도가 100 %로 가장 높다. 따라서 상대 습도가 가장 높은 것은 포화 수증기량 곡선 상에 있는 A이다.

2

모범 답안 | C, 이슬점은 공기 중의 수증기가 냉각되어 물방울로 응결하기 시작하는 온도로, 현재 수증기량이 많을수록 이슬점이 높다. 따라서 현재 수증기량이 가장 많은 C의 이슬점이 가장 높다.

3

모범 답안 | 10.6 g/kg, 약 72 % / 이 실험에서 이슬점은 15 ℃이고, 이슬점에서의 포화 수증기량은 현재 수증기량과 같으므로 현재 수증기량은 10.6 g/kg이다. 한편, 실험실의 기온이 20 ℃이므로 포화 수증기량은 14.7 g/kg이다. 따라서 상대 습도는 $\frac{10.6 \text{ g/kg}}{14.7 \text{ g/kg}} \times 100 ≒ 72$ %이다.

4

모범 답안 | A : 지표가 가열되는 정도가 달라서 더 많이 가열된 곳의 공기 덩어리가 상승한다.
B : 상승한 공기 덩어리는 주위의 기압이 낮아지면서 단열 팽창이 일어나 기온이 낮아진다.
C : 공기 덩어리가 계속 상승하면서 더욱 냉각되어 이슬점에 도달하고, 수증기가 응결하기 시작한다. 수증기가 응결하여 생긴 작은 물방울이나 얼음 알갱이가 모여 구름이 생성된다.

Ⅱ. 기권과 날씨

03 기압과 날씨
18쪽

1

모범 답안 | 수은 기둥의 무게에 의한 압력과 수은 면을 누르는 대기의 압력이 같아졌기 때문이다. 즉, 수은 기둥의 높이가 76 cm에 해당하는 대기의 압력은 1기압과 같다.

2

모범 답안 | (가) : 해풍 (나) : 육풍
(1) 육지가 바다보다 높다.
(2) 바다가 육지보다 높다.
(3) 바다가 육지보다 높다.
(4) 육지가 바다보다 높다.

3

모범 답안 | (1) 한랭 전선 뒤쪽
(2) 찬 기단의 영향으로 기온이 낮다.
(3) 적운형 구름 발달
(4) 좁은 지역에 소나기
(5) 온난 전선 앞쪽
(6) 찬 기단의 영향으로 기온이 낮다.
(7) 층운형 구름 발달
(8) 넓은 지역에 지속적인 비

4

모범 답안 | 겨울철, 우리나라 서쪽에는 고기압, 동쪽에는 저기압이 발달하는 서고동저형의 기압 배치가 나타나므로 시베리아 기단의 영향을 받는 우리나라 겨울철의 일기도이다.

Ⅲ. 운동과 에너지

01 운동
19쪽

1

모범 답안 | C 구간, 속력은 걸린 시간에 대한 이동 거리를 나타낸 것이다. 그림은 1초 간격으로 촬영한 모습이기 때문에 같은 시간 동안 가장 많은 거리를 이동한 C 구간에서 속력이 가장 빠르다.

2

(1) (가)
모범 답안 | (2)

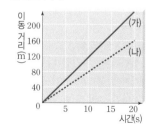

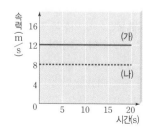

3

모범 답안 | (1)

▲ 공기 중　　　　▲ 진공 중

(2) 공기 중에서 쇠구슬과 깃털을 같은 높이에서 동시에 떨어뜨리면 쇠구슬보다 깃털이 공기 저항의 영향을 더 많이 받아 쇠구슬이 깃털보다 먼저 떨어진다. 그러나 진공 중에서는 중력만 작용하기 때문에 물체의 종류나 질량에 관계없이 모두 일정하게 속력이 증가하므로, 쇠구슬과 깃털이 동시에 떨어진다.

Ⅲ. 운동과 에너지

02 일과 에너지
20쪽

1

모범 답안 | 인공위성에 작용한 중력의 방향과 인공위성의 운동 방향은 수직이므로 중력이 인공위성에 한 일의 양은 0이다.

2

모범 답안 | 가방의 무게와 올라간 높이가 같으므로 풍식이가 1층에서 2층으로 올라갈 때까지와 2층에서 3층으로 올라갈 때까지 가방에 한 일의 양은 같다.

3

모범 답안 | (1) (가) 속력 : 2 m/s, 운동 에너지 : 8 J, (나) 속력 : 1 m/s, 운동 에너지 : 2 J / (가)에서 1타점의 이동 거리는 10 cm 이고, 1타점 사이의 간격이 $\frac{1}{20}$초이므로 (가)의 속력은 $\frac{0.1\ m}{0.05\ s}$ $=2$ m/s이고, 운동 에너지는 $\frac{1}{2}\times 4\ kg\times(2\ m/s)^2=8$ J이다.
(나)에서 2타점의 이동 거리는 10 cm이고, 1타점 사이의 간격이 $\frac{1}{20}$초이므로, 2타점을 가는 데는 $\frac{1}{10}$초가 걸린다. 따라서 (나)의 속력은 $\frac{0.1\ m}{0.1\ s}=1$ m/s이고, 운동 에너지는 $\frac{1}{2}\times 4\ kg\times(1\ m/s)^2$ $=2$ J이다.
(2) (가)의 타점 간격이 (나)보다 2배 넓으므로, (가)의 속력은 (나)의 2배이다. 운동 에너지는 속력의 제곱에 비례하므로 (가)의 운동 에너지는 (나)의 4배이다.

Ⅳ. 자극과 반응

01 감각 기관
21쪽

1

모범 답안 | (1) 동공의 크기를 조절한다.
(2) 수정체의 두께를 조절한다.
(3) 빛을 굴절시켜 망막에 상이 맺히게 한다.
(4) 시각 신경이 모여서 나가는 곳으로, 시각 세포가 없어서 상이 맺혀도 보이지 않는다.
(5) 시각 세포에서 받아들인 자극을 뇌로 전달한다.

2

모범 답안 | (가) B, (나) A / (가)는 정상적인 개구리로 실험했으므로 비커를 기울이면 몸의 기울기를 담당하는 전정 기관이 반응해 개구리가 B와 같이 고개를 들거나 숙여 균형을 맞춘다. (나)는 전정 기관이 파괴된 개구리로 실험했으므로 비커를 기울이면 개구리가 기울기를 감각하지 못하므로 A와 같이 움직임이 없다.

3

모범 답안 | 우리 몸의 감각 기관 중 코에 있는 후각 세포는 예민하여 쉽게 피로를 느낀다. 화장실에 들어가면 처음에는 냄새가 잘 느껴지지만, 후각 세포는 쉽게 피로해지기 때문에 시간이 지나면 냄새를 잘 느낄 수 없다.

Ⅳ. 자극과 반응

02 신경계
22쪽

1

모범 답안 | (가) 대뇌, (나) 중간뇌 / (가)는 대뇌를 중추로 하는 의식적 반응으로, 야구공이 오는 위치를 인식하고 방망이를 휘두른 것이고, (나)는 중간뇌를 중추로 하는 무조건 반사로, 자신도 모르게 눈을 감는 무의식적 반응이 일어난 것이다.

2

모범 답안 | (1) 교감 신경, 심장 박동은 빨라지고 호흡 운동은 촉진되며 소화 운동은 억제되고 동공의 크기는 커진다.
(2) 부교감 신경, 심장 박동은 느려지고 호흡 운동은 억제되며 소화 운동은 촉진되고 동공의 크기는 작아진다.

3

모범 답안 | 척수, 갑작스럽게 위험이 닥쳤을 때 무조건 반사가 일어나지 않으면 반응이 빠른 시간 안에 일어나지 못하므로 우리 몸에 더 심한 손상이 생길 수 있다.

03 호르몬과 항상성 유지 23쪽

1

모범 답안 | A 당뇨병 환자, B 정상인 / 식사 후에는 혈액으로 포도당이 흡수되어 혈당량이 높아진다. 정상인(B)은 인슐린의 분비가 증가하여 혈당량을 낮춰 주지만, 당뇨병 환자(A)는 식사 후 혈당량이 증가해도 인슐린이 거의 분비되지 않아 혈당량이 높은 수준을 유지한다.

2

모범 답안 | (가) 더울 때, (나) 추울 때 / 추울 때(나)는 뇌하수체에서 갑상샘 자극 호르몬의 분비가 증가하고, 이에 따라 갑상샘에서 티록신의 분비가 증가한다. 그 결과 세포 호흡이 활발해져 열발생량이 증가한다.

3

모범 답안 | A 인슐린, B 글루카곤 / 식사 후 혈당량은 높아졌다가 다시 감소하는데, 혈당량이 높아졌을 때 이자에서 분비량이 증가하는 호르몬은 인슐린(A)이다. 운동 후 혈당량은 감소하였다가 다시 높아지는데, 혈당량이 감소했을 때 이자에서 분비량이 증가하는 호르몬은 글루카곤(B)이다.

창의적 문제 해결 능력

01 물질 변화와 화학 반응식~
03 화학 반응에서의 에너지 출입 24쪽

1

모범 답안 | 강원도 삼척의 환선굴은 이산화 탄소와 석회암이 화학적으로 반응하여 형성된 동굴로 화학 변화에 해당하는 예이다. 반면, 제주도의 만장굴은 용암이 식어 형성된 동굴로 물리 변화에 해당하는 예이다.

2

모범 답안 | 베르톨레의 주장은 혼합물과 화합물에 대해 구분하지 않았기 때문에 생긴 오류이다. 자연에 존재하는 탄산 구리와 인위적으로 만들어낸 탄산 구리를 구성하는 원소의 질량비가 같은 것처럼 화학 반응을 거쳐 만들어진 화합물의 성분 원소들의 질량 사이에는 항상 일정한 비가 성립한다. 같은 원소로 이루어진 화합물이라도 화합물에서 원소의 질량비가 다르면 화학적 성질이 서로 다른 화합물이다.

3

모범 답안 | 반응열이 양수인 반응은 발열 반응으로 연료의 연소 반응, 생물의 호흡, 산화 칼슘과 물의 반응, 산과 염기의 반응, 금속과 산의 반응, 금속이 녹스는 반응 등이 있다. 반응열이 음수인 반응은 흡열 반응으로 탄산수소 나트륨의 열분해, 식물의 광합성, 염화 암모늄과 수산화 바륨의 반응, 질산 암모늄과 물의 반응, 소금과 얼음물의 반응 등이 있다.

마인드맵 그리기 25쪽

❶ 물리 변화 ❷ 화학 변화 ❸ 물 ❹ 반응물 ❺ 2 ❻ O_2 ❼ 2 ❽ 질량 보존 ❾ = ❿ 일정 성분비 ⓫ 1 : 4 : 5 ⓬ 기체 반응 ⓭ 1 : 3 : 2 ⓮ 방출 ⓯ ↑ ⓰ 흡수 ⓱ ↓

마인드맵 그리기 26~27쪽

❶ 대류권 ❷ 성층권 ❸ 중간권 ❹ 열권 ❺ 지구 온난화 ❻ 고기압 ❼ 저기압 ❽ 해풍 ❾ 육풍 ❿ 시베리아 ⓫ 오호츠크해 ⓬ 양쯔강 ⓭ 북태평양 ⓮ 포화 수증기량 ⓯ 이슬점 ⓰ A=C>B ⓱ A>B=C ⓲ 단열 팽창 ⓳ 열대 ⓴ 저위도 ㉑ 중위도 ㉒ 고위도 ㉓ ↓ ㉔ ↑ ㉕ 여름 ㉖ 겨울 ㉗ 한랭 ㉘ 온난

01 운동~02 일과 에너지   28쪽

1

모범 답안 | 달은 지구와 달리 공기가 없는 진공 상태이다. 따라서 달에서 볼링공과 깃털을 같은 높이에서 동시에 떨어뜨리면 두 물체 모두 공기 저항을 받지 않고 자유 낙하 운동을 하므로 동시에 떨어질 것이다.

2

모범 답안 | 버스 도착 시간을 예상하여 알려 주는 원리는 '버스 정보 시스템(BIS)'을 통해 알 수 있다. 버스 정보 시스템은 버스에 GPS 수신기와 무선 통신 장치를 설치해 버스의 운행 상황을 실시간으로 파악하여 버스의 위치, 배차 간격, 도착 예정 시간 등의 정보를 운수 회사와 시민에게 제공하는 시스템이다. 버스에 설치된 차량 단말기를 통해 40초마다 각 버스의 GPS 위치 정보를 수집하여 버스의 속력과 남은 거리를 알아낸 후 이렇게 수집된 정보를 바탕으로 버스 정보 시스템 서버에서 도착 예정 정보를 생성하여 버스 정류장의 전광판에 표시한다.

3

모범 답안 | 풍력 발전의 원리는 풍력 발전기에서 수평 방향 바람의 운동 에너지를 터빈의 회전 운동 에너지로 바꾸는 원리로, 회전 운동 에너지는 발전기에 의해 전기 에너지로 전환되며, 풍력 발전기의 출력은 터빈의 크기와 바람의 속력에 따라 정해진다. 따라서 풍력 발전은 바람의 운동 에너지를 이용하여 전기 에너지를 생산하는 일을 한다.

마인드맵 그리기   29쪽

❶ 속력 ❷ 일정 ❸ 속력 ❹ 중력 ❺ 증가 ❻ 전환 ❼ 이동 거리
❽ 수직 ❾ $9.8mh$ ❿ $\frac{1}{2}mv^2$

마인드맵 그리기   30~31쪽

❶ 시각 ❷ 섬모체 ❸ 수정체 ❹ 홍채 ❺ 망막 ❻ 청각 ❼ 귀인두관
❽ 달팽이관 ❾ 반고리관 ❿ 전정 기관 ⓫ 후각 상피 ⓬ 후각 세포 ⓭ 미각 ⓮ 맛봉오리 ⓯ 맛세포 ⓰ 통점 ⓱ 촉점 ⓲ 온점 ⓳ 신경 세포체 ⓴ 가지 돌기 ㉑ 축삭 돌기 ㉒ 감각 뉴런 ㉓ 연합 뉴런 ㉔ 운동 뉴런 ㉕ 말초 신경계 ㉖ 대뇌 ㉗ 간뇌 ㉘ 중간뇌 ㉙ 소뇌 ㉚ 연수 ㉛ 척수 ㉜ 갑상샘 ㉝ 뇌하수체 ㉞ 부신 ㉟ 이자 ㊱ 난소 ㊲ 정소 ㊳ 추울 때 ㊴ 더울 때 ㊵ 글루카곤 ㊶ 인슐린 ㊷ 증가 ㊸ 감소 ㊹ 감소 ㊺ 증가

02 화학 반응의 규칙   32쪽

결과 | 1. <   2. >
정리 | 모범 답안
1. 강철 솜을 연소시키면 공기 중의 산소와 결합하기 때문에 결합한 산소의 질량만큼 질량이 증가한다. 반면, 나무 조각을 연소시키면 이산화 탄소와 수증기가 발생하여 공기 중으로 빠져나가기 때문에 빠져나간 이산화 탄소와 수증기의 질량만큼 질량이 감소한다.
2. 강철 솜을 연소시킬 때 증가한 질량은 공기 중에서 강철 솜과 결합한 산소의 질량만큼이며, 나무 조각을 연소시킬 때 감소한 질량은 공기 중으로 빠져나간 이산화 탄소와 수증기의 질량만큼이다. 따라서 질량 보존 법칙이 성립한다. 또한, 강철 솜과 산소는 일정한 질량비를 가지고 결합하고, 나무 조각을 연소할 때도 이산화 탄소와 수증기, 재는 일정한 질량비를 가지고 생성되므로 일정 성분비 법칙이 성립한다.
3. 밀폐된 용기에서 같은 실험을 할 때는 공기 중에서 새로 유입되거나 공기 중으로 빠져나가는 기체가 없기 때문에 반응 전후의 질량이 변하지 않는다. 따라서 강철 솜과 나무 조각을 연소시킬 때 반응 전후의 질량 변화가 없이 일정하다.

03 화학 반응에서의 에너지 출입   33쪽

결과 | 모범 답안
1. 끓는 물에 익힌 것처럼 메추리알이 잘 익었다.
2. 비커와 함께 들어 올려졌다.
3. 액체 상태였던 물이 얼어 얼음이 되었다.
정리 | 모범 답안
1. 높아진다. 산화 칼슘과 물이 만나면 주변으로 열이 방출되는 발열 반응이 일어나기 때문에 비커 내의 온도가 높아진다.
2. 흡수, 탄산 칼슘에 열에너지를 가해주면 분해되어 산화 칼슘과 이산화 탄소를 생성한다, 질산 암모늄과 물이 반응할 때 주변으로부터 열을 흡수하여 차가워진다, 식물이 광합성을 할 때 빛에너지를 흡수하여 이산화 탄소와 물을 포도당으로 바꿔 양분을 흡수한다 등

01 기권과 지구 기온   34쪽

정리 | 모범 답안
1. 모래는 지표의 역할을 하며, 유리판은 실제 지구의 대기, 즉 온실 기체와 같은 역할을 한다.

2. 유리판은 온실 기체와 같은 역할을 한다. 온실 기체는 지표에서 방출하는 복사 에너지를 흡수하였다가 방출하는데, 이 중 일부가 다시 지표에 흡수되어 지구의 평균 기온이 높아진다. 지구의 기온이 높아지면 지구는 더 많은 에너지를 방출하게 되고, 이러한 현상이 반복되어 지구가 복사 평형에 도달하면 지구의 평균 기온이 일정하게 유지되는데, 이러한 현상을 온실 효과라고 한다.

3. 대기가 있을 때, 지표는 태양 복사 에너지와 대기의 재복사에 의해 더 많은 에너지를 받게 되기 때문에 더 높은 온도에서 복사 평형을 이루게 된다.

Ⅱ. 기권과 날씨

03 기압과 날씨
35쪽

결과 | >, >, 작, 빨리, 빨리
정리 | 모범 답안

1. 전등을 켰을 때 향 연기는 물에서 모래 쪽으로 이동하고, 전등을 껐을 때 향 연기는 모래에서 물 쪽으로 이동한다.

2. 전등을 켰을 때 모래는 물보다 빨리 가열되므로 모래 위의 공기도 물 위의 공기보다 빨리 가열되어 온도가 높아져 상승한다. 따라서 모래 위 공기의 양이 줄어 기압이 낮아지므로 물 위의 공기가 모래 쪽으로 이동하고, 그에 따라 향 연기도 이동하게 된다.

3. 낮에는 육지가 빨리 가열되므로 바다 쪽에 고기압이 형성되어 바다에서 육지 쪽으로 해풍이 불고, 밤에는 육지가 빨리 냉각되므로 육지 쪽에 고기압이 형성되어 육지에서 바다 쪽으로 육풍이 분다.

Ⅲ. 운동과 에너지

01 운동
36쪽

결과 | 1. 중력 2. 증가
정리 | 모범 답안

1. 자유 낙하 운동을 하는 물체의 속력은 시간과 비례 관계이다. 따라서 시간이 지날수록 물체의 속력이 일정하게 빨라진다.

2. 등속 운동은 물체가 운동할 때 시간에 관계없이 속력이 일정한 운동이며, 자유 낙하 운동은 시간에 비례하여 속력이 일정하게 증가하는 운동이다.

3. 공기 저항을 무시하며 자유 낙하 운동을 하는 물체의 속력은 질량에 관계없이 일정하게 변하므로, 공의 질량이 커져도 공의 속력 변화는 일정하다.

Ⅲ. 운동과 에너지

02 일과 에너지
37쪽

결과 | 1. 비례 2. 비례
정리 | 모범 답안

1. 빗면에서 수레가 굴러가면서 점점 빨라지다가 자와 부딪치면 자를 밀어내는 일을 하고 속력이 0이 된다. 이때 수레의 운동 에너지는 자에 한 일로 전환되므로, 자의 이동 거리와 수레의 운동 에너지는 비례 관계라고 할 수 있으며, 수레의 운동 에너지는 수레의 질량 및 (속력)^{2}에 각각 비례한다.

2.
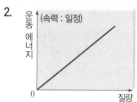 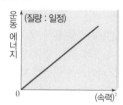

물체의 속력이 일정할 때 운동 에너지는 질량에 비례하므로, 질량이 클수록 물체의 운동 에너지가 커지고, 물체의 질량이 일정할 때 운동 에너지는 (속력)^{2}에 비례하므로, 물체의 속력이 빠를수록 물체의 운동 에너지가 커진다.

Ⅳ. 자극과 반응

01 감각 기관
38쪽

결과 | 모범 답안
코를 막고 음료수의 맛을 보면 미각만 작용하기 때문에 오렌지주스와 포도주스가 공통으로 가지는 단맛과 신맛을 동일하게 느껴 두 가지 주스를 구분하기 어렵다. 반면에 코를 막지 않은 경우 오렌지와 포도 냄새를 느껴 두 가지 주스의 맛을 잘 구별할 수 있다.

정리 | 모범 답안

1. 감각 기관과 뇌에서의 전달 경로가 다른 미각과 후각은 서로 상호 작용한다. 감기 등으로 인해 후각이 마비되면 미각의 인지도 함께 감소하게 된다. 음식을 먹을 때 우리는 혀로 느끼는 다섯 가지 기본 맛 외에 코에서 감지하는 여러 가지 냄새가 합쳐져 맛을 느낀다. 이 실험에서는 냄새를 맡는 후각이 음식 맛을 느끼는 데 매우 중요한 역할을 한다는 것을 알려 준다.

2. 코의 후각 상피에 있는 후각 세포가 기체 상태의 화학 물질을 자극으로 받아들인 후, 이 자극이 후각 신경을 통해 뇌로 전달되어 냄새를 느낀다. 맛봉오리에 있는 맛세포가 액체 화학 물질을 자극으로 받아들인 후, 이 자극이 미각 신경을 통해 뇌로 전달되어 맛을 느낀다.

Ⅰ. 화학 반응의 규칙과 에너지 변화

01 물질 변화와 화학 반응식

학교 시험 문제
41~42쪽

01 ⑤	02 ④	03 ②	04 ③
05 ③	06 ①, ④	07 ④	08 ⑤
09 ①	10 ④	11 ①	12 ⑤

01

① 물리 변화는 분자의 배열이 달라진다.
② 질량 보존 법칙에 의해 반응물의 총질량과 생성물의 총질량은 같다.
③ 물(액체)이 수증기(기체)로 변하는 것은 상태 변화인 기화로 물리 변화이다.
④ 물리 변화를 거치면 질량은 같지만 부피가 달라질 수 있으므로 밀도가 달라질 수 있다.
바로 알기 | ⑤ 물리 변화는 원자의 배열이 변하지 않으므로 물질이 물리 변화를 거쳐도 분자의 종류가 같다.

02

④ 석회수는 이산화 탄소와 만나 탄산 칼슘(앙금)을 생성하여 뿌옇게 흐려지므로 화학 변화이다.
바로 알기 | ① 탄산음료 병의 뚜껑을 열면 음료수에 용해되어 있던 이산화 탄소가 빠져나오는 것이므로 물리 변화이다.
② 탁주를 증류하면 끓는점이 낮은 에탄올이 먼저 기화되었다가 다시 액화되어 모이는 것이므로 물리 변화이다.
③ 공기 중의 수증기가 이른 아침 낮은 기온에 의해 풀잎에 응결되어 이슬이 맺히는 것이므로 물리 변화이다.
⑤ 크로마토그래피는 혼합물을 물질의 특성 중 하나인 용매를 따라 이동하는 속도 차이를 이용해 분리하는 것이다.

03

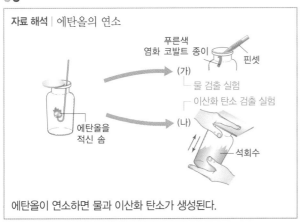

자료 해석 | 에탄올의 연소

푸른색 염화 코발트 종이
핀셋
(가) — 물 검출 실험
이산화 탄소 검출 실험
(나)
석회수
에탄올을 적신 솜

에탄올이 연소하면 물과 이산화 탄소가 생성된다.

① 에탄올을 연소시키면 화학 반응이 일어나 원자의 배열이 달라진다.
③ 반응물과 성질이 전혀 다른 물질이 생성되었으므로 화학 변화이다.

④ 연소 반응 후 물이 생성되므로 푸른색 염화 코발트 종이가 붉게 변한다.
⑤ 연소 반응 후 생성된 기체는 이산화 탄소이므로 석회수와 반응시키면 석회수가 뿌옇게 흐려진다.
바로 알기 | ② 에탄올 연소의 생성물은 물과 이산화 탄소이다.

04

ㄱ. (가)는 물리 변화, (나)는 화학 변화이다.
ㄷ. (나)는 첨가한 베이킹파우더가 열을 받아 분해되어 이산화 탄소를 생성하는 화학 변화이다.
바로 알기 | ㄴ. (가)에서 고체인 설탕이 열에 의해 녹아 액체가 되는 현상은 융해이다.

05

(가)는 승화, (나)는 연소, (다)는 앙금 생성 반응이다.
③ (나)의 연소 반응은 화학 변화이므로 원자의 배열이 달라진다.
바로 알기 | ① 드라이아이스가 승화하여 이산화 탄소 기체가 되는 현상은 물리 변화에 해당한다.
② (다)는 앙금이 생성되는 반응으로 화학 변화이다.
④ 양초가 연소되어 물과 이산화 탄소가 생성되므로 생성물은 양초와 성질이 다르다.
⑤ 질량 보존 법칙에 의해 앙금이 생성되는 화학 변화가 일어나더라도 반응 전후의 질량은 같다.

06

대리암이 염산에 의해 분해되어 이산화 탄소가 발생하는 현상은 화학 변화이다. 따라서 분자의 종류와 물질의 성질이 변한다.

07

④ $Ca(OH)_2 + CO_2 \longrightarrow CaCO_3 + H_2O$
바로 알기 | ① $2H_2O_2 \longrightarrow 2H_2O + O_2$
② $N_2 + 3H_2 \longrightarrow 2NH_3$
③ $C_3H_8 + 5O_2 \longrightarrow 3CO_2 + 4H_2O$
⑤ $2AgNO_3 + BaCl_2 \longrightarrow 2AgCl + Ba(NO_3)_2$

08

4 분자의 암모니아는 산소 5 분자와 반응하여 4 분자의 일산화 질소와 6 분자의 수증기를 생성한다.

09

ㄱ. A는 $6CO_2$이므로 계수는 6이다.
바로 알기 | ㄴ. 기체 A는 이산화 탄소이므로 불씨를 가까이 가져가면 불씨가 사그라든다.
ㄷ. 화학 반응이 일어나면 원자의 배열이 달라지고 원자의 종류는 그대로이다.

10

화학 반응식을 작성할 때에는 원자의 종류와 개수, 전하량을 고려해 주어야 한다. 2개의 아이오딘화 칼륨은 1개의 질산 납과 반응하여 1개의 아이오딘화 납과 2개의 질산 칼륨을 생성한다.

11

② 산소 원자는 반응물에 모두 12개이고, 생성물에 탄소 원자 4개, 수소 원자 8개가 있으므로 A는 C_4H_8이다.

③ 화학 변화가 일어나 원자 간의 배열이 달라졌다.

④ A의 계수가 1이므로 A와 산소의 계수비는 1 : 6이 되어 6 분자의 산소가 필요하다.

⑤ 화학 반응식에서 이산화 탄소와 물의 계수가 같으므로 생성되는 이산화 탄소와 물의 분자의 개수는 같다.

바로 알기 | ① A와 산소가 반응물이고, 이산화 탄소와 물은 생성물이다.

12

ㄱ. 화학 반응식을 통해 반응물은 질산 은과 구리, 생성물은 질산 구리와 은이라는 사실을 알 수 있다.

ㄴ, ㄷ. 반응물과 생성물의 계수비와 입자 수의 비는 질산 은 : 구리 : 질산 구리 : 은=2 : 1 : 1 : 2로 화학 반응식을 통해 알 수 있다.

02 화학 반응의 규칙

학교 시험 문제

44~46쪽

01 ⑤	02 ②	03 ②	04 ②
05 ③	06 ③	07 ②	08 ④
09 ④	10 ①	11 ⑤	12 ⑤
13 ③	14 ④	15 ②	16 ③
17 ⑤			

01

① 1772년, 라부아지에가 황의 연소 실험을 통해 발견하였다.

② 화학 반응을 거쳐도 원자의 종류와 개수는 변하지 않으므로 반응 전과 반응 후의 질량이 일정하다.

③ 핵반응을 제외한 모든 화학 반응에서 질량 보존 법칙은 성립한다.

④ 질량 보존 법칙은 반응물의 총질량과 생성물의 총질량이 같다는 내용이다.

바로 알기 | ⑤ 밀폐되지 않은 공간에서 화학 반응하여 생성된 기체는 공기 중으로 날아가므로 측정되는 질량은 반응 전이 반응 후보다 크다.

02

강철 솜은 공기 중의 산소와 반응하여 처음에는 질량이 증가하지만, 주어진 양이 모두 반응하면 더 이상 반응하지 못하므로 어느 순간 질량이 일정해진다.

03

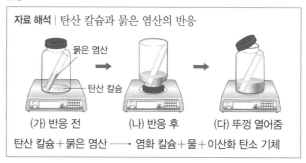

자료 해석 | 탄산 칼슘과 묽은 염산의 반응

(가) 반응 전 　　(나) 반응 후 　　(다) 뚜껑 열어줌

탄산 칼슘+묽은 염산 ⟶ 염화 칼슘+물+이산화 탄소 기체

② (다)에서는 뚜껑을 열어 이산화 탄소 기체가 빠져나가 질량이 감소하였다.

바로 알기 | ① 실험이 밀폐된 환경에서 진행되었으므로 외부로 빠져나가는 기체가 없어 질량 변화가 없다.

③ (가)가 (나)로 되면서 화학 반응이 진행되었으므로 분자의 종류는 염화 칼슘, 물, 이산화 탄소로 변하였다.

④ (다)에서는 뚜껑을 열어 생성물인 이산화 탄소가 빠져나갔다.

⑤ 탄산 칼슘과 묽은 염산이 반응하여 염화 칼슘, 물, 이산화 탄소 기체를 생성한다. 이 중 이산화 탄소만 기체 상태이다.

04

ㄱ. 구리 가루를 열린 공간에서 연소시키면 공기 중 산소와 반응하여 질량이 증가한다.

ㄷ. 열린 공간에서 생성물인 이산화 탄소 기체가 빠져나가 질량이 감소한다.

바로 알기 | ㄴ. 앙금 생성 반응에서 질량 보존 법칙에 의해 반응물과 생성물의 질량이 같다.

ㄹ. 닫힌 공간에서는 생성물인 산소 기체가 빠져나가지 못하므로 질량이 일정하다.

05

(가)에서 물이 생성될 때 수소와 산소는 1 : 8의 질량비로 반응하므로, 수소 1 g과 산소 8 g이 반응하여 9 g의 물이 생성된다. (나)에서 철과 황이 모두 반응하였으므로, 생성된 황화 철은 110 g이다. (가)와 (나)에서 생성되는 두 물질의 질량의 합은 9 g+110 g=119 g이다.

06

실험 (가)에서 기체 A 0.2 g과 기체 B 1.6 g이 반응하므로 기체 A와 기체 B가 1 : 8의 질량비로 반응한다. 따라서 실험 (다)에서는 기체 B가 1.5 g×8=12.0 g 반응하므로 기체 B, 0.5 g이 남는다.

07

B의 상대적 질량이 16이므로 A+2×16=44이다. 따라서 A의 상대적 질량은 12이므로 A : B=12 : 16=3 : 4이다.

08

AB_2를 구성하는 A와 B의 질량비는 12 : 32=3 : 8이다.

A : $132 \text{ g} \times \frac{3}{11} = 36 \text{ g}$, B : $132 \text{ g} \times \frac{8}{11} = 96 \text{ g}$

따라서 A는 36 g, B는 96 g 필요하다.

09

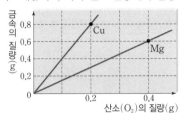

- $2Cu+O_2 \longrightarrow 2CuO$
- 구리 0.8 g과 산소 0.2 g이 반응하였으므로 구리와 산소의 반응 질량비는 4 : 1이다.
- $2Mg+O_2 \longrightarrow 2MgO$
- 마그네슘 0.6 g과 산소 0.4 g이 반응하였으므로 마그네슘과 산소의 반응 질량비는 3 : 2이다.

① 구리 0.8 g과 산소 0.2 g이 반응하였으므로 구리와 산소의 반응 질량비는 4 : 1이다.

② 마그네슘과 산소가 3 : 2의 질량비로 반응하였으므로 1.2 g의 마그네슘과 0.8 g의 산소가 반응한다.

③ 2.0 g의 산화 구리(Ⅱ)를 만들기 위해서는 $2.0\,g \times \dfrac{4}{5}=1.6\,g$의 구리가 필요하다.

⑤ 구리는 $0.5\,g \times 4=2.0\,g$, 마그네슘은 $0.5\,g \times \dfrac{3}{2}=0.75\,g$이 필요하다.

바로 알기 | ④ 같은 양의 산소와 반응하는 구리와 마그네슘의 질량비가 8 : 3이므로 같은 양의 산소와 반응하는 구리의 질량이 마그네슘의 질량의 3배보다는 작다.

10

철의 질량(g)	0	0.5	1.0	1.5	2.0
산소의 질량(g)	0	0.2	0.4	0.6	0.8
산화 철(Ⅲ)의 질량(g)	0	0.7	1.4	2.1	2.8

산화 철(Ⅲ)을 생성할 때 철과 산소는 5 : 2의 질량비로 반응한다.

② 생성된 산화 철(Ⅲ)의 양이 달라져도 철과 산소의 질량비는 5 : 2로 일정하다.

③ 반응하는 산소의 질량은 철의 질량의 $\dfrac{2}{5}$배로 일정하다.

④ 4.2 g의 산화 철(Ⅲ)을 만들기 위해 필요한 산소의 질량은 $4.2\,g \times \dfrac{2}{7}=1.2\,g$이다.

⑤ 질량 보존 법칙에 의해 반응물인 철과 산소의 질량은 생성물인 산화 철(Ⅲ)의 질량과 같다.

바로 알기 | ① 철과 산소는 5 : 2의 질량비로 반응한다.

11

① A점에서 산소 2 cm³, 수소 4 cm³가 반응하므로 수소 12 cm³가 남는다.

② B점에서 산소 6 cm³, 수소 12 cm³가 모두 반응하였으므로 산소와 수소는 1 : 2의 부피비로 반응한다.

③ C점에서 수소 10 cm³, 산소 5 cm³가 반응하므로 산소 3 cm³가 남는다.

④ D점에서 수소 6 cm³, 산소 3 cm³가 반응하므로 산소 9 cm³가 남는다.

바로 알기 | ⑤ A점에서 남은 수소 12 cm³, D점에서 남은 산소 9 cm³가 반응하면 산소 3 cm³가 남는다.

12

실험 결과 이산화 황(SO_2) 기체와 산소(O_2) 기체가 2 : 1의 부피비로 반응하므로 계수비도 2 : 1이다. 이를 통해 반응물과 생성물의 원자 종류에 따른 개수를 맞추어 반응식을 완성하면 화학 반응식은 $2SO_2+O_2 \longrightarrow 2SO_3$이다.

13

$2SO_2$의 질량은 $2 \times (32+32)=128$, O_2의 질량은 32이므로 이산화 황과 산소의 반응 질량비는 128 : 32=4 : 1이다.

14

① 반응물은 화학 반응식에서 화살표 왼쪽에 있는 일산화 탄소와 산소이다.

② 반응 부피비가 2 : 1 : 2이므로 4부피의 이산화 탄소를 생성하려면 2부피의 산소 기체가 반응해야 한다.

③ 이 반응에서 일산화 탄소 : 산소의 질량비는 $2 \times (12+16)$: $(16+16)=56 : 32=7 : 4$이다.

⑤ 계수비가 2 : 1 : 2이므로 이산화 탄소를 생성하는 데 일산화 탄소의 분자 수가 산소의 2배 필요하다.

바로 알기 | ④ 176 g의 이산화 탄소를 생성하기 위해 필요한 일산화 탄소의 질량은 $176\,g \times \dfrac{7}{11}=112\,g$이다. 필요한 산소의 질량이 64 g이다.

15

ㄴ. 2개의 수소 분자의 상대적 질량은 4이고, 산소 분자 1개의 상대적 질량은 32이다. 수증기 두 분자의 상대적 질량은 36이므로 질량비는 1 : 8 : 9이다.

바로 알기 | ㄱ. 수증기 한 분자는 2개의 수소 원자와 1개의 산소 원자로 구성되어 있으므로 수소와 산소의 질량비는 1 : 8이다.

ㄷ. 반응물과 생성물이 모두 기체이므로 화학 반응식의 계수비와 부피비가 같다. 따라서 부피비는 2 : 1 : 2이다.

16

ㄱ. (가)는 $2H_2O_2 \longrightarrow 2H_2O+O_2$, (나)는 $N_2+3H_2 \longrightarrow 2NH_3$이다. 따라서 ㉠=2, ㉡=3, ㉢=2이므로 ㉠+㉡+㉢=7이다.

ㄷ. 일정 성분비 법칙에 의해 일정한 비율로 질소와 수소가 결합하여 암모니아를 생성한다.

바로 알기 | ㄴ. 기체 반응 법칙은 반응물과 생성물이 모두 기체일 때 성립한다. (가)에서 과산화 수소와 물은 기체가 아니므로 기체 반응 법칙이 성립하지 않는다.

17

바로 알기 | ⑤ 아이오딘화 납이 생성될 때 아이오딘화 이온과 납 이온은 2 : 1의 개수비로 결합한다.

O3 화학 반응에서의 에너지 출입

학교 시험 문제
48쪽

01 ⑤   **02** ④   **03** ③   **04** ①

01

(가)는 광합성, (나)는 호흡 과정이다.

ㄱ. 광합성 과정에서 식물은 빛에너지를 흡수한다.

ㄴ. 식물은 광합성을 통해 물과 이산화 탄소를 합성하여 양분인 포도당을 생성한다.

ㄷ. 호흡 과정을 통해 식물은 생명 활동에 필요한 에너지를 얻는다.

02

ㄱ. 염산(가)과 수산화 나트륨 수용액(나)의 반응은 산과 염기의 반응이므로 발열 반응이다. 따라서 반응물보다 생성물의 온도가 높으므로 염산(가)과 수산화 나트륨 수용액(나)보다 섞었을 때 (다)의 온도가 높다.

ㄴ. 금속이 산소와 반응하여 녹이 슬 때 에너지를 방출하므로 이 반응과 에너지 출입 과정이 같다.

바로 알기 ㅣ ㄷ. 반응물 사이에 일정한 부피비가 성립하려면 반응물과 생성물이 모두 기체여야 한다.

03

ㄱ. 메테인의 연소 반응은 발열 반응으로 발열 반응이 일어날 때 주변의 온도가 높아진다.

ㄷ. 발열 반응에서는 반응물이 생성물보다 더 많은 에너지를 가지고 있다.

바로 알기 ㅣ ㄴ. 발열 반응 시 주변으로 에너지가 방출된다.

04

ㄱ. 베이킹파우더의 주성분은 탄산수소 나트륨이다.

바로 알기 ㅣ ㄴ. 베이킹파우더에 들어 있는 탄산수소 나트륨이 열에너지를 흡수하여 이산화 탄소 기체를 방출하므로 빵이 부풀어 오른다.

ㄷ. 빵을 구울 때 생성되는 이산화 탄소와 수증기 같은 기체가 공기 중으로 흩어지므로 질량은 빵을 만든 후인 (다)보다 빵을 만들기 전인 (가)가 더 크다.

서술형 문제
Ⅰ. 화학 반응의 규칙과 에너지 변화 *49~51쪽*

01

모범 답안 ㅣ 물리 변화 : 과정 ①, ③, 화학 변화 : 과정 ②, ④, ⑤ / 과정 ①과 ③은 각종 재료를 섞거나 밀대로 밀어 모양이나 상태는 달라지지만 물질의 성질은 변하지 않으므로 물리 변화에 해당하고, 과정 ②, ④, ⑤는 가열이나 발효 등으로 물질의 성질이 변하게 되므로 화학 변화에 해당한다.

채점 기준	배점
물리 변화와 화학 변화에 해당하는 과정을 찾고, 물질의 성질과 관련지어 옳게 서술한 경우	100 %
물리 변화와 화학 변화에 해당하는 과정만 옳게 찾은 경우	50 %

02

모범 답안 ㅣ (나)는 모양만 변하고 물질의 성질은 변하지 않았으므로 물리 변화에 해당하며, (가)와 같이 자석에 끌려온다. (다)는 클립이 산소와 반응하여 물질의 성질이 변했으므로 화학 변화에 해당하며, 자석에 끌려오지 않는다.

채점 기준	배점
(나)와 (다)에 자석을 가까이 가져갔을 때 변화에 대해 물리 변화와 화학 변화를 근거로 옳게 서술한 경우	100 %
(나)와 (다)에 자석을 가까이 가져갔을 때의 변화만 옳게 서술한 경우	50 %

03

모범 답안 ㅣ 풍돌, 이 모형을 이용하여 물 분자 모형을 최대로 만들면 산소 분자 모형 1개가 남아.

채점 기준	배점
틀린 의견을 말한 학생을 고르고 옳게 수정한 경우	100 %
틀린 의견을 말한 학생만 고른 경우	30 %

04

모범 답안 ㅣ 화학 변화, 루미놀 가루와 과산화 수소가 서로 반응하여 빛이 발생하는 것은 화학 변화의 증거가 된다.

해설 ㅣ 화학 변화의 증거가 되는 현상으로는 색깔이나 냄새의 변화, 빛과 열의 발생, 기체의 발생, 앙금의 생성 등이 있다.

채점 기준	배점
물질 변화의 종류를 쓰고, 화학 변화의 증거와 관련지어 옳게 서술한 경우	100 %
물질 변화의 종류만 옳게 서술한 경우	50 %

05

모범 답안 ㅣ 강철 솜을 연소시키면 공기 중의 산소와 결합하여 질량이 증가하므로 처음 추와 수평을 맞출 때 강철 솜과 반응할 산소의 질량까지 측정해 주어야 한다. 따라서 밀폐된 용기 안에서 강철 솜과 산소의 질량을 함께 측정해 수평을 맞추고 연소시켜야 한다.

채점 기준	배점
수정해야 하는 내용과 그 까닭을 옳게 서술한 경우	100 %
수정해야 하는 내용만 옳게 서술한 경우	40 %

06

모범 답안 ㅣ 일정 성분비 법칙에 의해 수소 원자와 산소 원자가 2 : 1의 개수비로 결합하여 물 분자 4개가 만들어진다.

채점 기준	배점
모형을 그리고, 일정 성분비 법칙과 관련지어 옳게 서술한 경우	100 %
모형만 옳게 그린 경우	50 %

07

모범 답안 | (다) − (나) − (가), 수소, 마그네슘, 구리의 질량이 일정하므로 질량비에서 산소의 비율이 큰 화합물일수록 생성된 화합물의 질량이 크다.

해설 | 물에서 산소의 비율은 $\dfrac{8}{9}$, 산화 마그네슘에서 산소의 비율은 $\dfrac{2}{5}$, 산화 구리(Ⅱ)에서 산소의 비율은 $\dfrac{1}{5}$이므로 (다)에서 생성된 화합물의 질량이 가장 작고, (가)에서 생성된 화합물의 질량이 가장 크다.

채점 기준	배점
화합물을 질량이 작은 것부터 순서대로 쓰고, 그 까닭을 옳게 서술한 경우	100 %
화합물을 질량이 작은 것부터 순서대로 옳게 쓴 경우	50 %

08

모범 답안 | 수소 0.6 kg, 산소 4.8 kg / 질량 보존 법칙에 의해 물 9 g을 만드는 데 필요한 산소의 질량은 8 g이며, 일정 성분비 법칙에 의해 수소와 산소가 반응하여 물이 만들어질 때의 질량비(수소 : 산소 : 물)는 1 : 8 : 9이다. 따라서 물 5.4 kg을 만들기 위해 필요한 수소의 질량은 0.6 kg, 산소의 질량은 4.8 kg이다.

채점 기준	배점
물을 만들기 위해 필요한 수소와 산소의 질량을 구하고, 그 과정을 화학 법칙과 관련지어 옳게 서술한 경우	100 %
물을 만들기 위해 필요한 수소와 산소의 질량만 구한 경우	50 %

09

모범 답안 | 산화 마그네슘을 구성하는 마그네슘과 산소의 질량비는 3 : 2이다. 따라서 마그네슘 10 g과 산소 6 g을 연소시키면, 마그네슘 9 g과 산소 6 g이 반응하여 산화 마그네슘 15 g이 생성되고, 마그네슘 1 g이 남는다. 또한 질량 보존 법칙에 의해 용기 안 물질의 총질량은 남은 마그네슘 1 g과 생성된 산화 마그네슘 15 g의 합인 16 g이다.

채점 기준	배점
생성된 산화 마그네슘과 남은 물질의 종류와 질량, 물질의 총질량을 과정과 함께 옳게 서술한 경우	100 %
세 가지 중 두 가지만 구한 경우	50 %
세 가지 중 한 가지만 구한 경우	30 %

10

모범 답안 | 3 : 4, (가)는 작은 블록 두 개와 큰 블록 한 개가 결합하고, (나)는 작은 블록 세 개와 큰 블록 두 개가 결합한다. 작은 블록의 질량을 x, 큰 블록의 질량을 y라고 한다면, 작은 블록 : 큰 블록의 질량비는 (가)가 $2x : y$, (나)가 $3x : 2y$이

다. 따라서 일정량의 작은 블록과 결합할 수 있는 (가)와 (나)의 큰 블록의 질량비는 (가) : (나)=3 : 4이다.

채점 기준	배점
큰 블록의 질량비를 구하고, 그 과정을 옳게 서술한 경우	100 %
큰 블록의 질량비만 구한 경우	50 %

11

모범 답안 | 질소 : 산소 : 일산화 질소=1 : 1 : 2, 일산화 질소 : 산소 : 이산화 질소=2 : 1 : 2 / 질소(N_2), 산소(O_2), 일산화 질소(NO), 이산화 질소(NO_2)는 모두 기체이므로 기체 반응 법칙이 성립한다. 이때, 반응식의 계수비는 기체들의 부피비와 같기 때문에 계수비를 통해 부피를 구할 수 있다. 두 반응의 화학 반응식은 $N_2 + O_2 \longrightarrow 2NO$, $2NO + O_2 \longrightarrow 2NO_2$이다.

채점 기준	배점
기체의 부피비를 비교하고, 그 과정을 옳게 서술한 경우	100 %
기체의 부피비만 옳게 비교한 경우	50 %

12

모범 답안 | Ⅰ < Ⅱ, Ⅰ에서 기체가 반응하는 화학 반응식은 $2CO + O_2 \longrightarrow 2CO_2$이며, Ⅱ에서 기체가 반응하는 화학 반응식은 $2H_2 + O_2 \longrightarrow 2H_2O$이다. 따라서 반응 후 Ⅰ에는 50 mL의 기체가, Ⅱ에는 60 mL의 기체가 존재한다.

해설 | 일산화 탄소 기체 40 mL와 산소 기체 30 mL를 반응시키면 이산화 탄소 40 mL가 생성되고 산소 기체 10 mL가 남는다. 수소 기체 20 mL와 산소 기체 50 mL를 반응시키면 수증기 20 mL가 생성되고 산소 기체 40 mL가 남는다.

채점 기준	배점
두 실험에서 존재하는 기체의 부피비를 비교하고, 그 과정을 옳게 서술한 경우	100 %
두 실험에서 존재하는 기체의 부피비만 옳게 비교한 경우	50 %

13

모범 답안 | 황(S) 10 mL와 산소 10 mL로 이산화 황 10 mL를 만들 수 있다. 기체 반응 법칙은 반응물과 생성물이 모두 기체일 때 성립한다. 황(S)은 기체가 아니기 때문에 이 법칙을 이용하여 반응물과 생성물의 부피비를 구할 수 없다.

채점 기준	배점
메모에서 오류를 찾고, 그 까닭을 옳게 서술한 경우	100 %
그 외의 내용으로 서술한 경우	0 %

14

모범 답안 | 진한 황산을 묽은 황산으로 묽히는 과정은 주변으로 열을 방출하는 발열 반응이므로 진한 황산에 물을 직접 넣으면 많은 열이 갑자기 발생할 수 있어 위험하다.

채점 기준	배점
진한 황산에 물을 직접 넣으면 위험한 까닭을 발열 반응과 관련지어 옳게 서술한 경우	100 %

15

모범 답안 | 질산 암모늄과 물이 반응할 때는 주변으로부터 에너지를 흡수하는 흡열 반응이 일어나 주변의 온도가 낮아진다. 이와 같은 에너지 이동이 나타나는 현상의 예로는 광합성, 염화 암모늄과 수산화 바륨의 반응, 탄산수소 나트륨의 열분해, 물의 전기 분해 등이 있다.

채점 기준	배점
질산 암모늄과 물이 반응할 때의 에너지 이동 방향과 주변의 온도 변화를 쓰고, 이 반응과 같은 방향으로 에너지가 이동하는 예를 옳게 서술한 경우	100 %
질산 암모늄과 물이 반응할 때의 에너지 이동 방향과 주변의 온도 변화만 옳게 서술한 경우	50 %

16

모범 답안 | 얼음에 소금을 뿌려주면 소금이 녹으면서 주변으로부터 열을 흡수하는 흡열 반응이 일어난다. 따라서 근처에 있는 우유의 열을 빼앗기 때문에 우유가 얼어 아이스크림을 만들 수 있다.

채점 기준	배점
현상이 나타나는 까닭을 흡열 반응과 관련지어 옳게 서술한 경우	100 %
우유의 열을 빼앗기 때문이라고만 서술한 경우	30 %

Ⅱ. 기권과 날씨

O1 기권과 지구 기온

학교 시험 문제　53~54쪽

01 ②	**02** ⑤	**03** ①, ④	**04** ⑤
05 ③	**06** ②	**07** ④	**08** ⑤
09 ①	**10** ③	**11** ⑤	

01

기권은 높이에 따른 기온 변화를 기준으로 지표에서부터 대류권(A), 성층권(B), 중간권(C), 열권(D)으로 구분할 수 있다.

02

대류권(A)에서는 높이 올라갈수록 기온이 낮아진다. 그 까닭은 태양 복사 에너지가 대기를 통과해서 지표를 가열하고, 지표에서 가열된 열이 대기를 데우는데 그 정도가 높이 올라갈수록 줄어들기 때문이다.

03

② 성층권(B)에는 오존층이 존재하여 자외선을 흡수한다.
③ 중간권(C)은 대류는 일어나지만 공기 중 수증기가 거의 없어 기상 현상은 나타나지 않는다.
⑤ 고위도 지방의 열권(D)에서는 오로라가 나타난다.
바로 알기 | ① 높이 올라갈수록 대기를 잡고 있는 중력의 세기가 약해지기 때문에 기권 어디에서나 높이 올라갈수록 기압이 낮아진다.
④ 비행기의 항로로 이용되는 층은 성층권(B)이다.

04

지표 근처인 대류권은 높이 올라갈수록 지표에서 방출되는 에너지가 적게 도달하여 기온이 낮아지기 때문이다.

05

자료 해석 | 지구의 복사 평형

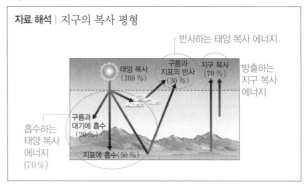

ㄱ. 태양 복사 에너지 100 중에 구름과 지표에 의해 30이 반사되고, 70이 지구로 흡수된다.
ㄴ. 지구는 흡수한 태양 복사 에너지만큼 지구 복사 에너지를 방출하는데, 이를 지구 복사 평형이라고 한다.
바로 알기 | ㄷ. 지구에 도달하는 태양 복사 에너지가 100일 때 지구가 흡수하는 태양 복사 에너지가 70이므로 지구 복사 에너지도 70이다.

06

대기가 있을 때와 없을 때 모두 복사 평형을 이루므로 A=B이다. 대기가 있으면 지구에 도달한 태양 에너지 중 일부는 반사되어 우주로 방출된다. 따라서 A>C이고, 지구는 흡수한 에너지만큼의 에너지를 방출하므로 C=E이다. 지표가 흡수하는 에너지는 C+F이고, 방출하는 에너지는 D이므로 C+F=D이다.

07

처음에는 컵이 흡수하는 복사 에너지양이 방출하는 복사 에너지양보다 많아 온도가 높아지지만, 일정한 시간이 지나면 에너지의 흡수량과 방출량이 같아지면서 복사 평형을 이루기 때문에 온도 변화가 없다.

08

① 달은 대기가 없으므로 유리판이 없는 (가)와 같은 상태, 지구는 대기가 있으므로 유리판이 덮여 있는 (나)와 같은 상태이다.
② (나)의 유리판은 온실 기체와 같은 역할을 하기 때문에 (가)보다 (나)가 더 높은 온도까지 높아진다.
③ 이 실험은 대기가 있을 때와 없을 때 복사 평형에 도달하는 온도를 비교하는 실험으로 온실 효과의 원리를 알 수 있다.
④ (가)와 (나) 모두 일정 시간이 지나 복사 평형에 도달하면 더 이상 온도가 변하지 않고 일정하게 유지된다.
바로 알기 | ⑤ (가)와 (나) 모두 복사 평형이 나타나며, 이때 유리판이 덮여 있는 (나)의 복사 평형 온도가 더 높다.

09

이 실험에서 유리판은 실제 지구의 온실 기체에 해당한다. 온실 기체는 지구 복사 에너지를 흡수하여 온실 효과를 일으키는 기체로, 대표적으로 수증기, 이산화 탄소, 메테인, 오존, 일산화 탄소, 프레온 가스 등이 있다. 질소는 지구 대기의 대부분을 차지하는 기체로 온실 기체가 아니다.

10

지구 온난화가 지속되면 해수면이 높아지므로 대륙의 경우 해안가의 저지대가 침수된다. 즉, 대륙은 좁아질 것이다.

11

대기 중 이산화 탄소 농도가 높아질수록 대기가 지표로 재복사하는 에너지양이 많아져서 지구의 평균 기온이 높아진다. 대기 중 이산화 탄소 농도가 증가하는 까닭은 화석 연료 사용 및 산림 훼손 등이다.

O2 구름과 강수

학교 시험 문제 🎉
56~57쪽

01 ④	02 ③	03 ①	04 ①
05 ③	06 ①, ⑤	07 ②	08 ⑤
09 ④, ⑤	10 ③	11 ③	12 ③

01

이슬점은 불포화 상태인 공기가 냉각되어 포화 상태에 도달하여 현재 수증기량이 포화 수증기량과 같아지는 온도이다.

02

ㄱ. 더 큰 수조를 이용하면 공기 중으로 날아가는 물의 양이 많아지기 때문에 (가)에서 줄어드는 물의 양이 많아진다.
ㄷ. (가)는 수조 안 공간의 부피가 일정하기 때문에 어느 순간 수조 속에서 증발량과 응결량이 같아지는 포화 상태에 도달하여 더 이상 물이 줄어들지 않는다. 반면, 대기 중에 있는 (나)에서는 공간의 제약이 거의 없어 충분히 물이 증발할 수 있기 때문에 충분한 시간이 흐른 후 페트리 접시에 남은 물의 양은 (가)가 (나)보다 많다.
바로 알기 | ㄴ. 수증기로 날아가는 물 분자 수보다 물속으로 들어오는 물 분자 수가 많은 상태를 과포화 상태라고 하며, 대기 중에 있는 (나)는 수증기로 날아가는 물 분자 수보다 물속으로 들어오는 물 분자 수가 적은 불포화 상태이다.

03

바로 알기 | ① 온도가 높아질수록 공기는 더 많은 양의 수증기를 포함할 수 있으므로, 현재 온도가 높아질수록 증가하는 것은 포화 수증기량이다.

04

ㄱ. A는 포화 수증기량 곡선에 있으므로 포화 상태이다.
바로 알기 | ㄴ, ㄷ. A와 B는 기온이 같아 포화 수증기량은 같지만, B보다 A에서 공기 중의 수증기량이 많으므로 A의 이슬점이 더 높다.

05

$$상대 습도(\%) = \frac{현재 공기의 실제 수증기량(g/kg)}{현재 기온의 포화 수증기량(g/kg)} \times 100$$
$$= \frac{15}{20} \times 100 = 75\,\%이다.$$

06

예상 최저 기온이 현재의 이슬점보다 낮은 경우에 이슬이나 서리가 생긴다. 따라서 내일 이슬이나 서리가 관찰될 것으로 예상되는 지역은 예상 최저 기온이 현재의 이슬점보다 낮은 서울과 평창이다.

07

ㄴ. 수증기량에 따라 이슬점이 달라진다. 그래프에서 하루 동안 이슬점의 변화가 거의 없는 것으로 보아 이 날 수증기량 변화가 작다는 것을 알 수 있다.
바로 알기 | ㄱ. 이날은 기온과 이슬점의 일변화가 거의 없고 상대 습도가 거의 100 %인 것으로 보아 비 오는 날이다.
ㄷ. 한낮에도 기온의 변화가 크게 나타나지 않고, 기온이 거의 이슬점과 같기 때문에 상대 습도가 높게 나타난다.

08

① 그림과 같은 현상은 상승 기류가 강할수록 잘 일어난다.

②, ④ 상승 과정에서 부피는 팽창하고, 공기가 팽창할 때 에너지를 소모하기 때문에 기온이 낮아진다.

③ 수증기가 응결하기 시작하는 시점은 기온이 이슬점까지 낮아졌을 때이다.

바로 알기 | ⑤ 공기가 상승하면 주위의 기압이 낮아지기 때문에 부피가 팽창하여 기온이 낮아지므로 수증기의 응결이 일어나 구름이 생성된다.

09

바로 알기 | ①, ② 적운형 구름은 수직으로 발달하는 구름이고, 층운형 구름은 수평으로 발달하는 구름이다.

③ 공기의 상승 운동이 강하면 적운형 구름이 생긴다.

10

③ 이 실험에서 향 연기는 수증기의 응결핵 역할을 하기 때문에 향 연기를 넣어줬을 때 더 많은 수증기가 응결한다.

바로 알기 | ① 공기 펌프를 눌러 내부로 공기를 주입하면 내부의 압력이 높아진다.

② 이 실험을 통해 구름의 생성 원리를 알 수 있다. 병합설은 저위도 지역의 강수를 설명하는 것으로, 이 실험에서 강수 원리는 알 수 없다.

④ 밸브를 열어 공기를 빼내면 내부의 압력이 낮아지고, 단열 팽창에 의해 온도가 낮아진다.

⑤ 공기 펌프를 누르면 내부의 압력이 높아져 온도가 높아진다. 수증기의 응결은 내부의 온도가 낮아져 이슬점에 도달했을 때 나타난다.

11

ㄱ, ㄴ. 중위도나 고위도 지역의 구름은 −40 ℃~0 ℃ 사이에서 구름 속 수증기가 얼음 알갱이에 달라붙어 얼음 알갱이가 크고 무거워지면 떨어지는데, 이를 빙정설이라고 한다.

바로 알기 | ㄷ. B층에서 커진 얼음 알갱이가 녹지 않고 떨어지면 눈이 되고, 떨어지는 도중에 녹으면 비가 된다.

12

③ 저위도 지역의 비는 병합설로 설명할 수 있으며, 병합설에서는 구름을 이루는 물방울의 크기가 다양하여 낙하 속도가 다를수록 비가 되어 떨어질 가능성이 크다.

바로 알기 | ① 병합설에서는 얼음 알갱이가 존재하지 않아도 물방울들의 충돌로 물방울이 커져서 지표로 떨어지게 된다.

② 병합설은 구름 내부의 온도가 0 ℃ 이상인 지역에서 내리는 비를 설명하기 위한 강수 원리이다.

④ 구름 속의 물방울들의 크기가 다양하여 낙하 속도가 다양할수록 물방울들이 서로 충돌할 가능성이 크다.

⑤ 구름이 생성되기 위해서는 상승 기류가 발달해야 한다. 특히 병합설에서는 상승 기류에 의해 물방울들이 구름 속을 오르내리면서 더 오래 충돌하여 빗방울로 성장할 수 있게 된다.

03 기압과 날씨

학교 시험 문제

59~60쪽

01 ⑤	02 ②	03 ⑤	04 ④
05 ⑤	06 ①	07 ⑤	08 ⑤
09 ④	10 ⑤	11 ④	12 ⑤
13 ③			

01

지표면에서 높이 올라갈수록 공기의 양이 감소하기 때문에 공기가 누르는 힘의 크기가 작아서 기압이 낮아진다. 이때 높이 올라갈수록 공기의 밀도가 작아지기 때문에 기압의 변화 폭이 작아진다.

02

ㄷ. 수은 기둥의 높이는 수은 기둥의 기울기와는 관련이 없다. 즉, (라)에서 수은 기둥의 기울기를 줄여도 수은 기둥의 높이는 변하지 않는다.

바로 알기 | ㄱ. 수은 기둥의 높이는 수은 기둥의 굵기와 관련이 없다. 따라서 유리관의 굵기가 다른 (가), (나), (다)에서 수은 기둥의 높이는 (가)=(나)=(다)이다.

ㄴ. 수은 기둥은 내려가다가 수은 기둥이 누르는 압력과 외부 기압이 같아질 때 멈추게 된다. 따라서 기압이 높아지면 수은 기둥의 높이도 높아진다.

03

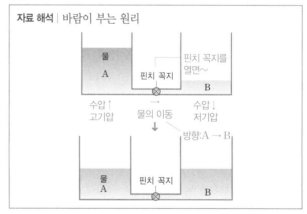

자료 해석 | 바람이 부는 원리

① 이 실험은 물이 압력 차이에 따라 이동하는 것을 보여준다. 공기의 경우에도 이와 마찬가지로 압력 차이에 의해 이동하는데, 이것이 바람이 부는 원리이다.

② A는 물의 압력이 크고, B는 물의 압력이 작다. 따라서 A는 고기압, B는 저기압인 지역에 해당한다.

③ 이 실험에서 물 분자는 공기 분자에 해당한다. 물 분자들이 압력이 높은 곳에서 낮은 곳으로 이동하는 것처럼 공기 분자들도 압력이 높은 지역(고기압)에서 압력이 낮은 지역(저기압)으로 이동한다.

④ 물의 흐름을 막고 있는 핀치 꼭지를 열면 물은 압력이 높은 A에서 압력이 낮은 B로 이동한다.

바로 알기 | ⑤ 물의 이동은 양쪽 수조의 압력 차이에 의해서 나타나는 현상이다.

04

육지는 열용량(비열)이 작아서 낮에 빨리 가열되고 밤에 빨리 냉각된다.

밤에 육지 → 바다로 부는 육풍이다.

④ 바다의 기온이 육지보다 높아 바다의 따뜻한 공기가 상승하여 상승 기류가 생기고 육지에 하강 기류가 생긴다.

바로 알기 | ① 육지에서 바다로 바람이 불고 있으므로 육풍이다.

② 그림에서 바다에 상승 기류가 발생한 것으로 보아 바다의 기온이 상대적으로 더 높은 밤에 부는 바람이다.

③ 해륙풍은 밤낮에 따라 하루를 주기로 풍향이 바뀐다.

⑤ 바람이 육지에서 바다로 불어 나가는 것을 통해 육지 쪽이 고기압임을 알 수 있다.

05

바로 알기 | ⑤ 기단은 한 장소에서 오래 머물면서 형성된 성질이 비슷한 큰 공기 덩어리로, 이동하면서 지표와의 상호 작용으로 성질이 변화한다.

06

A는 시베리아 기단, B는 양쯔강 기단, C는 오호츠크해 기단, D는 북태평양 기단이다. 육지에서 형성된 기단은 건조한 성질을 가지고 있으므로, 건조한 기단은 시베리아 기단(A)과 양쯔강 기단(B)이다.

07

장마 전선은 오호츠크해 기단(C)과 북태평양 기단(D)의 세력이 비슷할 때 만들어지는 정체 전선이다.

08

따뜻한 공기의 완만한 상승 작용으로 층운형 구름이 넓게 만들어져 넓은 지역에 이슬비가 지속적으로 내린다.

따뜻한 공기

온난 전선   찬 공기

온난 전선은 기울기가 완만하고 공기의 상승 속도가 느려 층운형 구름이 생성된다. 이 전선이 지나가고 나면 따뜻한 공기가 다가오므로 기온이 높아진다.

⑤ 그림에서 따뜻한 공기가 찬 공기 위로 올라가므로 전선은 왼쪽에서 오른쪽으로 이동한다.

09

바로 알기 | ④ 한랭 전선은 전선의 뒤쪽 좁은 지역에 적운형 구름이 형성되어 소나기가 내리며, 온난 전선은 전선의 앞쪽 넓은 지역에 층운형 구름이 형성되어 지속적으로 이슬비가 내린다.

10

① 바람은 고기압인 A 지점에서 저기압인 B 지점으로 휘어져서 분다.

② A 지점은 북반구 고기압이므로 바람이 시계 방향으로 불어 나간다.

③ B 지점은 북반구 저기압이므로 시계 반대 방향으로 바람이 불어 들어간다.

④ B 지점은 저기압이고 A 지점은 고기압이므로 B 지점은 A 지점에 비해 날씨가 흐리다.

바로 알기 | ⑤ A 지점은 고기압이고, B 지점은 저기압이다. 따라서 A 지점에서는 하강 기류, B 지점에서는 상승 기류가 발달한다.

11

한랭 전선 뒤 : 적운형 구름, 소나기

온난 전선 앞 : 층운형 구름, 지속적인 비

비교적 맑고 따뜻함

온대 저기압 중심에서 남서쪽으로는 한랭 전선(A), 남동쪽으로는 온난 전선(B)이 발달한다.

12

현재 비가 내리고 있지만 곧 멈추고 기온이 올라갈 지역은 ㉣, 온난 전선 앞이다.

13

ㄱ. 남고북저형의 기압 배치가 이루어져 남동 계절풍이 분다.

ㄷ. 정체 전선(장마 전선)은 한반도에 오래 머물며 많은 양의 비를 뿌린다.

바로 알기 | ㄴ. 양쯔강 기단은 우리나라 봄철이나 가을철에 영향을 미친다.

서술형 문제 Ⅱ. 기권과 날씨   61~63쪽

01

모범 답안 | 대류권에서는 높이 올라갈수록 지표에서 방출되는 지구 복사 에너지가 적게 도달하므로 기온이 낮아진다.

채점 기준	배점
대류권의 기온 변화를 그 까닭과 함께 옳게 서술한 경우	100 %
대류권의 기온 변화만 옳게 서술한 경우	30 %

02

모범 답안 | 기상 현상이 일어나기 위해서는 대류에 의해 공기의 상승이 일어나야 하고, 대기 중에 수증기가 존재해야 한다. 중간권은 높이 올라갈수록 기온이 낮아지므로 대류에 의한 공기의 상승은 일어나지만 수증기가 존재하지 않기 때문에 기상 현상이 일어나지 않는다.

채점 기준	배점
기상 현상이 일어나기 위한 조건과 중간권에서 기상 현상이 일어나지 않는 까닭을 옳게 서술한 경우	100 %
중간권에서 기상 현상이 일어나지 않는 까닭만 옳게 서술한 경우	50 %

03

모범 답안 | 지구가 흡수하는 태양 복사 에너지양과 지구가 방출하는 지구 복사 에너지양이 같기 때문이다.

채점 기준	배점
흡수하는 태양 복사 에너지양과 방출하는 지구 복사 에너지양이 같다는 내용을 포함하여 옳게 서술한 경우	100 %

04

모범 답안 | 태양 복사 에너지를 100 %라고 하면 반사하는 A는 30 %, 방출하는 B는 70 %이므로 태양 복사 에너지를 200이라고 가정할 때, A는 60, B는 140이 된다.

채점 기준	배점
A와 B의 크기와 그 과정을 모두 옳게 서술한 경우	100 %
A와 B의 크기만 옳게 쓴 경우	50 %

05

모범 답안 | 대기가 지표에서 방출된 복사 에너지를 흡수하였다가 다시 지표로 방출하여 온실 효과를 일으키기 때문이다.

채점 기준	배점
대기의 온실 효과와 관련지어 서술한 경우	100 %
온실 효과를 포함하여 서술하지 않은 경우	30 %

06

모범 답안 | 알루미늄 컵에 도달하는 복사 에너지양이 적어지므로, 더 낮은 온도에서 복사 평형에 도달한다. 따라서 복사 평형 온도가 현재보다 약간 낮아질 것이다.

채점 기준	배점
복사 평형 온도의 변화를 그 까닭과 함께 옳게 서술한 경우	100 %
복사 평형 온도의 변화만 옳게 쓴 경우	30 %

07

모범 답안 | (가)에서 지구의 평균 기온이 점차 상승하는 것을 볼 수 있는데, 지구의 평균 기온이 상승하는 까닭은 대기 중에 포함된 온실 기체의 농도가 증가하였기 때문이다.

채점 기준	배점
지구의 평균 기온 변화와 그 까닭을 모두 옳게 서술한 경우	100 %
지구의 평균 기온 변화만 옳게 서술한 경우	30 %

08

모범 답안 | 시원한 캔에 의해 캔 주변의 기온이 낮아지다가 이슬점 이하로 낮아지면 공기 중에 있던 수증기가 응결하여 캔 표면에 맺힌다.

채점 기준	배점
캔 표면에 물방울이 생긴 과정을 이슬점과 연관지어 옳게 서술한 경우	100 %

09

모범 답안 | A>B>C,

상대 습도(%)는 $\dfrac{\text{현재 공기의 실제 수증기량(g/kg)}}{\text{현재 기온의 포화 수증기량(g/kg)}} \times 100$이므로, 포화 수증기량 곡선에 있으면 상대 습도가 100 %이고, 포화 수증기량 곡선 아래로 갈수록 상대 습도가 낮아진다. 따라서 상대 습도의 크기는 A>B>C이다.

채점 기준	배점
A~C의 상대 습도의 크기를 옳게 비교하고, 그 까닭을 모두 옳게 서술한 경우	100 %
A~C의 상대 습도의 크기만 옳게 비교한 경우	30 %

10

모범 답안 | A : 습도, B : 기온, C : 이슬점 / A와 B가 거의 반비례하는 것을 통해 기온과 습도라는 것을 알 수 있다. 이때 A는 새벽에 높고 낮에 낮으며, B는 새벽에 낮고 낮에 높으므로 A는 습도, B는 기온이다. 한편, 맑은 날은 공기 중의 수증기량이 거의 일정하기 때문에 이슬점도 일정하게 유지된다. 따라서 C는 이슬점이다.

채점 기준	배점
A~C가 의미하는 것과 그 까닭을 모두 옳게 서술한 경우	100 %
A~C가 의미하는 것만 옳게 쓴 경우	30 %

11

모범 답안 | 주사기의 피스톤을 잡아당겼을 때 플라스크 내부의 공기가 팽창하면서 기온은 낮아지고 상대 습도는 높아지며, 이슬점에 도달하여 수증기가 응결하면서 뿌옇게 흐려진다.

채점 기준	배점
플라스크 내부의 부피, 기온, 상대 습도의 변화를 모두 옳게 서술한 경우	100 %
세 가지 중 두 가지만 옳게 서술한 경우	70 %
세 가지 중 한 가지만 옳게 서술한 경우	30 %

12

모범 답안 | 공기 덩어리가 상승하면 기온이 낮아진다. 이때 이슬점과 기온이 같아지는 높이에서부터 수증기가 응결하기 시작한다. 따라서 수증기가 응결하여 만들어지는 구름의 밑면은 대체로 편평하게 나타난다.

채점 기준	배점
구름이 생성되는 높이와 이슬점의 관계를 옳게 서술한 경우	100 %

13

모범 답안 | 우리나라와 같은 중위도 지역에서는 구름 속에서 수증기가 얼음 알갱이에 달라붙어 얼음 알갱이가 커지고 무거워져 녹지 않고 그대로 떨어지면 눈이 되고, 떨어지는 도중에 따뜻한 대기층을 통과하여 녹으면 비가 된다.

채점 기준	배점
중위도 지역에서 내리는 비를 설명하는 강수 이론을 옳게 서술한 경우	100 %

14

모범 답안 | 높이 올라갈수록 공기의 양이 감소하여 기압이 낮아지므로, 높은 산 위는 해수면 근처 지역에 비해 기압이 낮다. 따라서 이와 같은 실험을 높은 산 위에서 한다면 수은 기둥의 높이는 76 cm보다 낮아질 것이다.

채점 기준	배점
수은 기둥의 높이 변화와 그 까닭을 모두 옳게 서술한 경우	100 %
수은 기둥의 높이 변화만 옳게 서술한 경우	50 %

15

모범 답안 | A＝B＝C, 같은 장소에서 실험을 하면 기압이 일정하므로 유리관의 굵기나 기울어진 정도와 상관없이 수은 기둥의 높이는 같다. 따라서 수은 기둥의 높이는 A＝B＝C이다.

채점 기준	배점
수은 기둥의 높이를 옳게 비교하고, 그 까닭을 모두 옳게 서술한 경우	100 %
수은 기둥의 높이만 옳게 비교한 경우	30 %

16

모범 답안 | 바다, 낮에는 육지가 바다에 비해 빨리 가열되기 때문에 육지 위의 공기가 따뜻해지면서 상승하게 된다. 따라서 육지가 바다에 비해 기압이 낮아져 바다에 고기압, 육지에 저기압이 형성되고, 바람은 바다에서 육지로 해풍이 분다.

채점 기준	배점
바다를 쓰고, 바람이 부는 방향을 모두 옳게 서술한 경우	100 %
바다만 옳게 쓴 경우	30 %

17

모범 답안 | 한랭한 기단 : 시베리아 기단(A), 오호츠크해 기단(C), 온난한 기단 : 양쯔강 기단(B), 북태평양 기단(D) / 고위도 지방에서 생긴 기단은 한랭, 저위도 지방에서 생긴 기단은 온난하기 때문이다.

채점 기준	배점
한랭한 기단과 온난한 기단의 기호와 이름을 옳게 쓰고, 그 까닭을 모두 옳게 서술한 경우	100 %
한랭한 기단과 온난한 기단의 기호와 이름만 옳게 쓴 경우	50 %

18

모범 답안 | A 지역은 한랭 전선 뒤쪽이므로 찬 기단의 영향으로 기온이 낮고, 적운형 구름이 발달하며, 좁은 지역에 소나기가 내린다. B 지역은 온난 전선 앞쪽이므로 기온이 낮고, 층운형 구름이 발달하며, 넓은 지역에 지속적인 비가 내린다.

채점 기준	배점
A와 B 지역의 기온, 발달하는 구름, 강수 형태를 모두 옳게 서술한 경우	100 %
세 가지 중 두 가지만 옳게 서술한 경우	70 %
세 가지 중 한 가지만 옳게 서술한 경우	30 %

19

모범 답안 | (가) : 여름철, (나) : 겨울철 / 여름철(가)에는 북태평양 기단, 겨울철(나)에는 시베리아 기단의 영향을 받는다.

채점 기준	배점
어느 계절의 일기도인지 쓰고, 영향을 미치는 기단을 모두 옳게 서술한 경우	100 %
어느 계절의 일기도인지만 옳게 쓴 경우	30 %

Ⅲ. 운동과 에너지

O1 운동

01 ②	02 ③	03 ⑤	04 ⑤
05 ①, ④	06 ③	07 ①	08 ②
09 ②	10 ④	11 ③	

01

② $\dfrac{30 \text{ m}}{1 \text{ s}} = 30 \text{ m/s}$

바로 알기 | ① $\dfrac{80 \text{ km}}{1 \text{ h}} = \dfrac{80000 \text{ m}}{3600 \text{ s}} \fallingdotseq 22.2 \text{ m/s}$

③ $\dfrac{1000 \text{ m}}{1분} = \dfrac{1000 \text{ m}}{60 \text{ s}} \fallingdotseq 16.7 \text{ m/s}$

④ $\dfrac{100 \text{ m}}{10 \text{ s}} = 10 \text{ m/s}$

⑤ $\dfrac{500 \text{ m}}{35 \text{ s}} \fallingdotseq 14.3 \text{ m/s}$

02

기차가 다리를 완전히 건너가는 동안 이동 거리는 다리의 길이와 기차의 길이의 합으로 $400 \text{ m} + 200 \text{ m} = 600 \text{ m}$이다. 따라서 50 m/s의 속력으로 기차가 다리를 완전히 통과하는 데 걸리는 시간은 $\dfrac{기차의 이동 거리}{기차의 속력} = \dfrac{600 \text{ m}}{50 \text{ m/s}} = 12 \text{ s}$이다.

03

① 타점 사이의 시간 간격은 항상 같다.
② (가) 구간에서 타점 사이의 간격이 점점 좁아지므로 수레의 속력은 감소한다.
③ (나) 구간에서 타점 사이의 간격이 일정하므로 수레는 일정한 속력으로 운동한다.
④ (다) 구간에서 타점 사이의 간격이 점점 넓어지므로 수레는 속력이 증가하는 운동을 한다.
바로 알기 | ⑤ 타점 사이의 간격은 일정한 시간 동안 이동한 거리, 즉 속력을 나타낸다. 따라서 종이테이프의 각 구간을 잘라 세로로 붙이면 시간－속력 그래프가 된다.

04

수레의 속력은 출발할 때 증가한 후 일정하다가 정지할 때 감소한다. 수레는 (가) 구간에서 속력이 점점 감소하고, (나) 구간에서 속력이 일정하며, (다) 구간에서 속력이 점점 증가한다. 따라서 A는 (다), B는 (나), C는 (가) 구간을 나타낸다.

05

종이테이프의 타점 사이 간격이 일정하므로 등속 운동을 하는 물체이다. 등속 운동의 시간－속력 그래프는 시간축에 나란한 직선 모양이고, 시간－이동 거리 그래프는 원점을 지나는 기울어진 직선 모양이다.

06

케이블카, 무빙워크, 에스컬레이터, 스키장의 리프트는 시간에 따라 속력이 일정한 등속 운동을 한다.
바로 알기 | ③ 엘리베이터는 속력이 변하는 운동을 한다.

07

A와 B 사이는 6타점 간격이고, 이동 거리가 $10 \text{ cm}(0.1 \text{ m})$이므로 평균 속력은 $\dfrac{0.1 \text{ m}}{\dfrac{1}{60} \text{ s} \times 6} = 1 \text{ m/s}$이다.

08

자료 해석 | 시간－속력 그래프 해석

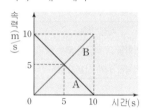

· A는 속력이 일정하게 감소하는 운동을 하고, B는 속력이 일정하게 증가하는 운동을 한다.
· 5초일 때 A와 B의 순간 속력이 같다.
· 10초 동안 A와 B의 이동 거리와 평균 속력이 같다.

바로 알기 | ㄱ. A와 B는 5초일 때 순간 속력이 같고, 10초일 때 만난다.
ㄷ. A와 B는 10초까지 이동 거리가 50 m로 같으므로, 평균 속력도 같다.

09

② 자유 낙하 운동을 하는 물체는 물체의 질량에 관계없이 속력이 1초에 약 9.8 m/s씩 빨라지며, 이때 9.8은 중력 가속도 상수이다.
바로 알기 | ① 자유 낙하 운동은 공중에 정지해 있던 물체가 중력만의 영향을 받아 아래로 떨어지는 운동이다.
③ 자유 낙하 하는 물체는 속력이 점점 증가하므로 다중 섬광 사진에서 물체 사이의 간격이 넓어진다.
④ 자유 낙하 하는 물체의 속력은 물체가 자유 낙하 운동을 한 시간에 비례한다.
⑤ 공기 저항을 받지 않을 때, 같은 높이에서 질량이 각각 1 kg, 5 kg인 두 물체를 동시에 떨어뜨리면 두 물체가 동시에 지면에 떨어진다.

10

ㄱ, ㄴ. 물체의 속력이 1초마다 9.8 m/s씩 증가하고 공기 저항을 무시했을 때 중력의 영향을 받아 아래로 떨어지므로 물체는 자유 낙하 운동을 한다는 것을 알 수 있다.
바로 알기 | ㄷ. 자유 낙하 운동을 하는 물체의 속력 변화는 질량에 관계없이 일정하므로, 질량이 2배인 물체로 실험을 해도 시간－속력 그래프가 그림과 같게 나타난다.

11

ㄷ. 공기 중인 (나)에서는 쇠구슬보다 깃털에 작용하는 공기 저항력이 크기 때문에 쇠구슬이 깃털보다 먼저 떨어진다.

바로 알기 | ㄱ. (가)는 진공 중, (나)는 공기 중이다.

ㄴ. 물체에 작용하는 중력의 크기는 물체의 질량에 비례하므로, 진공 중인 (가)에서 쇠구슬과 깃털에 작용하는 중력의 크기는 쇠구슬이 깃털보다 크다.

O2 일과 에너지

학교 시험 문제

01 ②	02 ④	03 ②	04 ⑤
05 ①	06 ②, ③	07 ⑤	08 ③
09 ④	10 ⑤	11 ①	12 ③
13 ①			

01

② 과학에서는 물체에 작용하는 힘의 방향과 물체의 이동 방향이 같을 때 일을 하였다고 말한다.

바로 알기 | ① 힘은 작용하고 있지만 물체의 이동 거리가 0이므로 일의 양은 0이다.

③ 힘의 방향과 물체의 이동 방향이 수직이므로 일의 양은 0이다.

④ 실생활에서의 일이다.

⑤ 작용한 힘의 크기가 0이므로 일의 양은 0이다.

02

과학에서 말하는 일의 양이 0이라는 것은 물체에 작용하는 힘의 방향과 물체의 이동 방향이 수직일 때와 힘이 0인 경우, 이동 거리가 0인 경우를 말한다. 인공위성이 지구 주위를 일정한 속력으로 돌고 있는 경우는 물체에 작용하는 힘의 방향과 물체의 이동 방향이 수직일 때이므로 일의 양은 0이다.

03

책을 이동시키는 데 한 일의 양은 책에 작용한 힘과 책이 힘의 방향으로 이동한 거리의 곱이므로, $3\,N \times 1\,m = 3\,J$이다.

04

이동 거리 – 힘 그래프 아랫부분의 넓이는 물체에 해 준 일의 양을 의미한다.

05

물체를 들어 올리는 데 한 일의 양은 물체의 무게와 올라간 높이의 곱으로 구한다. 무게는 $9.8 \times$ 질량이므로 A~F를 들어 올리는 데 한 일의 양은 각각 다음과 같다.

A : $(9.8 \times 1)\,N \times 3\,m = 29.4\,J$

B : $(9.8 \times 3)\,N \times 3\,m = 88.2\,J$

C : $(9.8 \times 1)\,N \times 2\,m = 19.6\,J$

D : $(9.8 \times 2)\,N \times 2\,m = 39.2\,J$

E : $(9.8 \times 1)\,N \times 1\,m = 9.8\,J$

F : $(9.8 \times 3)\,N \times 1\,m = 29.4\,J$

따라서 A와 F를 들어 올릴 때 한 일의 양은 같다.

06

바로 알기 | ②, ③ 이동 거리 – 힘 그래프에서는 속력과 물체의 이동 방향을 알 수 없다.

07

한 일의 양＝힘×이동 거리이므로, 풍주가 한 일의 양은 $30\,N \times 4$개의 층, 풍순이가 한 일의 양은 $50\,N \times 2$개의 층이다. 따라서 풍주와 풍순이가 한 일의 양의 비는 $120 : 100 = 6 : 5$이다.

08

바로 알기 | ③ 일은 에너지로, 에너지는 일로 전환될 수 있다.

09

중력에 의한 위치 에너지는 $9.8mh$로 구할 수 있다. 따라서 A는 $9.8 \times m \times 4h = 39.2mh(J)$이고, B는 $9.8 \times m \times 2h = 19.6mh(J)$이므로 A와 B의 중력에 의한 위치 에너지의 비는 $E_A : E_B = 2 : 1$이다.

10

중력에 의한 위치 에너지는 $9.8mh$로 구할 수 있다. 질량이 4 kg인 물체가 3 m 높이에 있을 때 중력에 의한 위치 에너지 A는 $(9.8 \times 4)\,N \times 3\,m = 117.6\,J$이고, 질량이 2 kg인 물체가 1 m 높이에 있을 때 중력에 의한 위치 에너지 B는 $(9.8 \times 2)\,N \times 1\,m = 19.6\,J$이므로, A는 B의 6배이다.

11

운동 에너지는 $\frac{1}{2}mv^2$으로 구할 수 있다.

① $\frac{1}{2} \times 2\,kg \times (4\,m/s)^2 = 16\,J$

② $\frac{1}{2} \times 3\,kg \times (2\,m/s)^2 = 6\,J$

③ $\frac{1}{2} \times 4\,kg \times (2\,m/s)^2 = 8\,J$

④ $\frac{1}{2} \times 5\,kg \times (1\,m/s)^2 = 2.5\,J$

⑤ $\frac{1}{2} \times 8\,kg \times (1\,m/s)^2 = 4\,J$

따라서 운동 에너지는 ①이 가장 크다.

12

운동 에너지는 속력의 제곱에 비례하므로, A와 B의 속력의 비가 1 : 2이면 운동 에너지의 비는 1 : 4이다.

13

수레를 미는 일을 하면 힘이 한 일의 양만큼 수레의 운동 에너지가 증가한다. 따라서 $5\,N \times 10\,m = \frac{1}{2} \times 4\,kg \times v^2$에서 $v = 5\,m/s$이다.

01

모범 답안 | 시간−이동 거리 그래프에서 기울기가 일정한 직선이면 속력이 일정한 등속 운동을 나타낸다. 물체는 0초~5초 동안 20 m를 이동했으므로 속력$=\dfrac{20 \text{ m}}{5 \text{ s}}=4 \text{ m/s}$인 등속 운동을 했고, 5초~10초 동안은 이동 거리의 변화가 없으므로 정지한 상태이다. 10초~15초 동안은 15 m를 이동했으므로 속력$=\dfrac{15 \text{ m}}{5 \text{ s}}=3 \text{ m/s}$인 등속 운동을 했다.

채점 기준	배점
구간별 속력을 구하고, 물체의 운동에 대해 옳게 서술한 경우	100 %
구간별 속력만 구한 경우	40 %

02

모범 답안 | 약 156 km/h, 평균 속력은 총 걸린 시간에 대한 전체 이동 거리의 비로 구할 수 있다. 서울에서 부산까지 기차가 이동하는 데 걸린 시간은 2시간 42분=2.7 h이고, 이동한 거리는 23 km+139 km+128 km+130 km=420 km이다. 따라서 기차의 평균 속력은 $\dfrac{420 \text{ km}}{2.7 \text{ h}}≒156 \text{ km/h}$이다.

채점 기준	배점
기차의 평균 속력과 풀이 과정을 모두 옳게 서술한 경우	100 %
기차의 평균 속력만 옳게 구한 경우	60 %

03

모범 답안 | 다중 섬광 사진의 촬영 간격을 1초에서 2초로 늘린다, 공의 속력을 2배 빠르게 한다 등

채점 기준	배점
공 사이의 간격을 2배만큼 늘리기 위한 방법을 두 가지 모두 옳게 서술한 경우	100 %
한 가지만 옳게 서술한 경우	50 %

04

모범 답안 | 주어진 기구들은 모두 등속 운동을 한다. 따라서 기구 위에 있는 물체의 운동을 다중 섬광 사진으로 기록하면 물체 사이의 간격이 일정하게 나타난다.

채점 기준	배점
기구들의 운동 상태와 기구 위에 있는 물체의 다중 섬광 사진 모습을 모두 옳게 서술한 경우	100 %
둘 중 한 가지만 옳게 서술한 경우	50 %

05

모범 답안 | 질량이 서로 다른 물체에 작용하는 중력의 크기는 질량에 비례하지만, 물체가 자유 낙하를 할 때 속력의 변화는 물체의 질량에 관계없이 일정하다. 따라서 자유 낙하를 할 때 볼링공과 바위의 속력 변화는 같으므로, 볼링공과 바위는 동시에 지면에 떨어진다.

채점 기준	배점
가설의 오류를 찾고 옳게 수정한 경우	100 %
가설의 오류만 찾은 경우	40 %

06

모범 답안 | (가)의 경우는 역기를 드는 힘은 있으나 이동 거리가 없기 때문에 과학에서의 일의 양이 0이고, (나)의 경우는 힘이 작용하는 방향과 물체의 운동 방향이 수직이므로 과학에서의 일의 양이 0이다.

채점 기준	배점
(가)와 (나)의 일의 양이 0인 까닭을 모두 옳게 서술한 경우	100 %
한 가지만 옳게 서술한 경우	50 %

07

모범 답안 | 160 J, 물체에 한 일의 양은 물체를 이동시키는 데 작용한 힘과 이동 거리를 곱한 값이므로, 한 일의 양은 (6 N×10 m)+(10 N×10 m)=60 J+100 J=160 J이 된다.

채점 기준	배점
한 일의 양과 풀이 과정을 모두 옳게 서술한 경우	100 %
한 일의 양만 옳게 구한 경우	40 %

08

모범 답안 | 중력에 의한 위치 에너지의 크기는 9.8×질량(kg)×높이(m)로 구할 수 있다. A의 중력에 의한 위치 에너지는 (9.8×4) N×5 m=196 J이고, B의 중력에 의한 위치 에너지는 (9.8×4) N×10 m=392 J이다. 행성 X의 중력 크기가 지구의 $\dfrac{1}{2}$배이므로 C의 중력에 의한 위치 에너지는 $\dfrac{1}{2}$×(9.8×4) N×5 m=98 J이 되며, D의 중력에 의한 위치 에너지는 $\dfrac{1}{2}$×(9.8×8) N×10 m=392 J이 된다. 따라서 A~D의 중력에 의한 위치 에너지를 비교하면 2 : 4 : 1 : 4의 비가 성립한다.

채점 기준	배점
중력에 의한 위치 에너지를 각 중력에 맞춰 모두 옳게 계산하여 중력에 의한 위치 에너지의 비를 옳게 비교하여 서술한 경우	100 %

09

모범 답안 | 432 J, 물체에 한 일의 양은 물체를 이동시키는 데 드는 힘과 이동 거리의 곱으로 구한다. 따라서 질량이 20 kg인 물체를 10 m 밀고 갔을 때 일의 양은 4 N×10 m=40 J이 되며, 이를 다시 2 m 들어 올렸을 때 한 일의 양은 중력에 의한 위치 에너지의 크기를 구해야 하므로 (9.8×20) N×2 m=392 J이 된다. 따라서 한 일의 양은 총 40 J+392 J=432 J이다.

채점 기준	배점
전체 한 일의 양과 풀이 과정을 모두 옳게 서술한 경우	100 %
전체 한 일의 양만 옳게 구한 경우	40 %

10

모범 답안 | (다), 말뚝이 이동한 거리는 추가 가진 중력에 의한 위치 에너지에 비례한다. 추가 가진 중력에 의한 위치 에너지의 크기는 9.8×추의 질량×낙하 높이로 구하므로, 추가 가진 중력에 의한 위치 에너지가 가장 큰 (다)가 말뚝을 가장 깊게 박을 수 있다.

채점 기준	배점
말뚝을 가장 깊게 박을 수 있는 것을 고르고, 그 까닭을 옳게 서술한 경우	100 %
말뚝을 가장 깊게 박을 수 있는 것만 옳게 고른 경우	30 %

11

모범 답안 | (다), 자동차의 제동 거리는 자동차의 운동 에너지에 비례하고, 운동 에너지는 질량×(속력)^{2}에 비례한다. 따라서 제동 거리가 가장 긴 자동차는 운동 에너지가 가장 큰 (다)이다.

채점 기준	배점
제동 거리가 가장 긴 자동차를 고르고, 자동차의 제동 거리와 운동 에너지의 관계를 옳게 서술한 경우	100 %
제동 거리가 가장 긴 자동차만 옳게 고른 경우	30 %

Ⅳ. 자극과 반응

O1 감각 기관

학교 시험 문제   *73~74쪽*

01 ③	02 ②	03 ④	04 ⑤
05 ①	06 ①	07 ④	08 ④
09 ②	10 ⑤	11 ③	12 ②, ③
13 ②	14 ④	15 ③	

01

③ 공기의 진동은 소리이며, 소리는 달팽이관에 있는 청각 세포에서 감각한다.

바로 알기 | 빛은 눈의 시각 세포, 온도는 피부의 냉점과 온점, 공기의 진동은 귀의 달팽이관, 기체 상태의 화학 물질은 코의 후각 세포에서, 액체 상태의 화학 물질은 혀의 맛세포에서 감각한다.

02

물체를 보는 과정은 빛 → 각막 → 수정체 → 유리체 → 망막 → 시각 세포 → 시각 신경 → 대뇌이므로, A는 수정체, B는 망막, C는 대뇌이다.

03

A는 수정체, B는 홍채, C는 섬모체, D는 망막, E는 맥락막이다.

04

⑤ 홍채(B)는 눈으로 들어오는 빛의 양을 조절한다.

바로 알기 | ① 빛을 굴절시키는 것은 수정체(A)이다.
② 망막(D)에 물체의 상이 맺힌다.
③ 빛의 산란을 막아주는 것은 맥락막(E)이다.
④ 수정체의 두께는 섬모체(C)에 의해 조절된다.

05

먼 곳을 볼 때는 섬모체가 이완하여 수정체가 얇아지고, 가까운 곳을 볼 때는 섬모체가 수축하여 수정체가 두꺼워지므로 (가)는 먼 곳을 볼 때, (나)는 가까운 곳을 볼 때이다.

바로 알기 | 밝은 곳에서는 홍채가 확장하여 동공이 작아지고, 어두운 곳에서는 홍채가 축소하여 동공이 커진다.

06

밝은 복도에 있다가 어두운 영화관으로 들어가면 홍채가 축소하여 동공의 크기가 커진다.

07

바로 알기 | ④ 후각 세포는 기체 상태의 화학 물질을 자극으로 받아들여 냄새를 감각한다.

08

후각 세포는 가장 예민하지만, 가장 쉽게 피로해지기 때문에 같은 냄새를 오랫동안 맡으면 그 냄새를 잘 느끼지 못하게 된다.

09

자료 해석 | 귀의 구조

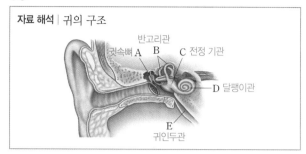

② B는 반고리관으로, 몸의 회전을 감각한다.

바로 알기 | ① A는 귓속뼈로, 소리를 증폭시켜 달팽이관으로 전달해 준다.
③ C는 전정 기관으로, 몸의 기울어짐을 느낀다.
④ D는 달팽이관으로, 청각 세포가 존재한다.
⑤ E는 귀인두관으로, 고막 안쪽과 바깥쪽의 압력을 같게 조절하는 부분이다.

10

높은 곳에 올라가면 기압이 낮아져 고막 바깥쪽의 압력이 고막 안쪽보다 낮아지므로, 고막이 고막 바깥쪽으로 팽창하여 귀가 먹먹해진다. 이때 하품을 하거나 침을 삼키면 귀인두관(E)이 열려 고막 안쪽과 바깥쪽의 압력이 같아지면서 먹먹한 것이 사라진다.

11

귀의 구조 중 기울어지는 느낌을 담당하며, 균형을 유지하는 것은 전정 기관(C)과 관련이 있다.

12

몸의 회전과 중력 자극, 기울어짐 등을 감각하는 기관은 반고리관(B)과 전정 기관(C)이다.

13

자료 해석 | 혀의 구조

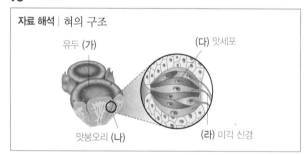

혀의 표면에 있는 좁쌀 모양의 작은 돌기는 유두(가)이고, 유두(가)의 옆면에 있는 맛봉오리(나)의 맛세포(다)에서 받아들인 자극은 미각 신경(라)을 통해 대뇌로 전달한다.

14

①은 촉각, ②는 통각, ③은 압각, ⑤는 온각이다.

바로 알기 | ④ 밝음과 어두움을 감지하는 것은 눈에서 느끼는 시각에 해당한다.

15

④ 매운 것을 먹을 때 느끼는 감각은 통증에 의한 통각이다.

바로 알기 | ③ 내장 기관에도 감각점이 분포하여 속이 쓰리거나 아픈 것을 느낀다.

O2 신경계

학교 시험 문제   76~77쪽

01 ③	02 ④	03 ⑤	04 ③
05 ⑤	06 ①	07 ⑤	08 ④
09 ③	10 ①	11 ①	12 ④

01

뉴런은 신경계를 이루는 기본 단위로, 중추 신경계는 연합 뉴런, 말초 신경계는 운동 뉴런과 감각 뉴런으로 구성된다.

바로 알기 | ③ 뉴런은 운동 뉴런, 연합 뉴런, 감각 뉴런으로 구분된다.

02

자료 해석 | 뉴런의 구조

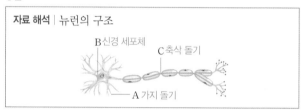

(가)는 신경 세포체(B), (나)는 축삭 돌기(C), (다)는 가지 돌기(A)에 대한 설명이다.

03

①, ③, ④ 신경계는 크게 중추 신경계와 말초 신경계로 나뉜다. 중추 신경계는 뇌와 척수로 이루어져 있고, 말초 신경계는 감각 신경과 운동 신경으로 이루어져 있다.
② 뉴런은 자극을 전달하는 한 개의 신경 세포이고, 뉴런들이 모여 신경계를 구성한다.

바로 알기 | ⑤ 뇌와 척수를 구성하는 뉴런은 연합 뉴런으로, 감각 뉴런으로부터 받은 자극을 판단하고 운동 뉴런에 명령을 내린다.

04

자료 해석 | 뉴런의 종류

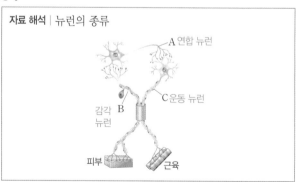

연합 뉴런(A)은 우리 몸의 뇌와 척수를 구성하고 정보를 처리하며, 운동 뉴런(C)과 감각 뉴런(B)은 우리 몸에서 말초 신경계를 구성한다.

바로 알기 | ③ 감각 뉴런(B)은 감각 기관에서 받아들인 자극을 연합 뉴런으로 전달한다.

05

눈과 귀는 감각 기관으로 키보드에 해당한다. 눈과 귀는 모두 건강하지만 감각 신경이 손상되어 보지도 못하고 듣지도 못하는 경

우는 키보드는 멀쩡하나 키보드와 본체를 연결하는 연결선이 끊어져 문자가 입력되지 않는 상황이라고 볼 수 있다.

06

자료 해석 | 신경계

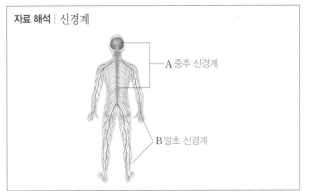

A 중추 신경계

B 말초 신경계

ㄱ. A는 중추 신경계, B는 말초 신경계이다. 중추 신경계(A)는 자극에 대해 명령을 내리고, 연합 뉴런으로 구성된다.
바로 알기 | ㄴ. 중추 신경계(A)는 연합 뉴런으로 구성된다.
ㄷ. 말초 신경계(B)는 운동 뉴런과 감각 뉴런으로 구성된다.

07

자료 해석 | 뇌의 구조

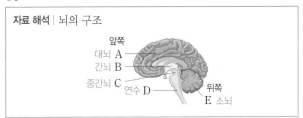

앞쪽
대뇌 A
간뇌 B
중간뇌 C
연수 D
뒤쪽
E 소뇌

A는 대뇌, B는 간뇌, C는 중간뇌, D는 연수, E는 소뇌이다. 소뇌(E)는 근육 운동을 조절하고, 몸의 자세와 균형을 유지한다. 그러므로 소뇌(E)가 손상되면 평형 기능 장애가 나타날 수 있다.

08

동공 반사는 중간뇌(C)에 의해 조절된다. 중간뇌(C)는 안구 운동과 동공 반사의 중추이다. 동공이 커지기 위해서 홍채는 수축해야 한다.

09

식물인간은 대뇌가 손상된 상태로 의식이 없고 감각이나 의식에 따른 운동이 불가능하다. 그러나 소뇌, 연수, 중간뇌, 척수 등이 정상이므로 호흡, 순환, 소화 및 항상성 유지 등은 정상적으로 일어나고, 동공 반사도 일어나며 척수 반사(무릎 반사)도 일어난다.

10

① 모기가 피부에 앉으면 손으로 잡는 반응은 대뇌가 중추인 의식적 반응이다.
바로 알기 | ②, ③, ④ 눈물, 재채기, 침 분비는 연수가 중추인 무조건 반사이다.
⑤ 날카로운 물체에 몸이 닿았을 때 자신도 모르게 몸을 움츠리는 것은 척수가 중추인 무조건 반사이다.

11

무릎 반사는 척수가 중추인 무조건 반사로, 반응 경로에 대뇌가 포함되지 않는다.

12

뜨거운 물체에서 무의식적으로 손을 떼는 것은 척수가 중추인 무조건 반사이다. 뾰족한 물건이 몸에 닿았을 때 움츠리는 것도 척수가 중추인 무조건 반사의 예이다.

03 호르몬과 항상성 유지

학교 시험 문제
79~80쪽

01 ④	02 ①, ④	03 ③	04 ③
05 ④	06 ⑤	07 ③	08 ⑤
09 ⑤	10 ②	11 ②, ④	12 ①, ③
13 ⑤	14 ⑤		

01

ㄴ, ㄷ. 호르몬은 내분비샘에서 혈액으로 직접 분비되어 온몸으로 운반되며 표적 세포나 표적 기관에만 작용한다.
바로 알기 | ㄱ. 호르몬은 분비량이 적절하지 않으면 몸에 이상 증상이 나타난다.

02

①, ④ (가)는 호르몬에 의한 신호 전달로 표적 세포에만 작용하며, (나)는 신경에 의한 신호 전달이다. 호르몬에 의한 신호 전달(가)은 신경에 의한 전달(나)보다 반응 속도는 느리지만 효과는 지속적이다.
바로 알기 | ② 신경에 의한 신호 전달(나)은 뉴런에 의해 일어난다.
③ 일반적으로 신경에 의한 신호 전달(나)이 더 빠르다.
⑤ 신경이 호르몬에 비해 더 좁은 범위에 작용한다.

03

거인증과 말단 비대증은 생장 호르몬이 과다 분비되어 발생하는 병이다.

분비량	호르몬	질병	증상
결핍 시	생장 호르몬	소인증	키가 비정상적으로 작음
	티록신	갑상샘 기능 저하증	체중 증가, 추위 탐, 기운이 없음
	인슐린	당뇨병	포도당이 오줌에 섞여 배설, 오줌량 증가, 갈증 느낌
과다 시	티록신	갑상샘 기능 항진증	체중 감소, 눈이 비정상적으로 튀어나옴
	생장 호르몬	거인증	키가 비정상적으로 큼
		말단 비대증	신체 말단 부분이 커짐

04

A는 뇌하수체, B는 갑상샘, C는 부신, D는 이자, E는 난소, F는 정소이다.

05

이자(D)에서 분비되는 호르몬인 글루카곤은 혈당량을 증가시키고, 인슐린은 혈당량을 감소시키므로 서로 반대 작용을 한다.

06

여자는 난소(E)에서 에스트로젠이 분비되며, 남자는 정소(F)에서 테스토스테론이 분비되어 2차 성징이 나타난다.

07

③ 부신(C)에서 분비되는 아드레날린은 간에서 글리코젠을 포도당으로 분해하여 혈당량을 높인다.
바로 알기 | ① 뇌하수체(A)에서 분비되는 생장 호르몬은 몸의 생장을 촉진하고, 단백질의 합성을 촉진한다.
② 갑상샘(B)에서 분비되는 티록신이 과다 분비되면 체중이 감소하고, 눈이 비정상적으로 튀어나온다.
④ 이자(D)에서 분비되는 글루카곤은 혈당량을 증가시킨다.
⑤ 난소(E)와 정소(F)에서 분비되는 호르몬은 성호르몬으로, 난소에서는 에스트로젠, 정소에서는 테스토스테론이 분비된다. 항이뇨 호르몬은 뇌하수체(A)에서 분비되어 콩팥에서 물의 재흡수를 촉진하여 체내 수분량을 조절한다.

08

⑤ 갑상샘 기능 항진증은 티록신의 과다 분비로 생긴다.
바로 알기 | ① 소인증은 생장 호르몬 부족에 의해 생긴다.
② 당뇨병은 인슐린 부족에 의해 생긴다.
③ 거인증은 생장 호르몬의 과다 분비로 생긴다.
④ 말단 비대증은 생장 호르몬의 과다 분비로 생기는 질병이다.

09

날씨가 더워 체온이 상승하면 체내에서는 열 발생량을 줄이기 위해 세포 호흡을 억제하고, 피부 쪽에서는 외부로 열을 방출시키기 위해 피부 쪽 혈관과 털 주변 근육이 이완되고 땀 분비가 촉진된다.

10

추운 겨울날 체온이 낮아지면 티록신 분비가 증가하여 세포 호흡을 촉진함으로써 열 발생량을 증가시킨다.

11

바로 알기 | ① 인슐린과 글루카곤은 서로 반대 작용을 하며, 서로의 분비에 직접 영향을 주지 않는다.
③ 혈당량이 증가하면 인슐린의 분비량이 증가하여 혈당량이 감소한다.
⑤ 혈당량을 조절하는 호르몬은 이자에서 분비되는 인슐린과 글루카곤, 부신에서 분비되는 아드레날린이다.

12

①, ③ 식사 후에는 소화의 결과로 혈액 내 포도당이 증가하므로 혈당량이 증가하며, 혈당량이 증가하면 이자에서 인슐린이 분비되어 혈당량이 감소한다.
바로 알기 | ② 혈당량이 세 번 증가하였으므로 하루에 세 번 식사를 했다는 것을 알 수 있다.
④ 수면 중에는 혈당량 그래프가 일정한 것으로 보아 수면 중에는 혈당량 변화가 거의 없다는 것을 알 수 있다.

⑤ 글루카곤은 혈당량이 감소하였을 때 이자에서 분비되는 호르몬으로 간에서 글리코젠을 포도당으로 분해하는 것을 촉진하여 혈당량을 높인다.

13

호르몬 X는 혈당량이 낮을 때 농도가 높으므로 혈당량을 높여주는 글루카곤이고, 호르몬 Y는 혈당량이 높을 때 농도가 높으므로 혈당량을 낮춰주는 인슐린이다. 인슐린(Y)은 혈액 내의 포도당을 간에서 글리코젠으로 전환하는 것을 촉진하거나, 세포가 포도당을 흡수하는 것을 촉진해 혈당량을 낮춘다.

14

뇌에서 몸속 수분량이 적음을 감지(나)하면, 뇌하수체에서 항이뇨 호르몬의 분비가 증가(라)하여 콩팥에서 물의 재흡수를 촉진(가)한다. 콩팥에서 물의 재흡수가 촉진되면 오줌량이 감소하고, 몸속 수분량이 증가(다)하여 정상 수준으로 회복된다.

서술형 문제 Ⅳ. 자극과 반응 81~83쪽

01

모범 답안 | 홍채가 축소되어 동공이 커지고, 섬모체가 이완하여 수정체는 얇아진다.
해설 | 스탠드 불을 끄면 밝았다가 어두워지므로 눈으로 들어오는 빛의 양을 늘리기 위해 홍채가 축소되어 동공이 커진다. 또한 가까운 곳을 보다 먼 곳을 보므로 섬모체가 이완하여 수정체가 얇아진다.

채점 기준	배점
홍채와 동공의 크기 변화와 섬모체와 수정체의 두께 변화를 모두 옳게 서술한 경우	100 %
홍채와 동공의 크기 변화와 섬모체와 수정체의 두께 변화 중 한 가지만 옳게 서술한 경우	50 %

02

모범 답안 | 귀인두관, 압력 변화에 의해 귀가 먹먹해질 때 하품을 하거나 침을 삼키면 귀인두관이 열려 외부 압력과 귓속 압력이 같아지기 때문에 먹먹함이 사라진다.

채점 기준	배점
귀인두관을 쓰고, 귀인두관의 변화를 포함하여 옳게 서술한 경우	100 %
귀인두관만 옳게 쓴 경우	30 %

03

모범 답안 | 후각은 가장 예민한 감각이지만 쉽게 피로해지기 때문이다.

채점 기준	배점
후각이 쉽게 피로해진다는 내용을 포함하여 옳게 서술한 경우	100 %

04

모범 답안 | 미각과 후각이 함께 작용하여 기본맛 외의 다양한 맛을 느낄 수 있다.

채점 기준	배점
미각과 후각이 서로 상호 작용하여 다양한 맛을 느낄 수 있다는 내용을 포함하여 옳게 서술한 경우	100 %
미각과 후각의 상호 작용에 대한 내용을 언급하지 않은 경우	0 %

05

모범 답안 | 그림에서 손의 감각점 분포 밀도가 다리의 감각점 분포 밀도보다 높다. 따라서 손이 다리보다 더 예민하다.

채점 기준	배점
감각점의 분포 밀도와 관련지어 옳게 서술한 경우	100 %

06

모범 답안 | 입술, 두 개의 점으로 느끼기 시작하는 거리가 짧을수록 촉점이 많이 분포되어 예민하므로 두 개의 점으로 느끼기 시작하는 거리가 가장 짧은 입술에 촉점이 가장 많이 분포하여 가장 예민하다.

채점 기준	배점
가장 예민한 곳과 그 까닭을 모두 옳게 서술한 경우	100 %
가장 예민한 곳만 옳게 쓴 경우	30 %

07

모범 답안 | A : 중추 신경계, B : 말초 신경계 / 중추 신경계(A)는 연합 뉴런으로 구성되어 있으며, 자극을 판단하여 명령을 내리고, 말초 신경계(B)는 감각 뉴런과 운동 뉴런으로 구성되어 있으며, 자극을 중추로 전달하거나 명령을 반응 기관으로 전달한다.

채점 기준	배점
A, B에 해당하는 신경계의 종류를 쓰고, 두 신경계의 차이점을 모두 옳게 서술한 경우	100 %
A, B에 해당하는 신경계의 종류만 옳게 쓴 경우	30 %

08

모범 답안 | C, 중간뇌, D, 연수 / 중간뇌(C)는 안구 운동과 동공 반사의 중추이고, 연수(D)는 하품, 재채기, 침 분비 등의 반사의 중추이다.

채점 기준	배점
무의식적 반응과 관련 있는 곳의 기호와 이름을 두 가지 모두 옳게 쓰고, 각각에서 조절하는 무의식적 반응의 종류를 모두 옳게 서술한 경우	100 %
무의식적 반응과 관련 있는 곳의 기호와 이름을 두 가지만 옳게 쓴 경우	30 %

09

모범 답안 | (1) 뜨거운 난로에 손이 닿았을 때 자신도 모르게 손을 떼는 것은 척수가 중추인 무조건 반사에 의해 일어나는 현상이다. 따라서 피부에서 수용한 자극이 A를 거쳐 척수(E)로 간 후, B를 거쳐 근육이 움직이게 된다.

(2) 추위를 느끼고 냉방기를 끄는 반응은 대뇌가 중추인 의식적 반응이다. 따라서 피부에서 수용한 자극이 A와 C를 거쳐, 대뇌로 간 후 D와 B를 거쳐 근육이 움직이게 된다.

채점 기준	배점
(1), (2)의 반응 경로를 모두 옳게 서술한 경우	100 %
(1), (2)의 반응 경로 중 한 가지만 옳게 서술한 경우	50 %

10

모범 답안 | 풍돌이에게 문제가 생겼을 것으로 예상되는 부위는 소뇌이다. 소뇌는 몸의 균형과 미세 근육의 운동을 담당하기 때문이다.

채점 기준	배점
이상이 생긴 뇌의 부위와 그 까닭을 모두 옳게 서술한 경우	100 %
이상이 생긴 뇌의 부위만 옳게 쓴 경우	30 %

11

모범 답안 | 감각 기관에서 받아들인 정보가 신경을 통해 뇌와 근육으로 전달되는 데 시간이 필요하기 때문이다.

채점 기준	배점
감각 기관에서 받아들인 정보가 전달되는 속도를 옳게 서술한 경우	100 %

12

모범 답안 | 교감 신경이 흥분하여 심장 박동이 빨라지고, 호흡이 촉진되며 소화가 억제되는 반응 등이 나타난다.

채점 기준	배점
신경의 작용이 어떻게 일어나는지 옳게 서술한 경우	100 %

13

모범 답안 | 호르몬은 혈액을 통해 표적 기관으로 전달된다. 전달 속도는 느린 편이며, 효과는 지속적이고 작용 범위 또한 넓다. 신경은 뉴런을 통해 자극이 전달되며, 전달 속도는 빠른 편이다. 또한 효과는 일시적이고 좁은 범위에서 일어난다.

채점 기준	배점
세 단어를 모두 사용하여 옳게 서술한 경우	100 %
두 단어만 사용하여 옳게 서술한 경우	50 %

14

모범 답안 | B, 갑상샘 / 티록신 과다 시 갑상샘 기능 항진증이라는 질병이 발생하며, 체중이 감소하고 눈이 비정상적으로 튀어나오는 증상이 나타난다.

채점 기준	배점
티록신이 분비되는 내분비샘의 기호와 이름을 쓰고, 티록신 과다 시 나타나는 질병의 증상을 모두 옳게 서술한 경우	100 %
티록신이 분비되는 내분비샘의 기호와 이름만 옳게 쓴 경우	30 %

15

모범 답안 | 3번, 식사 후에는 혈액으로 포도당이 흡수되어 혈당량이 높아지는데, 이때 인슐린의 분비량이 증가하여 혈당량을 일정 수준으로 낮춘다.

채점 기준	배점
인슐린이 최소 몇 번 분비되었는지와 그 까닭을 모두 옳게 서술한 경우	100 %
인슐린이 최소 몇 번 분비되었는지만 옳게 쓴 경우	30 %

16

모범 답안 | 피부 근처 혈관이 확장된다, 털 주변의 근육이 이완된다, 땀 분비가 증가한다, 티록신의 분비 감소로 인해 세포 호흡이 억제된다 등

채점 기준	배점
세 가지를 모두 옳게 서술한 경우	100 %
두 가지만 옳게 서술한 경우	70 %
한 가지만 옳게 서술한 경우	30 %

17

모범 답안 | (나), (다) / (나) 콩팥에서 물의 재흡수가 촉진된다. (다) 오줌량이 감소한다.

채점 기준	배점
(가)~(라) 중 틀린 것을 고르고, 옳은 문장으로 모두 옳게 고쳐 쓴 경우	100 %
(가)~(라) 중 틀린 것만 고른 경우	30 %

시험 직전 최종 점검

I. 화학 반응의 규칙과 에너지 변화　84~86쪽

1 ❶ 물리 변화 ❷ 분자 ❸ 종류 ❹ 성질 ❺ 개수 ❻ 배열 ❼ 질량 ❽ ○ ❾ × ❿ ○ ⓫ ○ ⓬ × ⓭ × ⓮ ○

2 ❶ × ❷ × ❸ ○ ❹ × ❺ ○ ❻ × ❼ ○ ❽ ○ ❾ × ❿ 원소 기호 ⓫ 2 ⓬ 2 ⓭ CO₂ ⓮ 2 ⓯ H₂ ⓰ NaCl ⓱ 3

3 ❶ 같다 ❷ 라부아지에 ❸ 종류 ❹ 기체 ❺ 닫힌 ❻ × ❼ ○ ❽ × ❾ × ❿ × ⓫ × ⓬ × ⓭ ×

4 ❶ ○ ❷ × ❸ × ❹ × ❺ ○ ❻ × ❼ × ❽ 혼합물 ❾ 3 : 2 ❿ 1 : 2 ⓫ 원자량 ⓬ 원자

5 ❶ 부피, 정수비 ❷ 기체 ❸ 계수 ❹ 분자 ❺ 부피 ❻ × ❼ × ❽ ○ ❾ ○ ❿ × ⓫ × ⓬

6 ❶ ○ ❷ × ❸ ○ ❹ ○ ❺ ○ ❻ ○ ❼ ○ ❽ 에너지 ❾ 흡수 ❿ 흡수

II. 기권과 날씨　87~90쪽

1 ❶ 기온 ❷ 대류권 ❸ 오존층 ❹ 중간권 ❺ 태양 에너지 ❻ ○ ❼ ○ ❽ ×

2 ❶ 복사 평형 ❷ 태양 복사 에너지 ❸ 높다 ❹ ○ ❺ × ❻ ×

3 ❶ 온실 기체, 온실 효과 ❷ 높은 ❸ ○ ❹ ○ ❺ ○ ❻ ○

4 ❶ 1 kg ❷ 높을 ❸ 응결 ❹ 많을 ❺ 포화 ❻ 100 ❼ ○ ❽ ○

5 ❶ 많을 ❷ 높다 ❸ 포화 ❹ 일정, 반비례 ❺ 많아, 높아

6 ❶ ○ ❷ ○ ❸ × ❹ ○ ❺ 적 ❻ 층 ❼ 층 ❽ 적 ❾ 단열 팽창 ❿ 상승 ⓫ 낮아 ⓬ 병합설, 빙정설

7 ❶ 고, 저, 바람 ❷ 육지, 바다 ❸ 1년, 남동 계절풍, 북서 계절풍

8 ❶ 기단 ❷ 북태평양, 한랭 건조 ❸ 오호츠크해, 북태평양 ❹ 온 ❺ 온 ❻ 한 ❼ 한

9 ❶ 시계 ❷ 저기압, 시계 반대 ❸ ○ ❹ ○ ❺ ○ ❻ × ❼ ×

III. 운동과 에너지　91~92쪽

1 ❶ 운동 ❷ 이동 거리 ❸ 시간기록계 ❹ 다중 섬광 사진 ❺ 빠르 ❻ 속력

2 ❶ × ❷ ○ ❸ ○ ❹ × ❺ × ❻ ○ ❼ ○ ❽ × ❾ × ❿ ○

3 ❶ × ❷ ○ ❸ × ❹ ○ ❺ ○ ❻ ×

4 ❶ 중력 ❷ 무게 ❸ 같은, 증가 ❹ 9.8 ❺ 중력 가속도 상수

5 ❶ × ❷ ○ ❸ ○ ❹ × ❺ ○ ❻ ○ ❼ × ❽ ○

6 ❶ 에너지 ❷ 일 ❸ 감소 ❹ 증가 ❺ 같

7 ❶ 중력, 반대 ❷ 무게 ❸ 위치 ❹ 9.8 ❺ 곱 ❻ 기준면 ❼ 같

8 ❶ ○ ❷ × ❸ × ❹ ○

IV. 자극과 반응　93~96쪽

1 ❶ 빛 ❷ 망막 ❸ 홍채, 동공 ❹ 맹점, 시각 세포 ❺ 이완, 얇아 ❻ × ❼ ○ ❽ ×

2 ❶ 진동 ❷ 고막, 귓속뼈, 달팽이관 ❸ 고막 ❹ 반고리관, 전정 기관 ❺ 귓속뼈 ❻ 달팽이관 ❼ 반고리관, 전정 기관 ❽ 귀인두관 ❾ 귀인두관 ❿ 외이도, 고막, 귓속뼈, 달팽이관, 청각 신경

3 ❶ 후각 ❷ 맛세포, 액체 ❸ 단맛, 쓴맛 짠맛, 신맛, 감칠맛 ❹ 통점 ❺ 한 ❻ 후각, 미각 ❼ × ❽ ○ ❾ ×

4 ❶ 뉴런 ❷ 신경 세포체 ❸ 가지 돌기 ❹ 신경 세포체 ❺ 가지 돌기, 신경 세포체, 축삭 돌기 ❻ 뇌, 척수, 운동 뉴런 ❼ 감각 뉴런 ❽ 연합 뉴런 ❾ 감각 뉴런, 연합 뉴런, 운동 뉴런

5 ❶ 대뇌 ❷ 소뇌 ❸ 연수 ❹ 무조건 반사 ❺ 감각 신경, 운동 신경 ❻ × ❼ × ❽ ○

6 ❶ 연수, 무조건 반사 ❷ 척수 ❸ 의식적 반응, 대뇌 ❹ × ❺ ○ ❻ 무 ❼ 의 ❽ 무 ❾ 의 ❿ 무

7 ❶ 혈액 ❷ 테스토스테론, 에스트로젠 ❸ 생장 호르몬 ❹ 인슐린, 글루카곤 ❺ 인슐린 ❻ 티록신 ❼ 부신 ❽ 뇌하수체 ❾ × ❿ × ⓫ ○

8 ❶ 수축 ❷ 감소, 증가 ❸ 감소 ❹ 포도당, 글리코젠 ❺ 인슐린 ❻ 글루카곤 ❼ 증가, 촉진, 감소

백점 맞는
핵심 노하우가
백점의 신 들어 있는
백신 과학
중등 3-1

메가스터디BOOKS

www.megastudybooks.com

내용 문의 | 02-6984-6915   **구입 문의** | 02-6984-6868,9